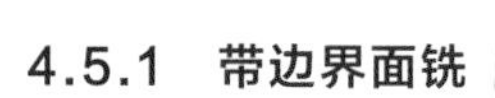

4.5.1 带边界面铣

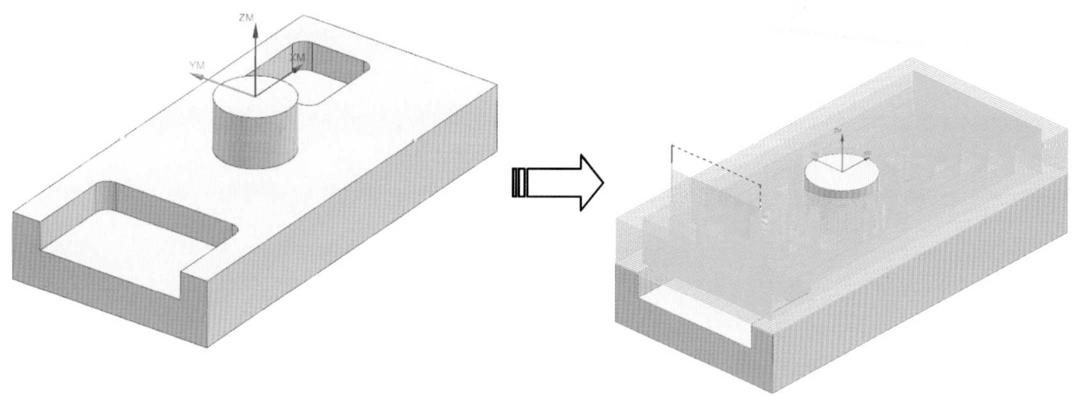

4.5.2 平面铣

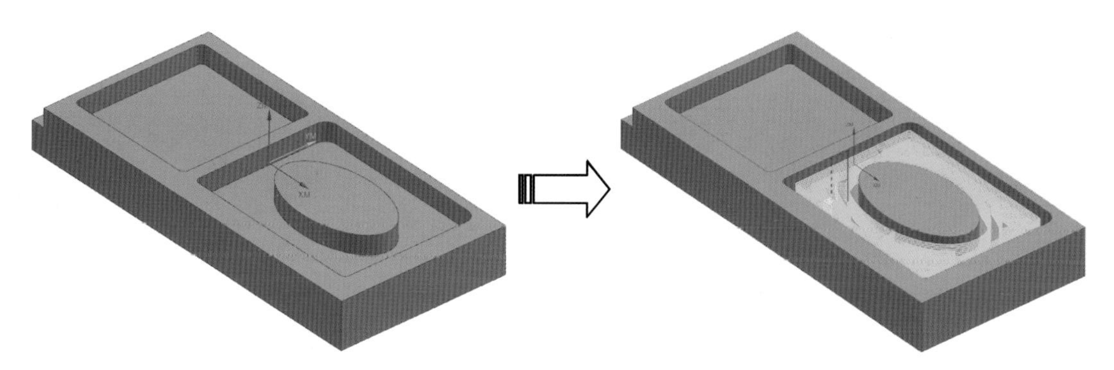

4.5.3 清角铣

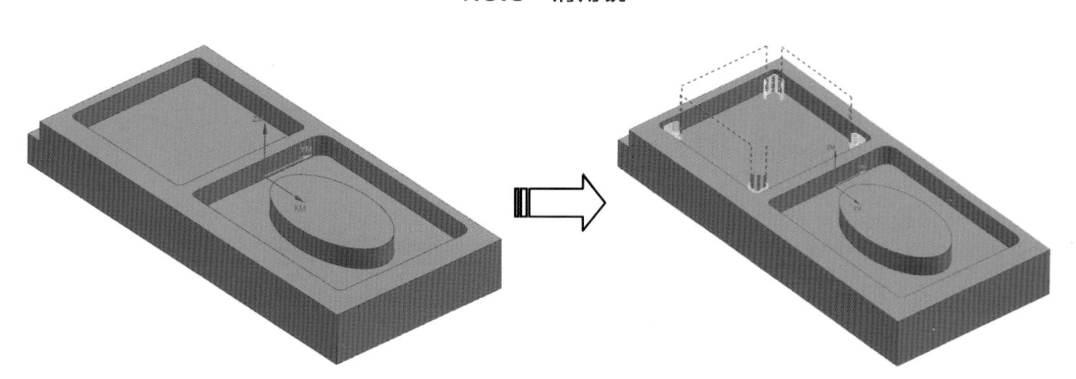

4.5.4 底壁铣

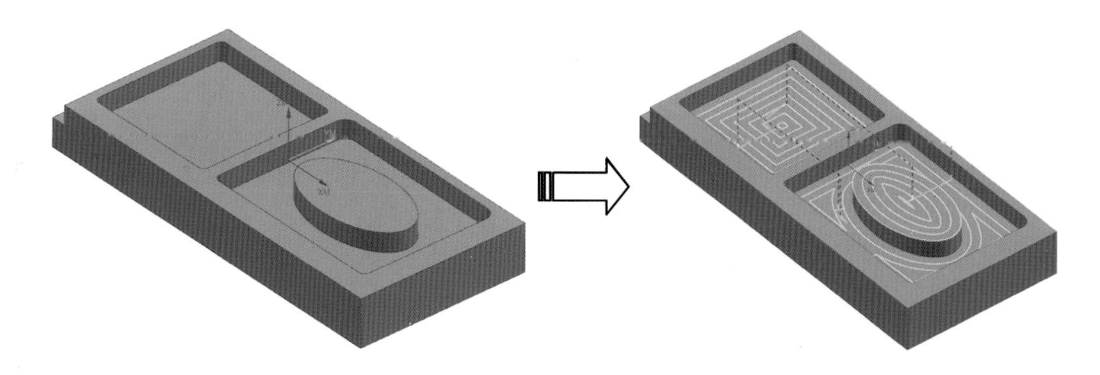

4.5.5 平面轮廓铣

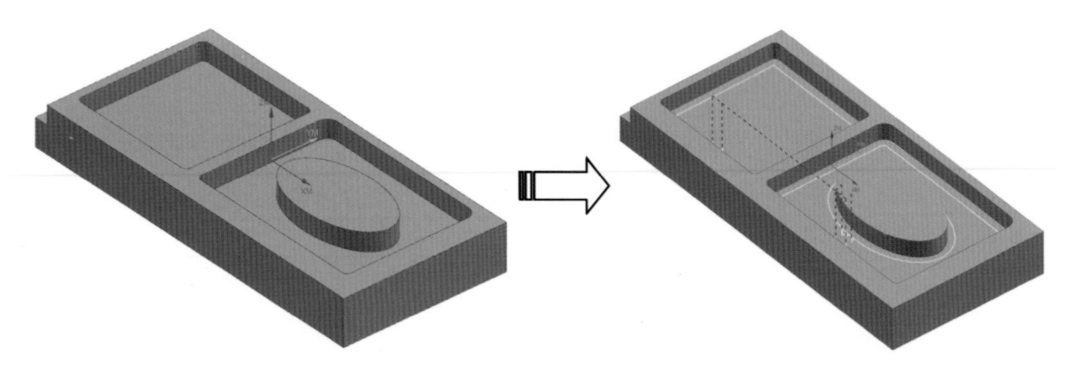

5.3.1 型腔铣开粗之跟随部件刀路 5.3.2 型腔铣开粗之跟随周边刀路 5.3.3 型腔铣开粗之修剪边界刀路

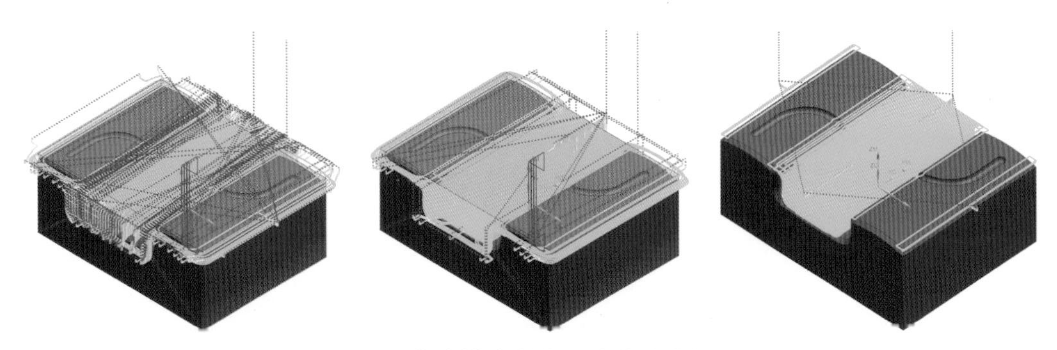

5.4 指定检查体之刀路优化素材

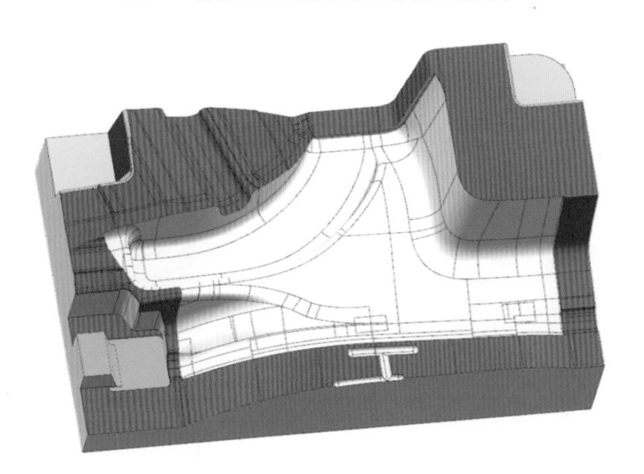

优化前刀路

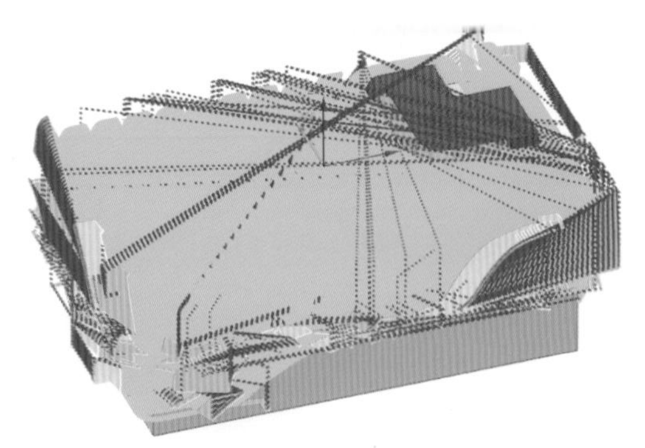

优化后刀路

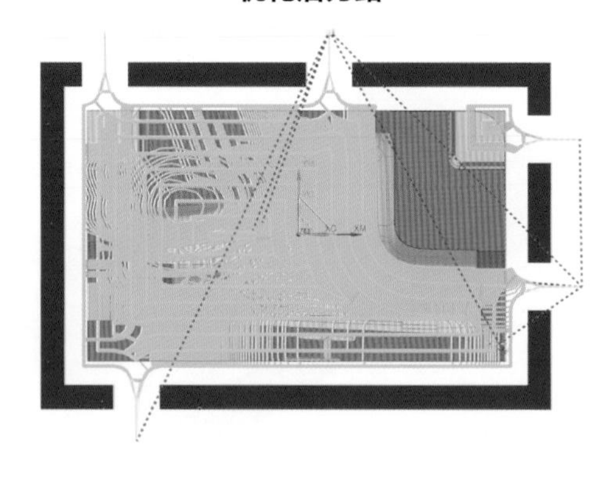

5.6 型腔铣二粗

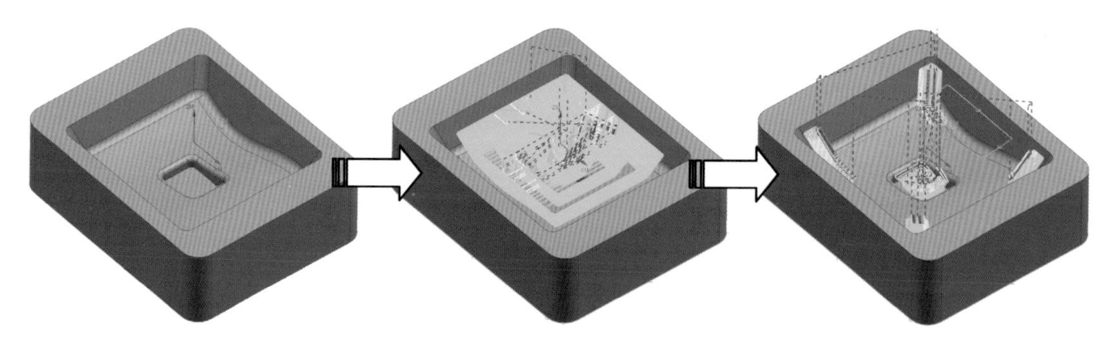

5.8.1 固定轮廓铣之“曲线 / 点”

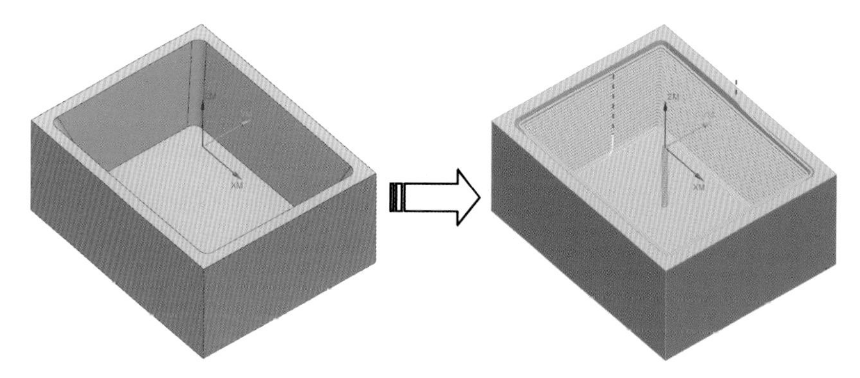

5.8.2 固定轮廓铣之“螺旋”

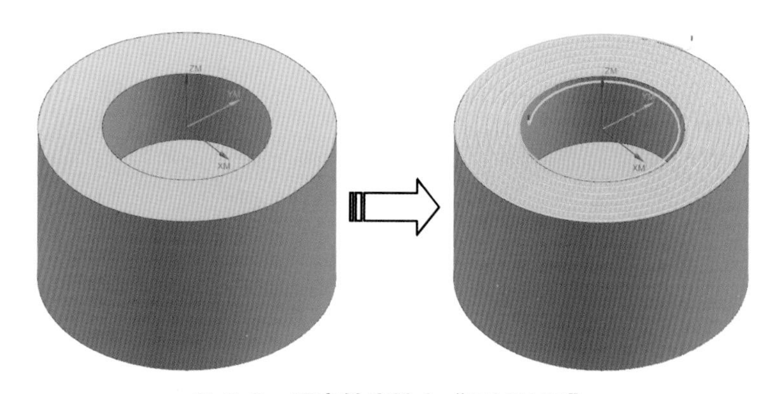

5.8.3 固定轮廓铣之“区域铣削”

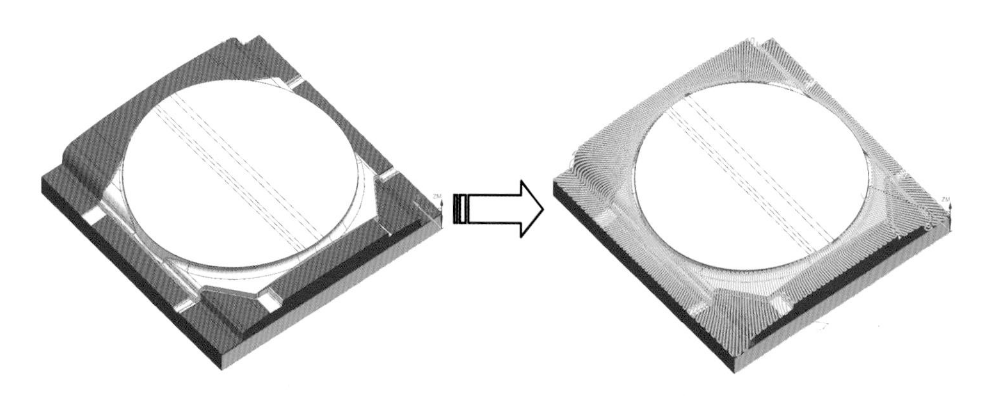

5.8.4 固定轮廓铣之“引导曲线”

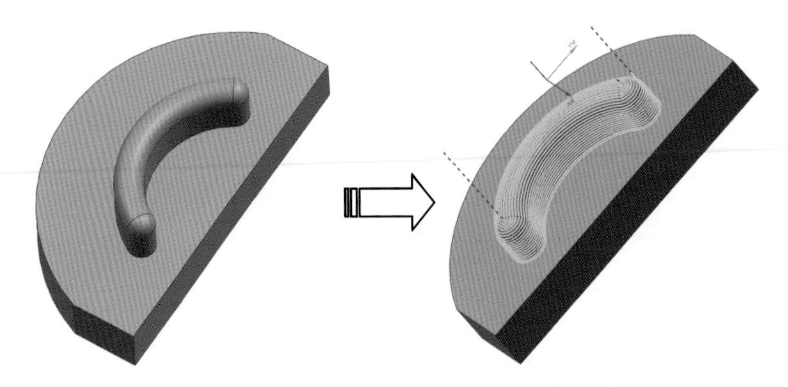

5.8.6 固定轮廓铣之封闭区域的“清根”

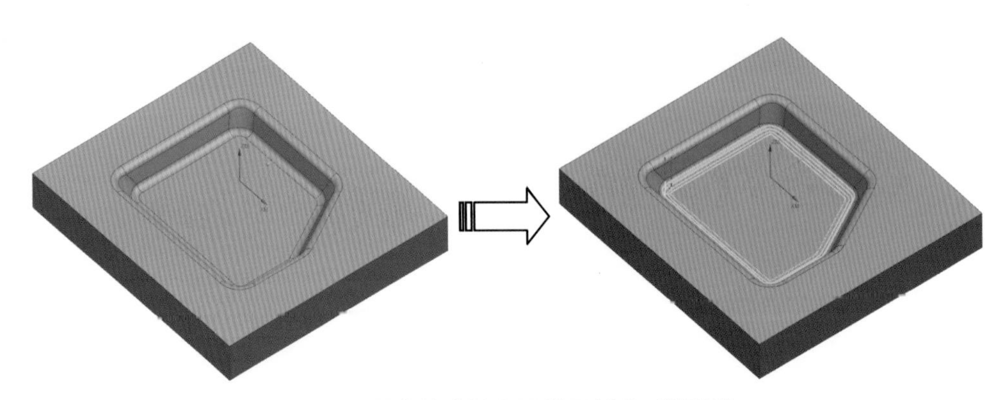

5.8.6 固定轮廓铣之开放区域的“清根”

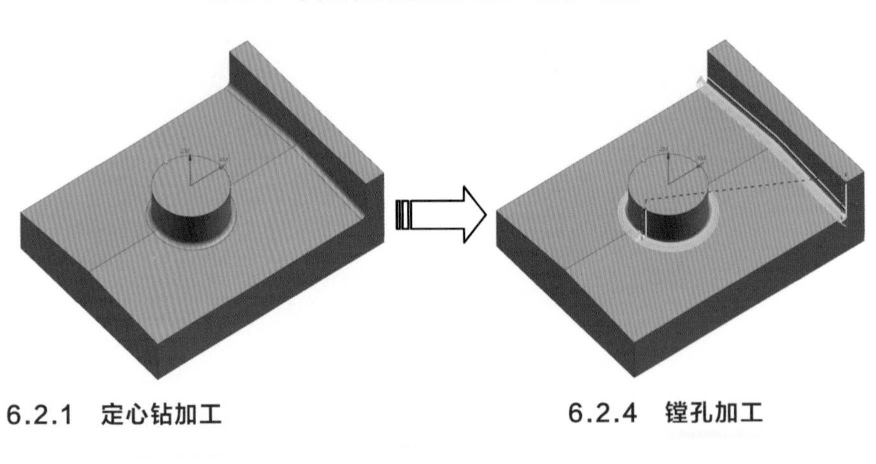

6.2.1 定心钻加工

6.2.4 镗孔加工

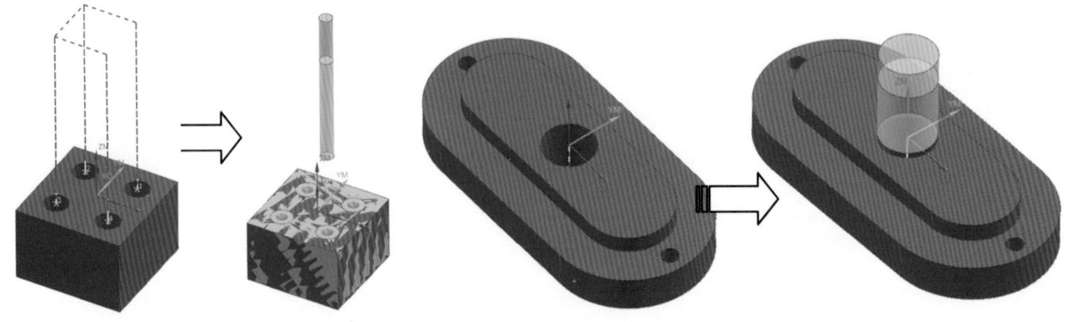

7.2.5 “4 轴，垂直于驱动体”加工

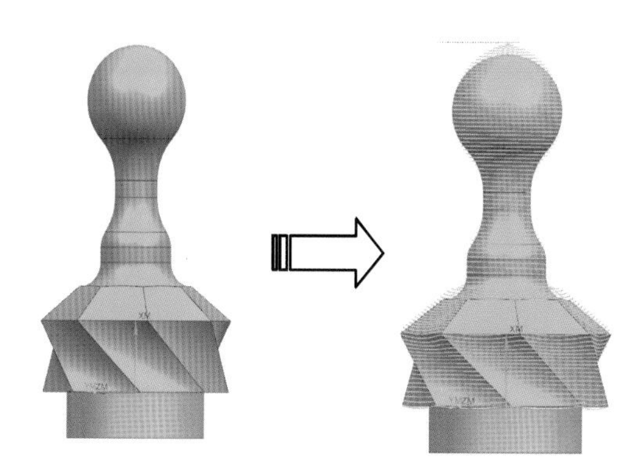

7.3.3 “可变引导曲线”加工

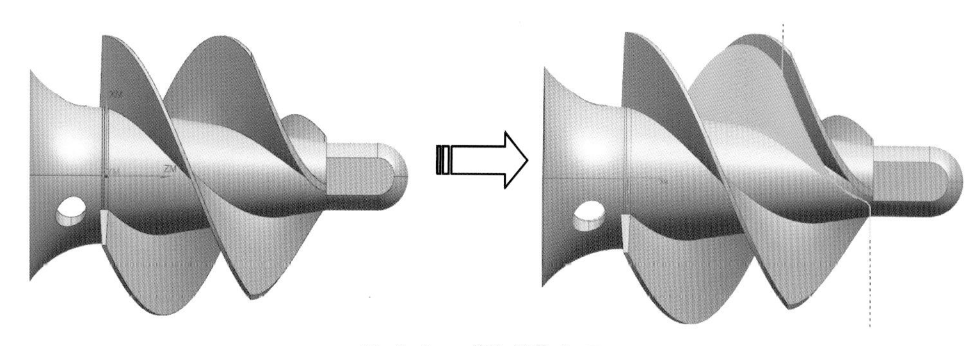

7.4.1 “流线”加工

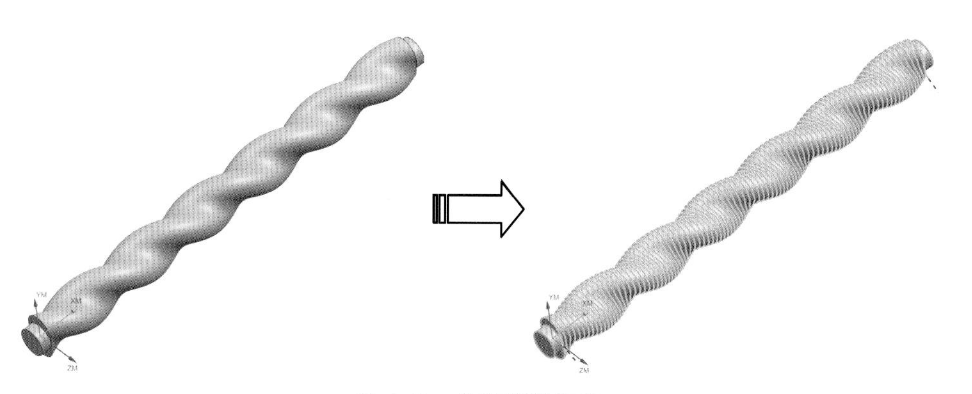

7.4.2 曲面五轴加工

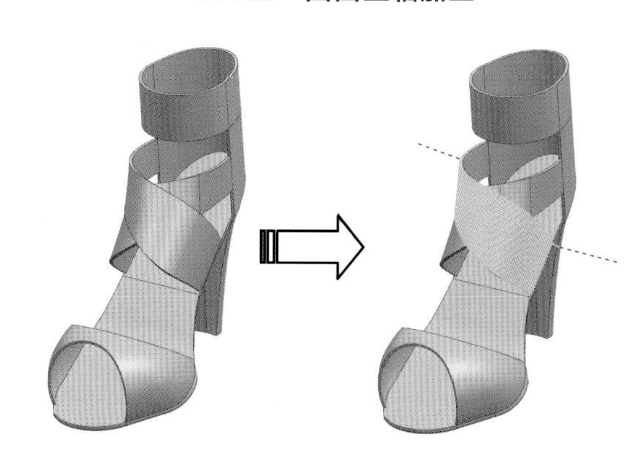

7.4.3 边界四轴加工

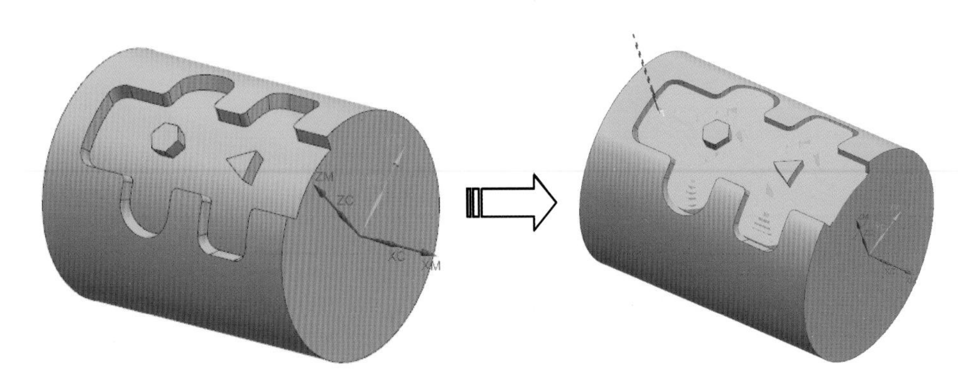

7.4.4 曲线 / 点四轴刀路转曲线

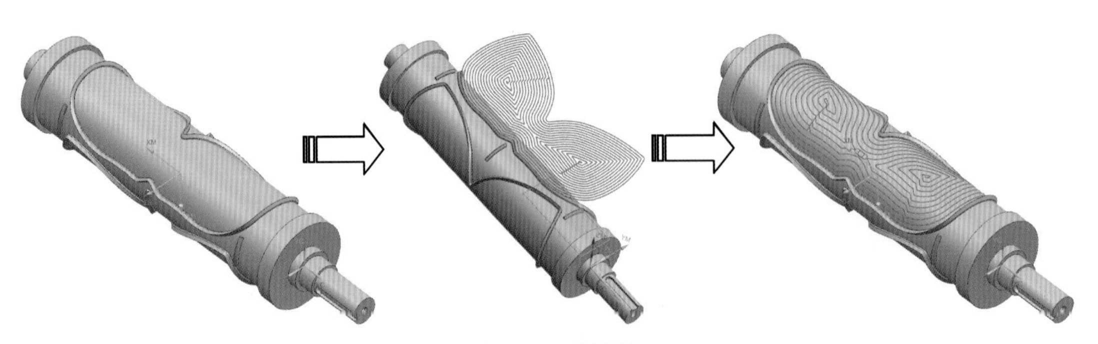

7.4.5 刀轨驱动

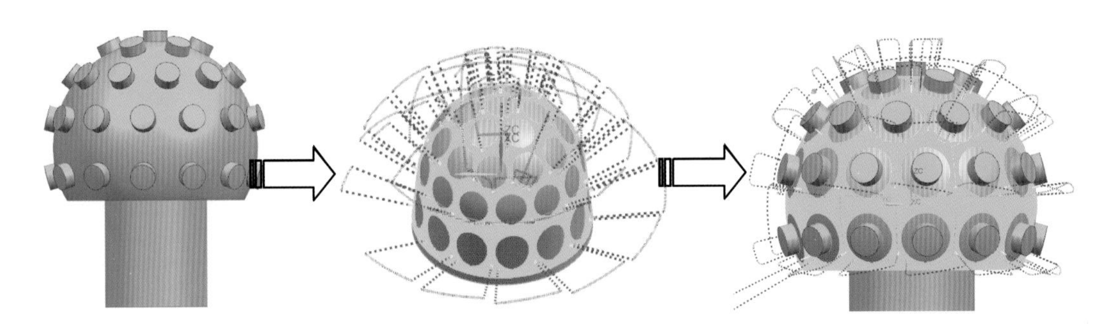

7.8 四轴联动开粗

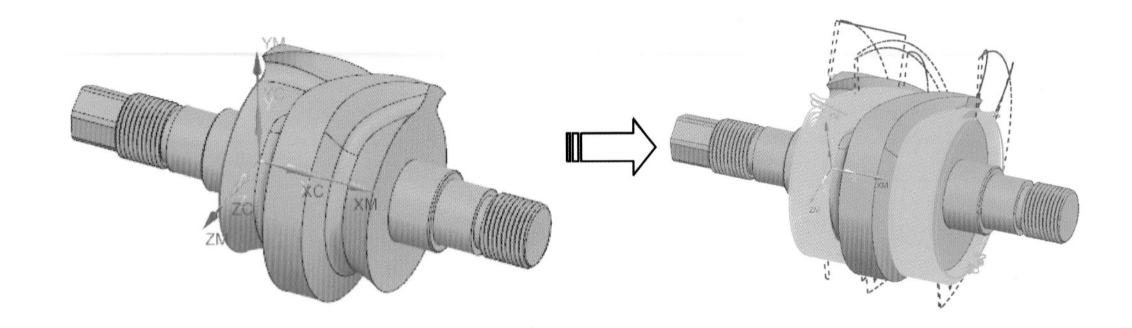

7.8　五轴联动开粗

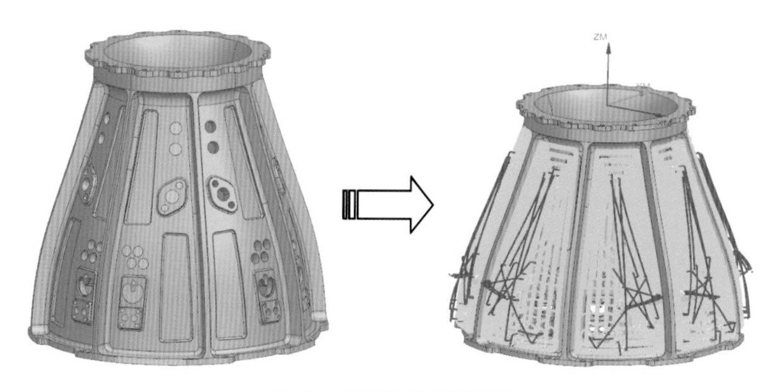

8.6　G90 外圆车削

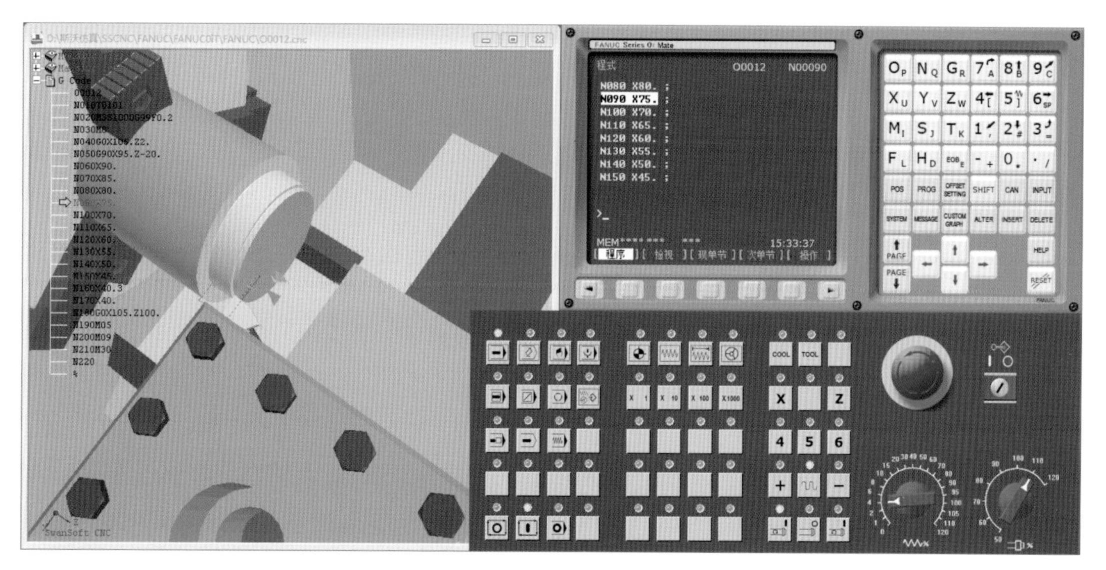

8.6　G71 循环车削

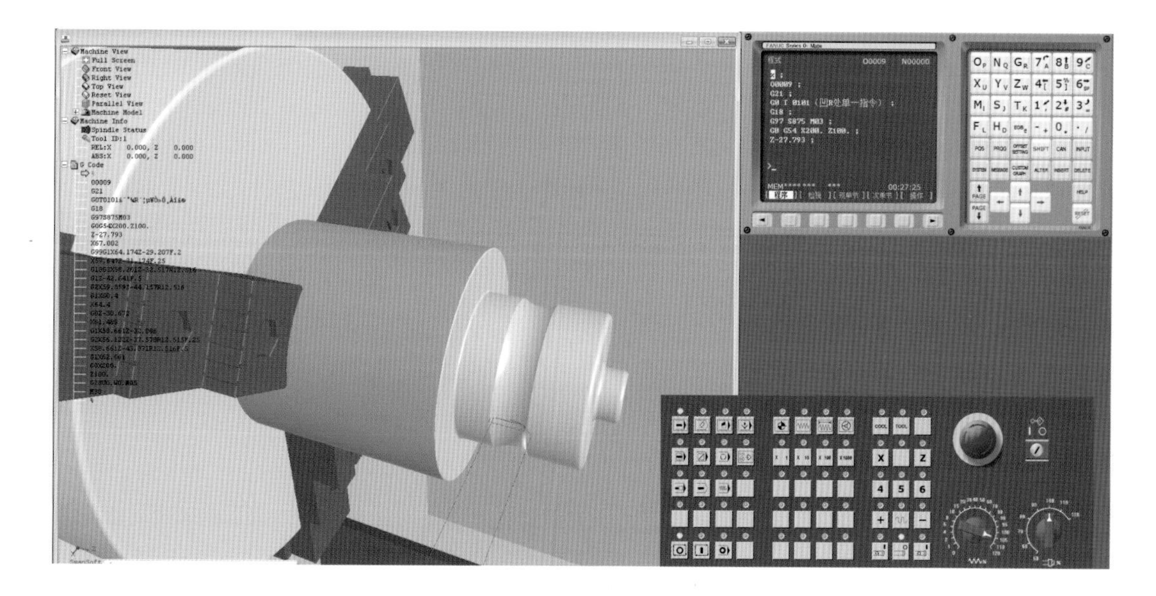

UG数控编程集训

15位数控编程师的实战精讲

杨小雨　冷羊◎编著

清華大学出版社
北　京

内容简介

本书是按照数控加工岗位职业标准和典型的工作任务要求，基于数控加工工艺及程序编制与实施工作过程对知识和技能的要求进行组织编写的。书中所讲解的内容是作为一名优秀的UG数控加工编程人员所必备的专业知识，通过对本书的全面学习，读者可以获得UG数控加工编程师岗位的专业技能，并能快速胜任相关岗位的工作。

本书全面讲解了UG数控加工中的各种加工类型，除了常规的铣削加工、孔加工、车削加工外，还重点讲解了多轴加工，对每种加工类型都给出了详细的操作案例，以使读者建立起更加直观的印象。

本书结构严谨、条理清晰、重点突出、案例丰富，非常适合UG数控加工初学者以及数控加工编程人员使用，同时也可以作为大中专院校、高职学校以及社会相关培训班的教材。

图书在版编目(CIP)数据

UG 数控编程集训：15 位数控编程师的实战精讲 / 杨小雨，冷羊编著 . —北京：清华大学出版社，2022.3

ISBN 978-7-302-60135-7

Ⅰ . ① U…　Ⅱ . ①杨… ②冷…　Ⅲ . ①数控机床－加工－计算机辅助设计－应用软件　Ⅳ . ① TG659.022

中国版本图书馆 CIP 数据核字 (2022) 第 025869 号

责任编辑：袁金敏　薛　阳
封面设计：杨玉兰
责任校对：徐俊伟
责任印制：杨　艳

出版发行：清华大学出版社
网　　址：http://www.tup.com.cn，http://www.wqbook.com
地　　址：北京清华大学学研大厦 A 座　　**邮　　编：**100084
社 总 机：010-83470000　　**邮　　购：**010-83470235
投稿与读者服务：010-62795954，jsjjc@tup.tsinghua.edu.cn
质 量 反 馈：010-62772015，zhiliang@tup.tsinghua.edu.cn
课 件 下 载：http://www.tup.com.cn，010-83470236
印 刷 者：北京富博印刷有限公司
装 订 者：北京市密云县京文制本装订厂
经　　销：全国新华书店
开　　本：185mm×260mm　　**印　　张：**24.75　　**插　　页：**4　　**字　　数：**571千字
版　　次：2022 年 4 月第 1 版　　**印　　次：**2022 年 4 月第 1 次印刷
定　　价：99.00元

产品编号：095386-01

前言

随着科学技术的发展，数控机床在机械制造业中的应用越来越广泛，也为智能制造的发展奠定了坚实的基础。数控加工工艺与编程是数控机床应用的关键，熟练运用工艺与编程知识对促进工业发展有着极其重要的作用。

1. 编写目的

制造业是国民经济的主体，是立国之本、兴国之器、强国之基，而UG是目前世界上面向制造业的最高端软件之一，在全球拥有众多客户，广泛应用于汽车、航空航天、机械、医药、电子工业等领域。

近年来，我国的模具和数控行业日益普及，不仅是深圳等工业发达的沿海地区，诸如重庆等很多内陆城市也都已经接受和使用UG软件进行编程与加工。UG软件提供了强大的数控加工功能，从三轴到五轴铣削加工，从车削到车铣复合加工，都有近乎完美的解决方案。

中国制造业高级技工缺口巨大，应该说所有的制造企业都需要高级技工。据报道，我国高级技工缺口近一千万人，成为制约中国制造的一大因素，因此社会上急需培养出一大批优秀的数控编程人员，许多企业承诺高薪而难以找到合适人选，给企业带来了很多困难。

针对上述情况，我们力图编写一本以UG为基础，全面讲解数控加工应用的图书。就本书而言，我们都将以UG的命令为脉络，以操作实战为阶梯，供读者逐步掌握使用UG进行工程设计的基本技能和技巧。

2. 本书内容安排

本书共分为8章，具体内容安排如下。

第1章为UG NX 12.0入门操作。以UG NX 12.0为本书主要讲解软件，详细介绍UG工作界面的组成与基本操作方法。

第2章为UG的基础应用。主要介绍UG中的一些进阶操作，包括对象的选择、隐藏和显示、图层和坐标系的操作方法等。

第 3 章为数控加工基础。主要介绍数控加工的原理、方法、一般步骤，数控编程的基础知识，以及数控加工工艺涉及的相关内容。

第 4 章为平面铣加工。包括平面铣的基本概念，创建平面铣操作的基本步骤，并详细介绍 UG 中各种平面铣削加工的切削类型及概念。

第 5 章为轮廓铣加工。主要介绍轮廓铣的基本概念，各种子类型的加工特点，重点讲解型腔铣的开粗、二粗，以及深度轮廓铣和固定轮廓铣的操作方法。

第 6 章为孔加工。包括孔加工的基本概念，创建孔加工的基本步骤，各种孔加工的子类型和操作实例。

第 7 章为多轴铣削加工。主要介绍多轴铣的基本概念和常用的几种操作类型，重点介绍多种加工中各刀轴和驱动方法的含义。

第 8 章为 FANUC Oi T 车床编程和操作。以 FANUC Oi T 车削系统为主，详细讲解车削加工的基本概念、创建车削加工的基本步骤等主要车削加工方面的知识。

3. 本书编写团队

本书由三玖教育的益川、远峰、小轩、石头、浩楷、追梦、德源、清馨、清茶等 15 位老师共同编写。三玖教育着力于培养行业顶尖编程工程师，我们坚信核心技术是推动行业快速发展的重要方向，是改变学员人生的重要途径。参与本书编写的所有老师均有多年的数控行业从业经验，愿通过此书为数控教育书写新的篇章，并为行业发展、培养一流工程师献出绵薄之力。

目录

第1章 UG NX 12.0 入门操作

第2章 基础应用

第3章 数控加工基础

第4章 平面铣加工

第5章 轮廓铣加工

第6章 孔加工

第7章 多轴铣削加工

第 8 章 FANUC Oi T 车床编程和操作

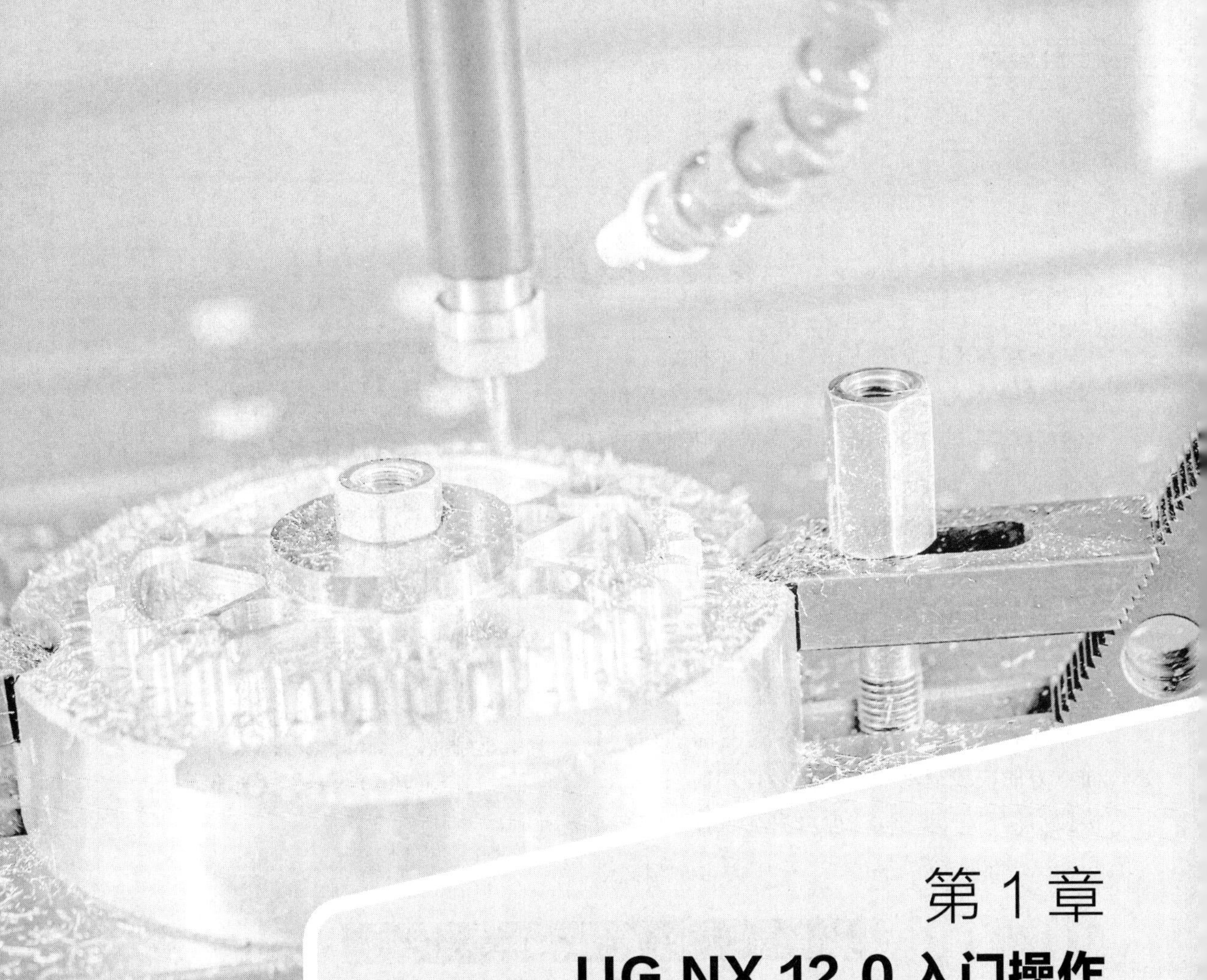

第 1 章 UG NX 12.0 入门操作

UG（Unigraphics NX，以下简称 NX）是 Siemens PLM Software 公司出品的一个产品工程解决方案，它为用户的产品设计及加工过程提供了数字化造型和验证手段。这是一个交互式 CAD/CAM（计算机辅助设计与计算机辅助制造）系统，它功能强大，可以轻松实现各种复杂实体及造型的建构，已经成为模具行业三维设计的一个主流应用。

本章学习内容

- 启动软件
- 关于文件的基本操作
- 工作界面
- 功能区及命令的定制
- NX 系统基础参数设置

1.1 启动软件

启动 NX 12.0 的方法有以下 4 种。

（1）NX 12.0 安装完毕后，在计算机桌面会自动建立一个快捷方式，双击快捷方式图标，即可启动软件。

（2）直接在 NX 12.0 安装目录中双击 ugraf.exe 图标，即可启动软件。

（3）单击桌面左下方的“开始”按钮，在弹出的菜单中找到 Siemens NX 12.0，单击 NX 12.0，即可启动软件，如图 1-1 所示。

（4）将 NX 12.0 快捷方式图标拖动到桌面下方的快捷启动栏中，然后使用时只需单击快捷启动栏中的图标，即可启动软件，如图 1-2 所示。

图 1-1　Windows 10“开始”菜单栏

图 1-2　Windows 10 快捷启动栏

以任意一种方法启动 NX 12.0 后，都将打开程序的初始界面，如图 1-3 所示，然后根据任务需要选择新建或者打开一个部件文件。

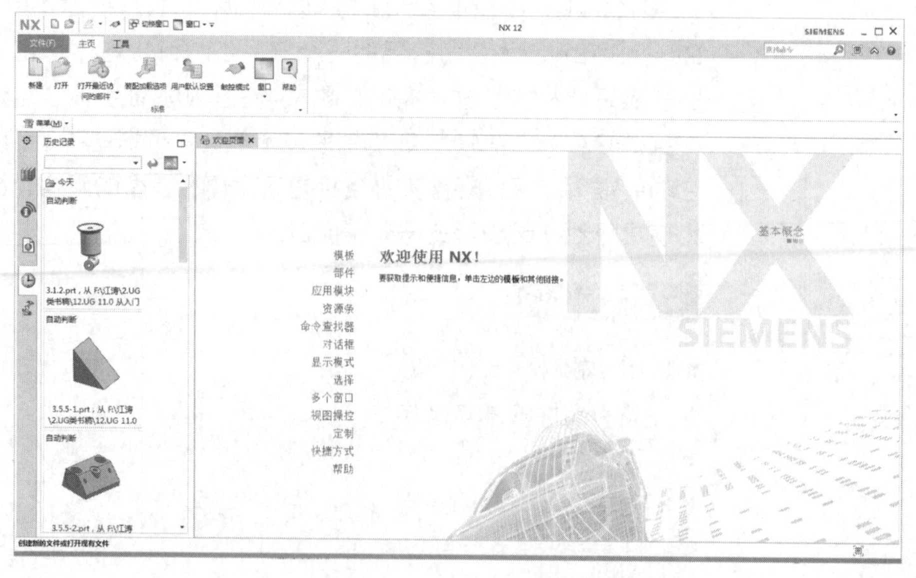

图 1-3　UG NX 12.0 初始界面

1.2 文件的基本操作

本节将介绍有关文件的操作，包括新建文件、打开 / 关闭文件、导入 / 导出文件、保存文件等，如图 1-4 所示。

图 1-4 “文件”菜单命令

1.2.1 新建文件

选择“文件”菜单栏中的“新建”命令或按快捷键 Ctrl+N，会出现如图 1-5 所示对话框，在该对话框中选择相应的模块，由于 NX 12.0 支持中文路径和中文名称，因此可在对话框中直接输入文中名称及文件保存路径，然后单击“确定”按钮即可完成新建。

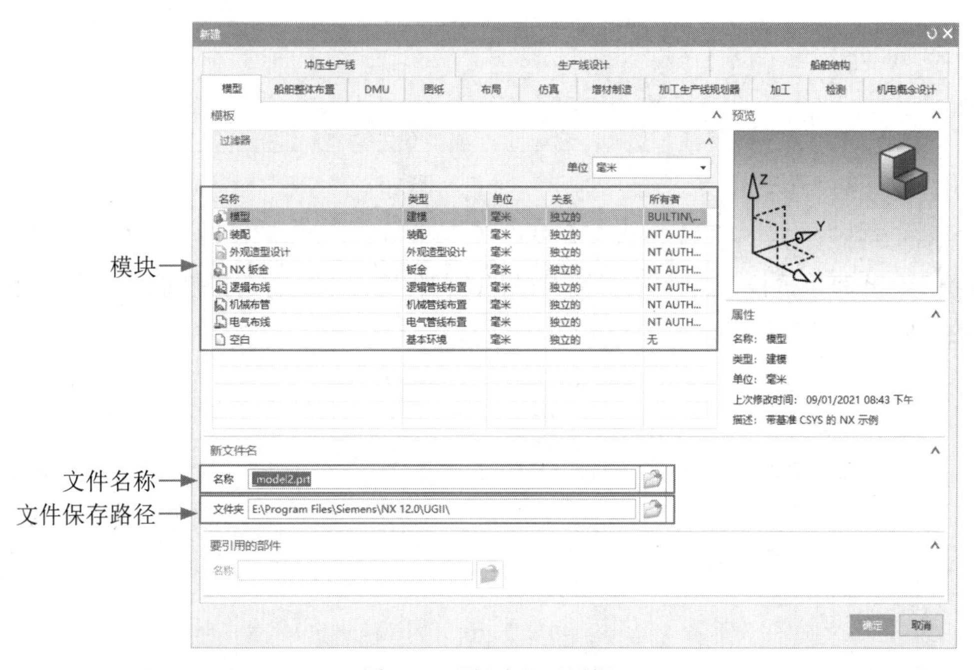

图 1-5 “新建”对话框

1.2.2 打开文件

利用打开文件命令可直接进入与文件相对应的操作环境。执行打开文件命令有以下 3 种方法。

（1）选择“文件”菜单栏中的“打开”命令，如图1-6所示。

（2）单击快速访问工具条上的“打开”按钮，如图1-7所示。

（3）按快捷键Ctrl+O。

以任意一种方法执行打开文件命令后，都会打开如图1-8所示“打开”对话框。

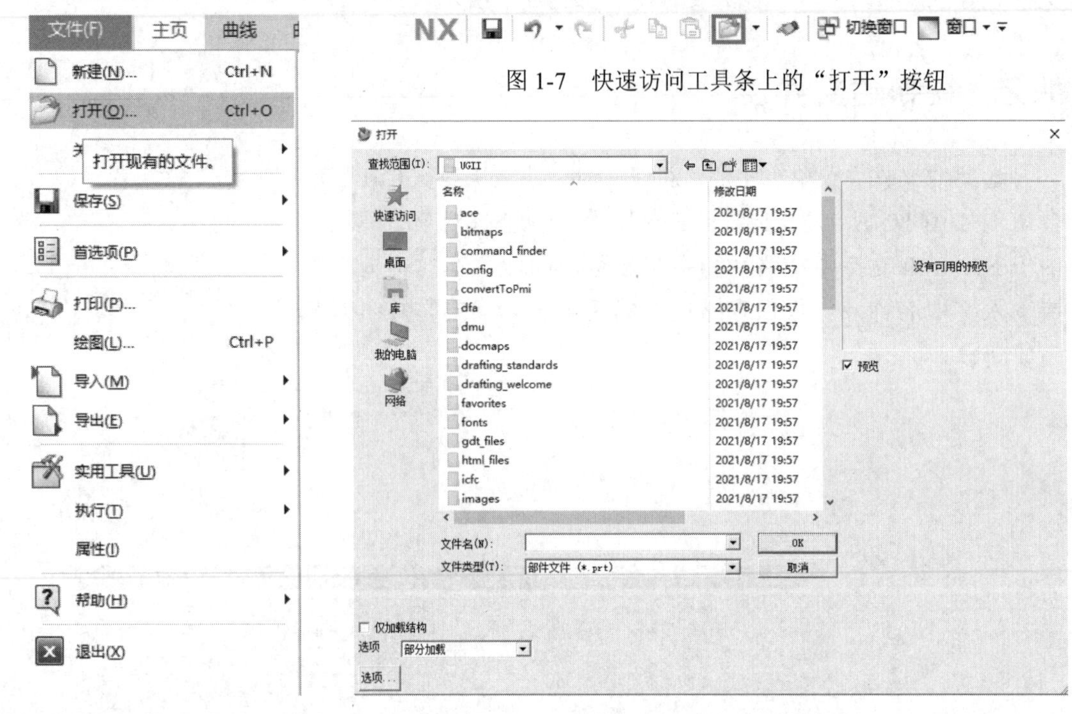

图1-7　快速访问工具条上的“打开”按钮

图1-6　“文件”|“打开”命令　　　　图1-8　“打开”对话框

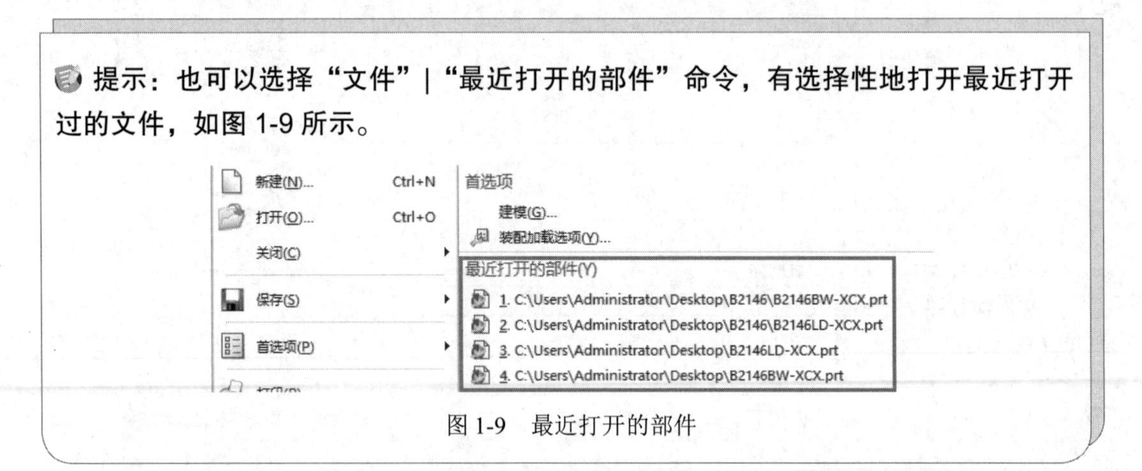

提示：也可以选择“文件”|“最近打开的部件”命令，有选择性地打开最近打开过的文件，如图1-9所示。

图1-9　最近打开的部件

1.2.3　关闭文件

在创建完成一份设计工作之后，需要将该文件关闭，然后退出软件。如果需要关闭文件，可选择“文件”|“关闭”命令，在弹出的子菜单中选择适合的选项执行关闭操作，如图1-10所示。

图 1-10 “关闭”子菜单

1.2.4 导入 / 导出文件

NX 12.0 具有强大的数据交换能力，支持丰富的交换格式，如 STEP203、STEP214、IGES 等通用格式。还可创建与 Pro/E、CATIA 交换数据的专用格式。

1. 导入文件

选择“文件”|“导入”命令，在其子菜单中提供了“部件”命令，以及 NX 与其他应用程序文件格式的接口，其中常用的有 AutoCAD DXF/DWG、IGES、STEP、STL 等，如图 1-11 所示。

图 1-11 “导入”子菜单

下面对常用的几种格式做简单介绍。

（1）部件：在 NX 软件中，可以将已存在的零件文件导入目前打开的零件文件或新文件中。此外，还可以导入 CAM 对象。选择“文件”|“导入”|“部件”命令，打开“导入部件”对话框，如图 1-12 所示。

（2）Paraolid：选择该命令，在弹出的对话框中可以导入（*.X_T）格式文件。

（3）CGM：选择该命令，可以导入 CGM 格式文件，即标准的 ANSI 格式的计算机图形元文件。

（4）IGES：选择该命令，可以导入 IGES 格式文件。IGES 是可在一般 CAD/CAM 应用程序间转换的常用格式，可供各 CAD/CAM 应用程序转换点、线、曲面等对象。

（5）AutoCAD DXF/DWG：选择该命令，可将其他 CAD/CAM 应用程序导出的 DXF/DWG 文件导入 NX 软件中，操作方法与 IGES 相同。

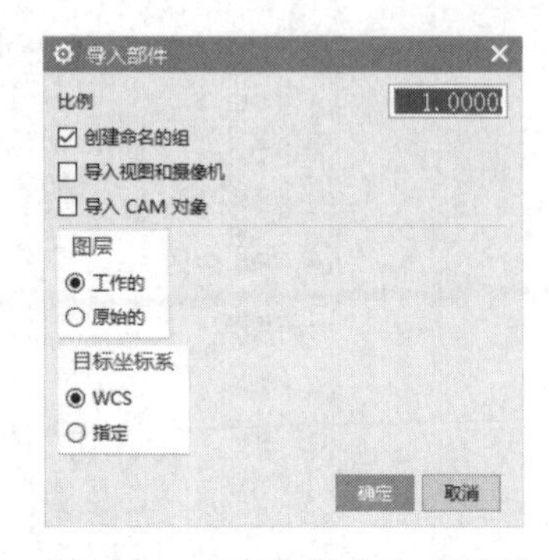

图 1-12 “导入部件”对话框

（6）STEP：选择该命令，可以导入（*.STP）格式文件。STEP 标准是为 CAD/CAM 系统提供中性产品数据而开发的公共资源和应用模型。使用任何的主流三维设计软件，如 Pro/E、UG、CATIA、Solidworks 等都可以直接打开。

（7）STL：选择该命令，可以导入 STL 格式文件。STL 格式文件是在计算机图形应用系统中，用于表示三角形网格的一种文件格式。该文件格式非常简单，应用很广泛。

2. 导出文件

选择“文件”|“导出”命令，可以将UG文件导出为除自身外的多种文件格式，包括图片、数据文件和其他各种应用程序文件格式，如图 1-13 所示。

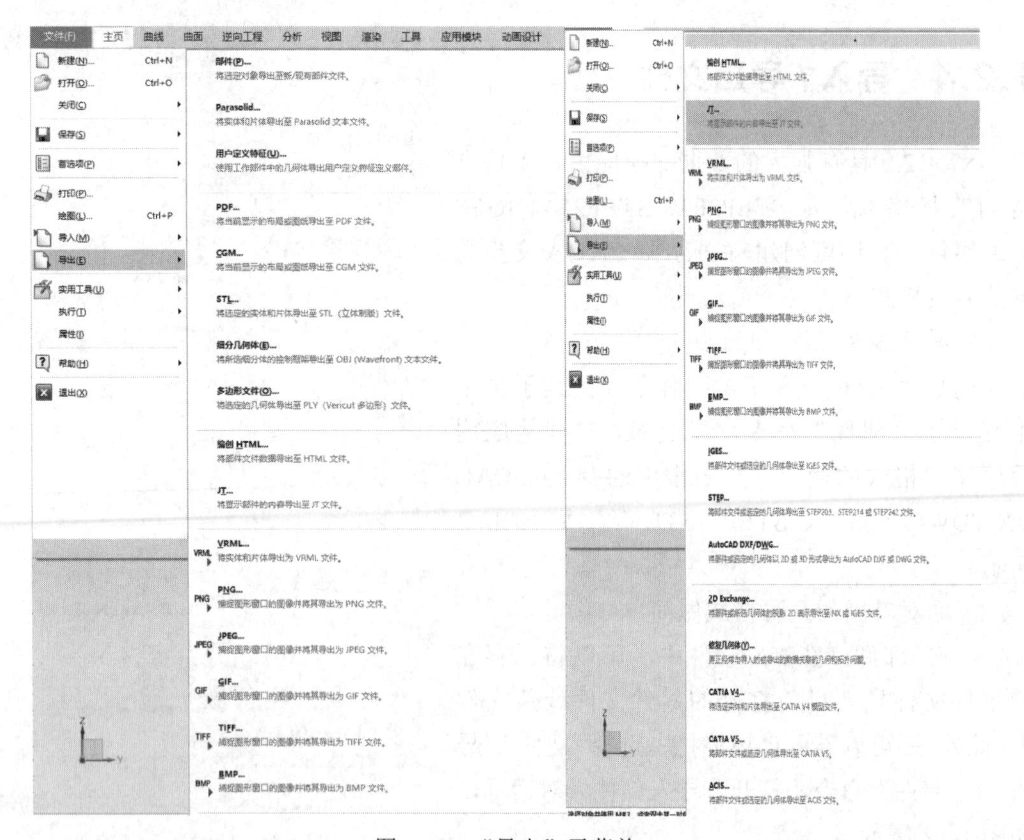

图 1-13 “导出”子菜单

1.2.5　保存文件

选择“文件”|“保存”命令，在其子菜单中提供了“保存”“仅保存工作部件”“另存为”“全部保存”“保存书签”“保存选项”等命令，如图 1-14 所示。

图 1-14　“保存”子菜单

部分命令选项说明如下。

（1）保存：直接保存。

（2）仅保存工作部件：如果打开的文件是装配体中的部件，使用该选项进行保存时不会影响原装配体。

（3）另存为：将当前工作部件以其他名称保存。

（4）全部保存：保存所有已修改的部件和所有顶层装配部件。

1.3　工作界面

NX 12.0 的用户界面与之前版本有很大不同，采用的是 Windows 风格，因此了解并习惯其新界面的组成，对于提高工作效率十分有必要。

NX 12.0 的操作界面是用户对文件进行操作的基础，图 1-15 所示为选择了新建“模型”文件后 NX 12.0 的初始工作界面，主要由功能区、上边框条、菜单按钮、导航区、绘图窗口（工作区）及状态行等组成。在绘图窗口中已经预设了三个基准面和位于三个基准面交点的原点，这是建立零件最基本的参考。

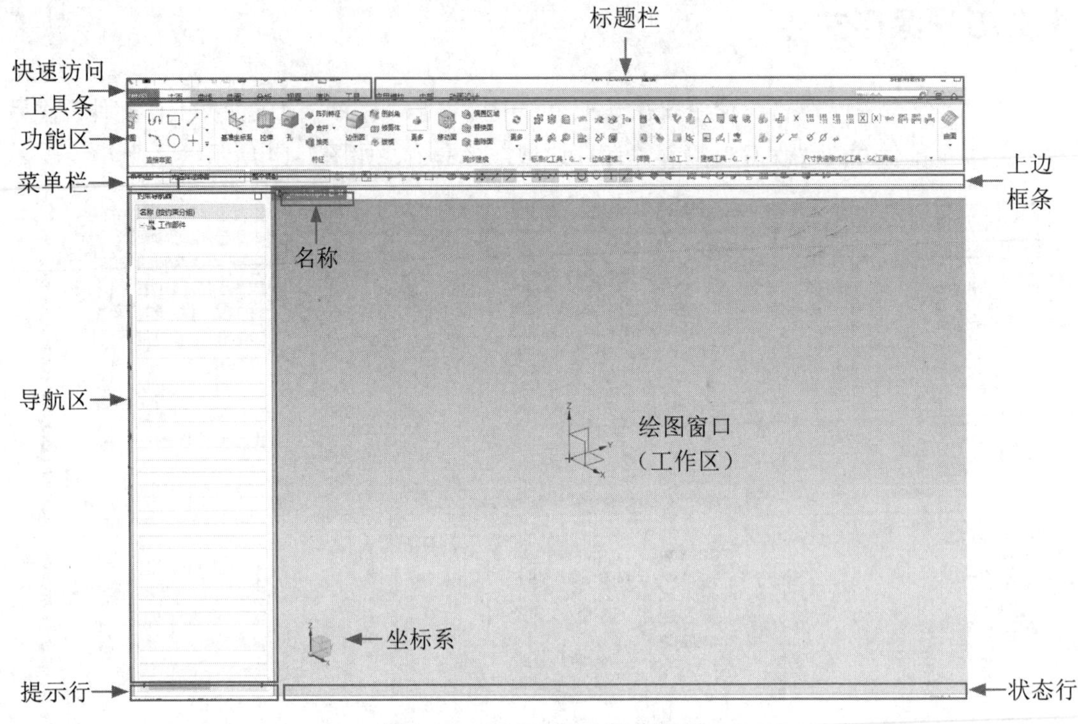

图 1-15　UG NX 12.0 操作界面

1.3.1　快速访问工具条

快速访问工具条中含有文件系统的一些基本操作命令，通过它们用户可以方便、快速地进行绘图工作，如图 1-16 所示。

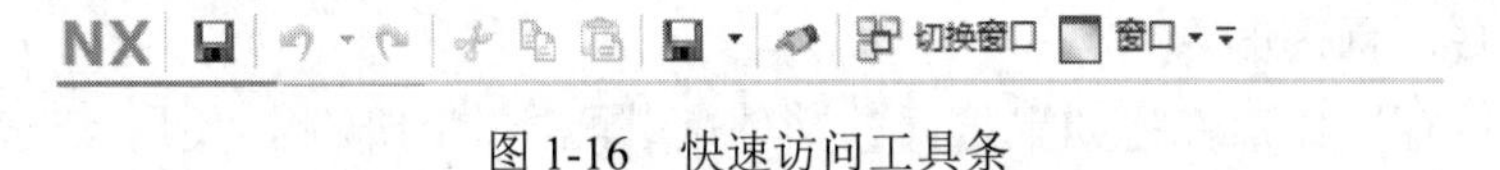

图 1-16　快速访问工具条

1.3.2　标题栏

标题栏用来显示当前的模块及软件版本信息。

1.3.3　功能区

在功能区中，将命令以图标的形式按不同的功能进行分类，安排在不同的选项卡和组中，如图 1-17 所示。

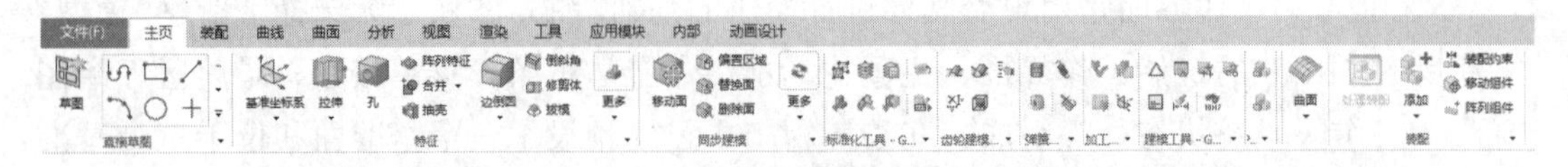

图 1-17　功能区

提示：功能区中所有的命令图标都可以在菜单栏中找到，功能区能有效地缩短在菜单中查找命令的时间，便于操作。

1.“主页”选项卡

“主页”选项卡在不同模块下显示该模块的大部分常用工具，是默认的选项卡，其界面如图 1-17 所示。

2.“曲线”选项卡

“曲线”选项卡提供建立各种形状曲线和修改曲线形状与参数的工具，如图 1-18 所示。

图 1-18　“曲线”选项卡

3.“曲面”选项卡

“曲面”选项卡提供建立各种片体与曲面相关的形状与参数的工具，如图 1-19 所示。

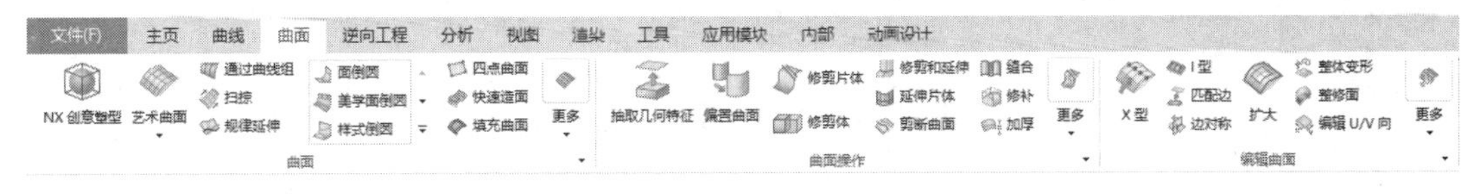

图 1-19　“曲面”选项卡

4.“逆向工程”选项卡

“逆向工程”选项卡为用户提供了常用的逆向设计所需命令及工具，如图 1-20 所示。

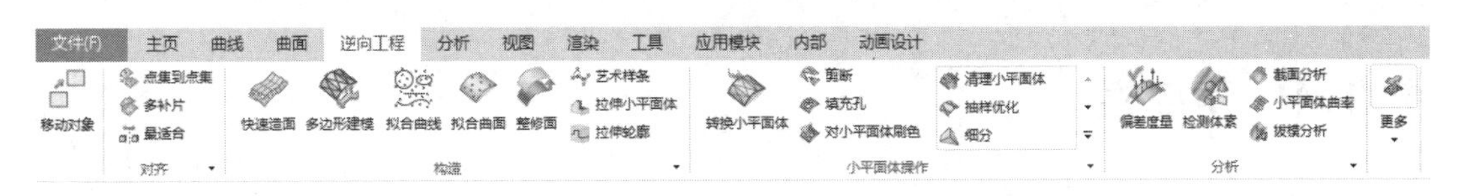

图 1-20　“逆向工程”选项卡

5.“分析”选项卡

“分析”选项卡为用户提供了常用的分析及测量工具，如测量距离、角度、分析面的曲率等，如图 1-21 所示。

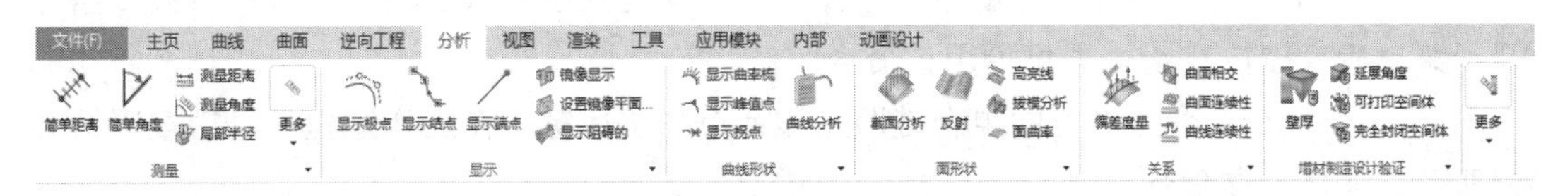

图 1-21　“分析”选项卡

6.“视图”选项卡

“视图”选项卡是用来对图形窗口的物体进行显示操作的，如图 1-22 所示。

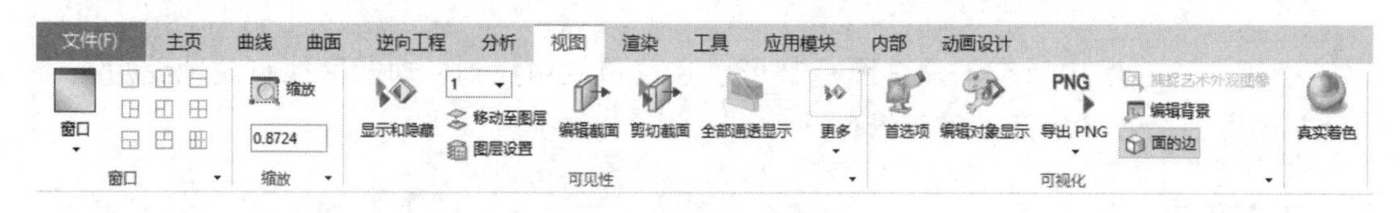

图 1-22　“视图”选项卡

7.“应用模块”选项卡

“应用模块”选项卡用于各个模块的相互切换，如图 1-23 所示。

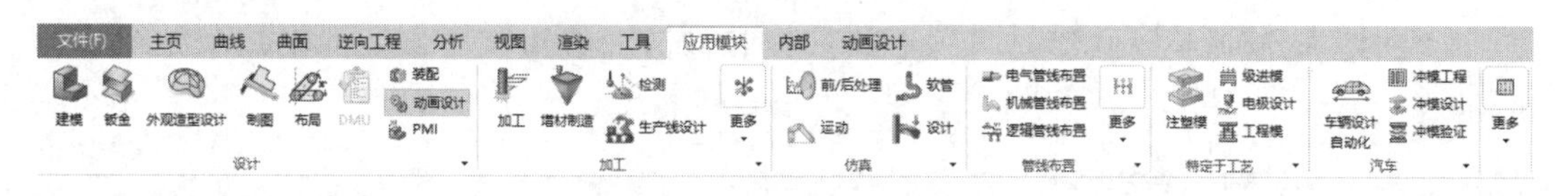

图 1-23　“应用模块”选项卡

8.“动画设计”选项卡

“动画设计”选项卡为用户提供了常用的运动仿真模块所需工具与命令，如图 1-24 所示。

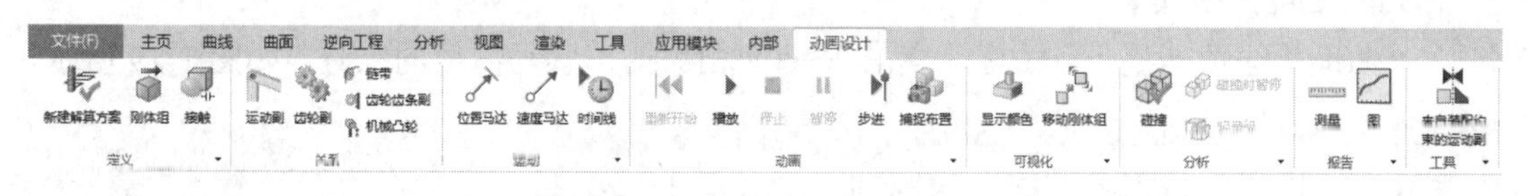

图 1-24　“动画设计”选项卡

提示：菜单命令选项或工具栏按钮暗显示（呈灰色），表示该菜单功能或选项在当前工作环境下无法使用。

1.3.4　菜单栏

菜单栏中包含此软件的主要功能，系统的所有命令或设置选项都归属到不同的菜单下，如图 1-25 所示。当光标放在某一菜单上时，在子菜单中就会显示所有与该功能相关的命令，如图 1-26 所示。

菜单中各元素含义介绍如下。

（1）快捷字母：例如，“新建”（N）中的 N 是系统默认的快捷字母命令键，当打开子菜单后直接按 N 键，即可调用该命令。

（2）快捷键：命令右方的组合键即是该命令的快捷键，在工作过程中直接按下组合键即可自动执行该命令。

（3）功能命令：是实现软件各功能所要执行的命令，单击它会调出相应功能。

（4）子菜单提示箭头：是指菜单命令中右方的三角箭头，表示该命令下还有子菜单。

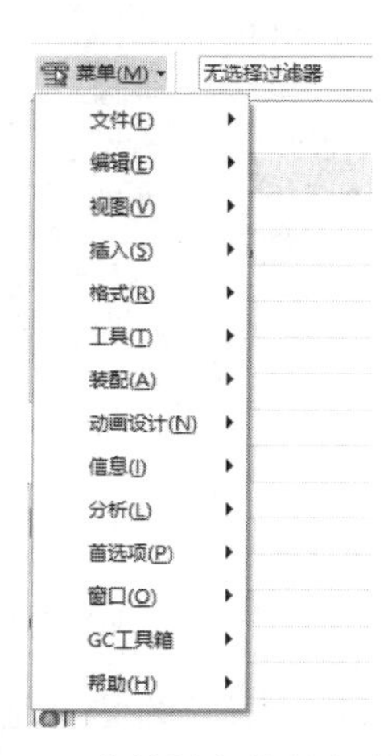

图 1-25 菜单栏中的所有选项

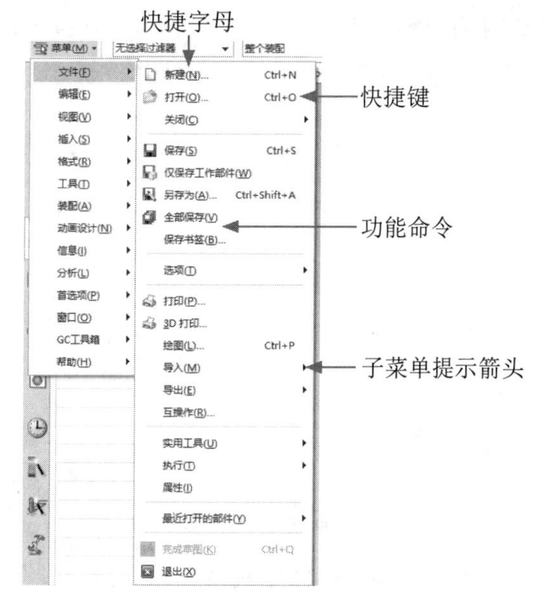

图 1-26 工具子菜单

1.3.5 上边框条

上边框条又称选择条，其中含有一些命令功能，为用户的工作提供方便，如图 1-27 所示。

图 1-27 上边框条

1.3.6 资源条

资源条中包含动画导航器、装配导航器、约束导航器、部件导航器、重用库、HD3D 工具、Web 浏览器、历史记录、加工向导、角色等选项卡，如图 1-28 所示。

（1）“设置”按钮：单击“设置”按钮，可在此处设置或锁定资源条的放置位置，也可在内容选项卡中勾选用户所需要的选项，不需要的选项可以取消显示。

（2）“最大化”按钮：单击“最大化”按钮，可让整个资源条占满整个显示界面。

（3）装配导航器：装配导航器是一种装配结构的图形显示界面，又称为“装配树”。在装配树形结构中，每一个组件为一个节点显示。它不仅能非常清楚地表示出装配中各个组件的装配关系，而且能让使用者在必要时快速地选取和操纵各个组件。例如，使用者可以在装配导航器中选择相应的组件，完成一些装配管理功能，如改变工作部件、改变显示部件和隐藏部件等，如图 1-29 所示。

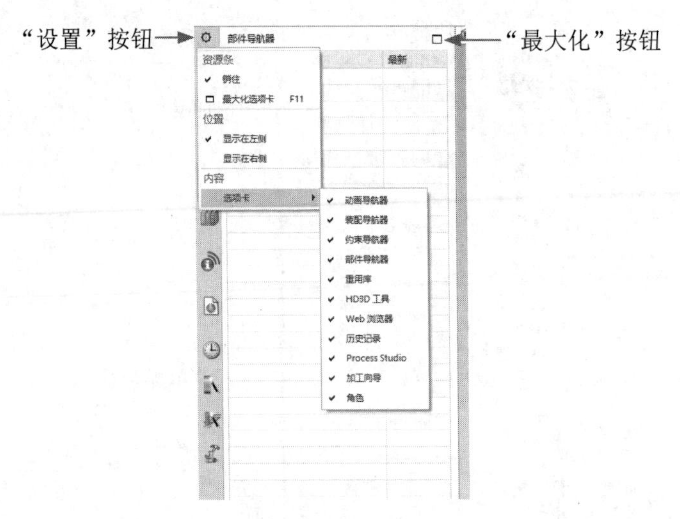

图 1-28　资源条

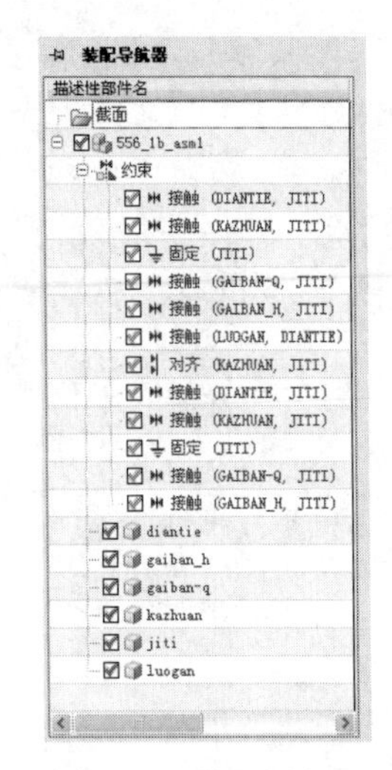

图 1-29　装配导航器

（4）部件导航器：部件导航器又称“模型树”，它提供了在工作部件中特征父子关系的可视化表示，允许在特征上执行各种编辑操作。部件导航器可以用来组织、选择和控制数据的可见性，以及通过简单浏览来理解数据，也可以在其中更改模型参数，以得到所需的形状和定位表达。另外，“制图”和“建模”数据也包括在部件导航器中，如图 1-30 所示。

（5）重用库：运用重用库可访问可重用目标和组件，并将其用于模型或安装。可重用组件将作为组件添加到安装中，这类组件包含行业标准部件、常用机械部件、NX 机械部件等。可重用目标将作为目标添加到模型中，这类目标包含用户定义特征、规律曲线、形状和轮廓、2D 截面、制图定制符号，如图 1-31 所示。

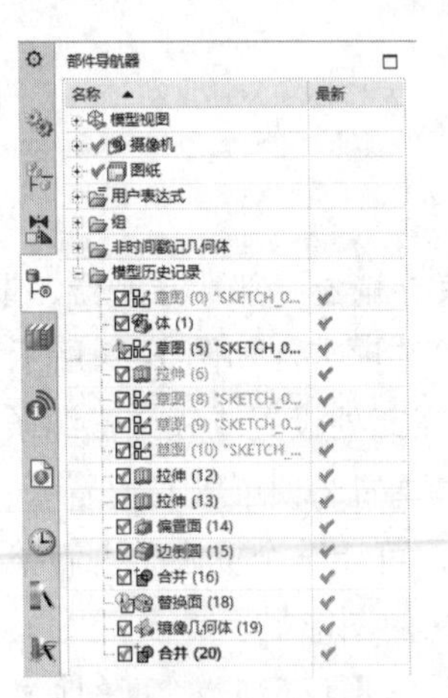

图 1-30　部件导航器

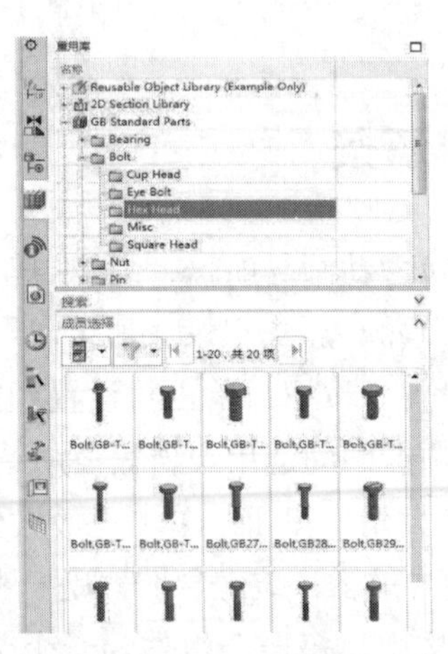

图 1-31　重用库

提示：除了可以拖动命令到功能区的选项卡之外，在类别栏中选择“菜单”|“我的项”|“我的菜单”命令，此时右边选项栏中的命令也可以拖动到功能区的选项卡中，从而创建自定义菜单。

（6）历史记录：单击“历史记录”按钮，可访问打开过的文件列表，预览零件及其他相关信息，如图 1-32 所示。

（7）角色：角色是 NX 根据用户的经验水平、行业或者公司标准提供了一种先进的界面控制方式。角色即按作业功能定制用户界面，可在指派的角色下保存用户界面设置。单击“角色”按钮，可显示如图 1-33 所示界面。在角色内容中，系统根据用户不同分为高级、CAM 高级功能、CAM 基本功能、基本功能四种。在第一次启动 NX 时，系统默认使用的角色为“基本功能”角色。基本功能角色包括一些常用命令，适合新手用户或临时用户。

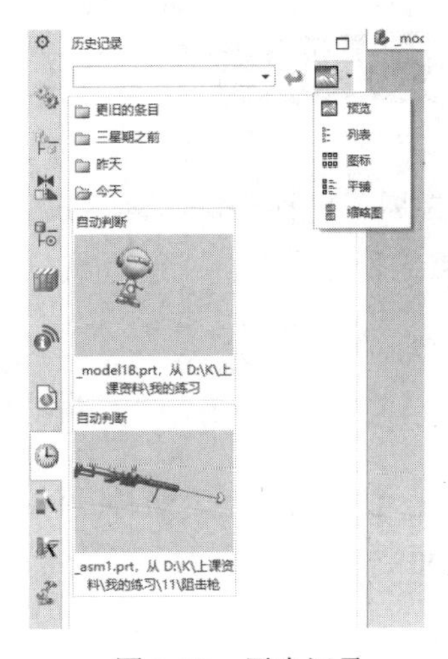

图 1-32　历史记录

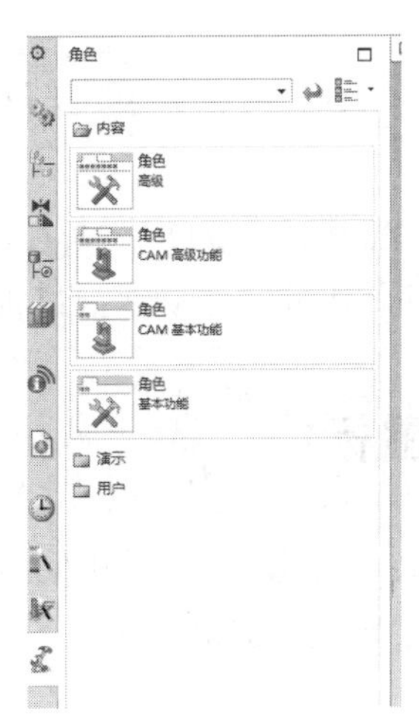

图 1-33　角色

1.3.7　名称

用于显示当前所打开文件的名称。

1.3.8　工作区

工作区是绘图和编程的主区域，创建、显示和修改部件以及生成的刀轨等均在该区域。

1.3.9　坐标系

UG 中的坐标系分为工作坐标系（WCS）、绝对坐标系（ACS）和加工坐标系（MCS）。

1.3.10　提示行

提示行位于绘图区的上方或下方，其主要用途在于提示使用者操作的步骤。在执行每个命令时，系统会在提示行中显示用户所要执行的下一步操作。对于不熟悉的命令，可以根据提示行的帮助来进行下一步操作。

1.3.11 状态行

提示行右侧为状态行，表示系统当前正在执行的操作或显示系统或图形的状态，例如，显示是否选中图形等信息。

1.4 鼠标和键盘操作

鼠标和键盘是主要的输入工具，如果能够妥善运用鼠标按键与键盘按键，就能快速提高设计效率。因此，正确、熟练地操作鼠标和键盘十分重要。

1.4.1 鼠标

一般情况下，用户最为常用的是三键式鼠标，三键式鼠标分为两种：真三键鼠标（见图 1-34）和滚轮式三键鼠标（见图 1-35，其中键为滚轮）。

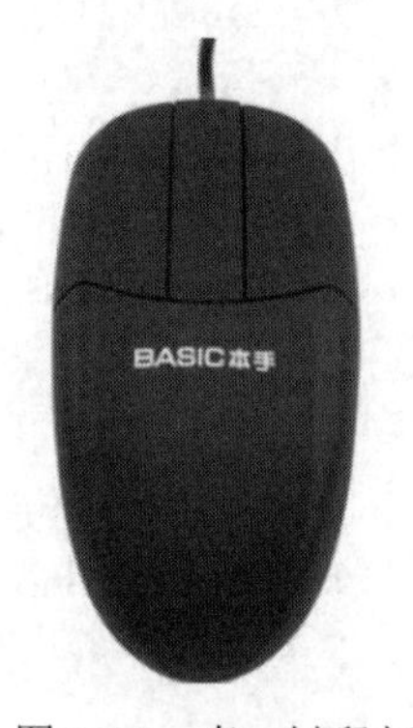

图 1-34 真三键鼠标

图 1-35 滚轮式三键鼠标

在 UG 的工作环境中，鼠标的左键（MB1）、中键（MB2）和右键（MB3）均含有特殊的功能。

（1）左键（MB1）：鼠标左键用于选择菜单、选取几何体、拖动几何体等操作。左键是使用频率最高的，打开软件、选择工具、选择对象时都能用到。在工作区中单击会弹出一组快捷键，可根据需要选择使用，如图 1-36 所示。

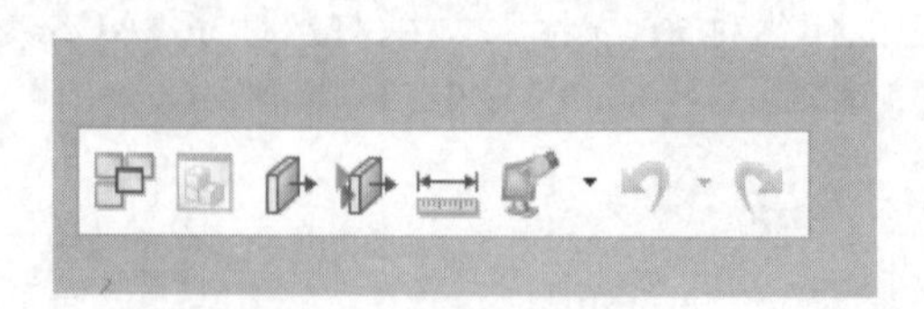

图 1-36 在工作区空白处单击左键后出现的快捷菜单

（2）中键 / 滚轮（MB2）：鼠标中键（滚轮）在 NX 系统中起着重要的作用，但不同的版本其作用具有一定的差异。通常来说，长按中键并拖动，可用于旋转对象视图，在工作区内这也是最常用的；滚动滚轮可用于缩放视图显示区域，对于真三键鼠标来说，需要同时按住中键和左键，然后进行拖动来实现缩放。

（3）右键：单击鼠标右键（MB3），会弹出快捷菜单（称之为鼠标右键菜单），菜单内容依鼠标放置位置的不同而不同。

1.4.2 键盘快捷键及其作用

键盘作为输入设备，快捷键操作是键盘的主要功能之一。在设计中通过使用快捷键，设计者能快速提高效率，尤其是通过鼠标反复地进入下一级菜单的情况下，快捷键作用更为明显。

NX 软件中的快捷键数不胜数，甚至每一个功能模块的每一个命令都有其对应的键盘快捷键，表 1-1 列出了常用快捷键。

表 1-1 键盘常用快捷键

快 捷 键	功 能	快 捷 键	功 能
Ctrl+N	新建文件	Ctrl+J	对象显示
Ctrl+O	打开文件	Ctrl+T	移动对象
Ctrl+S	保存	Ctrl+D	删除
Ctrl+R	旋转视图	Ctrl+B	隐藏
Ctrl+F	适合窗口	Ctrl+Shift+B	反转显示和隐藏
Ctrl+Z	撤销	Ctrl+Shift+U	全部显示
Ctrl+L	图层设置	Ctrl+L	编辑截面

1.5 功能区及命令定制

NX 软件所提供的功能区可以为用户工作提供方便，提高工作效率，但是进入应用模块之后，NX 只会显示默认的功能区按钮设置。用户可以根据自己的习惯定制属于自己的功能区，方法有如下两种。

（1）菜单：选择“菜单” | “工具” | “定制”命令，如图 1-37 所示。

（2）快捷菜单：在功能区任意空白处右击，在弹出的快捷菜单中选择“定制”命令，如图 1-38 所示。

在打开的“定制”对话框中有 4 个选项卡：命令、选项卡 / 条、快捷方式、图标 / 工具提示，单击任意选项卡标签即可对功能区进行定制。定制完成后，单击对话框右下角的“关闭”按钮，即可退出“定制”对话框，如图 1-39 所示。

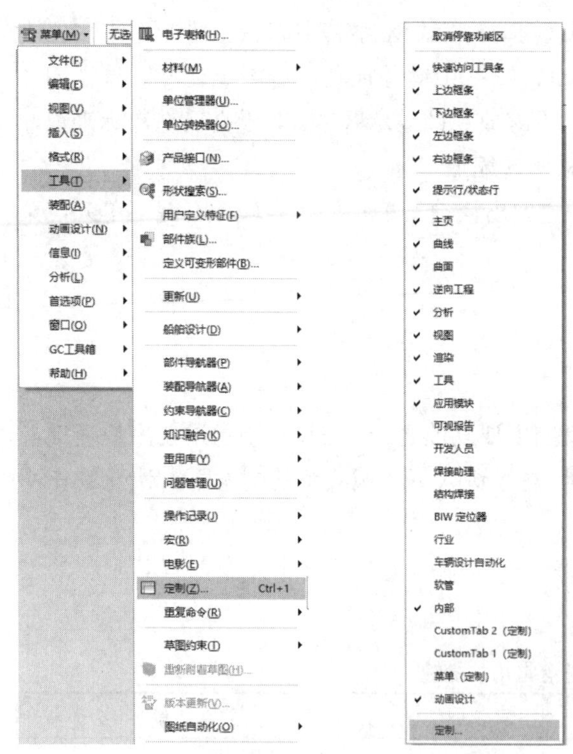

图 1-37　选择“定制”命令　　图 1-38　在弹出的快捷菜单中选择“定制”命令

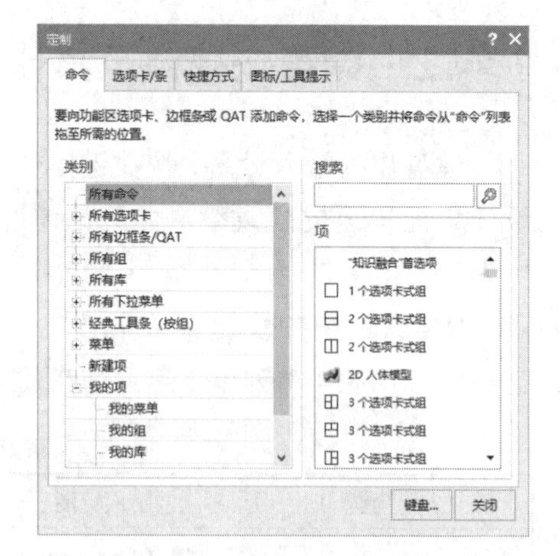

图 1-39　“定制”对话框

1.5.1　命令

此选项卡用于显示或隐藏功能区中的某些命令按钮，具体操作如下。

在“类别”栏下找到需添加命令的选项卡 / 组，然后在“项”栏下找到待添加的命令，将该命令拖至功能区的相应选项卡 / 组中即可。对于选项卡上不需要的命令按钮可直接拖出，然后释放鼠标即可。

除了可以拖动命令到功能区的选项卡 / 组之外，在“类别”栏中选择“菜单”|“我的项”|“我的菜单”命令，此时右边“项”栏中的命令也可以拖动到功能区的选项卡中，从而创建自定义菜单，如图 1-40 所示。

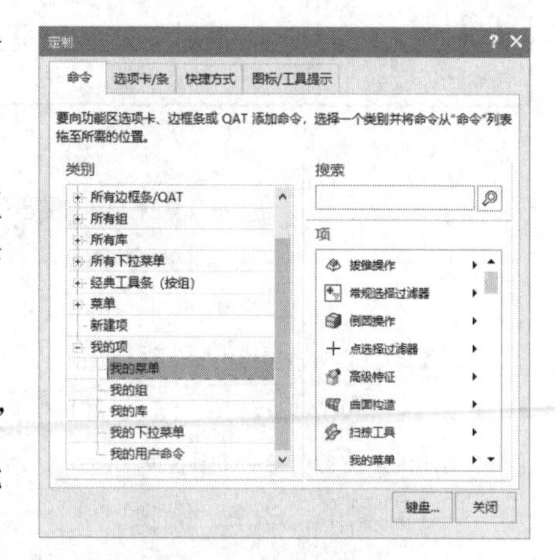

图 1-40　自定义菜单的创建

1.5.2　选项卡 / 条

用于设置显示或隐藏某些选项卡、新建选项卡，也可以利用“重置”命令来恢复软件默认的选项卡设置，如图 1-41 所示。

图 1-41　“选项卡 / 条”选项卡

1.5.3 快捷方式

此选项卡用于定制快捷工具及圆盘工具条等，如图 1-42 所示。用户可根据个人习惯来更改某个命令在键盘上的快捷键，方法如下。

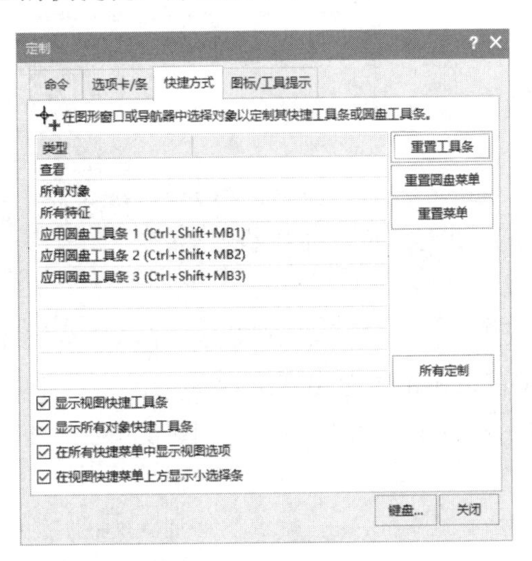

图 1-42　“快捷方式”选项卡

（1）单击“快捷方式”选项卡右下角的“键盘”按钮，打开“定制键盘”对话框。

（2）选择“类别”栏中的“显示和隐藏”，选择“命令”栏中的“隐藏”，如图 1-43 所示。此时左下方的“当前键”会显示“Ctrl+B　全局”（此处显示的是系统默认的快捷键），只需按键盘上用户所需的按键，在右下方“按新的快捷键”下方的空白行中就会出现所按键盘的字母，单击“指派”|“关闭”按钮即可完成键盘的定制。

（3）如需移除原有的键盘快捷键，则选择“当前键”下方的快捷键，单击“移除”|“关闭”按钮即可，如图 1-44 所示。

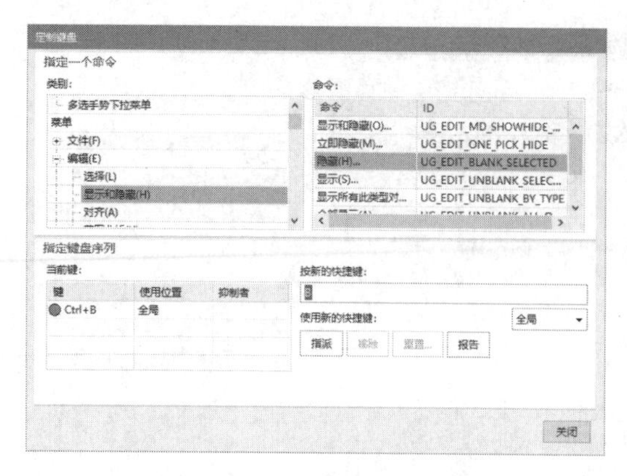

图 1-43　定制键盘快捷键

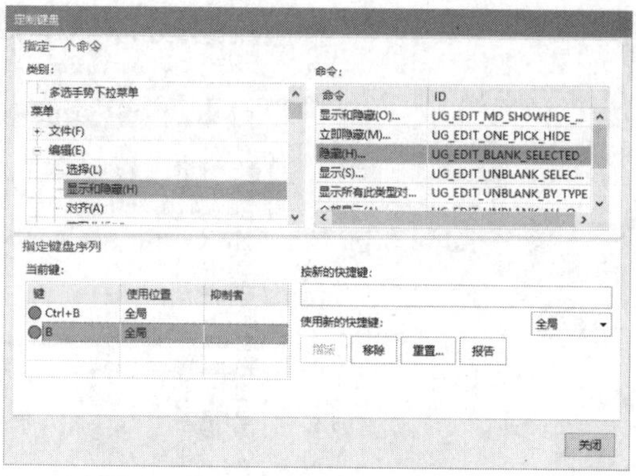

图 1-44　移除键盘快捷键

1.5.4　图标 / 工具提示

用于设置是否显示完全的下拉菜单列表、恢复默认菜单以及功能区和菜单按钮大小，如图 1-45 所示。

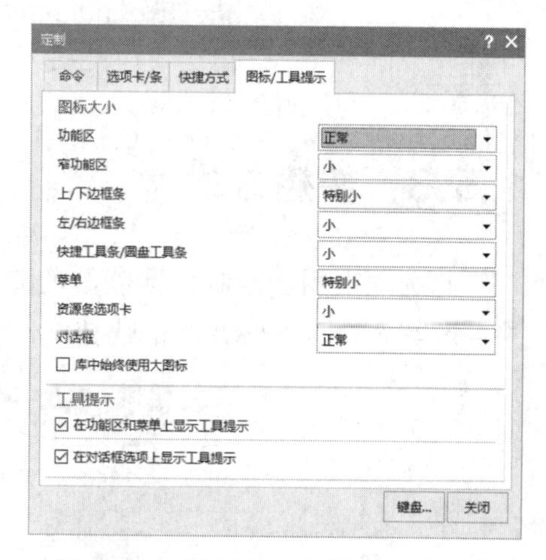

图 1-45　“图标 / 工具提示”选项卡

1. 图标大小

指定功能区、窄功能区、上 / 下边框条、左 / 右边框条、快捷工具条 / 圆盘工具条、菜单和资源条选项卡、对话框的大小。

2. 工具提示

（1）在功能区和菜单上显示工具提示：将光标移到菜单命令或工具条按钮上方时，会显示图形符号的提示。

（2）在对话框选项上显示工具提示：在某些对话框中为需要更多信息的选项显示工具提示，将光标移到标签或按钮上时会出现提示。

（3）在功能区上显示快捷键：在工具提示和图形符号工具提示中显示功能区上命令的快捷键。

提示：当功能区的命令定制完成之后，可将整个界面保存到角色中，便于用户达到一劳永逸的效果，从而提高设计效率。

1.6　NX 系统基础参数设置

在使用 NX 12.0 时，首先要对其进行基础设置，本节将简单介绍以下几个常用的设置。

1.6.1 环境变量设置

在 Windows 系统中，软件的工作路径是由系统注册表和环境变量来设置的。NX 软件安装后会自动建立一些环境变量，如 UGII_BASE_DIR、UGII_LANG 和 UG_ROOT_DIR 等，如果用户要添加环境变量，方法如下。

（1）在计算机（我的电脑）图标上右击，在弹出的快捷菜单中选择“属性”命令，如图 1-46 所示。

（2）在弹出的对话框中选择“高级系统设置”命令，如图 1-47 所示。

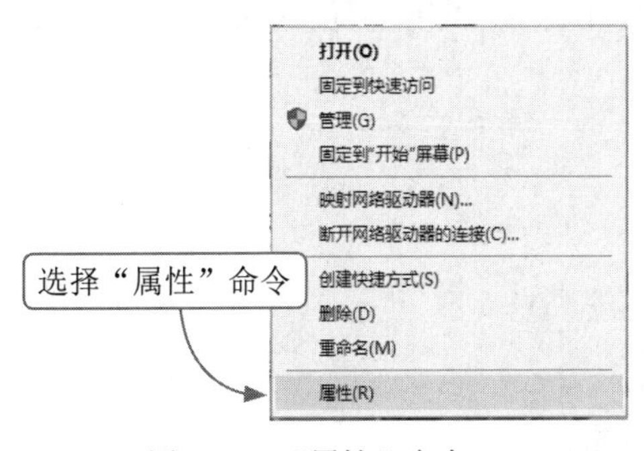

图 1-46 “属性”命令

图 1-47 “高级系统设置”命令

（3）在弹出的“系统属性”对话框中，选择“高级”选项卡，单击“环境变量”按钮，如图 1-48 所示。

（4）在弹出的“环境变量”对话框中进行相应的操作即可，如图 1-49 所示。

图 1-48 “系统属性”对话框

图 1-49 “环境变量”对话框

如果要对 NX 12.0 进行语言的切换，在“环境变量”的“系统变量”列表中选择 UGII_LANG，然后单击下面的“编辑”按钮，打开如图 1-50 所示的“编辑系统变量”对话框，在“变量值”文本框中输入“simple_chinese”（中文）或“English”（英文），即可实现中英文界面的切换。

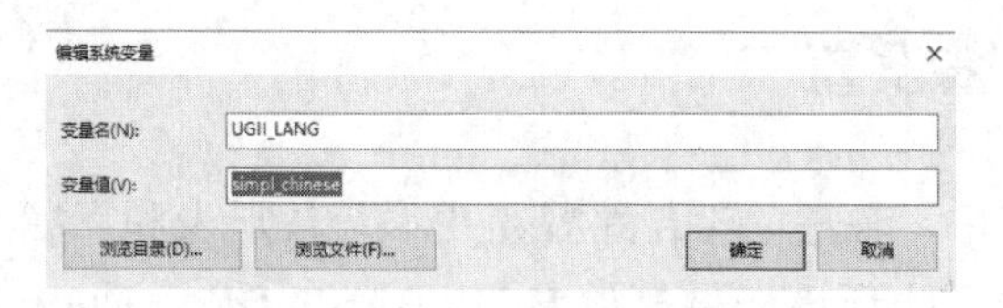

图 1-50 “编辑系统变量”对话框

如果要对 NX 12.0 进行经典工具条与功能区界面的切换，在“环境变量”的“Administrator 的用户变量”列表下选择“新建”，打开如图 1-51 所示的“新建用户变量”对话框，在“变量名”文本框中输入 UGII_DISPLAY_DEBUG，在“变量值”文本框中输入“1”，单击“确定”按钮，即可实现经典工具条与功能区界面的切换。

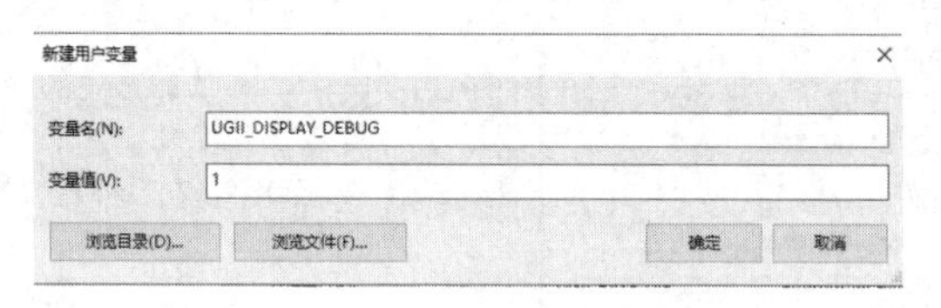

图 1-51 新建系统变量

提示：此方法仅对 NX 12.0.0.27 以下版本有效。

1.6.2 用户默认设置

在 NX 12.0 中，大部分的参数是可以修改的，如图形中尺寸的单位、字体的大小以及对象的颜色、尺寸的标注样式等都有系统默认值。而参数的默认值都保存在用户默认设置文件中，当启动软件时，系统会自动调用默认值，以提高设计效率。

选择“菜单”|“文件”|“实用工具”|“用户默认设置”命令，打开“用户默认设置”对话框，如图 1-52 和图 1-53 所示。

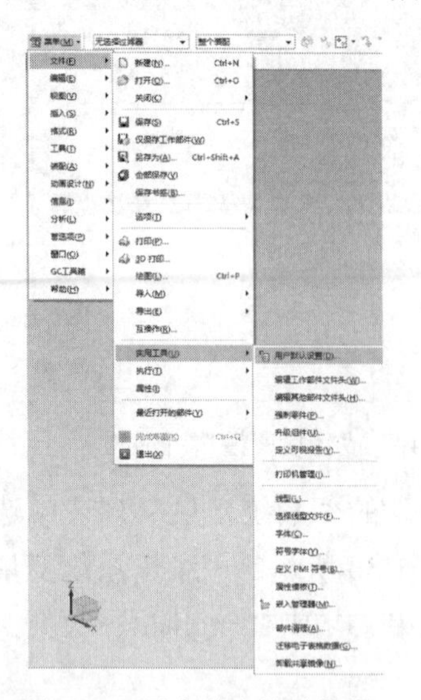

图 1-52 用户默认设置位置

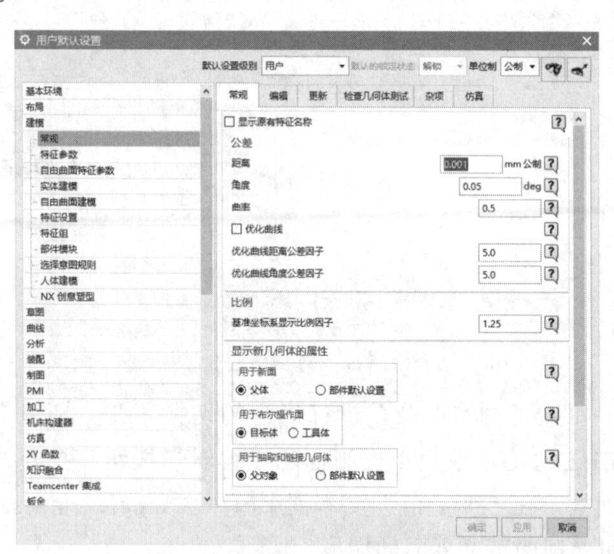

图 1-53 用户默认设置

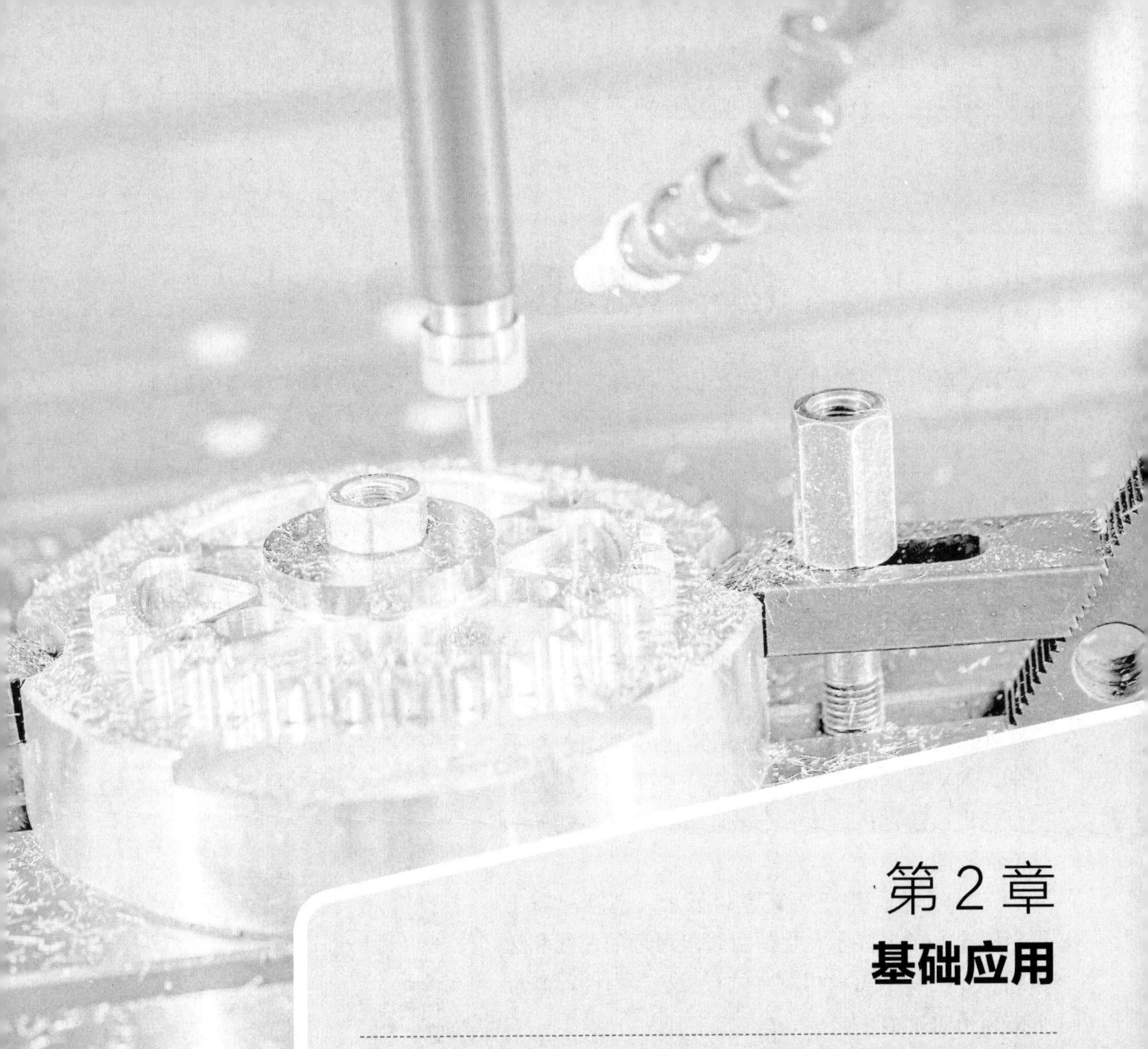

第 2 章 基础应用

本章主要介绍 UG NX 一些比较常用的基础应用，如对象的基本操作、显示和隐藏、图层、坐标系、分析、首选项等。熟练掌握这些常用工具会使工作变得更方便、快捷。本书后续章节介绍的许多命令都离不开这些常用工具。

本章学习内容

- 对象的基本操作
- 显示和隐藏
- 图层
- 坐标系的基本操作
- 分析
- 首选项

2.1 对象的基本操作

NX 软件中所有的点、线、面、实体、小平面等，都被称为对象。模型的创建、编辑过程都是对对象的操作过程。

2.1.1 查看对象

有以下几种途径可以查看对象。

1. 快捷菜单

在工作区域右击，弹出如图 2-1 所示快捷菜单。菜单中各选项含义介绍如下。

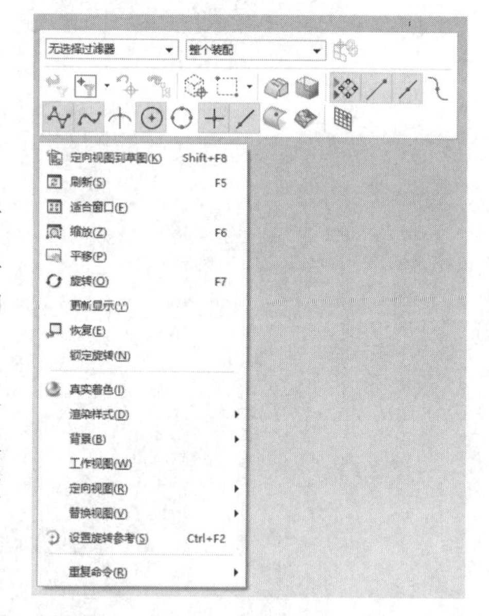

图 2-1 快捷菜单

（1）定向视图到草图：用于摆正草图。新手在学习 NX 时，如果不小心误操作让草图视图发生变化，可以通过执行该命令来让草图还原至初始的基准面视图。

（2）刷新：用于更新窗口显示，包括更新工作坐标（WCS）显示、更新由线段逼近的曲线和边缘显示，更新草图和相对定位尺寸 / 自由度，基准平面和平面显示。

（3）适合窗口：用于拟合视图，即调整视图中心和比例，使整个部件在视图的边界内，此命令还可通过快捷键 Ctrl+F 来实现。

（4）缩放：用于实时缩放视图，此命令可以通过同时按住鼠标滚轮键和左键来拖动鼠标实现。

（5）平移：用于平移视图，此命令可以通过同时按住鼠标滚轮键和右键来拖动鼠标实现。

（6）旋转：用于平旋转视图，此命令可以通过按住鼠标滚轮键，再拖动鼠标实现。

（7）更新显示：与刷新通用。

（8）恢复：与适合窗口通用。

（9）锁定旋转：选择“锁定旋转”后将不能旋转视图。

（10）渲染样式：用于更换视图的显示模式，如图 2-2 所示。

（11）背景：用于设置工作区域背景颜色，如图 2-3 所示。

（12）定向视图：用于改变对象观察点的位置，如图 2-4 所示。

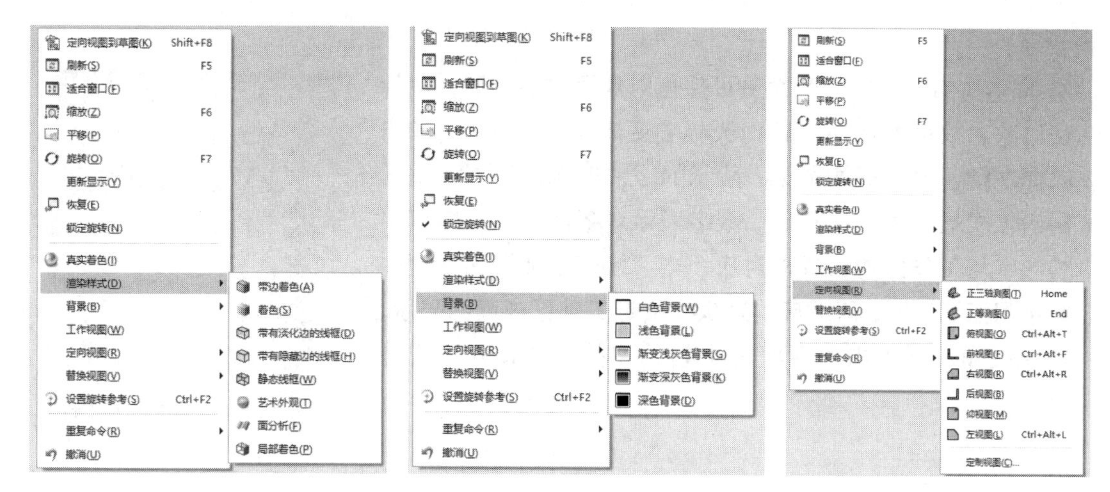

图 2-2　“渲染样式”子菜单　　图 2-3　“背景”子菜单　　图 2-4　“定向视图”子菜单

（13）设置旋转参考：此命令可以实现用鼠标在工作区域中选择合适的旋转点，再通过旋转命令观察对象。此命令还可通过快捷键 Ctrl+F2 来实现。

2．“视图”菜单

选择“菜单”｜“视图”命令，弹出如图 2-5 所示子菜单，其中许多功能可以从不同角度查看对象。

2.1.2 选择

在 NX 软件中，可以通过多种方法来选择对象，以方便、快速地选择目标体。选择“菜单”｜“编辑”｜“选择”命令，弹出如图 2-6 所示子菜单。

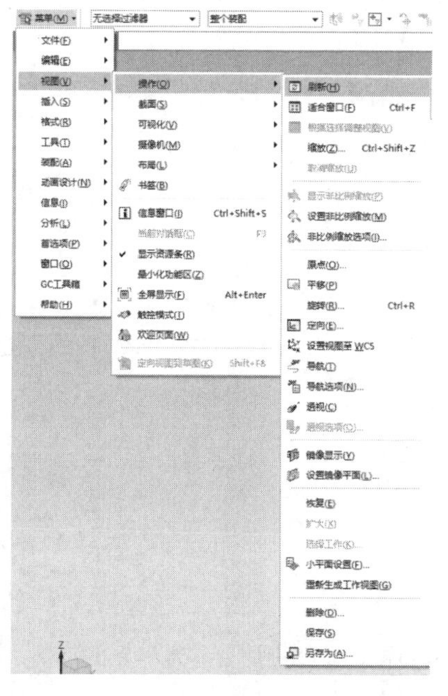

图 2-5　“视图”子菜单

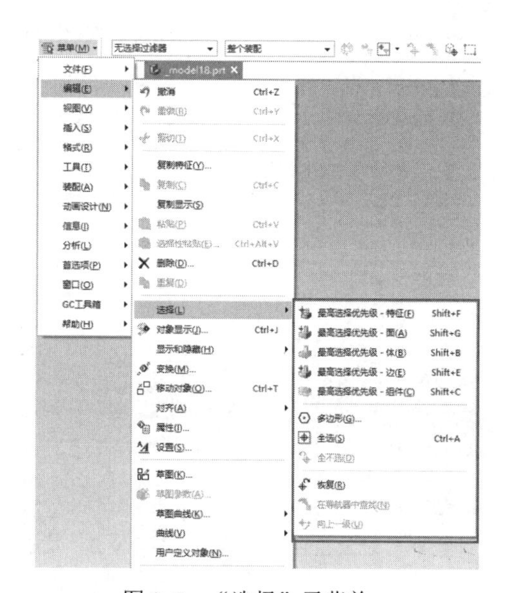

图 2-6　“选择”子菜单

提示：当工作区内有大量可视化对象可供选择时，鼠标在对象上放置大概 3s，此时光标会变成“+”符号，单击鼠标左键，会打开如图 2-7 所示的“快速选取”对话框，框内依次显示可选择对象。数字表示对象的顺序，各框中的数字与工作区的对象相对应，当“快速选取”对话框中数字高亮显示时，所对应的对象也会在工作区内高亮显示。如需关闭，则单击对话框右上角的“关闭”按钮，或按 Esc 键即可。

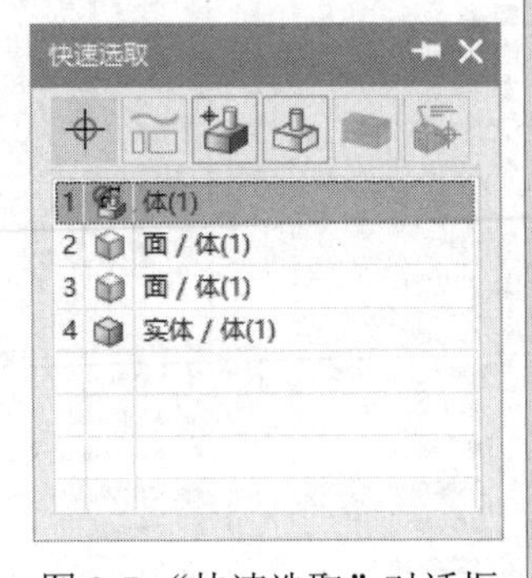

图 2-7 “快速选取”对话框

2.1.3 对象显示

对象显示用于修改对象的图层、颜色、线型、宽度、透明度、着色和分析显示状态等参数，如图 2-8 所示。具体操作步骤如下。

（1）选择“菜单”|“编辑”|“对象显示”命令，或按 Ctrl+J 快捷键，打开如图 2-9 所示的“类选择”对话框。

（2）通过“类选择”对话框选择要改变的对象后，打开如图 2-10 所示的“编辑对象显示”对话框，在该对话框中可以选对象的图层、颜色、线型、宽度、透明度、着色和分析显示状态等参数。

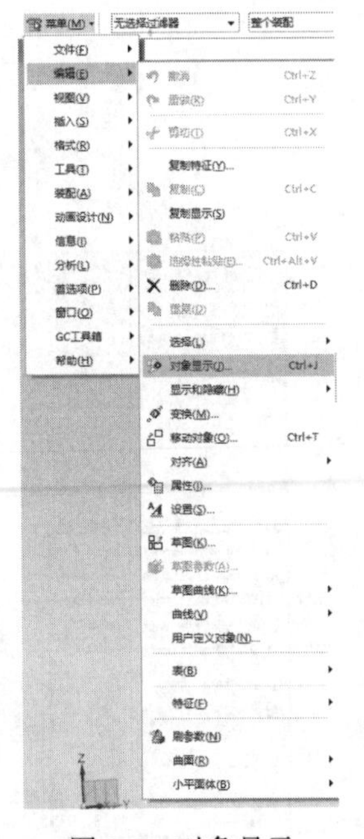

图 2-8 对象显示

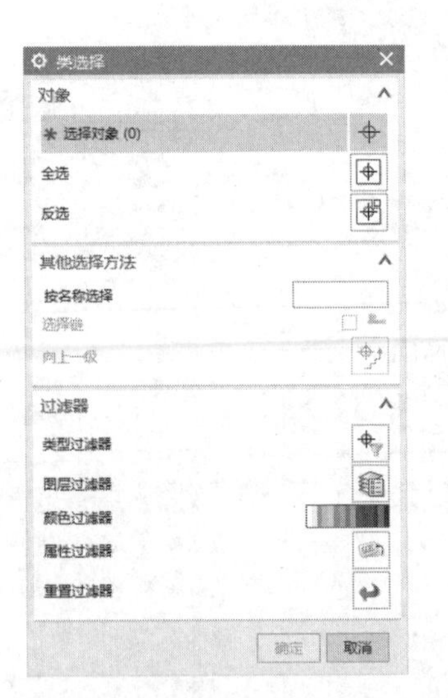

图 2-9 “类选择”对话框

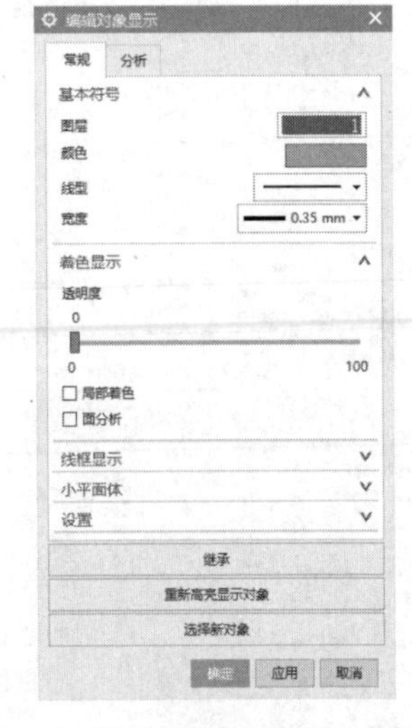

图 2-10 “编辑对象显示”对话框

（3）单击“确定”按钮，即可完成编辑并退出该对话框；单击“应用”按钮，则不用退出该对话框，接着进行其他操作。

1.“类选择”对话框

1）“对象”选项组

“对象”选项组中包含“选择对象”“全选”“反选”3 种方式，分别介绍如下。

（1）选择对象：用于选取对象。

（2）全选：用于选取所有的对象。

（3）反选：用于选取绘图工作区域内未被用户选中的对象。

2）“其他选择方法”选项组

“其他选择方法”选项组中有“按名称选择”“选择链”“向上一级”3 种方式，分别介绍如下。

（1）按名称选择：用于输入要选取对象的名称。

（2）选择链：用于选择首尾相接的多个对象。

（3）向上一级：用于选取上一级的对象。

3）“过滤器”选项组

“过滤器”选项组用于限制要选择对象的范围，有“类型过滤器”“图层过滤器”“颜色过滤器”“属性过滤器”“重置过滤器”等类型，分别介绍如下。

（1）类型过滤器：单击此按钮，打开如图 2-11 所示对话框，此对话框中会显示当前绘图窗口中所包含的几何体，如曲面、实体、基准平面等。当选择“曲线”“面”“尺寸”“符号”等对象类型时，单击“细节过滤”按钮，还可以做进一步的限制，如图 2-12 所示。

（2）图层过滤器：单击此按钮，打开如图 2-13 所示对话框，可以根据选择图层来达到选择图层内零件的目的。

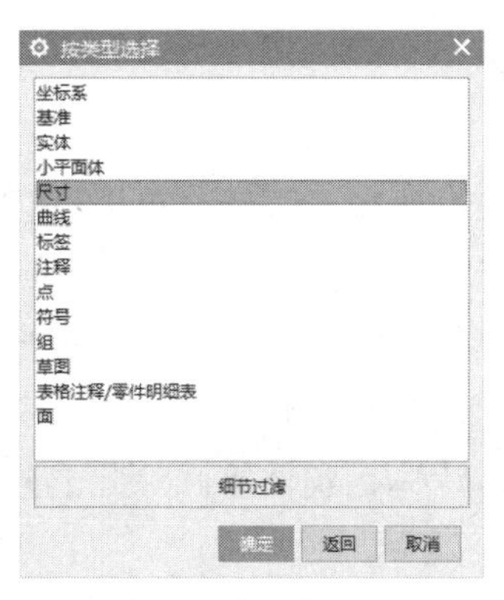

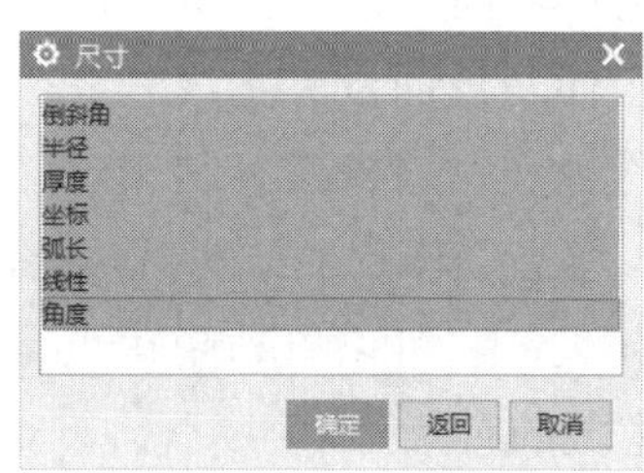

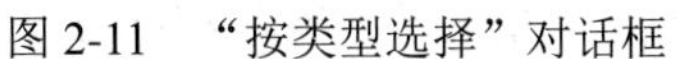

图 2-11 “按类型选择”对话框　　图 2-12 “尺寸”对话框　　图 2-13 “按图层选择”对话框

（3）颜色过滤器：单击此按钮，打开如图 2-14 所示对话框，可以通过捕捉不同的零件颜色，来达到选择零件的目的。

（4）属性过滤器：单击此按钮，打开如图 2-15 所示对话框，指的是当前零件下所含的属性，如线型、线宽等。

（5）重置过滤器：在使用选择过滤器的过程中，在执行一类选择后，如果改变新的类型选择，可以通过重置过滤器来清除上一步所执行的类选择。

2.“编辑对象显示”对话框

（1）图层：用于指定所选对象放置的图层。

（2）颜色：用于更改所选对象的颜色，可调出如图 2-14 所示的“颜色”对话框。

（3）线型：用于更改所选对象的线型，如实线、点画线、虚线等。

（4）宽度：用于更改所选对象的线宽。

（5）着色显示：用于更改所选对象的着色。

（6）继承：单击此按钮，打开如图 2-16 所示的“继承”对话框，选择需要从哪个对象上继承设置，并应用到之后所选对象上。

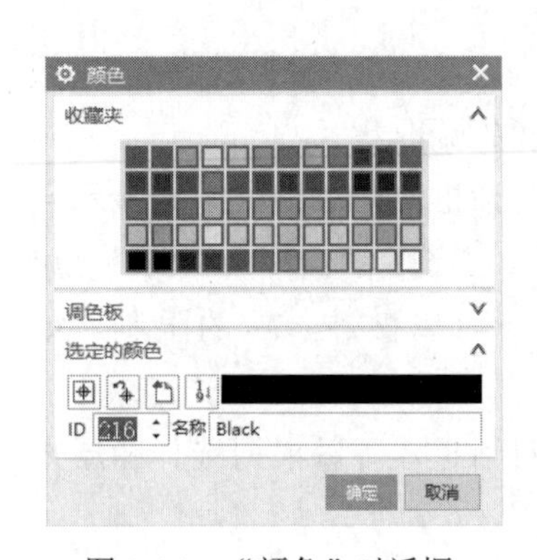

图 2-14 “颜色”对话框

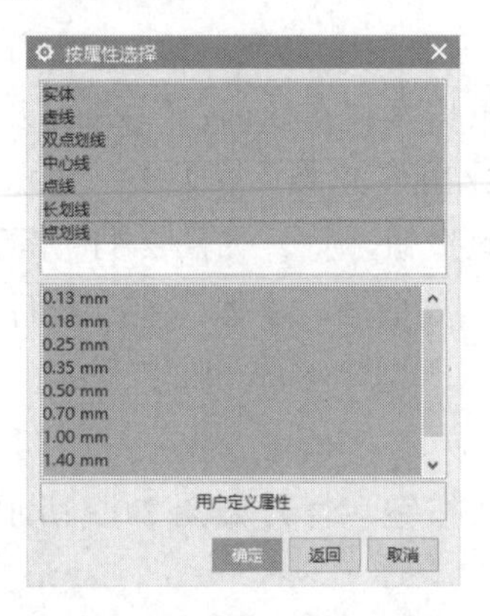

图 2-15 “按属性选择”对话框

图 2-16 “继承”对话框

2.2 显示和隐藏

在 NX 软件中，系统的工作界面可以分为两面，简单来说就如一张纸，可以在正面画图，也可以在反面画图，正面与反面没有主次之分，功能基本相同。如果在当前的工作区域中存在许多对象，则用户在对对象进行编辑时，会显得非常杂乱。因此，用户可将某些成型的对象进行隐藏，相当于移到了纸的另一面，在需要时再将其显示。

而显示和隐藏功能非常强大，它可以单独隐藏点、线、片体、实体等。除此之外，还可以反向隐藏，显示所有隐藏的对象

在边框条中单击“菜单”|“编辑”|“显示和隐藏”命令，将展开“显示和隐藏”子菜单，如图 2-17 所示。

在“显示和隐藏”子菜单中单击相应的命令，可以控制对象的不同隐藏方式，其中

各命令的含义如下。

（1）“显示和隐藏”命令：单击该命令，或按快捷键 Ctrl+W，可以根据类型显示和隐藏对象，如图 2-18 所示。在打开的“显示和隐藏”对话框中，加号代表显示，减号代表隐藏。可根据用户的需求，在相应的点、线、片体、实体所对应的加减号上单击即可隐藏和显示。

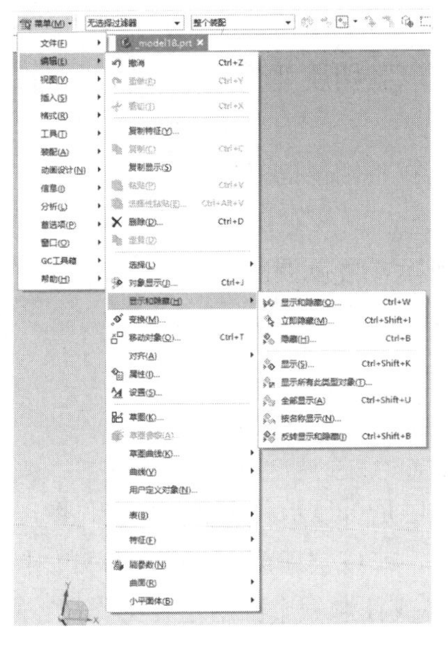

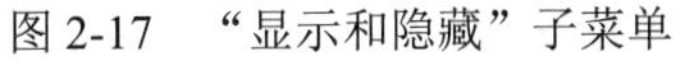

图 2-17　“显示和隐藏”子菜单

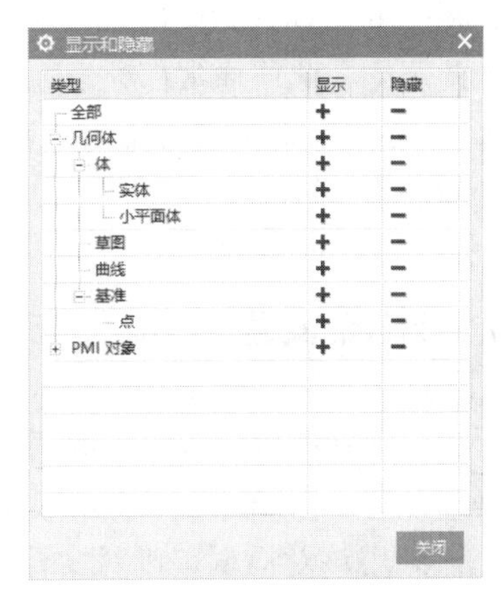

图 2-18　“显示和隐藏”对话框

（2）“立即隐藏”命令：单击该命令，或按快捷键 Ctrl+Shift+I，一旦选定对象后，就隐藏它们。

（3）“隐藏”命令：单击该命令，或按快捷键 Ctrl+B，可以使选定的对象在显示中不可见。

（4）“显示”命令：单击该命令，或按快捷键 Ctrl+Shift+K，可以使选定的对象在显示中可见。

（5）“显示所有此类型对象”命令：单击该命令，可以显示指定类型的所有对象。

（6）“全部显示”命令：单击该命令，或按快捷键 Ctrl+Shift+U，可以显示可选图层的所有对象。

（7）“按名称显示”命令：单击该命令，可通过选择部件的名称来指定显示对象。

（8）“反转显示和隐藏”命令：单击该命令，或按快捷键 Ctrl+Shift+B，可以反转可选对象上的所有隐藏状态。

2.3　图层

图层在复杂建模时可以控制对象的显示和编辑状态。所谓图层，就是在空间中使用不同的层次来放置几何体，如实体、片体、线条、点、文字等。NX 软件中的层功能类似于设计工程师在一张无限大的纸上建立模型，一个图层类似于一张纸，图层的主要功能是在复杂建模时可以控制对象的显示和编辑状态。

每一个文件，系统默认256层，这256层相当于256张透明的纸叠加在一起，每一层上可以有任意数量的对象，因此，一个图层可以包含部件上的所有对象，一个对象上的部件也可以分布在很多的图层上。但需要注意的是，只有一个图层是当前工作图层，所有的操作只能在工作层上进行，其他图层可以通过可见、可选择等设置来进行辅助工作。

通常将256层设置为废层（垃圾层），就是将不需要的对象放置于此层中，此层通常都处于隐藏状态。

选择“菜单”|“格式”命令，如图2-19所示，可以调出图层相关的命令。

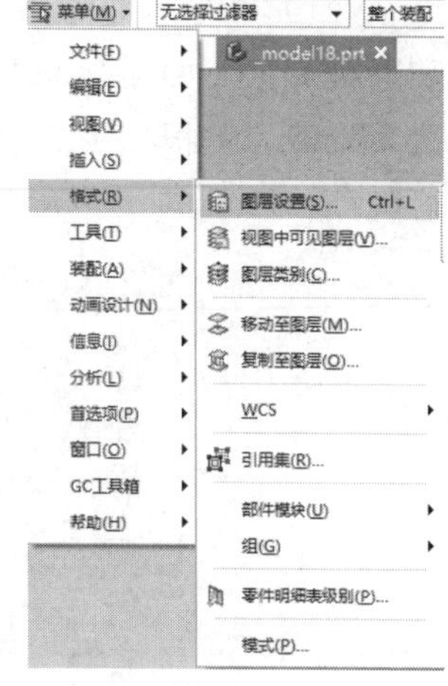

图2-19 “格式”子菜单

2.3.1 图层设置

用户可以在任何一个或一组图层中设置该图层是否显示和是否变换工作图层等。

选择“菜单”|“格式”|“图层设置”命令，或按快捷键Ctrl+L，打开如图2-20所示对话框。利用该对话框可以对文件中所有图层或任意一个图层进行工作层、可选性、可见性的设置，也可以查看图层的信息，还可以对图层所属类别进行编辑。

（1）“工作层”文本框：在其中输入需要设为当前工作层的图层号，系统会自动设置该图层为工作层。

（2）“按范围/类别选择图层”文本框：在其中输入类别名称并确认后，系统会自动选择所有属于该类别的图层，并改变它们的状态。

（3）类别过滤器：在其中输入“*”号，表示接受所有图层的类别。

（4）名称：在此列表框中显示了所有图层及所属种类相关信息，如图层编号、状态、种类、对象数量等。

（5）仅可见：用于将指定的图层设置为仅可见状态，当图层处于仅可见状态时，该图层内的所有对象不能被选择和编辑。

（6）显示：用于控制图层状态列表框中图层的显示情况。该下拉菜单中有4个选项，如图2-21所示。

提示：菜单中各选项含义介绍如下。

（1）所有图层：在图层状态列表框中显示出所有图层。

（2）含有对象的图层：只显示每一层中含有对象的图层。

（3）所有可选图层：显示所有可以选择、编辑的图层。

（4）所有可见图层：显示所有可见的图层。

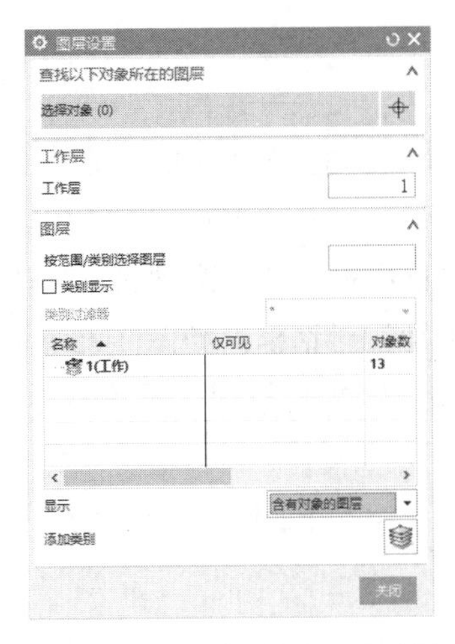

图 2-20　“图层设置”对话框

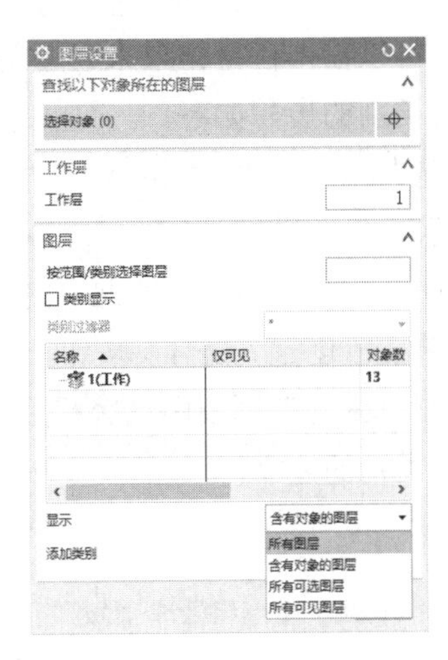

图 2-21　“显示”下拉菜单

2.3.2　视图中可见图层

选择“菜单”|“格式”|“视图中可见图层”命令，打开如图 2-22 所示对话框，在视图列表框中选择需要的视图，单击“确定”按钮，打开“视图中可见图层”对话框，如图 2-23 所示。在“图层”列表框中选择图层，单击“可见” 按钮，使指定的图层可见；单击“不可见”按钮，使指定的图层不可见。

图 2-22　“视图中可见图层”对话框

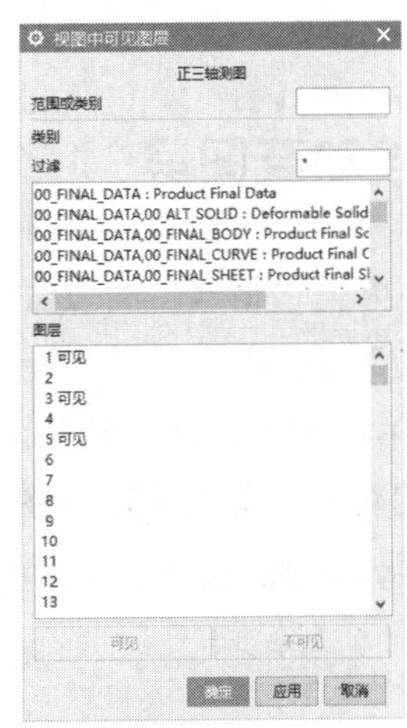

图 2-23　“视图中可见图层”对话框

2.3.3　图层类别

对图层进行分类管理，可以很方便地通过图层类别来实现对其中各层的操作，提高工作效率。例如，1 ～ 20 层可以放置实体（Solid Bodies），21 ～ 40 层放置草图（Sketchs），41 ～ 60 层放置曲线（Curves），61 ～ 80 层放置参考对象（Reference Geometries），81 ～ 100 层放置片体（Sheet Bodies），101 ～ 120 层放置工程图对象（Drafting Objects）

等；用户也可以根据自身需求来设置图层的类别。

建立新类别的步骤如下。

（1）选择“菜单”|“格式”|“图层类别”命令，打开“图层类别”对话框，如图2-24所示。

（2）在“图层类别”对话框中的“类别”文本框中输入新的类别名称，如“实体”。

（3）单击“创建/编辑”按钮，打开“图层类别”对话框，如图2-25所示。

（4）在“图层”列表中选择需要的图层，单击“添加”按钮，再单击“确定”按钮即可完成新类别的建立。

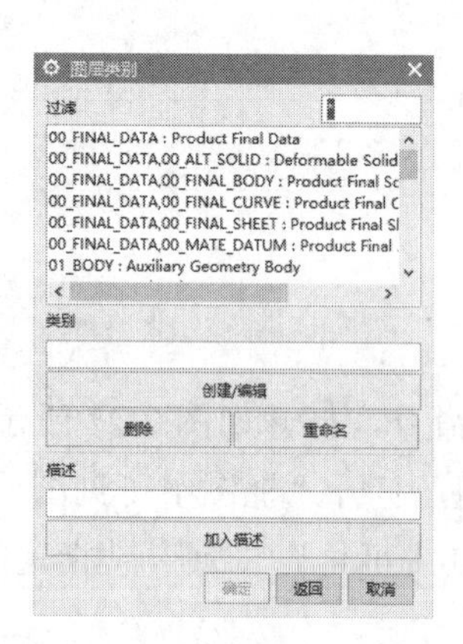

图2-24　“图层类别”对话框1

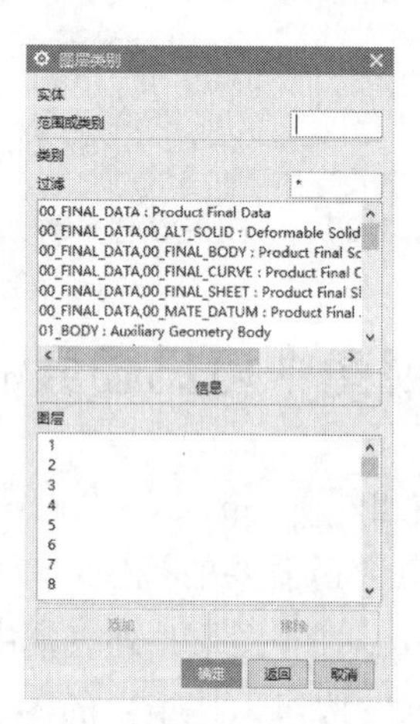

图2-25　“图层类别”对话框2

2.3.4　移动至图层

选择“菜单”|“格式”|“移动至图层”命令，打开“类选择”对话框，如图2-26所示。选择要移动的对象，单击“类选择”对话框中的“确定”按钮，打开“图层移动”对话框，如图2-27所示，输入要移动到的图层号或图层类名，或在图层列表中选中某图层，则系统会将所选的对象移动到指定的图层里。

图2-26　“类选择”对话框

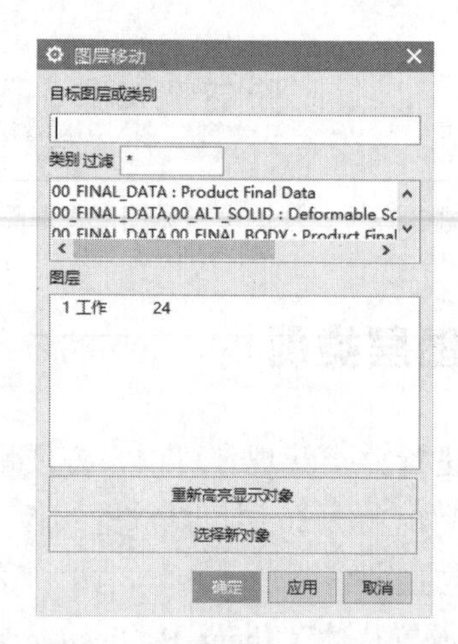

图2-27　“图层移动”对话框

2.3.5 复制至图层

选择“菜单”|“格式”|“复制至图层”命令，打开“类选择”对话框，如图 2-28 所示，选择要复制的对象，单击“类选择”对话框中的“确定”按钮，打开“图层复制”对话框，如图 2-29 所示，输入要复制到的图层号或图层类名，或在图层列表中选中某图层，则系统会将所选的对象复制到指定的图层里。

图 2-28 “类选择”对话框

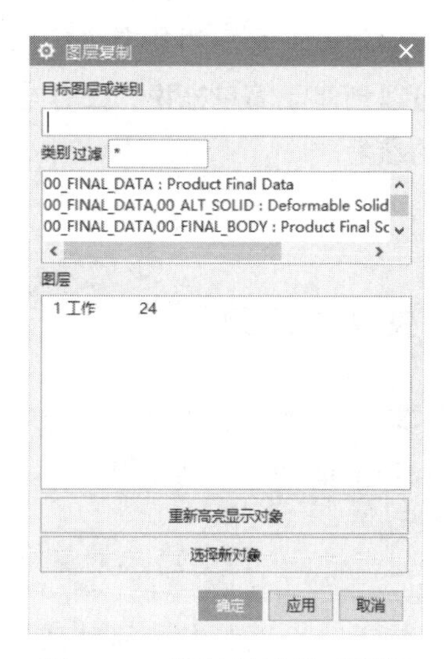

图 2-29 “图层复制”对话框

2.4 坐标系的基本操作

NX 软件的应用离不开坐标系，坐标系是进行视图变换和几何变换的基础，通常的变换都是与坐标系相关的，或者说，视图变换或几何变化及变换的本质都是坐标系的变换。在 NX 系统中共有 3 个坐标系：绝对坐标系、工作坐标系和基准坐标系。这些坐标系都是由原点及 X、Y、Z 轴组成的笛卡儿坐标系（Descartes Coordinates），遵守右手准则。

（1）绝对坐标系（ACS）：系统默认的坐标系。任何绘图软件都会默认一个参考点及参考方向，这个参考点和参考方向就是平常所说的绝对坐标系。这是一个固定的坐标系，其原点和各坐标轴线的方向永远不变，每个文件一生成就是固定的，文件的自有属性，NX 系统内核生成，不可移动和编辑。

（2）工作坐标系（WCS）：由系统提供，但用户可以任意移动、旋转。很多时候在工作中需要变换坐标系，比如在圆周上取点，或者在某个区域内打孔，这个时候工作的操作面可能相对于绝对坐标系有旋转和平移。就可以引入工作坐标系便于坐标数值上方便控制建模，从而方便操作，减少了变换矩阵的系统开销。

（3）基准坐标系（CSYS）：由用户根据建模的需要可以随时创建、隐藏，也可以移动、旋转。

这是一个NX对象类型，没有体线面的特征。由3个正交的轴和一个点构成，分别代表X、Y、Z轴和原点。NX现有的CSYS一般都是笛卡儿坐标，不支持极坐标、自然坐标等实际意义不大的坐标系。

提示：关键要区分两个概念。基准坐标系是进行具体建模时每个小的分步动作的参考坐标系，可以有无穷个，它既可以被删除，也可以被创建；工作坐标系则是建模时的某个零部件或者全局的参考坐标系，它仅有一个，但是可以任意变换，不能被删除，也不可以创建。简单来说，工作坐标系是比基准坐标系更高一级的坐标系，可以作为后者的参考。

2.4.1 坐标系的应用

选择"菜单"|"格式"|WCS命令，弹出如图2-30所示子菜单，可利用其中的命令对坐标系进行变换。

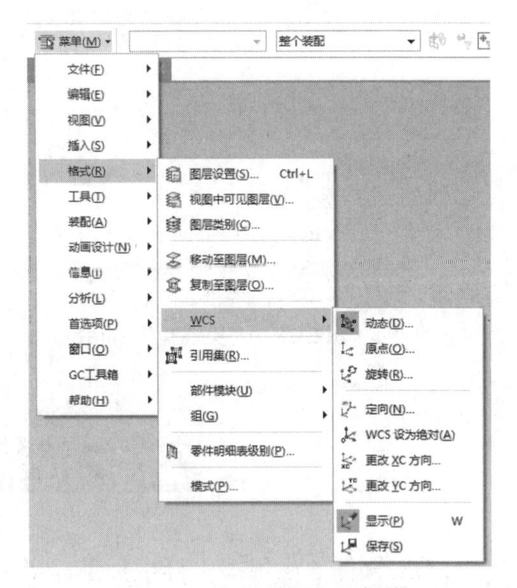

图2-30 坐标系操作子菜单

1. 动态

此命令是通过步进的方式移动或旋转当前的WCS，用户可以在工作区域中移动坐标系到指定的位置。在此命令下可执行移动和旋转操作，方法如下。

（1）移动：鼠标左键选中坐标系原点处的圆点，按住左键不放，移动到指定的位置松开鼠标左键，用于移动坐标系的位置，如图2-31所示。也可以通过鼠标左键单击XYZ三个轴尖上的圆锥，在弹出的"距离"文本框中输入要移动的参数，使坐标系达到指定的距离或位置，如图2-32所示。

（2）旋转：鼠标左键单击XYZ三个轴与轴之间的圆点，在弹出的"角度"文本框中输入要旋转的参数，使坐标系达到指定的方向或角度，如图2-33所示。

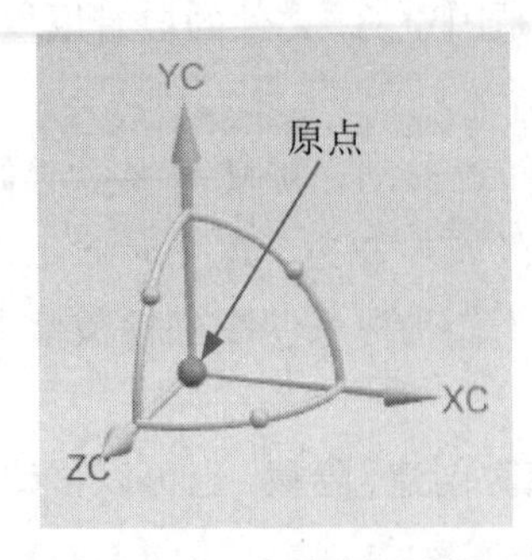

图2-31 动态坐标原点

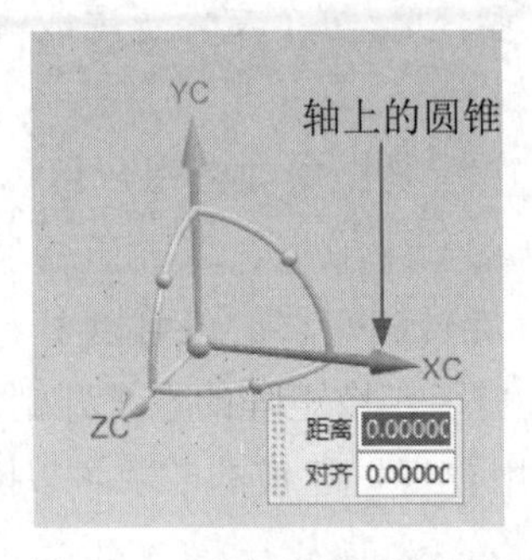

图2-32 动态坐标调整距离

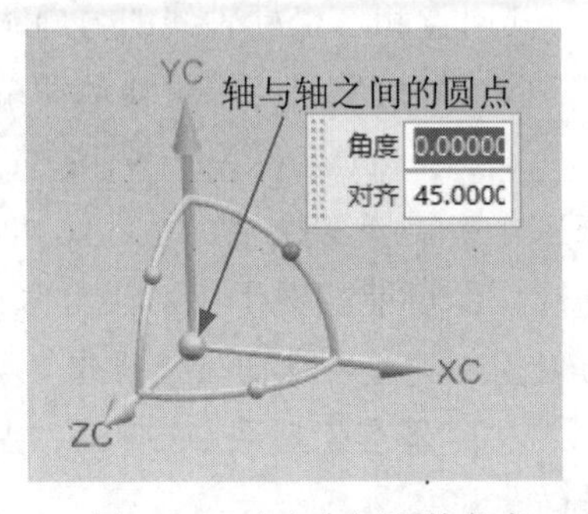

图2-33 动态坐标调整角度

2. 原点

选择“菜单”|“格式”| WCS |“原点”命令，打开如图 2-34 所示“点”对话框，通过定义当前 WCS 的原点来移动坐标系的位置，但此命令只能移动坐标系的位置，不会改变坐标系的方向。

3. 旋转

选择“菜单”|“格式”| WCS |“旋转”命令，打开如图 2-35 所示“旋转 WCS 绕…”对话框，可以通过此对话框，选择坐标系绕哪个轴旋转，同时指定从一个轴转向另一个轴；在“角度”文本框中可以输入需要的旋转角度，且角度可以为负值，来定义一个新的 WCS。

图 2-34　“点”对话框

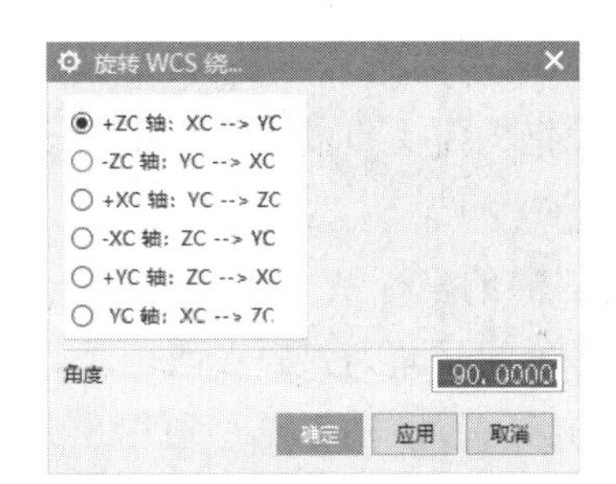

图 2-35　“旋转 WCS 绕…”对话框

提示：可按快捷键 W 显示坐标系。通过双击坐标系将坐标系激活，使之状态为动态。

2.4.2　自定义坐标系

选择“菜单”|“格式”| WCS |“定向”命令，打开如图 2-36 所示“坐标系”对话框，可以通过此对话框定义一个新的坐标系。其部分功能介绍如下。

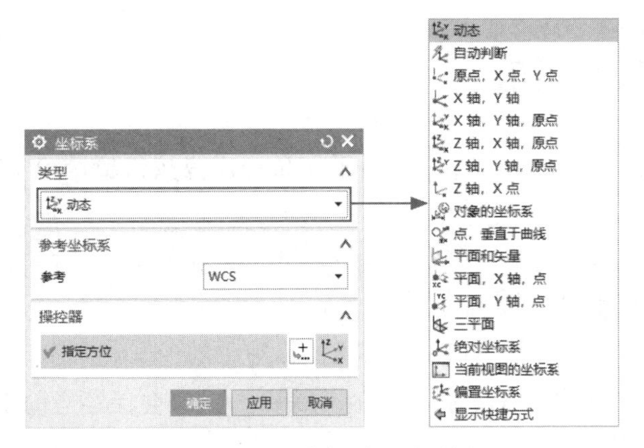

图 2-36　“坐标系”对话框

（1）自动判断：该方式是通过选择的对象或通过输入沿X、Y、Z坐标轴方向的偏置值来定义一个坐标系。

（2）原点，X点，Y点：该方式是利用点创建功能先后指定三个点来定义一个坐标系。这三个点应分别是原点、X正轴上的点和Y正轴上的点。

（3）X轴，Y轴：该坐标系的原点为第一矢量与第二矢量的交点，XY平面为第一矢量与第二矢量所确定的平面，X轴正向为第一矢量方向，按右手定则确定Z轴的方向。

（4）X轴，Y轴，原点：利用点创建功能指定一个点为原点，再利用矢量创建功能，选择两个矢量的方向，从而定义坐标系。

提示：“Z轴，X轴，原点”与“Z轴，Y轴，原点”同理，此处不再赘述。

（5）Z轴，X点：坐标系Z轴的正方向为定义的矢量方向，X轴正向为沿点和定义矢量的垂线指向定义点的方向，Y轴正向从Z轴至X轴矢量按右手定则确定，坐标原点为三个矢量的交点。

（6）对象的坐标系：用选择的平面曲线、平面或实体等对象来定义一个新的坐标系，选择所选对象的平面为XY平面。

（7）点，垂直于曲线：利用所选曲线的切线和一个指定点的方法来创建一个坐标系。

（8）平面和矢量：通过先后选择一个平面，设定一个矢量来定义一个坐标系。

（9）三平面：通过先后选择三个平面来定义一个坐标系。

（10）绝对坐标系：选择此项能快速回到绝对坐标系，也可用于在绝对坐标系上定义一个新的坐标系。

（11）当前视图的坐标系：用当前视图方向定义一个新的坐标系，XY平面为当前视图的所在平面。

（12）偏置坐标系：通过输入X、Y、Z坐标轴方向相对于所选坐标系的偏置距离来定义一个新的坐标系。

2.4.3 坐标系的显示

选择“菜单”|“格式”| WCS |“显示”命令，或按快捷键W，系统会显示或隐藏当前的工作坐标系。

2.4.4 坐标系的保存

选择“菜单”|“格式”| WCS |“保存”命令，系统会保存当前工作坐标系的位置，便于以后的工作中调用。

2.5 分析

NX 软件中分析工具条主要是用来测量对象的距离、角度、面积、体积、质量等。

选择“菜单”|“分析”命令，打开如图 2-37 所示的“分析”子菜单，可利用其中的命令对对象进行相应的测量。

2.5.1 测量

“测量”用于计算对象之间的直线距离，其子菜单中有简单距离、简单角度、简单长度、简单半径、简单直径，如图 2-38 所示。

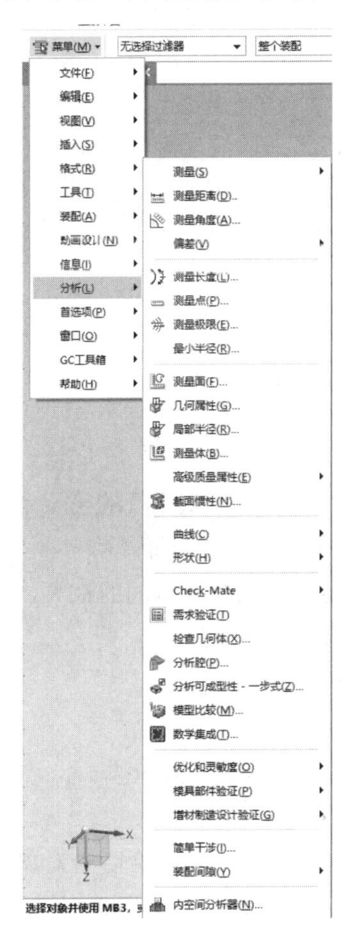

图 2-37　“分析”子菜单

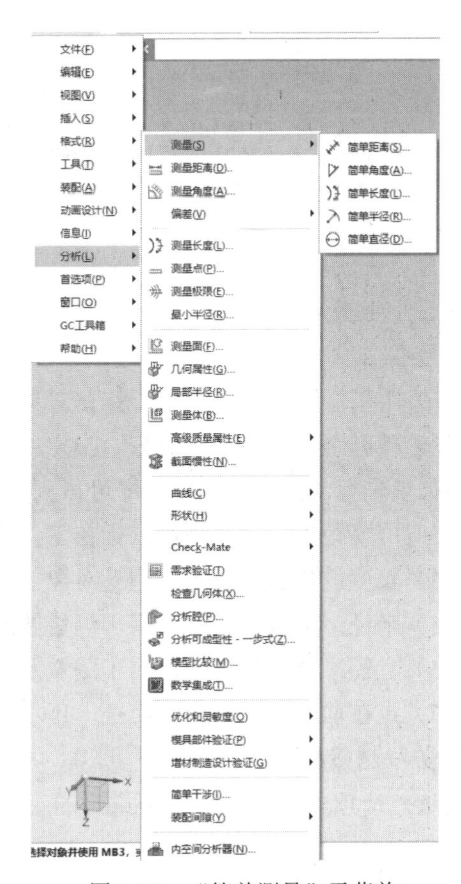

图 2-38　“简单测量”子菜单

2.5.2 测量距离

单击“测量距离”命令，打开如图 2-39 所示“测量距离”对话框，可以通过此对话框来计算对象或对象之间的距离、曲线长，或圆弧、圆边或圆柱面的半径等。

图 2-39 “测量距离”对话框

其部分功能介绍如下。

1. 类型

（1）距离：直接测量，用于计算对象与对象间的直线距离。

（2）投影距离：单击此命令，指定所需要的矢量，选择与矢量平行的第一个对象，选择与矢量平行的第二个对象，即可得到两个对象之间的平行或垂直距离。

（3）屏幕距离：直接测量鼠标在工作区域内所指定的起点与终点间的距离。

（4）长度：单击此命令，测量对象的长度或弧长等。

（5）半径：单击此命令，用于测量圆或圆弧的半径尺寸。

（6）直径：单击此命令，用于测量圆或圆弧的直径尺寸。

（7）点在曲线上：单击此命令，用于测量曲线上任意两点之间的距离。

2. 关联测量和检查

勾选此选项的复选框，当测量后的对象距离发生变化，其尺寸也会随着对象的变化而变化。

3. 结果显示

对测量的结果显示的方式：显示“信息”对话框，如图 2-40 所示；显示尺寸，如图 2-41 所示。

4. 设置

此选项是对测量结果尺寸的相关设置，如尺寸线及尺寸文件的颜色、大小、字体的样式等。

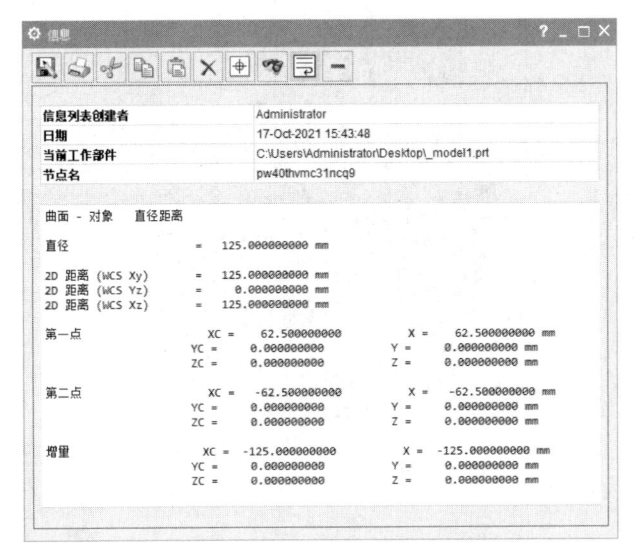

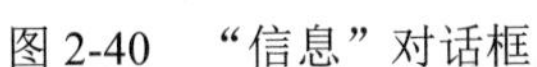
图 2-40 “信息”对话框

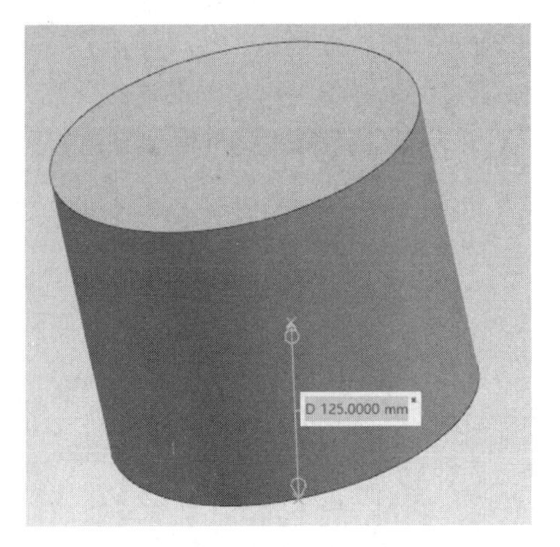

图 2-41 显示尺寸示意图

2.5.3 测量面

测量面用于计算面的面积及周长。选择“菜单”|“分析”|“测量面”命令，打开如图 2-42 所示“测量面”对话框。选择需要测量的对象面，单击“确定”按钮，即可显示所选对象的面积或周长，如图 2-43 所示。

图 2-42 “测量面”对话框

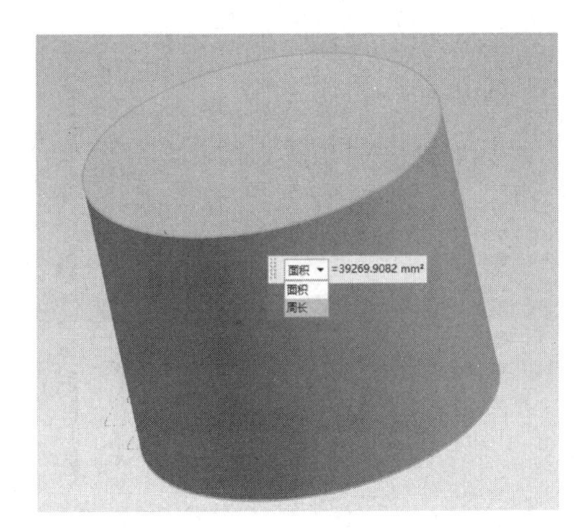

图 2-43 面积、周长显示示意图

2.5.4 测量体

测量体用于测量实体的体积、重量、表面积等。选择“菜单”|“分析”|“测量体”命令，打开如图 2-44 所示“测量体”对话框。选择需要测量的对象，单击“确定”按钮，即可显示所选对象的体积、质量等，如图 2-45 所示。

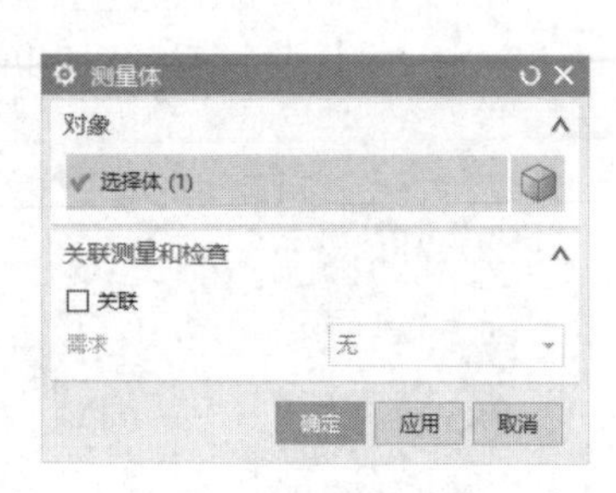

图 2-44 “测量体”对话框

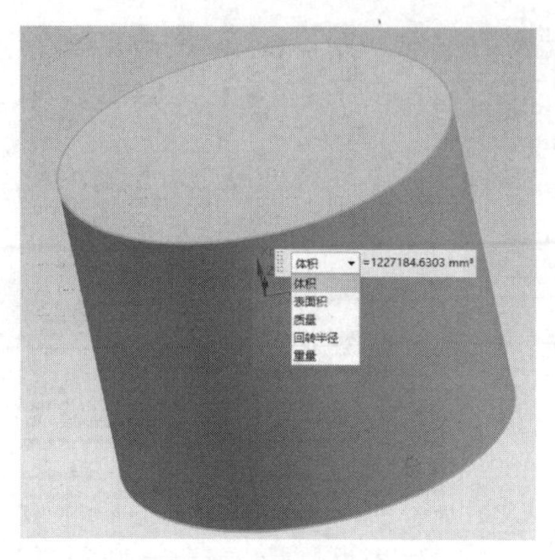

图 2-45 体积、质量等显示示意图

2.6 首选项

首选项主要用于设置 NX 软件的默认控制参数。选择“文件” | “首选项”命令或选择“菜单” | “首选项”命令，打开“首选项”子菜单，此菜单中提供了全部参数设置的功能，如图 2-46 和图 2-47 所示。在设计之初，用户可根据需要对这些项目进行设置，便于后续工作的顺利进行。

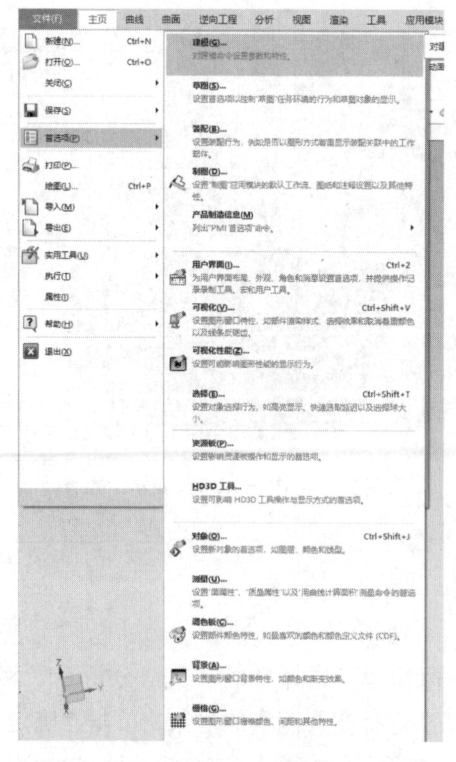

图 2-46 “文件” | “首选项”子菜单

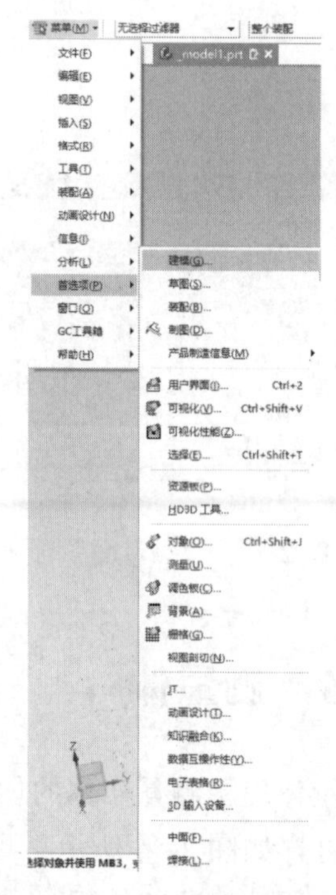

图 2-47 “菜单” | “首选项”子菜单

2.6.1 对象首选项

选择“文件”|“首选项”|“对象”命令，打开如图2-48所示“对象首选项”对话框。此对话框主要用于设置对象的属性，如线型、线宽、颜色等；“对象首选项”对话框中包含三个选项卡：“常规”“分析”“线宽”。

1.“常规”选项卡

“常规”选项卡主要用于工作图层的默认显示设置；模型的类型、颜色、线型和宽度的设置；实体或片体的着色、透明度显示设置。

（1）工作层：用于设置新对象的存储图层。在文本框中输入图层号后，系统会自动将新建对象存储到此图层中。

（2）“类型”“颜色”“线型”“宽度”：在相应的下拉列表中分别设置多个选项。

（3）面分析：用于确定是否在面上显示此面的分析效果。

（4）透明度：用于使对象显示处于透明状态，用户可以通过滑块来改变透明度。

（5）继承：用于继承某个对象的属性设置。单击此按钮，选择要继承的对象，这样以后新建的对象就会和刚选取的对象具有相同的属性。

（6）信息：单击此按钮，在打开的对话框中将列出对象属性设置信息。

2.“分析”选项卡

“分析”选项卡主要用于控制曲面连续性显示、截面分析显示、偏差度量显示和高亮线显示等，如图2-49所示。

3.“线宽”选项卡

“线宽”选项卡主要用于控制制图、建模环境下的对象线型粗细。有“细”“正常”“粗”三种选项，可以分别设置线宽，如图2-50所示。

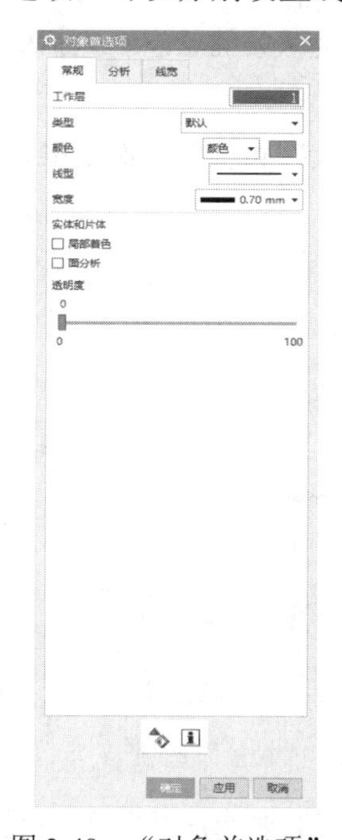

图2-48 “对象首选项”|“常规”选项卡

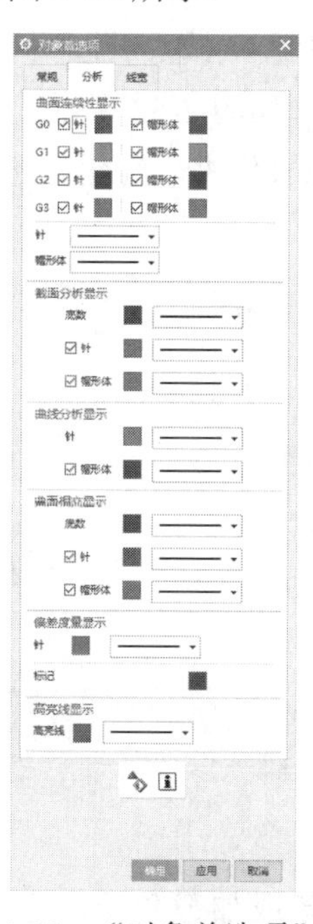

图2-49 “对象首选项”|“分析”选项卡

图2-50 “对象首选项”|“线宽”选项卡

2.6.2 用户界面

为用户界面布局、外观、角色和消息设置首选项，并提供操作记录录制工具、宏和用户工具。

选择“文件”|“首选项”|“用户界面”命令，或按Ctrl+2快捷键，打开如图2-51所示“用户界面首选项”对话框。此对话框中包含“布局”“主题”“资源条”“触控”“角色”“选项”和“工具”等7个选项卡。

（1）布局：此选项卡用于设置用户界面环境、功能区选项、提示行/状态行位置等，如图2-51所示。

（2）主题：此选项卡用于设置NX主题，其中包括浅色（推荐）、浅灰色、经典、使用系统字体、系统等，如图2-52所示。

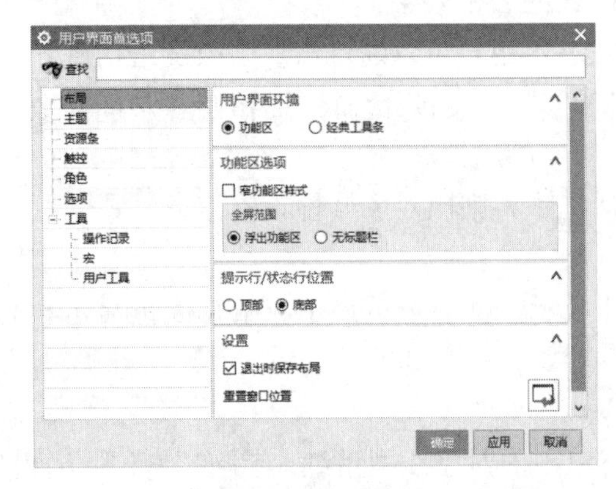

图2-51 “用户界面首选项”对话框

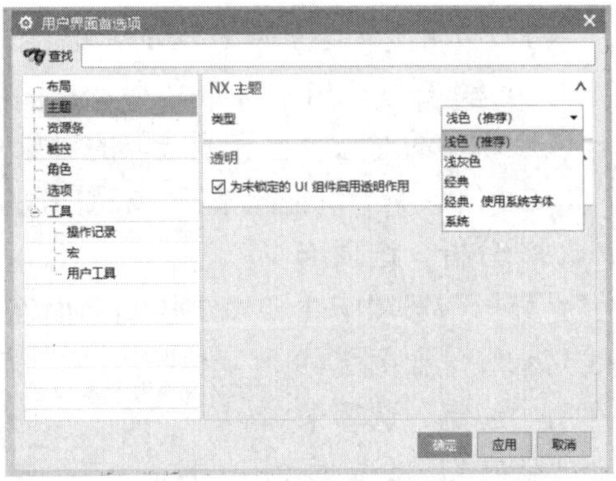

图2-52 “主题”选项卡

（3）资源条：此选项卡用于设置NX软件工作区域左侧资源条的状态，包括资源条主页、停靠位置、是否自动飞出等，如图2-53所示。

（4）触控：此选项卡针对触控操作进行优化，还可调节数字触控板和圆盘触控板的显示，如图2-54所示。

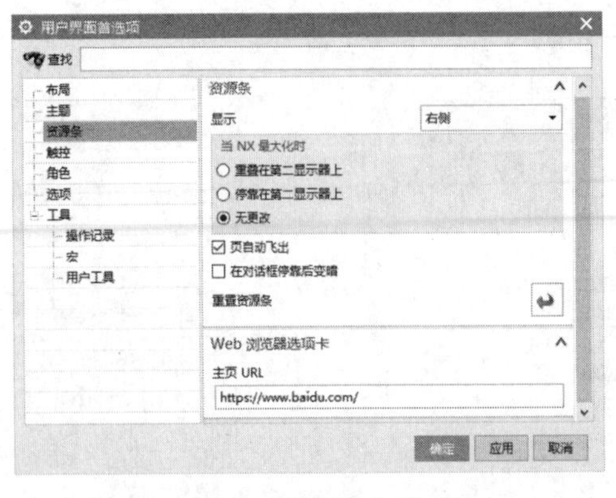

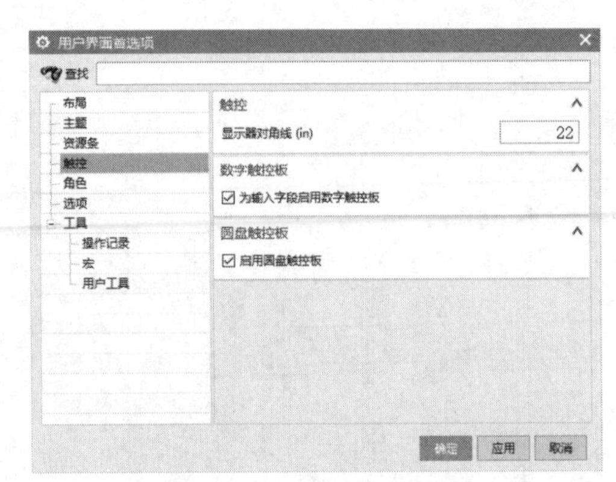

图2-53 “资源条”选项卡

图2-54 “触控”选项卡

（5）角色：此选项卡用于新建或加载角色，也可以重置当前应用模块的布局，如图2-55所示。

（6）选项：此选项卡用于设置对话框显示内容的多少、文本框及跟踪条中数据的小数位数及用户反馈信息等，如图 2-56 所示。

图 2-55 “角色”选项卡

图 2-56 “选项”选项卡

（7）工具：此选项卡用于设置操作记录、宏、用户工具的显示，如图 2-57 所示。一般不用进行设置，如有外挂软件、宏程序，则可以通过该选项卡进行设置。

图 2-57 “工具”选项卡

2.6.3 资源板

资源板主要用于控制窗口侧边资源条的显示，选择“文件”|“首选项”|“资源板”命令，打开如图 2-58 所示“资源板”对话框，可利用此对话框来创建各种类型的资源板。

1. 资源板的创建

（1）新建资源板：创建新的资源板。

（2）打开资源板：将资源板文件添加到资源条中。

（3）打开目录作为资源板：将目录作为资源板添加到资源条中。

（4）打开目录作为模板资源板：将模板的目录或 Teamcenter 文件夹作为模板资源板添加到资源条中。

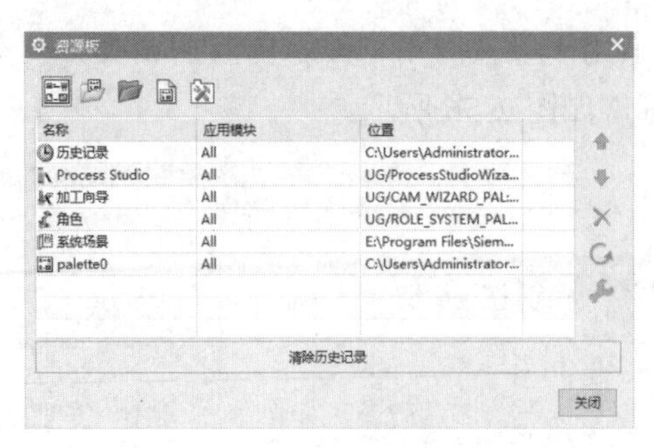

图 2-58 “资源板”对话框

（5）打开目录作为角色资源板：将模板的目录或 Teamcenter 文件夹作为角色资源板添加到资源条中。

2. 资源板列表

显示资源条上每个已定义资源板的名称、应用模块和位置。

3. 清除历史记录

清除“历史记录”资源板中的历史数据。

4. 源板编辑

源板编辑用于编辑资源条上资源板的存在和位置，可以从以下选项中选择。

（1）上移：在资源板列表和资源条中上移资源板。

（2）下移：在资源板列表和资源条中上移资源板。

（3）关闭：关闭“资源板”对话框。

（4）刷新：刷新资源板列表。

（5）属性：显示资源板属性对话框。

2.6.4 选择首选项

首选项中的选项是用来设置鼠标在选择对象时的一些“参数规则”。选择“文件”|“首选项”|“选择”命令，打开如图 2-59 所示“选择首选项”对话框。

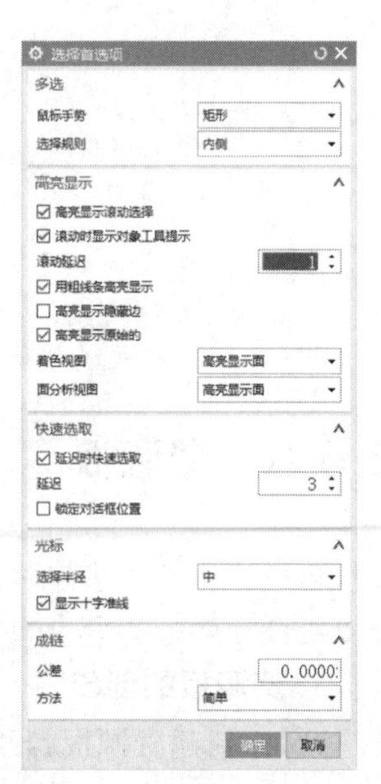

图 2-59 “选择首选项”对话框

（1）鼠标手势：用于设置选择方式，包括“矩形”“套索”和“圆”，默认情况下为矩形。

（2）选择规则：用于设置选择规则，包括内侧、外侧、交叉、内侧 / 交叉、外侧 / 交叉。

（3）着色视图：用于设置系统着色时对象的显示方式、包括高亮显示面、高亮显示边。

（4）面分析视图：用于设置面分析时的视图显示方式，包括高亮显示面、高亮显示边。

（5）快速选取：启用快速选取，它在光标下方提示了所有可选择对象的列表，以便用户能从多个对象中选择一个对象。

（6）光标：选择半径，用于设置光标选择点的大小，包含大、中、小 3 个选项，以及是否显示十字准线。

（7）公差：用于设置选择链接曲线时，彼此相邻曲线端点所允许的最大间隙。

2.6.5　背景首选项

背景设置用于设定工作区域的背景特性，如颜色和渐变效果。选择“文件”｜“首选项”｜“背景”命令，打开如图 2-60 所示“编辑背景”对话框。

背景颜色一般为纯色（仅有一种底色）和渐变（由一种或两种颜色呈逐渐淡化趋势而形成）两种颜色。默认为“渐变”背景，若用户喜欢普通屏幕背景，则选中“着色视图”选项区的“纯色”单选按钮，然后再单击“普通颜色”图标按钮，并在随后打开的“颜色”对话框中任意选择一种颜色来作为背景颜色，如图 2-61 所示。

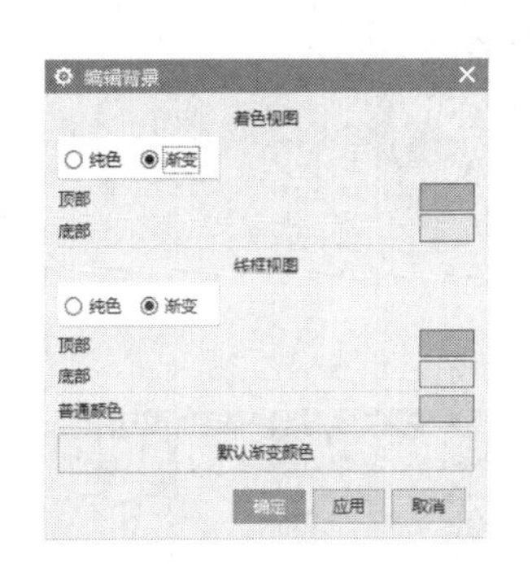

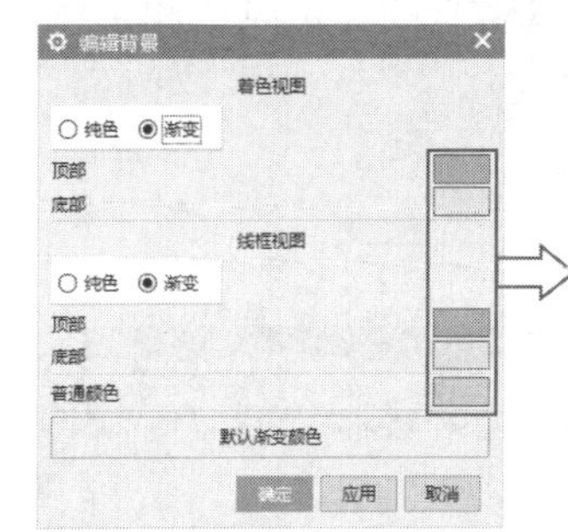

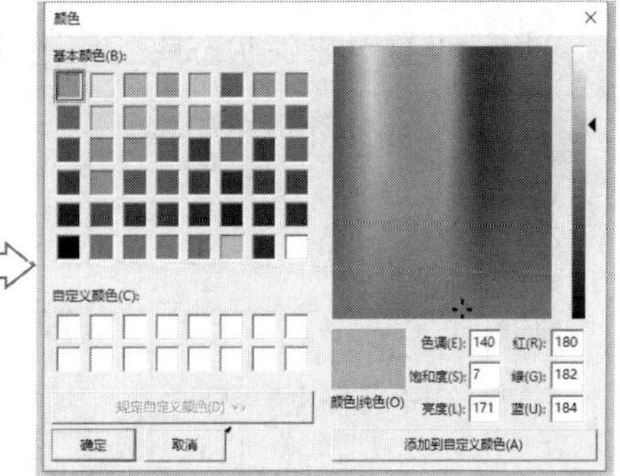

图 2-60　“编辑背景”对话框　　　　图 2-61　“颜色”对话框

2.6.6　可视化性能首选项

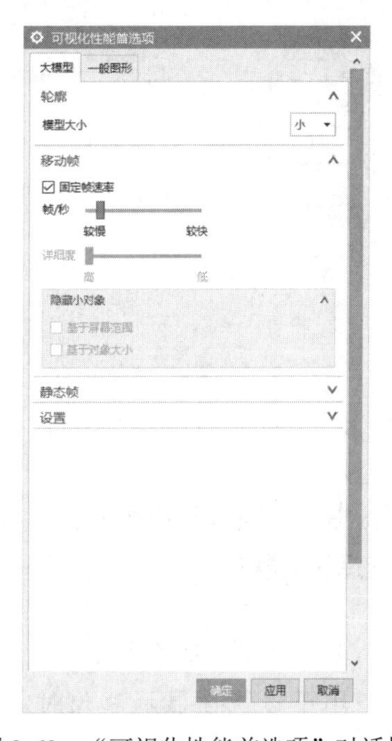

图 2-62　“可视化性能首选项”对话框

可视化性能主要用来控制图形的显示，一般情况下默认即可，选择“文件”｜“首选项”｜“可视化性能”命令，打开如图 2-62 所示“可视化性能首选项”对话框。

此对话框包含两个选项卡，介绍如下。

（1）大模型：用于设置大模型的显示特性，目的是改善大模型的动态显示性能（动态显示包括视图的旋转、移动、缩放等），如图 2-62 所示。

（2）一般图形：用于设置“视图动画速度”“禁用透明度”等图形的显示性能。

2.6.7 可视化首选项

选择“文件”|“首选项”|“可视化”命令，打开如图 2-63 所示“可视化首选项”对话框。

提示：此对话框中的“部件设置”栏中的参数改变后只影响所选择的视图，而“会话设置”栏中的“透明度”“线条反锯齿”“着重边”会影响所有的视图。

1.“可视”选项卡

“可视”选项卡用于设置实体在视图中的显示特性，如图 2-63 所示。

2.“小平面化”选项卡

用于设置小平面视图着色时的参数，如图 2-64 所示。

3.“颜色 / 字体”选项卡

用于设置对象各状态或工作区域背景的显示颜色和字体，如图 2-65 所示。

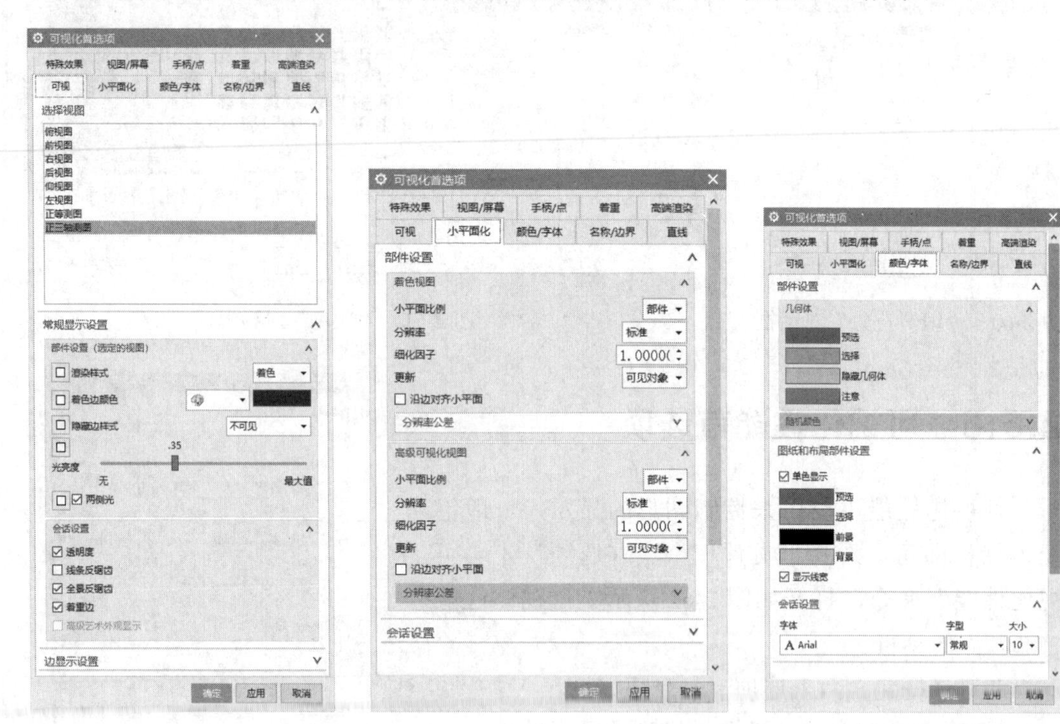

图 2-63 “可视化首选项”对话框　图 2-64 “小平面化”选项卡　图 2-65 “颜色 / 字体”选项卡

提示：预选与选择的区别在于，前者是当光标放置于对象上显示的状态，后者是选择后的状态。

4.“直线”选项卡

用于设置在显示对象时，其中的非实线线型的组成部分及线宽显示的设置，如图 2-66 所示。

5. “手柄 / 点”选项卡

用于设置手柄各状态显示的颜色及指定图形窗口中显示的手柄和标记（如基准点、草图点和绘制草图时显示的标记等）的大小，如图 2-67 所示。

6. “名称 / 边界”选项卡

用于设置是否显示对象或视图名称，以及视图边界，如图 2-68 所示。

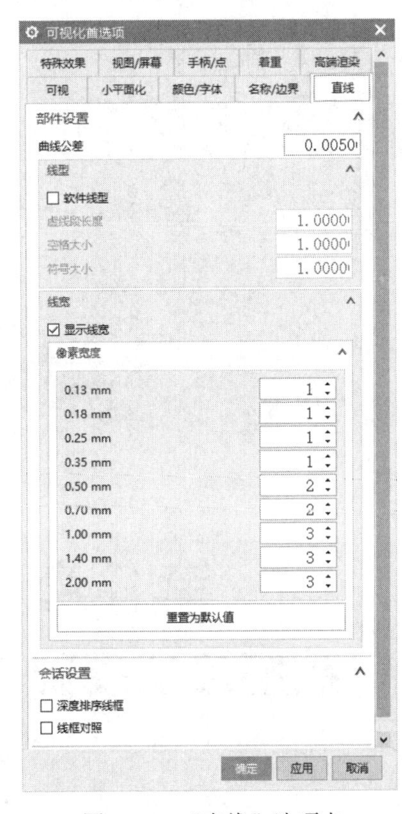

图 2-66　“直线”选项卡

图 2-67　“手柄 / 点”选项卡

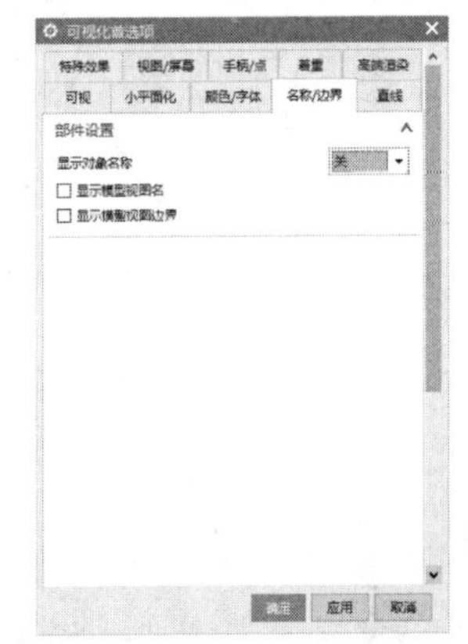

图 2-68　“名称 / 边界”选项卡

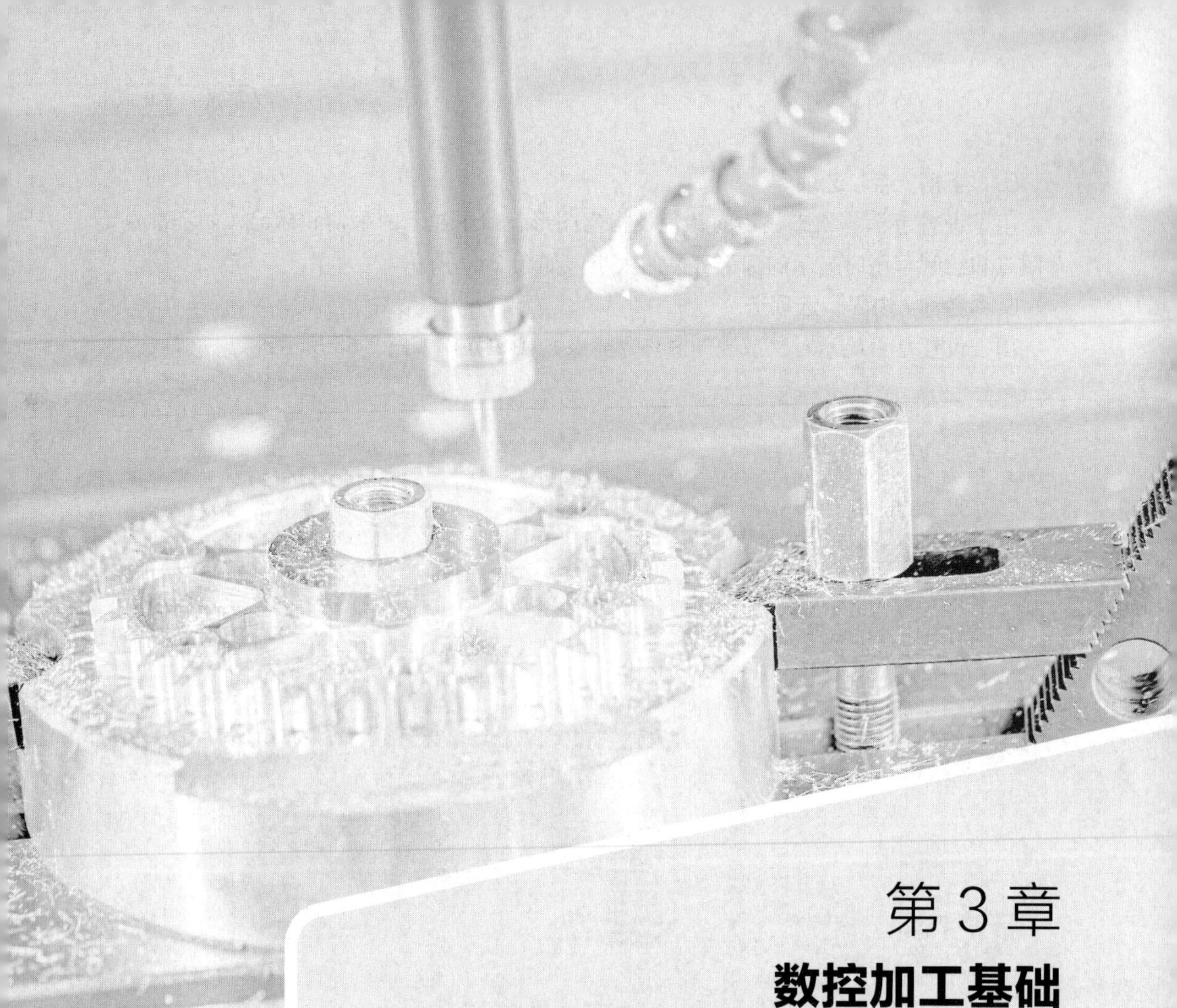

第3章 数控加工基础

数控机床及其加工技术是目前 CAD/CAM 系统中最能明显发挥效益的环节之一，其在实现设计加工自动化、提高加工精度和加工质量、缩短产品研制周期等方面发挥着重要作用。在诸如航空工业、汽车工业等领域被大量使用。

本章将简单介绍数控加工的相关基础知识，包括数控机床的基本认识、组成、分类，常见加工刀具、加工材料，以及数控加工工艺涉及的相关内容等。通过本章的学习，读者将对数控编程与加工有初步的了解。

本章学习内容

- 数控机床认识
- 常用数控加工刀具
- 常用加工材料
- 手工编程和工艺流程
- 宏程序编程及数学基础

3.1 数控机床

常见的数控机床，按工艺用途分类有数控车床、数控铣床、数控钻床、数控磨床、数控镗床、数控镗铣机床、数控加工中心（带自动换刀倒库）等。

3.1.1 数控机床认识

数控加工中心按其结构分类，可分为立式加工中心（三轴机床）、卧式加工中心（一般伴有旋转轴，即四轴卧式加工中心）、五轴机床（其结构多种多样）等。

下面分别介绍各常见数控加工中心机床的结构简图。

1. 三轴立式加工中心

三轴立式加工中心，是指包含 X、Y、Z 三轴，其中，X、Y 两轴组成工作台联动，Z 轴是主轴（也称作立轴），用以控制加工深度，从而完成零件加工，如图 3-1 所示。

三轴加工中心的坐标系为笛卡儿坐标系，符合右手定则，即右手拇指指向 X 轴的正方向，伸出食指和中指，食指指向的方向为 Y 轴的正方向，中指所指的方向即是 Z 轴的正方向，如图 3-2 所示。

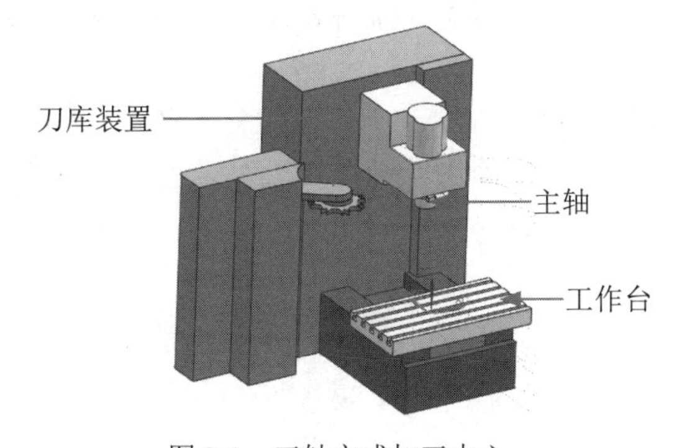

图 3-1　三轴立式加工中心

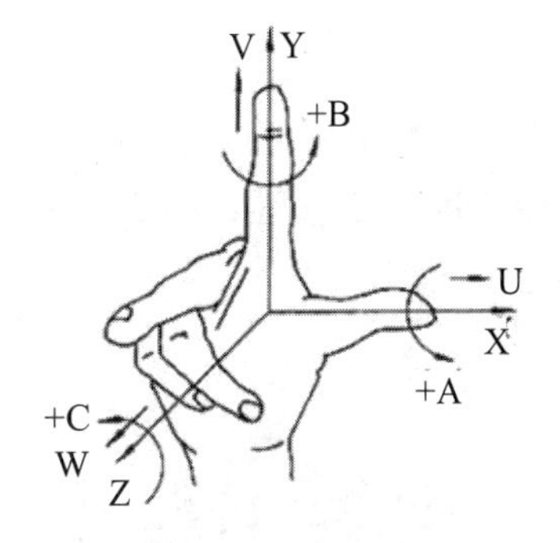

图 3-2　笛卡儿坐标系

对应到三轴加工中心上，X 轴、Y 轴、Z 轴分别代表左右、前后、上下的线性运动轴，其中 Z 轴为主轴。A、B、C 分别代表绕 X 轴、Y 轴、Z 轴的旋转轴。

2. 三轴龙门加工中心

三轴龙门加工中心采用重型加工设计理念，采用动梁式结构，配备大直径主轴、大功率双驱动配置，采用大幅面 T 型槽结构台面，其加工行程可达 20m，如图 3-3 所示。

三轴龙门加工中心的运动轴为 X 轴、Y 轴的线性运动轴，及上下运动的 Z 向主轴。

3. 四轴立式加工中心

四轴立式加工中心的主要结构是在三轴立式加工中心的工作台上添加了一个绕 X 轴旋转的轮盘，从而实现了四轴联动，如图 3-4 所示。可用于加工轴向复杂的零件。

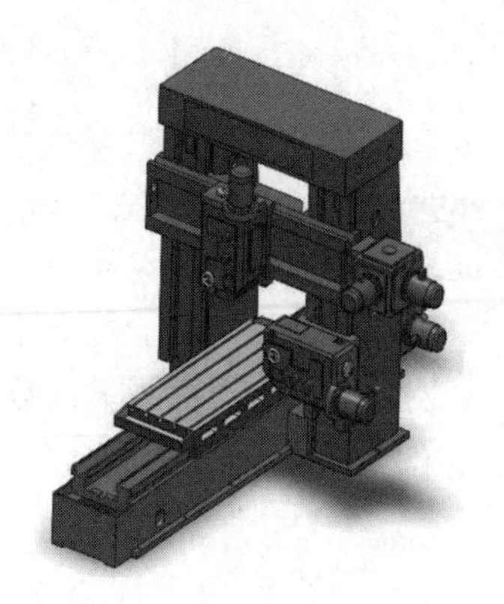

图 3-3　三轴龙门加工中心

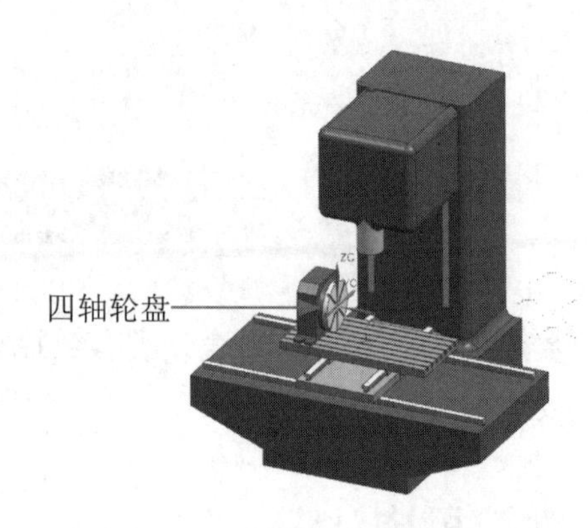

图 3-4　四轴立式加工中心

4. 四轴卧式加工中心

卧式加工中心可实现一次完成工件多个面上多工序的加工，如图 3-5 所示。卧式加工中心适用于零件形状比较复杂和精度要求高的产品的批量生产，特别是箱体和复杂结构件的加工。在汽车、航空航天、船舶和发电等行业被大量用于复杂零件的精密和高效加工。

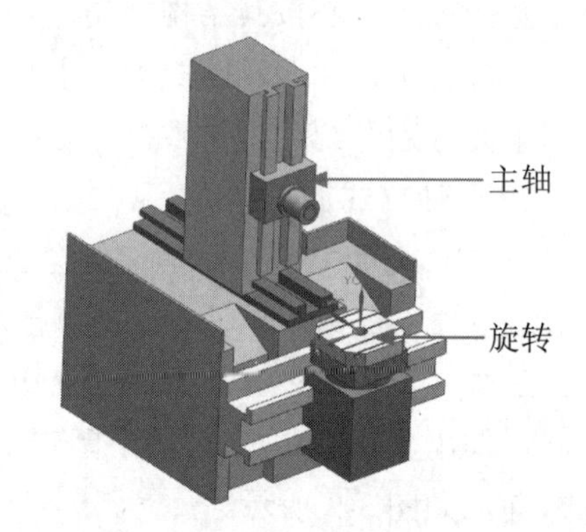

图 3-5　四轴卧式加工中心（图片未显示刀库）

5. 五轴联动机床

五轴联动机床是解决叶轮、叶片、船用螺旋桨、重型发电机转子、汽轮机转子、大型柴油机曲轴等加工的主要设备。

五轴联动机床的结构种类有：摇篮式、立式、卧式、NC 工作台 +NC 分度头、NC 工作台 +90° B 轴等。图 3-6 为摇篮五轴联动机床简图，而图 3-7 为摇篮五轴机床各坐标轴运动简图。

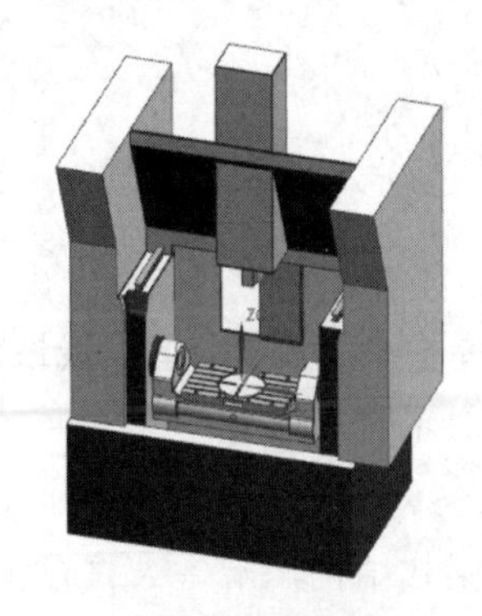

图 3-6　摇篮五轴联动机床简图

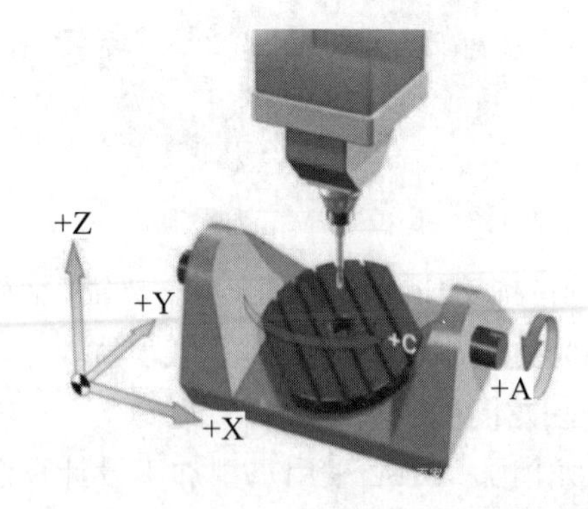

图 3-7　摇篮五轴机床各坐标轴运动简图

根据坐标轴运动简图可以看出，摇篮结构的五轴机床，除了机床工作台自身的三个轴之外，还分别加入了辅助工作台的旋转轴（图 3-7 中的 +A）和回转平台的旋转轴（图 3-7 中的 +C）。这样通过 A 轴与 C 轴的组合，固定在工作台上的工件除了底面之外，其余的 5 个面都可以由立式主轴进行加工。

摇篮五轴联动机床的缺点是因其工作台运动，所以对工件质量有一定的限制，这样就缩小了摇篮结构五轴加工的范围，因此龙门摆头五轴加工中心出现了。龙门加工中心采用工作台做线性运动、主轴可转向方式完成工件5面加工，这样就解决了因工件尺寸大而造成的限制。

3.1.2　数控机床组成

数控机床一般由传输控制装置、数控装置、PLC控制器、伺服装置和机床本体等组成，通过这五大主要装置实现数字控制机械加工。

1. 传输控制装置

其主要通过机床控制面板完成操作人员与机床程序信息代码的衔接。

机床控制面板主要由按键、控制按钮、显示器组成。

2. 数控装置

数控装置是数控机床的核心与主导，完成所有加工数据的处理、计算工作，最终实现数控机床各功能的指挥工作。它包含微计算机的电路、各种接口电路、CRT显示器等硬件及相应的软件。

3.PLC 控制器

此装置即机床电器控制柜，它对主轴单元实现控制，将程序中的转速指令进行处理而控制主轴转速，控制主轴正反转和停止、准停、切削液开关、卡盘夹紧松开、机械手取送刀等动作进行控制；对刀库、机械手、回转工作台等进行控制。

4. 伺服装置

其主要由检测元件和相应的电路组成，主要是检测速度和位移，并将信息反馈于数控装置。

5. 机床本体

数控机床的主体，包括床身、主轴、进给传动机构等机械部件。

3.1.3　数控机床分类

数控机床有多种分类方法，大致可以按机床结构、控制方式、加工运动方式、机床加工方式等类型进行分类。

1. 按机床结构分类

如果按机床结构进行分类，那么主要区分在机床运动轴的数量和方式上，通常有二轴联动车床、三轴联动机床（如带刀库则称作加工中心）、四轴联动机床（其运动轴由X、Y、Z、A四个轴组成）、五轴联动机床（通常由X、Y、Z、A、C或X、Y、Z、B、C五个轴组成）。

2. 控制方式分类

机床的控制通常通过伺服机构实现，因此根据其控制机床检测位置不同，可分为开环、半闭环、闭环控制三种。

（1）开环控制：其没有检测伺服反馈装置，信息控制反馈属于单向方式，所以称其为开环控制方式。优点：系统比较稳定。缺点：无反馈装置，其精度主要靠机床部件传输精度控制，相对精度不高。

（2）半闭环控制：其检测反馈装置通常是在机床丝杠旋转部分控制反馈，不是在实际运动部件位置检测，称为半闭环控制。 机床丝杠传输存在误差，很难消除，所以实际检测位置没有直接检测工件的闭环控制好，但是其误差可以调试补偿，因此仍然可以获得较高精度加工。

（3）闭环控制：其检测反馈装置是直接检测工件，所以称为闭环控制。因可以检测反馈补偿整个传动误差，所以理论上可以获得较高精度，实际中精度控制稳定性很难，影响因素众多。

3. 按加工运动方式分类

数控机床按运动方式可分为点位控制机床、直线控制机床、轮廓控制机床，它们之间的区别如下。

（1）点位控制机床：点位控制通俗地讲就是点运动，类似钻孔运动方式。

（2）直线控制机床：直线控制机床的运动简单，其运动类似数控磨床，从一点精准运动到另一点。

（3）轮廓控制机床：轮廓控制机床的运动复杂，可完成空间三维运动，完成复杂型面工件的加工。

4. 按机床加工方式分类

按机床加工方式，可分为数控车、数控铣、数控磨、数控钻、数控刨、激光线割等特种机床，特种数控机床还有数控成形机、数控剪板机、数控火花机、数控线割机等。

3.2 常用数控加工刀具

数控加工刀具必须适应数控机床高速、高效和自动化程度高的特点，一般应包括通用刀具、通用连接刀柄及少量专用刀柄。刀柄要连接刀具并装在机床动力头上，因此已逐渐标准化和系列化。

3.2.1 刀具材料

数控加工刀具种类繁多，根据制造刀具的材料不同，可分为高速钢刀具、硬质合金刀具、金刚石刀具及其他材料刀具，如陶瓷刀具、立方氮化硼刀具等。

1. 高速钢刀具

高速钢（HSS）是一种具有高硬度、高耐磨性和高耐热性的工具钢，又称高速工具钢或锋钢，俗称白钢。

高速钢的工艺性能好，强度和韧性配合好，因此主要用来制造复杂的薄刃和耐冲击的金属切削刀具，也可制造高温轴承和冷挤压模具等。除用熔炼方法生产的高速钢外，20 世纪 60 年代以后又出现了粉末冶金高速钢，它的优点是避免了熔炼法生产所造成的碳化物偏析而引起机械性能降低和热处理变形。

高速钢又分为通用高速钢和高性能高速钢两种，分别介绍如下。

（1）通用高速钢根据材质含量分为钨系高速钢和钨钼系高速钢，用于制造切削硬度小于或等于 300HBW 的金属材料的切削刀具（如钻头、丝锥、锯条）和精密刀具（如滚牙刀、拉刀等）。

（2）高性能高速钢包括钴高速钢和超硬型高速钢（硬度为 68 ～ 70HRC），主要用于制造切削难加工金属（如高温合金、钛合金、高强度钢等）。

2. 硬质合金刀具

硬质合金刀具在数控刀具中占主导地位，其性能优异，既可以加工各种有色金属和非金属材料，也适用于加工各种钢材、铸铁和耐热合金。硬质合金可以制作成各种刀具，如丝锥、滚刀等特殊刀具。

硬质合金刀具的应用按照被加工材料分类为：P 类（蓝色）、M 类（黄色）、K 类（红色）、N 类（绿色）、S 类（褐色）、H 类（灰色），每种颜色都有相对应的适合加工的材料。

3. 金刚石刀具

金刚石刀具适用于加工各种各样的有色金属合金，如铜合金、铝合金、钛合金等，还适合加工包括塑料、木材、石墨、陶瓷等在内的非金属材料。金刚石刀具用途非常广泛，常应用于汽车、飞机、船舶、电子类产品零部件的加工。

常见的金刚石刀具有天然金刚石刀具、人造金刚石刀具和复合金刚石刀三种，其中，人造金刚石刀具为常用刀具，能获得质量较高的工件表面，加工的金属有铝合金、铜合金、镁合金，也可加工金银陶瓷等制品。其刀具具有寿命长、切削效率高、质量好等优点，缺点是价格昂贵。

4. 陶瓷刀具

陶瓷刀具的优点是硬度高，耐磨性比一般合金刀具高近十倍之多，适合加工冷硬铸铁和淬火钢。此外，陶瓷刀具具有良好的抗粘性能，与多种金属亲和力小，化学稳定好，不与金属发生粘连。陶瓷刀具的缺点是脆性大、导热性差、韧性差。

陶瓷刀具的材料种类有三氧化二铝陶瓷、氮化硅陶瓷、Sialon 陶瓷、氧化锆陶瓷等。

5. 立方氮化硼刀具

立方氮化硼材质非常适合用来制作机床加工刀具，其材料有很好的红硬性（可理解为耐高温），可以高效地加工硬质材料，如钛合金。切削效率比硬质合金刀具高 3 倍之多，加工过程中即使温度高达 1000℃，仍然可以加工工件，寿命也比硬质合金长 10 ～ 180 倍。

立方氮化硼刀具可以以车代磨，得到很高的表面质量，具有很强的稳定性。

3.2.2 UG 软件中的车铣刀具

在 UG 软件的加工程序中，提供多种刀具的仿真数据，用户可以选择合适的刀型，然后设置相关参数，从而完成数控的仿真效果。下面以车铣为例，介绍 UG 软件中的刀具种类。

1. 车类刀具

车类刀具有中心钻、钻花、丝锥、外圆车刀、内孔车刀、切槽刀、螺纹车刀、成型车刀等，分别介绍如下。

（1）中心钻：用于孔加工的预制精确定位，引导麻花钻进行孔加工，减少误差，如图 3-8 所示。

（2）钻花：钻花又称为麻花钻，是通过其相对固定轴线的旋转切削，以钻削工件圆孔的工具，如图 3-9 所示。

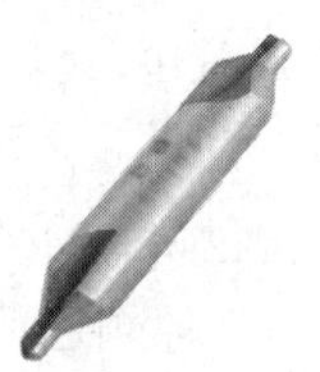

图 3-8　中心钻

图 3-9　钻花

（3）丝锥：是一种加工内螺纹的刀具，沿轴向开有沟槽。丝锥根据其形状分为直槽丝锥、螺旋槽丝锥。直槽丝锥加工容易，精度略低，产量较大，一般用于钻床、攻丝机的螺纹加工，切削速度较慢，如图 3-10 所示。螺旋槽丝锥多用于数控加工中心钻盲孔用，加工速度较快，精度高，排屑较好，对中性好，如图 3-11 所示。

图 3-10　直槽丝锥

图 3-11　螺旋槽丝锥

（4）外圆车刀：用于加工零件的外圆表面，也可以用来加工端面或锥面，是最常用的加工刀具之一。根据加工方向，分为左右外圆车刀，如图 3-12 所示。

（5）内孔车刀：一种专门用于加工内孔的刀具，与钻头相比，内孔车刀的加工范围更大。从外观上看，内孔车刀比外圆车刀要细长一些，方便深入内孔加工，如图 3-13 所示。

图 3-12　外圆车刀

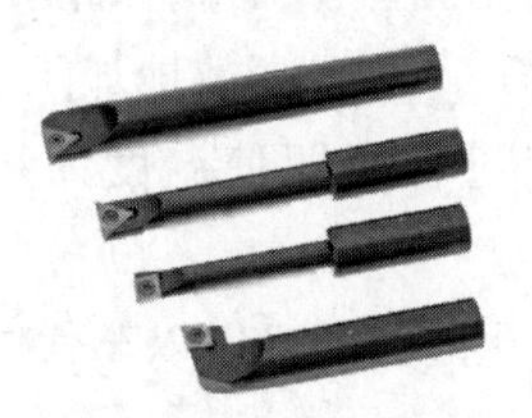

图 3-13　内孔车刀

（6）切槽刀：切槽是车削加工中的一种重要加工方式，根据加工位置可以分为外圆沟槽车刀、内孔沟槽车刀和端面沟槽车刀，如图 3-14 ～图 3-16 所示。

图 3-14 外圆沟槽车刀

图 3-15 内孔沟槽车刀

图 3-16 端面沟槽车刀

提示：外圆沟槽加工对于操作者是可见的，可以直接和相对容易地检查加工质量。但也必须避免工件设计或夹持中的一些潜在障碍。一般来说，当切槽刀具的刀尖保持在略低于中心线的位置时，切削效果最好。内孔沟槽与外圆沟槽比较类似，不同之处在于冷却液的应用和排屑更具有挑战性。对于内孔沟槽而言，刀尖位置略高于中心线时可获得最佳性能。加工端面沟槽，刀具必须能在轴向方向移动，且刀具的后刀面半径必须与被加工半径相互匹配。端面沟槽刀具的刀尖位置略高于中心线时加工效果最好。

（7）螺纹车刀：螺纹车刀是用来在车床上加工螺纹的一种刀具，可分为外螺纹车刀和内螺纹车刀两大类，如图 3-17 和图 3-18 所示。与其他刀具相比，螺纹车刀的区别是刀片一般为三角形形状。

图 3-17 外螺纹车刀

图 3-18 内螺纹车刀

2. 铣类刀具

铣类刀具与车类刀具有部分可以共用，如中心钻、钻头、丝锥等。其他的常用铣刀介绍如下。

（1）平底铣刀：刀具外形如图 3-19 所示。

（2）圆鼻铣刀：刀具外形如图 3-20 所示。

（3）球头铣刀：刀具外形如图 3-21 所示。球头铣刀是刀刃类似球头的装配于铣床上用于铣削各种曲面、圆弧沟槽的刀具，也称作 R 刀。

图 3-19 平底铣刀

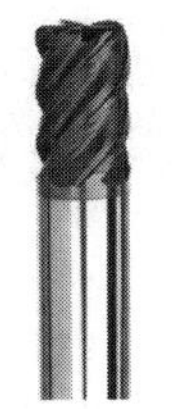
图 3-20 圆鼻铣刀

图 3-21 球头铣刀

（4）锥度球头铣刀：刀具外形如图 3-22 所示。

（5）圆球铣刀：刀具外形如图 3-23 所示。常用于有倒扣特征的曲面工件加工（下端球形为切削刃位置）。

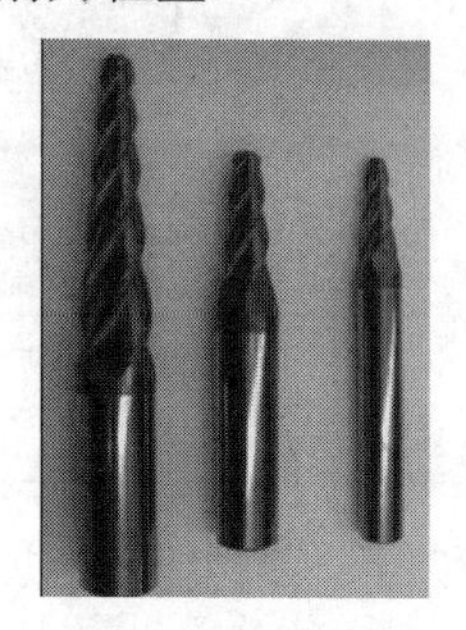

图 3-22　锥度球头铣刀

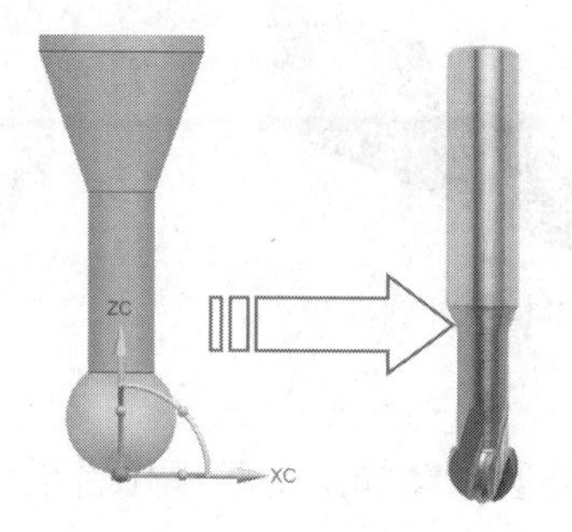

图 3-23　圆球铣刀

（6）凸镜铣刀：刀具外形如图 3-24 所示，主要由底面圆弧位置切削。此铣刀用于精铣曲面，可大步距加工得到高的曲面质量，减小加工残余高度，从而提高加工效率。此类特殊刀具需要联系刀具商进行定制。

（7）桶状铣刀：刀具外形如图 3-25 所示（下端鼓状为切削刃位置），也称作鼓状铣刀，是用于加工侧壁曲面的特殊刀具，可实现大步距切深，在保证表面质量条件下，可大幅度提高加工效率。此类特殊刀具需要联系刀具商进行定制。

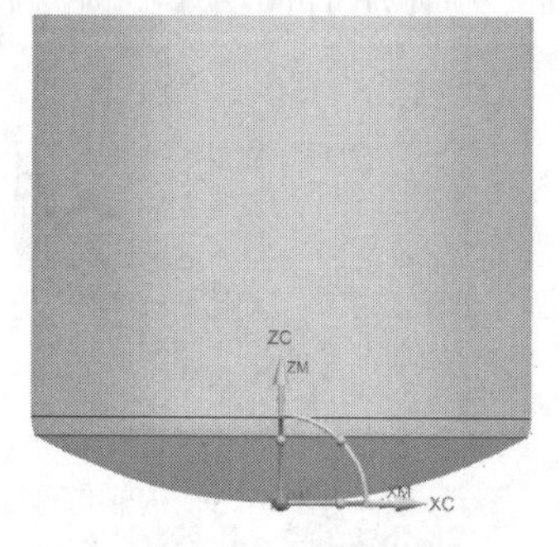

图 3-24　凸镜铣刀

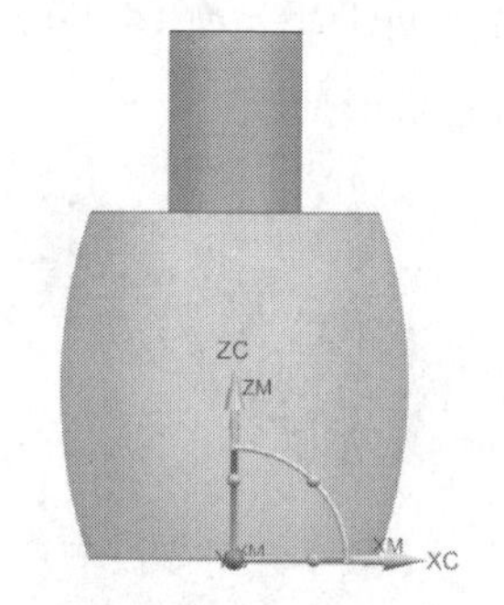

图 3-25　桶状铣刀

（8）相似桶状刀具：刀具外形如图 3-26 所示（下端圆锥状为切削刃位置）。此刀具可实现侧壁根带圆角位置的加工，既可加工侧壁，也可加工侧面根部位置，使侧壁与底面 R 根形成很好的相接面。此类特殊刀具需要联系刀具商进行定制。

（9）螺纹铣刀：刀具外形如图 3-27 所示，用于内外螺纹铣削加工。

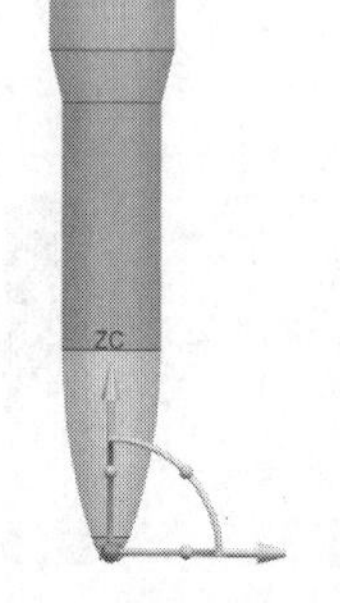

图 3-26　相似桶状刀具

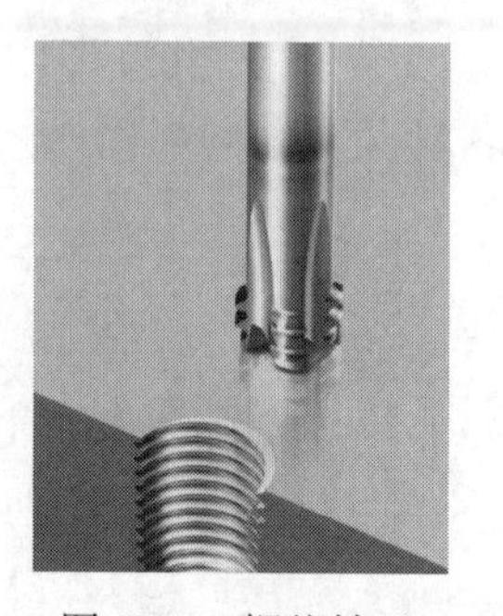

图 3-27　螺纹铣刀

（10）T 型铣刀：刀具外形如图 3-28 所示。常用于 T 型槽，倒扣位加工，类似锯片刀具，也可以用于薄片工件的切断，效率高、变形小。

（11）外圆弧铣刀：刀具外形如图 3-29 所示，常用于工件尖边倒圆角。

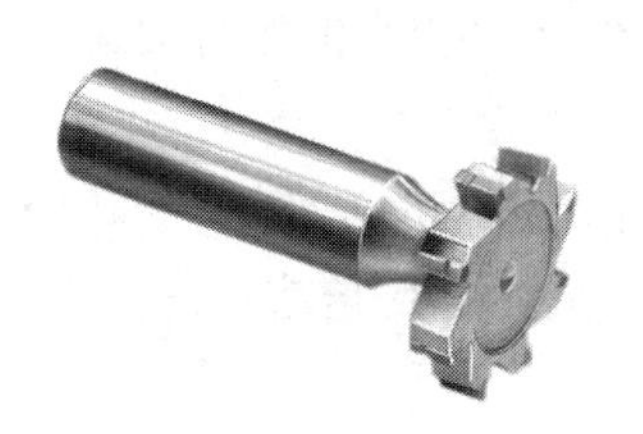

图 3-28　T 型铣刀

图 3-29　外圆弧铣刀

（12）粗皮铣刀：刀具外形如图 3-30 所示，刃口有波纹，在金属材料工件的开粗上使用较多。

（13）快进给铣刀：刀具外形如图 3-31 所示。快进给刀具主偏角小，设计值为 10°～15°，切削厚度比常见方肩铣刀铣削小很多，回转力量指向心刀具中心位置，刀具工作时力量小。和常见的刀具相比，快进给刀具装夹长度更长，稳定性更可靠，利于加工，可以明显提高刀具寿命，从而提高加工效率。

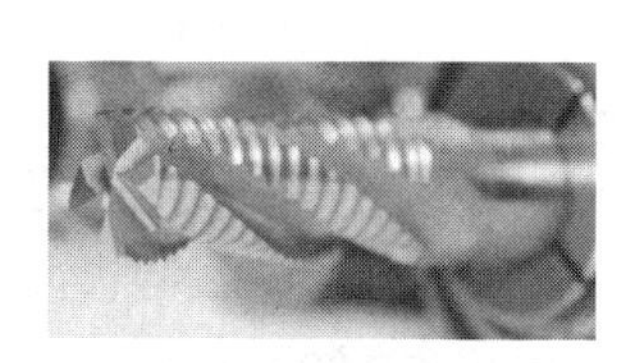

图 3-30　粗皮铣刀

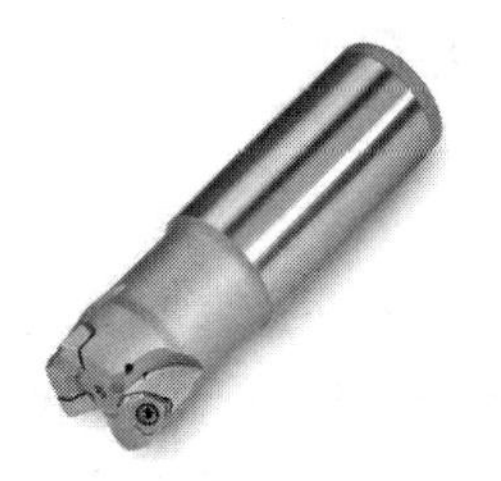

图 3-31　快进给铣刀

上述铣刀均为一体化铣刀，即切削刃和刀身为一体，而不是像车刀一样分开的。在铣削中刀刃和刀身分开的加工工具一般称作刀头，常用于飞面、型腔开粗等工序，具有进给量大、加工范围广的特点，如图 3-32 所示。

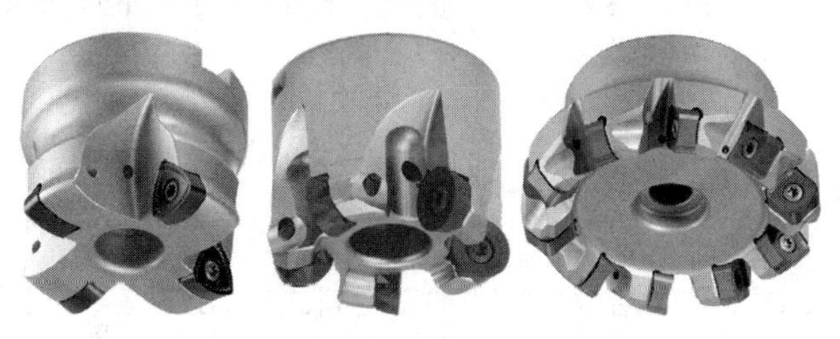

图 3-32　铣刀刀头

3.3　常用加工材料

本节主要了解常见加工材料的性能，以便于在以后生产加工当中更好地调试加工零件，知道材料类型及应用范围。

3.3.1 45钢

这是常见的中碳调制钢材，数字45代表的是该钢材的平均含碳量为0.45%，综合力学性能良好，淬透性低，水淬时容易发生裂纹，形状比较小的工件可采用调质处理，尺寸大的零件需正火处理。

45钢主要用于制造强度较高的运动工件，例如，压缩机活塞、透平叶片叶轮、轴齿轮、齿条、蜗杆等，焊接件需要注意焊接前温度控制较低，焊接后要进行应力退火。

3.3.2 Q235

Q235是常用的碳素结构钢，又被称为A3钢材，具有较高的塑性、韧性和焊接性能、冷冲压性能，以及一定的强度，好的冷弯曲性能。Q代表屈服，屈服极限的意思，235代表该钢材的屈服值，在235MPa左右，后面的字母代表质量等级，质量等级共分为A～D四个等级，Q235A质量是A级。

3.3.3 40Cr

40Cr是使用最广泛的钢种之一，属于合金结构钢，经过调质处理后，具有良好的综合力学性能，低温冲击韧度及低的缺口敏感性，淬透性能良好，油冷时可以得到较高的疲劳强度，水冷时复杂形状的零件容易发生裂纹，冷弯塑性中等，回火或调质后切削加工性好，但焊接性能不好，容易开裂，焊接前需要预热到100～150℃，一般在调质状态下使用，还可以进行碳氢共渗和高频表面淬火处理。

调质处理后用于制造中速、中载的零件，如机床齿轮、曲轴、心轴、套筒、销子、连杆、螺钉螺母、进气阀门等；经过淬火和中温回火后用于制造重载、低冲击、耐磨的零件，如蜗杆、主轴、套环等；氮共渗处理后制造尺寸较大，低温冲击韧度较高的传动零件，如传动轴、齿轮等。

3.3.4 HT150灰铸铁

HT150灰铸铁是在生产生活中常见的加工材料之一，HT是“灰铁”的拼音开头字母，抗拉强度约150MPa，中等强度的铸铁具有良好的铸造工艺性能，常用于箱体、机床床身、齿轮箱体、机床床身、液压缸、泵壳体、阀门、飞轮、气缸盖子、轴承盖子等。

3.3.5 35钢

35钢是钢的一种，是各种标准件、紧固件的常用材料。数字35代表的是钢材的平均含碳量为0.35%，强度适当，塑性较好，冷塑性高，焊接性尚可。冷态下可局部拉丝，淬透性低，正火或调质后使用，适合制造小截面零件，可承受较大的载荷零件，如曲轴、杠杆连杆、吊环等各种标准件、紧固件。

3.3.6 65Mn

65Mn 是弹簧钢的一种，适合制作各种小尺寸扁圆弹簧、坐垫弹簧、发条弹簧，也可制作弹簧环、气门弹簧等弹性零件。

3.3.7 0Cr18Ni9

0Cr18Ni9 为常用的不锈钢之一，作为不锈钢耐热钢使用非常广泛，如食品设备、一般化工设备、原子工业，另外还有 1Cr18Ni9、3Cr18Ni9 等常见不锈钢材料。

3.3.8 Cr12

Cr12 是一种应用广泛的冷模具钢，属于高碳高铬类型的莱氏体钢，该钢具有较好的淬透性和良好的耐磨性。由于 Cr12 含碳高达 2.3%，所以冲击韧度较差，容易脆裂，而且容易形成不均匀的共晶碳化物。

Cr12 钢有良好的耐磨性，多用于制造受冲击的负荷较小的要求高耐磨的冷冲模、冲头、下料模、冷镦模、冷挤压模具的冲头和凹模、钻套、量规、拉丝模具、压印模、搓丝板、拉伸模以及粉末冶金用冷压模等。

3.3.9 3Cr13

3Cr13 属于马氏体不锈钢类型，加工性能良好，数字 3 代表平均含碳量是 0.3%，具有优越的耐腐蚀性能，抛光性能，较高的强度和耐磨性，适宜制造承受高负荷、高耐磨及腐蚀环境中的塑料模具钢。调质处理后其硬度在 30HRC 以下的 3Cr13 材料加工性较好，容易达到表面加工质量，但是硬度大于 30HRC 时，加工的零件表面质量也很好，然而加工刀具容易磨损，所以，在材料进厂后先进行调质处理，硬度达到 25 ～ 30HRC 后再进行精加工。

3.3.10 YG6X

YG6X 是硬质合金的一种，常用于制造合金刀具。硬质合金刀具是由硬质化合物和粘结金属通过粉末冶金工艺制成的一种合金材料。

硬质合金硬度高、耐磨、强度和韧度较好、耐热、耐腐蚀，即使在 500℃的温度下也基本保持不变，1000℃仍然有良好的硬度。

3.3.11　T10和T12

T10是一种常见的碳素工具钢，平均含碳量为1.0%，韧度适中，生产成本低。经过热处理后硬度能达到60HRC以上，但是此钢淬透性低，且耐热性差（250℃），在淬火加热时不容易过热，仍然保持细晶粒，韧性尚可，强度及耐磨性均较T7～T9钢要高些，但是热硬性差，淬透性不高，淬火变形大。

T12也是碳素工具钢的一种，平均含碳量为1.2%，淬火后有较多的过剩碳化物。按耐磨性和硬度属性，适于制作不受冲击负荷、切削速度不高、切削刃口不变热量的工具，如制作车床、刨床的车刀，铣刀、钻头、铰刀、扩孔钻、丝锥、板牙、刮刀、量规、切烟草刀、锉刀，以及断面尺寸小的冷切边模、冲孔模等。

3.3.12　2A12（LY12）

2A12（LY12）是铝合金的一种，2A12是新牌号，LY12是旧牌号。这是一种高强度硬铝，可进行热处理强化，合金在淬火和冷作硬化后其可切削性能尚好，退火后可切削性低，抗腐蚀性不高，常采用阳极氧化处理与涂漆方法或者表面加包铝层提高其抗腐蚀能力，航空航天产品系列全部通过航空航天铝合金制品的超声波探伤工序检验，无沙孔、裂纹、气泡杂质等。

3.3.13　6061和6063铝合金

以6061铝为代表的6000系列铝合金中主要元素为镁与硅，具有强度适中、良好的抗腐蚀性，可焊接性、氧化效果较好，广泛应用于要求有一定强度和抗腐蚀性高的各种工业结构件，如制造卡车、建筑、船舶、电车、铁路车辆、家具等。6063铝合金常用于制造铝合金门窗等。

3.4　手动编程和工艺流程

3.4.1　手动编程介绍

本节介绍简单图形手动编程方法，主要了解程序结构、编程方法、常用代码运用等。通过本节可掌握手动编程的一般步骤、程序格式，及程序中对应代码含义。

例如，零件图如图3-33所示（该图形只相对编程讲解，其他轮廓及孔深度可暂时忽略）。

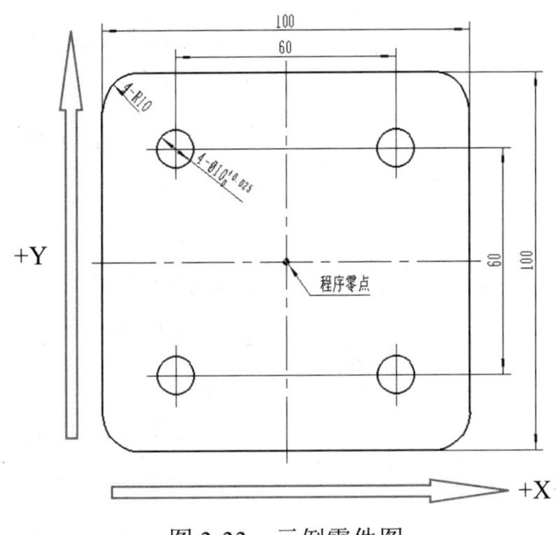

图 3-33 示例零件图

该图形的编程思路说明如下。

（1）程序编程零点在工件中心位置，即图 3-33 中的“程序零点”。

（2）工件加工外形轮廓 100mm×100mm，4-R10 圆角，并添加刀具半径补偿。

（3）轮廓深度方向分层加工，每层切身 1mm，深度按 10mm 加工。

（4）4-Ø10 孔加工按打中心点 - 钻孔 - 铰孔工艺完成加工。

具体程序代码如下。

子程序	注释说明
%	机床读取程序符号
T01 M06	调用 1 号刀，M06 换刀
M01	选择停止（按键 M01 激活有效）
（刀具名：Ø10 平底刀）	刀具信息（小括号内信息内容机床不读取）
T02	刀具库备 2 号刀
G00 G90 G55 X-60. Y-2.	快速移动 绝对模式 G55 坐标下移动 XY 坐标
G43 Z50. H01	刀具长度补偿 快速定位 Z50 调 H01 号长度补偿
M03 S4500	M03 主轴正转 转速 S4500
M08	冷却液开
Z-9.	快速定位深度位置上方 1mm 处
G01 Z-10. F3000	G01 切削运动到加工深度位置
G41 X-57. D01	切削至 X-57 位置并加半径 1 号补偿（只有 G01 后才可加补偿）
G03 X-55. Y0.0 I0.0 J2.	圆弧进刀至工件位置 A

```
G01 Y40.                              直线切削至位置 B
G02 X-40. Y55. I15. J0.0              圆弧切削至位置 C
G01 X40.                              直线切削至位置 D
G02 X55. Y40. I0.0 J-15.              圆弧切削至位置 E
G01 Y-40.                             直线切削至位置 F
G02 X40. Y-55. I-15. J0.0             圆弧切削至位置 G
G01 X-40.                             直线切削至位置 H
G02 X-55. Y-40. I0.0 J15.             圆弧切削至位置 I
G01 Y0.0                              直线切削至位置 K
G03 X-57. Y2. I-2. J0.0               圆弧切削至位置 J 退刀运动
G40 G01 X-60.                         取消半径补偿并退至 X-60 位
Z-9.                                  抬刀至切削深度上 1mm 位
G00 Z50.                              快速运动至工件上方安全高度
M05                                   主轴停止
M09                                   冷却液关闭
G91 G28 Z0.0                          Z 方向回零运动
T02 M06                               调取 2 号刀具并换刀
M01                                   选择停止
(刀具名：中心钻：D3.00)
T03
G00 G90 G55 X-30. Y30.
G43 Z50. H02 S2800 M03
M08
G98 G81 X-30. Y30. Z-.8 R1. F120      钻孔（钻中心点定位） G81 循环模式
X30. Y30.                             G81 循环点孔
X30. Y-30.                            G81 循环点孔
X-30. Y-30.                           G81 循环点孔
G80                                   取消钻孔循环
G00 Z50.                              快速运动至安全平面
M05                                   主轴停止
M09                                   冷却液关闭
G91 G28 Z0.0                          Z 向回零运动
T03 M06                               调 3 号刀具    M06 换刀指令
M01                                   选择停止命令
(刀具名：D9.8 钻头：D3.00 )           刀具名
T04                                   刀库备刀但不换刀
```

```
G00 G90 G55 X-30. Y30.                  快速移动  绝对模式 G55坐标下  移动
                                        XY坐标
G43 Z50. H03 M08                        刀具长度补偿 快速定位Z50 调H01号长
                                        度补偿
S3500 M03                               M03主轴正转  转速S3500
G98 G83 X-30. Y30. Z-10. R1. Q1. F200   G83排屑钻孔
X30. Y30.                               排屑钻孔点位
X30. Y-30.                              排屑钻孔点位
X-30. Y-30.                             排屑钻孔点位
G80                                     取消钻孔循环
G00 Z50.                                快速运动到安全平面
M05                                     主轴停止
M09                                     冷却液关闭
G91 G28 Z0.0                            主轴回零运动
T04 M06                                 调4号刀具  M06换刀
M01                                     选择停止
(刀具名：D10铰刀)                        刀具信息
G00 G90 G55 X-30. Y30.                  快速移动  绝对模式 G55坐标下  移动
                                        XY坐标
G43 Z50. H04 M08                        刀具长度补偿 快速定位Z50 调H01号长
                                        度补偿
S300 M03                                M03主轴正转  转速S300
G98 G85 X-30. Y30. Z-10. R1. F40        G85精加工铰孔（循环模式）
X30. Y30.                               铰孔循环
X30. Y-30.                              铰孔循环
X-30. Y-30.                             铰孔循环
G80                                     取消循环
G00 Z50.                                快速运动至安全平面
M05                                     主轴停止
M09                                     冷却液关闭
G91 G28 Z0.0                            主轴回零
G91 G28 Y0.0                            Y轴回零
M30                                     程序结束并返回起始行
%                                       机床读取程序符号
```

该图形轮廓程序路径简图如图3-34所示。

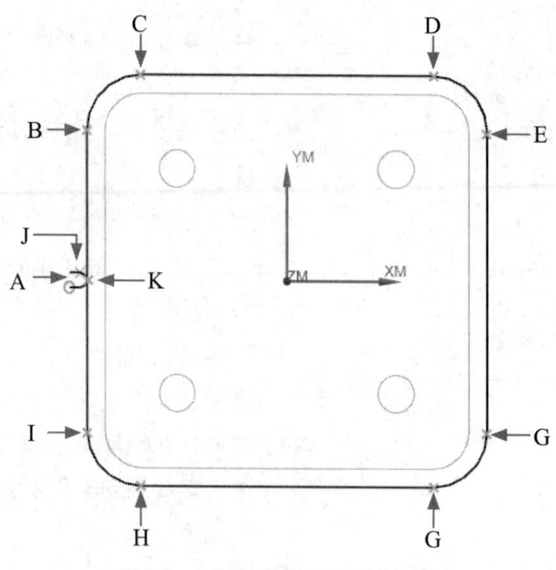

图 3-34　图形轮廓程序路径简图

3.4.2　常见机床 G/M 代码

1. FANUC 车床 G 代码

G00：定位（快速移动）

G01：直线切削

G02：顺时针切圆弧（CW，顺时钟）

G03：逆时针切圆弧（CCW，逆时钟）

G04：暂停（Dwell）

G09：停于精确的位置

G20：英制输入

G21：公制输入

G22：内部行程限位 有效

G23：内部行程限位 无效

G27：检查参考点返回

G28：参考点返回

G29：从参考点返回

G30：回到第二参考点

G32：切螺纹

G40：取消刀尖半径偏置

G41：刀尖半径偏置（左侧）

G42：刀尖半径偏置（右侧）

G50：修改工件坐标；设置主轴最大的 RPM

G52：设置局部坐标系

G53：选择机床坐标系
G70：精加工循环
G71：内外径粗切循环
G72：台阶粗切循环
G73：成形重复循环
G74：Z 向步进钻削
G75：X 向切槽
G76：切螺纹循环
G80：取消固定循环
G83：钻孔循环
G84：攻丝循环
G85：正面镗孔循环
G87：侧面钻孔循环
G88：侧面攻丝循环
G89：侧面镗孔循环
G90：（内外直径）切削循环
G92：切螺纹循环
G94：（台阶）切削循环
G96：恒线速度控制
G97：恒线速度控制取消
G98：每分钟进给率
G99：每转进给率
支持宏程序编程。

2. FANUC 铣床 G 代码

G00：定位（快速移动）
G01：直线切削
G02：顺时针切圆弧
G03：逆时针切圆弧
G04：暂停
G15/G16：极坐标指令
G17 XY：面赋值
G18 XZ：面赋值
G19 YZ：面赋值
G28：机床返回原点
G30：机床返回第 2 和第 3 原点
*G40：取消刀具直径偏移
G41：刀具直径左偏移

G42：刀具直径右偏移

*G43：刀具长度 + 方向偏移

*G44：刀具长度 - 方向偏移

G49：取消刀具长度偏移

G50：坐标轴设定

G51：比例缩放

*G53：机床坐标系选择

G54：工件坐标系 1 选择

G55：工件坐标系 2 选择

G56：工件坐标系 3 选择

G57：工件坐标系 4 选择

G58：工件坐标系 5 选择

G59：工件坐标系 6 选择

G68：旋转指令

G69：坐标系旋转

G73：高速深孔钻削循环

G74：左螺旋切削循环

G76：精镗孔循环

*G80：取消固定循环

G81：中心钻循环

G82：反镗孔循环

G83：深孔钻削循环

G84：右螺旋切削循环

G85：镗孔循环

G86：镗孔循环

G87：反向镗孔循环

G88：镗孔循环

G89：镗孔循环

*G90：使用绝对值命令

G91：使用增量值命令

G92：设置工件坐标系

*G98：固定循环返回起始点

*G99：返回固定循环 R 点

支持宏程序编程。

3. FANUC M 指令代码

M00：程序停 止

M01：选择停止

M02：程序结束（复位）

M03：主轴正转（CW）

M04：主轴反转（CCW）

M05：主轴停

M06：换刀

M08：切削液开

M09：切削液关

M30：程序结束（复位）并回到开头

M48：主轴过载取消不起作用

M49：主轴过载取消起作用

M94：镜像取消

M95：X 坐标镜像

M96：Y 坐标镜像

M98：子程序调用

M99：子程序结束

3.4.3 数控加工工艺流程简介

机械加工工艺（以下简称工艺）对于机械加工来说是非常重要的前期准备工作，它指导了产品零件的整个生产加工过程及细节。工艺是由许多工序过程组成的，生产加工人员根据零件工序单要求，对零件从毛坯到成品一步一步地按计划完成，过程紧密衔接。

工艺通常由以下几部分组成：工艺封面、工艺守则、机械加工工艺过程卡、机械加工毛坯卡、热处理工艺卡、机械加工工序卡、工艺附图卡、机械加工工序指导卡、表面处理卡、检验卡、检验记录表等。工艺下发的同时还需要准备好数控加工程序单、刀具单、工装夹具图、下料单等。图 3-35 ～图 3-39 常见的主要卡片样图，供读者了解。

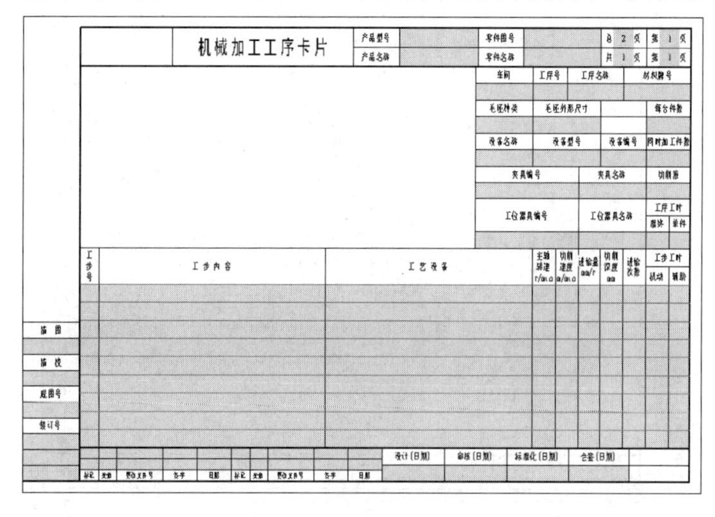

机械加工工序卡片

产品型号　零件图号　总 2 页　第 1 页

产品名称　零件名称　共 1 页　第 1 页

车间　工序号　工序名称　材料牌号

毛坯种类　毛坯外形尺寸　每台件数

设备名称　设备型号　设备编号　同时加工件数

夹具编号　夹具名称　切削液

工位器具编号　工位器具名称　工序工时（准终　单件）

工步号　工步内容　工艺设备　主轴转速 r/min　切削速度 m/min　进给量 mm/r　切削深度 mm　进给次数　工步工时（机动　辅助）

描图　描校　底图号　装订号

标记　处数　更改文件号　签字　日期　标记　处数　更改文件号　签字　日期

设计（日期）　审核（日期）　标准化（日期）　会签（日期）

图 3-35　机械加工工序卡

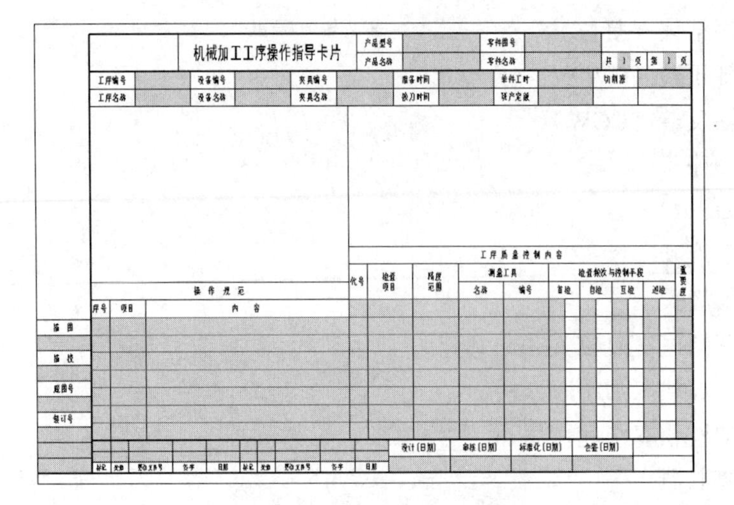

图 3-36　加工操作指导卡

	检验卡片	产品型号		零件图号		总 4 页	第 4 页
		产品名称		零件名称		共 2 页	第 2 页

工序号	工序名称	车间	检验项目	技术要求	检验手段	检验方案	检验操作要求

描图

描校

底图号

装订号

标记	处数	更改文件号	签字	日期	标记	处数	更改文件号	签字	日期	设计(日期)	审核(日期)	标准化(日期)	会签(日期)

图 3-37　检验卡

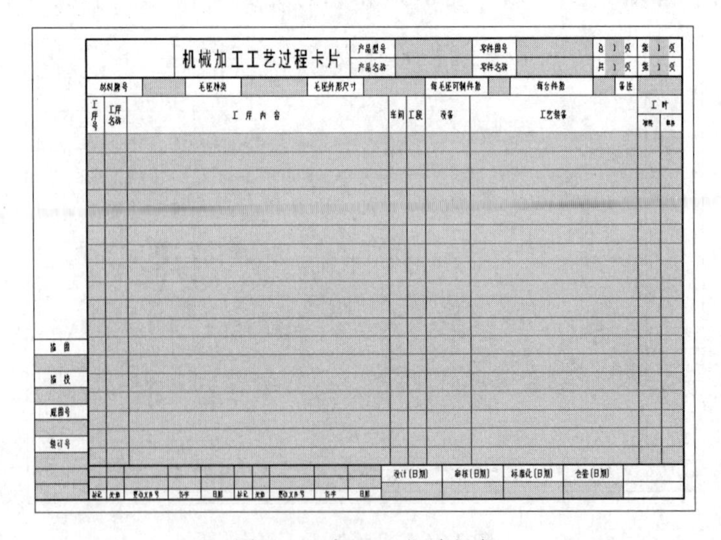

图 3-38　加工工艺过程卡

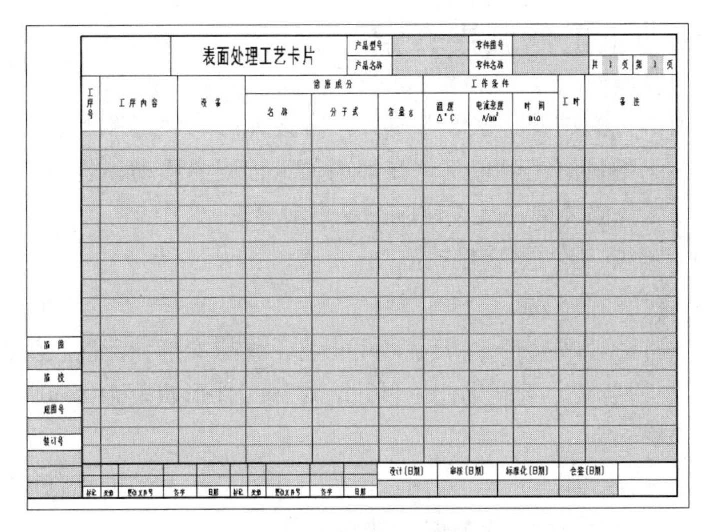

表面处理工艺卡片

产品型号　零件图号　产品名称　零件名称　共 1 页　第 1 页

工序号	工序内容	设备	溶液成分			工作条件			工时	备注
			名称	分子式	含量	温度 Δ°C	电流密度	时间		

描图　描校　底图号　装订号

标记　处数　更改文件号　签字　日期　标记　处数　更改文件号　签字　日期

设计(日期)　审核(日期)　标准化(日期)　会签(日期)

图 3-39　表面处理工艺

3.4.4　数控加工的一般原则

数控机床加工与传统机床加工的工艺规程从总体上说是一致的，但也发生了明显的变化，以下的几个原则在制定加工工艺时可供参考。

1. 基准优先原则

所谓基准优先原则指的就是基准表面首先加工，为后面工序做可靠的定位。例如，加工一些箱体类零件翻面加工，那么就应该首先规划加工好各个面的基准找正，这样在加工过程中才有参考。

2. 先面后孔原则

当零件上面有很大的平面可以作为定位面基准时，一般都会优先加工平面位置，最后再加工工件的孔位置。孔通常用于工件定位，存在位置关系，并且要求相对较高，优先加工完平面再加工孔，这样有利于保证孔的位置尺寸精度，不至于后序加工造成几何尺寸不合格情况。

3. 分清主次关系原则

加工工件，先会优先加工主要表面，或工件的主体型面，完成大框架的布置，从图纸上看即是加工设计所指定的位置基准，如尺寸标注的基准平面等，然后再加工次要位置，包括精度很高的孔位、几何位置尺寸要求严格的小平面位置等。

4. 粗精分开原则

这对于常见的加工的薄壁零件、壳体及大型结构件，本身工件结构刚性不足的工件尤为重要。加工此类零件首先要找装夹位置，后粗加工，保证工件内部应力的释放，后序加工工件能稳定，然后再精加工，这样利于保证尺寸的精度，精加工可根据尺寸精度要求，分先后顺序，再在小范围按粗精分开原则加工。

3.4.5 机械加工工件装夹介绍

工件在加工前的装夹过程方法非常重要，直接会影响到工件加工的稳定性、尺寸精度等各个方面。装夹的目的是防止工件在切削加工过程中移动、震动等，避免破坏工件加工的位置，所以工件的装夹夹具设计应满足以下要求。

（1）装夹不得影响工件的正确定位。

（2）装夹应有足够的刚性。

（3）装夹时不得压伤碰伤工件表面，不得将工件压变形，形状发生改变。

（4）尽量用小的装夹力量固定住工件，有时候工件形状复杂，可以使用固定胶固定工件，防止装夹变形。

（5）夹具机构应简单、可靠、实用，能保证生产效率，装夹工艺性能好，工装夹具出现问题便于互换，定位面精度不好时方便修正等。

3.5 宏程序编程及数学基础

在日益普及的CAM软件编程成为大趋势的情景之下，手动宏编程可能已经被忘却得所剩无几，但是在加工某些特殊的工件产品时，还是需要手动编程，而且需要十分精通手动编程。例如，手机3C行业针对量产产品的精准外形的手动宏修改程序，数控机床的探针编程的自动化设置，都离不开手动编程；计算机编程的程序格式检查等，也离不开手动编程检查程序的基础知识。

相比宏程序而言，常规程序通常有以下特点：①只能添加半径补偿，形式比较固定；②程序只能按部就班地运行；③常规程序不可以进行逻辑数学运算。

而宏程序就非常灵活，首先它可以赋予程序变量，大大增加了手动可控加工尺寸的灵活性；再者，宏程序可以进行加工顺序的跳跃执行，并且各个变量之间可以进行灵活的数学计算。

下面以一个简单的图形来介绍宏程序编程的流程，如图3-40所示，以便读者能顺利了解宏程序编程及程序结构模式。程序是用球刀由右向左加工的。

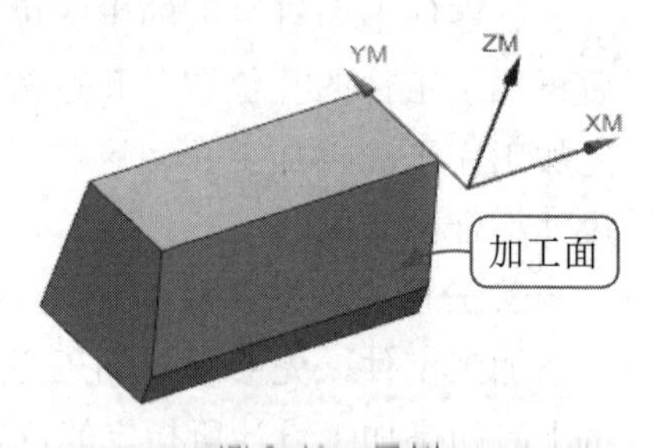

图3-40 示例

子程序	注释说明
O3939	程序名
T01M06	调取刀具并换刀
#4=0	设置此变量为0
#2=...	球刀半径

```
#3=...                              倒角高度方向尺寸
#1=...                              加工面与 Z 向夹角
#34=...                             深度方向步距值
#5=...                              倒角水平方向长度
#20=#5+#2+1                         倒角总长
G54G90G00X0Y0                       程序起始定位零点位置
G43Z50H01                           调长度补偿定位安全位置
M03S3000                            主轴正转　转速 3000
M08                                 冷却液开启
X#2Y-#2                             移动到刀具开始加工位置
#23=[1-COS[#1]/SIN[#1]/COS[#1]      角度公式计算
#25=#2*[TAN[#1]]-#23]               模型最低点到球刀球心距离
#27=#25-#2-#3                       初始定点坐标 Z 向值
#29=#3+#2*[1-COS[#1]]/TAN[#1]       初始接触工件球心至结束球心接触工件位置
                                    的 Z 向值
Z#27                                下降定位至 Z 向位置
WHILE[#4LE#29]DO1                   如果倒角面没加工完，继续加工循环
#6=#4*TAN[#1]                       每次 Z 向变化 Y 向随之变化值
G01Y[-#2+#6]Z[#27+#4]F300           在初始加工刀位点 Y 增大
X-#20F800                           加工至倒角左侧
G00Z10                              快速移动到安全平面
X#2                                 快速回到起始右侧上方
Z[#27+#4]                           快速定位到当前加工位置
#4=#4+#34                           每次变量的增值 Z
END1                                循环 1 结束
G00Z50                              快速移动到安全高度
M02                                 程序结束
```

第 4 章
平面铣加工

本章通过介绍平面铣加工的基本概念，阐述平面铣加工的基本原理和主要用途，详细讲解平面铣加工的一些主要方法，包括表面铣、平面铣、平面轮廓铣以及精铣底面等，并且通过一些典型的范例，介绍上述方法的主要操作过程。在学习完本章后，读者将会熟练掌握上述加工方法，深刻领会到各种加工方法的特点。

本章学习内容

- 平面铣加工通用参数
- 带边界面铣
- 平面轮廓铣

4.1 平面铣概述

平面铣是一种常用的操作类型，用来加工直壁平底的零件，可以用作平面轮廓、平面区域或者平面岛屿的粗加工和精加工，也可以平行于零件底面进行多层铣削。

平面铣是一种2.5轴加工方式，它在加工过程中首先进行水平方向的XY两轴联动，完成一层加工后再进行Z轴下切进入下一层，逐层完成零件加工。平面铣可以加工零件的直壁、岛屿顶面和腔槽底面为平面的零件，根据二维图形定义切削区域，不必做出完整的零件形状；也可以通过边界指定不同的材料侧方向，定义任意区域为加工对象，方便地控制刀具与边界的位置关系。

平面铣用于切削具有竖直壁的部件以及垂直于刀具轴的平面岛和底面。平面铣操作创建了可去除平面层中的材料量的刀轨，这种操作类型最常用于粗加工材料，为精加工操作做准备。平面铣主要加工零件的侧面与底面，可以有岛屿和腔槽，但岛屿和腔槽必须是平面。平面铣的刀具轨迹是在平行于XY坐标平面的切削层上产生的，在切削过程中刀具轴线方向相对工件不发生变化，属于固定轴铣，切削区域由加工边界确定约束。

4.2 平面铣的子类型

单击“主页”→“插入”→“工序”按钮，打开“创建工序”对话框，在“加工环境”选项卡中，系统默认cam general → mill_planar即为平面铣类型。

在“工序子类型”中列出了平面铣的所有加工方法，一共有15种子类型，如图4-1所示。其中前6种为主要平面铣加工方法，应用比较广泛，一般的零件基本上都能满足加工要求。其他的加工方式又由前6种演变产生，适合于一些具有特殊形状的零件的加工。

图4-1　“创建工序”对话框

平面铣的各工序子类型介绍如下。

（FLOOR_WALL）底壁铣：切削底面或壁几何体。

（FLOOR_WALL_IPW）带IPW的底壁铣：使用IPW切削底面和壁。

（FACE_MILLING）带边界面铣：基本的面切削操作，用于切削实体上的平面。

（FACE_MILLING_MANUAL）手工面铣：它使用户能够把刀具正好放在所需要的位置，选择部件上的面来定义切削区域。

（PLANAR_MILL）平面铣：用平面边界定义切削区域，切削刀的平面。

（PLANAR_PROFILE）平面轮廓铣：特殊的二维轮廓铣切削类型，用于在不定义毛坯的情况下轮廓铣，常用于修边。

（CLEANUP_CORNERS）清角铣：使用来自于前一操作的二维 IPW，以跟随部件切削类型进行平面铣，常用于清除角，因为这些角中有前一刀具留下的材料。

（FINISH_WALLS）精铣壁：默认切削方法为轮廓铣削，默认深度为只有底面的平面铣。

（FINISH_FLOOR）精铣底面：默认切削方法为跟随零件铣削，将余量留在底面上的平面铣。

（GROOVE_MILLING）槽铣削：使用 T 型刀铣削单个线性槽，指定部件和毛坯几何体，通过选择单个平面来指定槽几何体。

（HOLE_MILLING）孔铣削：使用螺旋切削模式来加工盲孔、通孔或凸台。选择孔几何体或者使用已识别的孔特征。处理特征的体积确定要移除的材料。

（THREAD_MILLING）铣螺纹：使用螺旋切削铣削螺纹孔。

（PLANAR_TEXT）平面文本：对文字曲线进行雕刻加工。

（MILL_CONTROL）铣削控制：建立机床控制操作，添加相关后置处理命令。

（MILL_USER）用户定义的铣削：自定义参数建立操作。

提示：需要读者重点注意的是，平面铣（mill planar）的工序子类型中，还有一个平面铣（PLANAR_MILL），其图标为。二者英文名称有别，但是中文翻译相同。为了区别，下面统一将工序子类型中的平面铣（PLANAR_MILL）简称为“面铣”，而作为工序主体的平面铣（mill planar）名称不变。

4.3 平面铣加工步骤

选择任意的工序子类型，然后单击“确定”按钮后，都会打开相应的工序操作对话框。如选择底壁铣后将会打开“底壁铣”对话框，如图 4-2 所示。该对话框中包含“几何体”“工具”“刀轴”“刀轨设置”等选项组，依次对这些选项组进行设置，即可看作平面铣的加工过程。

图 4-2 “底壁铣”对话框

具体有以下几个环节。

（1）创建父节点组：包括程序、刀具、几何体、加工方法 4 个父节点组。

（2）创建操作：包括选择加工几何体、选择切削方法、选择步距、选择控制点、选择进刀 / 退刀方法及其参数、选择切削参数、确定分层加工方法及其参数、常用选项——避让选项、进给率等。

（3）刀具路径的显示。

（4）刀具路径的产生和模拟。

4.4　平面铣加工通用参数

平面铣不直接使用实体模型来设置加工工序，而是通过几何边界来定义切削范围，用底面定义切削深度。边界几何体和底平面是平面铣操作的特有选项，刀具在它们限定的范围内进行切削。

4.4.1　平面铣的几何体类型

平面铣所涉及的几何体类型分别是：部件边界、毛坯边界、检查边界、修剪边界、底面，如图4-3所示。通过这五种边界可以定义和修改平面铣操作中的加工区域。

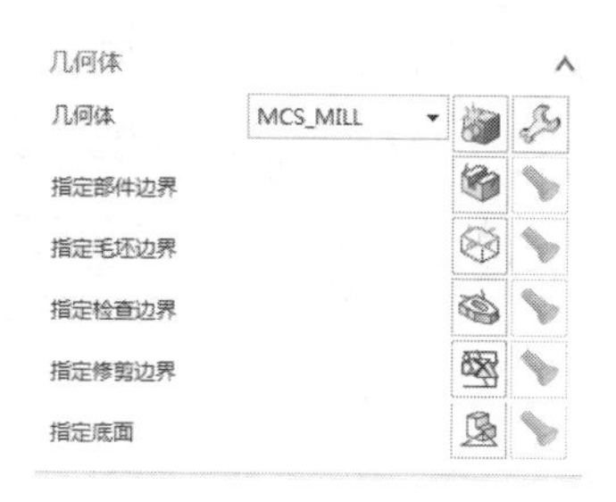

图4-3　几何体类型

1. 部件边界

含义："部件边界"用于描述完成的零件，控制刀具运动的范围。

应用："部件边界"是平面铣必须操作的加工对象，选择中要特别注意其"刀具侧"选项组，详情可参见第4.4.2节。

2. 毛坯边界

含义："毛坯边界"用于描述将要被加工的材料范围。

应用："毛坯边界"可以限制加工范围，对于凸出的零件通常需要选择"毛坯边界"。选择中要注意其"刀具侧"是被切除的部分，详情可参见第4.4.2节。

3. 检查边界

含义："检查边界"用于描述刀具不能碰撞的区域，是刀具在切削过程中要避让的几何体。

应用："检查边界"通常用于在部件边界范围内部不需要加工到底面的部分的边界设置。

4. 修剪边界

含义："修剪边界"用一个边界对生成刀轨做进一步修剪。

应用："修剪边界"可以限定生成刀轨的切削区域，如指定局部加工或者角落加工。另外，在凸模加工时，"指定修剪边界"也可以作为边外限制生成刀轨。

5. 底面

含义：指定平面铣操作加工的最低平面位置。

应用：单击操作对话框中的"指定平面"图标，打开"平面"对话框。可在图形上直接选择一个平面，也可以通过输入偏置值指定新的平面。

无论选择何种几何体类型，在打开的相应对话框中都会有一个“边界”选项组，用于指定边界，用户可以通过“面”“曲线”“点”等方法来进行指定，如图4-4所示。

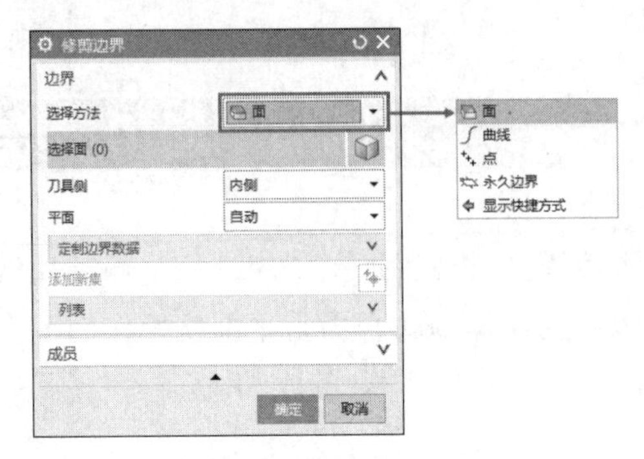

图4-4　边界的选择方法

各选择方法的具体含义介绍如下。

面：选择“部件边界”对话框中“选择方法”列中的“面”创建边界，如图4-5所示。

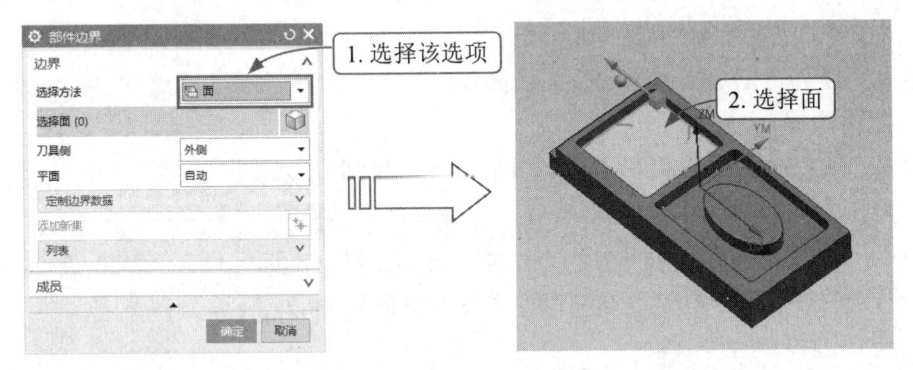

图4-5　通过“面”创建的边界

曲线：选择“部件边界”对话框中“选择方法”列中的“曲线”创建边界，如图4-6所示。其中，“边界类型”用于确定边界是“封闭”还是“开放”，此项选择影响后面的“刀具侧”位置，如果边界为“封闭”，则“刀具侧”为“内侧”或“外侧”；如果“边界类型”为“开放”，则“刀具侧”为“左”或“右”。

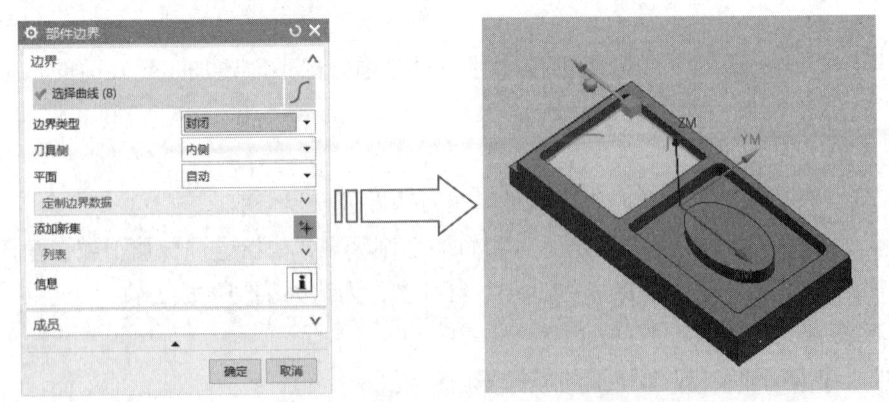

图4-6　通过“曲线”创建的边界

点：选择“部件边界”对话框中“选择方法”列中的“点”创建边界，如图4-7所示。

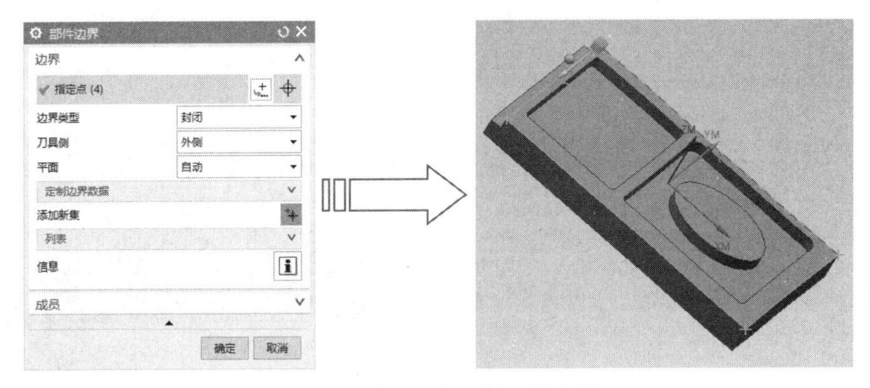

图 4-7　通过“点”创建的边界

4.4.2　刀具侧

不同类型的边界，其刀具侧的设置与判断也有所不同。下面介绍刀具侧的具体选择效果。

“部件边界”的“刀具侧”选项为“内侧”时，刀具只在定义的边界内生成刀路，如图 4-8 所示。

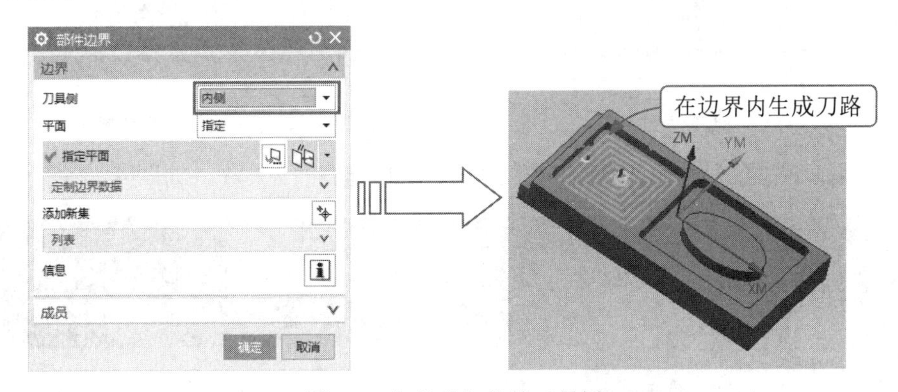

图 4-8　部件几何体的刀具侧

“毛坯边界”的“刀具侧”选项为“内侧”时，指定将要切削掉的原材料部分，如图 4-9 所示。不同于部件边界，毛坯边界可以直接切削或者进刀。

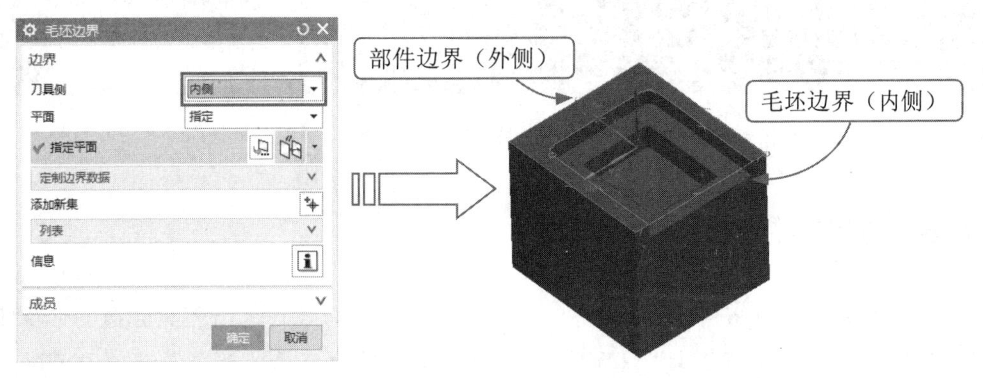

图 4-9　毛坯几何体的刀具侧

“检查边界”的“刀具侧”为“外侧”时，定义不希望与刀具发生碰撞的几何体，如图 4-10 和图 4-11 所示。

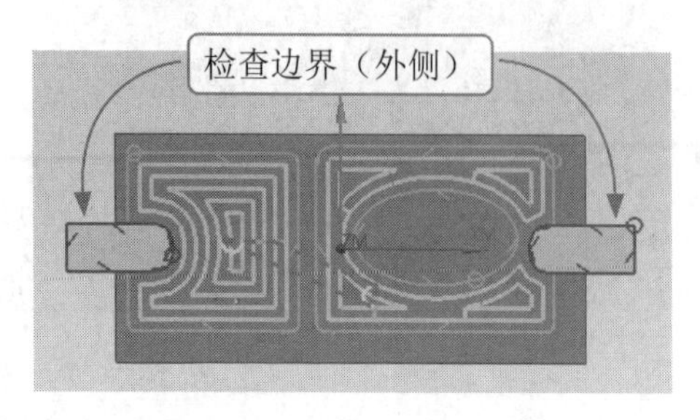

图 4-10　选中“检查边界”

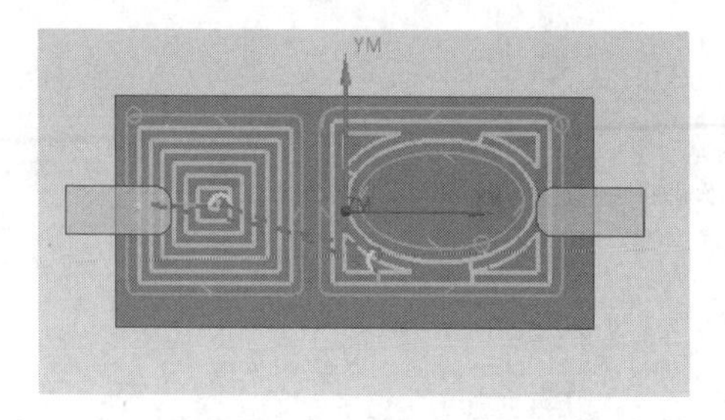

图 4-11　未选中“检查边界”

“修剪边界”的“刀具侧”为“外侧”时，将修剪掉定义边界以外的刀路，如图 4-12 和图 4-13 所示，将各个切削层进一步约束切削区域的边界。

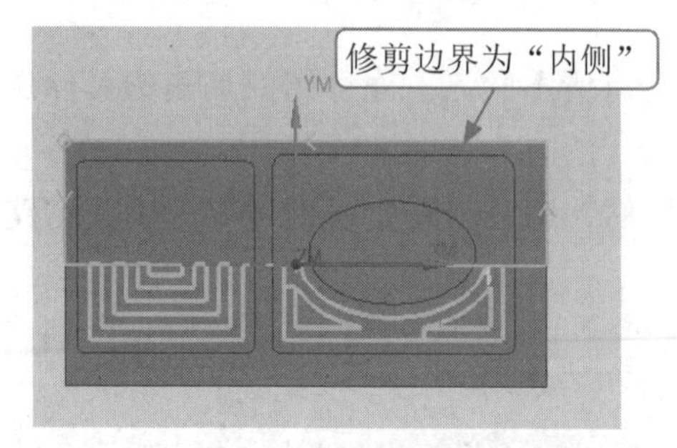

图 4-12　修剪边界为内侧

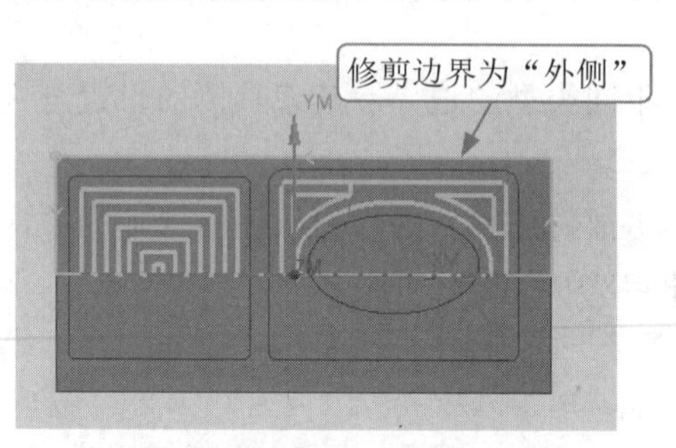

图 4-13　修剪边界为外侧

设置错误或者遗忘设置刀具侧参数将可能导致刀轨生成失败，如图 4-14 所示。

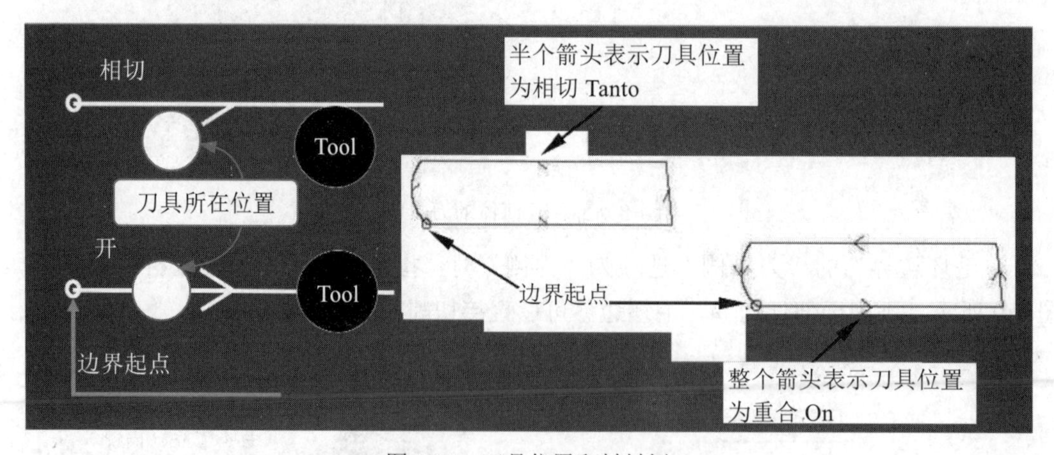

图 4-14　刀具位置和材料侧

4.4.3　切削刀具

铣刀是实际加工中常用的刀具类型。展开“工具”选项栏，单击刀具旁边的“新建”按钮，即可打开“创建刀具”对话框，在该对话框的“刀具子类型”选项中可以选择合适的铣刀，如图 4-15 所示。

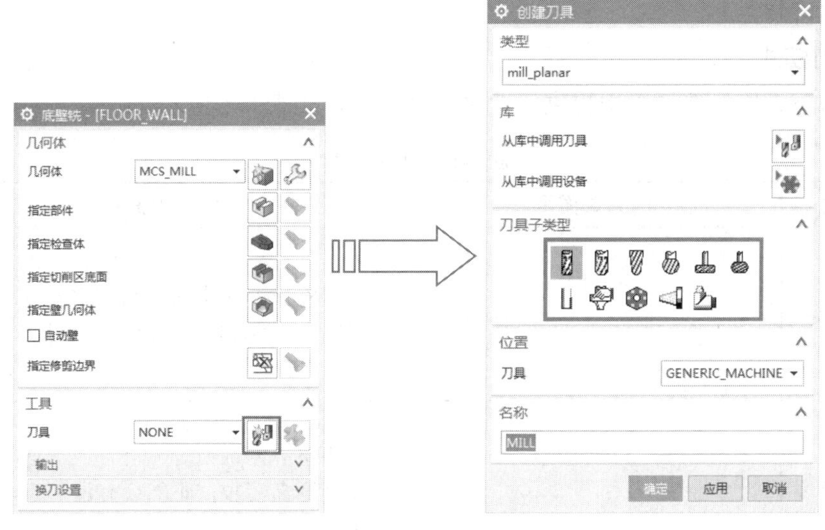

图 4-15　几何体类型

各刀具子类型的说明如下。

（1）（MILL）端铣刀：在大多数的加工中均可以使用此种刀具。

（2）（CHAMFER_MILL）倒角铣刀：带有倒斜角的端铣刀。

（3）（BALL_MILL）球头铣刀：多用于曲面以及圆角处的加工。

（4）（SPHERICAL_MILL）球型刀：多用于曲面以及圆角处的加工。

（5）（T_CUTTER）T 型铣刀：多用于键槽加工。

（6）（BARREL）鼓型铣刀：多用于平面或者键槽的加工。

（7）（THREAD_MILL）螺纹铣刀：用于铣螺纹。

（8）（MILL_USER_DEFINED）用户定义的铣刀：用于创建用户特制的铣刀。

（9）（CARRIER）刀架：用于刀具的管理，可将每把刀具设定一个唯一的刀号。

（10）（MCT_POCKET）刀槽：用于装夹刀具。

（11）（HEAD）动力头：给道具提供动力。

如果在加工的过程中需要使用多把刀具，比较合理的方式是一次性把所需的刀具全部创建完成，这样在以后的加工中，直接选取创建好的刀具即可，有利于后续工作的快速完成。

4.4.4　刀轨设置的一般参数

在 NX 中，会根据所选加工种类的不同，打开不同的操作对话框，但对话框中有一些参数命令含义都是一样的，不会随着操作类型的改变而改变。“刀轨设置”选项组就集中了这些命令，如图4-16所示。本节先介绍“切削模式”“步距”“平面直径百分比”“毛坯距离”“每刀切削深度”“最终底面余量”等一般参数，然后对“切削参数”“非切削移动”

图 4-16　“刀轨设置”选项组

等进行详细讲解。

1. 切削模式

在“刀轨设置”选项组中提供了 8 种切削方式，如表 4-1 所示。

表 4-1 切削模式

切削模式	刀路图示	刀路说明
跟随部件		根据实体形状生成刀路，空刀少，跳刀多，可以作辅助体优化刀路，常用于开粗刀路
跟随周边		刀路整齐，跳刀少，空刀多，有岛屿的时候要打开岛清根，不然会有漏加工，常用于开粗刀路
混合		不同面实现多种切削模式，不常用
轮廓		只走侧壁轮廓的刀路，精铣侧面使用
摆线		横向螺旋进刀切削方式，可用于加工条形槽
单向	YM XM	一个方向切削过去，进刀方向不改变，可控制刀路切削角度，不常用
往复		刀路来回切削，可控制刀路切削厚度及角度，有岛屿的时候，要设置壁清理，不然会有漏加工，常用于光面、开粗
单向轮廓		跟“单向”不同的是，在有岛屿的情况下不会出现漏加工

2. 步距

步距是指两个切削路径之间的水平间隔距离，而在环形切削方式中指的是两个环之间的距离，有如下 4 种方式。

（1）恒定：选择该选项后，用户需要定义切削刀路间的固定距离。如果指定的刀路间距不能平均分割所在区域，系统将减小这一刀路间距以保持恒定步距。

（2）残余高度：选择该选项后，用户需要定义两个刀路间剩余材料的高度，从而在连续切削刀路间确定固定距离。

（3）刀具平直百分比：选择该选项后，用户需要定义刀具直径的百分比，从而在连续切削刀路间建立起固定距离。

（4）多重变量：选择该选项后，可以设定几个不同步距大小的刀路数以提高加工效率。

3. 平面直径百分比

就是上面“步距”中设置的刀具平直百分比，刀具横向移动距离。例如，一把直径为 100mm 的铣刀，设置“平面直径百分比”为 75，那么横向移动就是 75mm，如图 4-17 所示。

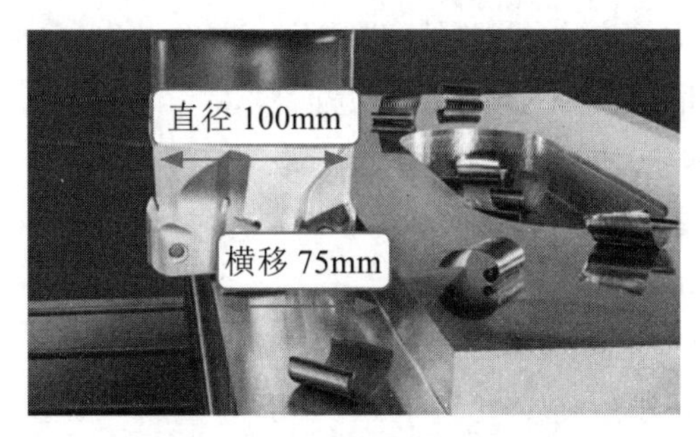

图 4-17　平面直径百分比实际效果

4. 毛坯距离

毛坯距离是加工的主要数据，需要根据实际深度设置，参数为毛坯面至加工底面的实际距离。

5. 每刀切削深度

一层加工完后，进入下一层的深度，俗称下刀量。

6. 最终底面余量

如果是开粗，那么底面需留置余量，具体余量根据实际加工情况设置。

4.4.5　切削层

切削层用于指定平面铣的每个切削层的深度，深度由岛屿顶面、底面、平面或者输入的值来定义。当选择进行面铣（PLANAR_MILL）加工时，创建工序后会打开“平面铣”对话框，如图 4-18 所示。单击“平面铣”对话框中的“切削层”按钮，打开“切削层”对话框，对话框上部用于指定切削深度的定义方法，下部用于输入相应的参数，如图 4-19 所示。

图 4-18 “平面铣”对话框

图 4-19 “切削层”对话框

（1）用户定义：可分多层进行切削。选择该选项后，“切削层”对话框下所有参数选项都被激活，此时对话框如图 4-20 所示。由用户输入最大切削参数、最小切削参数、离顶面的距离和离底面的距离，效果参见图 4-21。

①公共：在“切削层顶层”之后且在“上一个切削层”之前的每个切削层定义允许的最大切削深度。

②最小值：在“离顶面的距离”层之后且在“上一个切削层”之前的每个切削层定义允许的最小切削深度。

③离顶面的距离：多层“平面铣”操作的第一个切削层定义的切削深度。

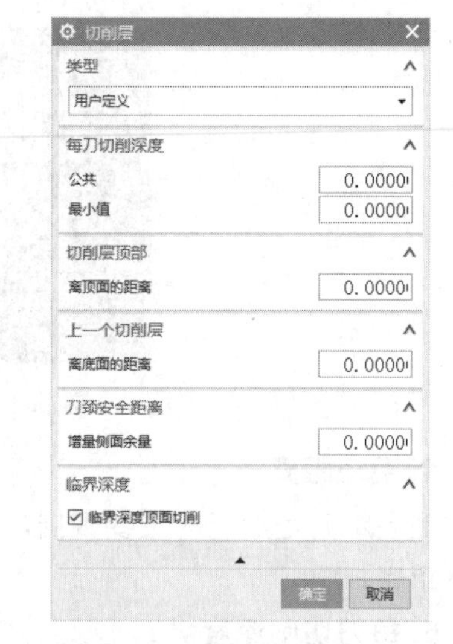

图 4-20 选择类型为“用户定义”的对话框

④离底面的距离：多层“平面铣”操作的最后一个切削层定义的切削深度。

⑤增量侧面余量：多层开粗加工刀轨中，每下刀一层，添加侧面偏置侧面余量。

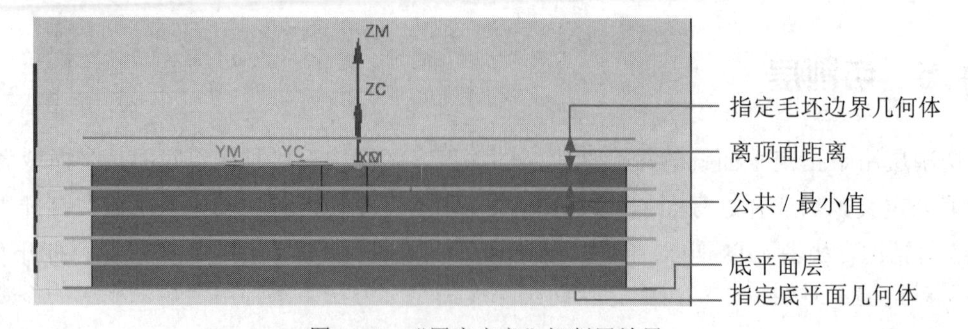

图 4-21 “用户定义”切削层效果

（2）仅底面：系统仅在指定底平面上生成单个切削层，如图 4-22 所示。

（3）底面及临界深度：系统不仅在指定底平面上生成单层切削刀轨，并且在零件中每个岛屿的顶部区域生成一条清除材料的刀轨，如图 4-23 所示。

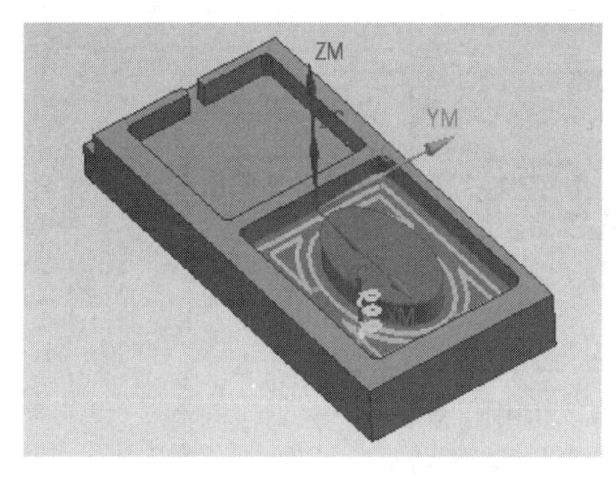

图 4-22 “仅底面”切削层效果

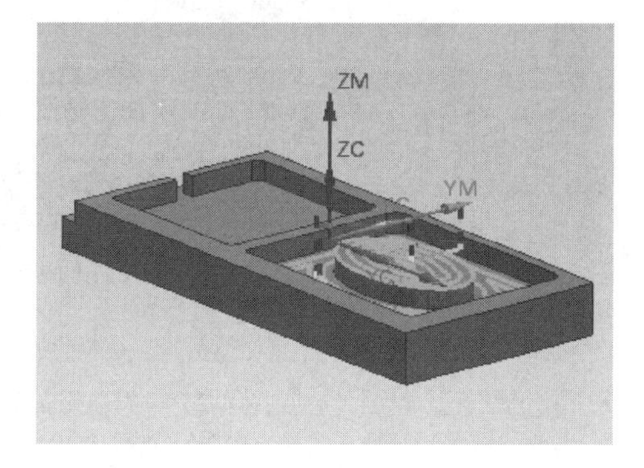

图 4-23 “底面及临界深度”切削层效果

（4）临界深度：系统会在每个零件中的每个岛屿顶部生成切削层，同时也会在底平面生成切削层。

（5）恒定：指定一个固定的深度值来产生多个切削层，如图 4-24 所示。

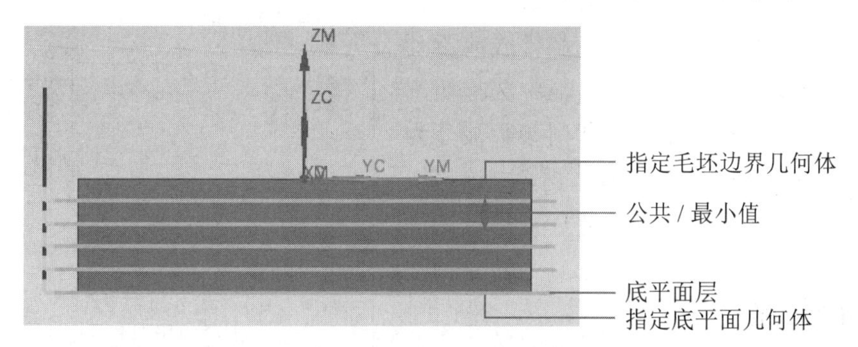

图 4-24 “恒定”切削层效果

（6）每刀切削深度：公共和最小值一起作用时可以定义一个允许的切削范围，在该范围内可以定义切削深度。系统尽可能用一个接近最大深度的值来创建相等切削深度。

（7）切削层顶部：该选项为切削深度的平面铣操作定义第一个切削层深度，该深度从毛坯几何体的顶面开始测量，如果没有定义毛坯几何体，将从部件的边界曲线串处开始测量。

（8）上一个切削层：最终值为所有切削深度的平面铣操作定义最后一个切削层深度，该深度从底平面开始测量。如果最终值大于 0，系统将至少创建两个切削层，一个在顶面的深度处，另一个在底平面上。

（9）刀颈安全距离：该选项为多深度的平面铣操作的每一个后续的切削层增加一个侧面余量，如图 4-25 所示。这样做可以避免刀具的侧刃与易切削的侧面发生摩擦。

（10）临界深度：切削时，并不能保证切削层恰好位于岛屿的顶面，因此有可能导致岛屿顶面上有残余材料。当选中“临界深度”时，系统会在有残余材料的岛屿顶面附加一层刀轨，将残余材料清除。

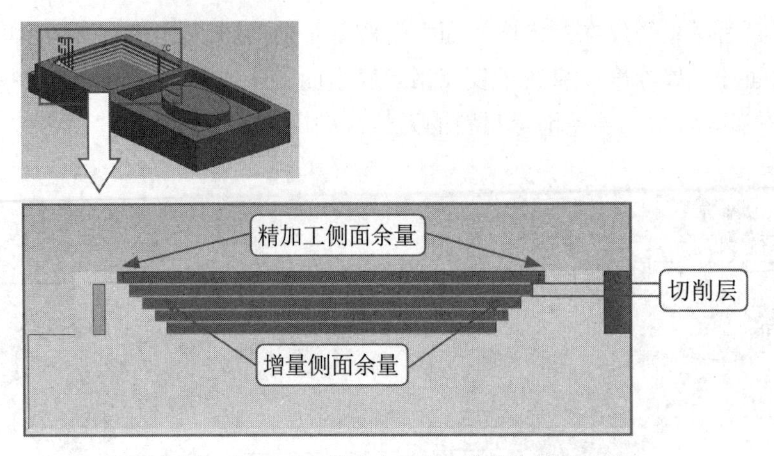

图 4-25 “刀颈安全距离”切削层效果

4.4.6 切削参数

切削参数用于设置刀具在切削工件时的一些处理方式。它是每种操作共有的选项，但某些选项随着操作类型的不同和切削模式或驱动方式的不同而变化。在操作对话框中选择切削参数图标进入切削参数设置。切削参数被分为6个选项卡，分别是策略、余量、拐角、连接、空间范围、更多，选项卡可以通过顶部标签进行切换。

图 4-26 “切削方向”选项

1.“策略”选项卡

用于定义最常用的或者主要的参数，可设置“切削方向”“精加工刀路”“毛坯距离”等。

1）“切削”选项组

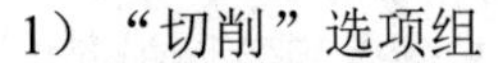

“切削方向”用于定义平面铣加工中刀具在切削区域内的进给方向，有“顺铣”“逆铣”“跟随边界”“边界反向”四个选项，如图 4-26 所示。

（1）顺铣：顺铣是指刀具旋转时产生的切线方向与工件的进给方向相同，如图 4-27 所示。

（2）逆铣：逆铣是指刀具旋转时产生的切线方向与工件的进给方向相反，如图 4-28 所示。

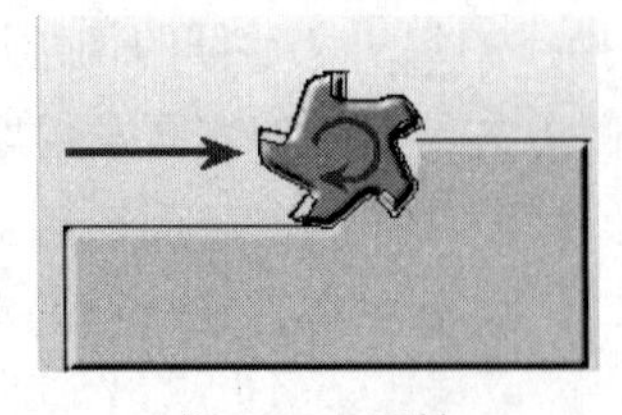

图 4-27 顺铣

图 4-28 逆铣

（3）跟随边界：系统根据边界方向和刀具旋转方向来决定切削方向，跟随边界的切削方向和边界方向一致，如图 4-29 所示。

（4）边界反向：边界反向的切削方向和边界方向相反，如图 4-30 所示。

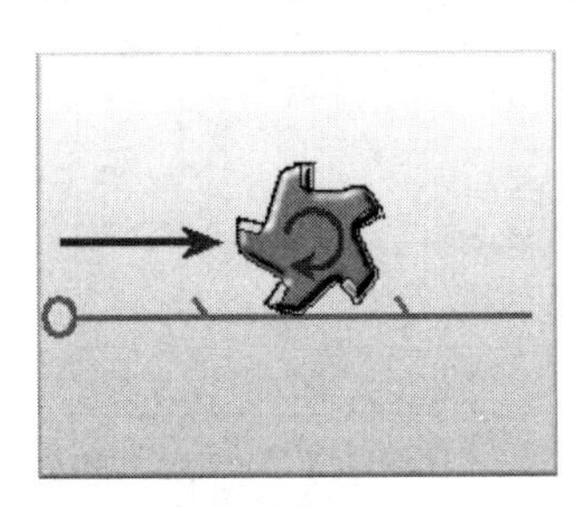

图 4-29　跟随边界

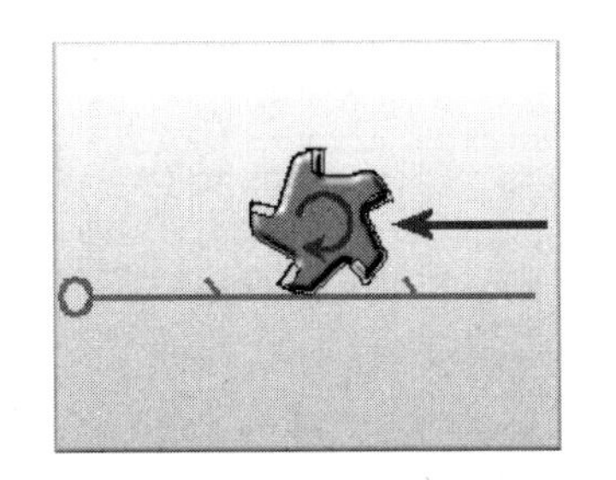

图 4-30　边界反向

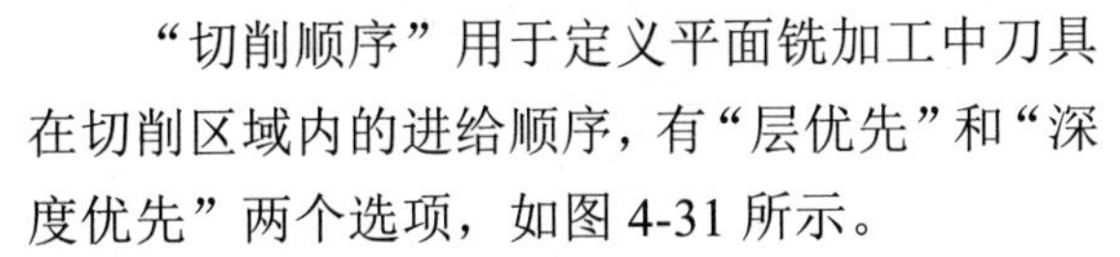

“切削顺序”用于定义平面铣加工中刀具在切削区域内的进给顺序，有“层优先”和“深度优先”两个选项，如图 4-31 所示。

（1）层优先：选择该选项，指定刀具在切削零件时，切削完工件上所有区域的同一高度的切削层之后再进入下一层的切削。 刀具在各个切削区域之间不断转移，如图 4-32 所示。

（2）深度优先：选择该选项，指定刀具在切削零件时，将一个切削区域的所有层切削完毕再进入下一个切削区域进行切削。刀具在达到底部后才会离开腔体，如图 4-33 所示。

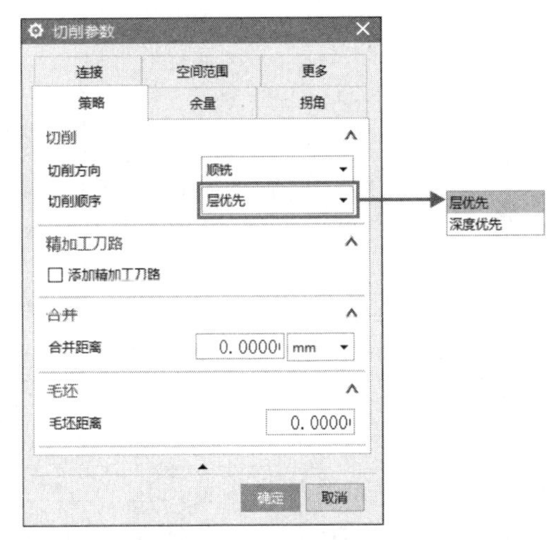

图 4-31　“切削顺序”选项

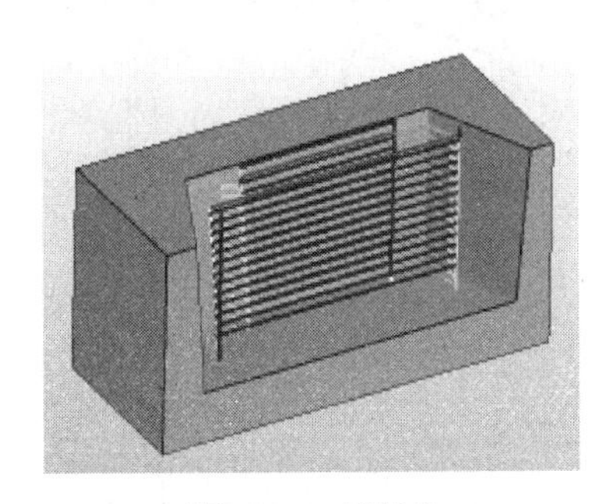

图 4-32　层优先

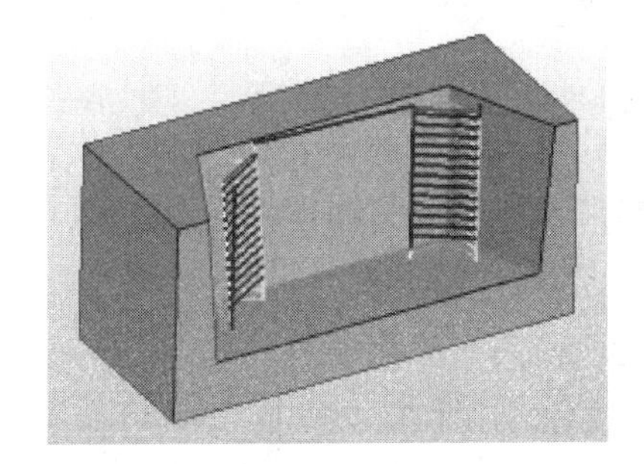

图 4-33　深度优先

提示：一般加工优先选用“深度优先”以减少抬刀，对外形一致性要求高或者薄壁零件的精加工中应该选择“层优先”。

当切削模式为“跟随周边”时，“切削”选项组中还会有一个“岛清根”选项，如图 4-34 所示。“岛清根”用于清理岛屿四周的额外残余材料。打开“岛清理”选项，则在每一个岛屿边界的周边都包含一条完整的刀具路径，用于清理残余材料。关闭“岛清根”选项则不清理岛屿周边轮廓。

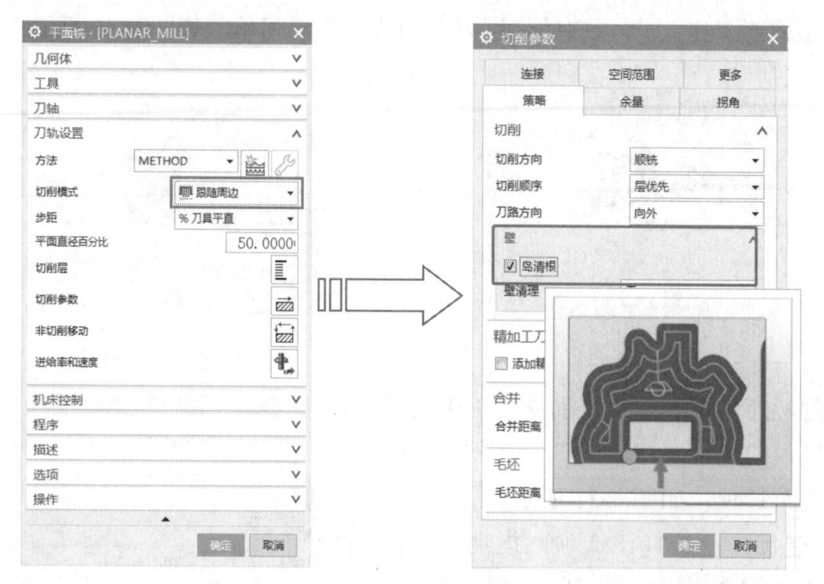

图 4-34　岛清根

> **提示：对于型腔内有岛屿的零件粗加工，必须打开“岛清根”选项，否则将在周边留下很不均匀的残余，并有可能在后续的加工层中一次切除很大残料。**

2）“精加工刀路”选项组

“精加工刀路”用于刀具完成主要切削刀路后所做的最后切削的刀路。勾选“添加精加工刀路”复选框，并输入精加工步距值后，系统将在边界和所有岛屿周围创建单个或多个刀路。

3）“合并”选项组

“合并距离”指的是当它的最大值大于工件同一高度上当前断开距离时，刀路就自动连接起来，不做抬刀动作，如图 4-35 所示。

4）“毛坯”的设置

“毛坯距离”应用于零件边界的偏置距离，用于产生毛坯几何体，常用于型腔铣、平面铣和面铣削操作，如图 4-36 所示。

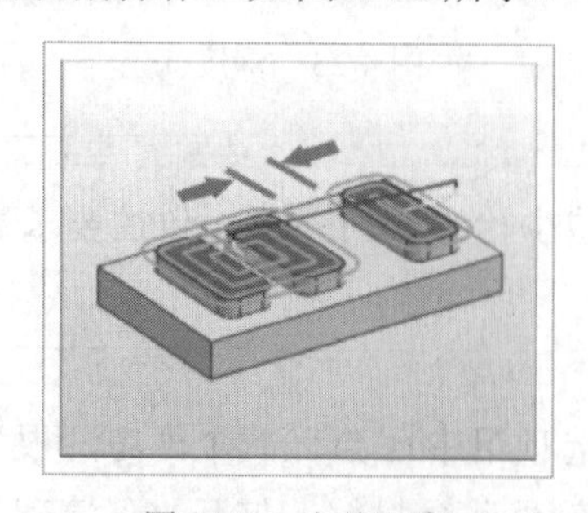

图 4-35　合并距离

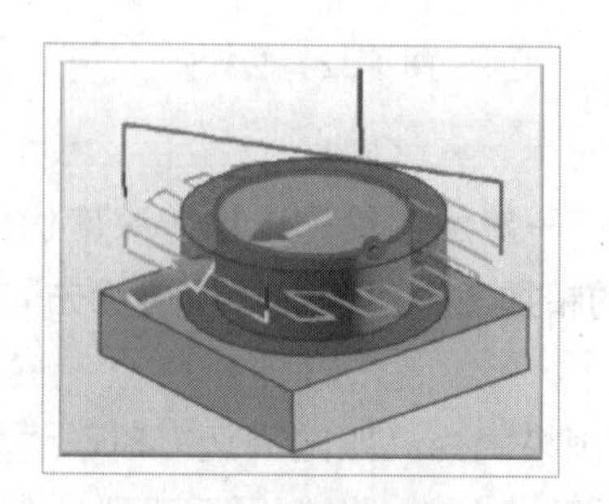

图 4-36　毛坯距离

2. “余量”选项卡

“余量”选项卡用于确定完成当前操作部件上剩余的材料和加工容差参数，如图 4-37 所示。允许根据工件材料、刀具材料和切削深度等实际切削条件，设定不同的几何体的余量和加工精度公差。

1）“余量”选项组

（1）部件余量：部件几何体侧壁加工后剩余的材料厚度，通常粗加工和半精加工要为精加工留一定的余量。

（2）最终底面余量：完成刀轨后腔体底部面和岛屿顶部面剩余的材料厚度。

图 4-37　“余量”选项卡

（3）毛坯余量：切削时刀具偏离已定义毛坯几何体的距离。

（4）检查余量：指定刀具位置与已定义检查边界的距离。

（5）修剪余量：指定刀具位置与已定义修剪边界的距离。

2）“公差”选项组

“公差”用于定义刀具偏离实际零件的允许范围，公差越小，则切削越精准，从而产生的轮廓越光顺，但是需要更多的处理时间。“公差”选项组可以设置“内公差”和“外公差”，如图 4-38 和图 4-39 所示。

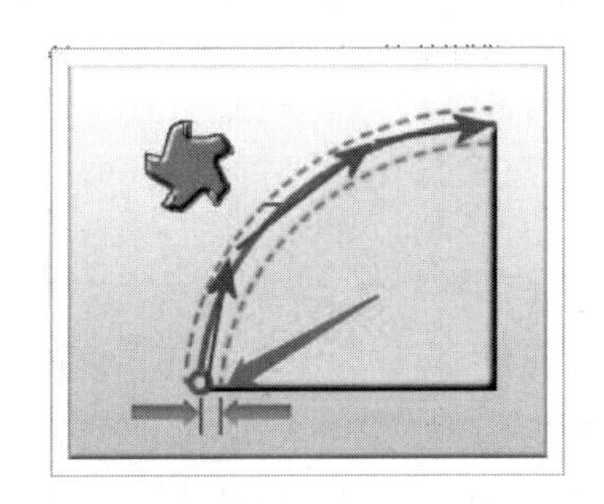

图 4-38　内公差

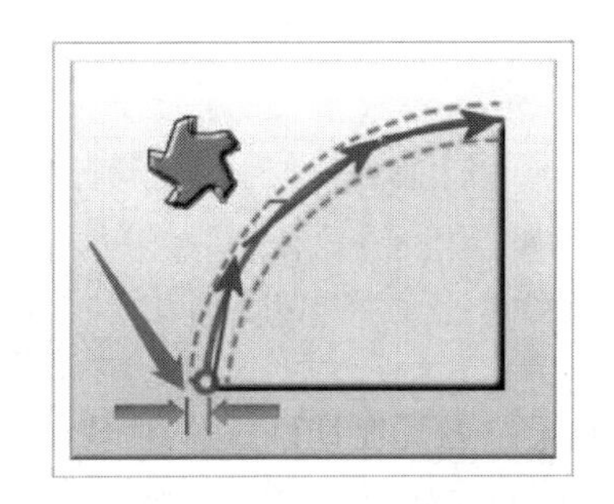

图 4-39　外公差

3. “拐角”选项卡

用户指定当刀具沿着拐角运动切削时的刀轨形状，产生光顺平滑的切削路径，如图 4-40 所示。

1）“拐角处的刀轨形状”选项组

“凸角”选项用于在平面铣操作中对尖角进行处理。在“凸角”下拉列表框中可以选择“绕对象滚动”“延伸并修剪”“延伸”三种不同的过渡方式，如图 4-41 所示。

（1）绕对象滚动：设置刀具在铣削至外凸拐角时插入一段圆弧进行过渡，其半径等于刀具半径，圆心为拐角顶端，以便在拐角时使用刀具与零件保持接触，如图 4-42 所示。

（2）延伸并修剪：沿延伸线方向延伸刀具路径，直至交点位置，如图 4-43 所示。

（3）延伸：沿切线方向延伸刀具路径，延伸路径作倒角过渡，如图 4-44 所示。

图 4-40 “拐角”选项卡

图 4-41 三种凸角刀轨

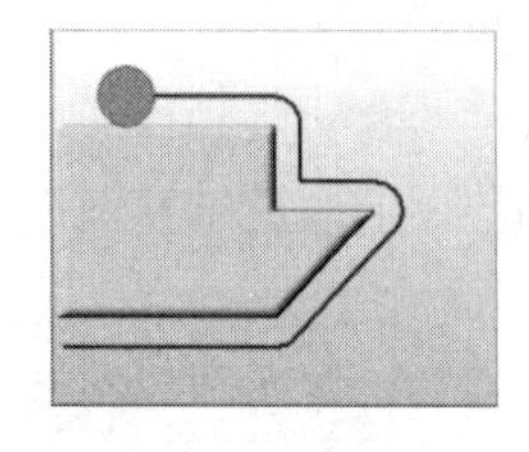

图 4-42 绕对象滚动

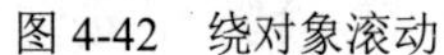

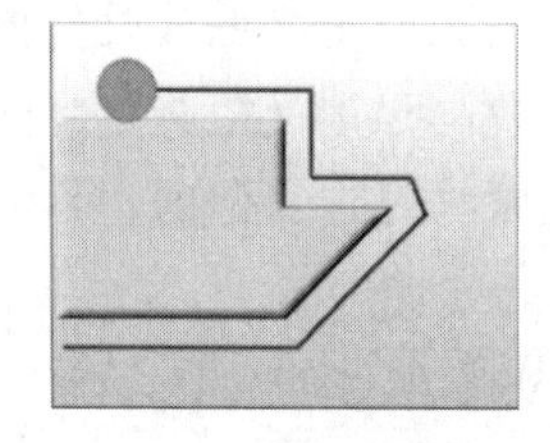

图 4-43 延伸并修剪

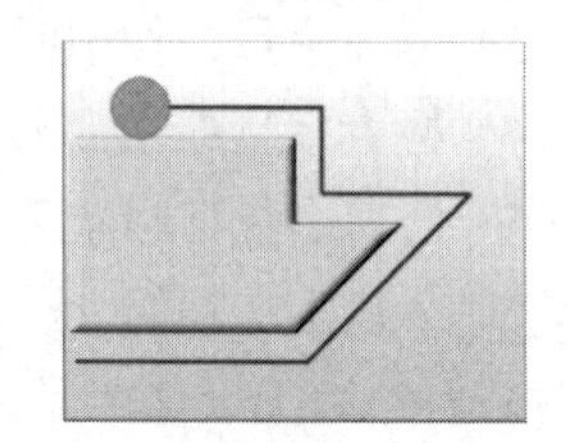

图 4-44 延伸

“光顺”下拉列表中包括“无”“所有刀路”“所有刀路（最后一个除外）”三个选项，如图 4-45 所示。

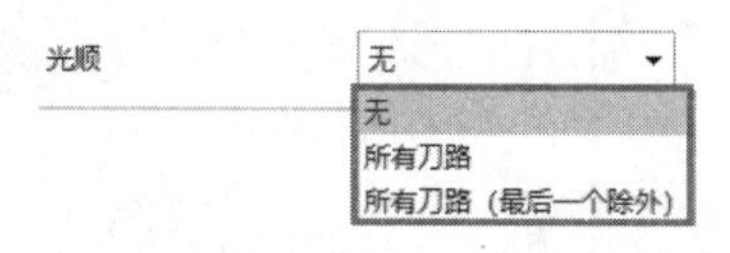

图 4-45 “光顺”选项

（1）无：刀具在切削过程中遇到拐角不添加圆角，如图 4-46 所示。

（2）所有刀路：刀具在切削过程中遇到拐角时，所有刀路均添加圆角，如图 4-47 所示，在“半径”和“布局限制”中输入数值即可。

（3）所有刀路（最后一个除外）：刀具在切削过程中遇到拐角时，除了最后一刀不添加圆角，其余刀路均添加圆角，如图 4-48 所示。

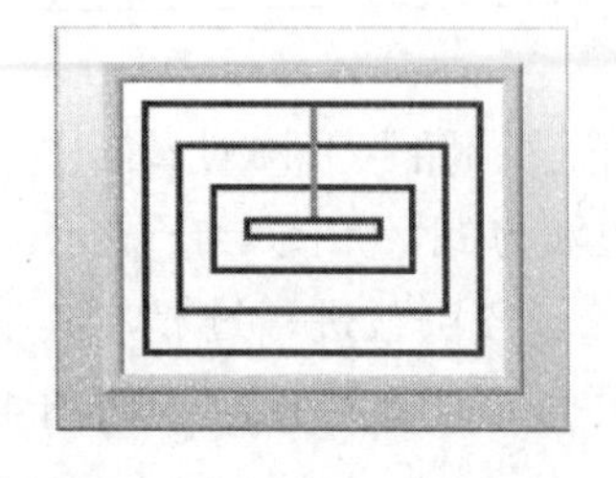

图 4-46 无

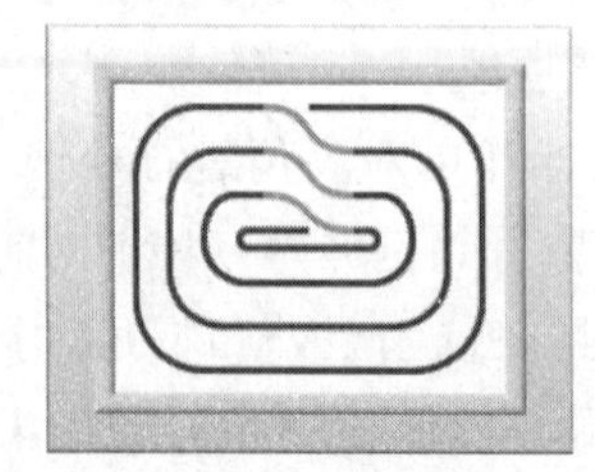

图 4-47 所有刀路

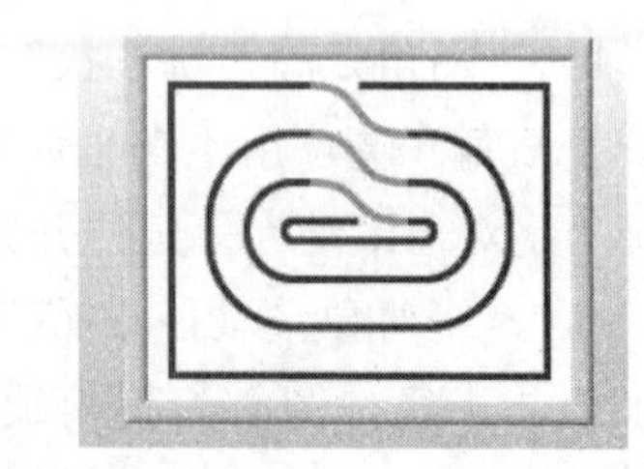

图 4-48 所有刀路（最后一个除外）

使用圆角过渡后，在圆角处两行间距的步距可能增大，“步距限制”可以限制最大步距值。

2）“圆弧上进给调整”选项组

“圆弧上进给调整”选项组用于调整刀轨中圆弧运动的进给速度，以保持刀具边缘的进给速度与线性运动进给速度一致。当选择“在所有圆弧上”选项后，可以分别在“最大补偿因子”和“最小补偿因子”文本框中输入补偿因子系数，如图 4-49 所示。

（1）调整进给率：通过调整进给率，使刀具在铣削拐角时，可保证刀具外侧切削速度不变，而非刀具中心保持进给速度。

（2）最小补偿因子：表示减速的最小值，当最小补偿因子设为 0.2 时，那么减速的进给为 0.2×F，即 0.2 倍的进给量。

（3）最大补偿因子：表示减速后加速的最大值，当最大补偿因子设为 2 时，那么加速的进给为 2×F，即 2 倍的进给量。

3）“拐角处进给减速”选项组

“拐角处进给减速”选项用于设定沿凹角运动时降低刀具的进给速度，使得刀具运动更加平稳，有效防止出现刀具过切现象。可以指定“无”“当前刀具”“上一个刀具”三个选项之一来确定一个减速距离，如图 4-50 所示。

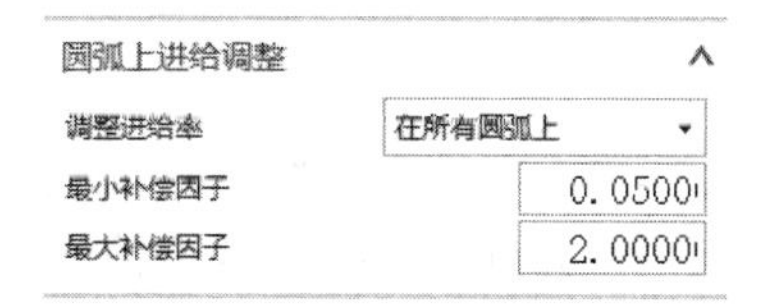

图 4-49 “圆弧上进给调整”选项组

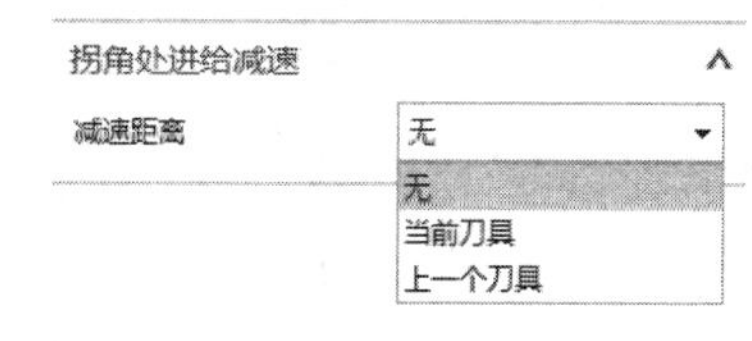

图 4-50 “拐角处进给减速”选项组

（1）无：刀具在切削过程中遇到凹角时开始减速。

（2）当前刀具：表示刀具减速移动的长度取决于当前刀具直径，减速开始 / 结束于刀具直径与零件的几何体切点处。

（3）上一个刀具：表示刀具减速移动的长度取决于上一个刀具直径，减速开始 / 结束于上一个刀具直径与零件的几何体切点处。

当用户选择“当前刀具”“上一个刀具”时，会出现更加详细的刀具设置选项，如图 4-51 所示。

拐角处进给减速	
减速距离	当前刀具
刀具直径百分比	110.0000
减速百分比	10.0000
步数	1
最小拐角角度	0.0000
最大角角度	175.0000

拐角处进给减速	
减速距离	上一个刀具
刀具直径	30.0000
减速百分比	10.0000
步数	1
最小拐角角度	0.0000
最大角角度	175.0000

图 4-51 详细的刀具设置

（1）刀具直径百分比：刀具移动的长度取决于刀具直径的百分比。

（2）减速百分比：切削减速时最慢的切削进给速度，它等于当前正常进给速度的百分比。

（3）步数：刀具进给速度变化快慢程度。刀具在拐角开始时减速，步数越大，减速越平缓。

（4）最小拐角角度 / 最大角角度：拐角角度用于设置拐角范围，只有拐角处于最小拐角角度和最大角角度之间时，该拐角处才能降低进给速度。

4.“连接”选项卡

“连接”选项卡中的参数定义了切削运动间的运动方式。“连接”选项卡包括“切削顺序”“优化”和“开放刀路”3 个选项组，如图 4-52 所示。

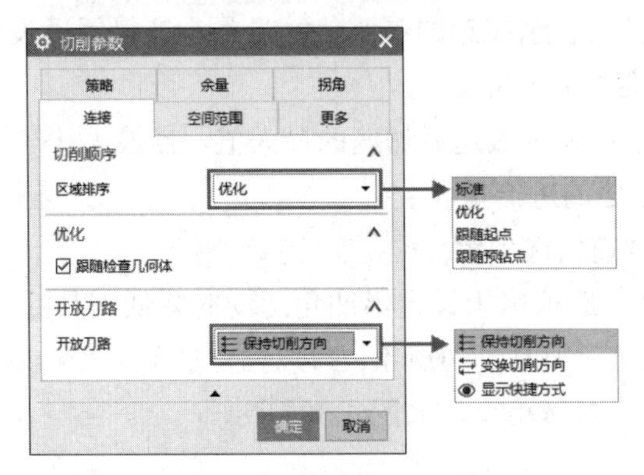

图 4-52　“连接”选项卡

1）“切削顺序”选项组

“切削顺序”选项组用于控制多个岛屿加工时各个岛屿之间切削的顺序，这是所有切削模式公用的选项。“区域排序”下拉列表框中提供了多种自动或手工指定切削区域加工顺序的方法，分别介绍如下。

（1）标准：以零件创建的顺序来确定，如图 4-53 所示。大部分情况下，切削区域的加工顺序将是任意和低效的。

（2）优化：根据加工效率来决定切削区域的加工顺序，如图 4-54 所示。系统确定的加工顺序可使刀具尽可能少地在区域之间来回移动，并且当从一个区域移到另一个区域时刀具的总移动距离最短。

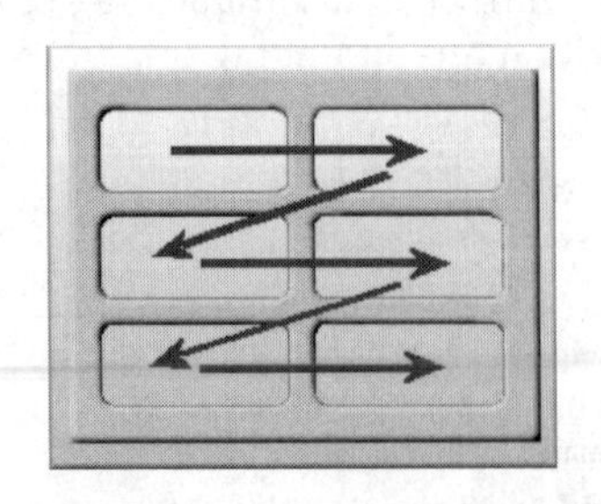

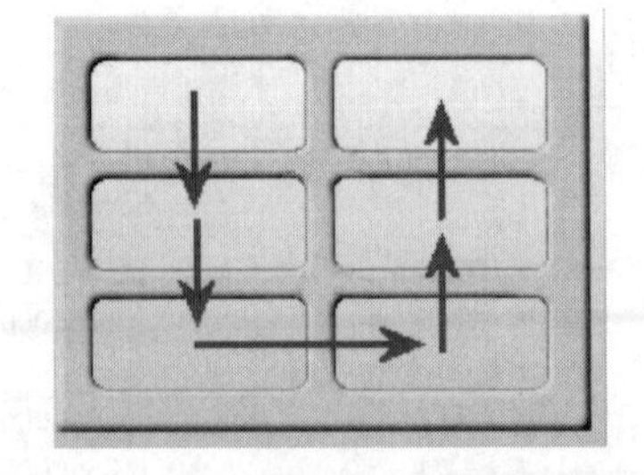

图 4-53　“标准”方式的区域排序　　图 4-54　“优化”方式的区域排序

（3）跟随起点：根据指定“切削区域起点”时所采用的顺铣来确定切削区域的加工顺序，如图 4-55 所示。

（4）跟随预钻点：根据指定“预钻进刀点”时所采用的顺铣来确定切削区域的加工顺序，如图 4-56 所示。

如果没有为每个区域定义点，系统将根据连接指定点的线段链来确定最佳的区域加工顺序。当选择“跟随起点”或者“跟随预钻点”使用层优先作为切削顺序来加工多个切削层时，系统将对每一层重复相同的加工顺序。

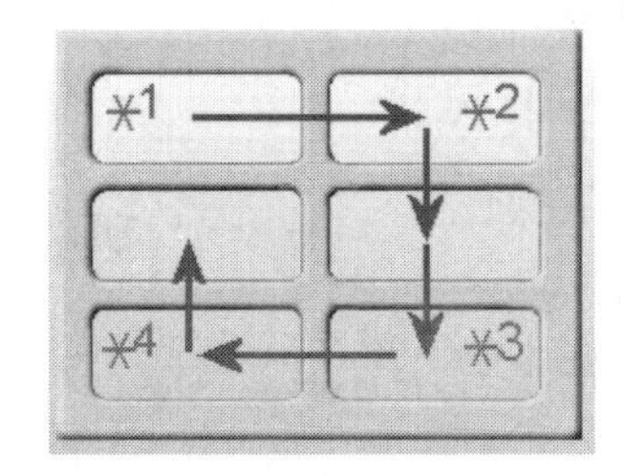

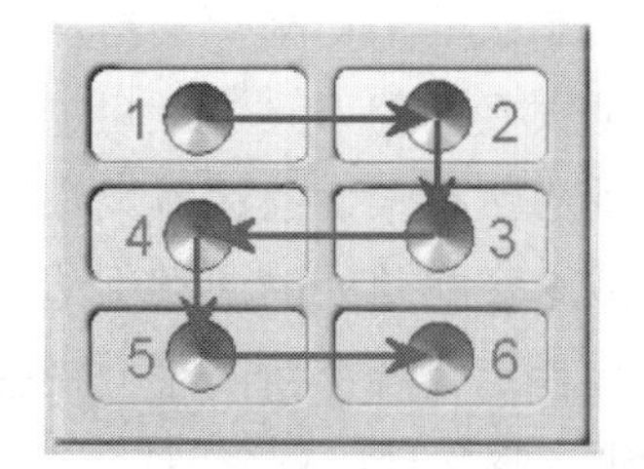

图 4-55 “跟随起点”方式的区域排序　　图 4-56 “跟随预钻点”方式的区域排序

2）“优化”选项组

“跟随检查几何体”复选框用于确定刀具在遇到检查几何体时的运动方式。选中后，刀将沿检查几何体进行切削，如图 4-57 所示；如果取消勾选，就会退刀并使用避让参数，如图 4-58 所示。

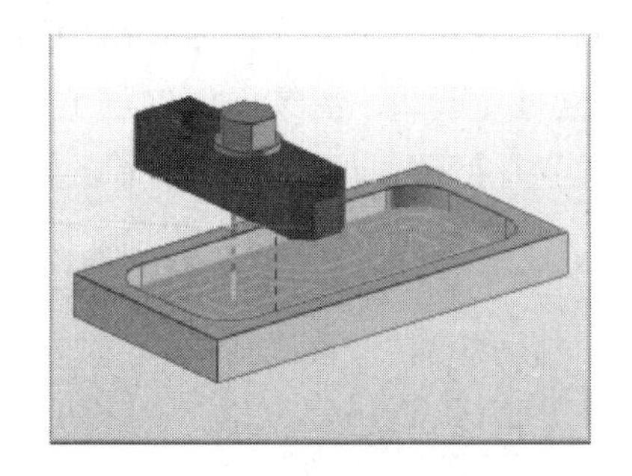

图 4-57 打开“跟随检查几何体”

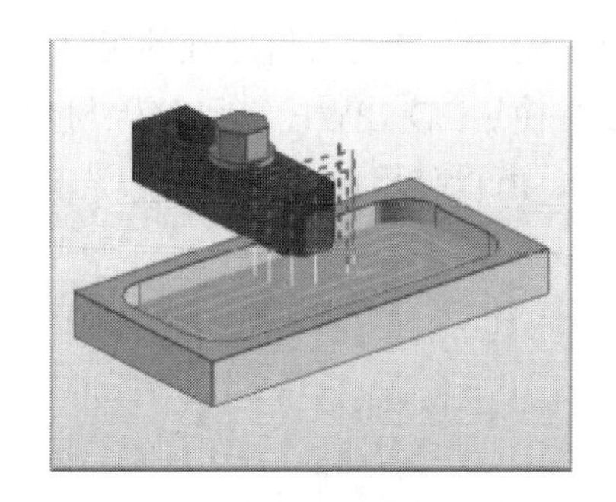

图 4-58 关闭“跟随检查几何体”

3）“开放刀路”选项组

“开放刀路”选项组仅使用于“跟随部件”方式切削时，在一些区域可能产生开放刀路之间移动的连接方法。

（1）保持切削方向：刀具将在切削到开放轮廓处抬刀，移动到切削开始边下刀进行下一行的切削加工，如图 4-59 所示。

（2）变换切削方向：刀具将在切削到开放轮廓点处直接下刀，以往复的方式进行下一行切削加工，如图 4-60 所示。

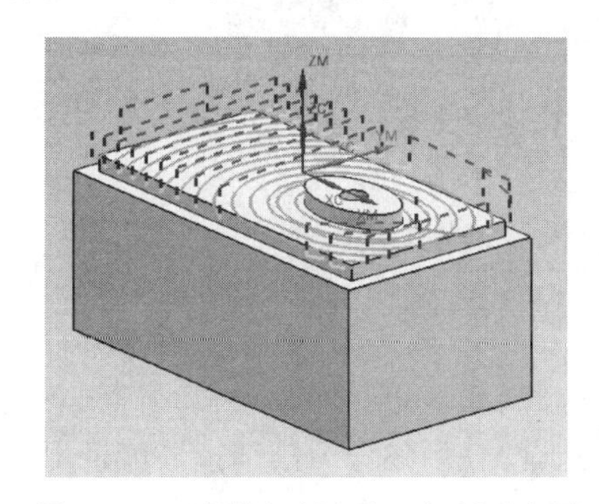

图 4-59 “保持切削方向”切削示意图

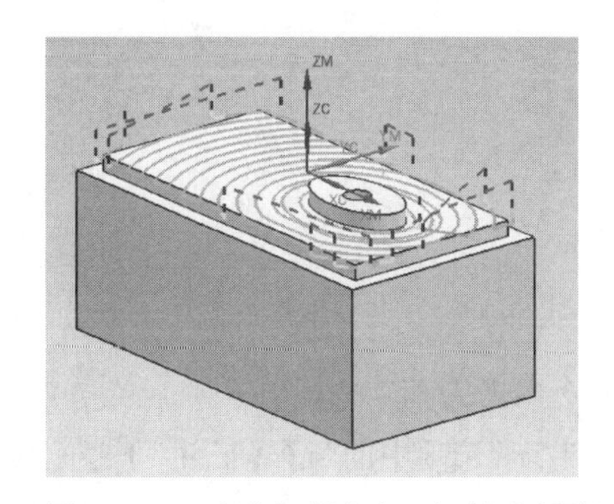

图 4-60 “变换切削方向”切削示意图

5.“空间范围”选项卡

图 4-61　详细的刀具设置

空间范围是指在本操作完成对工件的加工后，工件相对于零件而言剩余的未切削掉的材料。例如，先由平面铣操作使用一把大直径的刀具进行粗加工挖槽后，一个小半径的内拐角处必然有未切削区域。在创建这个粗加工操作的过程中生成这个拐角处的未切削边界，然后利用这些边界作为毛坯边界定义一个新的平面铣操作，使用一把小直径的刀具清理内拐角处的剩余材料。

“空间范围”选项卡包括“毛坯”“参考刀具”“重叠”三个选项，如图 4-61 所示。

1）“毛坯”选项组

用于识别先前操作遗留的材料，下拉列表框中包括“无”“使用 2D IPW”和“使用参考刀具”3 个选项。

（1）无：不使用任何处理的工件，加工范围则由几何体定义，如图 4-62 所示。

（2）使用 2D IPW：在已移除材料的地方避免刀具运动，后续操作仅加工部件上遗留的材料。所以使用此方式时一般选择创建一个边界几何体，如图 4-63 所示。

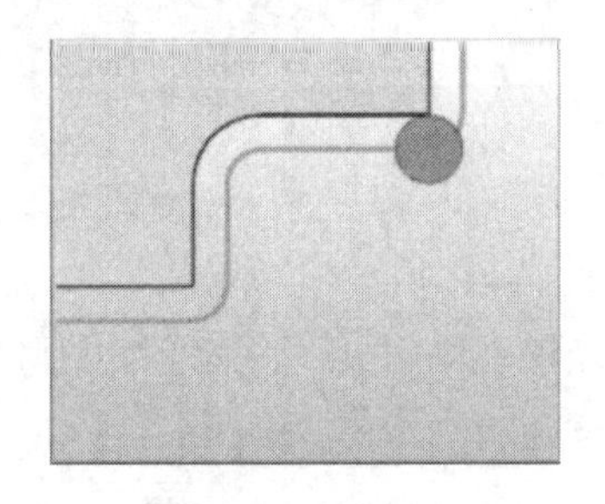

图 4-62　无

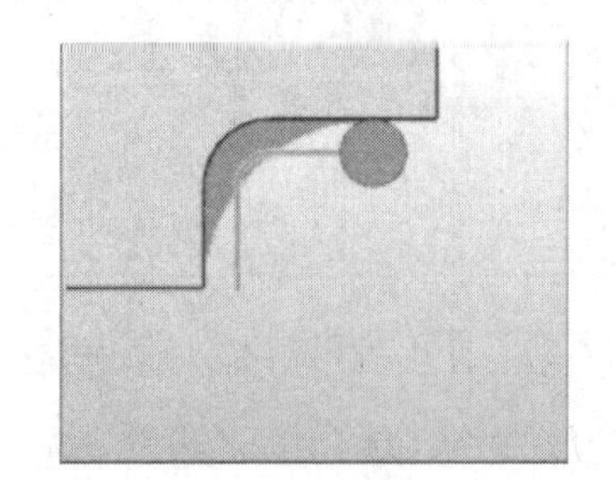

图 4-63　使用 2D IPW

（3）使用参考刀具：在没有材料的地方消除刀具运动，用参数较大刀具的较小刀具创建新操作时，较小刀具仅移除较大刀具未切削的材料，如图 4-64 所示。一般参考比前一刀具大 2mm 的余量，避免参考过小造成刀路踩刀现象。

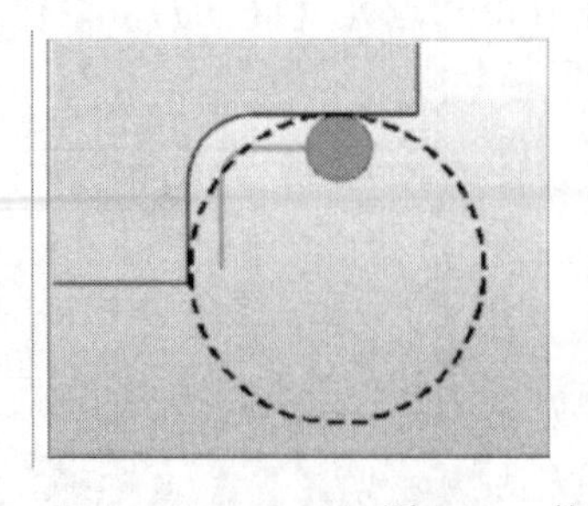

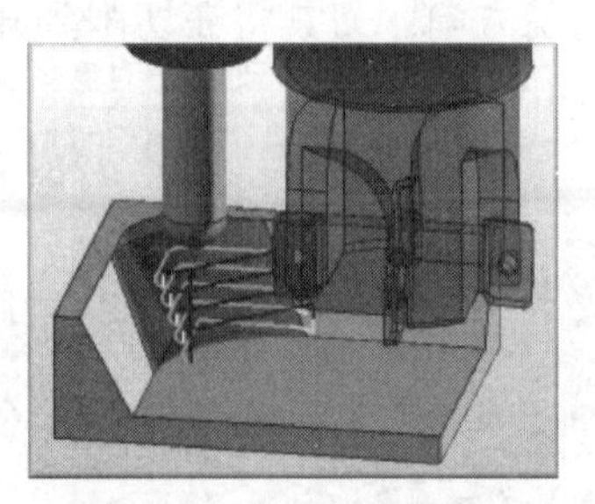

图 4-64　使用参考刀具

2）“参考刀具”选项组

在“毛坯”选项中的“过程工件”下拉列表中选择“使用参考刀具”时，才能使用该选项，用于指定参考刀具。

3）“重叠”选项组

在文本框内输入一个偏置距离值，使该选项永久边界和曲线比实际的未切削区域大一些，如图 4-65 所示。

6．“更多”选项卡

“更多”选项卡包括“最小间隙”“原有”和“下限平面”3 个选项组，如图 4-66 所示。

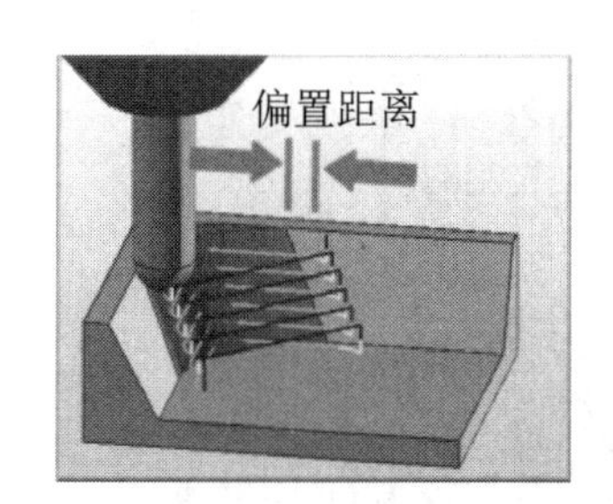

图 4-65 偏置效果

图 4-66 “更多”选项卡

1）“最小间隙”选项组

该选项组可以输入刀具夹持器、刀柄和刀颈的安全距离参数，这些参数定义了子刀具不能进入的拓展安全范围，影响了刀具使用的进退刀距离。

2）“原有”选项组

当边界或岛中包含二次曲线或 B 样条时，勾选其下的“边界逼近”复选框可以减少处理时间并缩短刀轨。

3）“下限平面”选项组

定义刀具运动的下限，可以通过使用继承的或指定平面来设置。当下限平面要产生冲突时，有如下几个可用的操作。

（1）警告：具有冲突的 GOTO 点没有投影到下限平面上，但是之前在刀轨和 CLSF 中会出现注释警告，是默认状态。

（2）垂直于平面：显示警告，并沿垂直于下限平面方向将具有冲突的 GOTO 点投影到下限平面上。

（3）沿刀轨：显示警告，并沿各自的刀具轴方向将具有冲突的刀具 GOTO 点投影到下限平面上，它允许刀具沿部件轮廓移动到部件和下限平面之间的交点。

4.4.7 非切削移动

非切削移动控制如何将多个刀轨段连接为一个操作中相连的完整刀轨，在切削运动之前、之后和之间定位刀具。非切削移动可以简单到单个的进刀和退刀，或复杂到一系列定制的进刀、退刀和移刀（分离、移刀、逼近）运动，这些运动的设计目的是协调刀路之间的多个部件曲面、检查曲面和提升操作。

非切削移动对产生无过切的非切削刀轨是非常重要的。要实现精确的刀具控制，所有非切削移动都是在内部向前（沿刀具运动方向）计算的，但是进刀和逼近除外，因为它们是从部件表面开始向后构建的，以确保切削之前与部件的空间关系，如图 4-67 所示。

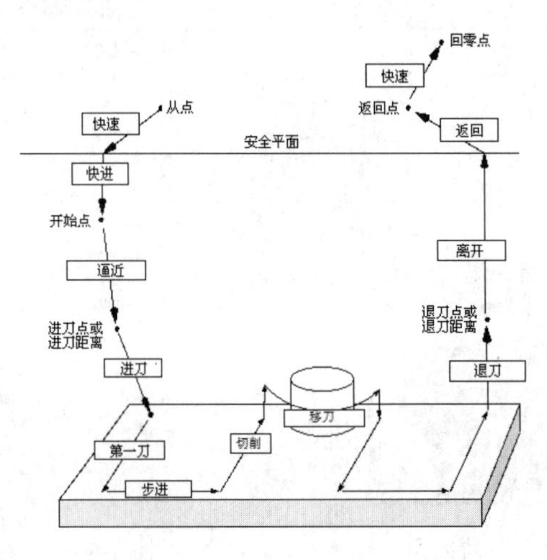

图 4-67　刀路组成

提示：用户可以单击“创建方法”按钮，打开“铣削方法”对话框，然后单击“颜色”按钮，打开“刀轨显示颜色”对话框，然后设置各刀轨的颜色，如图 4-68 所示。读者也可以查看该对话框，以了解各刀轨的含义。

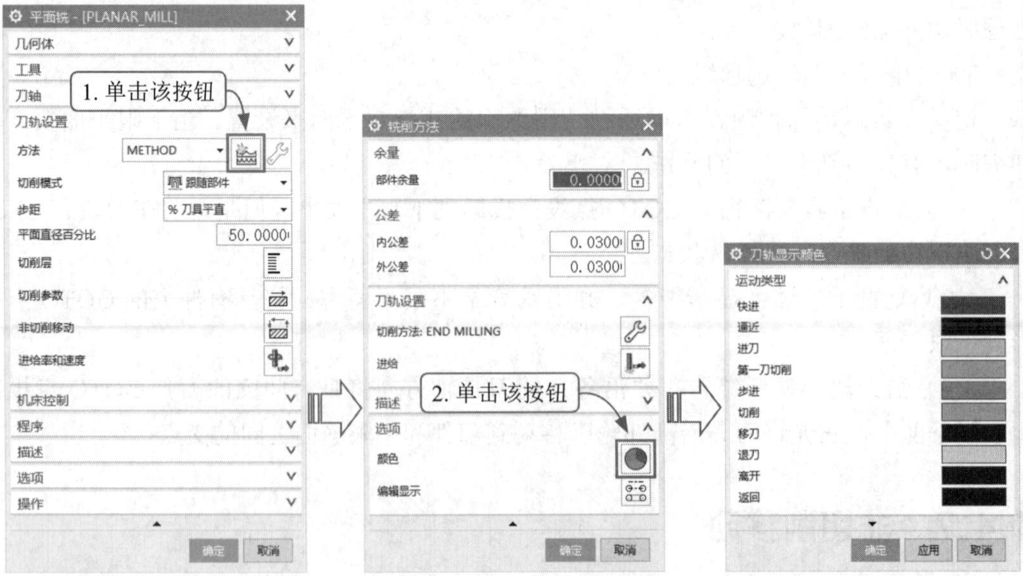

图 4-68　设置和查看刀轨颜色

单击“平面铣”对话框中的“非切削移动”按钮，打开“非切削移动”对话框，它包括“进刀”“退刀”“光顺”“起点 / 钻点”“转移 / 快速”“避让”和“更多”7个选项卡。

1.“进刀”选项卡

刀具切入工件的方式，不仅影响加工质量，同时也直接关系到加工的安全。合理地安排刀具的进刀方式可以避免刀具受到碰撞，以防引起刀具断裂、破损，缩短刀具寿命。为了使切削载荷平稳变化，在刀具切入 / 切出工件时应尽量保证刀具的渐入和渐出。在选择进刀方式时应考虑到方便排屑、切削的安全性和刀具的散热，同时还要有利于观察切削状况。

“进刀”选项卡中包括“封闭区域”“开放区域”“初始封闭区域”和“初始开放区域”4个选项组，如图 4-69 所示。封闭区域是指刀具到达当前切削层之前必须切入材料中的区域，开放区域是指刀具在当前切削层可以凌空进入的区域，如图 4-70 所示。

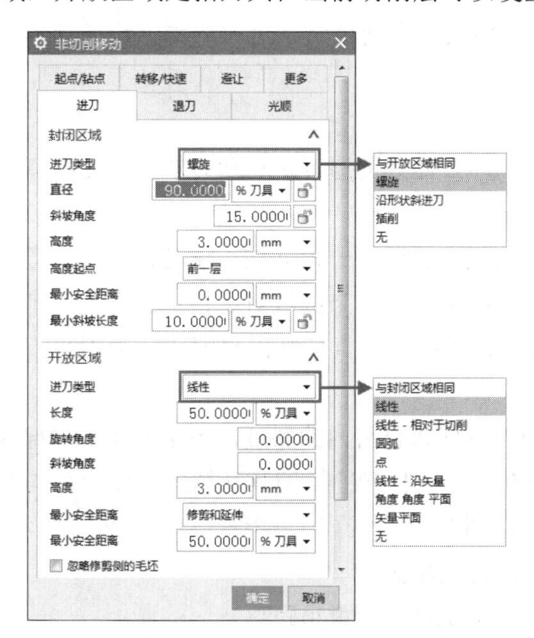

图 4-69　“非切削移动”对话框　　图 4-70　开放区域和封闭区域

在确定区域是开放区域还是封闭区域时，不仅需要考虑几何体，还需要考虑操作、切削模式和修剪边界。

1）封闭区域

“封闭区域”选项组用于定义封闭区域的进刀方式，共有 5 种进刀方式可以选择，分别是“螺旋”（默认设置）、“与开放区域相同”“沿形状斜进刀”“插销”和“无”。选择不同的进刀类型，需要设置的参数将有所不同。

（1）螺旋：这种进刀方式从工件上面开始，螺旋向下切入。由于采用连续加工的方式，所以可以比较容易地保证加工精度。而且，由于没有速度突变，可以用较高的速度进行加工。螺旋进刀方式能使刀具与被切削材料保持相对恒定的接触状态，比较容易保证精度。螺旋进刀的一般规则是：如果处理器无法根据输入的数据在材料处找到开放区域对部件进刀，刀具将倾斜进入切削层。使用“轮廓铣”模式时，在许多情况下刀具都有向部件进刀的空间，并且保留在材料外部。在这些情况下，刀具不会倾斜进入切削层。当切削的型腔区域中刀路数和水平安全距离的设置使刀具没有可进刀的开放区域时，刀具将倾斜进入切削层。否则，刀具将在开放区域中进刀。螺旋进刀只有在选择“跟随部件”“跟随周边”或是“轮廓铣”模式时才有效。如果无法按所指定参数执行螺旋进刀，或已指定“单向”“往复”或“单向轮廓”切削方式，系统在使刀具对部件斜进刀时会沿着对刀轨的跟踪路线运动，将沿远离部件壁的刀轨运动，以避免刀具沿壁移动。刀具下降到切削层后，刀具会步进到第一个切削刀轨（如有必要）并开始第一刀。螺旋进刀需要设置的参数有“直径”“斜坡度”“高度”“最小安全距离”和“最小斜坡长度”等。

（2）与开放区域相同：应用与开放区域相同的进刀方法。

（3）沿形状斜进刀：沿形状斜进刀会创建一个倾斜进刀移动，该进刀会沿第一个切削运动的形状移动。沿形状斜进刀允许沿所有被跟踪的切削刀路倾斜，而不考虑形状。当与“跟随部件”“跟随周边”或“轮廓铣”模式结合使用时，进刀将根据步进向内还是向外来跟踪向内还是向外的切削刀路。

（4）插削：刀具从指定高度直接切入工件。

（5）无：不指定任何进刀运动，删除在刀轨开始处的逼近运动和刀轨结束处的离开运动。

（6）直径（螺旋直径）：为了防止在螺旋线中央留下一根立柱，螺旋线的默认直径是刀具直径的 90%，以允许螺旋线与刀有 10% 的重叠。如果区域对于指定的螺旋线来说不够大，软件会减小直径值并重试螺旋进刀。此过程会一直持续到进刀成功或刀轨直径变得小于最小倾斜长度为止。

（7）斜坡角度（倾斜角度）：用于控制刀具切入材料内的斜度，该角度是在与部件表面垂直的平面中测量的，该角度必须大于 0° 且小于 90° 。刀具从指定倾斜角度与最小安全距离几何体相交处开始倾斜移动，如果切削的区域小于刀具半径，则不会发生倾斜。

（8）高度：指定要在切削层的上方开始进刀的距离。

（9）最小安全距离：指定刀具远离部件非加工区域的最小距离。

（10）最小斜面长度：控制着自动斜削或螺旋进刀切削材料时刀具必须移动的最短距离，确保倾斜进刀运动不在刀具中心下方留下未切削的小块或柱状材料。

如果加工区域太小，没有足够的空间用于最小螺旋直径或最小斜坡长度，则会忽略该区域，并产生一条警告信息。为了防止刀具进入太小区域，必须更改进刀参数，或者用不同的刀具切削这些区域。

2）开放区域

“开放区域”选项组的“进刀类型”下拉列表框中包括“与封闭区域相同”“线性”“圆弧”“点”“线性 - 沿矢量”“角度 角度 平面”“矢量平面”和“无”选项，它们的适应范围各有不同。

（1）与封闭区域相同：应用与封闭区域相同的进刀方法，包括螺纹、沿形状斜进刀、插削等。

（2）线性：将创建一个线性进刀移动，其方向可以与第一个切削运动相同，也可以与第一个切削运动成一定角度。当切削方式为“往复切削”“单向”或“单向轮廓”模式结合使用时，线性进刀与沿形状斜进刀方法产生的进刀轨迹相同。线性进刀需要设置的参数有“长度”“旋转角度”“倾斜角度”“高度”和“最小安全距离”等。其中，“旋转角度”参数控制刀具切入材料内的斜度，该角度是在部件表面中测量的，其他参数与螺旋进刀相同。

（3）圆弧：会创建一个与切削移动的起点相切的圆弧进刀移动。圆弧进刀需要设置的参数有“圆弧半径”“圆弧角度”“高度”“最小安全距离”等，“圆弧角度”和“圆弧半径”参数将确定圆周移动的起点，其他参数与螺旋线进刀相同。

（4）点：将通过点构造器为线性进刀指定起点，与切入点相连形成进刀路线，这种进刀运动是直线运动。

（5）线性 - 沿矢量：使用矢量构造器可以定义进刀方向，单击“矢量构造器”按钮来定义进刀方向，在“长度”文本框中输入进刀长度即可，这种进刀运动也是直线运动。

（6）角度 角度 平面：根据两个角度和一个平面指定进刀路线，“旋转角度”和“倾斜角度”参数定义进刀方向，“平面”参数将定义长度。

（7）矢量平面：使用矢量构造器可以定义进刀方向。平面构造器通过定义平面来指定起始平面，定义长度。

（8）无：不指定任何进刀运动，删除在刀轨开始处的逼近运动和刀轨结束处的离开运动。

2．“退刀”选项卡

“退刀”选项卡如图 4-71 所示，用于设置指定平面铣的退刀点以及退刀运动。从切削层的切削刀轨的最后一点到退刀点之间的运动就是退刀运动，它以退刀速度进给。退刀类型包括“与进刀相同”“线性”“圆弧”“点”“线性 - 沿矢量”“角度 角度 平面”“矢量平面”和“无”等，其设置可以参考进刀。

3．“光顺”选项卡

“光顺”选项卡一般不需要进行设置，具体讲解参考 5.5.2 节。

4．“起点 / 钻点”选项卡

“起点 / 钻点”选项卡如图 4-72 所示，主要包括“重叠距离”“区域起点”和“预钻点”等选项组。

（1）重叠距离：指定切削结束和起点的重合深度，将确保对进刀和退刀处的残余进行完全清理。所指定的值表示总重叠距离。无论使用自动进刀和退刀移动，都是实施重叠。

（2）区域起点：有两种方式指定加工的开始位置——默认和自定义。默认选项为“中点”和“拐点”。自定义可以通过“点”对话框进行选择指定，指定的“点”在下面“列表”列出。指定起点不必定义精确的进刀位置，只需定义刀具进刀的大致区域，系统根据起点位置、指定的切削模式和切削区域的形状来确定每个切削区域的精确位置。

（3）预钻点：在平面铣封闭区域开粗加工时，为了改善刀具下刀时的受力状态，可以先在切削区域钻一个大于刀具直径的孔，再在这个孔的中心下刀。预钻点代表预先钻的孔，刀具将在没有其他特殊进刀的情况下下降到该孔并进行切削。“预钻点”选项组的参数设置与“区域起点”类似。

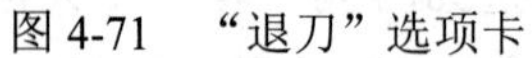

图 4-71　“退刀”选项卡　　图 4-72　“起点 / 钻点”选项卡

5．“转移 / 快速”选项卡

“转移 / 快速”选项卡用来指定刀具如何从一个切削刀路移动到另一个切削刀路，如图 4-73 所示。

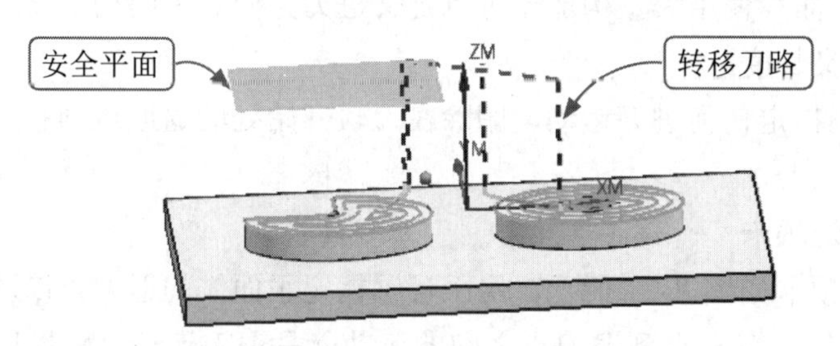

图 4-73　转移运动

“转移 / 快速”选项卡如图 4-74 所示，主要包括“安全设置”“区域之间”“区域内”和“初始和最终”4 个选项组。

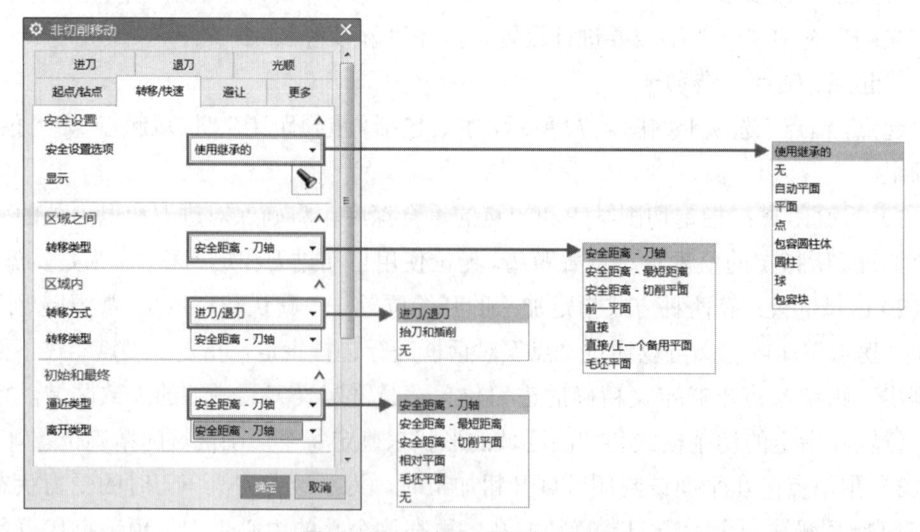

图 4-74　“转移 / 快速”选项卡

1）“安全设置”选项组

该选项组用于设置安全平面及切削区域间的移刀方式等。“安全设置选项”下拉列表框用来确定安全平面及其具体位置，刀具在进刀前和退刀后会移动到该平面上。安全平面设置较高时可以提高安全性，但是会增加加工时间。“安全设置选项”下拉列表框中包括“使用继承的”“无”“自动平面”和“平面”等选项。

2）“区域之间”选项组

“区域之间”选项组用于控制为在较长距离内或在不同切削区域之间清除障碍而添加的退刀和进刀，包括“安全距离 - 刀轴”“安全距离 - 最短距离”“安全距离 - 切削平面”“前一平面”“直接”“直接 / 上一个备用平面”和“毛坯平面”7 个传递类型选项组。

（1）安全距离 -×××：选择这几个选项可以使刀具切削在区域之间移刀时会先移动到“安全距离”选项指定的安全平面。

（2）前一平面：选择该选项可以使刀具在移动到新切削区域前抬起并沿着上一切削层的平面运动，当连接当前位置与下一进刀开始处上方位置的转移运动受到工件形状和检查形状的干扰时，刀具将退回到安全平面并沿着安全平面或隐含的安全平面运动。

（3）直接 -×××：选择这两个选项可以使刀具沿着直线从当前位置运动到进刀运动的起始处，如果未指定进刀运动，则运动到切削点。

（4）毛坯平面：该选项可以使刀具沿着由部件边界和毛坯边界中最高的平面和竖直安全距离定义的和确定的平面运动，刀具不必退回到安全平面。与“前一平面”选项相同，当连接当前位置与下一进刀起始处上方位置的转移运动受到部件形状和检查形状的干扰时，刀具将退回到安全平面并沿着安全平面或隐含的安全平面运动。

3）“区域内”选项组

“区域内”选项组用于控制为在较短距离内清除障碍物而添加的退刀和进刀，包括“进刀 / 退刀”（默认值）、“抬刀和插削”以及“无”3 个选项。

（1）“进刀 / 退刀”选项会添加水平运动，需要设置传递类型。

（2）“抬刀和插削”选项将添加竖直移刀运动，但进行移刀时需要先沿竖直方向抬刀，移动到下一进刀起始处插铣进刀，该选项需要设置抬刀 / 插削高度和传递类型。

（3）“无”选项不添加进刀 / 退刀运动。传递类型的设置可以参见“区域之间”部分的介绍。

4）“初始和最终”选项组

该选项组用于设置初始进刀和最终退刀的安全距离。

6.“避让”选项卡

“避让”选项卡用于定义刀具轨迹开始以前和切削以后非切削运动的位置方向，如图 4-75 所示。合理设置避免让参数可以在加工中有效避免刀具主轴与工件、夹具、其他辅助工具的碰撞。可以利用“点”对话框和“矢量”对话框方便地指定复制点和刀轴矢量，作为控制刀具的运

图 4-75　“避让”选项卡

动的参考几何体。

（1）出发点：指定新刀轨开始处的初始刀具位置。“点选项”下拉列表可以“指定”预定义点或者使用“点”对话框来定义点，“刀轴”下拉列表可以通过“矢量”对话框定义点。

（2）起点：避让几何体或者装夹组件指定一个起始的刀具位置。可以通过选择预定义点，或者使用“点”对话框定义点。

（3）返回点：指定切削结束时离开部件的刀具位置，可以通过选择预定义点，或者使用“点”对话框定义点。

（4）回零点：指定最终刀具位置。

7.“更多”选项卡

“更多”选项卡如图 4-76 所示，主要用于碰撞检查和刀具补偿的设置。

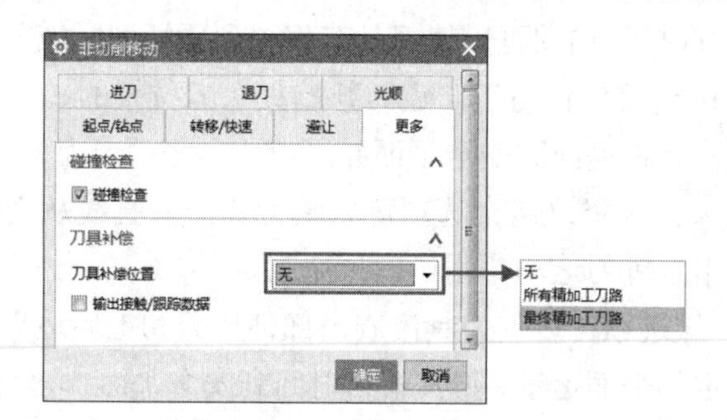

图 4-76　“更多”选项卡

1）“碰撞检查”选项组

用于选择加工仿真中是否做碰撞检查。

2）“刀具补偿”选项组

用于设置是否进行刀具补偿及补偿设置。使用不同尺寸的刀具时，采用刀具补偿可以针对一个刀轨获得相同的结果。

（1）无：不应用刀具补偿。

（2）所有精加工刀路：将对所有精加工刀路自动提供补偿，并将“最小移动值”和“最小角度值”添加到所有刀路输出中。

（3）最终精加工刀路：仅对最终精加工刀路应用刀具补偿。

4.5　平面铣应用实例

下面介绍平面铣各子类型的应用实例，4.5.1 节将以“带边界面铣”为例，详细讲解操作过程，并对其中出现的各种参数进行介绍，以解答读者在学习时可能产生的疑问。而后续的实例则会减少重复步骤的操作描写，读者可以通过扫描实例旁的二维码来查看具体的讲解视频。

4.5.1　带边界面铣

该加工方法主要用于平面直壁类零件的粗加工、精加工(光底面、侧面)，通过选面或者选线来生成加工区域，也可以通过选择实体的边指定加工区域，还可以通过一系列的点来指定加工区域。该加工方法的加工方式是 2 轴半加工，就是加工完一层，再向下走一个加工量继续加工，直到加工完成。

【案例 4-1】　带边界面铣加工

适合带边界面铣的零件类型如图 4-77 所示，本例以左图为例来介绍带边界面铣的具体操作和相关参数设置。

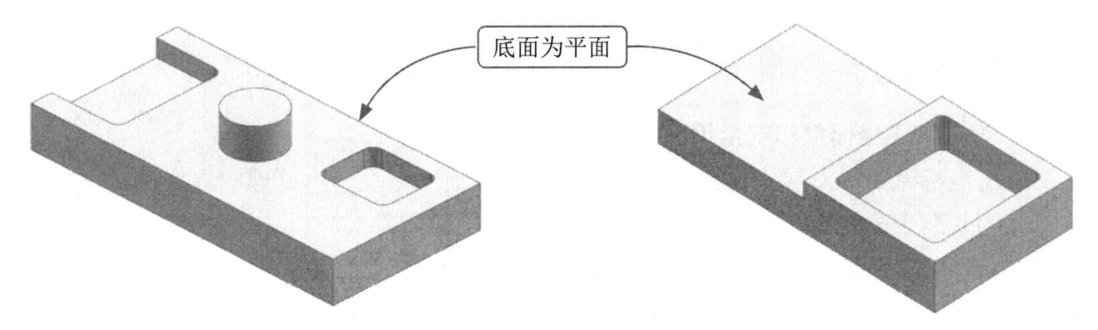

图 4-77　适合带边界面铣的零件类型

提示：带边界面铣的优缺点简单概况如下。

面铣加工的优点如下。

（1）生成刀路方便快捷。

（2）灵活地控制加工深度。

（3）灵活地控制加工范围。

面铣加工的缺点如下。

（1）只能加工形状简单的零件。

（2）加工不了曲面。

（3）加工不了斜面。

1. 进入加工环境

（1）打开“素材\第 4 章”下的相应素材文件，如图 4-78 所示。

（2）进入加工环境。单击“应用模块”｜“加工”按钮，或者按快捷键 Ctrl+Alt+M，打开“加工环境”对话框，然后在“CAM 会话配置”选项组中选择 cam_general 选项，在“要创建的 CAM 组装”选项组中选择 mill_planar 选项，如图 4-79 所示。单击“确定”按钮，进入加工环境。

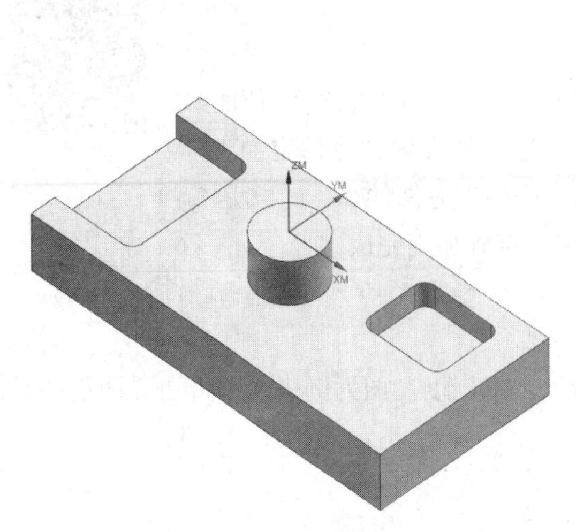

图 4-78　素材文件

图 4-79　设置加工环境

2. 设置加工坐标系和安全平面

加工坐标系是 NX 软件输出数控程序数据的关键坐标系，后处理的数据都是以加工坐标系为基准生成的数据。因此，机床加工坐标系上的零件 X、Y、Z 等相关数据（G54、G55 等），必须跟 NX 软件中加工坐标系上的 XM、YM、ZM 完全重合，否则将产生严重加工事故，如撞刀、撞工件、撞机床，严重者工件飞出机床造成人身伤害。

安全平面，是指加工过程中抬刀到一个安全的高度，再移动刀具，防止撞刀。

（1）设置加工坐标系。进入加工环境后系统默认的视图是程序顺序视图，所以需切换至几何视图进行机床坐标系的创建。在工序导航器的空白处右击，在弹出的快捷菜单中选择“几何视图”命令，如图 4-80 所示。

（2）切换至几何视图后双击节点，如图 4-81 所示。

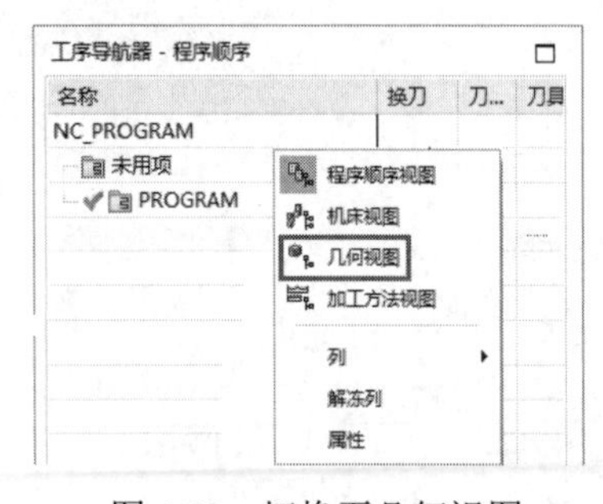

图 4-80　切换至几何视图

图 4-81　进入坐标系

（3）进入坐标系。双击后可以打开“MCS 铣削”对话框，在该对话框中单击“机床坐标系”选项组里的“坐标系对话框”按钮，打开“坐标系”对话框，然后在“参考”下拉列表中选择 WCS 选项，如图 4-82 所示。

提示：选择 WCS，意思就是跟 WCS 重合。选择 WCS 的前提是 WCS 已经设置在工件顶面和工件中心。

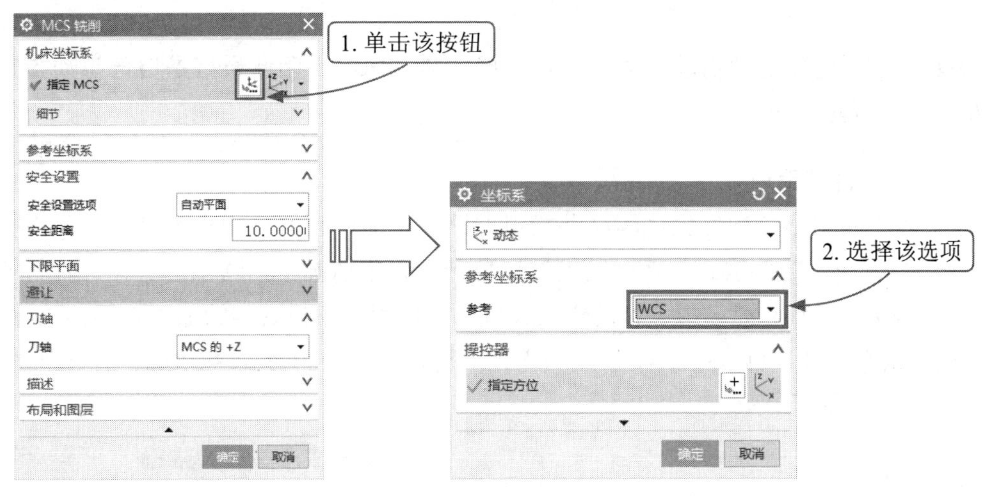

图 4-82　设置机床坐标系

（4）此时创建的机床坐标系如图 4-83 所示。激活的加工坐标 XM、YM、ZM，可以根据实际需要旋转调整方向和位置，本案例是四面分中，ZM 设置在工件顶面。

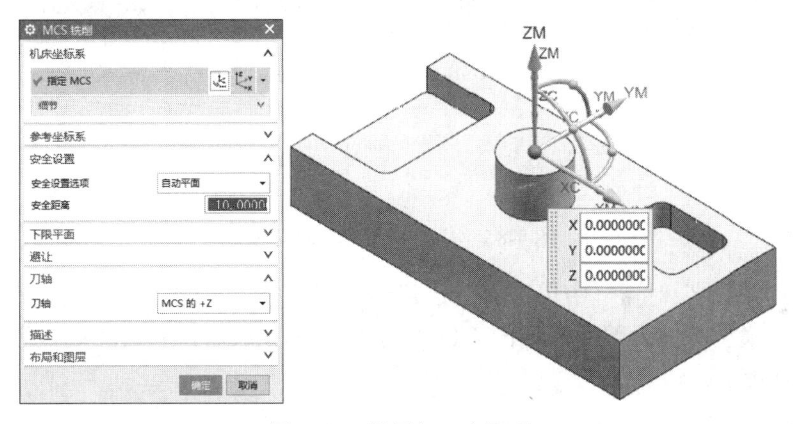

图 4-83　设置加工坐标系

（5）设置安全平面。在“安全设置选项”下拉列表中选择“平面”选项，然后选择工件顶面，并设置安全距离为 20mm，如图 4-84 所示。

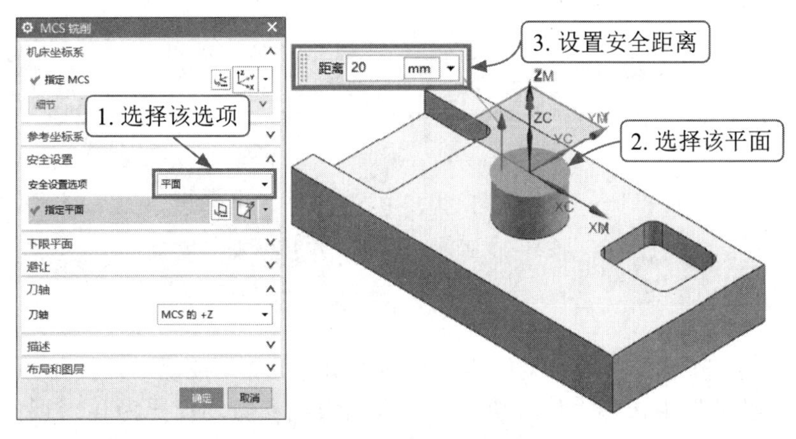

图 4-84　设置安全平面

提示：默认选项是“自动平面”，在实操中存在风险，因此最好是自己手动指定安全平面，以防万一。

3. 指定部件和毛坯

部件和毛坯是NX软件生成程序和模拟刀路所必需的设置。部件就是加工受保护的对象，当刀具切入部件里面，就会发出过切警告。正常情况下刀路都会避开部件，不会产生过切情况。毛坯也是模拟刀路的必要设置，可以用来模拟真实的加工毛坯。

（1）指定部件。单击 MCS_MILL 节点，然后双击其下的 WORKPIECE，打开“工件”对话框，如图4-85所示。

图4-85 打开“工件”对话框

（2）在“工件”对话框中单击“指定部件”按钮，打开“部件几何体”对话框，然后选择整个模型文件为部件，如图4-86所示。指定完成后，单击“确定”按钮，返回“工件”对话框。

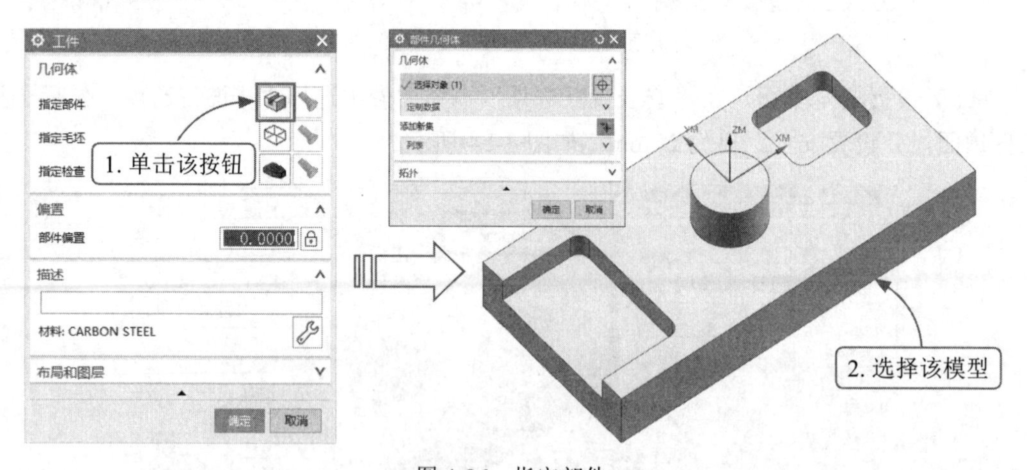

图4-86 指定部件

（3）指定毛坯。在“工件”对话框中单击“指定毛坯”按钮，打开“毛坯几何体”对话框，在“类型”中选择“包容块”，下方的限制参数均设置为0，这样出来的毛坯刚好是部件的最大外形，如图4-87所示。

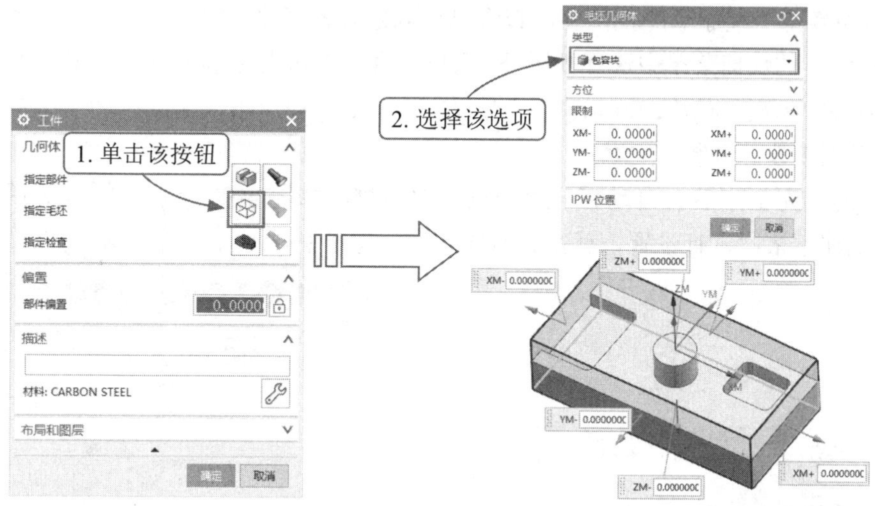

图 4-87　指定毛坯

4. 创建加工工序

图 4-88　创建工序

（1）创建工序。在“主页”选项卡中单击“创建工序”按钮，打开“创建工序”对话框，在“工序子类型”选项组中单击“带边界面铣”按钮，在“程序”下拉列表中选择 PROGRAM 选项，“刀具”列表中选择 NONE 选项，在“几何体”列表中选择 WORKPIECE 选项，“方法”列表中选择 METHOD 选项，名称保持默认，单击“确定”按钮，如图 4-88 所示。

提示：从“程序”下拉列表中选择 PROGRAM 选项，即表示所建工序放入 PROGRAM 程序组里；“刀具”列表中选择 NONE，即表示没有刀具，因为此时尚未创建刀具，需在后面的步骤中进行添加，如果已经有创建好的刀具，那么可以直接在该下拉列表中选取；“几何体”列表中选择 WORKPIECE，则表示继承所指定的 WORKPIECE 几何体；“方法”列表中的选项表示粗加工、半精加工、精加工等，有预设的余量和公差数值，可视当前的加工工序来进行选择，各选项含义如下。

① METHOD：系统给定的根节点，不能改变，为加工方法的最高节点。

② MILL_ROUGH：系统提供的粗铣加工方法节点，可以进行编辑、切削、复制、删除等操作。

③ MILL_SEMI_FINISH：系统提供的半精铣加工方法节点，可以进行编辑、切削、复制、删除等操作。

④ MILL_FINISH：系统提供的精铣加工方法节点，可以进行编辑、切削、复制、删除等操作。

⑤ DRILL_METHOD：系统提供的钻孔加工方法节点，可以进行编辑、切削、复制、删除等操作。

（2）切换至“程序顺序视图”，查看已经创建好的工序。除了在工序导航器的空白处右击，在弹出的快捷菜单中选择视图外，还可以直接单击上边框条中的“程序顺序视图”按钮来进行切换，如图4-89所示。PROGRAM就是程序组，所创建的工序放入程序组里面，可以新建、复制、更名。

（3）创建完工序后会自动打开“面铣”对话框，如图4-90所示。将该对话框的各选项组从上往下依次进行设置，就是正常的工序创建过程。

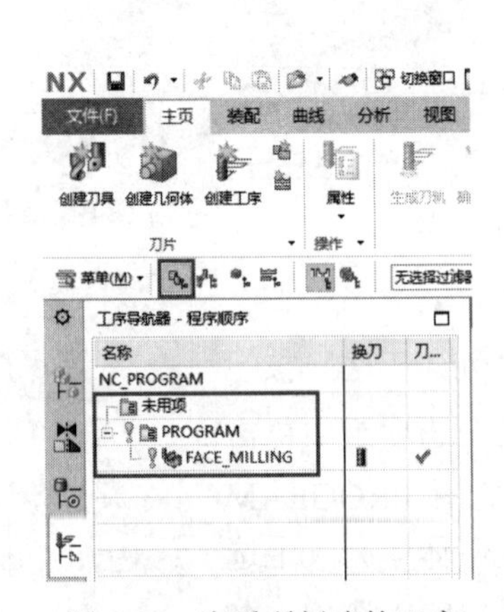

图4-89　查看所创建的工序

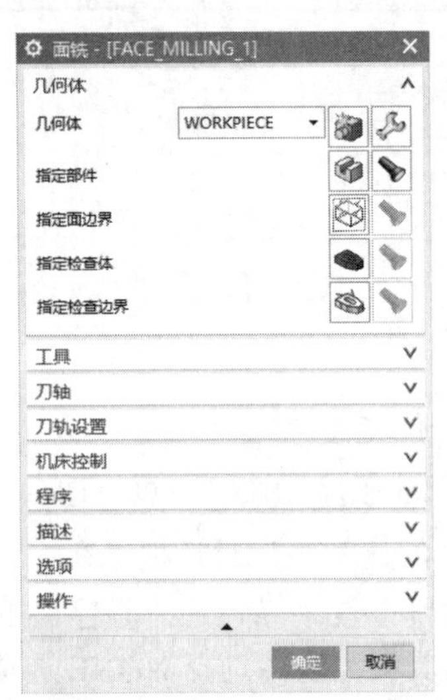

图4-90　“面铣”对话框

提示：在操作导航器的程序节点和操作前面，通常会根据不同的情况出现以下三种标记，表明程序节点和操作的状态，可以根据标记判断程序节点和操作的状态。

①⊘：需要重新生成刀轨。如果在程序节点前，表示在其下面包含空操作或者过期操作；如果在操作前，表示此操作为空操作或过期操作。

②：需要重新后处理。如果在程序节点前，表示节点下面所有的操作都是完成的操作，并且输出过程序；如果在操作前，表示此操作为已完成的操作，并被输出过。

③✔：如果在程序节点前，表示节点下面所有的操作都是完成的操作，但未输出过程序；如果在操作前，表示此操作作为已完成的操作，但未输出过。

（4）指定部件几何体。在“几何体”选项组中单击“指定部件”按钮，打开“部件几何体”对话框，在图形区选取整个模型零件实体作为部件几何体，如图4-91所示。单击“确定”按钮，返回“面铣”对话框。

（5）指定面边界。单击“几何体”选项组下的“指定面边界”按钮，打开“毛坯边界”对话框，然后选择模型的上表面，如图4-92所示。单击“确定”按钮，返回“面铣”对话框。

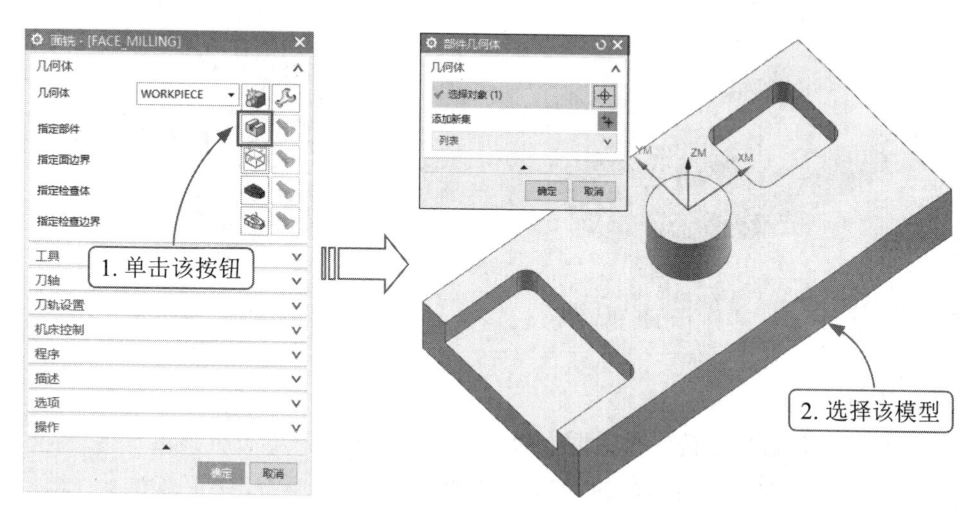

图 4-91　指定部件几何体

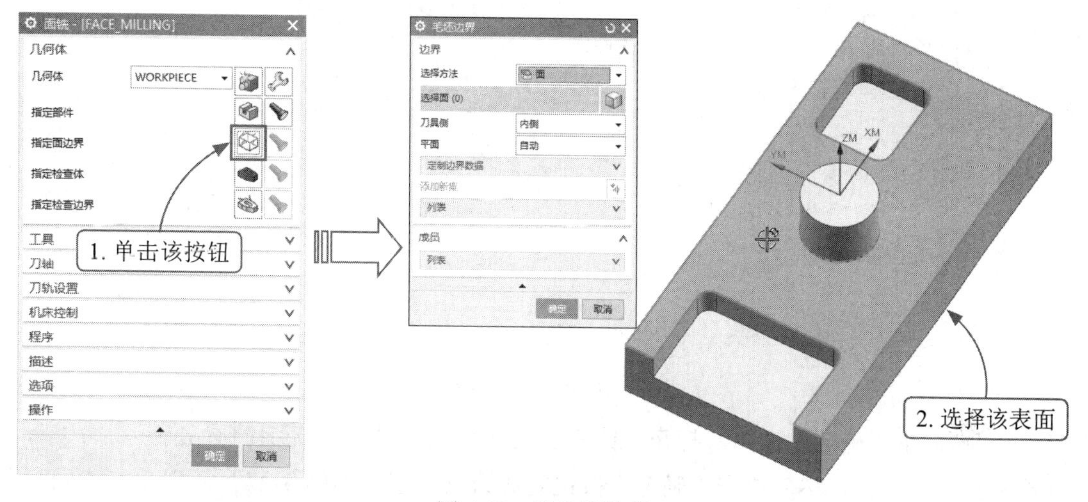

图 4-92　指定面边界

提示：选择面时，在上边框条上会有“忽略孔”、“忽略岛”、“忽略倒斜角”三个按钮，如图 4-93 所示。这些设置会影响边界的生成，具体介绍如下。

图 4-93　选择面的忽略选项

①忽略孔：忽略孔为默认选项。选择忽略孔后，孔、凹坑区域不产生边界，如图 4-94 所示的凹坑部分。在铣削时会忽略，直接加工过去。本例需要选择该选项。

②忽略岛：选择忽略岛后，一些凸起的部分会被忽略，如图 4-94 中的圆柱就相当于面中间的一个岛。如果选择忽略岛，那么本例的这个圆柱就会被加工掉，产生过切，因此不能选择该选项。

③忽略倒斜角：如果零件边上有倒斜角，可以选择该选项，然后再选择面，如图 4-95 所示，这样边界就会在外形生成。

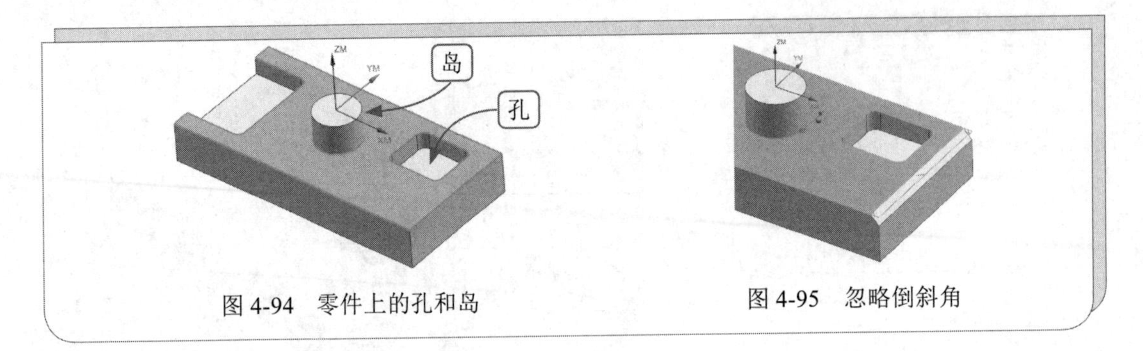

图 4-94　零件上的孔和岛　　　图 4-95　忽略倒斜角

5. 创建刀具

（1）展开“带边界面铣”对话框中的“工具”选项组，单击“创建刀具”按钮，打开“新建刀具”对话框，在对话框的“刀具子类型”选项组中单击MILL按钮，然后在“名称”处输入刀具名称“D10”，表示所用刀具的直径为10mm，如图4-96所示。

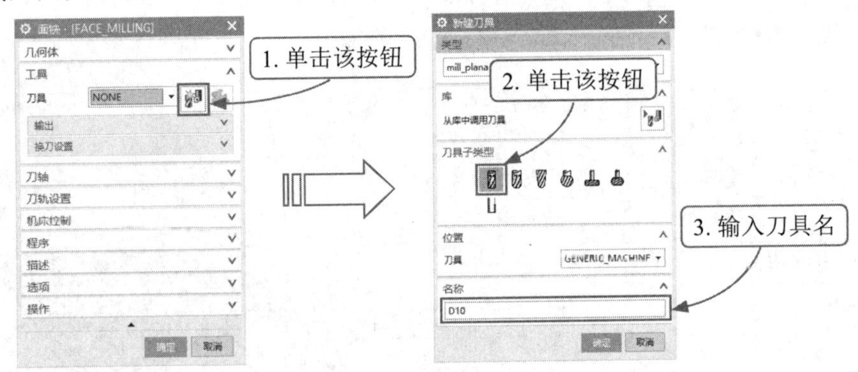

图 4-96　创建刀具

（2）单击“确定”按钮，打开“铣刀5-参数”对话框，在刀具直径处输入“10”，其他参数保持默认，然后单击“确定”按钮完成刀具设置，如图4-97所示。单击“确定”按钮，返回“面铣”对话框。

6. 进行刀轴设置

“刀轴”选项组可以用来设定刀轴方向，默认为+ZM轴，适用于定轴加工；也可以指定一个方向，针对多轴加工。一般加工不需要进行设置，保持默认选项即可，如图4-98所示。

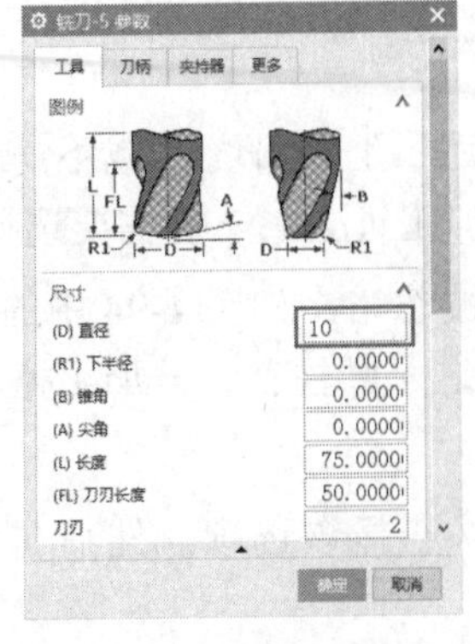

图 4-97　指定刀具直径

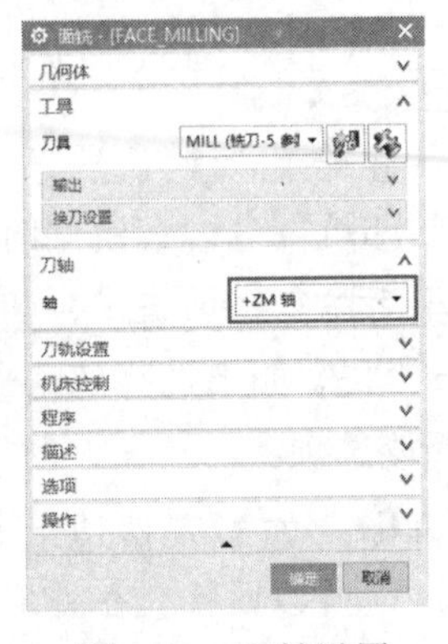

图 4-98　刀轴设置

7. 进行刀轨设置

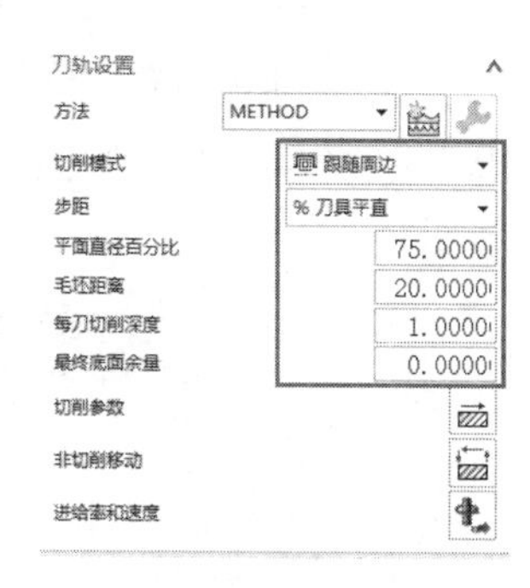

图 4-99 设置一般参数

（1）设置一般参数。在“刀轨设置”对话框中，在“切削模式”下拉列表框中选择“跟随周边”选项，“步距”下拉列表中选择“% 刀具平直”选项，在“平面直径百分比”文本框中输入 75，“毛坯距离”文本框中输入 20，“每刀切削深度”文本框中输入 1，“最终底面余量”文本框中输入 0，如图 4-99 所示。

（2）设置切削参数。在“面铣”对话框中单击“切削参数”按钮，打开“切削参数”对话框，然后按图 4-100 进行设置。设置完成后单击“确定”按钮，返回“面铣”对话框。

图 4-100 设置切削参数

（3）设置非切削移动参数。本例的非切削移动参数可以保持默认，无须设置。

8. 生成刀路轨迹并模拟

（1）生成刀路轨迹。在“面铣”对话框的“操作”选项组中单击“生成”按钮，可以在模型空间中生成刀轨，如图 4-101 所示。

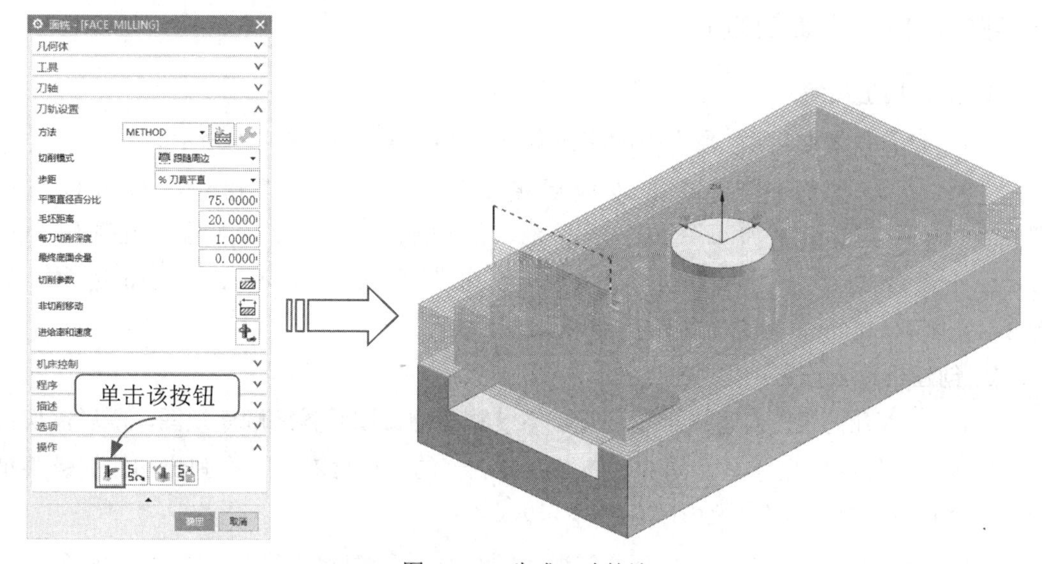

图 4-101 生成刀路轨迹

（2）确认刀轨。再单击“确认”按钮，打开“刀轨可视化”对话框，切换至“3D动态”选项卡，然后调节播放速度，单击“播放”按钮，进行3D动态仿真，如图4-102所示。

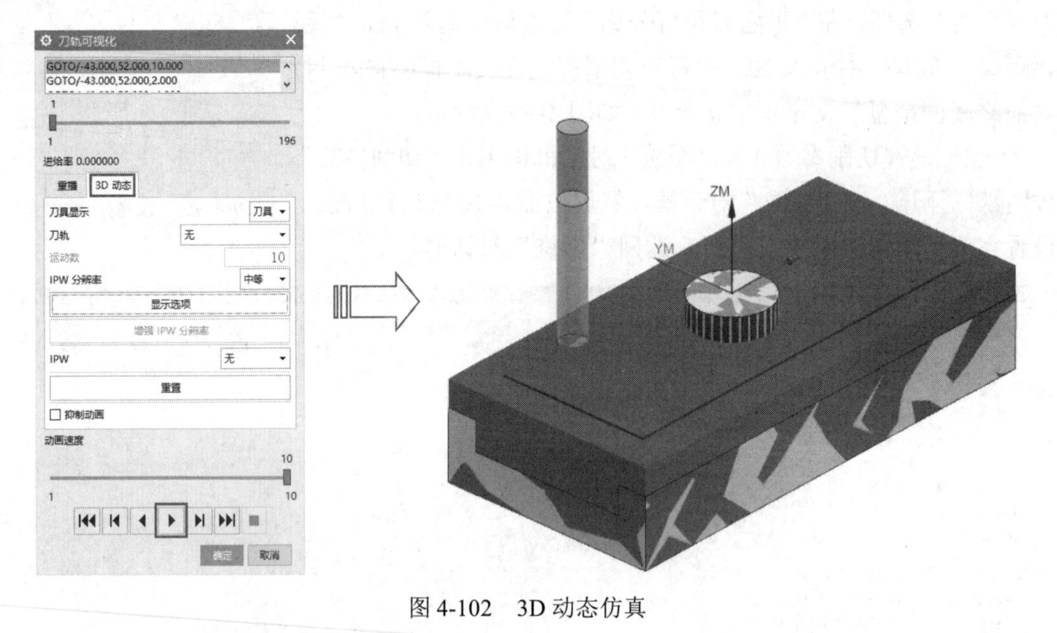

图4-102　3D动态仿真

4.5.2　平面铣

面铣是使用边界来创建几何体的平面铣削方式，既可以用于粗加工，也可以用于精加工零件表面和垂直于底平面的侧壁。与面铣不同的是，平面铣是通过生成多层刀轨逐层切削材料来完成的，其中增加了切削层的设置，读者在学习时要重点关注。

【案例4-2】　平面铣加工

1. 进入加工环境

（1）打开“素材\第4章”下的相应素材文件，模型如图4-103所示。

（2）进入加工环境。单击“应用模块”|“加工”按钮，或者按快捷键Ctrl+Alt+M，打开“加工环境”对话框，然后在“CAM会话配置”选项组中选择cam_general选项，在“要创建的CAM组装”选项中选择mill_planar选项，如图4-104所示。单击“确定”按钮，进入加工环境。

2. 创建机床坐标系

（1）进入几何视图。进入加工环境后系统默认的视图是程序顺序视图，所以需切换至几何视图进行机床坐标系的创建。在工序导航器的空白处右击，在弹出的快捷键菜单中选择“几何视图”命令，如图4-105所示。

（2）创建机床坐标系。切换至几何视图后双击 MCS_MILL 节点，如图4-106所示。

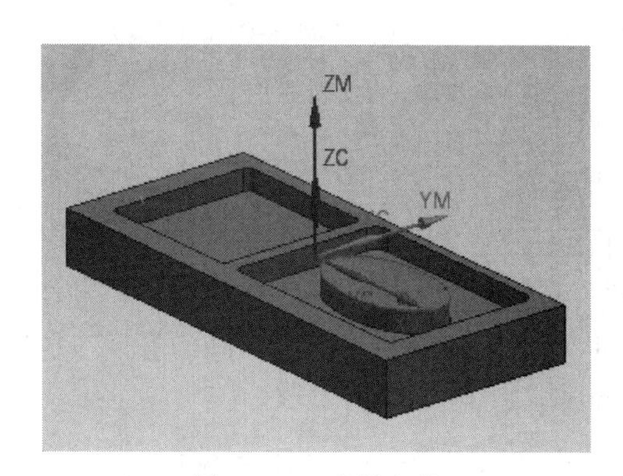

图 4-103　素材文件

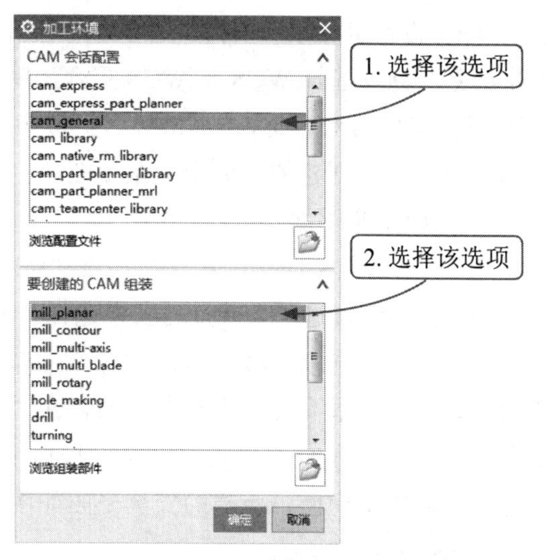

图 4-104　设置加工环境

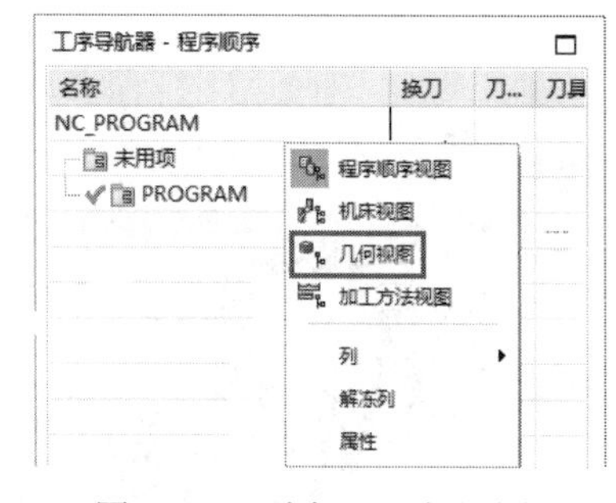

图 4-105　选择“几何视图”

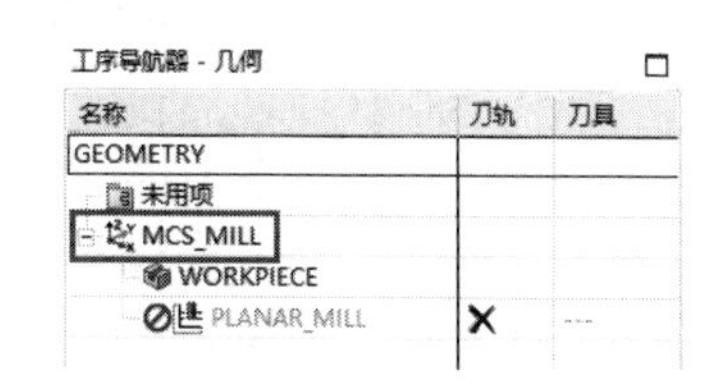

图 4-106　设置加工环境

（3）进入坐标系。双击后可以打开“MCS 铣削”对话框，在该对话框中单击“机床坐标系”选项组里的“坐标系对话框”按钮，打开“坐标系”对话框，然后在“类型”下拉列表中选择“动态”选项，如图 4-107 所示。

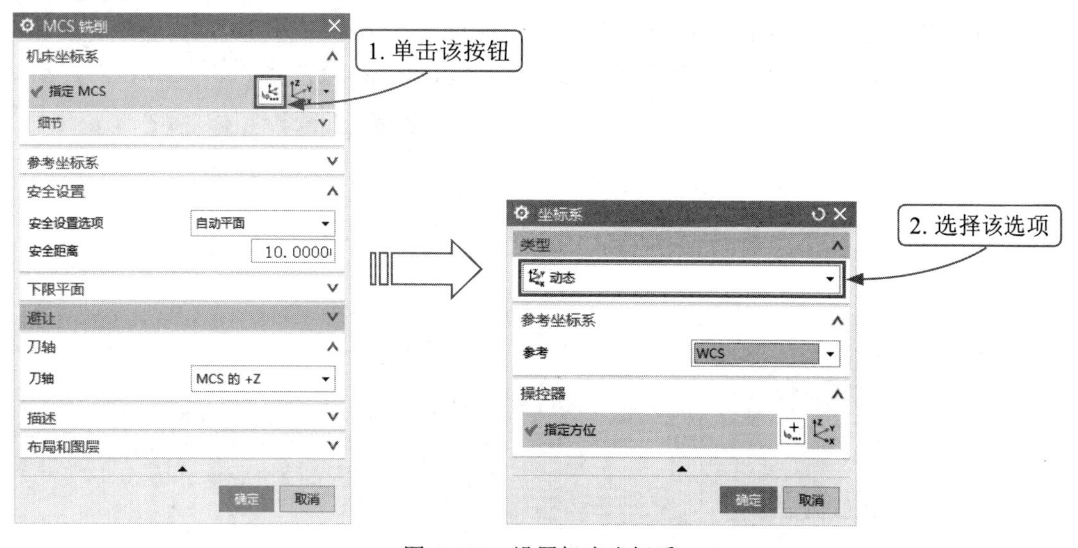

图 4-107　设置机床坐标系

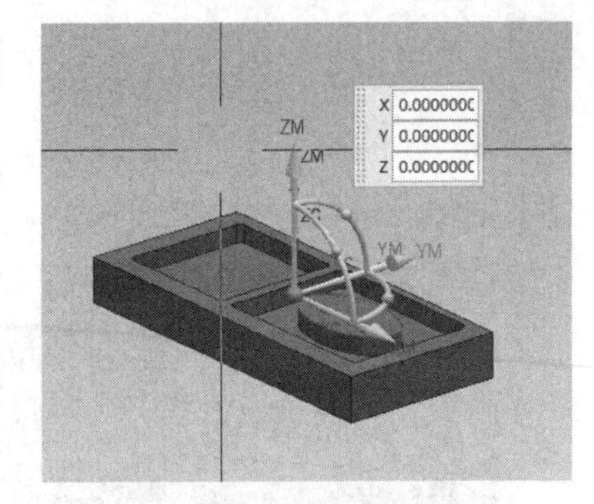

图 4-108　设置机床坐标系

（4）设置坐标系。单击“坐标系”对话框中的“参考坐标系”列表选择 WCS 与 WCS 重合，单击“确定”按钮，返回CSYS对话框，再单击“确定”按钮，返回“MCS铣削”对话框。创建的机床坐标系如图 4-108 所示。

3. 创建安全平面

返回到“MCS 铣削”对话框，在“安全设置”选项组的“安全设置选项”下拉列表中选择“平面”选项，再单击“平面对话框”按钮，打开“平面”对话框，然后选择模型的最高面作为参考平面，在“偏置”选项组中输入距离值为 50，单击“确定”按钮，返回“MCS 铣削”对话框，再单击“确定”按钮，返回模型空间，所建的安全平面如图 4-109 所示。

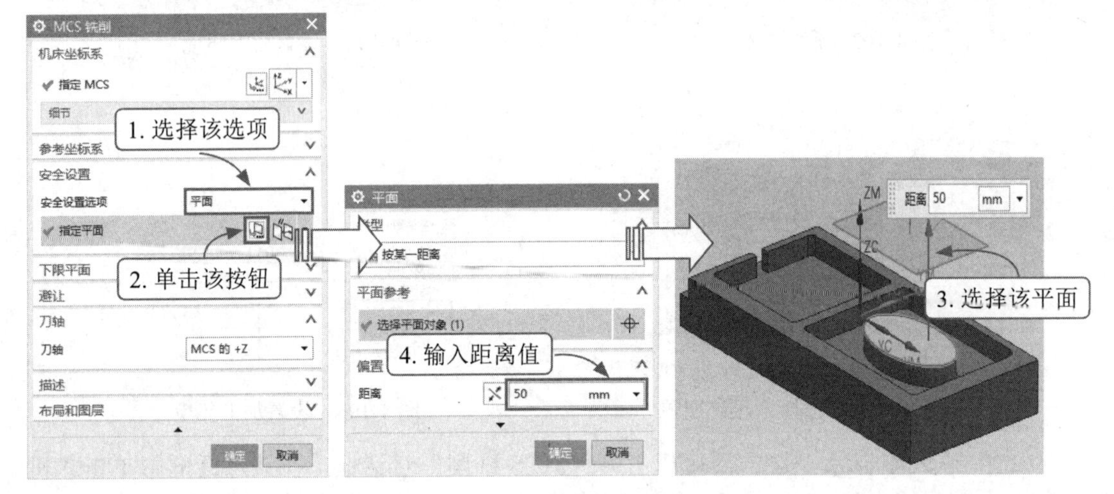

图 4-109　创建安全平面

4. 创建几何体

（1）在工序导航器中单击 MCS_MILL 左侧的 + 符号，展开子选项，双击子选项 WORKPIECE，如图 4-110 所示，打开“工件”对话框，如图 4-111 所示。

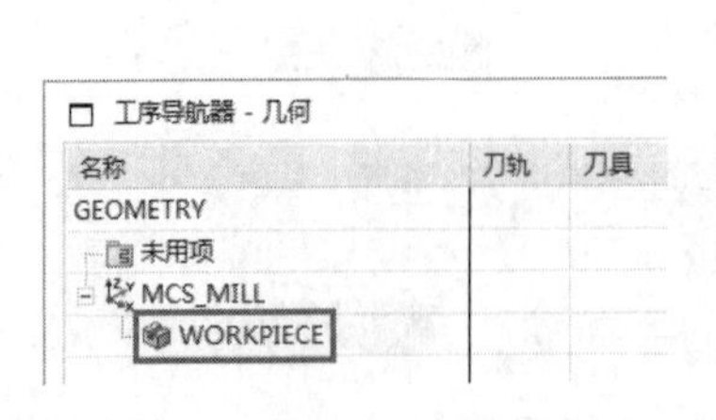

图 4-110　创建工件几何体

图 4-111　“工件”对话框

（2）指定部件几何体。在“工件”对话框中单击“指定部件”按钮，打开“部件几何体”对话框，在图形区选取整个模型零件实体作为部件几何体，如图4-112所示。单击“确定”按钮，返回“工件”对话框。

（3）指定毛坯几何体。系统返回到“工件”对话框后再单击“指定毛坯”按钮，打开“毛坯几何体”对话框，在“类型”下拉列表中选择“包容块”选项，大小限制为0，如图4-113所示。单击“确定”按钮，返回“工件”对话框，再单击“确定”按钮，完成工件的设置。

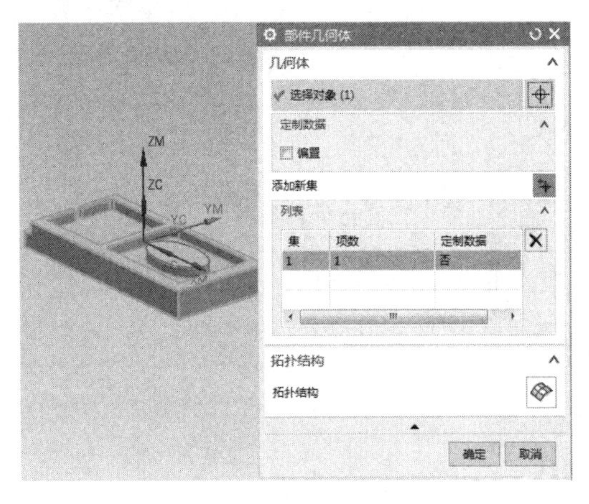

图4-112　指定部件几何体

图4-113　指定毛坯几何体

5. 创建刀具

（1）创建刀具。单击“主页”|“创建刀具”按钮，打开“创建刀具”对话框，在“类型”下拉列表中选择mill_planar，在“刀具子类型”选项组中单击MILL按钮，然后在“名称”文本对话框中输入刀具名称为“D10R0”，最后单击“确定”按钮，如图4-114所示。

（2）设置刀具参数，打开“铣刀-5参数”对话框，在其中输入刀具直径为10、长度为75、刀刃长度为50，其余保持默认。单击“确定”按钮，完成刀具的设定，如图4-115所示。设置完成后可以在模型空间生成刀具的预览。

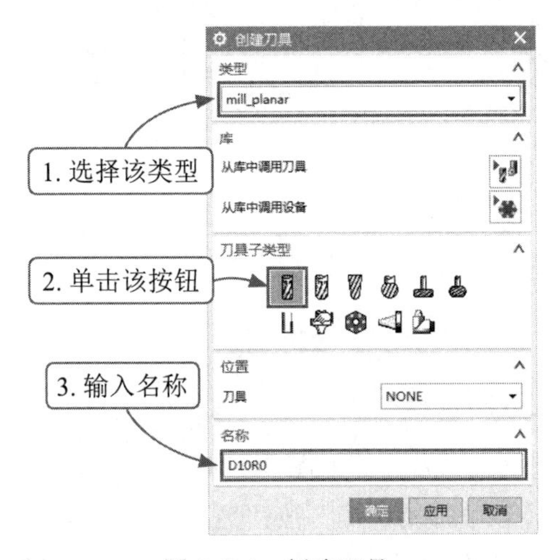

图4-114　创建刀具

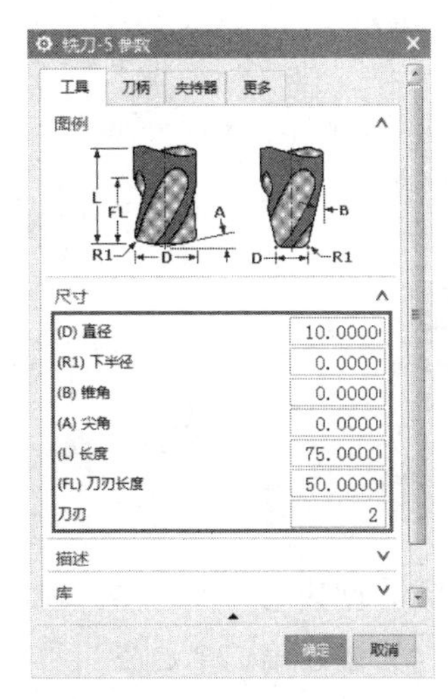

图4-115　设置刀具参数

6. 创建平面铣工序

（1）插入工序。单击“主页”|“创建工序”按钮，打开“创建工序”对话框，在“工序子类型”选项组中单击“平面铣”按钮。在“程序”列表中选择PROGRAM选项，在“刀具”列表中选择“D10（铣刀5-参数）”，在“几何体”列表中选择WORKPIECE选项，在“方法”列表中选择MILL_FINISH选项，名称保持默认，如图4-116所示。

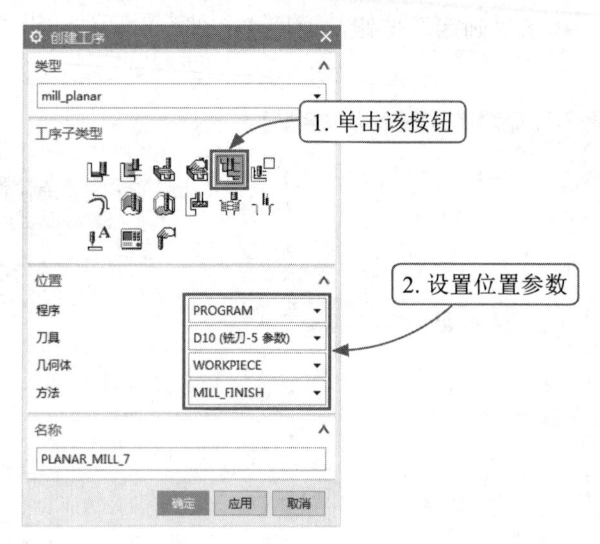

图4-116 “创建工序”对话框

（2）指定几何体边界。单击“确定”按钮，打开“平面铣”对话框，单击其中的“指定部件边界”按钮，打开“部件边界”对话框，然后在“选择方法”下拉列表框中选择“曲线”选项，在“边界类型”下拉列表中选择“封闭”选项，“刀具侧”下拉列表中选择“外侧”选项，“平面”下拉列表中选择“自动”选项，如图4-117所示。

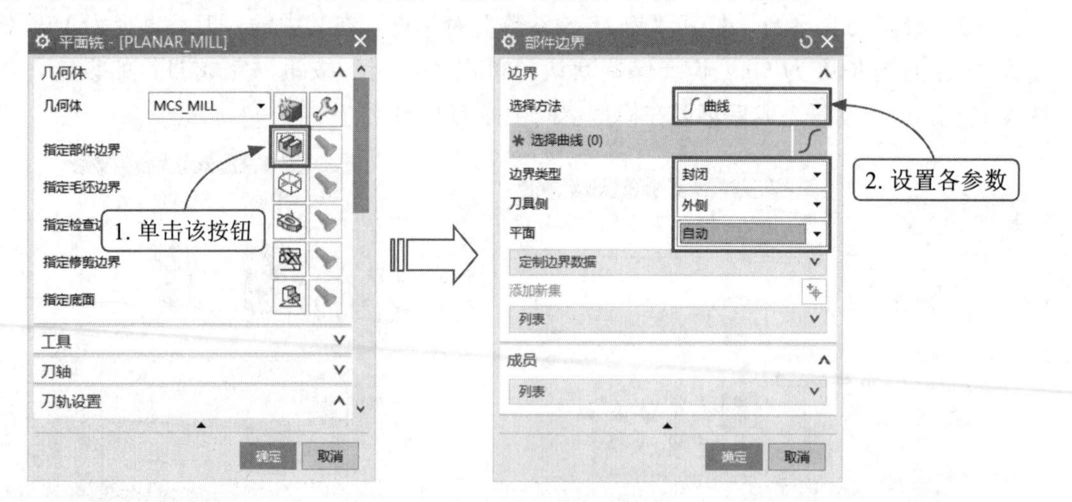

图4-117 设置机床坐标系

（3）创建第一个边界。在图形空间中选择曲线串1，如图4-118所示。

（4）创建第二个边界。再在对话框中单击“添加新集”按钮，在“刀具侧”下拉列表中选择“内侧”选项，其余参数不变，在图形空间选择曲线串2，单击“确定”按钮，完成边界的创建，如图 4-119 所示。

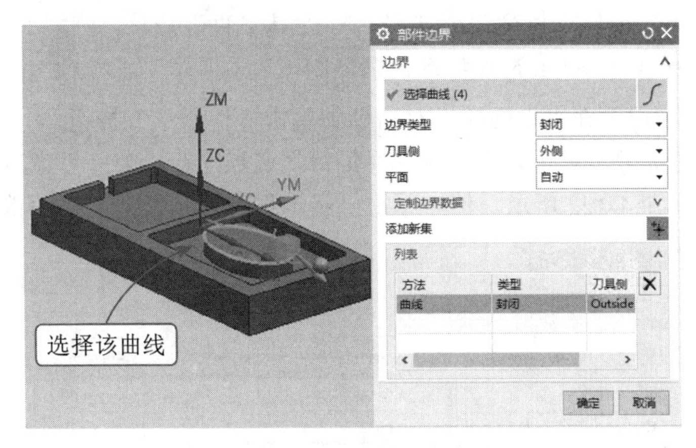

图 4-118　创建第一个边界

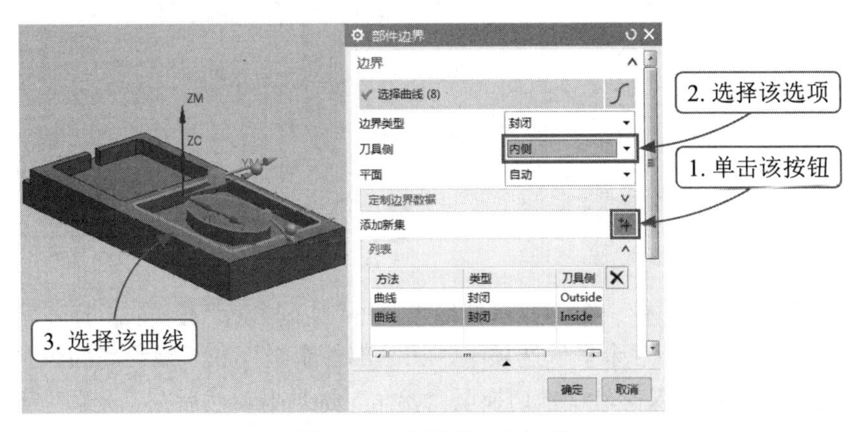

图 4-119　创建第二个边界

（5）指定底面。在“平面铣”对话框中单击“指定底面”按钮，打开“平面”对话框，在模型零件中选择底面参照，如图 4-120 所示。单击“确定”按钮，完成“底面”创建，返回“平面铣”对话框，完成边界几何体的创建。

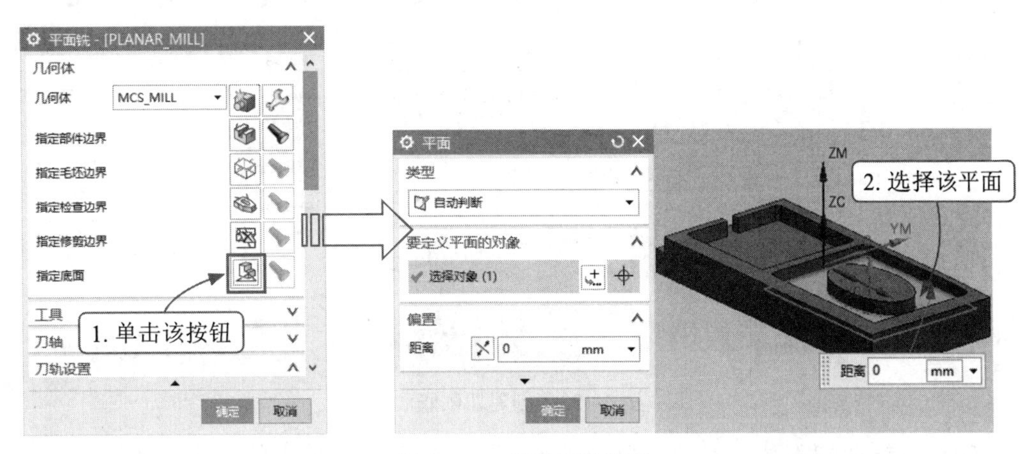

图 4-120　创建切削底面

（6）设置一般参数。在“平面铣”对话框中，在“切削模式”下拉列表框中选择“跟随部件”选项，“步距”下拉列表中选择“% 刀具平直”选项，在“平面直径百分比”文本框中输入值 50.0，其他参数保持默认，如图 4-121 所示。

（7）设置切削层。在“平面铣”对话框中单击“切削层”按钮，打开“切削层”对话框，在其中“类型”下拉列表中选择“恒定”选项，在“公共”文本框中输入值 1，其余保持默认，如图 4-122 所示。然后单击“确定”按钮，返回“平面铣”对话框。

图 4-121　设置一般参数

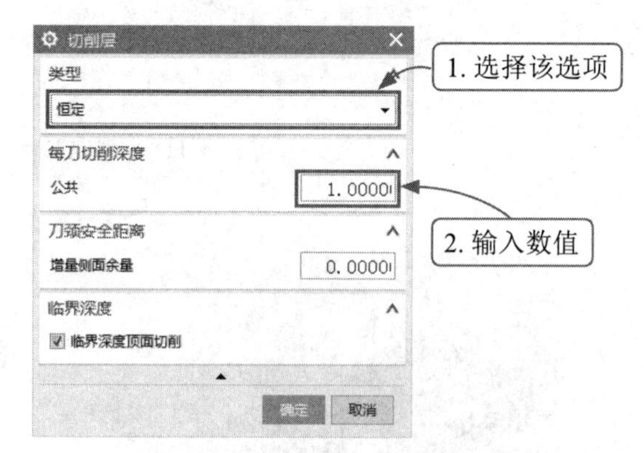

图 4-122　设置切削层参数

（8）设置切削参数。在“平面铣”对话框中单击“切削参数”按钮，打开“切削参数”对话框，然后选择其中的“余量”选项卡，在“部件余量”和“最终底面余量”文本框中输入值 0.2，其余参数保持默认。切换至“拐角”选项卡，然后在“光顺”下拉列表框中选择“所有刀路”选项。再切换至“连接”选项卡，设置其中参数，如图 4-123 所示。其余选项卡都保持默认，单击“确定”按钮，返回“平面铣”对话框。

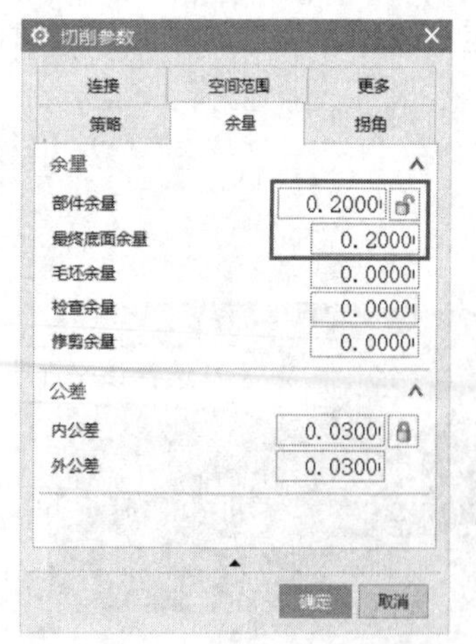

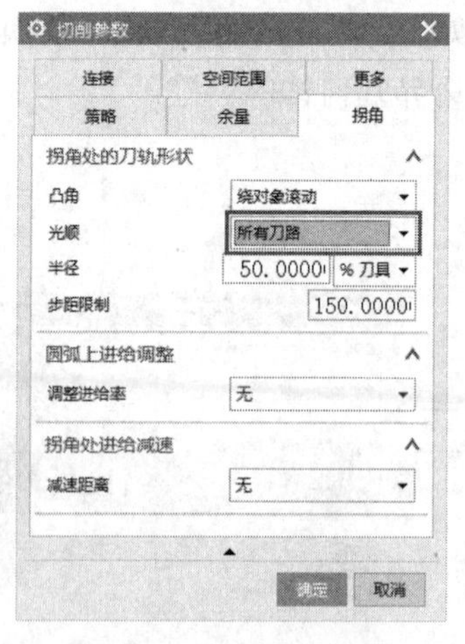

图 4-123　创建切削底面

（9）设置非切削移动参数。单击“平面铣”轮廓对话框中的“非切削移动”按钮，打开“非切削移动”对话框，切换至“进刀”选项卡，然后在“斜坡角度”文本框中输入 2，如图 4-124 所示，其余选项卡保持默认，单击“确定”按钮，完成非切削移动的参数的设置。

（10）设置进给率和转速。在“平面铣”对话框中单击“进给率和速度”按钮，打开“进给率和速度”对话框，在其中勾选“主轴速度”复选框，然后在其文本框中输入 3000，在“进给率”选项组的“切削”文本框中输入值 1000，回车，再单击文本框右侧的按钮，计算出表面速度与每尺的进给量，其余参数保持默认，如图 4-125 所示。

图 4-124　设置非切削移动参数

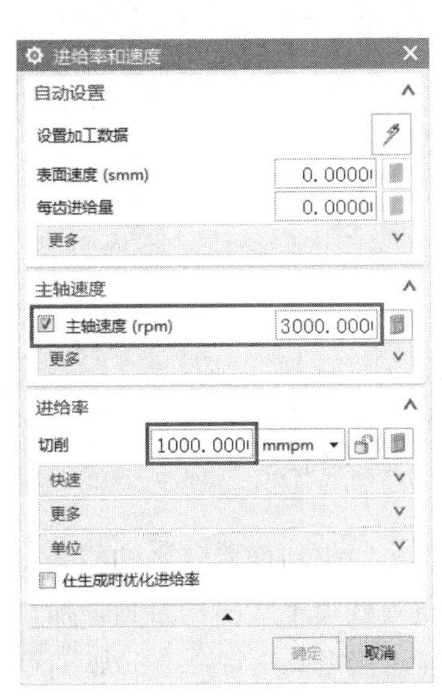

图 4-125　设置进给率和速度

7. 生成刀路轨迹并模拟

（1）生成刀路轨迹。在“平面铣”对话框的“操作”选项组中单击“生成”按钮，可以在模型空间中生成刀轨，如图 4-126 所示。

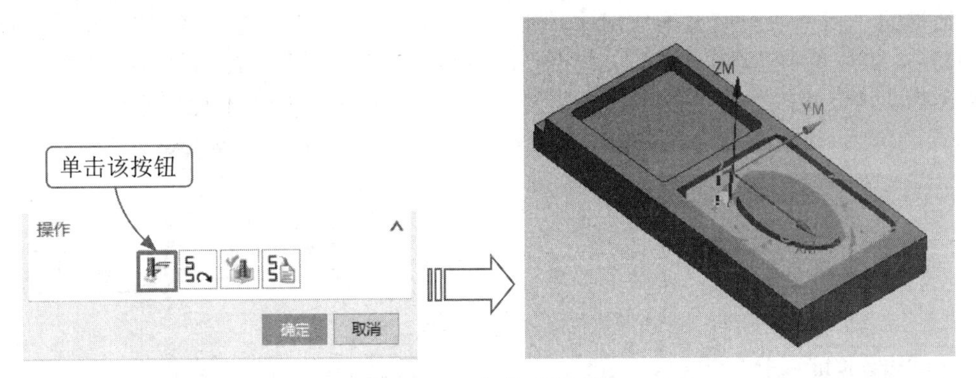

图 4-126　生成刀路轨迹

（2）确认刀轨。再单击“确定”按钮，打开“刀轨可视化”对话框，切换至“3D 动态”选项卡，然后调节播放速度，单击“播放”按钮，进行 3D 动态仿真，如图 4-127 所示。

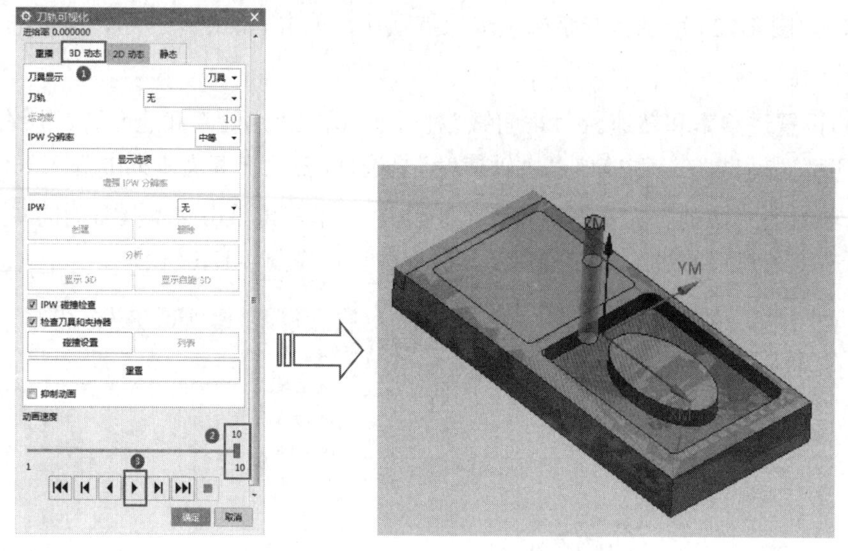

图 4-127　3D 动态仿真

4.5.3　清角铣

清角铣是用来切削零件中的拐角部分，由于粗加工中采用的刀具直径较大，会在零件的小拐角处残留下较多的余料，所以在精加工前有必要安排清理拐角的工序。需要注意的是，清角铣需要指定合适的加工刀具。

【案例 4-3】　清角铣加工

1. 创建刀具

（1）打开模型文件。打开“素材\第 4 章”下的相应素材文件，系统自动进入加工环境。

（2）创建刀具。单击“主页”|“创建刀具”按钮，打开“创建刀具”对话框，在对话框的“刀具子类型”选项组中单击 MILL 按钮，然后在“名称”处输入刀具名称“D5”，最后单击“确定”按钮，打开“铣刀 5- 参数”对话框，在刀具直径处输入“5”，其他参数保持默认，然后单击“确定”按钮完成刀具设置，如图 4-128 所示。

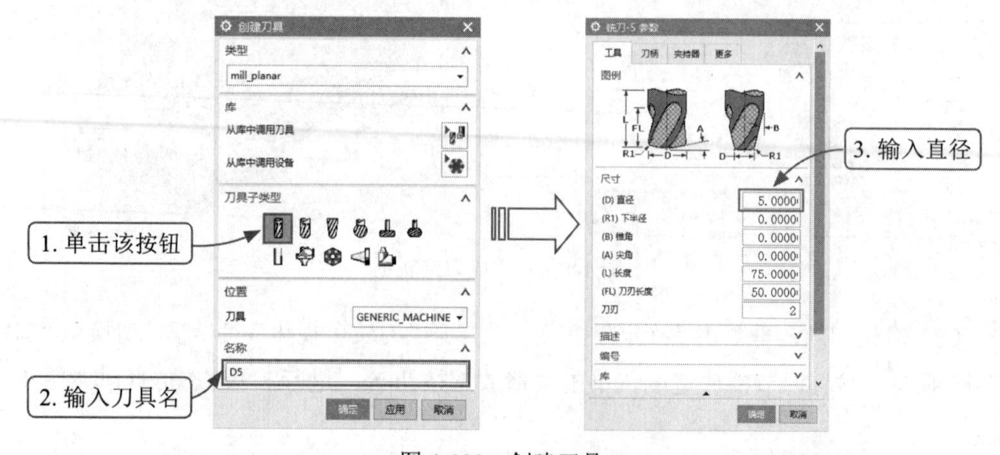

图 4-128　创建刀具

2. 创建清角铣工序

（1）创建工序。单击“主页”|“创建工序”按钮，打开“创建工序”对话框，在“工序子类型”选项组中单击“清理拐角”按钮，在“程序”下拉列表中选择PROGRAM选项，“刀具”列表中选择“D5（铣刀5-参数）”选项，在“几何体”列表中选择WORKPIECE选项，“方法”列表中选择MILL_SEMI_FINISH选项，名称保持默认，单击“确定”按钮，如图4-129所示。

（2）指定部件边界。打开“清理拐角”对话框，单击“几何体”选项组下的“指定部件边界”按钮，打开“部件边界”对话框，如图4-130所示。

图4-129 “创建工序”对话框

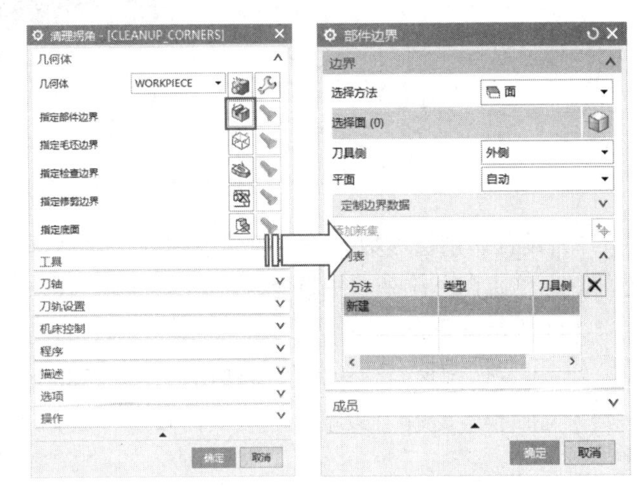

图4-130 打开“部件边界”对话框

（3）在“部件边界”对话框中的“选择方法”列表下中选择“曲线”选项，其他参数保持默认，在模型中选取零件曲线，如图4-131所示。单击“确定”按钮，返回“清理拐角”对话框。

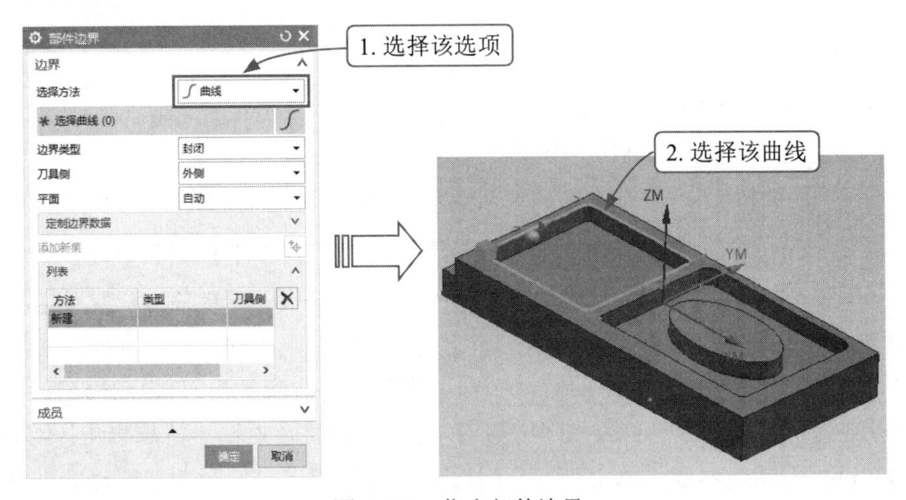

图4-131 指定部件边界

（4）指定底面。在“清理拐角”对话框中单击“指定底面”按钮，在模型零件中选择底面，如图4-132所示。

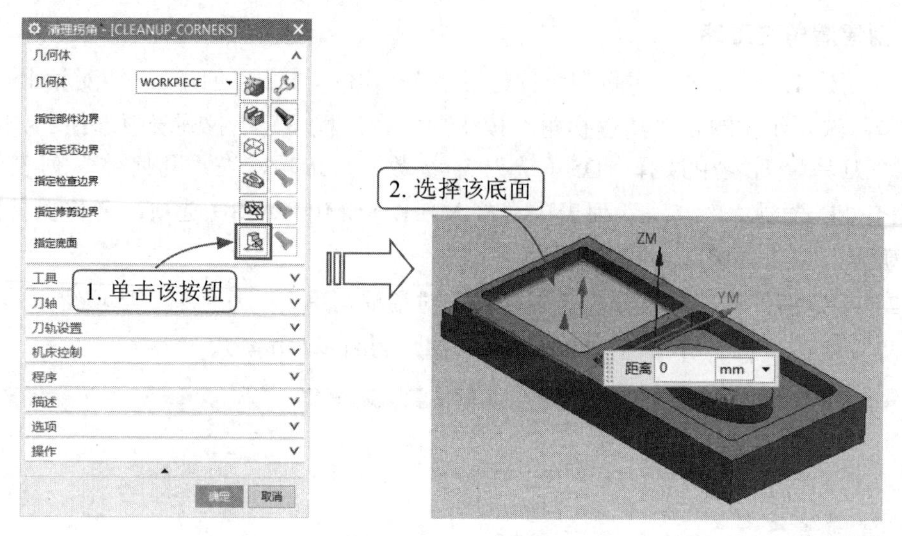

图 4-132　指定底面

（5）设置切削层参数。单击“清理拐角”对话框中的“切削层”按钮，打开“切削层”对话框，在下拉列表中选择“恒定”，在“公共”处输入值 1，其他参数保持默认，如图 4-133 所示。

（6）设置切削参数。单击“清理拐角”对话框中的“切削参数”按钮，打开“切削参数”对话框，选择“策略”选项卡，设置参数如图 4-134 所示。

图 4-133　设置切削层参数

图 4-134　设置“策略”选项卡

（7）切换至“空间范围”选项卡，然后在“过程工件”下拉列表中选择“使用参考刀具”，再在“参考刀具”处单击“新建”按钮，打开“新参考刀具”对话框，单击 MILL 按钮，然后在“名称”处输入刀具名称“D16”，如图 4-135 所示。

（8）单击“确定”按钮，打开“铣刀 5- 参数”对话框，在刀具直径处输入 16，如图 4-136 所示。然后单击“确定”按钮完成参考刀具设置，返回“清理拐角”对话框。

（9）设置非切削参数。单击“非切削移动”按钮，打开“非切削移动”对话框，在“进刀”选项卡的“封闭区域”选项组的“进刀类型”下拉列表中选择“螺旋”类型，在“开放区域”的“进刀类型”中选择“圆弧”选项，如图 4-137 所示。

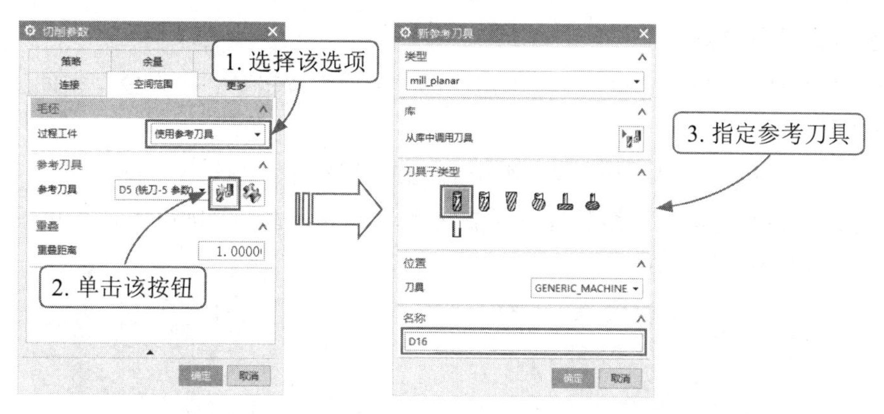

图 4-135　创建刀具

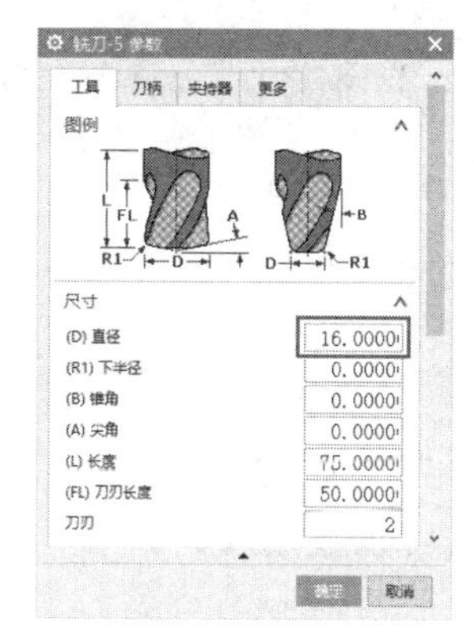

图 4-136　设置刀具参数

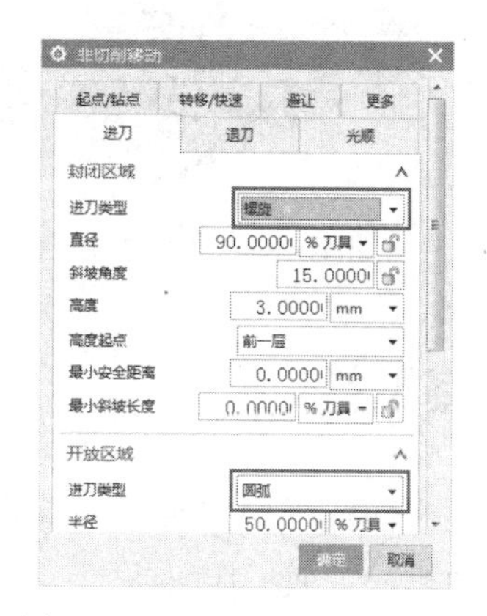

图 4-137　设置“进刀”选项卡

（10）切换至“转移 / 快速”选项卡，在“区域内”选项组的“转移类型”下拉列表中选择“前一平面”选项，其他参数保持默认，如图 4-138 所示，单击“确定”按钮完成非切削参数的设置。

（11）设置进给率和转速。单击“进给率和速度”按钮，在其中勾选“主轴速度”复选框，然后其文本框中输入值 1600，在“进给率”选项组的“切削”文本框中输入值 500，回车，再单击文本框右侧的按钮，计算出表面速度与每尺的进给量，其余参数保持默认，如图 4-139 所示。

图 4-138　设置“转移 / 快速”选项卡

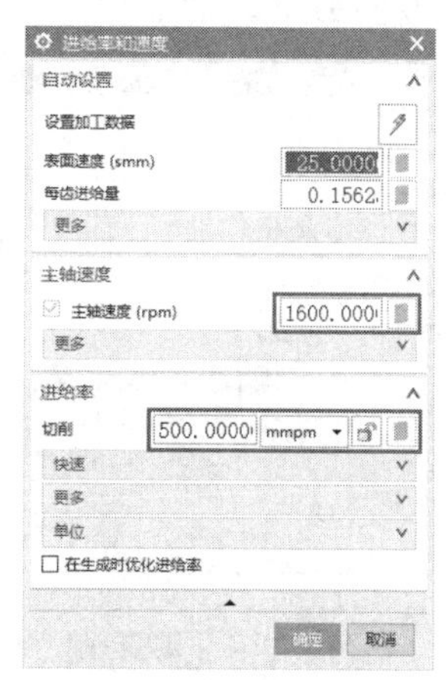

图 4-139　设置进给率和速度

3. 生成刀轨并仿真

（1）生成刀轨。单击“操作”选项组中的“生成”按钮，可在模型空间生成刀轨，如图 4-140 所示。

（2）仿真刀轨。单击“操作”选项组中的“确定”按钮，打开“刀轨可视化”对话框，切换至“3D 动态”选项卡，然后调节播放速度，单击“播放”按钮，可进行 3D 动态仿真，效果如图 4-141 所示。

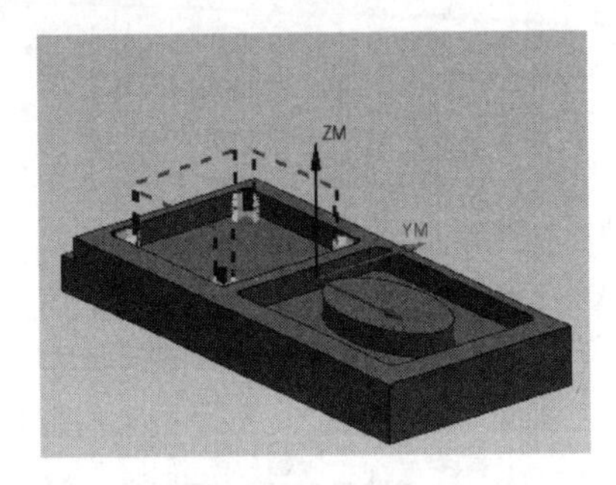

图 4-140　刀路轨迹

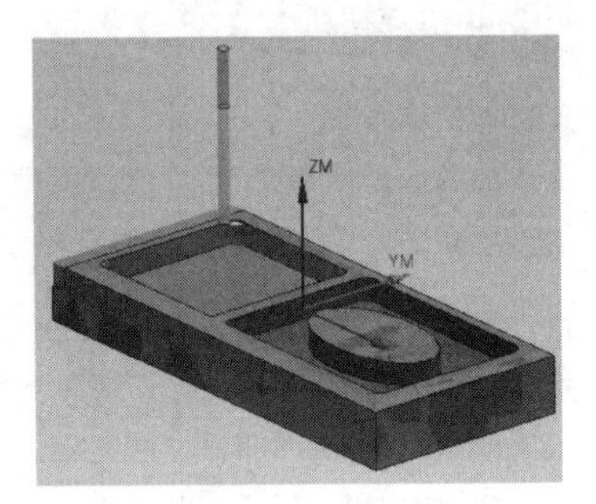

图 4-141　3D 动态仿真

4.5.4　底壁铣

底壁铣是平面铣工序中常用的方式之一，底壁铣可以直接选择加工区域。一般选择平底刀进行面粗加工或精加工。

【案例 4-4】　底壁铣加工

1. 创建刀具

（1）打开模型文件。打开“素材\第 4 章”下的相应素材文件，系统自动进入加工环境。

（2）创建刀具。单击“主页”|“创建刀具”按钮，打开“创建刀具”对话框，在对话框的“刀具子类型”选项组中单击 MILL 按钮，然后在“名称”处输入刀具名称“D16”，最后单击“确定”按钮，打开“铣刀 5- 参数”对话框，在刀具直径处输入 16，其他参数保持默认，然后单击“确定”按钮完成刀具设置，如图 4-142 所示。

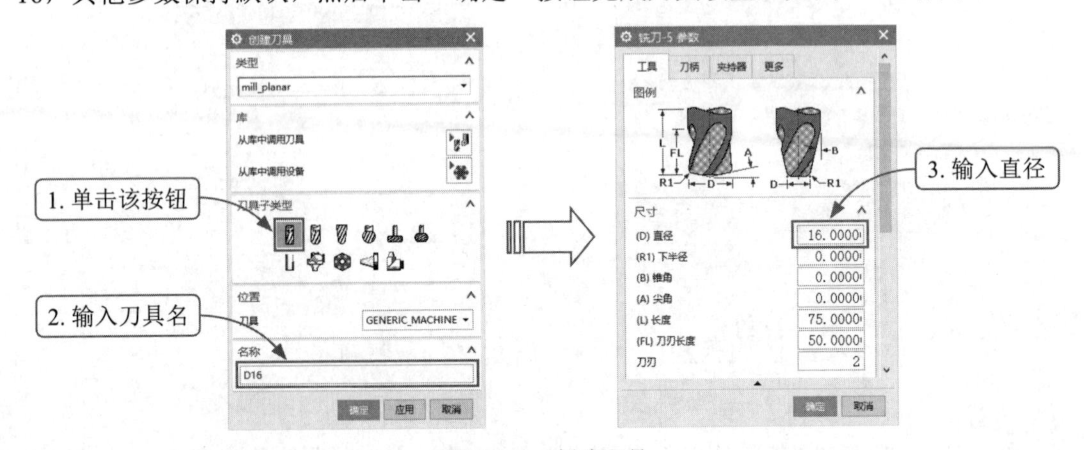

图 4-142　创建刀具

2. 创建清角铣工序

（1）创建工序。单击“主页”|“创建工序”按钮，打开“创建工序”对话框，在“工序子类型”选项组中单击“底壁铣”按钮，在“程序”下拉列表中选择PROGRAM选项，“刀具”列表中选择“D16（铣刀5-参数）”选项，在“几何体”列表中选择WORKPIECE选项，“方法”列表中选择MILL_ROUGH选项，名称保持默认，单击“确定”按钮，如图4-143所示。

（2）指定切削区域底面。打开“底壁铣”对话框，单击“几何体”选项组下的“指定切削区底面”按钮，如图4-144所示。

图4-143　“创建工序”对话框

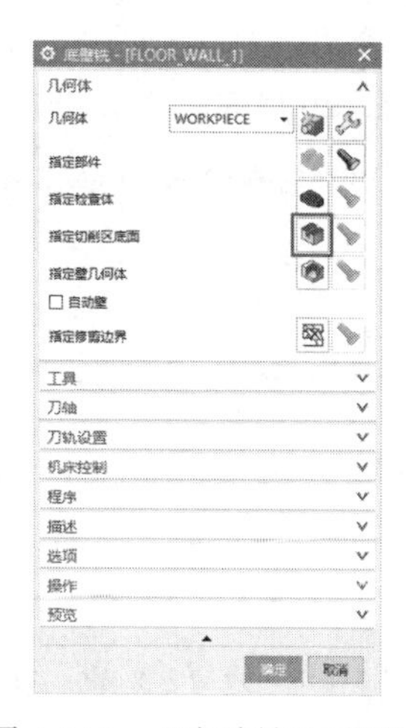

图4-144　“底壁铣”对话框

（3）打开“切削区域”对话框，在模型中选取零件底面，单击“确定”按钮，如图4-145所示。

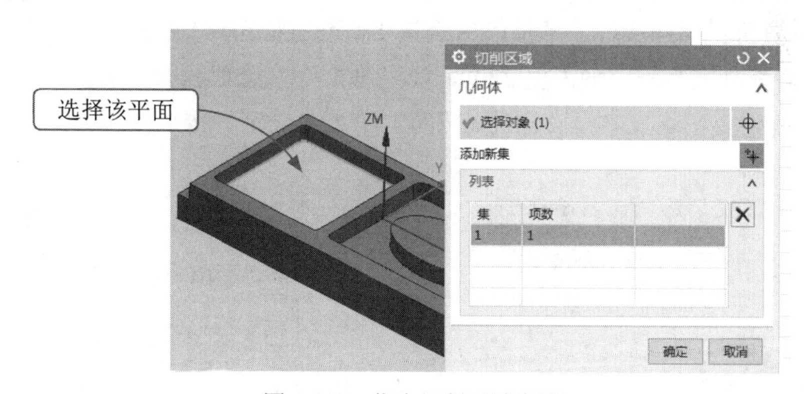

图4-145　指定切削区域底面

（4）设置切削模式与步进方式。先返回“底壁铣”对话框，然后在“刀轨设置”选项组中的“切削模式”下拉列表中选择“跟随周边”，在“步距”下拉列表中选择“%刀具平直”，在“平面直径百分比”文本框中输入50，在“底面毛坯厚度”文本框中输入10，在“每刀切削深度”文本框中输入1，如图4-146所示。

（5）设置切削参数。单击“切削参数”按钮，进入“切削参数”对话框，切换至“策略”选项卡，设置参数如图4-147所示。

图 4-146　设置切削模式与步进方式

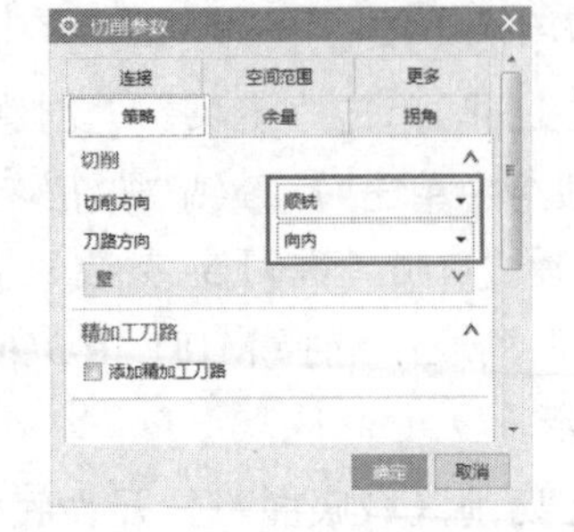

图 4-147　设置“策略”选项卡

（6）切换至“余量”选项卡，设置参数如图 4-148 所示；再切换至“拐角”选项卡，设置参数如图 4-149 所示。单击“确定”按钮，返回“底壁铣”对话框。

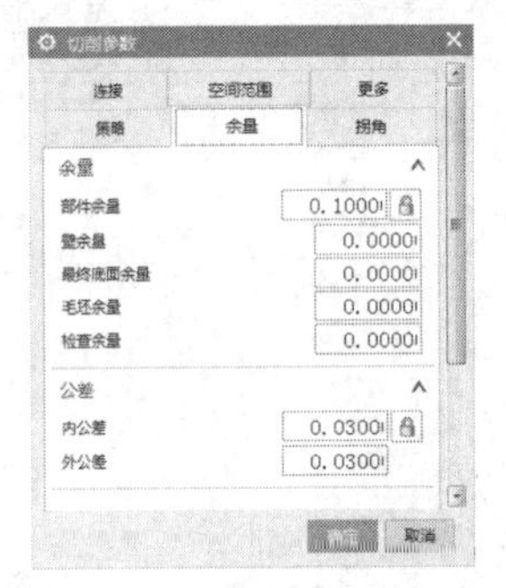

图 4-148　设置“余量”选项卡

图 4-149　设置“拐角”选项卡

（7）设置非切削参数。单击“非切削参数”按钮，进入“非切削移动”对话框，选择“进刀”选项卡，设置参数如图 4-150 所示，其余选项卡参数保持默认，单击“确定”按钮，完成非切削参数的设置，返回“底壁铣”对话框。

（8）设置进给率和速度。单击“进给率和速度”按钮，在其中勾选“主轴速度”复选框，然后在其文本框中输入值 2200，在“进给率”选项组的“切削”文本框中输入值 1800，回车，再单击文本框右侧的按钮，单击“确定”按钮，其他参数保持默认，如图 4-151 所示。

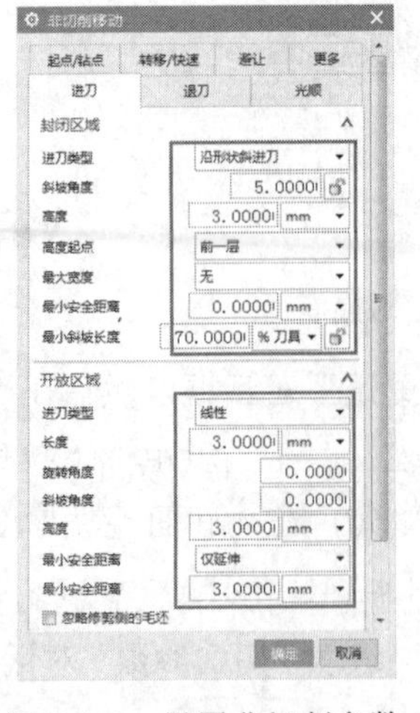

图 4-150　设置非切削参数

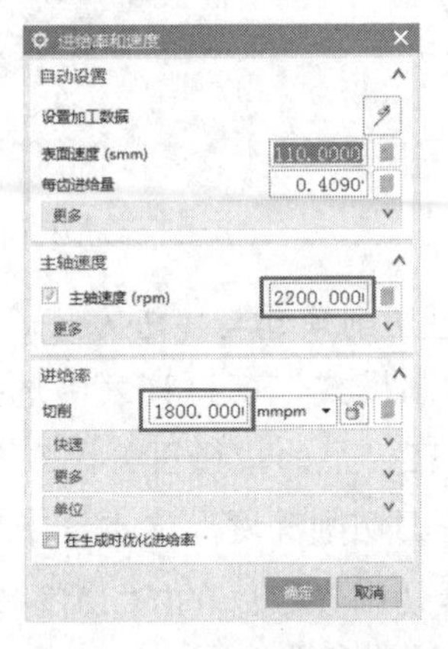

图 4-151　设置进给率和速度

3. 生成刀轨并仿真

（1）生成刀轨。在“底壁铣”对话框的“操作”选项组中单击“生成”按钮，可在模型空间生成刀轨，如图 4-152 所示。

（2）仿真刀轨。单击“操作”选项组中的“确定”按钮，打开“刀轨可视化”对话框，切换至“3D 动态”选项卡，然后调节播放速度，单击“播放”按钮，可进行 3D 动态仿真，效果如图 4-153 所示。

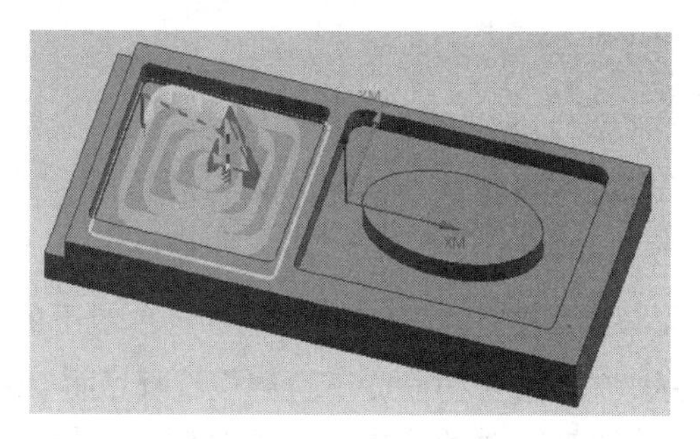

图 4-152　刀路轨迹

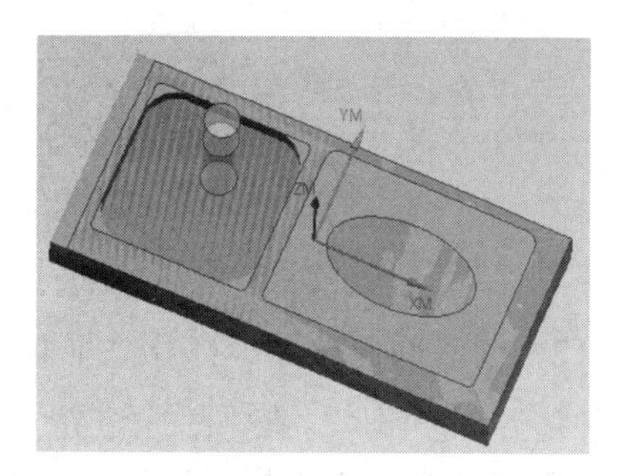

图 4-153　3D 动态仿真

4.5.5　平面轮廓铣

平面轮廓铣是沿切线区域轮廓创建一条或多条刀具路径的切削方法，其切削路径与区域轮廓相关。该方法是按偏置轮廓来创建刀具轨迹，等同于切削模式中的“轮廓”模式，常用于零件的侧壁或外形轮廓的半精加工或精加工。一般在 UG 的数控加工编程中，先用平面铣进行粗加工，然后用平面轮廓铣进行精加工，这两种铣削方式通常是配套使用的。

【案例 4-5】　平面轮廓铣加工

1. 创建刀具

（1）打开模型文件。打开“素材\第 4 章”下的相应素材文件，系统自动进入加工环境。

（2）创建刀具。单击“主页”|“创建刀具”按钮，打开“创建刀具”对话框，在对话框的“刀具子类型”选项组中单击 MILL 按钮，然后在“名称”处输入刀具名称“D8”，如图 4-154 所示。然后单击“确定”按钮，打开“铣刀 5- 参数”对话框，在刀具直径处输入“8”，其他参数保持默认，然后单击“确定”按钮，完成参考刀具设置。

2. 创建平面轮廓铣工序

（1）创建工序。单击“主页”|“创建工序”按钮，打开“创建工序”对话框，在“工序子类型”选项组中单击“平面轮廓铣”按钮，在“程序”下拉列表中选择 PROGRAM 选项，“刀具”列表中选择“D8（铣刀 5- 参数）”选项，在“几何体”列表中选择 WORKPIECE 选项，“方法”列表中选择 MILL_FINISH 选项，名称保持默认，单击“确定”按钮，如图 4-155 所示。

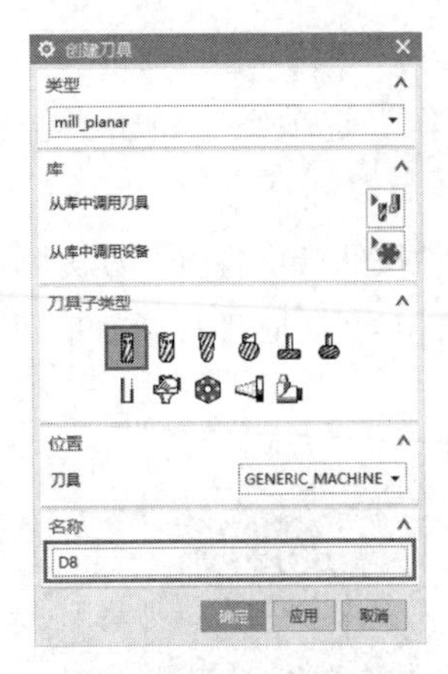

图 4-154　创建刀具

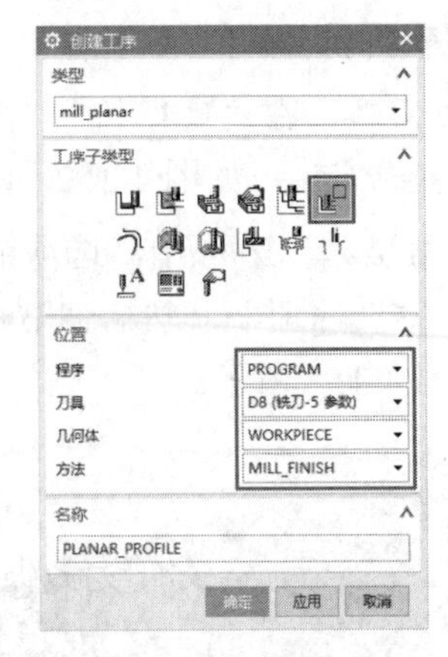

图 4-155　创建平面轮廓铣工序

（2）创建部件边界。打开“平面轮廓铣”对话框，单击“几何体”选项组下的“指定部件边界”按钮，在“部件边界”对话框中的“选择方法”下拉列中选择“面”选项，系统会直接切换至“选择面”模式，在“部件边界”对话框中的“刀具侧”下拉列表中选择“外侧”，然后在模型零件上中选择平面 1，如图 4-156 所示。

图 4-156　指定平面 1

（3）再在对话框中单击“添加新集”按钮，在“刀具侧”下拉列表中选择“内侧”，其余参数不变，在模型零件上选择平面 2，如图 4-157 所示。

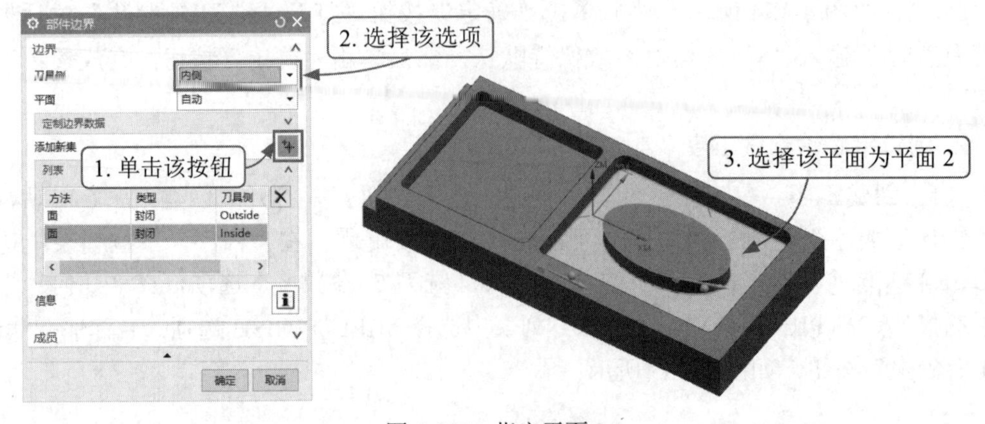

图 4-157　指定平面 2

（4）使用相同方法，指定平面 3，“刀具侧”下拉列表中的选项为“内侧”。在对话框的“列表”里可以看到所选的 3 个平面，以及各自的刀具侧方向，如图 4-158 所示。指定完成后单击“确定”按钮，返回“平面轮廓铣”对话框。

图 4-158　指定平面 3

提示：Outside 为外侧，Inside 为内侧。

（5）指定底面。在“平面轮廓铣”对话框中单击“指定底面”按钮，打开“平面”对话框，在模型零件上选取零件底面，单击“确定”按钮，完成底面设置，如图 4-159 所示。

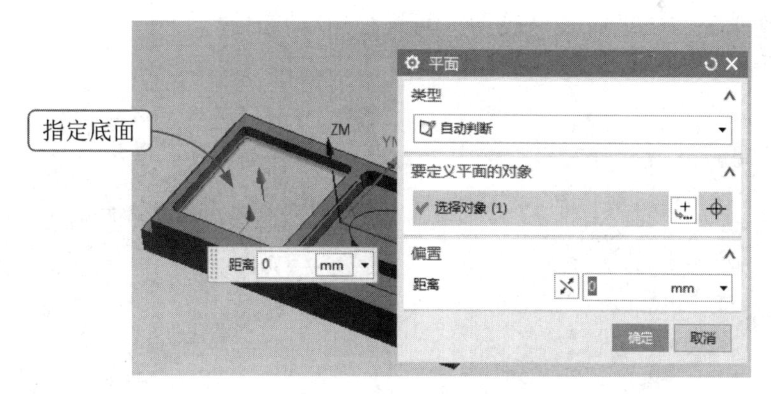

图 4-159　指定底面

（6）设置切削参数。单击“切削参数”按钮，打开“切削参数”对话框，然后选择“策略”选项卡，设置参数如图 4-160 所示；然后切换至“连接”选项卡，在“区域排序”下拉列表中选择“优化”选项，如图 4-161 所示。其余选项卡参数保持默认，单击“确定”按钮，返回“平面轮廓铣”对话框。

（7）设置非切削移动参数。采用系统默认的非切削参数，不做更改。

图 4-160　设置“策略”选项卡

图 4-161　设置“连接”选项卡

（8）设置进给率和速度。单击“进给率和速度”按钮，在其中勾选“主轴速度”复选框，然后在其文本框中输入值 3500，在“进给率”选项组的“切削”文本框中输入值 2000，回车，再单击文本框右侧的按钮，单击“确定”按钮，其他参数保持默认，如图 4-162 所示。

图 4-162　设置进给率和速度

3. 生成刀轨并仿真

（1）生成刀轨。在“平面轮廓铣”对话框的“操作”选项组中单击“生成”按钮，可在模型空间生成刀轨，如图 4-163 所示。

（2）仿真刀轨。单击“操作”选项组中的“确定”按钮，打开“刀轨可视化”对话框，切换至“3D 动态”选项卡，然后调节播放速度，单击“播放”按钮，可进行 3D 动态仿真，如图 4-164 所示。

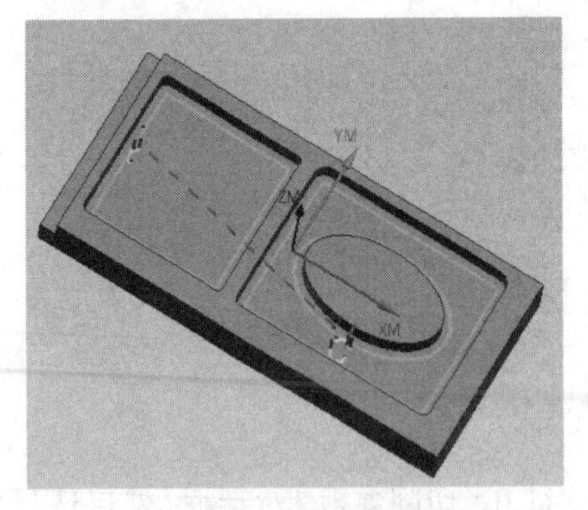

图 4-163　刀路轨迹

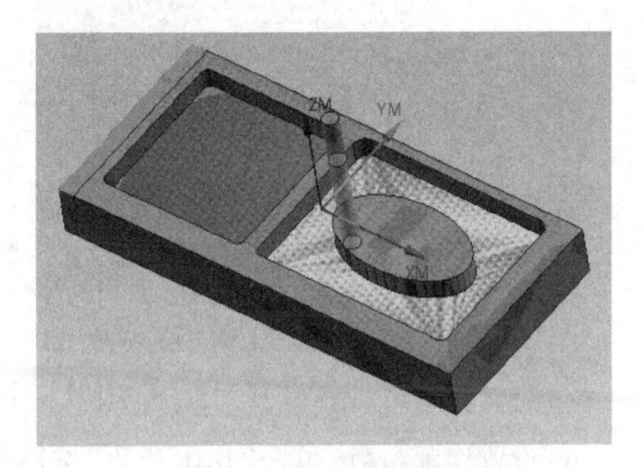

图 4-164　3D 动态仿真

4.5.6　铣螺纹

螺纹铣就是利用螺纹铣刀加工大直径的内、外螺纹的铣削方式。

【案例 4-6】　铣螺纹加工

1. 创建几何体

（1）打开模型文件。打开“素材\第 4 章”下的相应素材文件，系统自动进入加工环境。

（2）插入工序。单击“主页”|“创建工序”按钮，打开“创建工序”对话框，在“工序子类型”选项组中单击“螺纹铣”按钮，在“程序”下拉列表中选择 PROGRAM 选项，在“刀具”列表中选择 NONE 选项，在“几何体”列表中选择 WORKPIECE 选项，在“方法”列表中选择 METHOD 选项，名称选项保持默认，单击“确定”按钮，如图 4-165 所示。

（3）打开螺纹铣几何体。打开“螺纹铣”对话框，如图 4-166 所示。

图 4-165　创建工序

图 4-166　“螺纹铣”对话框

（4）选择螺纹几何体。单击“螺纹铣”对话框中的“指定特征几何体”按钮，打开“特征几何体”对话框，在“牙型和螺距”列表中选择“从模型”选项，然后在模型空间中选取螺纹特征所在的孔内圆柱面，此时系统自动提取螺纹牙型参数，并显示螺纹轴的方向，接着在“螺距”文本框中输入 2，如图 4-167 所示。

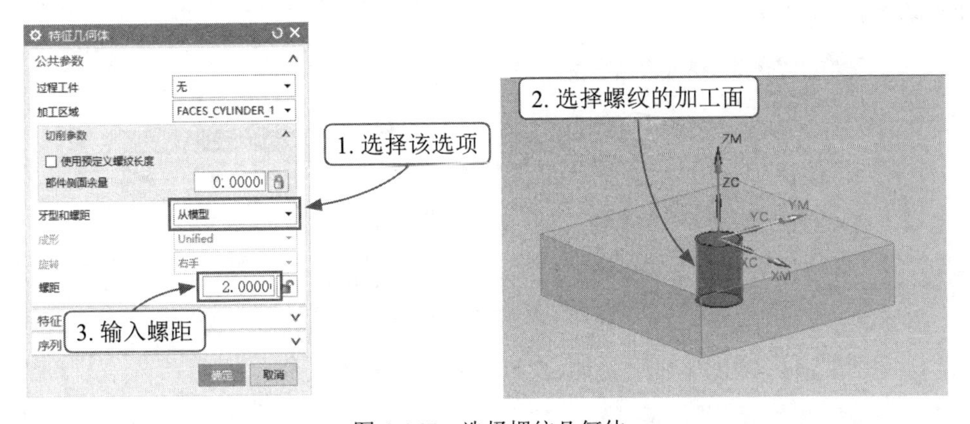

图 4-167　选择螺纹几何体

（5）定义螺纹铣的刀轨设置。在“螺纹铣”对话框的“刀轨设置”中的“轴向步距”列表中选择“牙数”选项，在“牙数”文本框中输入1（根据实际刀具牙数设置）；在“径向步距”列表中选择“恒定”选项，在“最大距离”文本输入0.3；最好在“螺纹刀路”文本框中输入1，如图4-168所示。

（6）创建刀具。单击“螺纹铣”对话框中的“工具”选项组中的“刀具”，单击“新建”按钮，打开“新建刀具”对话框，如图4-169所示。

（7）设置刀具参数，如图4-170所示。单击“新建刀具”中的“确定”按钮，返回“螺纹铣”对话框。

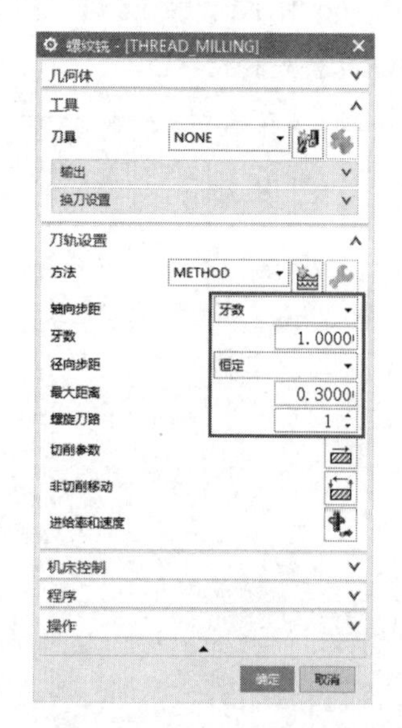

图4-168　定义螺纹铣的刀轨设置

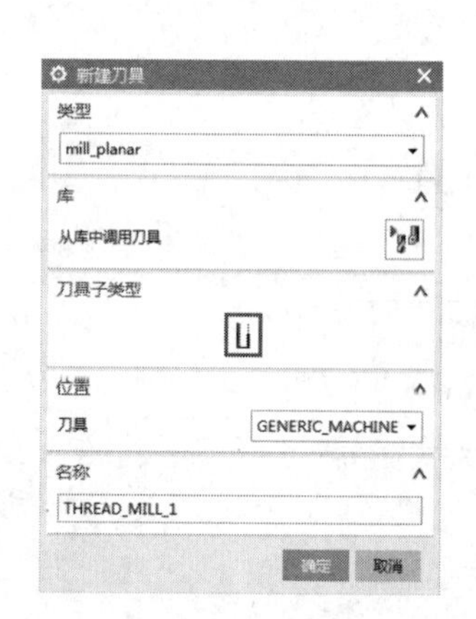

图4-169　“新建刀具”对话框

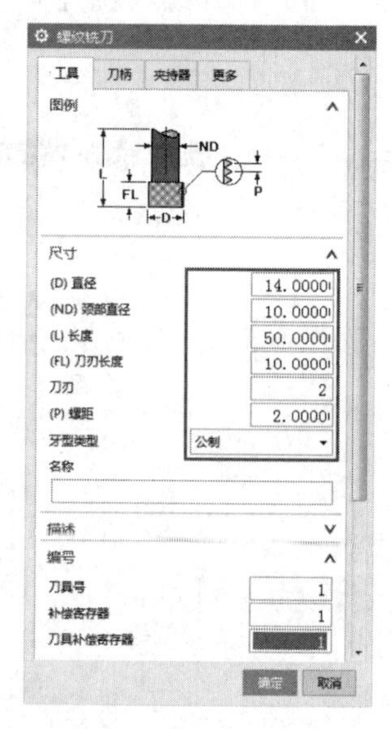

图4-170　设置刀具参数

（8）设置切削参数。单击“螺纹铣”对话框中的“切削参数”按钮，设置参数如图4-171所示，其余选项卡保持默认。单击“确定”按钮，返回“螺纹铣”对话框。

（9）设置非切削参数。单击“非切削移动”按钮，打开“非切削移动”对话框，切换至“进刀”选项卡，设置如图4-172所示。其余选项卡保持默认，单击“确定”按钮，返回“螺纹铣”对话框。

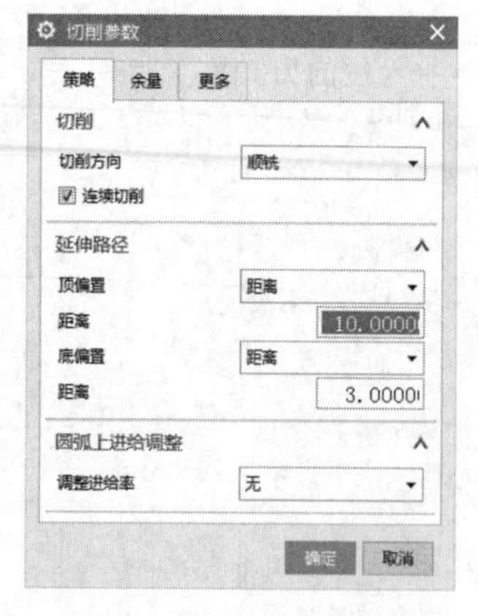

图4-171　设置切削参数

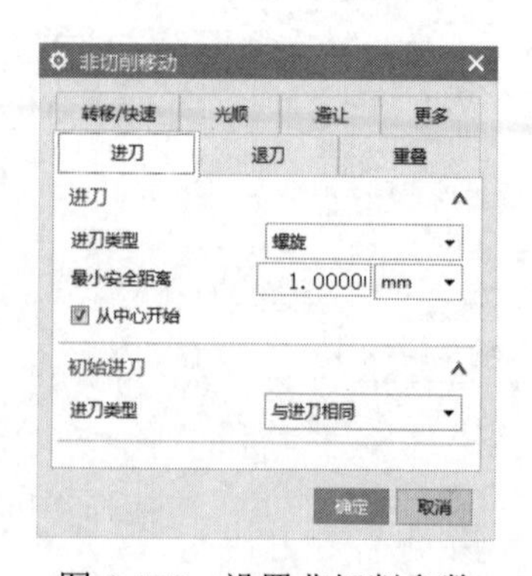

图4-172　设置非切削参数

（10）设置进给率和速度。单击“进给率和速度”按钮，在其中勾选“主轴速度”复选框，然后在其文本框中输入值1200，在“进给率”选项组的“切削”文本框中输入值300，回车，再单击文本框右侧的按钮，单击“确定”按钮，其他参数保持默认，如图4-173所示。

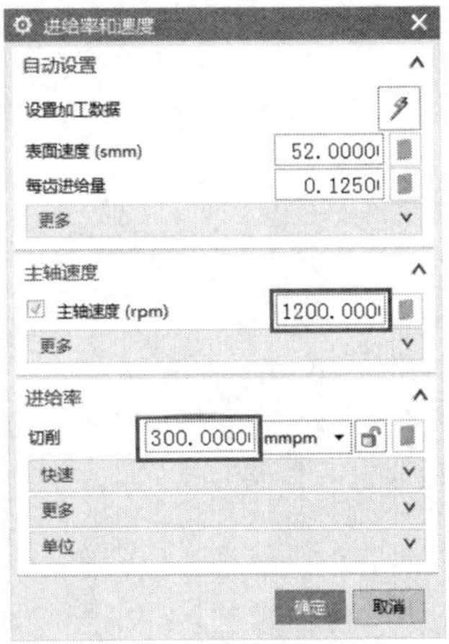

图4-173　设置进给率和速度

2. **生成刀轨并仿真**

（1）生成刀轨。在“螺纹铣”对话框的“操作”选项组中单击“生成”按钮，可在模型空间生成刀轨，如图4-174所示。

（2）仿真刀轨。单击“操作”选项组中的“确定”按钮，打开“刀轨可视化”对话框，切换至“3D动态”选项卡，然后调节播放速度，单击“播放”按钮，可进行3D动态仿真，如图4-175所示。

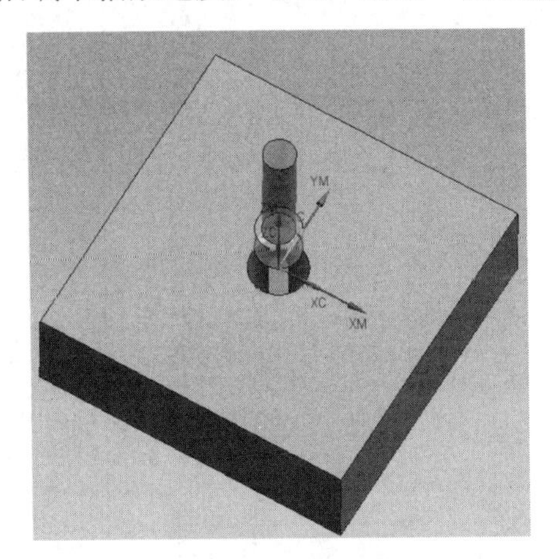

图4-174　刀路轨迹

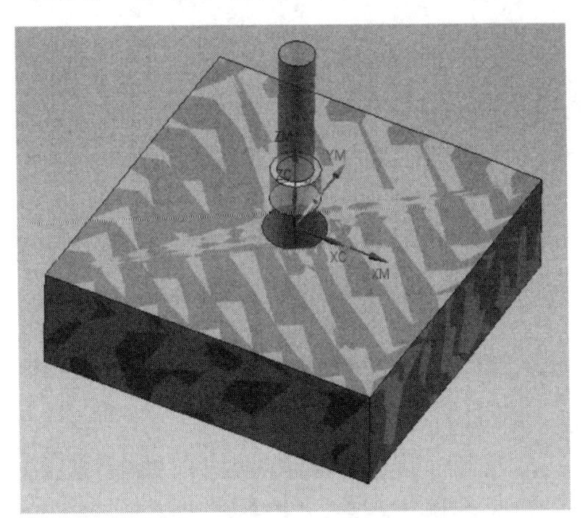

图4-175　3D动态仿真

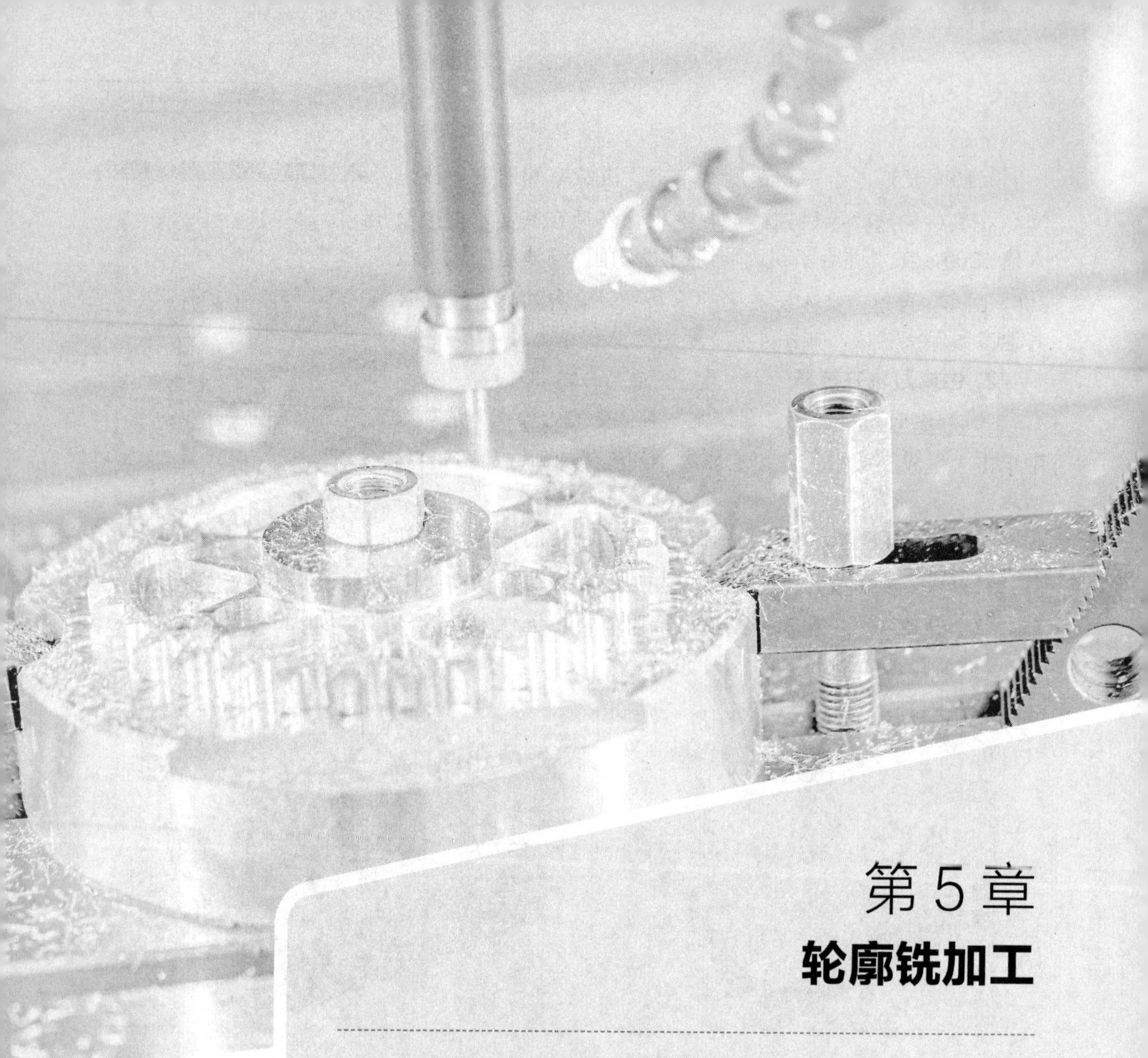

第5章
轮廓铣加工

轮廓铣加工包括型腔铣、插铣、等高轮廓铣、陡峭区域等高轮廓铣、固定轴曲面轮廓铣、固定轴曲面区域铣、单线清根以及刻字等铣削方式。本章通过典型实例介绍轮廓铣加工的各种加工类型，详细描述各种加工类型的操作步骤，并且对于其中的细节和关键的地方也给予了详细说明。

本章学习内容

- 型腔铣开粗和二粗
- 深度轮廓铣
- 固定轮廓铣

5.1　轮廓铣基本介绍

UG 软件在三轴加工时有两种加工类型的指令，分别是第 4 章介绍的平面铣（mill_planar）和本章将要介绍的轮廓铣（mill_contour）。两种指令的区别在于平面铣只能加工平面，而轮廓铣既可以加工平面，又可以加工曲面。

举个例子，如果把一张平整的 A4 纸当作一个待加工的零件，此时它适合用平面铣加工，如图 5-1 所示；但如果纸张上有了褶皱，那就只能用轮廓铣来进行加工了，而且轮廓铣可以实现纸张平面区域和褶皱区域的同时加工，如图 5-2 所示。由此可见，轮廓铣是十分强大的，但是在加工平面时并没有平面铣灵活、方便。

图 5-1　平整的 A4 纸

图 5-2　揉皱的 A4 纸

5.2　轮廓铣的子类型

进入加工模块后，单击“主页”|“插入”|“创建工序”按钮，打开“创建工序”对话框，在“类型”下拉列表中选择 mill_contour，即为轮廓铣类型。在“工序子类型”中列出了轮廓铣的所有加工方法，一共有 21 种子类型，如图 5-3 所示。

图 5-3　轮廓铣的子类型

轮廓铣中有三个指令十分重要，其他指令都是从这三个指令衍生出来的，所以只要掌握这三个指令就可以加工任何复杂的三轴零件。

CAVITY_MILL（型腔铣）：该指令适用于开粗和二粗，主要用于去除大范围的余量切削实现开粗的效果。

ZLEVEL_PROFILE（深度轮廓铣）：该指令适用于零件侧壁的半精加工或精加工。

FIXED_CONTOUR（固定轮廓铣）：该指令适用于零

件曲面的半精加工和精加工。

其他子类型介绍如下。

PLUNGE_MILLING（插铣）：特殊的铣加工操作，主要用于需要长刀具的较深区域。插铣对难以到达的深壁使用长细刀具进行精铣非常有利。

CORNER_ROUGH（拐角粗加工）：切削拐角中的剩余材料，这些材料因前一刀具的直径和拐角半径关系而无法去除。

REST_MILLING（剩余铣）：清除粗加工后剩余加工余量较大的角落以保证后续工序均匀地加工余量。

ZLEVEL_CORNER（深度加工拐角）：精加工前一刀具因直径和拐角半径关系而无法到达的拐角区域。

CONTOUR_AREA（区域轮廓铣）：区域铣削驱动，用于以各种切削模式切削选定的面或切削区域。常用于半精加工和精加工。

CONTOUR _SURFACE_AREA（曲面区域轮廓铣）：默认为曲面区域驱动方式的固定轴铣。

STREAMLINE（流线）：用于流线铣削面或切削区域。

CONTOUR_AREA_NON_STEEP（非陡峭区域轮廓铣）：与 CONTOUR_AREA 相同，但只切削非陡峭区域。经常与 ZLEVEL_PROFILE_STEEP 一起使用，以便在精加工切削区域时控制残余波峰。

CONTOUR_AREA_DIR_STEEP（陡峭区域轮廓铣）：区域铣削驱动，用于以切削方向为基础，只切削陡峭区域。与CONTOUR_ZIGZAG或CONTOUR_AREA一起使用，以便通过十字交叉前一往复切削来降低残余波峰。

FLOWCUT_SINGLE（单刀路清根）：自动清根驱动方法，清根驱动方法中选单路径，用于精加工或减轻角及谷。

FLOWCUT_MULTIPLE（多刀路清根）：自动清根驱动方法，清根驱动方法中选单路径，用于精加工或减轻角及谷。

FLOWCUT_REF_TOOL（清根参考刀具）：自动清根驱动方法，清根驱动方法中选参考刀路，以前一参考刀具直径为基础的多刀路，用于铣削剩下的角和谷。

SOLID_PROFILE_3D（实体轮廓 3D）：特殊的三维轮廓铣切削类型，其深度取决于边界中的边或曲线。常用于修边。

PROFILE_3D（轮廓 3D）：特殊的三维轮廓铣切削类型，其深度取决于边界中的边或曲线。常用于修边。

CONTOUR_TEXT（轮廓文本）：切削制图注释中的文字，用于三维雕刻。

MILL_USER（用户定义的铣削）：此刀轨由用户定制的 NX Open 程序生成。

MILL_CONTROL（铣削控制）：只包含机床控制事件。

5.3　型腔铣开粗讲解

型腔铣主要用于零件的开粗以及二粗。它与平面铣不同的是：平面铣只能加工零件的直壁位置，对于非直壁区域无法进行有效加工；而型腔铣可以对工件的斜壁、斜面、圆弧面及其他不规律曲面的材料余量进行大量去除，适用性十分广泛。

在使用型腔铣开粗时，可通过对切削参数中余量的设定来预留精加工余量。刀路的生成可以通过以下四种方式来实现，注意以下的指令操作都需要指定部件（也就是要加工的工件）来实现。

（1）指定毛坯：该方式应用十分广泛，大部分零件都可使用该指令。

（2）指定修剪边界：该刀路十分整洁，缺点是在轮廓外部有向外倾斜的面时有漏加工的情况，需要注意。

（3）指定检查体：通过选择检查体的方式来强制约束刀路从指定位置进刀，缺点是刀具要进行长时间的切削才会抬刀进行下一层的切削，刀具磨损较其他方式会比较严重。

（4）指定切削区域：该方式也可以进行零件开粗加工，但对选择的加工面要求较高否则会漏加工，不推荐使用。

切削模式分为“跟随部件”和“跟随周边”。“跟随部件”刀路十分安全，缺点是跳刀多，且刀路十分凌乱；“跟随周边”刀路相对整洁，但在加工形状复杂的工件时刀路没有跟随部件生成的可靠。

图 5-4　执行包容体操作

5.3.1　跟随部件刀路

下面通过一个案例来介绍跟随部件的刀路效果，同时也可以看作型腔铣加工的基本步骤。

【案例 5-1】　跟随部件刀路

1. 创建毛坯

（1）打开“素材\第 5 章”下的相应素材文件，然后执行包容体操作，如图 5-4 所示。

（2）框选工件的所有面创建毛坯，如图 5-5 所示。

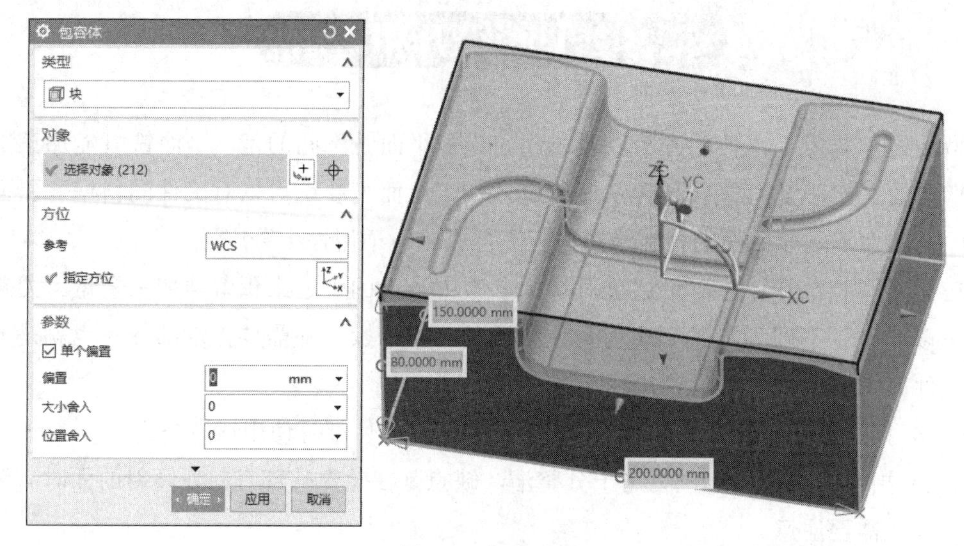

图 5-5 创建毛坯

2. 进入加工环境

（1）选择“应用模块”选项卡，然后单击其中的“加工”按钮，进入加工环境，如图 5-6 所示。

图 5-6 进入加工环境

（2）在“加工环境”对话框中“CAM 会话配置”保持默认，“要创建的 CAM组装”中选择 mill_contour，如图 5-7 所示。

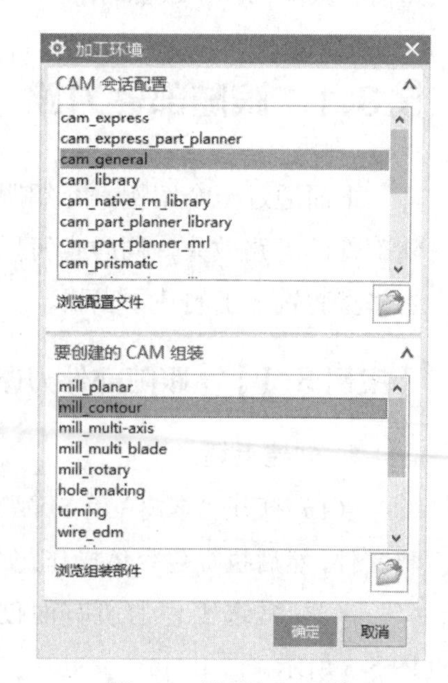

图 5-7 设置加工环境

3. 指定机床坐标系

（1）进入几何视图。在工序导航器的空白处右击，在弹出的快捷菜单中选择“几何视图”命令，如图 5-8 所示。

（2）创建机床坐标系。切换至几何视图后双击 MCS_MILL 节点，如图 5-9 所示。

（3）双击后打开“MCS 铣削”对话框，展开“安全设置”选项组，然后在“安全设置”选项中选择“自动平面”，在“安全距离”文本框中输入 100，如图 5-10 所示。

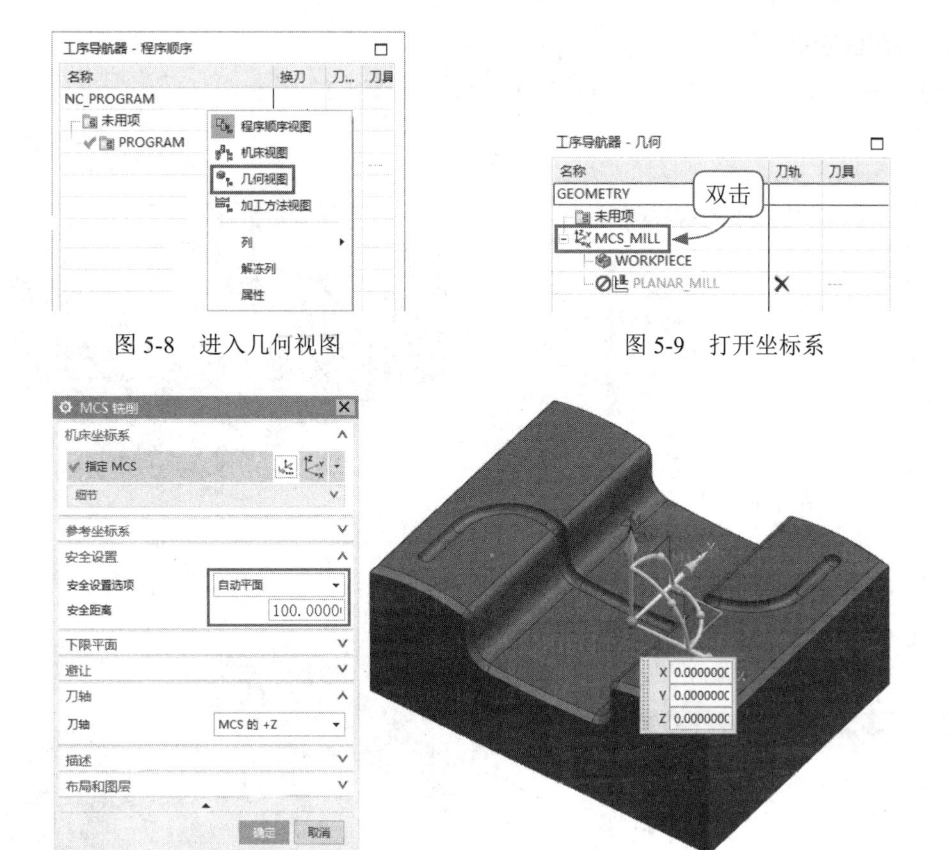

图 5-8　进入几何视图

图 5-9　打开坐标系

图 5-10　设置安全平面

4. 插入型腔铣

插入工序。单击“创建工序”按钮，打开“创建工序”对话框，然后在工序子类型中选择“型腔铣”，如图 5-11 所示。

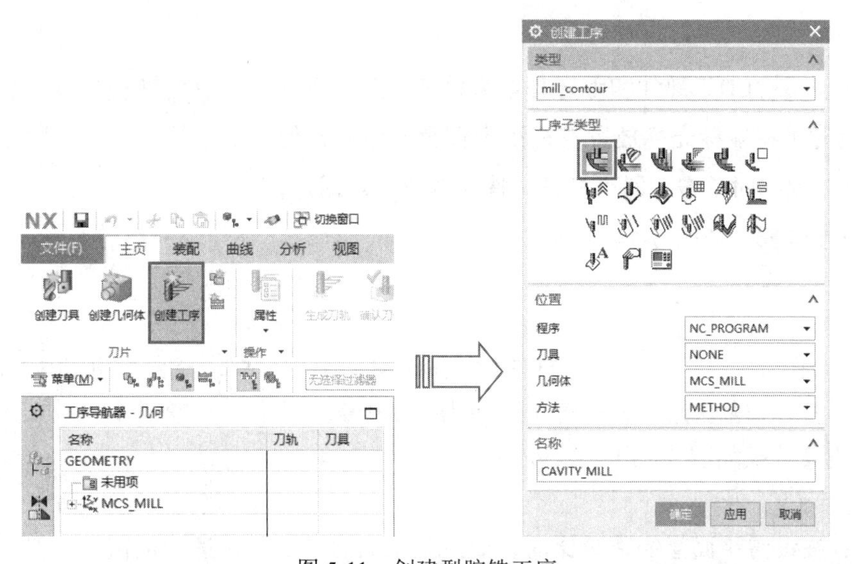

图 5-11　创建型腔铣工序

5. 设置型腔铣

（1）指定部件。指定零件本体为加工部件，如图 5-12 所示。

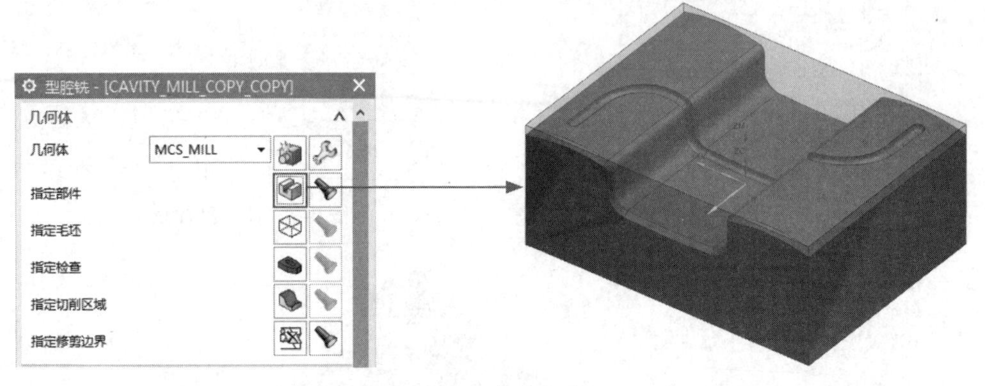

图 5-12　指定部件

（2）指定毛坯。指定创建好的包容体方块为毛坯，如图 5-13 所示。

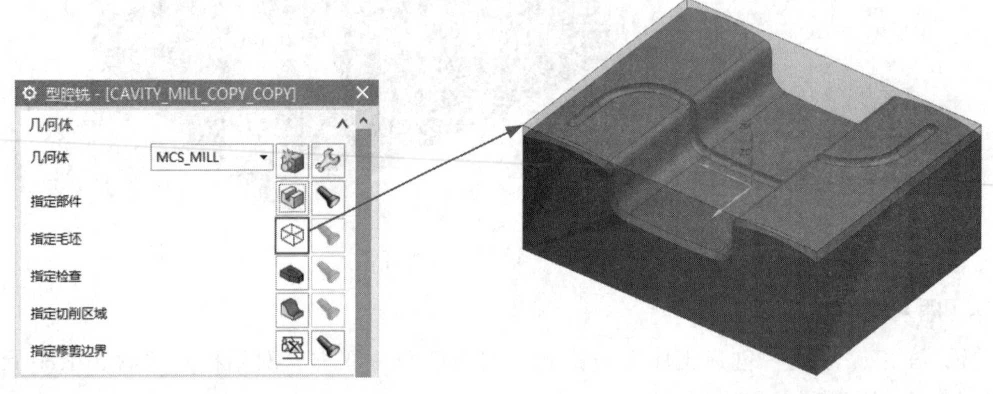

图 5-13　指定毛坯

提示：本例的加工部件和毛坯基本重叠在一起，不好选取，此时可将鼠标光标放置在模型上停留一会儿，待光标变为⊹状态时单击，即可打开“快速选取”对话框，来进行直接选择，如图 5-14 所示。

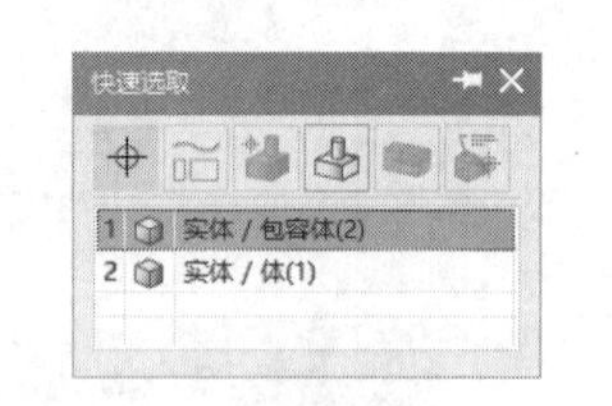

图 5-14　“快速选取”对话框

（3）选择刀具。刀具选择为 D17R0.8 的刀具（根据工件选择合适的刀具）。

（4）进行刀轨设置。切削模式选择为“跟随部件”，“平面直径百分比”中输入 60，具体设置效果如图 5-15 所示。

提示：在设置平面直径百分比时，要注意根据刀具输入合适的数值，一般 D63R5 面铣刀的直径百分比为 60。

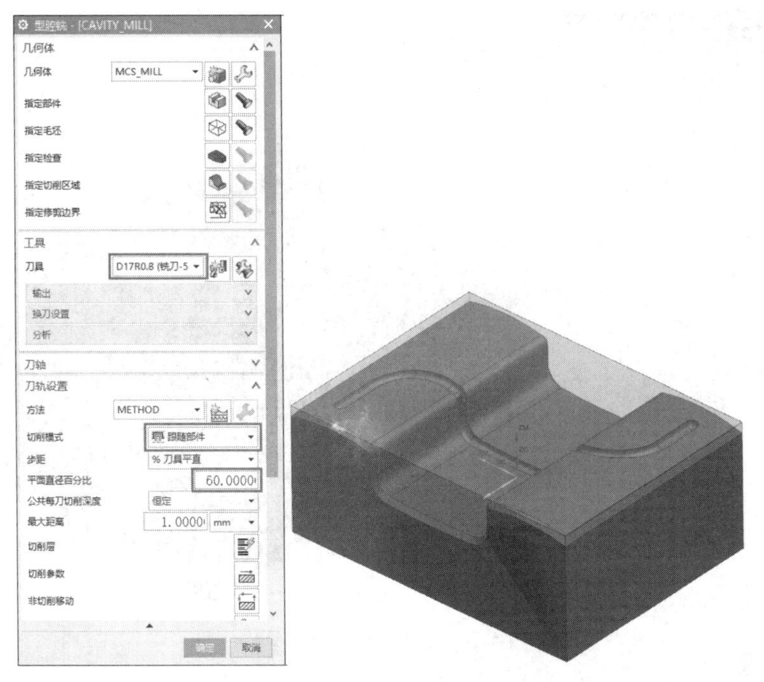

图 5-15　进行刀轨设置

（5）设置切削层。单击“切削层”按钮，打开“切削层”对话框，设置切削层控制的加工范围，如图 5-16 所示。指定完毕后单击“确定”按钮，返回“型腔铣”对话框。

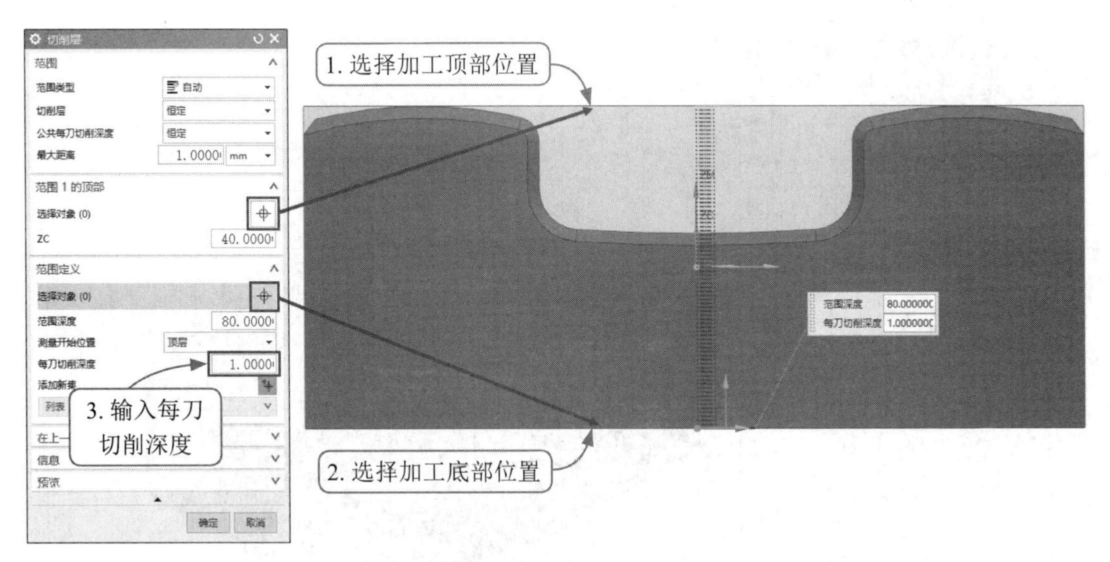

图 5-16　设置切削层

（6）生成刀路。单击最下方的“生成”按钮，生成刀路如图 5-17 所示。可以明显看到跟随部件虽然所有加工位置都覆盖有刀路，但是跳刀十分多，看着十分凌乱。

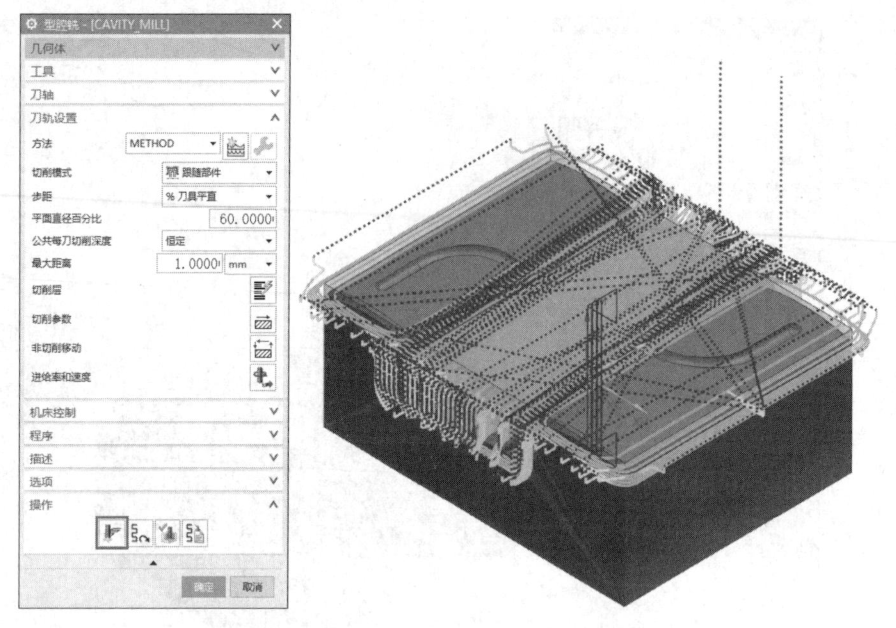

图 5-17　跟随部件刀路效果

5.3.2　跟随周边刀路

如果要改善这一情况，可将切削模式选择为“跟随周边”，然后再次生成刀路，得到的结果如图 5-18 所示。

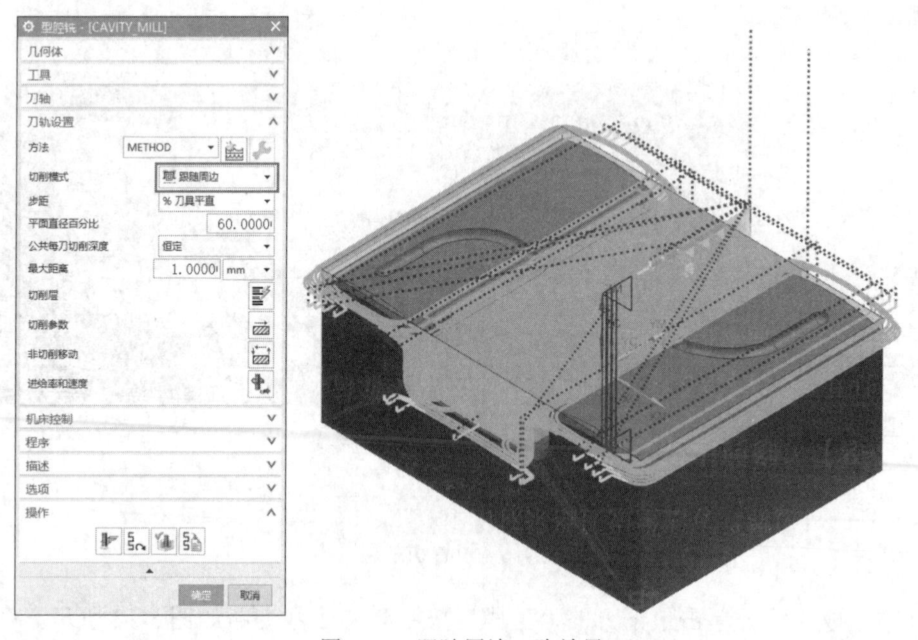

图 5-18　跟随周边刀路效果

可以明显看到同样为指定毛坯的方式来生成刀路，切削模式为“跟随周边”的刀路比“跟随部件”的要整洁。

5.3.3 修剪边界刀路

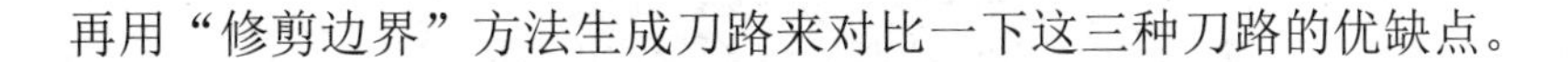

再用“修剪边界”方法生成刀路来对比一下这三种刀路的优缺点。

【案例 5-2】 修剪边界刀路

（1）打开“素材\第 5 章”下的相应素材文件，然后按前文介绍的方法进入加工环境、指定机床坐标系、插入型腔铣程序。

（2）打开“型腔铣”对话框后，按同样方法指定零件本体为加工部件，但此时不需要指定毛坯，而是单击“指定修剪边界”按钮，如图 5-19 所示。

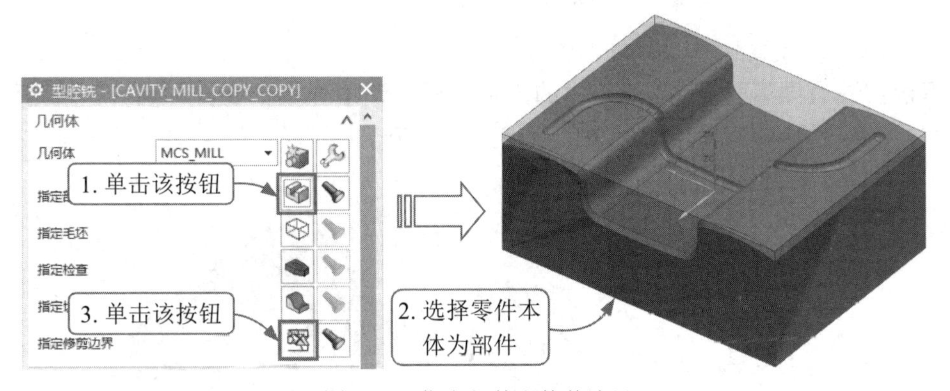

图 5-19 指定部件和修剪边界

> 提示：在用修剪边界生成刀路时一定要移除指定的毛坯。

（3）单击按钮后打开“修剪边界”对话框，选择方法一栏里有“面”“曲线”“点”三个选项，如图 5-20 所示。

图 5-20 “修剪边界”对话框

（4）因为修剪边界的原理是通过构建边界的方式修剪多余刀路，所以本例可以选择“面”选项，然后以创建的包容体方块顶面作为边界，如图 5-21 所示。

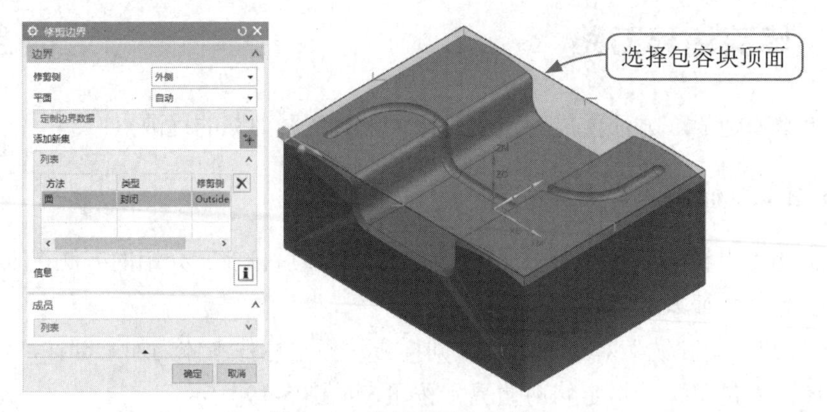

图 5-21　选择顶面作为边界

提示：该边界不同于 2D 刀路中的部件边界，该边界不受高度影响，也就是说，在选择底面时也可以实现修剪效果，如图 5-22 所示。

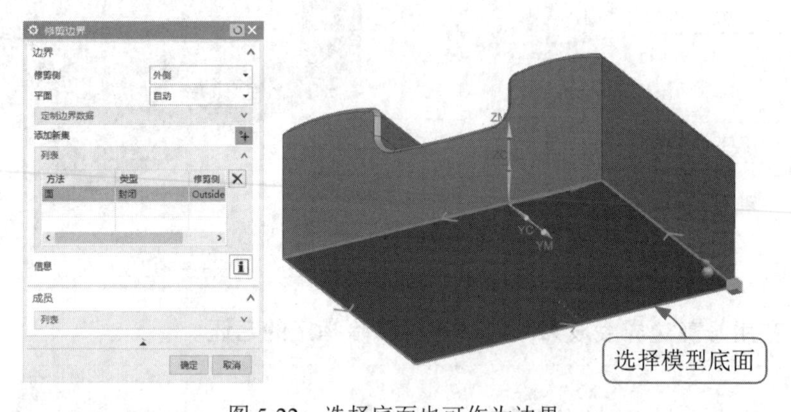

图 5-22　选择底面也可作为边界

（5）在使用修剪边界时必须给负余量，否则在加工侧壁时会有残留。展开“定制边界数据”选项组，然后勾选“余量”复选框，输入余量值为 -2，如图 5-23 所示。

（6）生成刀路。然后单击最下方的“生成”按钮，生成刀路如图 5-24 所示。

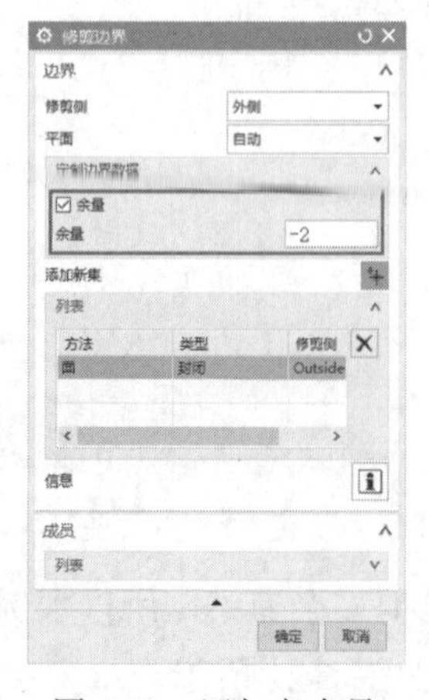

图 5-23　添加负余量

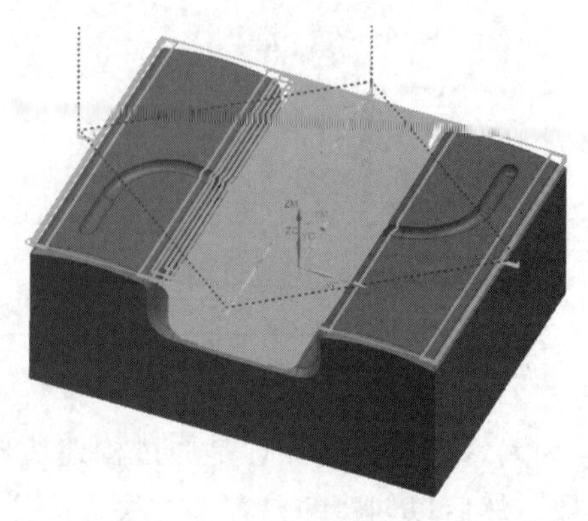

图 5-24　修剪边界刀路效果

该刀路相较于上面的两个来说是最整洁的一个，但是会有漏加工的情况，可以看到在轮廓边缘倒斜角位置处有明显的漏加工，如图 5-25 所示。所以在部件外轮廓有斜角、斜面时，用修剪边界会有漏加工的情况，这种情况下通常使用指定毛坯的方式来生成刀路。

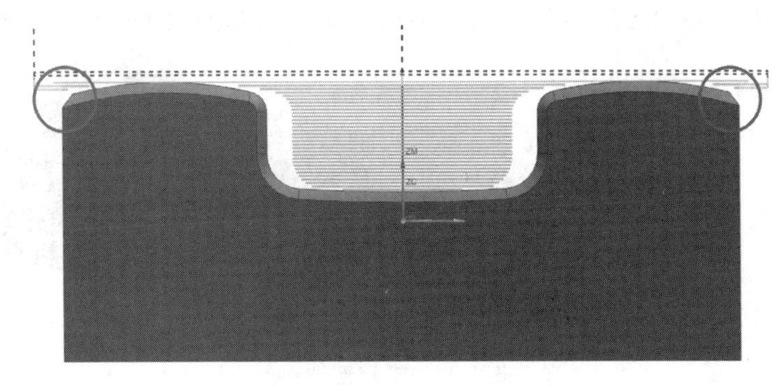

图 5-25 边界倒斜角处出现漏加工

5.4 指定检查体

指定检查体常在进行较为复杂的零件粗加工时，使用跟随部件刀路十分凌乱（复杂零件使用跟随周边刀路十分危险，在封闭区域会有扎刀现象），这个时候指定检查体进行刀路优化，以如图 5-26 所示的零件为例。

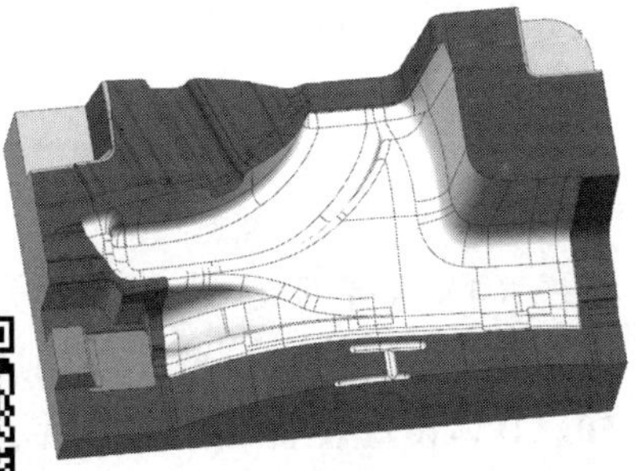

图 5-26 素材效果

【案例 5-3】 指定检查体进行刀路优化

1. 创建毛坯

创建毛坯。打开“素材 \ 第 5 章”下的相应素材文件，然后参考上面案例的步骤先执行“包容体”命令，框选工件的所有面为包容体，如图 5-27 所示。

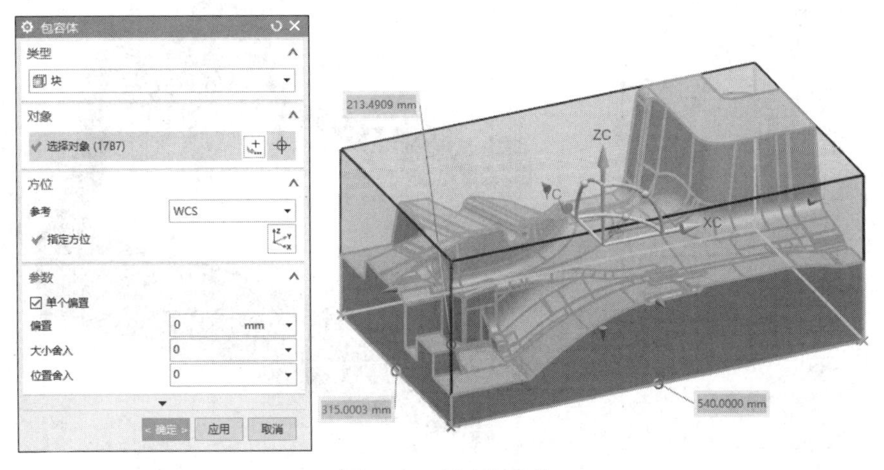

图 5-27 创建包容体

2. 创建加工工序

（1）进入加工环境，然后按前文介绍的方法进入加工环境并创建工序，打开“型腔铣”对话框。

（2）指定部件。在“型腔铣”对话框中指定零件本体为加工部件，如图 5-28 所示。

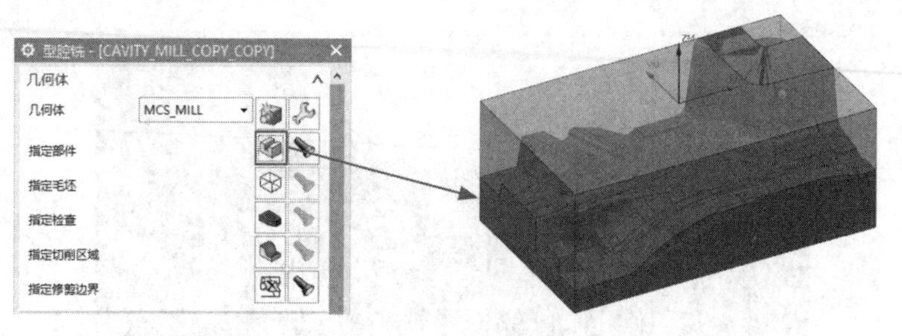

图 5-28　指定部件

（3）指定毛坯。指定创建好的包容体方块为毛坯，如图 5-29 所示。

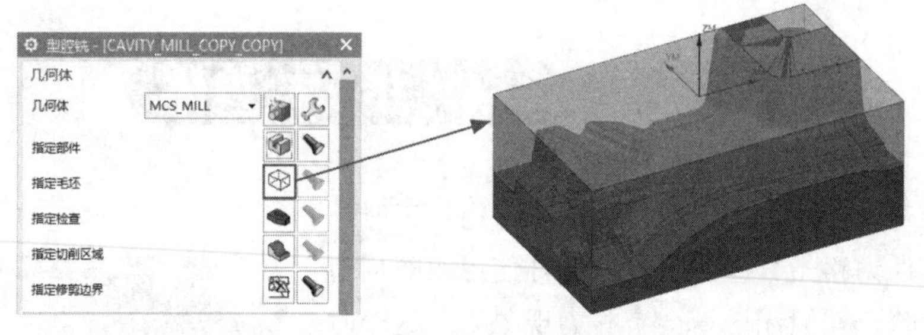

图 5-29　指定毛坯

（4）选择刀具。刀具选择为 D50R5 的刀具。

（5）进行刀轨设置。切削模式选择为“跟随部件”，“平面直径百分比”中输入 50，具体设置效果如图 5-30 所示。

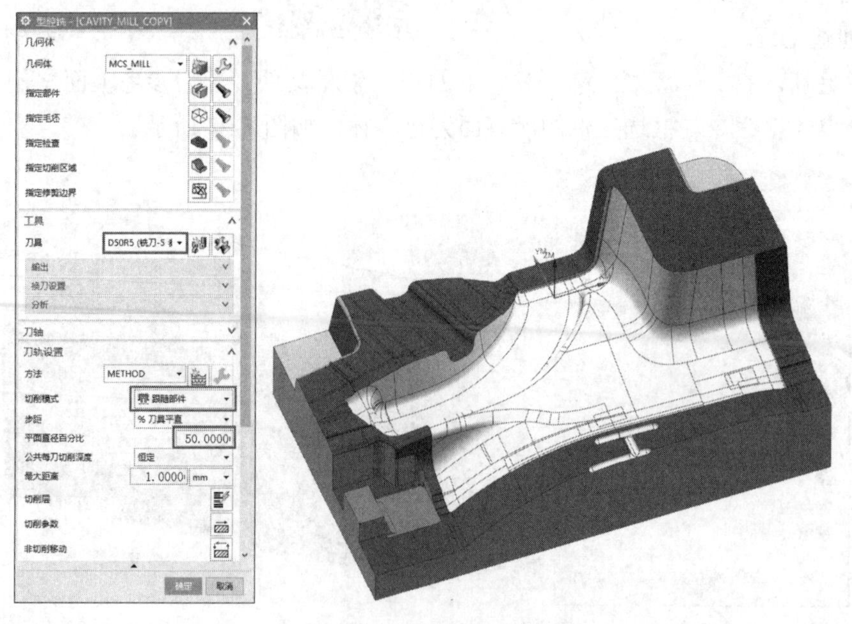

图 5-30　进行刀轨设置

（6）设置切削参数。单击“切削参数”按钮，打开“切削参数”对话框，然后切换至“连接”选项卡，将“开放刀路”一栏选择为“保持切削方向”，如图 5-31 所示。单击“确定”按钮，返回“型腔铣”对话框。

3. 生成刀路

（1）生成刀路。单击“型腔铣”对话框最下方的“生成”按钮，生成刀路如图 5-32 所示。

图 5-31　设置切削参数

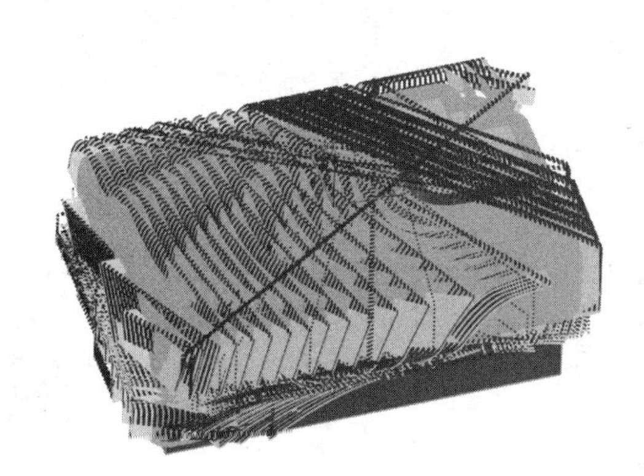

图 5-32　生成刀路

（2）可见该刀路十分混乱。如果要对其进行优化，可将切削参数中的开放刀路修改为“变换切削方向”，如图 5-33 所示。

（3）修改后生成的刀路如图 5-34 所示。刀路虽然比之前有所改善，但是跳刀依旧很多，这个时候就可以通过指定检查体来进一步优化刀路。

图 5-33　修改切削参数

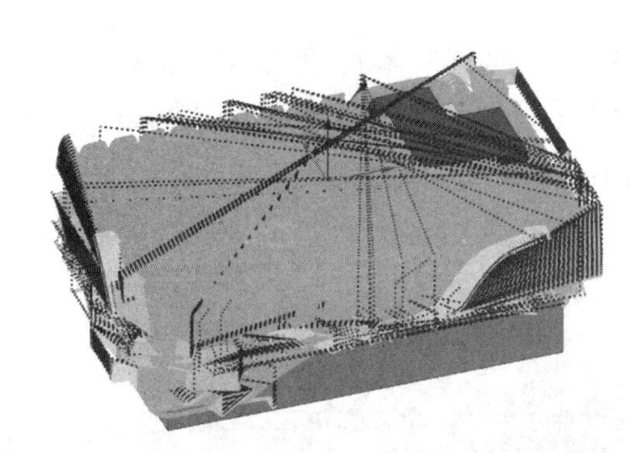

图 5-34　修改后效果

4. 创建辅助体

（1）返回建模环境。选择“应用模块”选项卡，然后单击其中的“建模”按钮，返回建模环境，如图 5-35 所示。

图 5-35　返回建模环境

（2）使用加厚命令创建辅助体 1。执行“加厚”命令，依次选择包容体方块的 4 个侧面，然后在“偏置 1”中输入值 30，如图 5-36 所示。

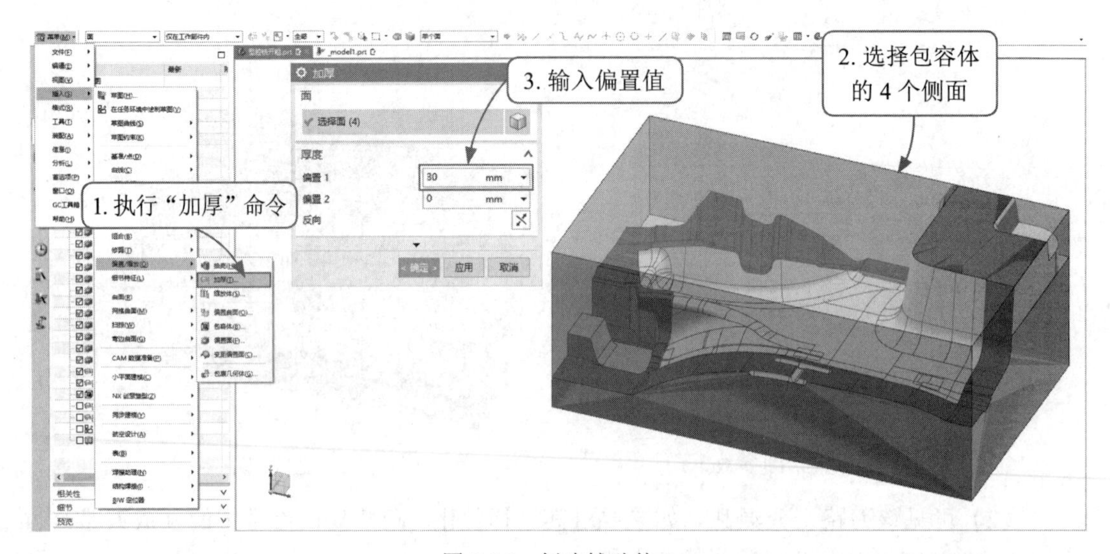

图 5-36　创建辅助体 1

提示：偏置的数值为加工刀具的半径十位数取整值。例如，D63 的刀具半径为 31.5，那么偏置值为 40；如果是 D50 的刀具，半径为 25，那么偏置值为 30。本例所使用的开粗刀具为 D50，因此此处的偏置值为 30。

（3）创建的辅助体 1，效果如图 5-37 所示。

（4）创建辅助体 2。同样使用“加厚”命令来进行创建，加厚的面选择辅助体 1 的 4 个侧面，偏置值仍为 30，效果如图 5-38 所示。

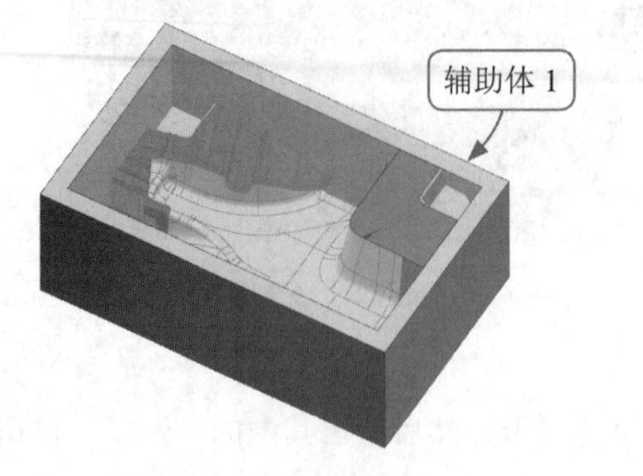

图 5-37　辅助体 1 效果

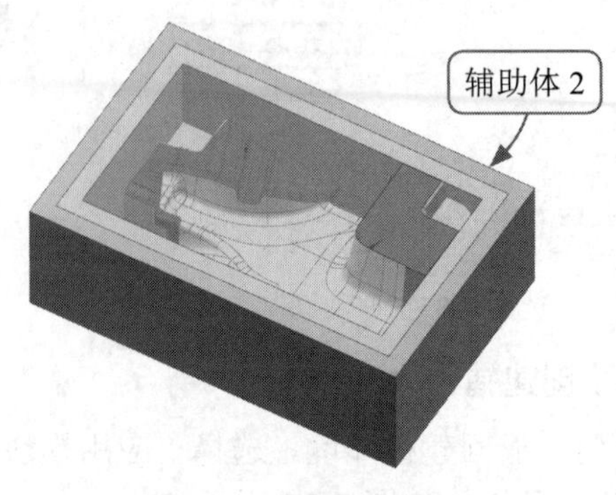

图 5-38　辅助体 2 效果

（5）隐藏辅助体 1。选择辅助体 1，然后按快捷键 Ctrl+B 进行隐藏，如图 5-39 所示。

（6）检查体开口。当使用检查体时刀具会在加工当中避开选择的检查体从而生成刀路，为了避免刀具在内部进刀切削改从外部进刀切削，所有的检查体必须要开一个缺口，缺口的数量取决于工件外轮廓低点有几处。检查后可以发现该零件外轮廓低点有 5 处，如图 5-40 所示，所以需要在这 5 个位置开缺口。

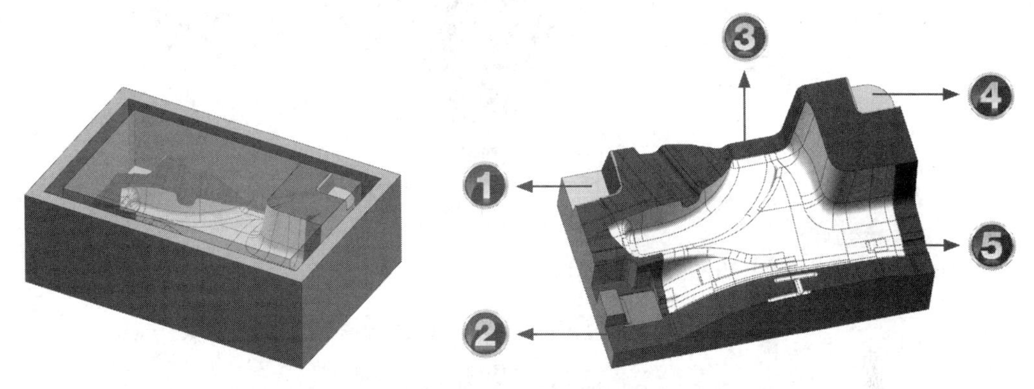

图 5-39　隐藏辅助体 1　　　　图 5-40　零件外轮廓上的低点

（7）因为开缺口是为了刀具从工件外部下刀再在缺口处向内进行切削，所以缺口的大小必须要大于使用的刀具直径再加 5 ～ 10mm，否则刀具进不去进而无法生成刀路。可以通过先绘制缺口的草图，然后进行拉伸修剪的方式来创造缺口。

（8）绘制草图。进入草图环境，在靠近轮廓低点位置绘制矩形，矩形宽度为刀具直径加 10mm，本例为 D50 的开粗刀具，因此宽度为 60，如图 5-41 所示。

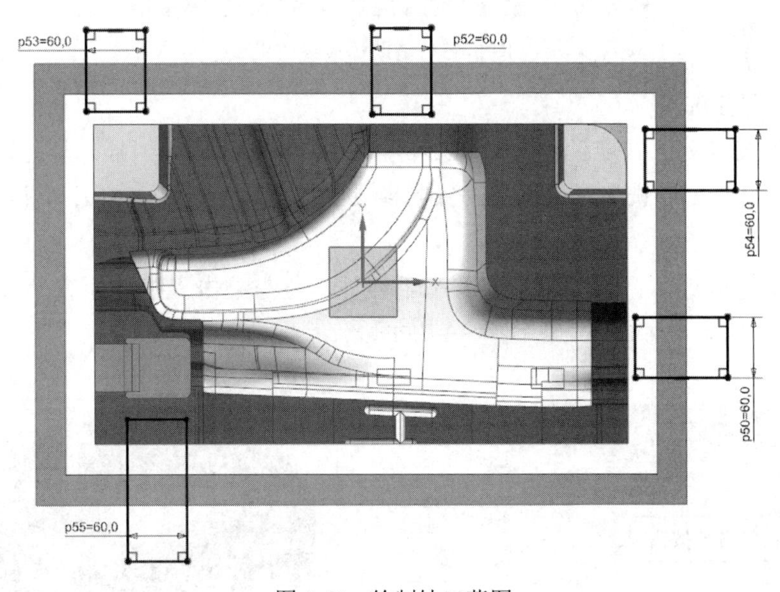

图 5-41　绘制缺口草图

（9）执行“拉伸”命令，拉伸该草图。布尔操作选择“减去”，拉伸长度任意，只需超过辅助体，完成修剪效果即可，如图 5-42 所示。

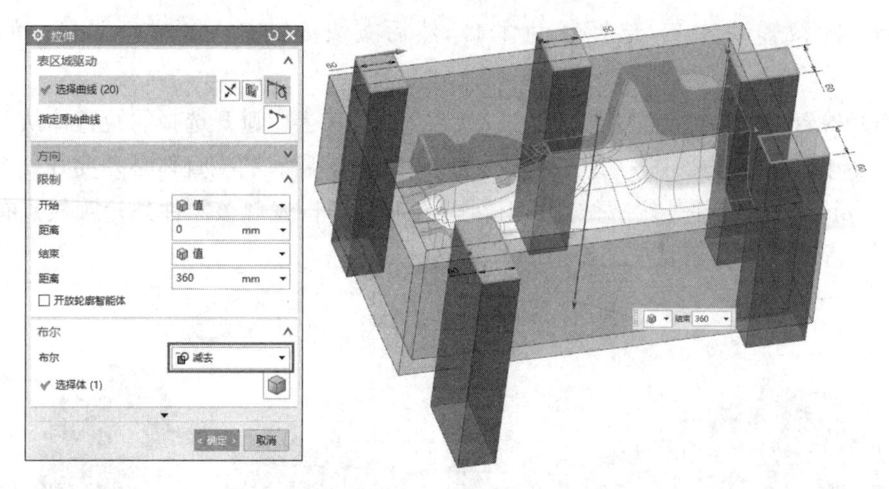

图 5-42　拉伸草图

（10）拉伸后的效果如图 5-43 所示。

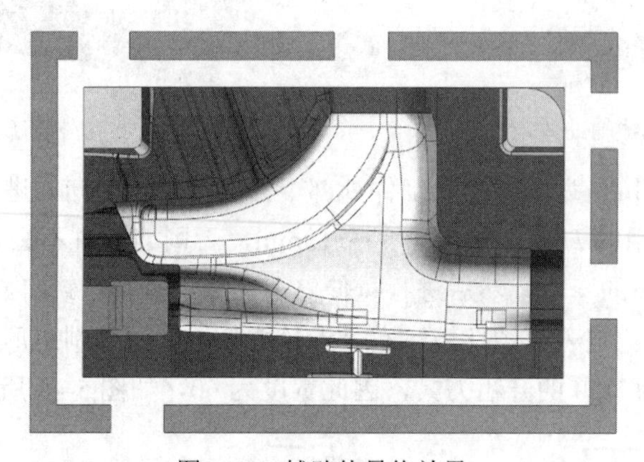

图 5-43　辅助体最终效果

5. 设置型腔铣

（1）先按前文介绍的方法进入加工环境、指定机床坐标系、插入型腔铣程序。

（2）打开“型腔铣”对话框后，依同样方法指定零件本体为加工部件、包容体方块为毛坯。

（3）指定检查体。除了加工部件和毛坯外，还需单击“指定检查”按钮，选择创建好的辅助体 2 为检查体，如图 5-44 所示。

图 5-44　指定检查体

（4）生成刀路。单击最下方的“生成”按钮，生成刀路如图 5-45 所示。可见使用检查体后刀路比之前的两个都要整洁，且刀具是从工件外部开始向内加工，效果比较理想。

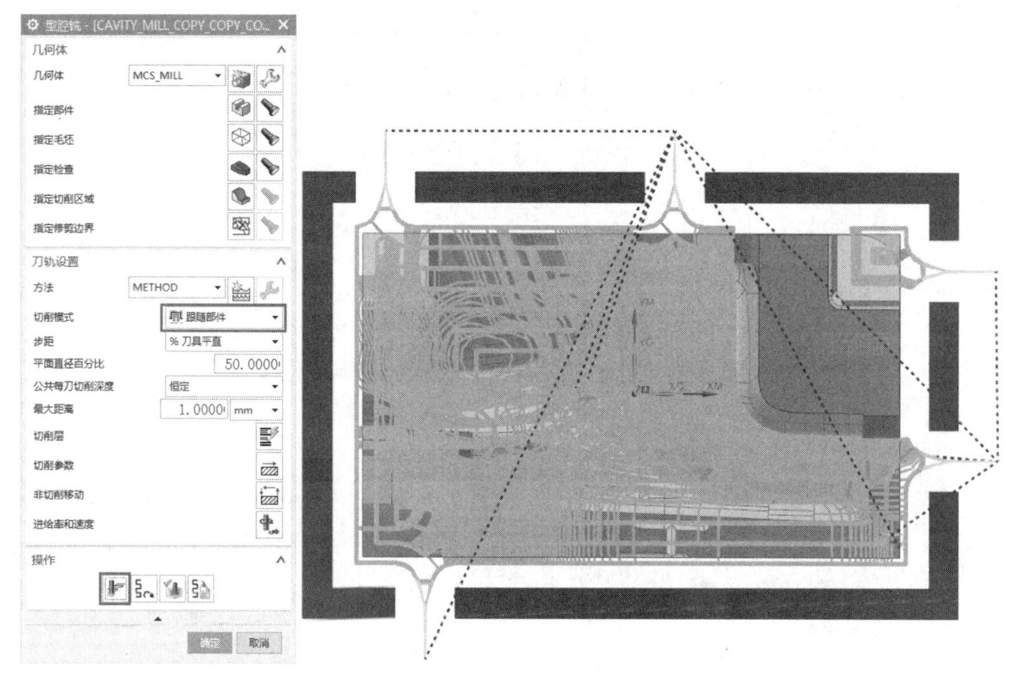

图 5-45　最终优化后的刀路

5.5　型腔铣参数讲解

在型腔铣加工的对话框中，有些选项与平面铣中相应对话框的基本相同，如“切削模式”（无标准驱动选项）、“步距”“非切削移动”“进给率和速度”“机床控制”、编辑显示和操作选项等，而有些选项则有较大差别，本节只对有较大差别的选项进行说明。

5.5.1　切削参数

“切削参数”对话框中包含 6 个选项卡，分别介绍如下。

1.“策略”选项卡

1）“切削”选项组

该选项卡的参数会随着切削模式的不同而略有不同。例如，当切削模式为“跟随部件”时，“策略”选项卡如图 5-46 所示。

而当切削模式为“跟随周边”时，在“策略”选项卡中会多出一个“刀路方向”选项，如图 5-47 所示。

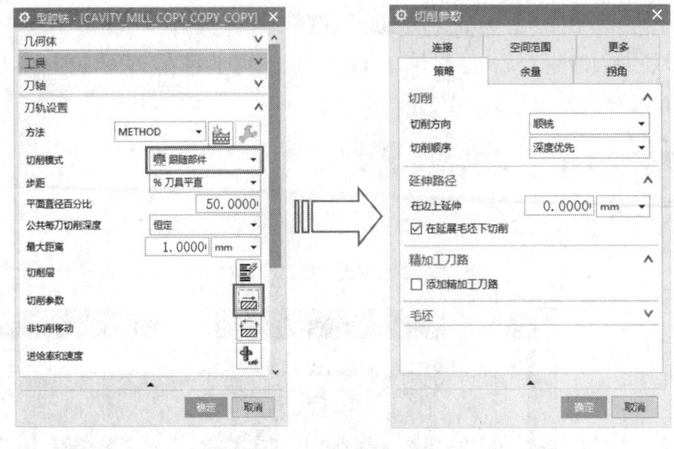

图 5-46 “策略”选项卡

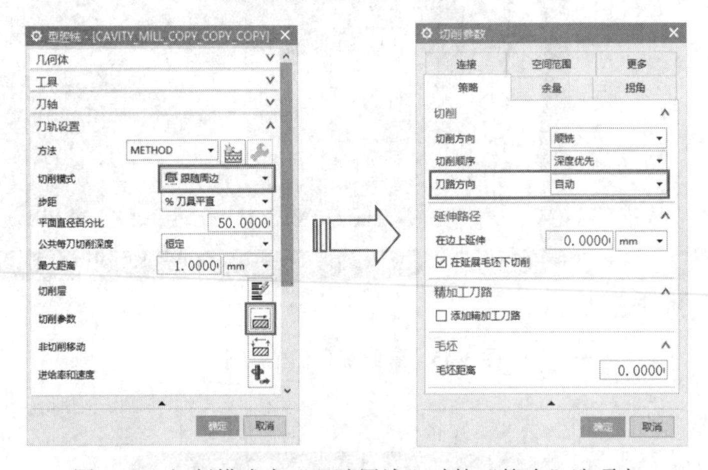

图 5-47 切削模式为“跟随周边”时的“策略”选项卡

当切削模式设定为“跟随周边”且设定刀路方向“向外”时，刀路是从工件内部进刀、向外进行切削的，如图 5-48 所示。

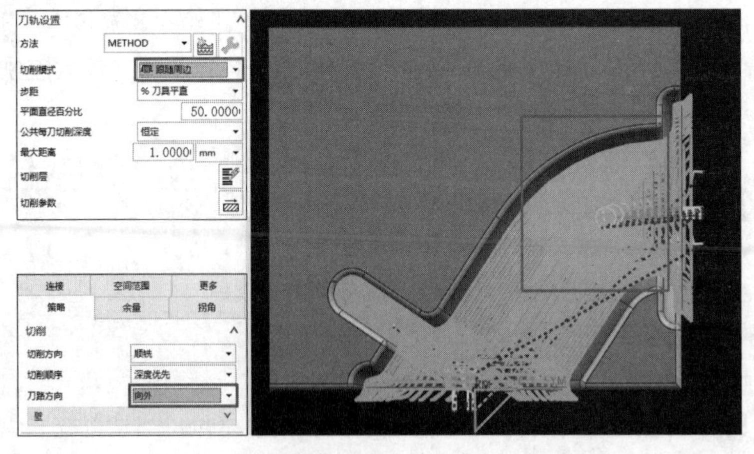

图 5-48 “跟随周边”+“向外”的刀路效果

当切削模式设定为“跟随周边”且设定刀路方向“向内”时，刀路是从工件外部进刀、向内切削的，如图 5-49 所示。

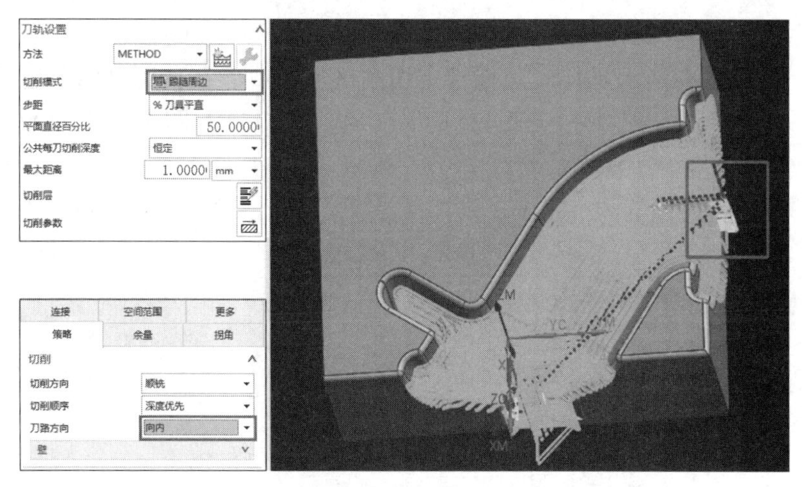

图 5-49　“跟随周边”+“向内”的刀路效果

当切削顺序指定为“层优先”时，刀具会在同一深度加工完区域 1 以后再转移至区域 2 加工同一深度，如此来回转移，直至将工件全部加工完成，如图 5-50 所示。

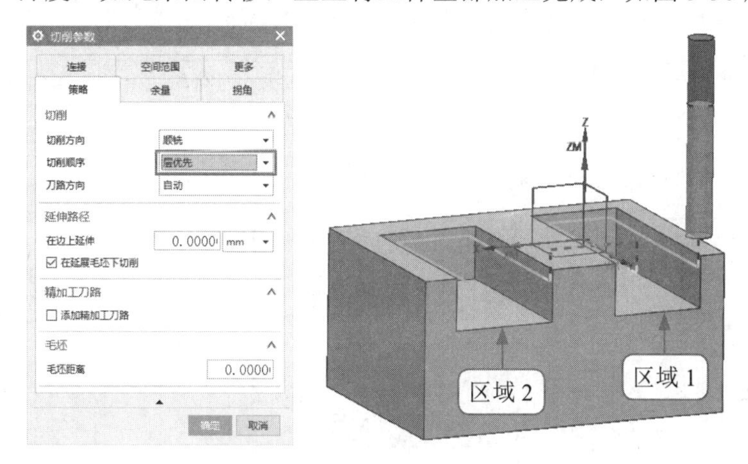

图 5-50　“层优先”效果

当切削顺序指定为“深度优先”时，刀具会将区域 1 加工完成以后，再转移至区域 2 进行切削，如图 5-51 所示。

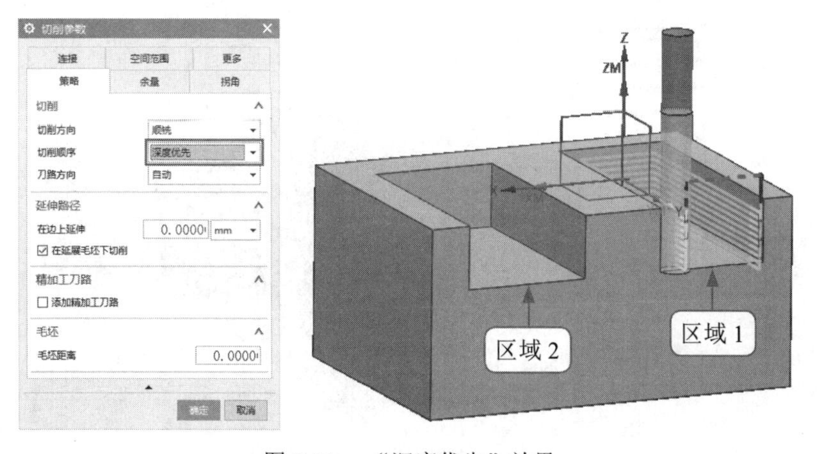

图 5-51　“深度优先”效果

2）“延伸路径”选项组

“在边上延伸”是在指定切削区域，或者在使用“修剪边界”修剪外部刀路加工工件中一部分轮廓时使用，图 5-52 和图 5-53 是参数的设置。

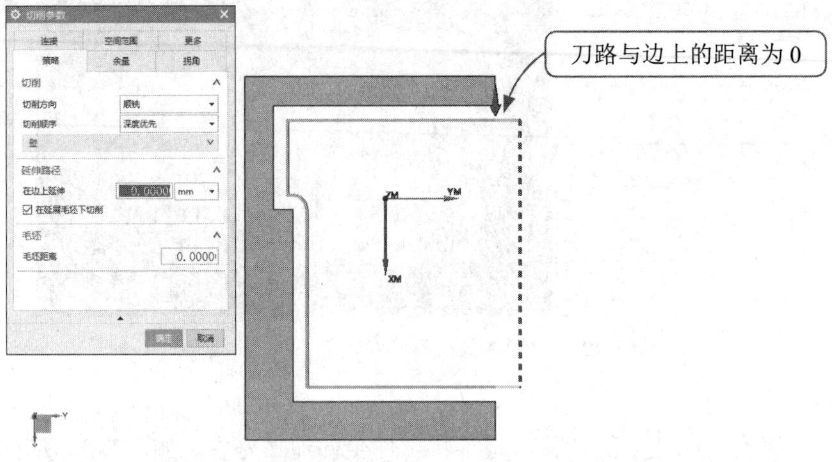

图 5-52　刀路与边上的距离为 0

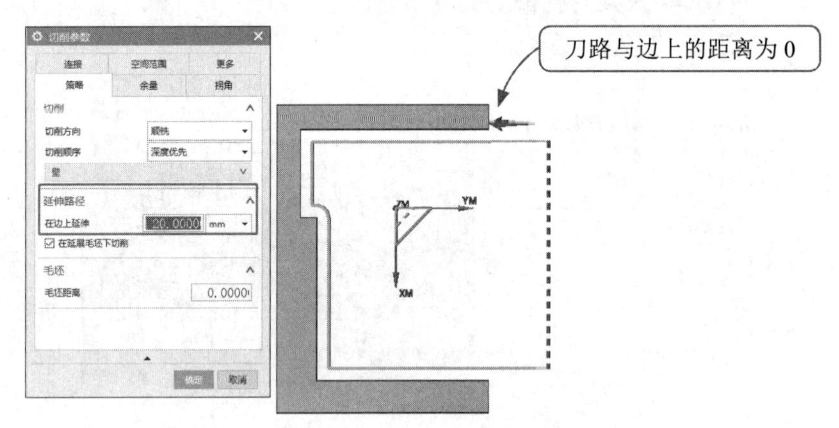

图 5-53　刀路与边上的距离为 20

当指定毛坯开粗时，“在边上延伸”输入数值 200，刀路没有变化不会延伸出来，如图 5-54 所示，所以该参数在使用型腔铣开粗时，不用对该参数进行指定。

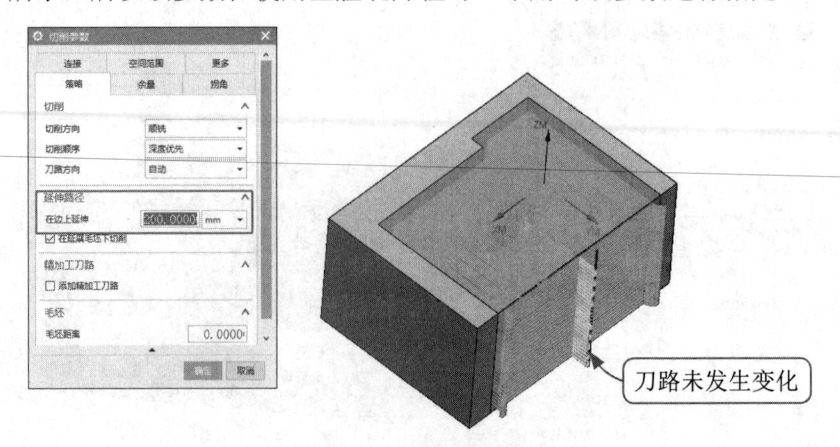

图 5-54　刀路与边上的距离为 200

3）“精加工刀路”选项组

将“添加精加工刀路”复选框勾选上以后，在“刀路数”一栏中输入3，就会在开粗完成以后自动添加3组精加工刀路，步距为2mm，如图5-55所示。

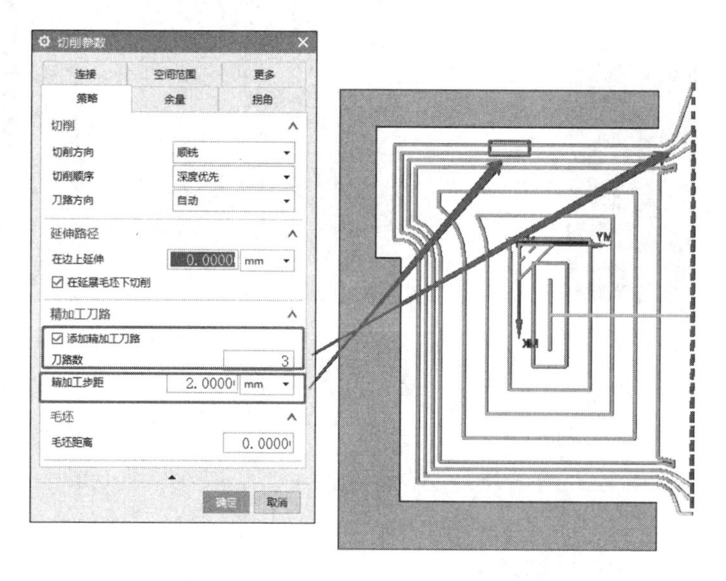

图5-55　精加工刀路和精加工步距效果

提示：这里的“精加工步距”也可以指定刀具的百分比，如图5-56所示。

精加工刀路
添加精加工刀路
刀路数　3
精加工步距　2.0000　mm
mm
毛坯　%刀具直径

图5-56　指定刀具的百分比

4）“毛坯”选项组

该选项组用于指定毛坯进行开粗，所以“毛坯距离”一项暂不使用，这里不做说明。

2．“余量”选项卡

“余量”选项卡用于确定完成当前操作后部件上剩余的材料量和加工的容差参数。在该选项卡中可以设置部件侧面余量、部件底面余量、毛坯余量、检查余量、修剪余量和内/外公差等，如图5-57所示。

（1）部件侧面余量：当设置“部件侧面余量”为1mm时，代表刀具在加工侧面时会留1mm余量，如图5-58所示。

（2）部件底面余量：当设置“部件底面余量”为5mm时，代表刀具在加工底面时会留5mm余量，如图5-59所示。

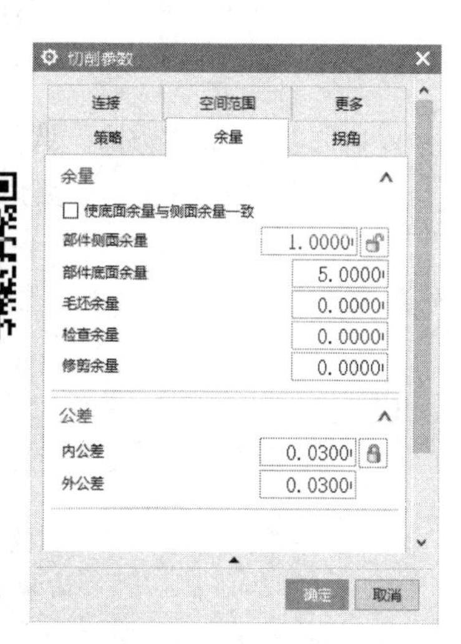

图5-57　“余量”选项卡

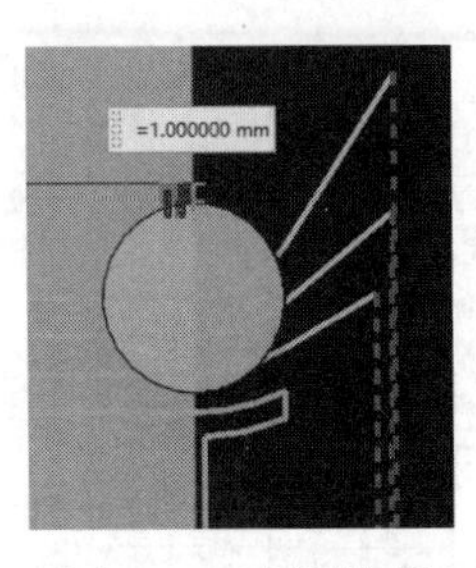

图 5-58　侧面余量

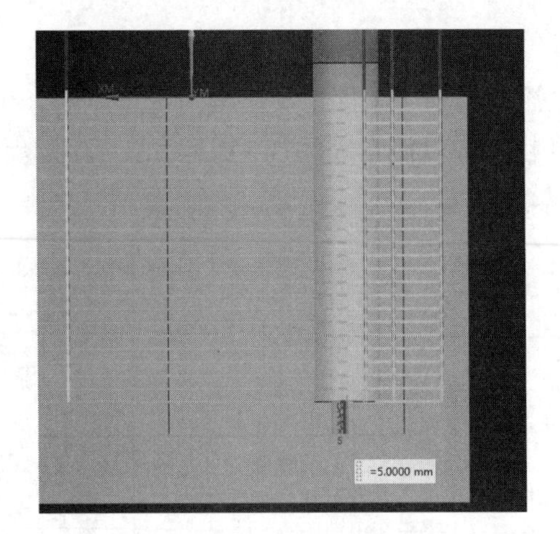

图 5-59　底面余量

（3）毛坯余量、检查余量：毛坯余量与检查余量以及修剪余量在型腔铣开粗时一般都不进行设置，取默认值 0 即可。

（4）内公差、外公差：内、外公差在开粗时为一般取默认值 0.03，在二粗时则设置为 0.01。

3.“拐角”选项卡

1）“拐角处的刀轨形状”选项组

在开粗时，如果刀具半径大于部件的圆角半径，且刀路在拐角处是 90° 直角变化的（如图 5-60 所示），则当刀具加工至拐角处时声音会很尖锐，而且会严重缩短刀具寿命。

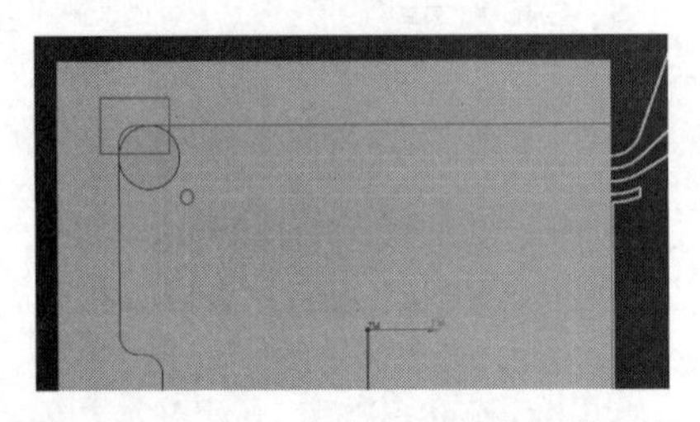

图 5-60　刀具半径大于部件的圆角半径

此时可以在“拐角”选项卡中输入 2mm 的光顺半径，如图 5-61 所示。这样刀路就会在拐角处自动添加一个圆角，该圆角半径为 2mm。

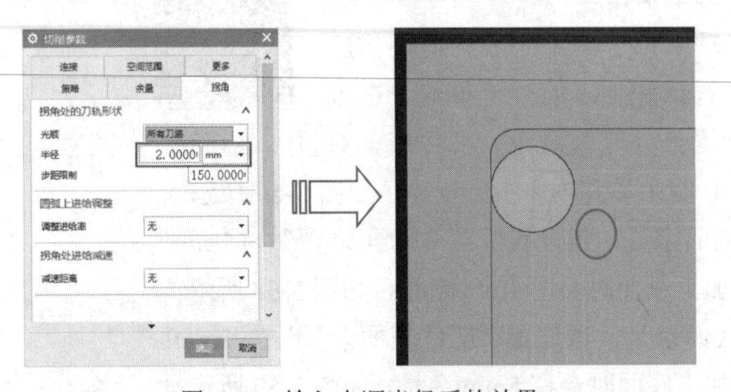

图 5-61　输入光顺半径后的效果

2）“拐角处进给减速”选项组

如果在加工时遇到一些特殊材质，在添加光顺半径后刀具磨损依然很严重，那么这时就可以打开 “拐角处进给减速”选项组来进行刀路的进一步优化，如图 5-62 所示。

（1）减速距离：减速距离有两种选择模式，如图 5-63 所示，一般选择“当前刀具”。

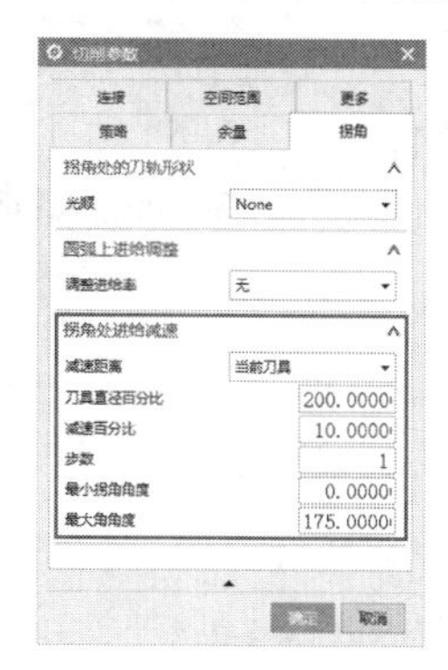

图 5-62　“拐角处进给减速”选项组

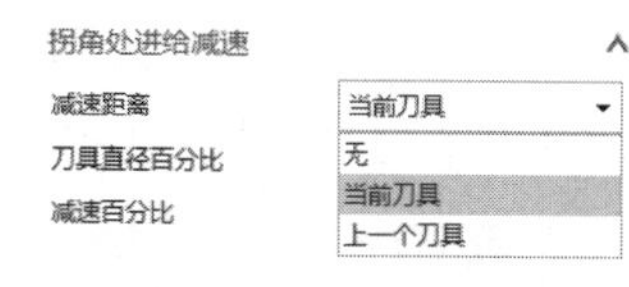

图 5-63　减速距离选项

（2）刀具直径百分比：如果输入 200（当前刀具为 D10R0 铣刀），那么刀路在距离侧壁 20mm 处就会开始减速，如图 5-64 所示。

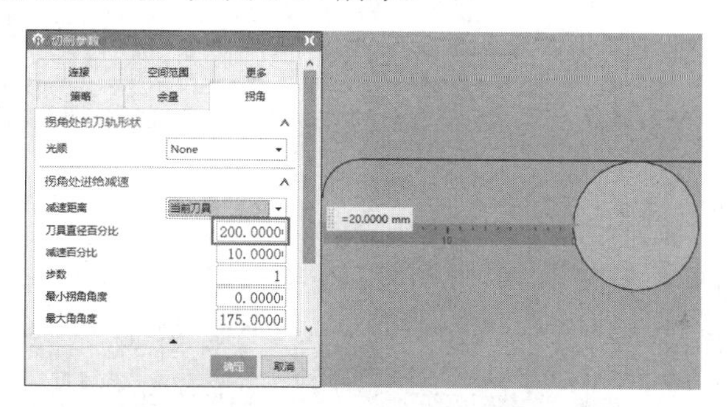

图 5-64　刀具直径百分比效果

提示：当打开“光顺”后，则是从“刀具直径百分比 × 当前刀具直径＋光顺半径”开始处减速，这里的刀具为 D10R0 铣刀，所以在 2×10+2=22mm 处开始减速，如图 5-65 所示。

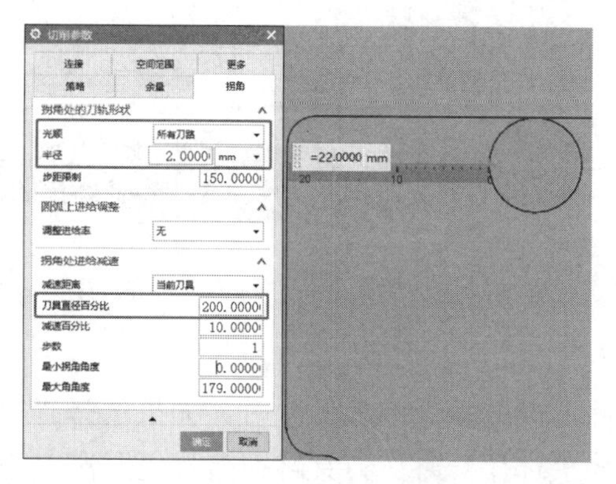

图 5-65　刀具直径百分比和光顺半径的关系

（3）减速百分比：该参数的意思是减速到当前进给的10%。如图5-66所示，在正常切削时进给为F1200，但是在减速时进给会变为F120。

```
Z1.
G01 Z-2. F1200.
Y39.
Y-15.
Y-35. F120.
X-17.032
X-1.142
G02 X5.241 Y-28.152 I7.937 J-1.
X6.795 Y-28. I1.554 J-7.848 F1200.
G01 X44.998
X64.998 F120.
Y-18.
Y39. F1200.
```

图5-66　减速百分比效果

（4）步数：当步数改为2时，将在刀具直径百分比200的地方开始减速，分为两段均匀减速。

（5）最小拐角角度、最大角角度：是控制刀具在工件拐角处，角度在两者之间时，才进行减速，超过这个区间则不进行减速。这里一般使用默认值即可。

4．“连接”选项卡

该选项卡可以控制切削区域的加工顺序，如图5-67所示，适用于一些具有多个型腔腔域的零件，如图5-68所示。

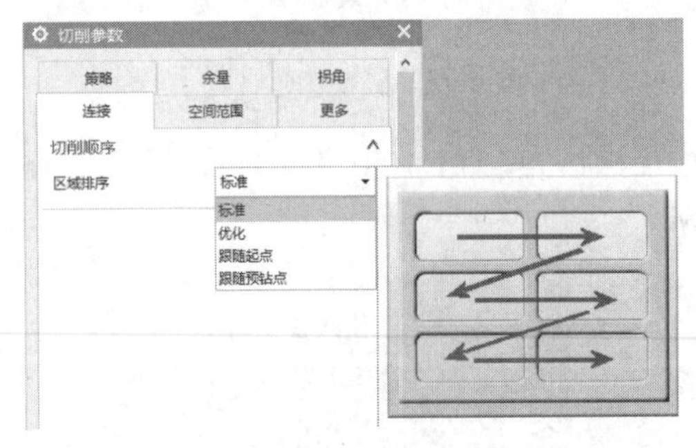

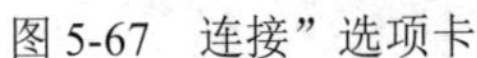

图5-67　连接”选项卡

图5-68　具有多个型腔腔域的零件

当使用型腔铣对这种类型的工件开粗时，区域排序选择“标准”时刀路如图5-69所示。

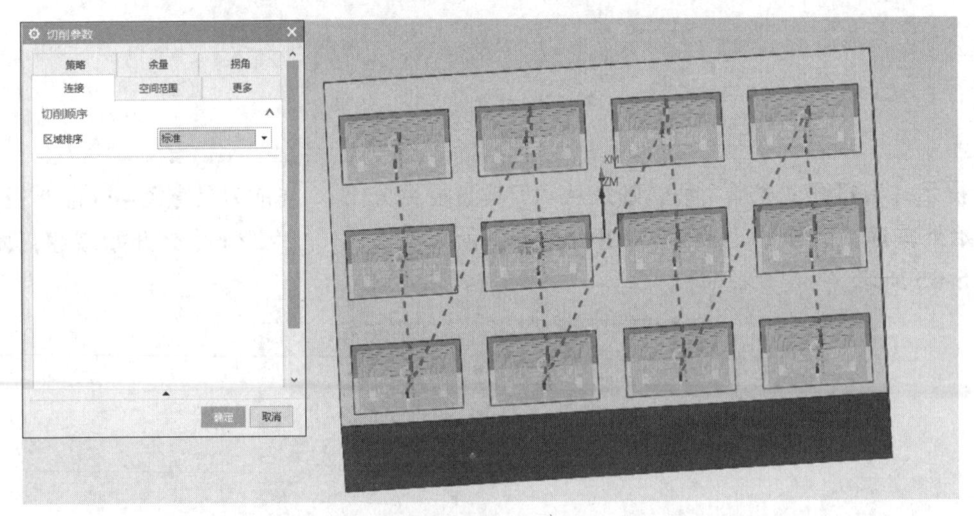

图5-69　区域排序为“标准”时的刀路

区域排序选择“优化”时，刀路如图5-70所示。

可以发现，在对工件里面的多个腔域开粗时，如果选择“标准”，则会产生跳刀，且刀路比较凌乱；而选择“优化”时，刀具跳刀是最短距离跳刀。所以该参数在加工时推荐选择“优化”，可以优化跳刀，节省加工时间。

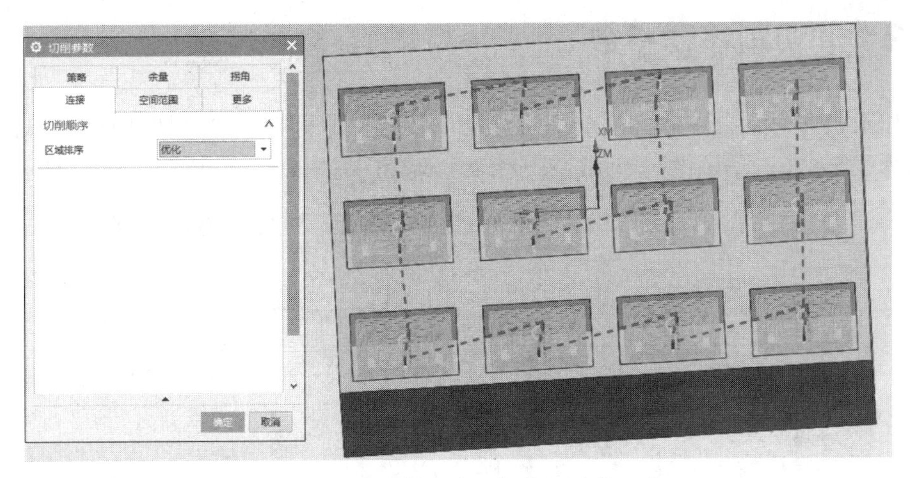

图 5-70　区域排序为“优化”时的刀路

5.“空间范围”选项卡

本选项卡参数设定主要是用来进行工件二粗时的刀路优化。

6.“更多”选项卡

该参数主要是设定刀具及夹持器距离工件的安全距离。软件中配有插图，如图 5-71 ～图 5-74 所示，此处不做讲解。

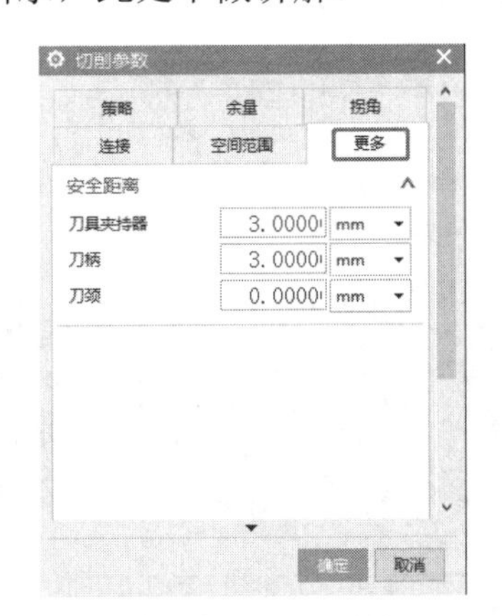

图 5-71　“更多”选项卡

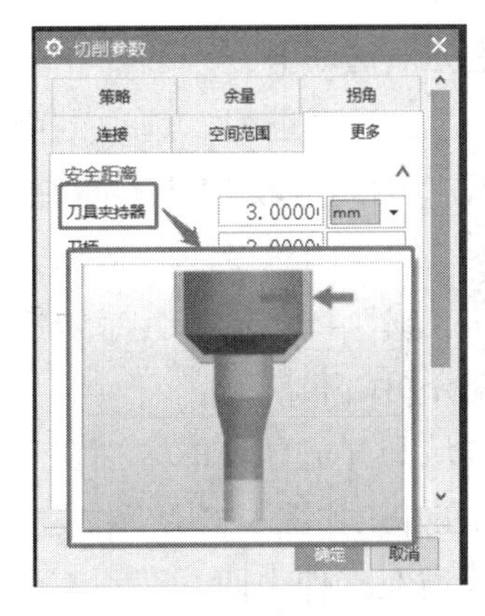

图 5-72　刀具夹持器效果

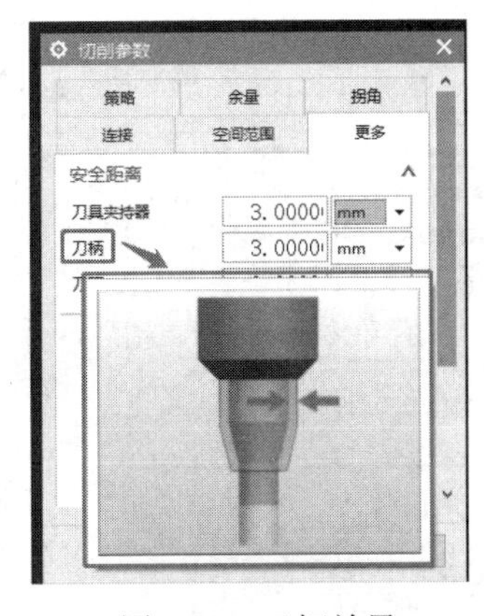

图 5-73　刀柄效果

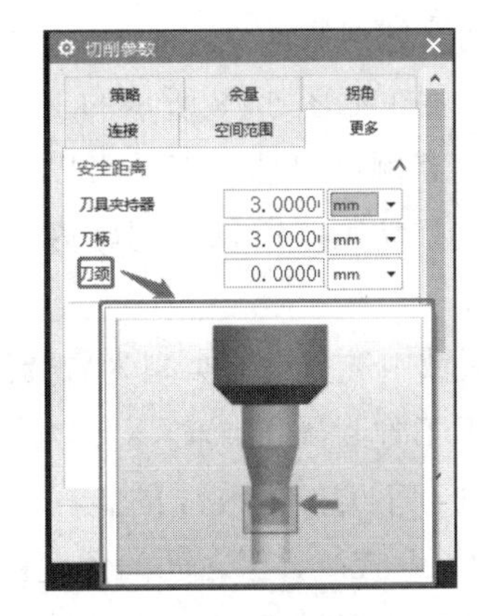

图 5-74　刀颈效果

5.5.2 非切削移动参数

在加工程序对话框中单击“非切削移动”按钮，即可打开“非切削移动”对话框，其中包含7个选项卡，如图5-75所示。分别介绍如下。

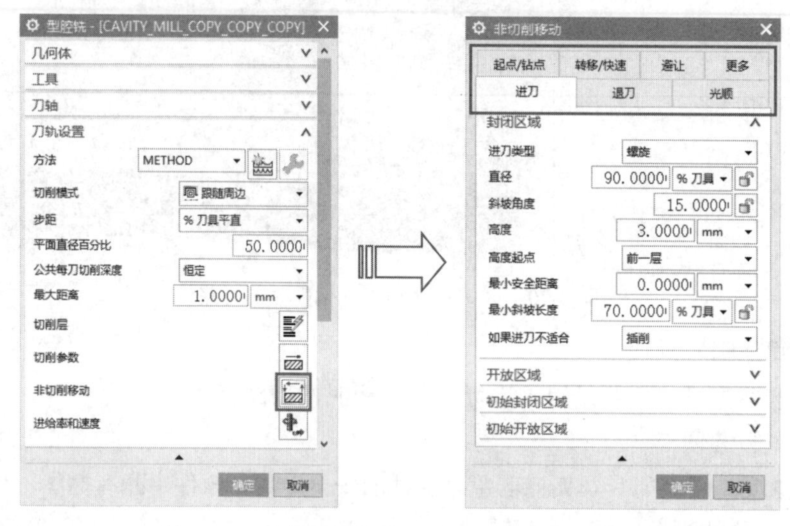

图5-75 “非切削移动”对话框和7个选项卡

1.“进刀”选项卡

“进刀”选项卡中包含“封闭区域”“开放区域”“初始封闭区域”“初始开放区域”4个选项组，如图5-76所示，分别介绍如下。

封闭区域和开放区域的区别在于加工位置，比如在加工如图5-77所示的工件时，因为加工区域在工件中间，四周都是工件侧壁，因此刀具无法从外部进刀，所以该刀路为封闭区域刀路。

但是在加工如图5-78所示的工件时，工件四周没有侧壁阻挡，刀具可以直接从外部下刀进行切削，所以该刀路为开放区域刀路。

封闭区域中选择进刀类型为“螺旋”时，刀具在加工工件封闭区域时，会以螺旋下刀的方式进行下刀，螺旋线的直径由封闭区域的“直径”控制，层之间的角度由“斜坡角度”控制，开始下刀位置由封闭区域

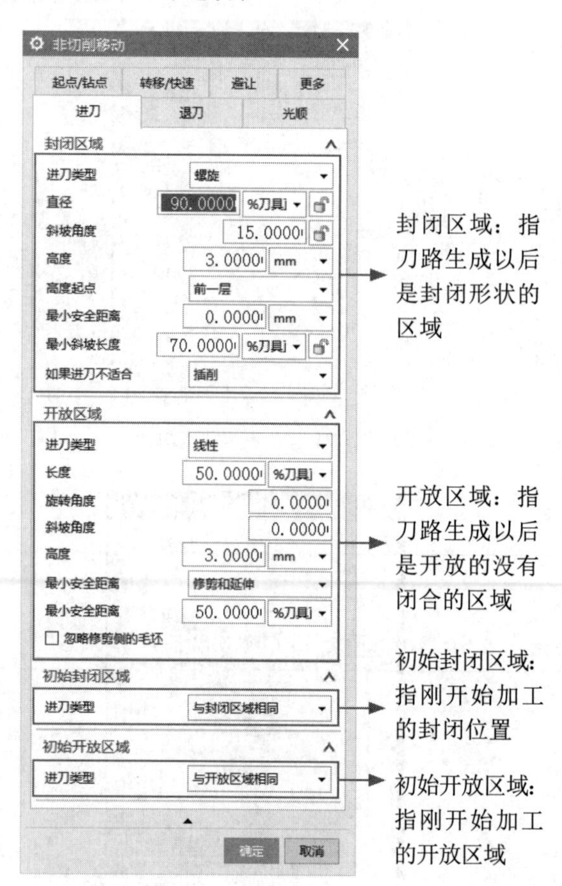

图5-76 “进刀”选项卡

的“高度”和“高度起点”联合控制。封闭区域为防止过小，刀具施展不开（理论上来说，D10R0 的铣刀可以加工直径为 10mm 的孔，但是实际来说，因为铣刀顶部中间没有刀刃，所以无法加工），可通过“最小斜坡长度”来控制最小加工区域。

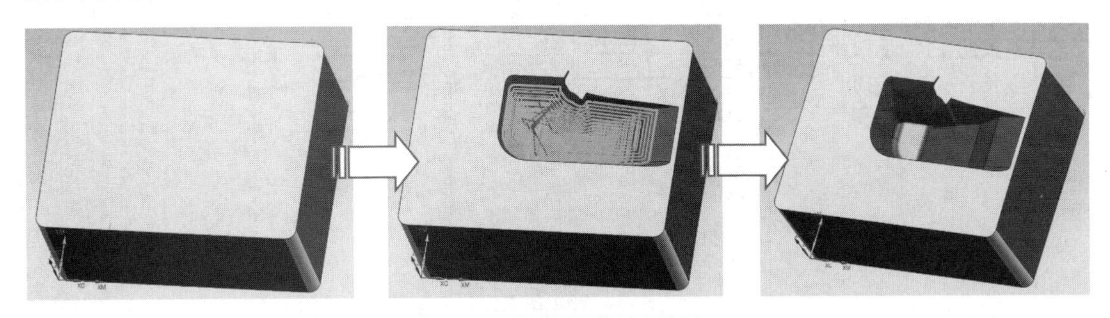

图 5-77　封闭区域刀路效果

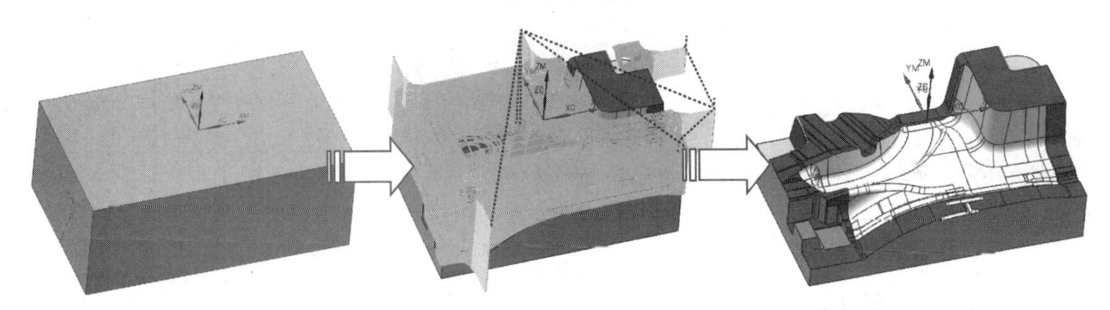

图 5-78　开放区域刀路效果

以图 5-79 所示的工件为例来描述一下这些参数的联系，图中所有数值皆为半径尺寸，加工刀具为 D10R0 铣刀。

各选项含义如图 5-80 ～图 5-83 所示。

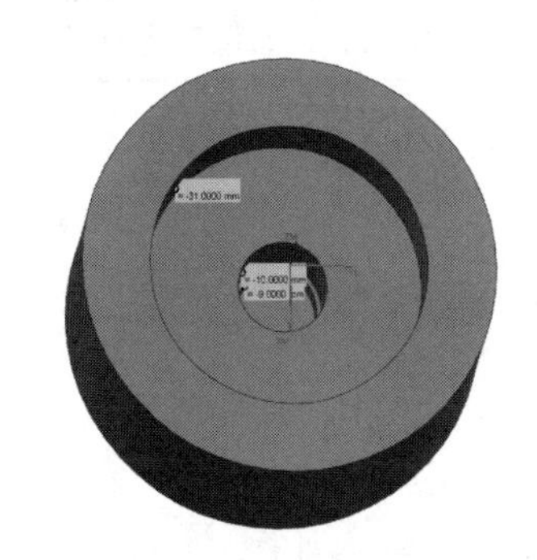

图 5-79　示例图形

当输入直径为 100% 时，螺旋线（图中的进刀线）的直径即为 10mm（刀具直径 × 输入参数）

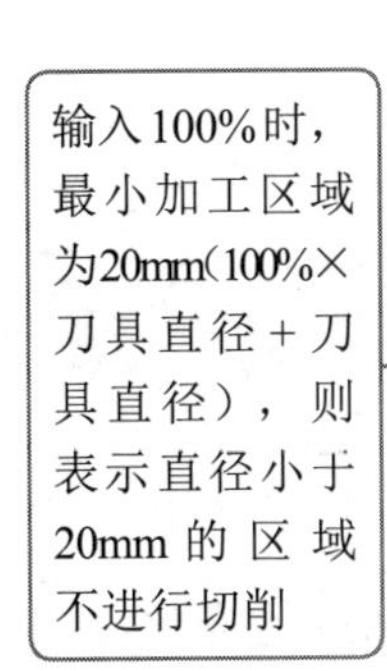

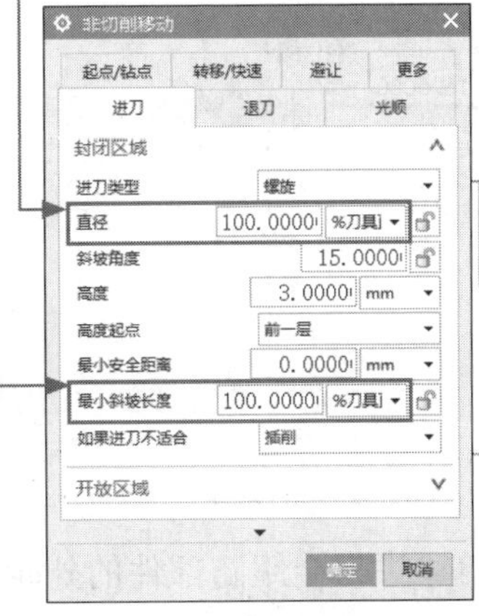

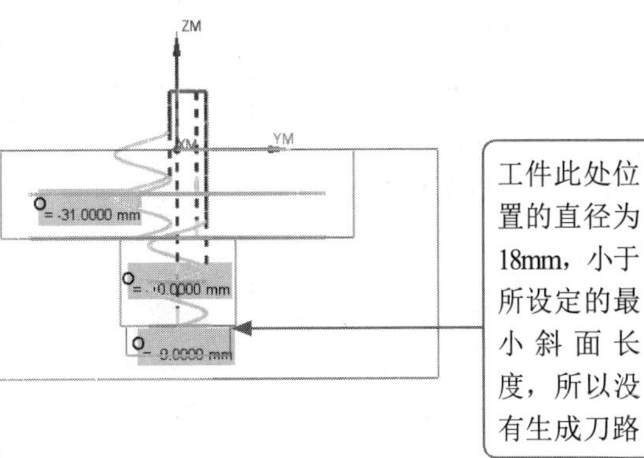

图 5-80　直径和最小斜坡长度效果

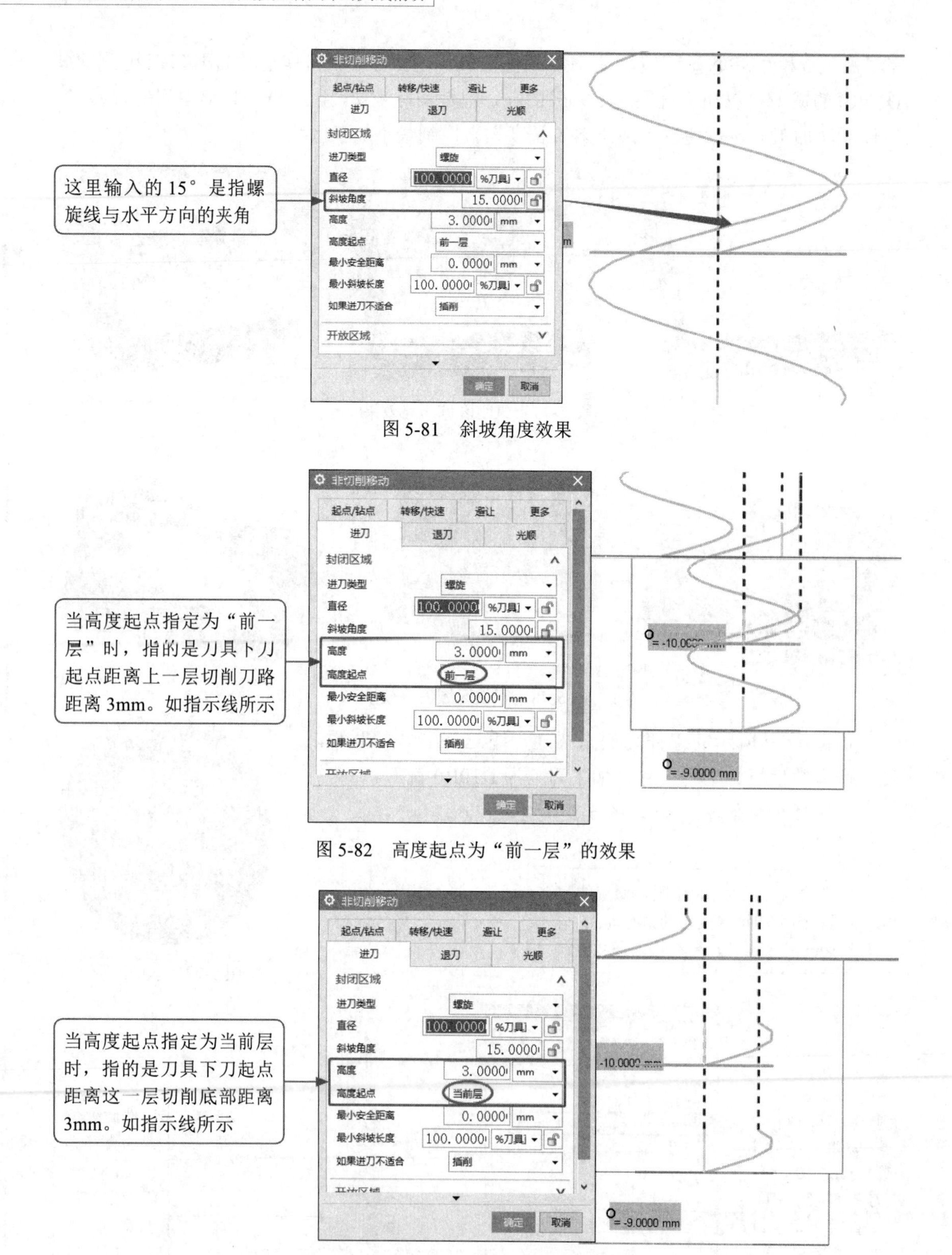

图5-81　斜坡角度效果

图5-82　高度起点为“前一层”的效果

图5-83　高度起点为“当前层”的效果

当封闭区域进刀改为沿形状斜进刀时，刀路进刀会跟随部件的外轮廓进行变化，比如矩形轮廓则为矩形刀轨，三角轮廓按三角形刀轨，如图5-84所示。

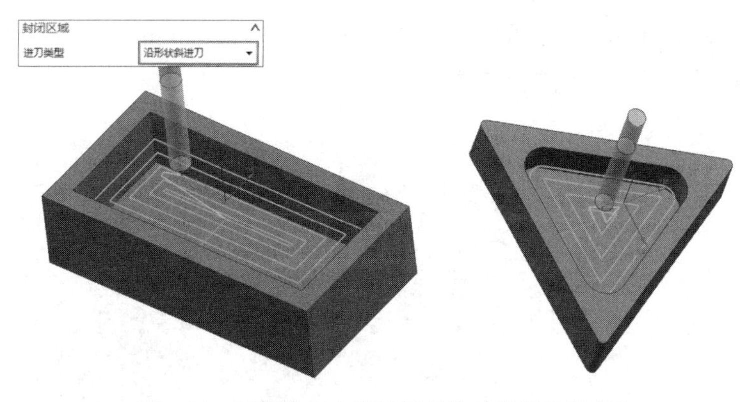

图 5-84　刀路进刀会跟随部件的外轮廓进行变化

开放区域刀路比较简单，“线性”和“圆弧”的效果如图 5-85 所示，这里不做过多讲解。

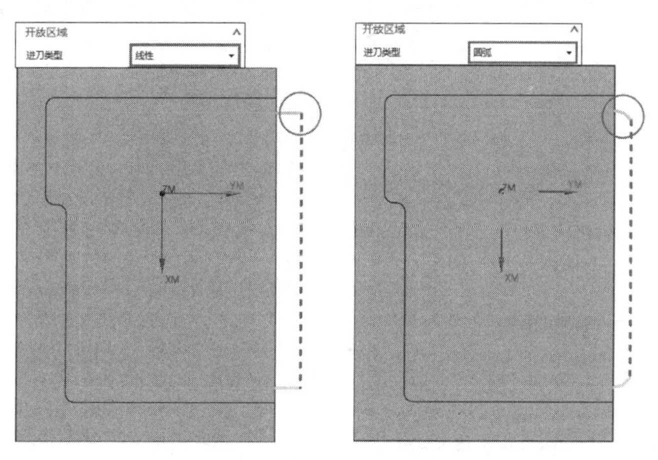

图 5-85　“线性”和“圆弧”效果

2.“退刀”选项卡

在进行开粗时，“退刀”选项卡一般保持默认选择即可，如图 5-86 所示。

3.“起点 / 钻点”选项卡

“起点 / 钻点”选项卡界面如图 5-87 所示。

图 5-86　“退刀”选项卡

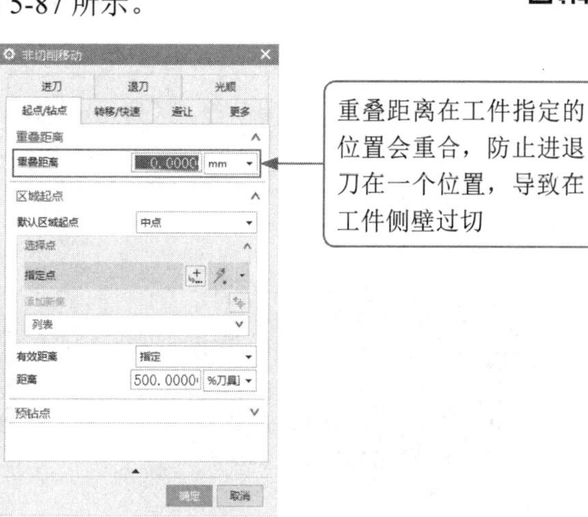

图 5-87　“起点 / 钻点”选项卡

如图 5-88 所示，在指定起点的前提下重叠距离处输入 10mm，刀路的进退刀没有在一个位置而是在距离 10mm 处进行进退刀。

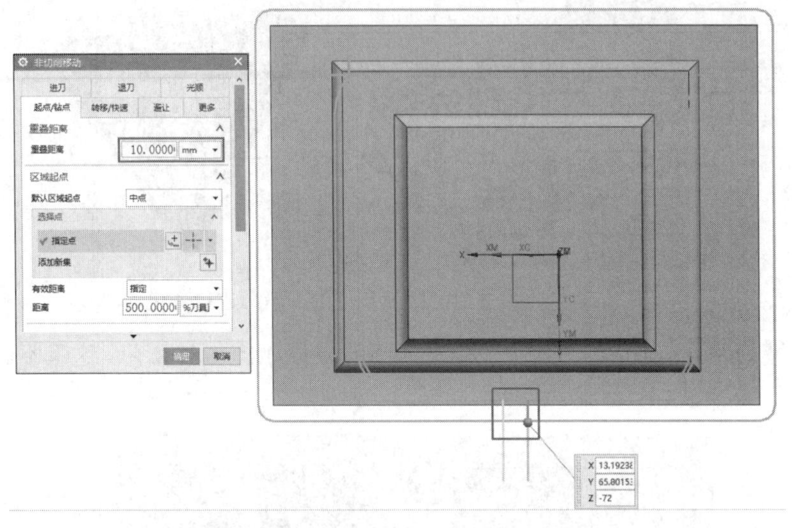

图 5-88　设置重叠距离

4.“转移 / 快速”选项卡

“转移 / 快速”选项卡界面说明如图 5-89 所示。

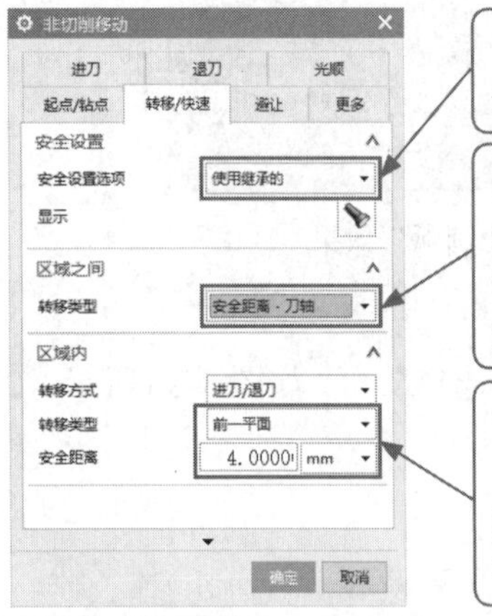

“使用继承的”是代表加工开始时设置的安全平面

区域之间选择“安全距离 - 刀轴”，则刀具在加工完一个区域跳转至下一个区域时，会先抬刀至设定的安全平面，具体的效果如图 5-90 所示

“前一平面”的意思是指如图 5-91 所示的平面；“安全距离”为 4mm 表示刀具在加工完一层会抬到 4mm+ 每刀切位置处进行转移

图 5-89　“转移 / 快速”选项卡

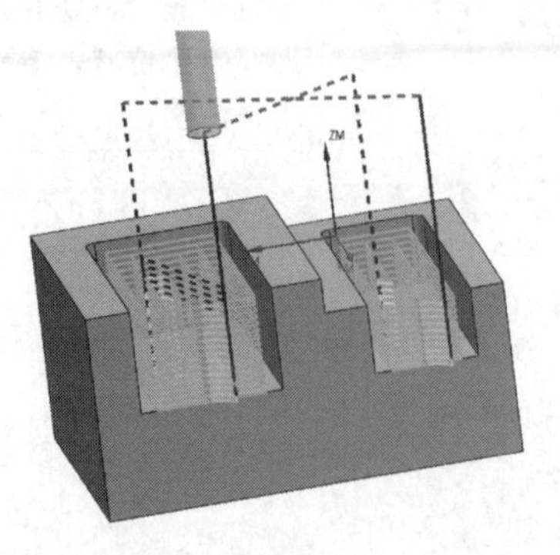

图 5-90　“安全距离 - 刀轴”效果

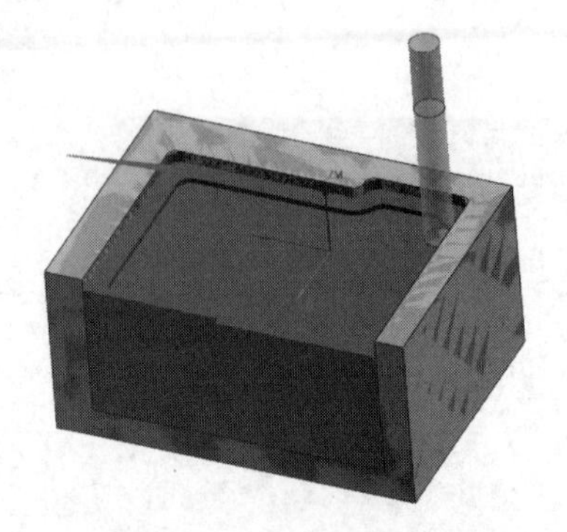

图 5-91　“前一平面”效果

5. “避让”选项卡

“避让”选项卡界面如图 5-92 所示。在一般型腔铣开粗时不会进行设定，这里不做讲解。

6. “更多”选项卡

“更多”选项卡界面如图 5-93 所示。

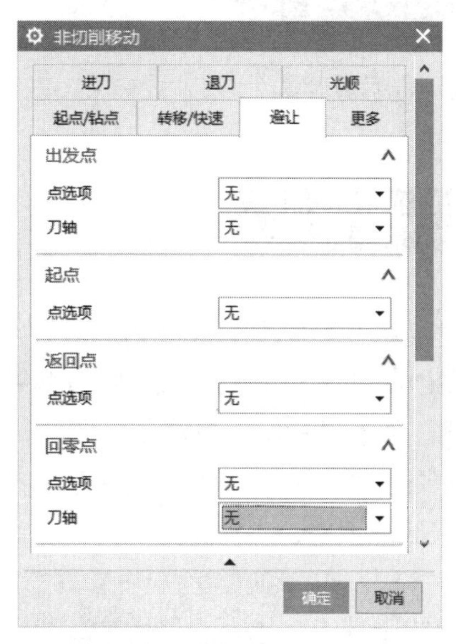

图 5-92 “避让”选项卡

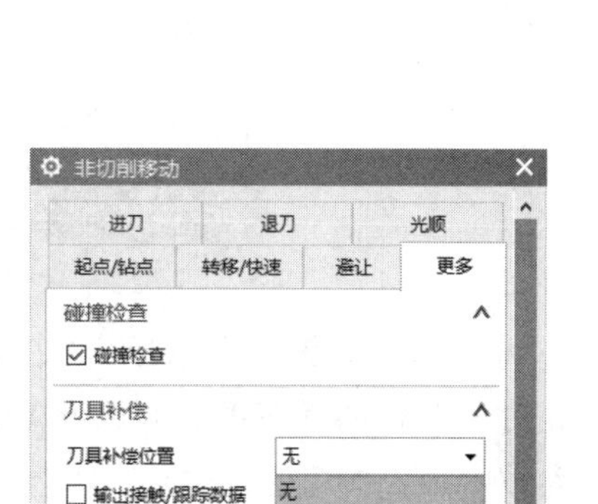

图 5-93 “更多”选项卡

（1）碰撞检查：可以检查编写的刀路有无问题，一般默认勾选即可。

（2）刀具补偿位置：启用后程序中会产生刀补，如图 5-94 所示，这个选项在开粗时一般不进行设定。

7. “光顺”选项卡

“光顺”选项卡如图 5-95 所示，在开粗时同样保持默认即可，不用进行参数设置。

```
N0080 G41 X-1.7415 Y1.9192 D01
N0090 X-1.1939 Y1.7205
N0100 G02 X-1.0642 Y1.5354 I-.0672 J-.185
N0110 G01 Y-1.2993
N0120 G03 X-.9856 Y-1.378 I.0787 J.0001
N0130 G01 X-.108
N0140 G03 X-.0329 Y-1.3229 I-.0001 J.0787
N0150 G02 X.2675 Y-1.1024 I.3005 J-.0944
N0160 G01 X2.4803
N0170 G03 X2.559 Y-1.0237 I-.0001 J.0787
N0180 G01 Y1.5354
N0190 G02 X2.6887 Y1.7205 I.1969 J0.0
N0200 G01 X2.8737 Y1.7876
N0210 G40
N0220 Y1.9291
N0230 Z.0394
N0240 G00 Z1.9685
N0250 X-1.8267 Y1.9683
N0260 Z-.0394
N0270 G01 Z-.1575
N0280 G41 X-1.7415 Y1.9192
```

图 5-94 刀具补偿位置效果

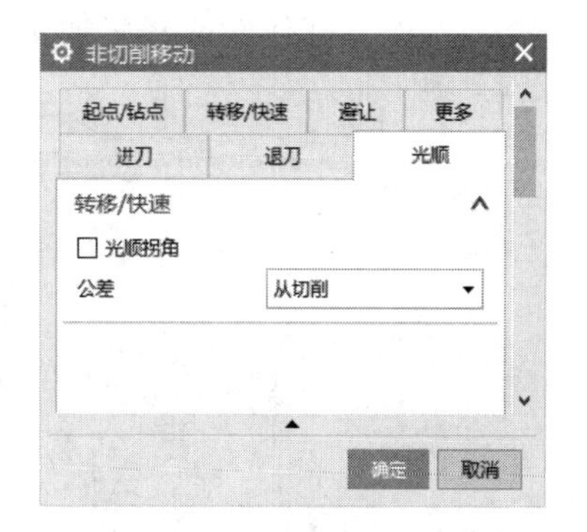

图 5-95 “光顺”选项卡

这里的“光顺拐角”是对进退刀 Z 方向的一个控制，启用后刀路如图 5-96 所示。

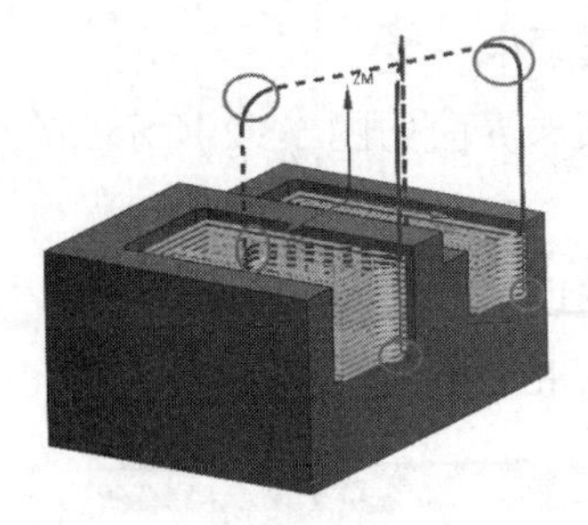

图 5-96　启用“光顺拐角”后的刀路

5.6　型腔铣二粗讲解

型腔铣二粗主要是为了加工工件在开粗时残留的拐角位置以及封闭区域，在使用型腔铣二粗时，开粗的程序中必须选择 WORKPIECE，并且二粗时直接复制开粗程序，并在切削参数中设置二粗的方式，二粗有两种方式：基于层和使用 3D。

基于层刀路计算较快且适用于形状比较简单的工件，在使用基于层对于复杂工件的二粗时刀路不可靠，可以通过仿真模拟的操作来验证刀路，当发现刀路不可靠时可以改用使用 3D。

使用 3D 这种方式生成的刀路虽然慢但是相较于基于层来说刀路十分安全，加工形状比较复杂的工件可以使用该指令。下面以如图 5-97 所示的工件为例，来具体介绍二粗是如何设置和加工的。

图 5-97　素材文件

【案例 5-4】　型腔铣二粗

1. 创建开粗工序和刀路

（1）打开“素材 \ 第 5 章”下的相应素材文件，进入加工模块。

（2）指定部件和毛坯。单击 MCS-MILL 前面的加号，找到 WORKPIECE，然后双击进入设置，“指定部件”选择要加工的工件，“指定毛坯”选择创建好的毛坯。具体如图 5-98 所示。

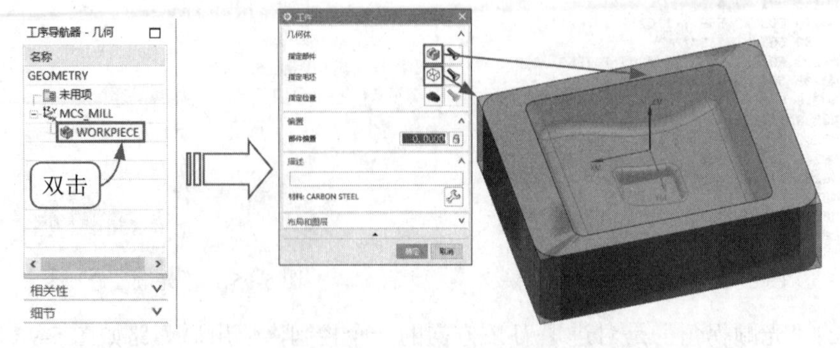

图 5-98　指定部件和毛坯

提示：注意“几何体”这边指定为WORKPIECE，当指定完之后，下面的“指定部件”和“指定毛坯”会自动选择为在WORKPIECE中指定的工件和毛坯，如图5-99所示。

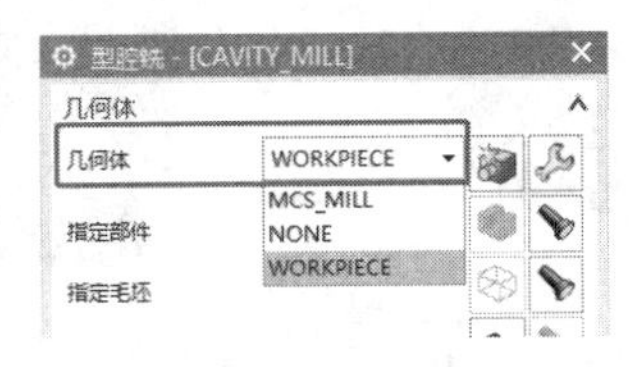

图 5-99　指定为 WORKPIECE 的效果

（3）按5.3节介绍的型腔铣开粗方法创建并设置型腔铣工序，此处不再进行重复讲解。

（4）生成刀路，并根据之前的步骤进行刀路优化，得到的刀路效果和刀路仿真如图5-100所示。

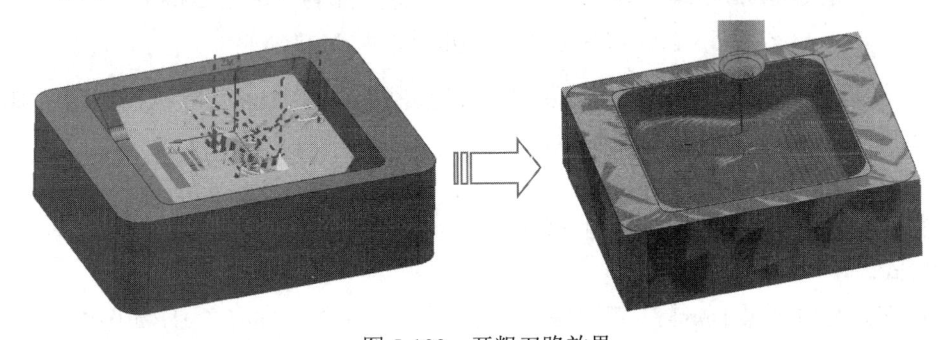

图 5-100　开粗刀路效果

2. 创建二粗工序和刀路

（1）复制开粗工序，如图5-101所示。新复制出来的程序即作为二粗程序。

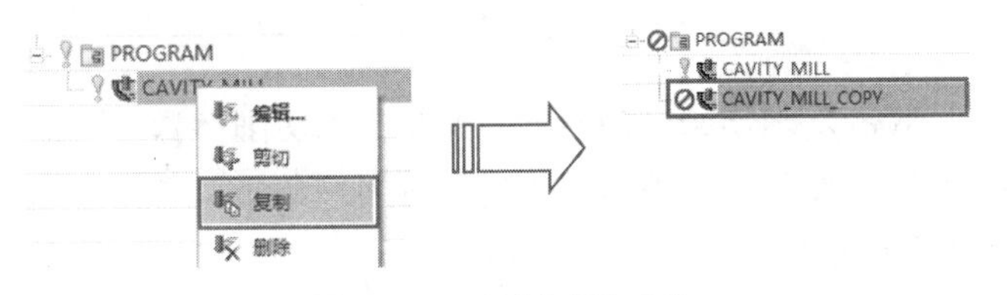

图 5-101　复制开粗工序

（2）设置二粗参数。单击“切削参数”按钮，打开“切削参数”对话框，在“空间策略”选项卡的“过程工件”一栏中选择“使用基于层的”选项，如图5-102所示。并根据工件修改选择二粗刀具。

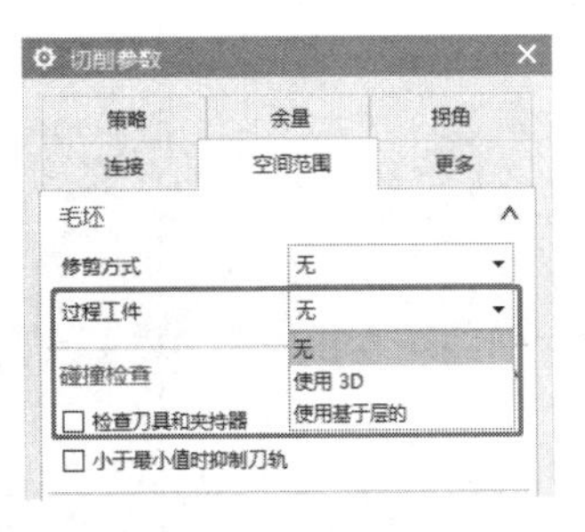

图 5-102　设置二粗参数

（3）生成刀路。选择“使用基于层的”选项生成的二粗刀路效果如图5-103所示。

（4）如果在“过程工件”一栏中选择“使用3D”选项，那么生成的刀路如图5-104所示。

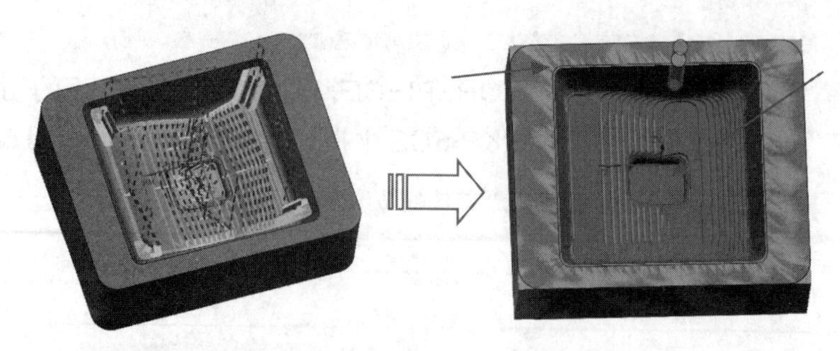

图 5-103 二粗刀路效果

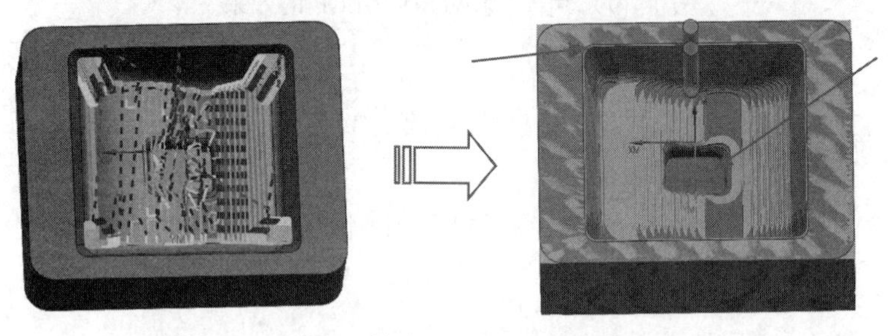

图 5-104 过程工件为“使用 3D”时的刀路效果

（5）通过与图 5-103 做对比，可发现在开粗完成以后，二粗工序在拐角和底部封闭区域有加工，如图 5-104 上所标箭头处。

3. 优化二粗刀路

二粗主要是为了加工开粗不到的区域。针对上面的刀路优化，有修改余量和修剪边界两种方式。

（1）在开粗时余量 1mm，二粗程序没有进行修改，所以底部有空刀，如图 5-105 所示。

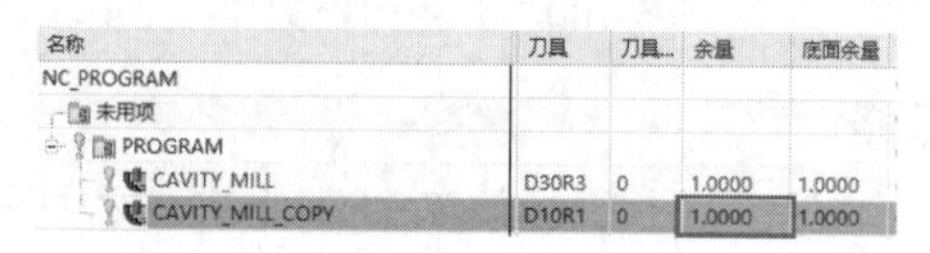

名称	刀具	刀具...	余量	底面余量
NC_PROGRAM				
未用项				
PROGRAM				
CAVITY_MILL	D30R3	0	1.0000	1.0000
CAVITY_MILL_COPY	D10R1	0	1.0000	1.0000

图 5-105 查看二粗加工的余量

（2）修改余量。双击复制出来的二粗程序，单击“切削参数”按钮，在“切削参数”对话框中切换至“余量”选项卡，在二粗中将“部件侧面余量”修改为 1.2mm，比开粗余量大即可，如图 5-106 所示。

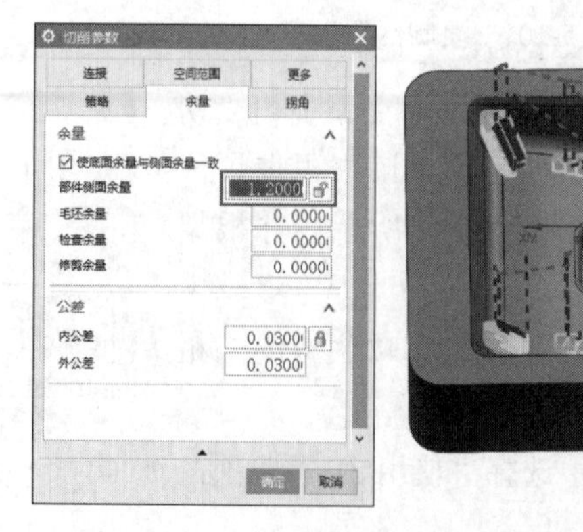

图 5-106 修改余量

提示：注意该余量不可太大，否则会失去开粗的意义。

（3）如图 5-106 所示，当余量改为 1.2mm 时底部相较于图 5-103 和图 5-104 明显减少了空刀，但是还有空刀。这个时候可以使用修剪边界继续进行刀路优化。

（4）先摆正视图，并重播刀路，如图 5-107 所示。

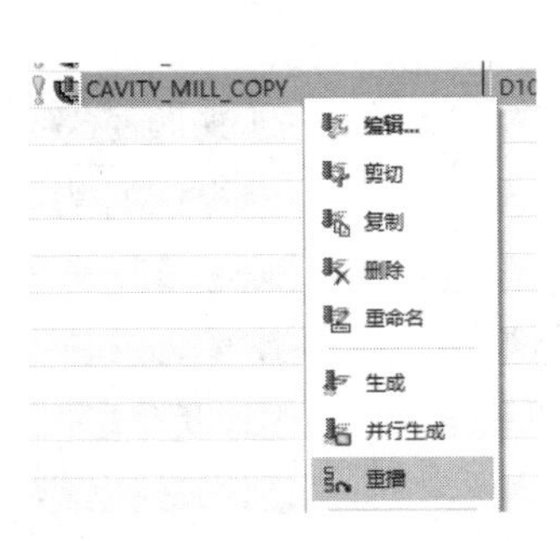

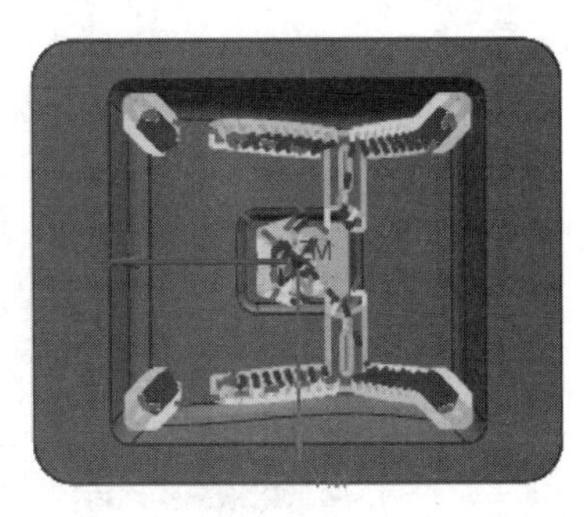

图 5-107　重播刀路

（5）插入基本曲线，选择“光标位置”方式进行边界绘制，如图 5-108 所示。

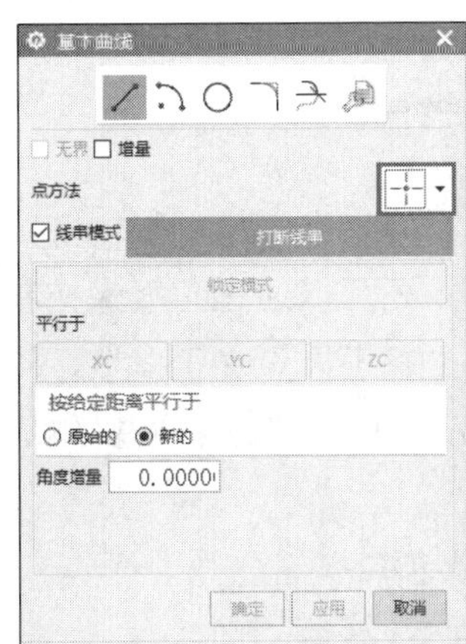

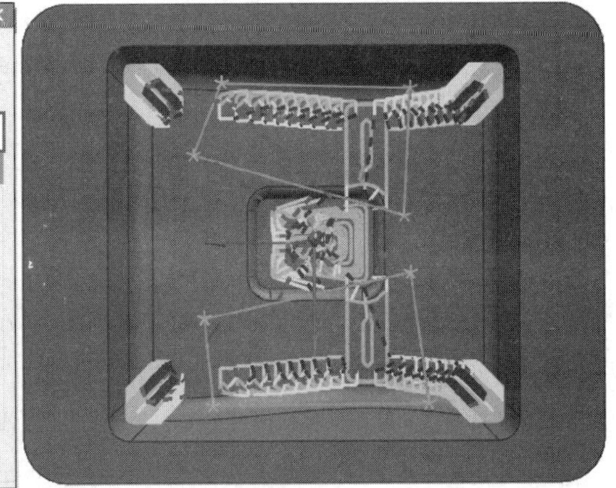

图 5-108　插入基本曲线

提示：注意这个线段可以选择“打断线串”来进行线段终结。

（6）进入二粗程序的“修剪边界”对话框，并将选择方法改为“曲线”，通过添加新集的方式将两个绘制的封闭的矩形依次选中，如图 5-109 所示。（注意在绘制时将曲线绘制成封闭的。）

（7）生成刀路如图 5-110 所示，这个时候刀路已经优化完成。

关于型腔铣指令的介绍到这里就结束了。希望读者能够对之前讲解的实例充分了解并使用该指令。

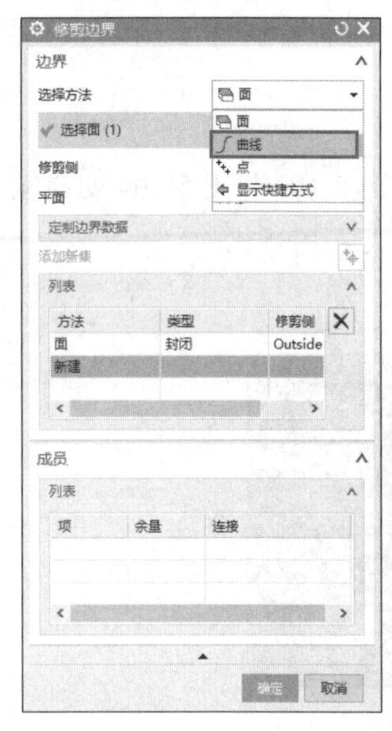

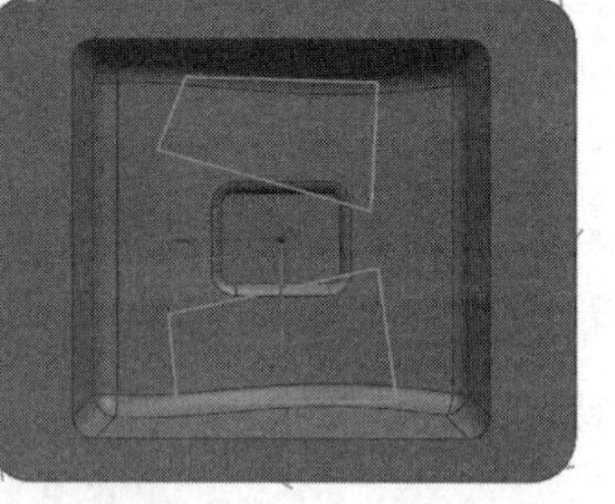
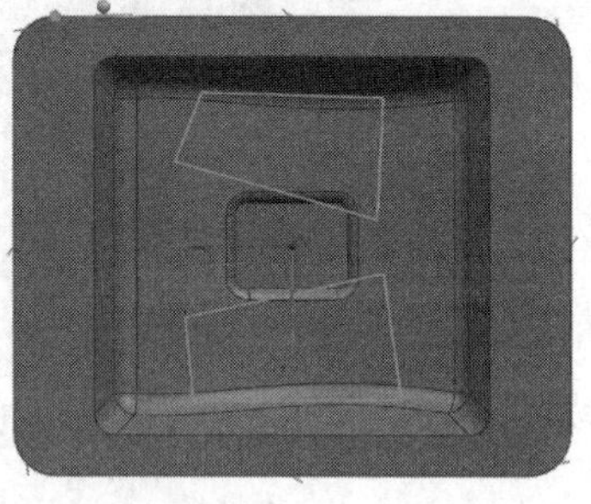

图 5-109　选择修剪边界

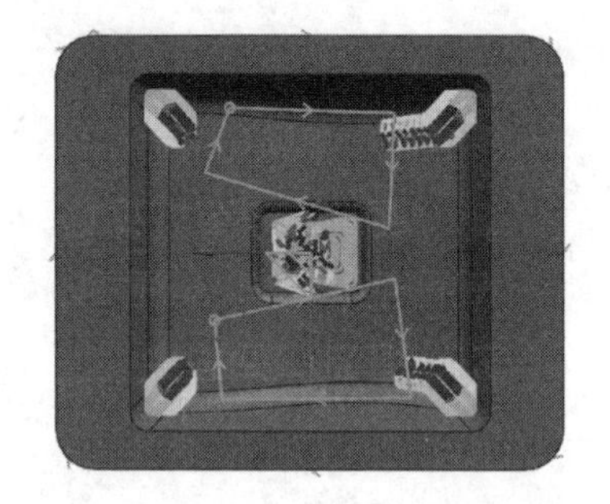

图 5-110　优化后的刀路效果

5.7　深度轮廓铣

“深度轮廓铣”是 NX 加工常用的加工工序，主要用来半、精加工侧壁，侧壁又分为陡峭和非陡峭，“深度轮廓铣”适合陡峭侧壁加工，还可以通过角度来控制刀路。走刀方式是分层加工，跟“型腔铣”一样有“切削层”“参考刀”加工参数，“参考刀”可以用来清角。不需要指定毛坯，只要选择部件，指定加工区域，就可以生成刀路。如果不指定加工区域，整个零件的侧壁将生成刀路。

适合“深度轮廓铣”加工的零件侧壁，如图 5-111 所示。

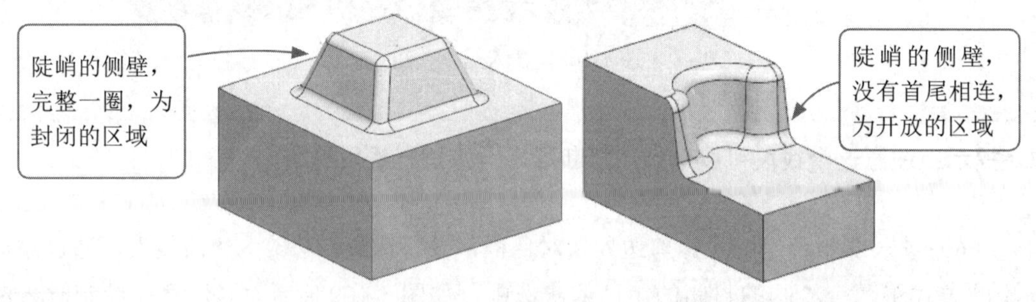

图 5-111　适合“深度轮廓铣”加工的零件

提示：深度轮廓铣的优点是可通过“角度”控制加工区域，通过“切削层”控制加工深度，不同高度的层可单独指定切削量。缺点是不适合用来大范围开粗，也不适合加工平坦区域，轮廓不能设置多刀路加工。

【案例 5-5】　深度轮廓铣

下面以图 5-111 中的左图工件为例，介绍深度轮廓铣的操作方法。

1. 设置加工坐标系和安全平面

（1）打开“素材 \ 第 5 章”下的相应素材文件。

（2）进入加工环境。单击“应用模块” | “加工”按钮，或者按快捷键 Ctrl+Alt+M，打开“加工环境”对话框，然后在“CAM 会话配置”选项组中选择 cam_general 选项，在“要创建的 CAM 组装”选项组中选择 mill_contour 选项。单击“确定”按钮，进入加工环境。

（3）设置加工坐标系。进入加工环境后系统默认的视图是程序顺序视图，所以需切换至几何视图进行机床坐标系的创建。在工序导航器的空白处右击，在弹出的快捷菜单中选择“几何视图”命令，如图 5-112 所示。

（4）切换至几何视图后双击 MCS_MILL 节点，如图 5-113 所示。

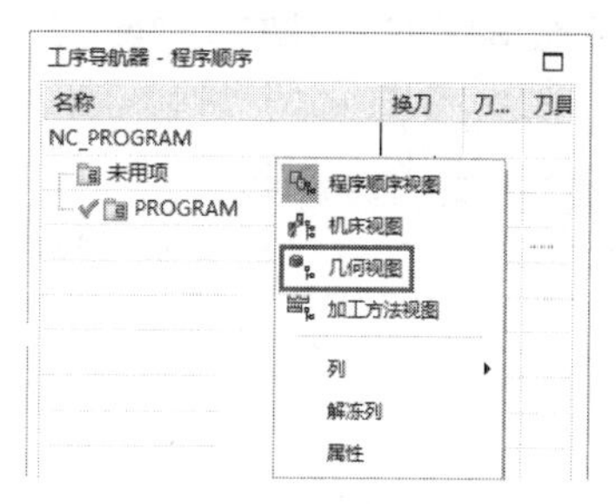

图 5-112　切换至几何视图

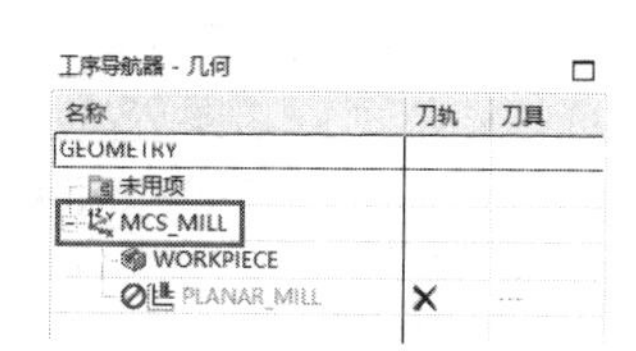

图 5-113　进入坐标系

（5）进入坐标系。双击后可以打开“MCS 铣削”对话框，在该对话框中单击“机床坐标系”选项组里的“坐标系对话框”按钮，打开“坐标系”对话框，然后在“参考”下拉列表中选择 WCS 选项，如图 5-114 所示。

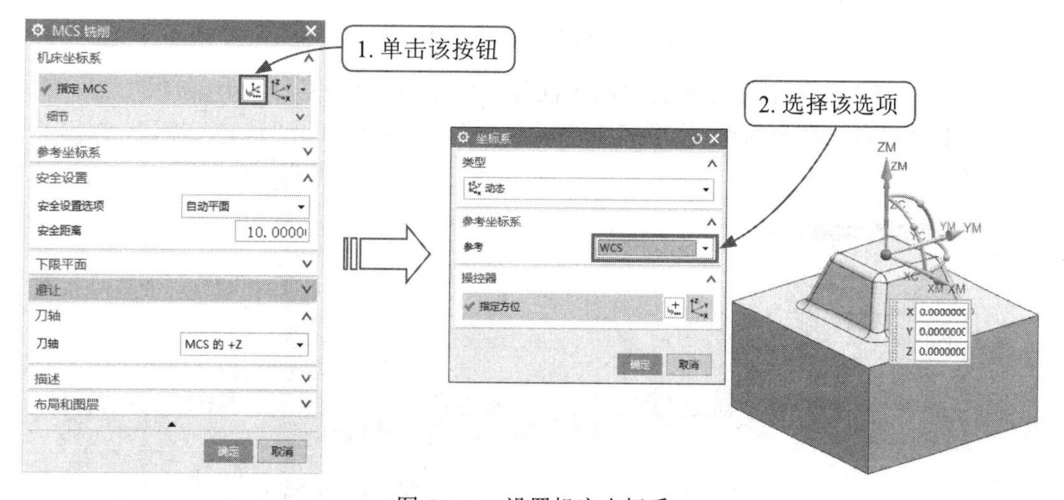

图 5-114　设置机床坐标系

（6）设置安全平面。在“安全设置选项”下拉列表中选择“平面”选项，然后选择工件顶面，并设置安全距离为 20，如图 5-115 所示。

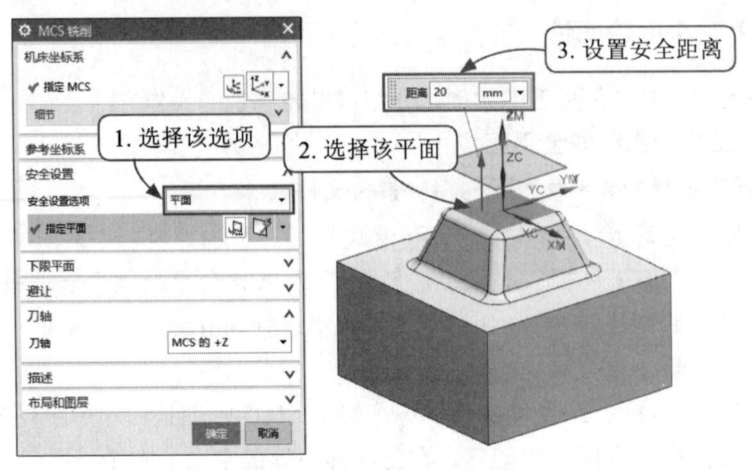

图 5-115　设置安全平面

2. 指定部件和毛坯

（1）指定部件。单击 MCS_MILL 节点，然后双击其下的 WORKPIECE，打开“工件”对话框，如图 5-116 所示。

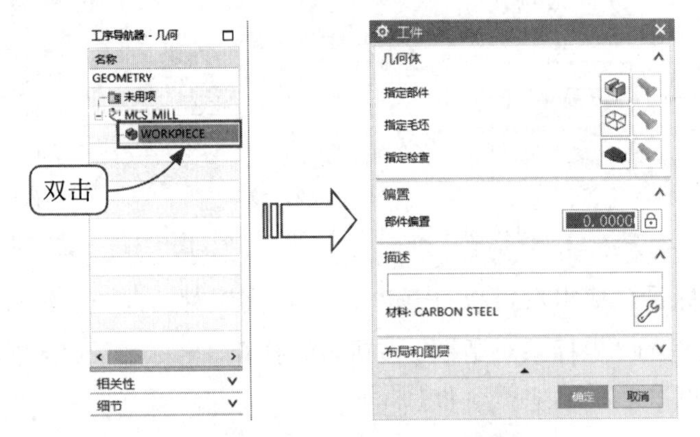

图 5-116　打开“工件”对话框

（2）在“工件”对话框中单击“指定部件”按钮，打开“部件几何体”对话框，然后选择整个模型文件为部件，如图 5-117 所示。指定完成后单击“确定”按钮，返回“工件”对话框。

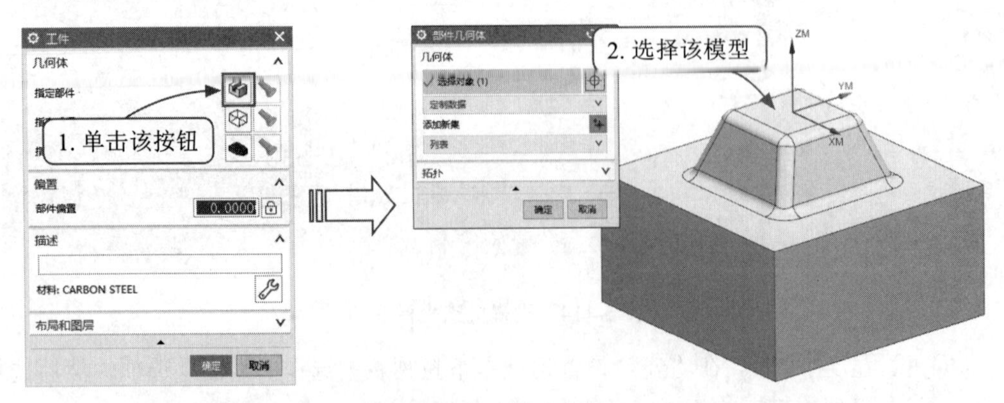

图 5-117　指定部件

（3）指定毛坯。在“工件”对话框中单击“指定毛坯”按钮，打开“毛坯几何体”对话框，在“类型”中选择“包容块”，下方的限制参数均设置为0，这样出来的毛坯刚好是部件的最大外形，如图5-118所示。

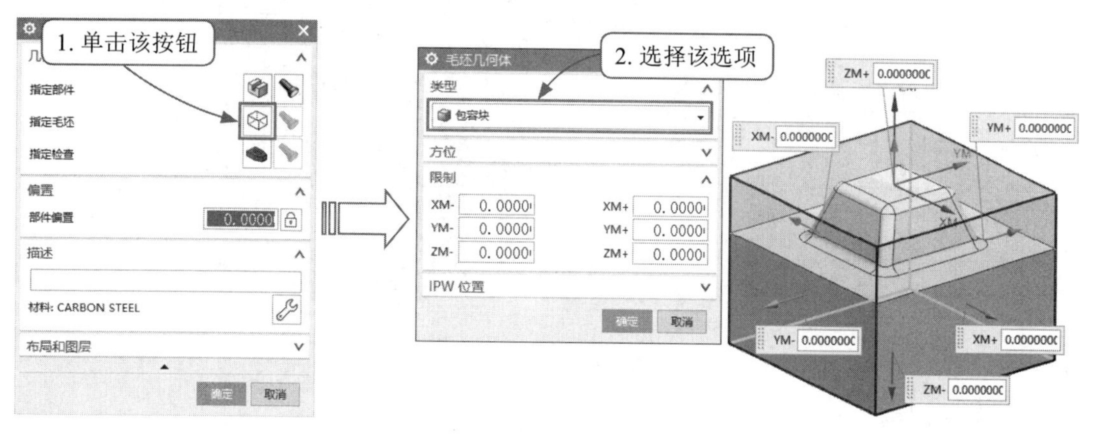

图5-118　指定毛坯

3. 创建加工工序

（1）创建工序。在“主页”选项卡中单击“创建工序”按钮，打开“创建工序”对话框，在“工序子类型”选项组中单击“深度轮廓铣”按钮，在“程序”下拉列表中选择PROGRAM选项，“刀具”下拉列表中选择NONE选项，在“几何体”下拉列表中选择WORKPIECE选项，“方法”下拉列表中选择METHOD选项，名称保持默认，单击“确定”按钮，打开“深度轮廓铣”对话框，如图5-119所示。

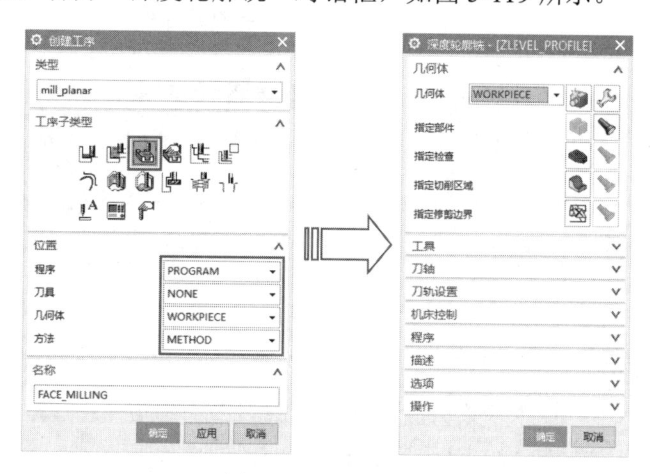

图5-119　创建工序

提示：部件会自动继承前面所指定的部件，如果没有的话可以再单击“指定部件”按钮重新指定。

（2）在“深度轮廓铣”对话框中单击“指定检查体”按钮，选择零件的底面和侧面作为切削区域，如图5-120所示。

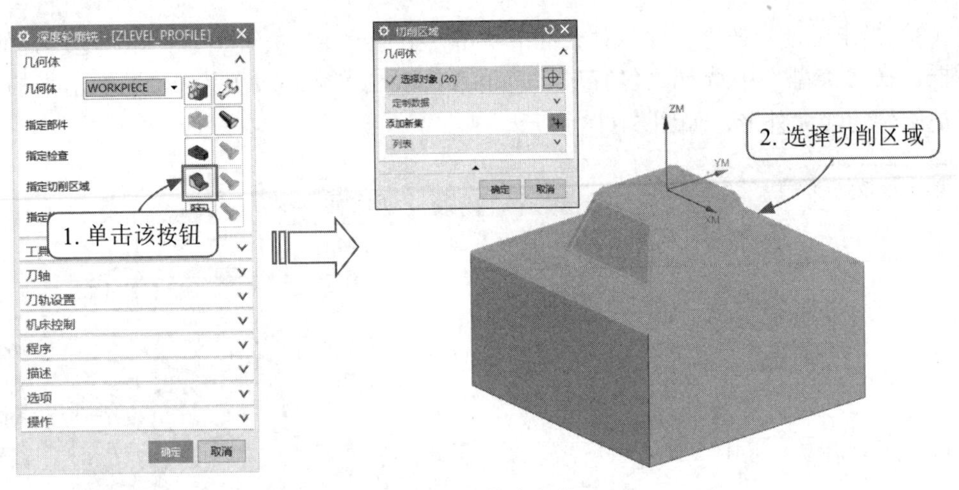

图 5-120　指定部件

4. 创建刀具

（1）展开“深度轮廓铣”对话框中的“工具”选项组，单击“创建刀具”按钮，打开“创建刀具”对话框，在对话框的“刀具子类型”选项组中单击 BALL_MILL 按钮，然后在“名称”处输入刀具名称“R3”，表示所用刀具的直径为 6mm 的球头铣刀，如图 5-121 所示。

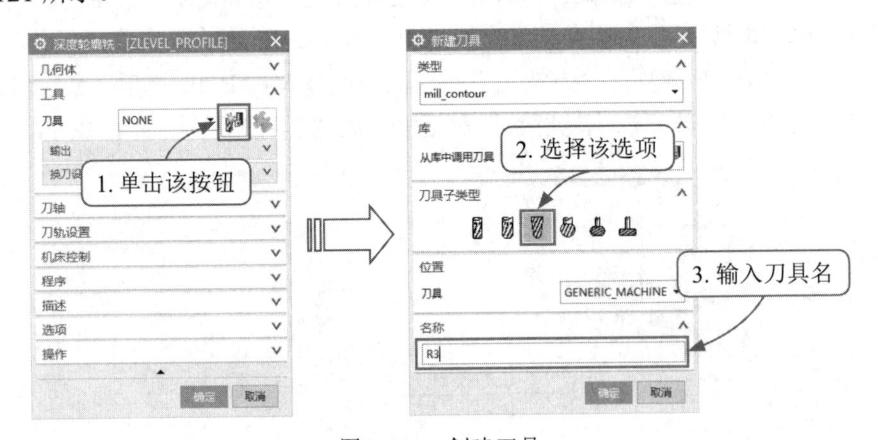

图 5-121　创建刀具

（2）单击“确定”按钮，打开“铣刀 - 球头铣”对话框，在“球直径”处输入 6，其他参数保持默认，然后单击“确定”按钮完成刀具设置，如图 5-122 所示。单击“确定”按钮，返回“深度轮廓铣”对话框。

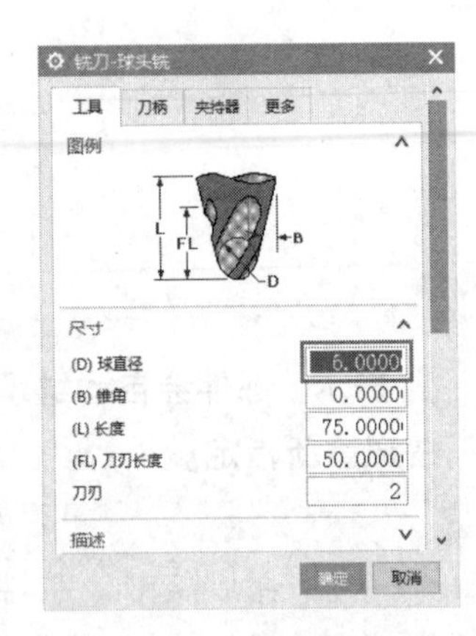

图 5-122　设置刀具参数

5. 进行刀轨设置

（1）设置一般参数。展开“深度轮廓铣”对话框中的“刀轨设置”选项组，因为本例不限制角度，所以在“陡峭空间范围”下拉列表中选择“无”，“合并距离”输入 3，“最小切削长度”输入 1，在“公共每刀切削深度”下拉列表中选择“恒定”，“最大距离”输入 1，如图 5-123 所示。

（2）设置切削层。单击“切削层”按钮，打开“切削层”对话框，在“范围类型”下拉列表中选择“用户定义”，然后输入“范围深度”为25.5，如图5-124所示。

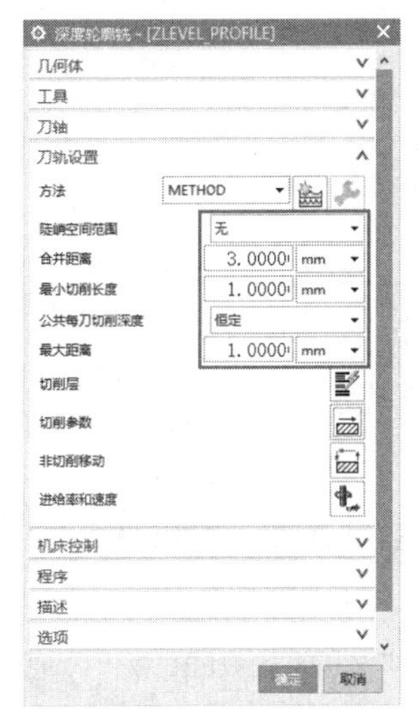

图5-123 设置一般参数

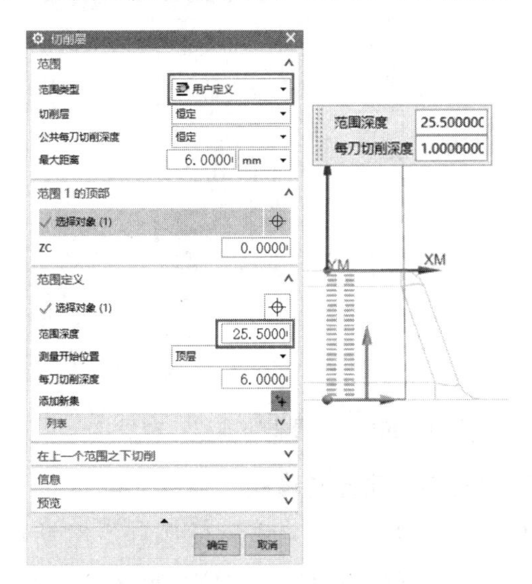

图5-124 进入坐标系

（3）设置切削参数。在“深度轮廓铣”对话框中单击“切削参数”按钮，打开“切削参数”对话框，在“策略”选项卡中设置“切削方向”为“顺铣”，“切削顺序”为“深度优先”，如图5-125所示；切换至“连接”选项卡，选择“层到层”下拉选项为“使用转移方法”，如图5-126所示。其余选项卡保持默认。

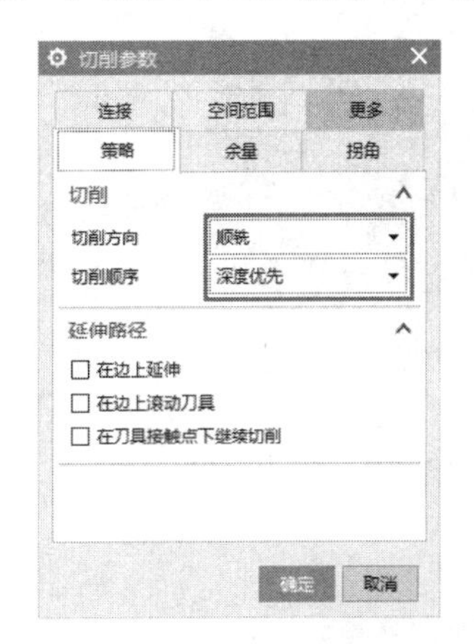

图5-125 设置“策略”选项卡

图5-126 设置“连接”选项卡

（4）设置非切削移动参数。单击“非切削移动”按钮，打开“非切削移动”对话框，切换至“进刀”选项卡，然后在“斜坡角度”文本框中输入15，“最小斜坡长度”文本框中输入70，如图5-127所示。其余选项卡保持默认，单击“确定”按钮，完成非切削移动的参数设置。

（5）设置进给率和转速。在“平面铣”对话框中单击“进给率和速度”按钮，打开“进给率和速度”对话框，在“进给率”选项组的“切削”文本框中输入250，如图5-128所示。

图 5-127　设置非切削移动参数

图 5-128　设置进给率和速度

6. 生成刀路轨迹并模拟

生成刀路轨迹。在“深度轮廓铣”对话框的“操作”选项组中单击“生成”按钮 ，可以在模型空间中生成刀轨，如图 5-129 所示。

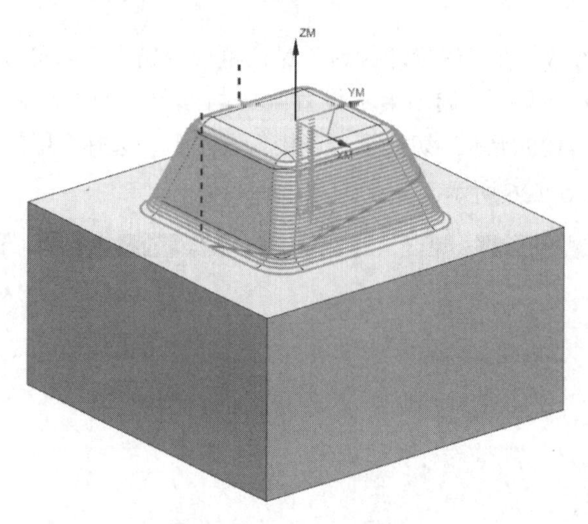

图 5-129　生成刀路轨迹

5.8　固定轮廓铣

固定轮廓铣又简称作固定轴，是曲面加工与精加工的主要方式。它可在复杂曲面上产生精密的刀轨，其刀轨是经由导向点投影到零件表面产生，其中导向点则是由曲线、边界、表面、曲面等驱动几何图形产生。因此，固定轮廓铣最重要的设定就是其驱动方法，如图 5-130 所示。

通过选择不同的驱动方法，就可以获得不同的刀轨，满足不同的加工需求。例如，工件表面的旋风铣可通过选择“流线”方式生成刀轨；工件上如果要刻字，则可选择“曲

线 / 点”的方式生成刀轨，等等。接下来会着重讲解一下不同类型的曲面选用哪种驱动方法生成刀轨。

图 5-130　固定轮廓铣的驱动方法

5.8.1　固定轮廓铣之“曲线 / 点”

该方法是用一系列点或曲线为驱动几何体产生驱动点，然后投影到被加工零件。当驱动方法为“曲线 / 点”时，常用作工件表面刻字或者斜面槽的螺旋铣削。

【案例 5-6】　工件表面刻字

1. 进入加工环境

（1）打开“素材 \ 第 5 章”下的相应素材文件，如图 5-131 所示。

（2）进入加工环境。单击“应用模块”|“加工”按钮，或者按快捷键 Ctrl+Alt+M，打开“加工环境”对话框，然后在“CAM 会话配置”选项组中选择 cam_general 选项，在“要创建的 CAM 组装”选项组中选择 mill_contour 选项，如图 5-132 所示。单击“确定”按钮，进入加工环境。

图 5-131　素材文件

图 5-132　设置加工环境

2. 创建加工工序

（1）创建工序。在“主页”选项卡中单击“创建工序”按钮，打开“创建工序”对话框，在“工序子类型”选项组中单击“固定轮廓铣”按钮，其他选项均保持默认，如图 5-133 所示。

（2）设置完成后单击“确定”按钮，打开“固定轮廓铣”对话框，如图 5-134 所示。和其他类型的铣削一样，在对话框中从上往下进行设置即可完成工序创建。

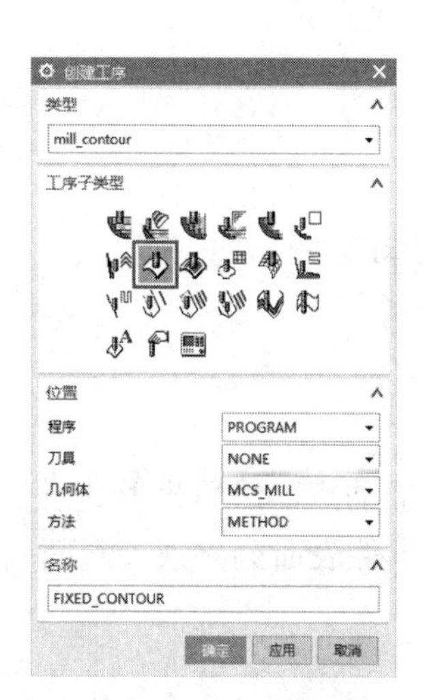

图 5-133　选择“固定轮廓铣”

图 5-134　“固定轮廓铣”对话框

（3）指定部件。在“几何体”选项组中单击“指定部件”按钮，打开“部件几何体”对话框，在图形区选取整个模型零件实体作为部件几何体，如图 5-135 所示。单击“确定”按钮，返回“固定轮廓铣”对话框。

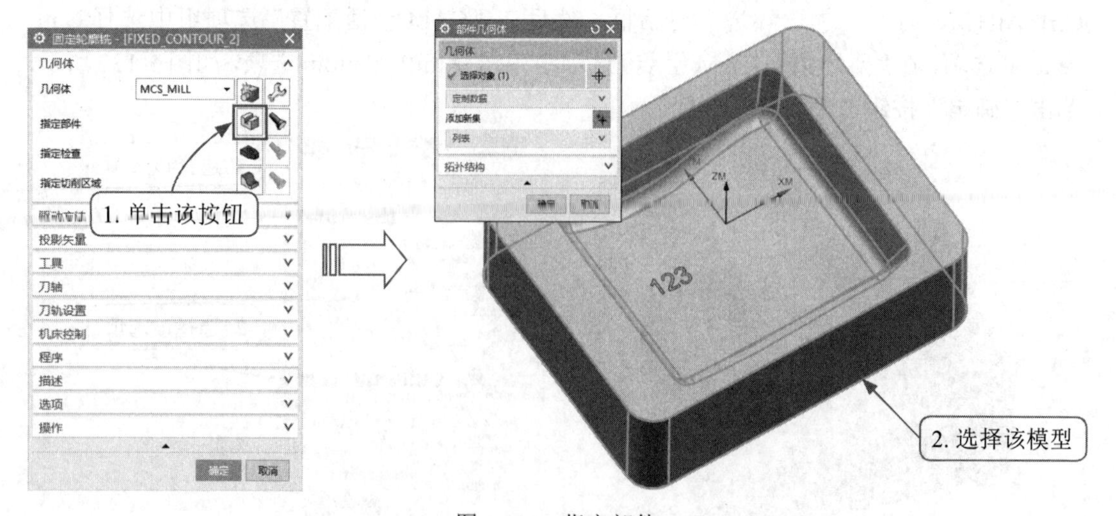

图 5-135　指定部件

3. 设置驱动方法

（1）选择驱动方法。在“驱动方法”选项组中选择“曲线 / 点”选项，选择后会打开“曲线 / 点驱动方法”对话框，如图 5-136 所示。

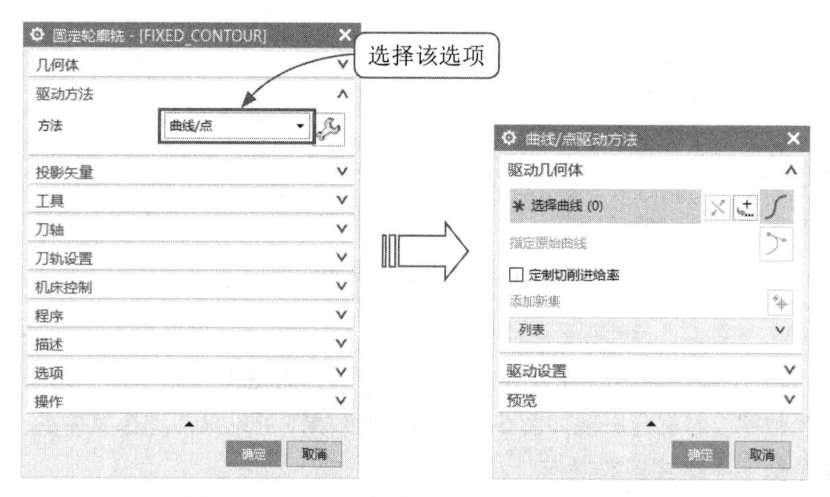

图 5-136 打开“曲线 / 点驱动方法”对话框

提示：第一次将驱动方法改为“曲线 / 点”时，会自动打开“驱动方法”提示框，如图 5-137 所示，这个时候单击“确定”按钮即可打开“曲线 / 点驱动方法”对话框。可勾选其中的“不再显示此消息”复选框，以后再次设置驱动方法时就不会出现该提示框。

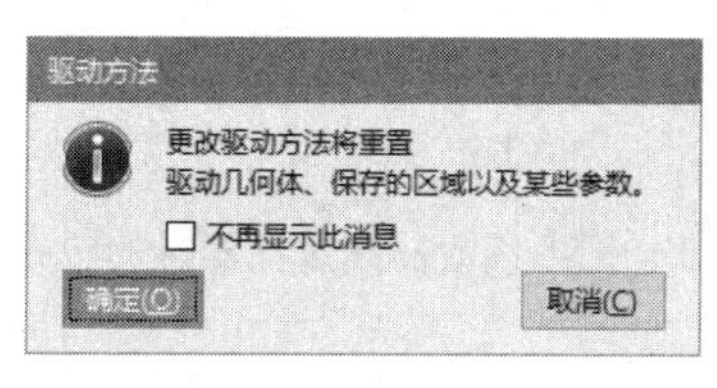

图 5-137 “驱动方法”提示框

（2）在开始指定曲线之前，可先将上边框条中的曲线过滤器修改为“相连曲线”，这样在选择曲线时会更加方便，如图 5-138 所示。

图 5-138 修改曲线过滤器

（3）选择第一条驱动曲线。设置好曲线过滤器后，就可在模型空间选择驱动曲线，如本例中的数字 1，如图 5-139 所示。

图 5-139　选择第一条驱动曲线

提示：如果不修改曲线过滤器为“相连曲线”，而是保持默认的“单条曲线”，那么在选择数字 1 时就会出现如图 5-140 所示的效果，可见只能选择其中的一段直线，要选择整个数字 1 需要多次操作。

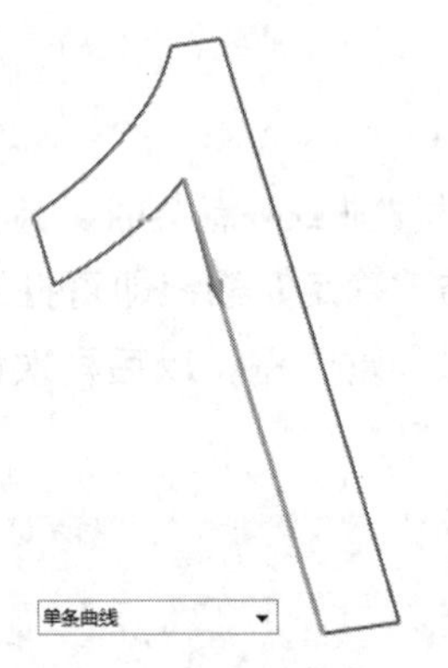

图 5-140　不修改曲线过滤器时的选择效果

（4）选择第二、第三条驱动曲线。单击“添加新集”按钮，然后选择数字 2 的曲线，作为第二条驱动曲线；再按相同方法，通过添加新集的方式选择数字 3 为第三条驱动曲线，如图 5-141 所示。选择完毕后单击“确定”按钮，返回“固定轮廓铣”对话框。

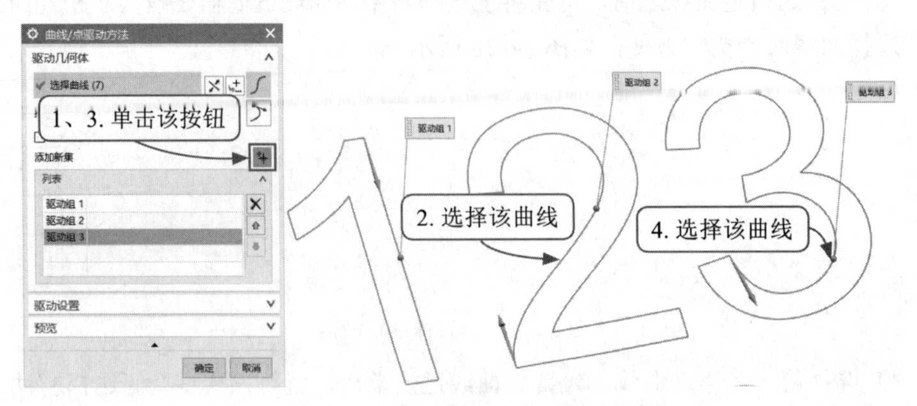

图 5-141　选择第二、第三条驱动曲线

4. 创建刀具

（1）展开“固定轮廓铣”对话框中的“工具”选项组，单击“创建刀具”按钮，打开“新建刀具”对话框，在对话框的“刀具子类型”选项组中单击 MILL 按钮，然后在“名称”处输入刀具名称“D2R1”，表示所用刀具的直径为 2mm，半径为 1mm，如图 5-142 所示。

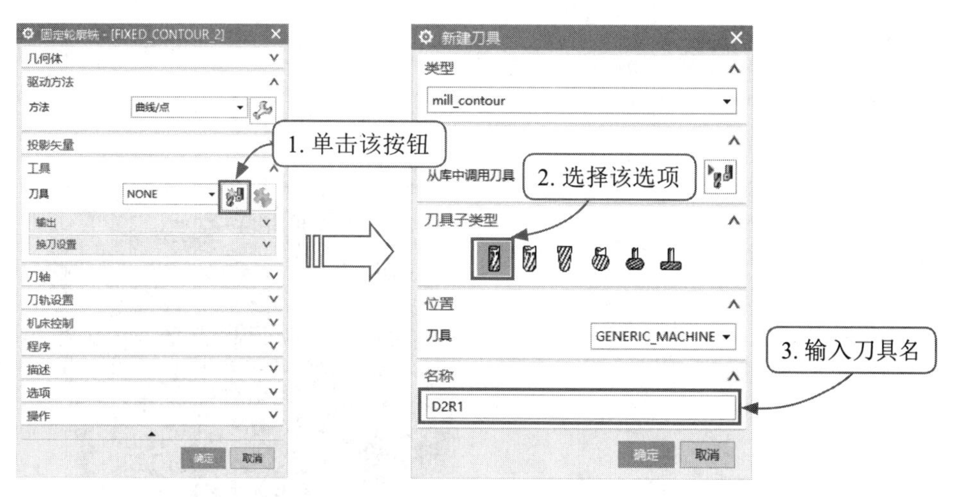

图 5-142　创建刀具

（2）单击“确定”按钮，打开“铣刀 5- 参数”对话框，如图 5-143 所示，按设置刀具参数，设置完成后单击“确定”按钮完成刀具设置，返回“固定轮廓铣”对话框。

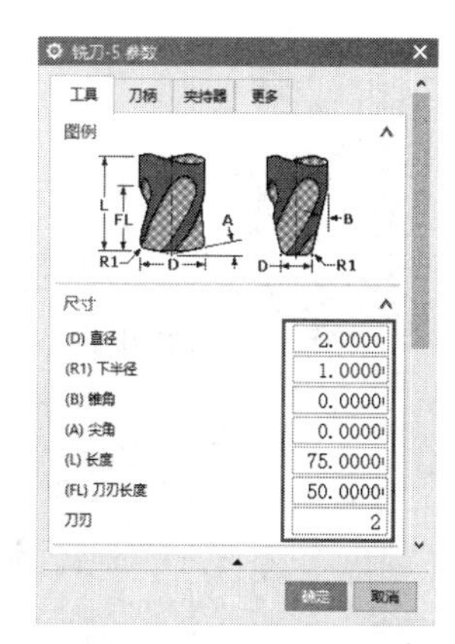

图 5-143　设置刀具参数

5. 生成刀路轨迹并模拟

（1）生成刀路轨迹。在“面铣”对话框的“操作”选项组中单击“生成”按钮，可以在模型空间中生成刀轨，如图 5-144 所示。

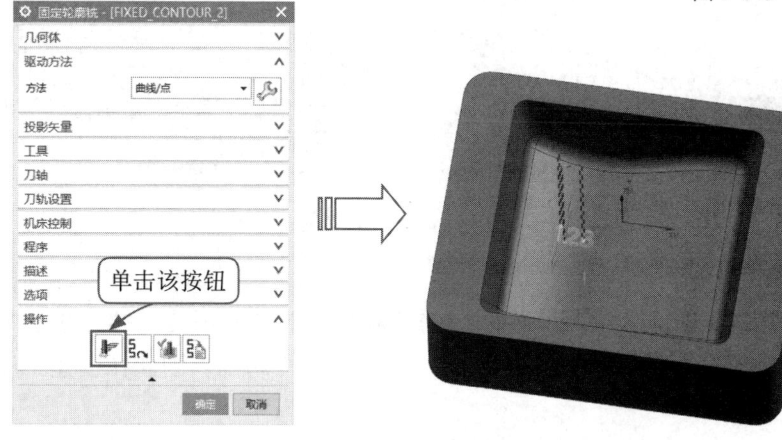

图 5-144　生成刀路轨迹

（2）确认刀轨。再单击“确定”按钮，打开“刀轨可视化”对话框，切换至“3D动态”选项卡，然后调节播放速度，单击“播放”按钮，进行3D动态仿真，如图5-145所示。

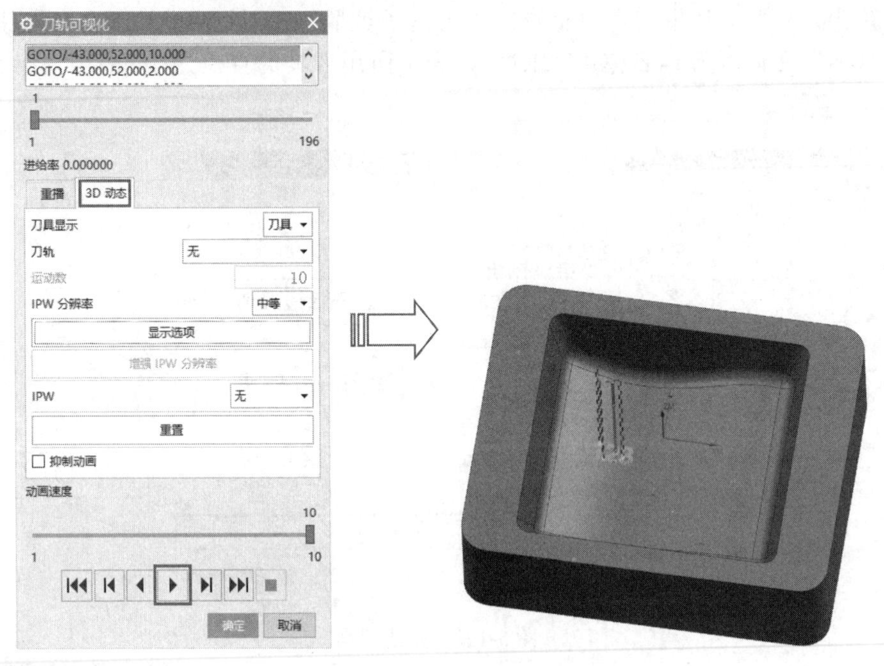

图5-145　3D动态仿真

【案例5-7】　螺旋铣削

“曲线/点”驱动方法还能实现螺旋铣削，可加工一些具备陡峭侧壁的工件，如图5-146所示。本例以左图为例，介绍具体的操作方法。

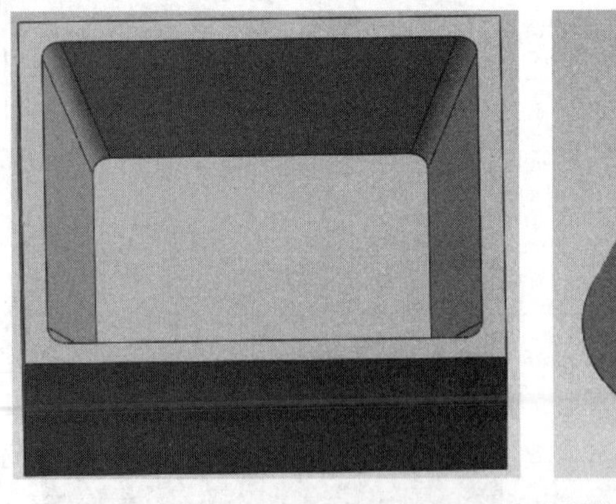
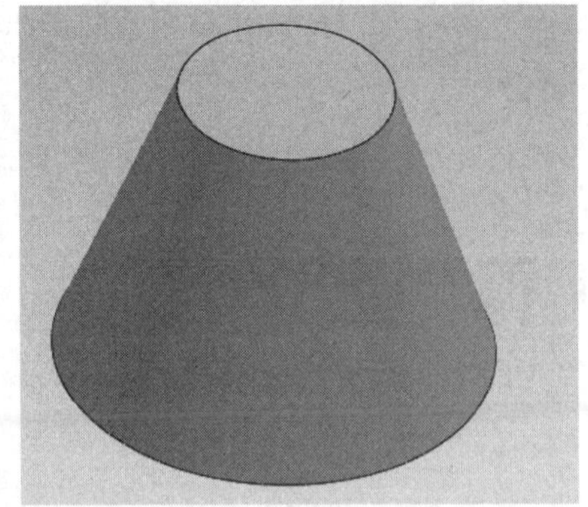

图5-146　具备陡峭侧壁的工件

1. 创建螺旋线

用“曲线/点”的方式进行工件侧壁的螺旋加工，其原理是以螺旋线的中心轴线向外投影，将螺旋线投影在工件侧壁，从而控制刀具进行切削。因此在创建工序之前，需要先创建一段螺旋线。

（1）先切换至建模环境。打开“素材\第5章”下的相应素材文件，然后在功能区中选择“应用模块”选项卡，然后单击其中的“建模”按钮，即可切换至建模环境，如图 5-147 所示。

图 5-147 切换至建模环境

（2）插入辅助线条。在菜单中选择“插入”｜“曲线”｜“直线”命令，如图 5-148 所示。

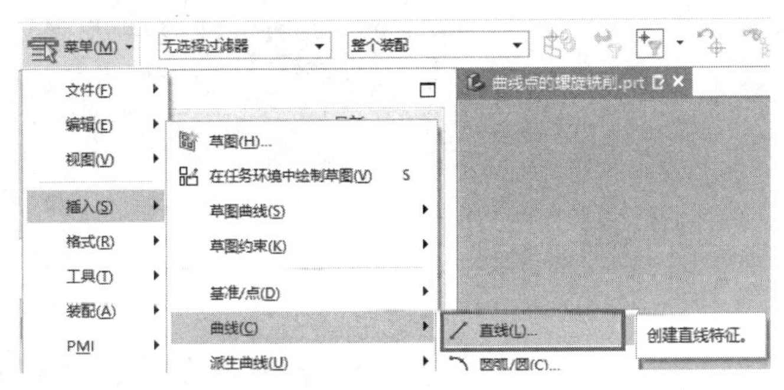

图 5-148 选择“直线”命令

（3）在上边框条的点过滤器中单击“圆弧中心”按钮，然后捕捉底面两个圆角的圆点为直线端点，如图 5-149 所示。

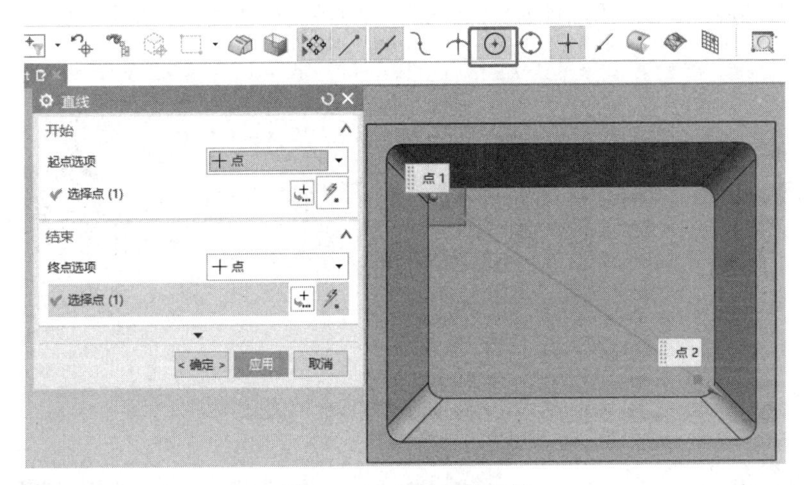

图 5-149 绘制辅助直线

（4）插入整圆。在菜单中选择“插入”｜“曲线”｜“圆弧 / 圆”命令，如图 5-150 所示。

（5）在上边框条的点过滤器中单击“中点”按钮，然后捕捉辅助线条的中点，设置半径为 1mm，再勾选“整圆”复选框，绘制一个整圆，如图 5-151 所示。

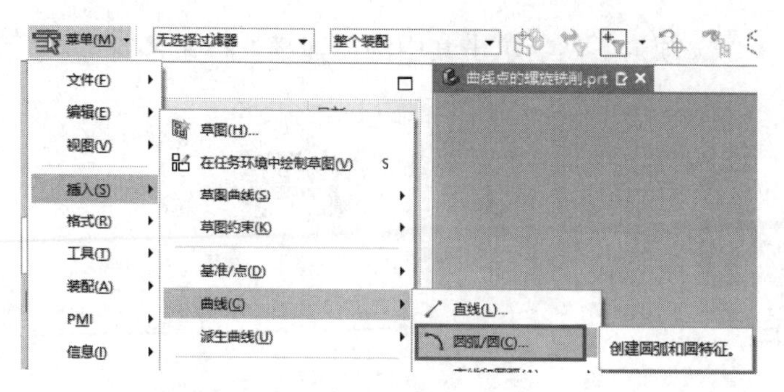

图 5-150　选择“圆弧 / 圆”命令

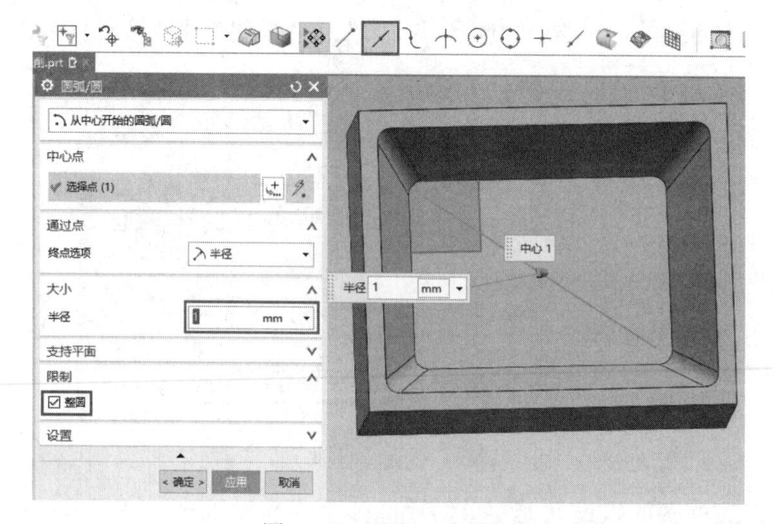

图 5-151　绘制一个整圆

（6）插入螺旋线。在菜单中选择“插入”|“曲线”|“螺旋”命令，如图 5-152 所示。

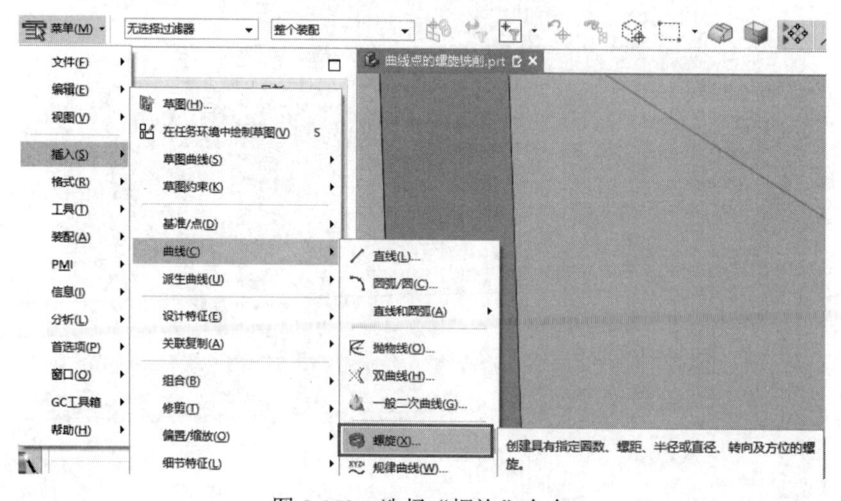

图 5-152　选择“螺旋”命令

（7）在打开的“螺旋”对话框中将坐标系指定为“动态”选项，并选择所创建整圆的圆心为螺旋的放置点（注意 +ZC 轴竖直朝上）。再设置“半径”同整圆半径一样为 1mm；“螺距”即每刀的螺旋下刀量，本例选择“恒定”，值为 1mm；“终止限制”

即为工件侧壁的加工高度，经测量为28mm，因此输入28。创建的螺旋线如图5-153所示。

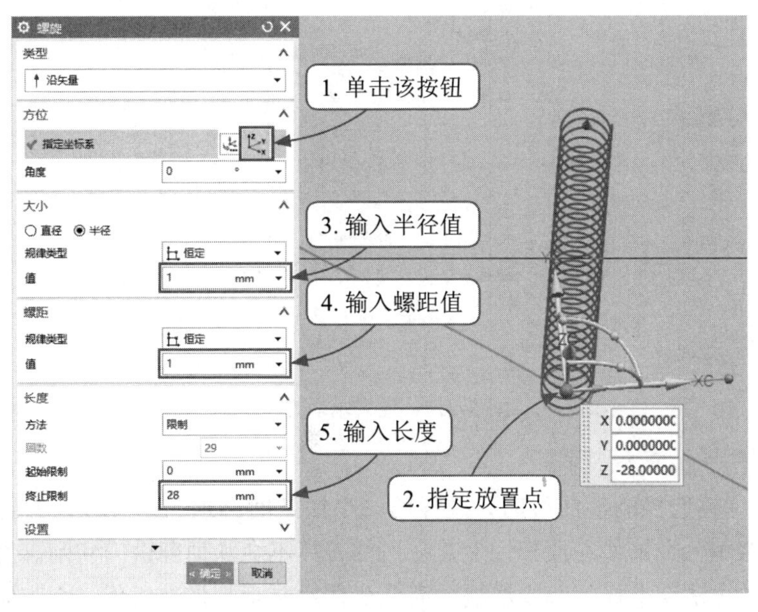

图5-153 创建螺旋线

2. 创建工序并指定驱动方法

指定部件。按前文介绍的方法进入加工环境并创建工序，打开“固定轮廓铣”对话框，然后在“几何体”选项组中单击“指定部件”按钮，选取整个模型零件实体作为部件几何体，如图5-154所示。

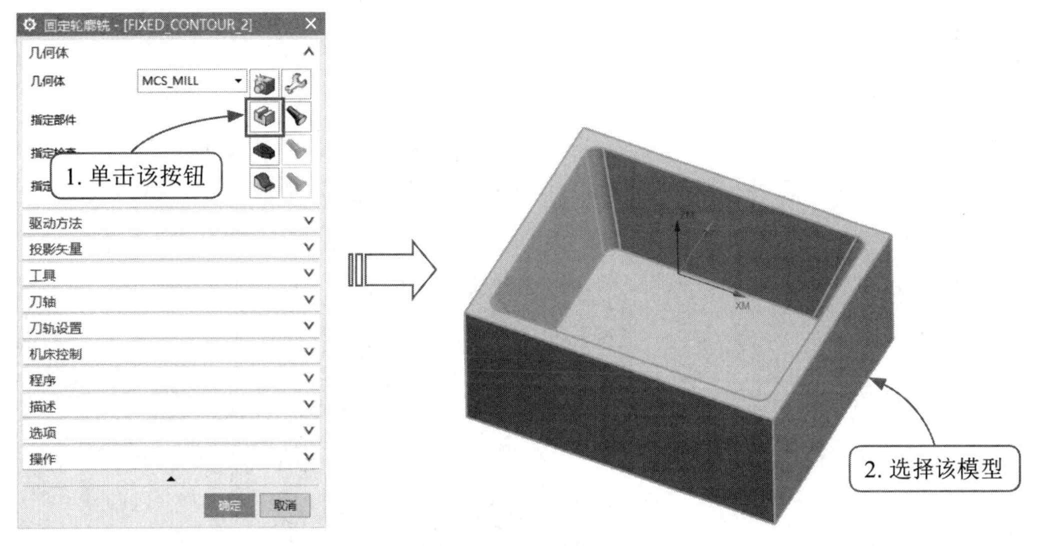

图5-154 指定部件

3. 设置驱动方法

选择驱动方法为“曲线/点”，然后在打开的“曲线/点驱动方法”对话框中选择所创建的螺旋线和整圆为驱动曲线，并将切削步长改为公差0.01，如图5-155所示。

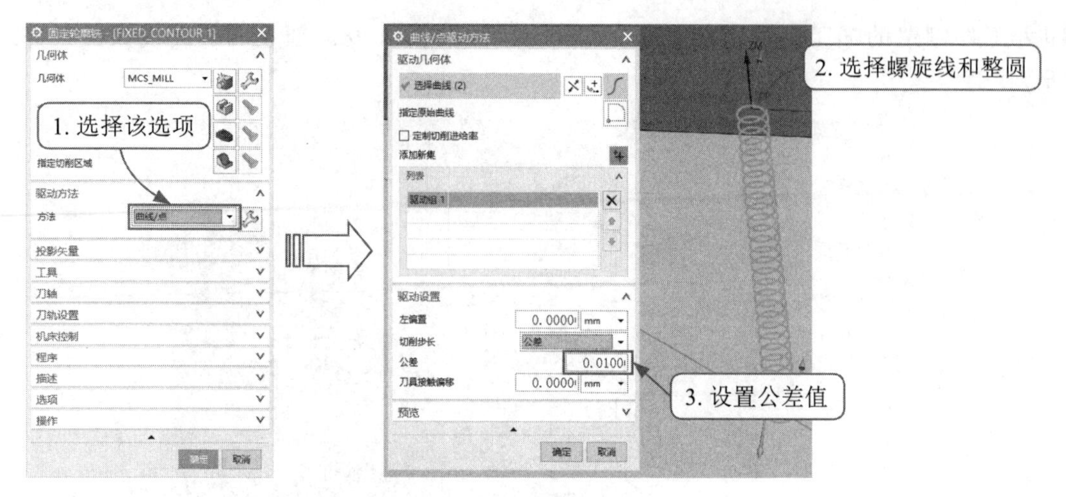

图 5-155　设置驱动方法

提示：注意在选择驱动曲线时，选择第一个线条时必须为螺旋线，并且指定完螺旋线以后确保第一个箭头在顶部，没有在顶部刀具不会从顶部进刀切削。另外，不要用添加新集的方法来选择圆和螺旋线，而是要依次选中，使其成为一个整体，只需确保二者箭头方向一致即可。因此在驱动列表中也只存在一个驱动组，如图 5-156 所示。

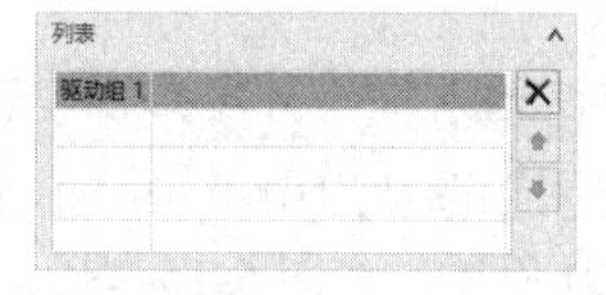

图 5-156　只有一个驱动组

4. 指定投影矢量

展开“投影矢量”选项组，然后选择矢量方式为“远离直线”选项，打开“远离直线”对话框，选择竖直朝上的 +ZM 轴为指定矢量、底部创建的整圆圆心为指定点，如图 5-157 所示。

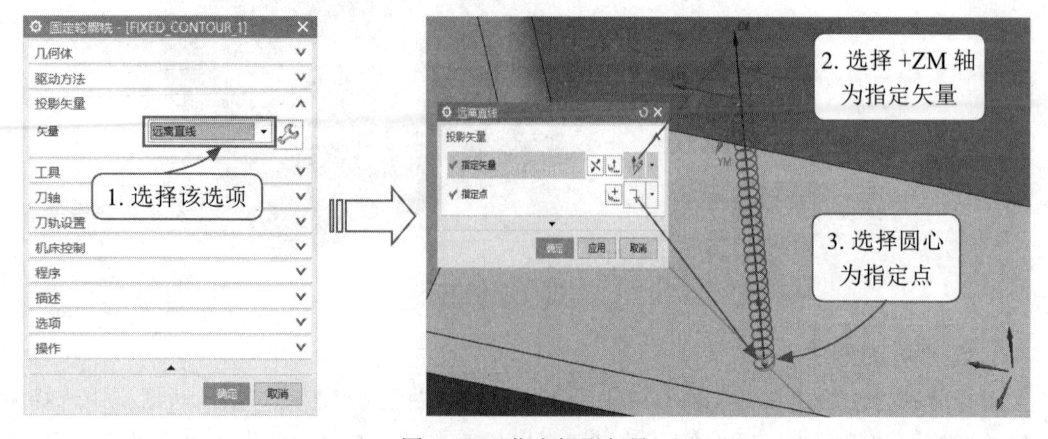

图 5-157　指定投影矢量

5. 生成刀路并模拟

（1）按前文介绍的方法单击“生成”按钮生成刀路，如图 5-158 所示。

（2）可见此时刀路在底部有两条移刀，如图 5-159 所示。其原因是因为创建的螺旋线与底部的圆有缝隙，这时可以通过旋转螺旋线角度解决这一问题。

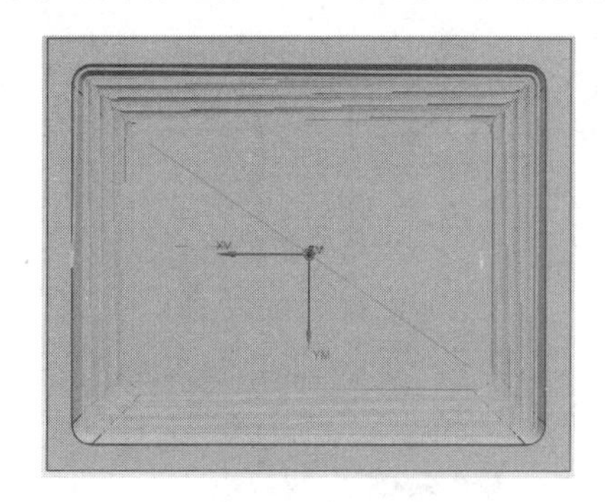

图 5-158 生成刀路

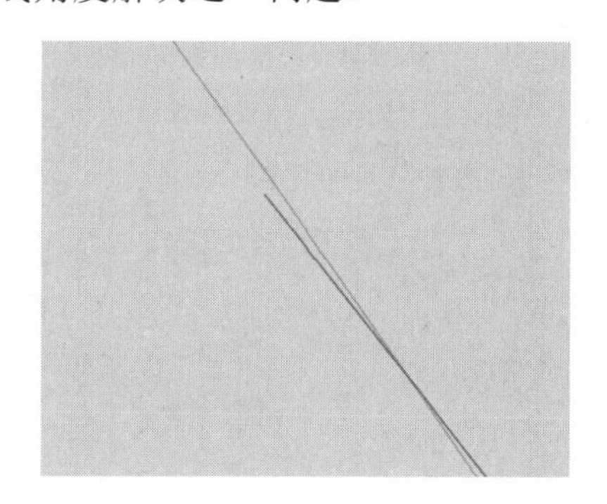

图 5-159 两条移刀

（3）修改螺旋线角度。返回建模环境，然后双击部件导航器中的“螺旋”特征，即可打开“螺旋”对话框进行更改，将角度修改为 90° 即可，如图 5-160 所示。

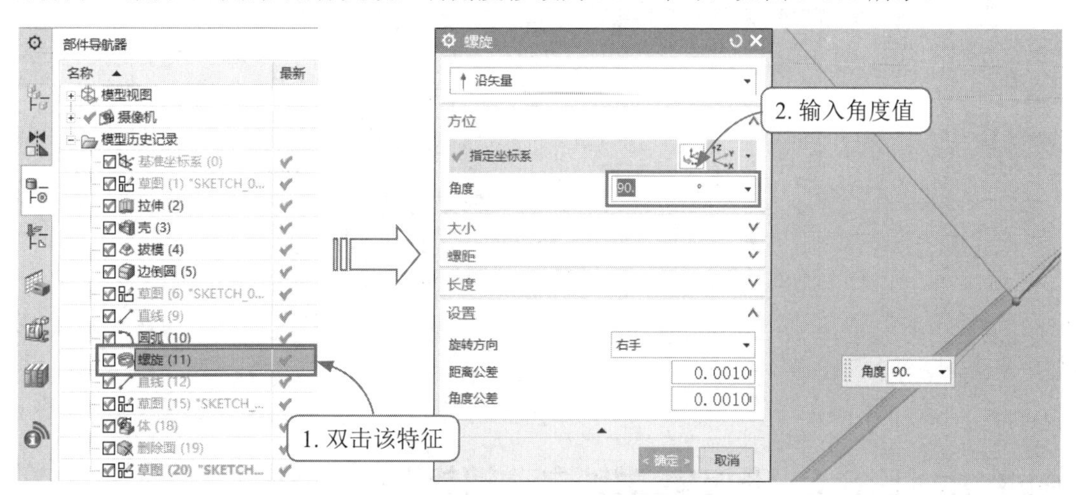

图 5-160 修改螺旋角度

（4）修改后再返回加工模块，生成刀路，效果如图 5-161 所示。

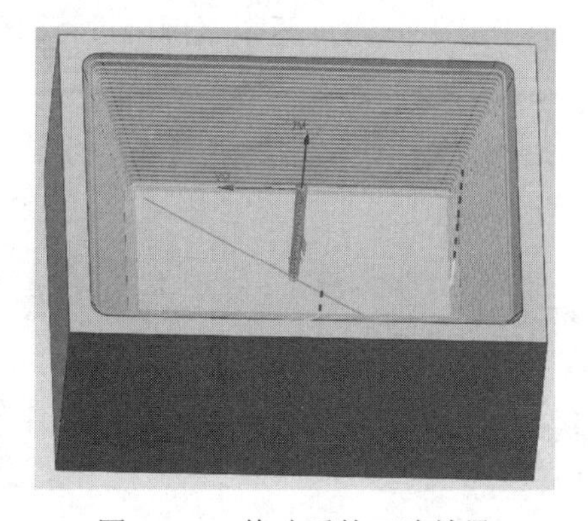

图 5-161 修改后的刀路效果

提示：图 5-146 中的右侧工件也可以用“曲线 / 点”驱动方法进行螺旋切削，步骤也是一样的。要注意的是在“曲线 / 点”选择时螺旋线箭头应该在下，如图 5-162 所示，且在加工工件外轮廓时投影矢量应选择为“朝向直线”，如图 5-163 所示。

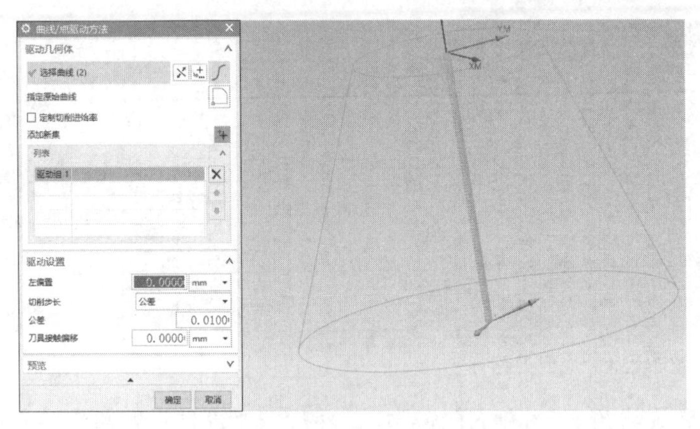

图 5-162　螺旋线箭头在下方

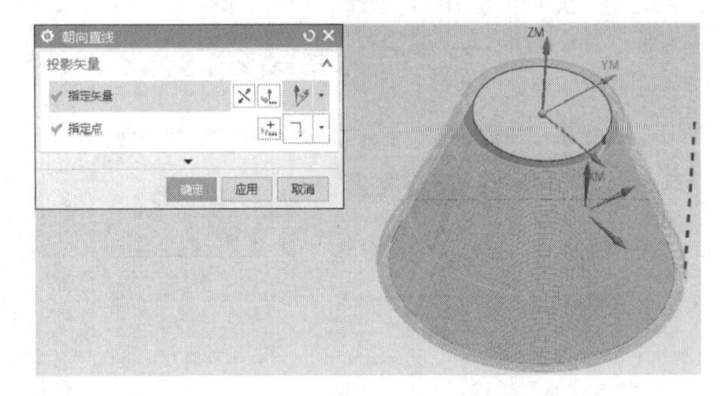

图 5-163　投影矢量选择为“朝向直线”

5.8.2　固定轮廓铣之“螺旋”

如果要加工如图 5-164 所示的圆形顶部平面时，就可以使用螺旋的驱动方法来进行加工。下面通过两个案例来进行讲解。

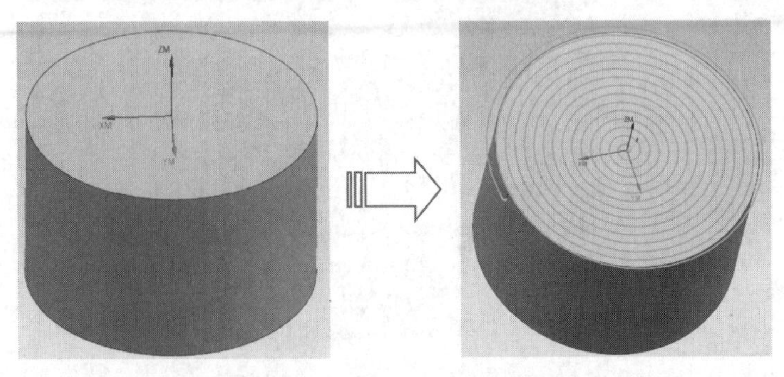

图 5-164　螺旋铣削圆形顶面

【案例 5-8】　螺旋铣削圆形顶面

（1）打开“素材\第 5 章”下的相应素材文件，然后按前文介绍的方法进入加工环境并创建工序，打开“固定轮廓铣”对话框，选择整个模型为指定部件。

（2）选择驱动方法为“螺旋”，然后在打开的“螺旋驱动方法”对话框中选择顶面圆心为指定点，“最大螺旋半径”设置为 75，如图 5-165 所示。

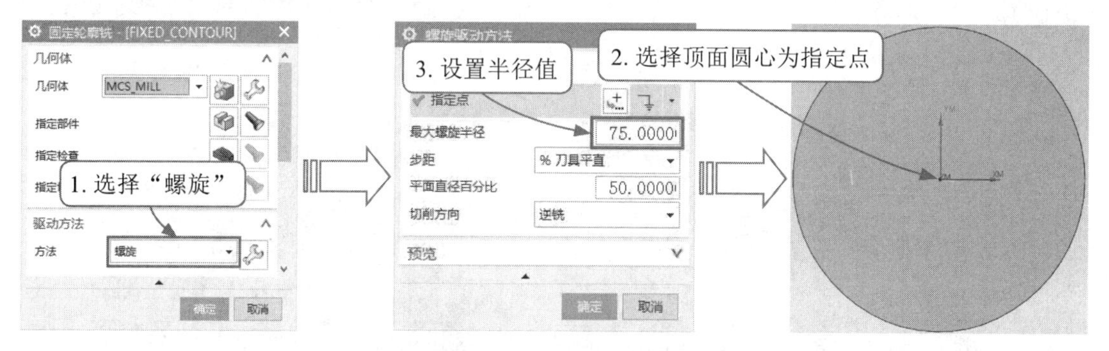

图 5-165　设置螺旋驱动方法

提示：“最大螺旋半径”指的是从顶面圆心到螺旋终点位置的距离，即刀轨的半径。该值需要根据加工面的大小来输入，一般比工件半径大 5mm 即可（防止刀具在工件表面抬刀），本例工件的半径约为 70mm，因此“最大螺旋半径”输入值为 75。当“最大螺旋半径”远远大于加工平面的半径时，刀轨会延伸加工至工件侧壁，从俯视角看所生成的刀轨在顶面和侧壁的步距非常均匀，如图 5-166 所示；但如果切换至侧面视角，就会发现侧壁步距明显变大，如图 5-167 所示。因此该驱动方法不适合侧壁和顶面一起加工的情况。

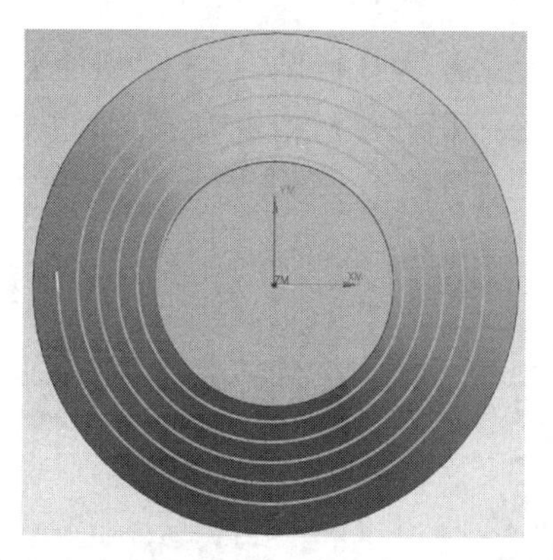

图 5-166　俯视角看刀轨步距均匀

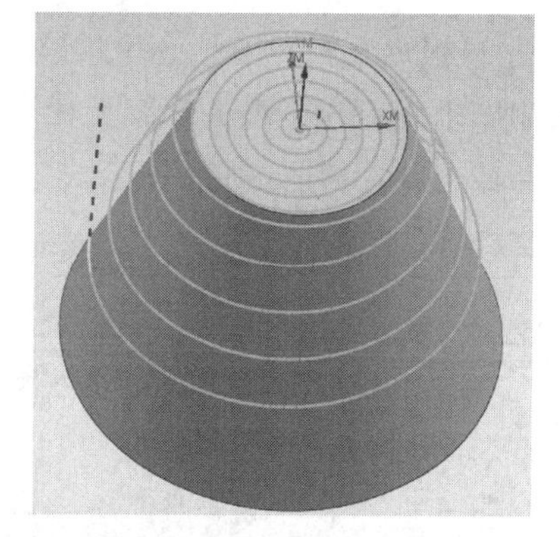

图 5-167　侧面视角看侧壁部分步距明显变大

（3）选择刀具为 R10R0，然后按前文介绍的方法单击“生成”按钮生成刀路，如图 5-168 所示。

【案例 5-9】 螺旋铣削中间有孔的圆形顶面

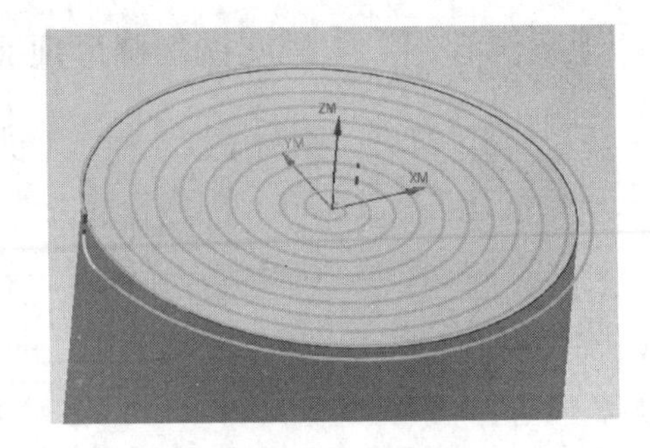

图 5-168 刀路效果

如果要加工如图 5-169 所示中间有孔的工件顶面（仅环形区域），此时若直接使用“螺旋”驱动进行加工，那么刀具会在中间底部也进行切削，造成过切。这个时候就可以通过指定切削区域来优化刀路。

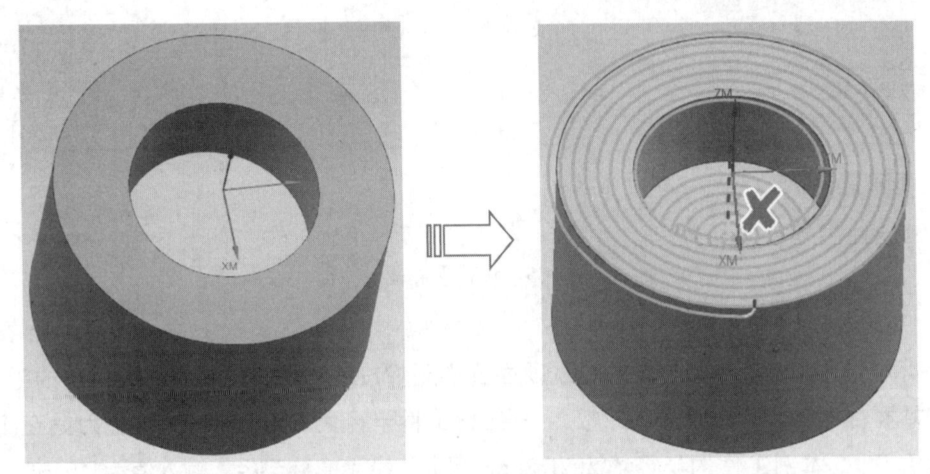

图 5-169 直接使用螺旋加工会过切

（1）打开“素材\第 5 章”下的相应素材文件，然后按前文介绍的方法进入加工环境并创建工序，打开“固定轮廓铣”对话框，选择整个模型为指定部件。

（2）在“几何体”选项组中单击“指定切削区域”按钮，然后选择环形面为要进行加工的区域，如图 5-170 所示。

（3）再根据案例 5-8 所介绍的步骤，选择驱动方法为“螺旋”，在“螺旋驱动方法”对话框中的指定点和“最大螺旋半径”和案例 5-8 一样，最后指定刀具，单击“生成”按钮生成刀路，如图 5-171 所示。

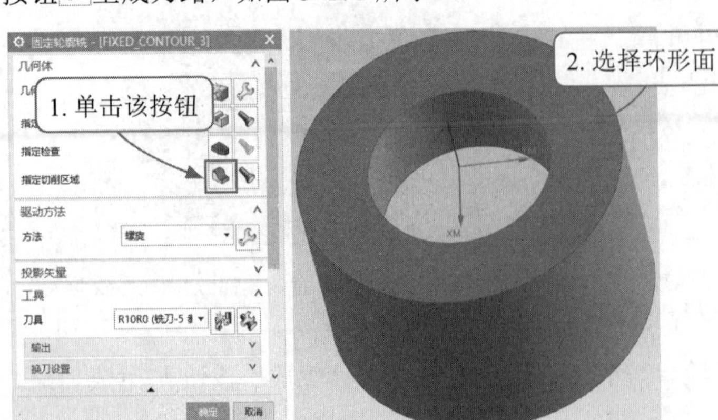

图 5-170 指定切削区域

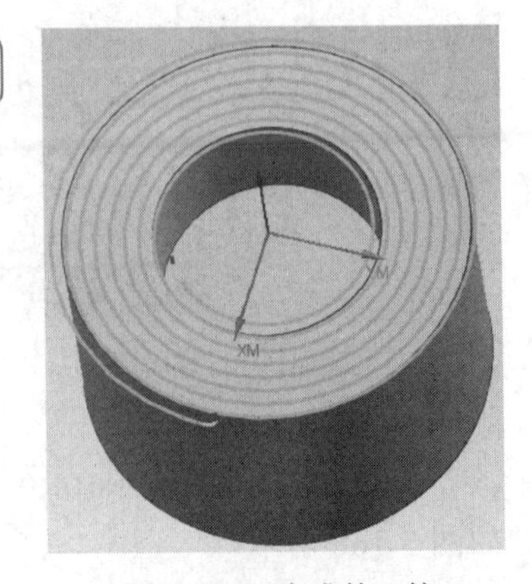

图 5-171 生成的刀轨

5.8.3　固定轮廓铣之“区域铣削”

“区域铣削”用于以各种切削模式切削选定的面或切削区域，常用于半精加工和精加工。当选择驱动方法为“区域铣削”后，会打开“区域铣削驱动方法”对话框，在其中可以设置非陡峭切削模式，如图 5-172 所示。

图 5-172　非陡峭切削模式

提示：区域铣削和非陡峭切削模式关联性较强，因此为方便讲解，会将二者选项组合拼写。例如，先选择驱动方法为“区域铣削”，再选择非陡峭切削模式为“往复”，那么本书将简写成“区域铣削 - 往复”。本节将通过三个案例来介绍该驱动方法的使用。

【案例 5-10】　区域铣削 - 往复

驱动方法为“区域铣削 - 往复”加工时，可通过指定部件、指定切削区域、指定切削角度来实现绝大部分工件的曲面加工，如图 5-173 所示的工件顶面和工件底部可以使用往复进行高效切削。

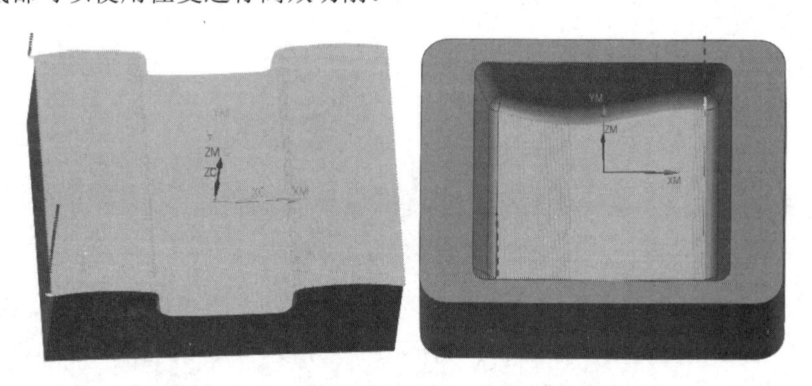

图 5-173　“区域铣削 - 往复”加工的典型示例

（1）指定部件和切削区域并选用刀具。打开“素材\第5章”下的相应素材文件，然后按前文介绍的方法进入加工环境并创建工序，选择整个模型为指定部件，再单击“指定切削区域”按钮，选择工件顶面为铣削区域，再选择刀具为D6R3，如图5-174所示。

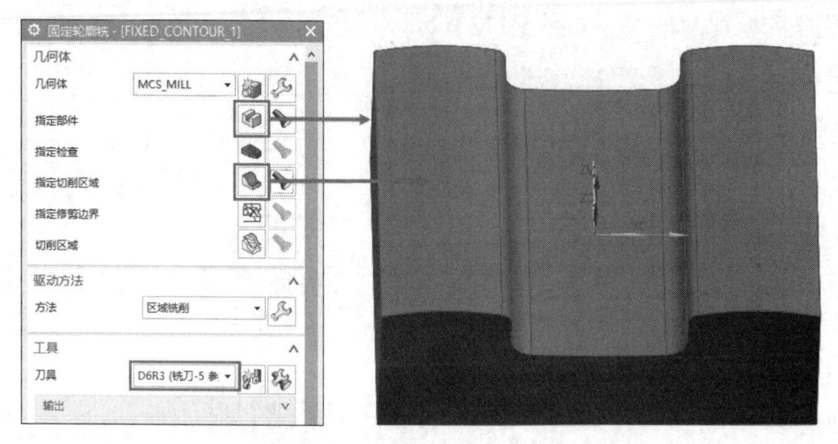

图5-174　指定部件和切削区域

（2）指定驱动方法并设置参数。选择驱动方法为“区域铣削”，打开“区域铣削驱动方法”对话框后设置“非陡峭切削模式”为“往复”，“切削方向”为“顺铣”，“步距”改为“恒定”，“最大距离”输入为1mm（步距越小加工表面越光滑，但加工时间也会随之增长），将“切削角”改为“指定”，并在“与XC的夹角”处输入角度为0，如图5-175所示。

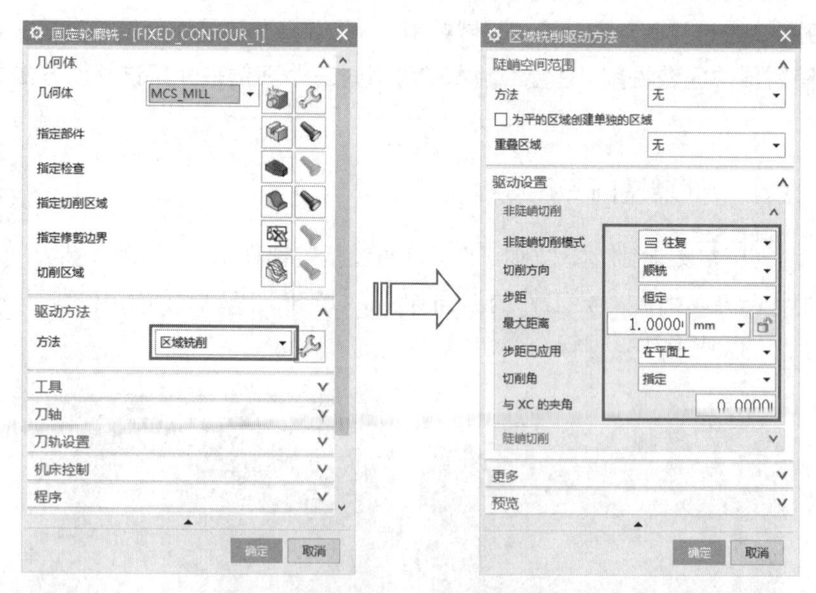

图5-175　指定驱动方法并设置参数

（3）与XC的夹角角度决定了刀路往复切削的方向。当角度为0°时，生成的刀路沿着XC方向进行往复切削，如图5-176所示；当角度为90°时，刀路沿着垂直XC方向进行往复切削，可见侧壁部分没有生成刀轨，如图5-177所示。

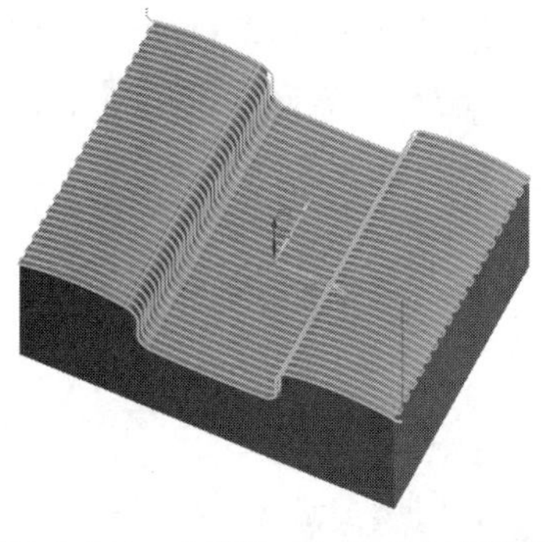
图 5-176　角度为 0° 时往复切削效果

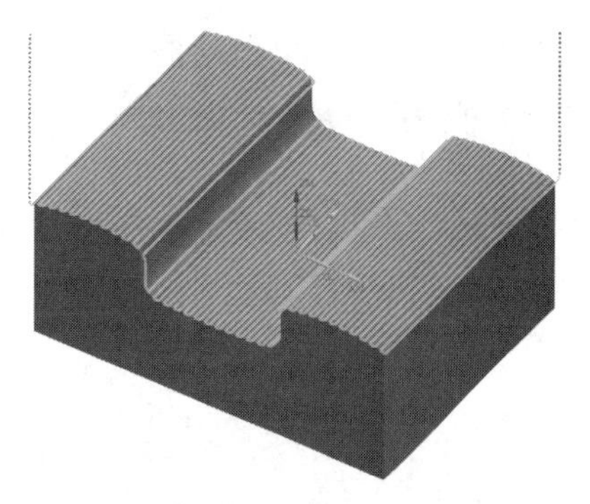
图 5-177　角度为 90° 时往复切削效果

提示：可以看到在使用“区域铣削 - 往复”加工时，切削角度控制着刀路切削方向。上面案例中的这个工件在切削角度设置不对时，刀路在加工侧壁时明显有漏加工现象，有时还会产生跳刀。而换做其他零件，如图 5-178 和图 5-179 所示，可以看到该工件的切削角度为 90° 时刀路没有跳刀，切削角度为 0° 时刀路则产生了跳刀。因此在使用“区域铣削 - 往复”切削时，应根据工件的实际情况，注意用切削角度来进行刀路的优化。

图 5-178　角度为 90° 时往复切削效果

图 5-179　角度为 0° 时往复切削效果

【案例 5-11】　区域铣削 - 跟随周边

驱动方法为“区域铣削 - 跟随周边”时可通过指定部件、指定修剪边界来实现工件周边的倒角加工，如图 5-180 所示。

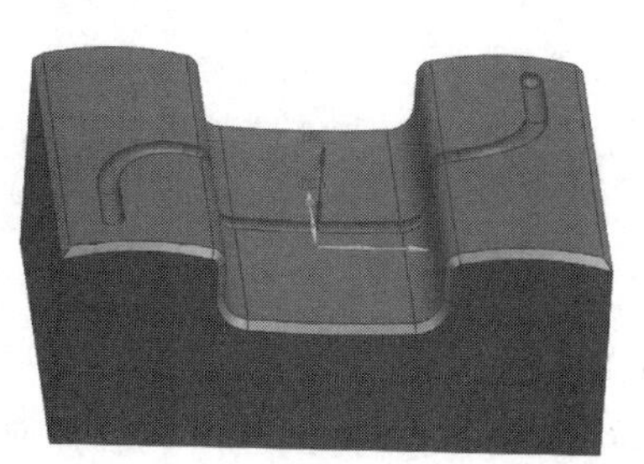
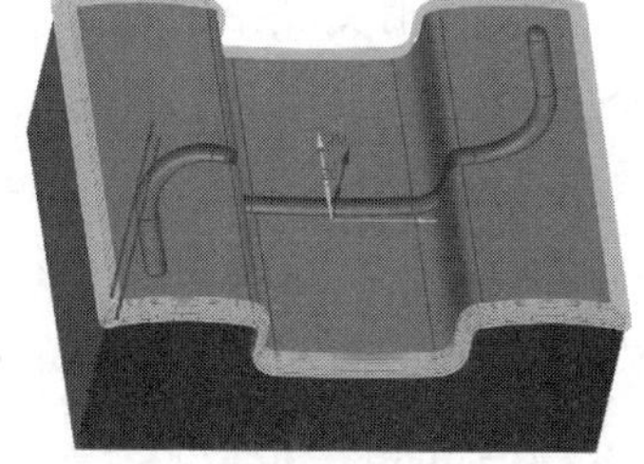
图 5-180　倒角加工

（1）创建修剪边界的辅助曲线。打开“素材\第5章”下的相应素材文件，然后在“菜单”中选择“插入”｜“派生曲线”｜“在面上偏置”命令，如图5-181所示。

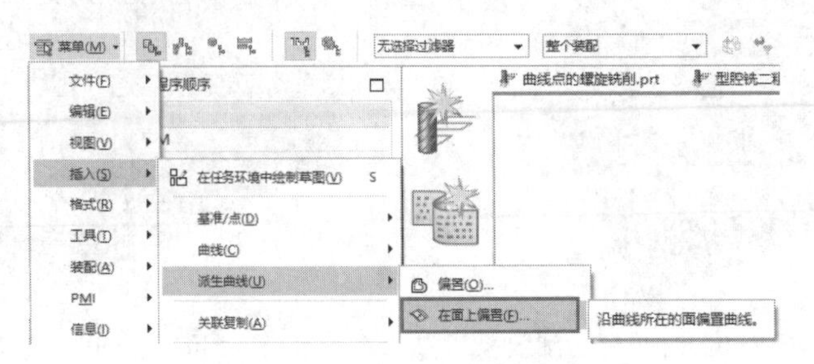

图5-181　选择“在面上偏置”命令

（2）创建刀路的内部边界。打开“在面上偏置曲线”对话框，选择模型底面的四个边为偏置曲线，偏置距离为零件的倒角宽度3mm，再选择底面为偏置平面，如图5-182所示。

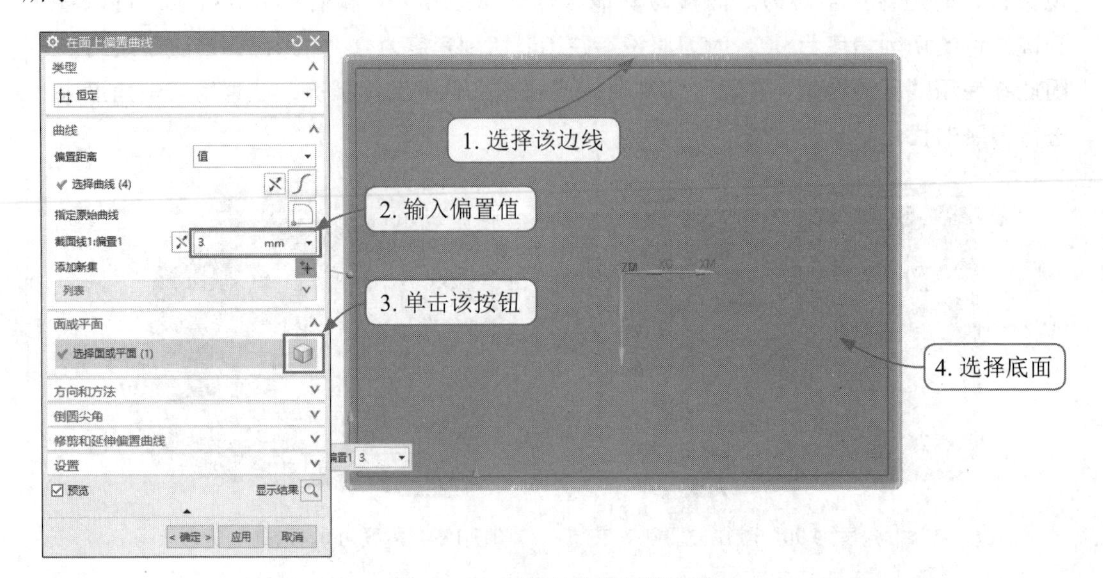

图5-182　创建刀路的内部边界

（3）创建刀路的外部边界。单击“应用”按钮，创建第一条偏置曲线，此时“在面上偏置曲线”对话框不会退出，因此接着创建第二条偏置曲线作为外部边界。同样选择底面的四个边，偏置距离为加工该倒角的刀具半径加0.1mm，即3.1mm，再选择底面为偏置平面，如图5-183所示。

（4）创建工序。按前文介绍的方法进入加工环境并创建工序，将驱动方式改为“区域铣削”，打开“区域铣削驱动方法”对话框后设置“非陡峭切削模式”为“跟随周边”；“刀路方向”改为“向外”，让刀具从内向外进行切削；“切削方向”修改为“顺铣”；“步距”修改为“恒定”；“最大距离”根据刀具进行修改，刀具直径越大该数值越大，如果太小会浪费加工时间。设置效果如图5-184所示。

（5）单击“确定”按钮，返回“固定轮廓铣”对话框，然后在“几何体”选项组中单击“指定部件”按钮，选取整个模型零件实体作为部件几何体。

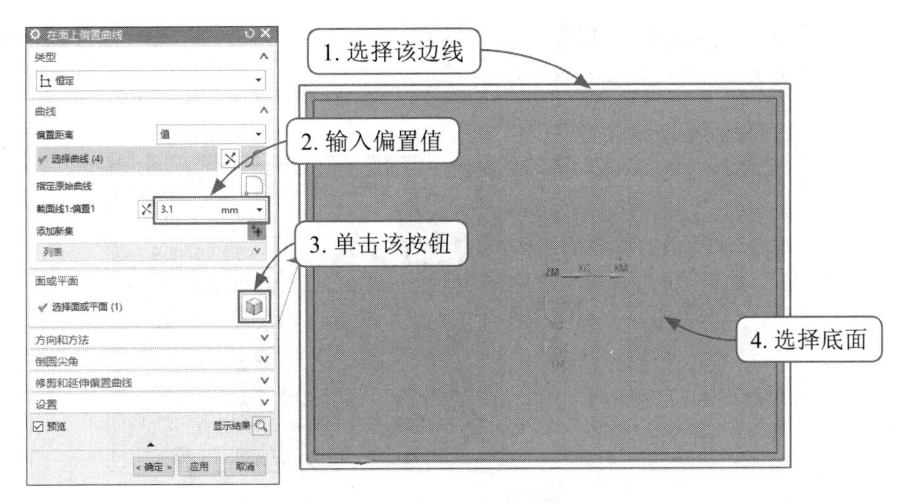

图 5-183　创建刀路的外部边界

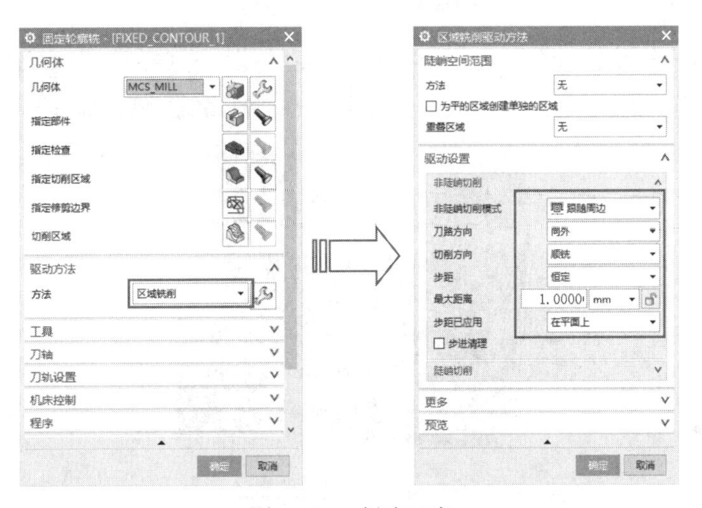

图 5-184　创建工序

（6）单击“指定修剪边界”按钮，打开“修剪边界”对话框，选择方法为“曲线”选项，然后选择第一条偏置曲线作为刀路的内部边界，因此修剪侧选择为“内侧”选项，如图 5-185 所示。

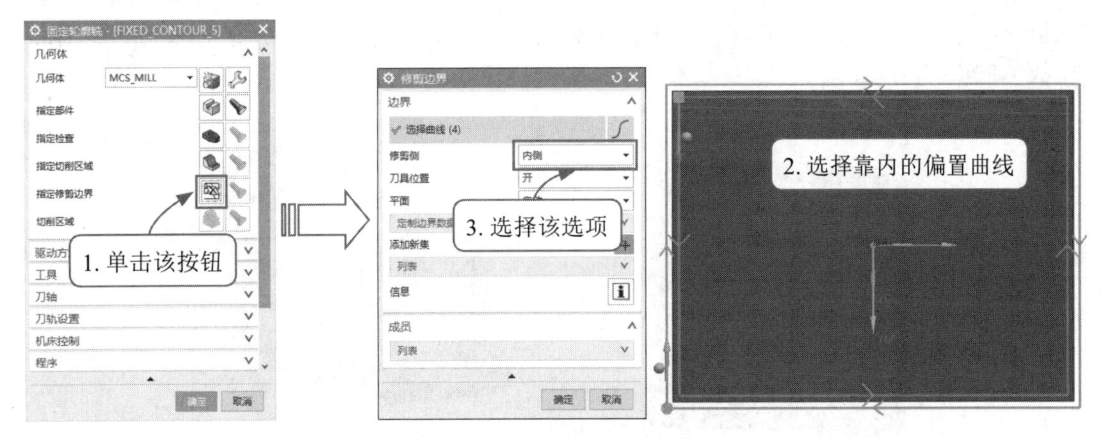

图 5-185　指定第一个修剪边界

（7）单击“添加新集”按钮，然后选择第二条偏置曲线作为刀路的外部边界，修剪侧改为“外侧”选项，如图 5-186 所示。

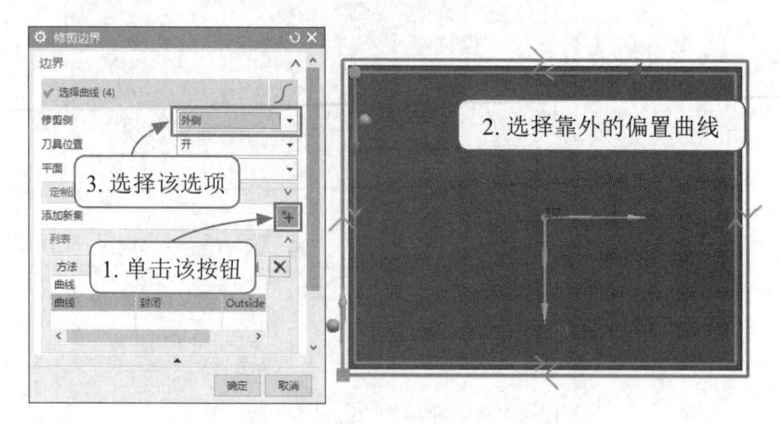

图 5-186　指定第二个修剪边界

（8）生成刀路轨迹。设置完成后单击“确定”按钮，返回“固定轮廓铣”对话框，然后在“操作”选项组中单击“生成”按钮，生成刀路轨迹，如图 5-187 所示。

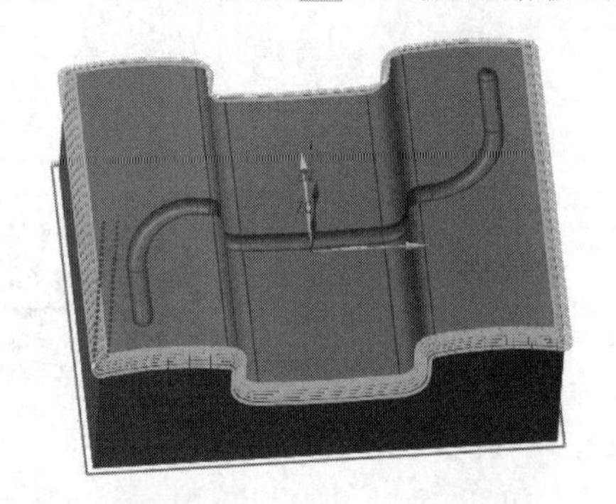

图 5-187　生成刀路轨迹

【案例 5-12】　区域铣削 - 径向往复

驱动方法为“区域铣削 - 径向往复”加工时，可通过指定部件、指定切削区域来实现工件外形不规则、内形为圆的工件曲面加工。如图 5-188 所示的工件顶面，除内面圆形不加工之外，其余顶面可以实现刀路均匀的高效切削。

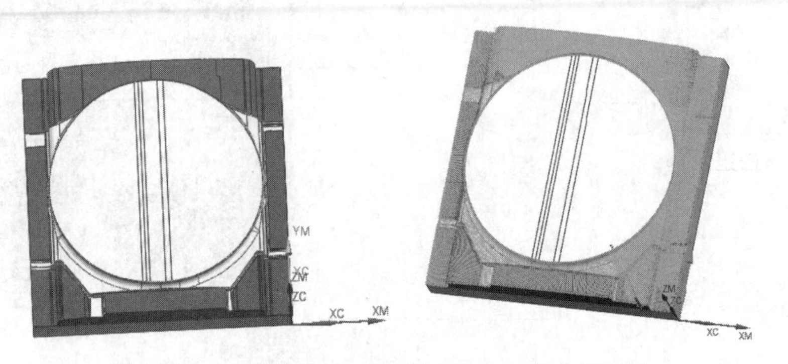

图 5-188　“区域铣削 - 径向往复”加工的典型示例

（1）打开“素材\第 5 章”下的相应素材文件，然后按前文介绍的方法进入加工环境并创建工序，选择整个模型为指定部件，再单击“指定切削区域”按钮，选择除内面圆形之外的所有顶面为切削区域，再选择刀具为 D6R3，如图 5-189 所示。

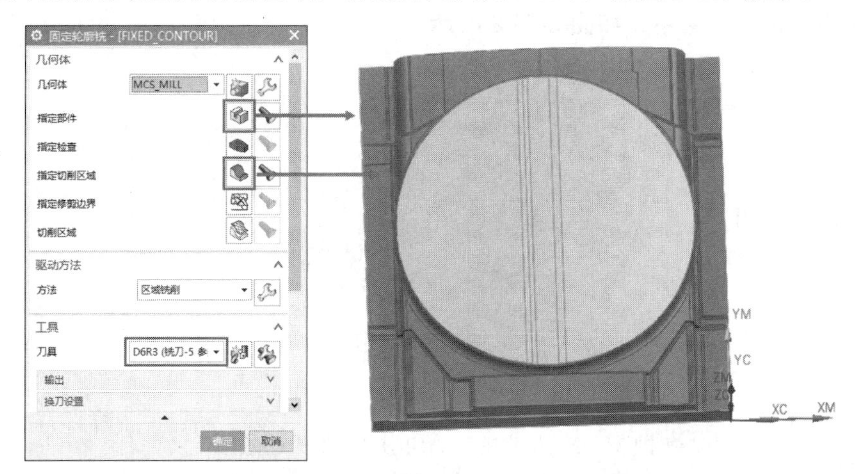

图 5-189　指定部件和切削区域

（2）选择驱动方法为“区域铣削”，打开“区域铣削驱动方法”对话框后设置“非陡峭切削模式”为“径向往复”，“刀路中心”指定中心点，“刀路方向”改为“向外”，“切削方向”改为“顺铣”，修改“步距”为“恒定”，并输入最大距离为 3mm，如图 5-190 所示。

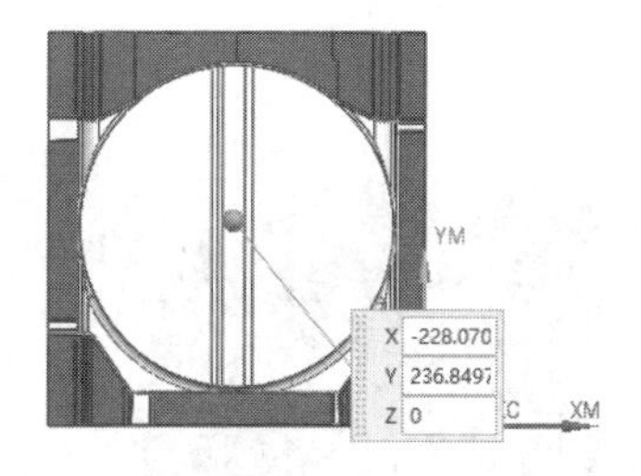

图 5-190　指定驱动方法并设置参数

（3）设置完成后单击“确定”按钮，返回“固定轮廓铣”对话框，然后指定刀具，最后生成刀路，如图 5-191 所示。

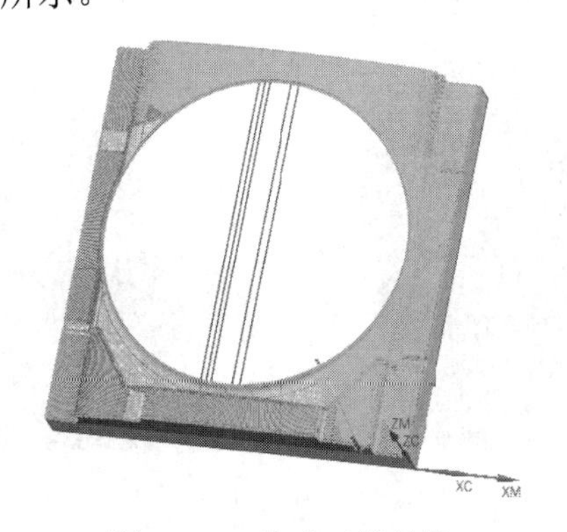

图 5-191　生成刀路效果

提示：“径向往复”是指定一个点，然后刀路从该点向外做放射性切削。所以在使用“径向往复”时，不能指定中间区域切削，因为当指定中间的切削区域后，可以发现中间的刀路十分密集，如图 5-192 所示。

图 5-192　指定中间的切削区域后刀路效果

5.8.4　固定轮廓铣之“引导曲线”

“引导曲线”是 NX 12.0 版本新增的指令，其功能十分强大，可以对不规则的曲面实现高效的螺旋切削。引导曲线有三种驱动模式，分别适用于不同的零件，如图 5-193 ～图 5-195 所示。

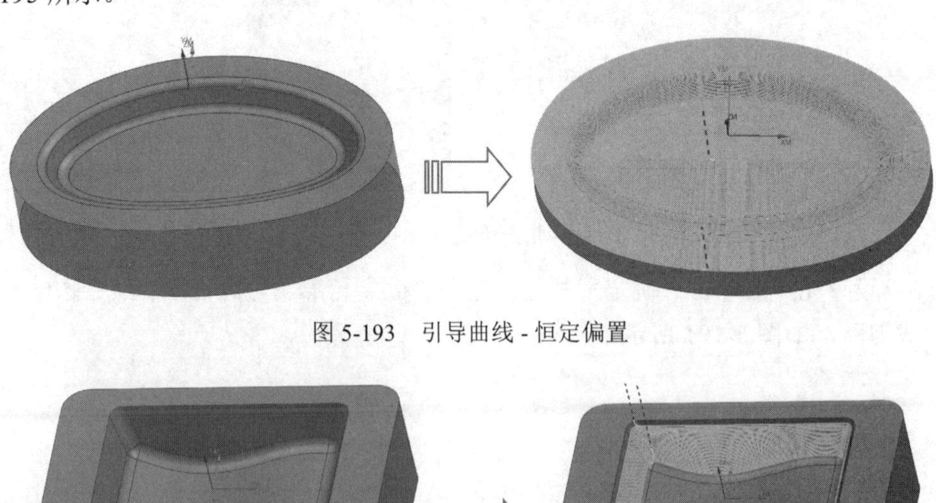

图 5-193　引导曲线 - 恒定偏置

图 5-194　引导曲线 - 变形

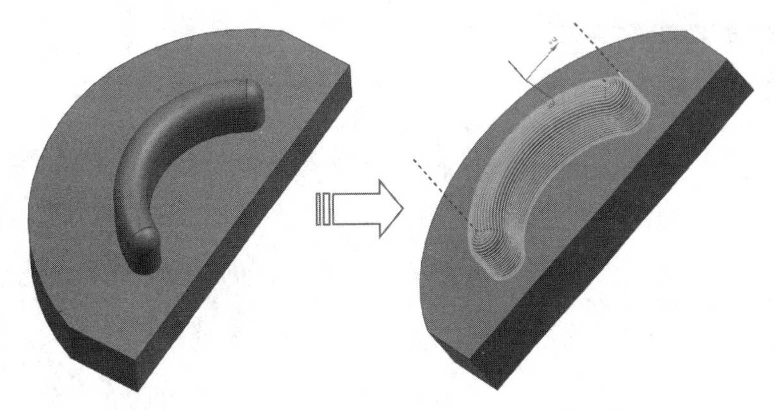

图 5-195　引导曲线 - 以引导线为中心的跑道

【案例 5-13】　引导曲线 - 恒定偏置

引导曲线为恒定偏置时，适用于曲面外形比较规律的零件曲面切削，它是通过固定偏置曲线的方式产生刀路，所以对于零件的外形要求比较严格。

（1）打开“素材\第 5 章”下的相应素材文件，然后按前文介绍的方法进入加工环境并创建工序，打开“固定轮廓铣”对话框，单击“指定部件”按钮，选择整个模型为指定部件，再单击“指定切削区域”按钮，选择整个上表面为切削区域，如图 5-196 所示。

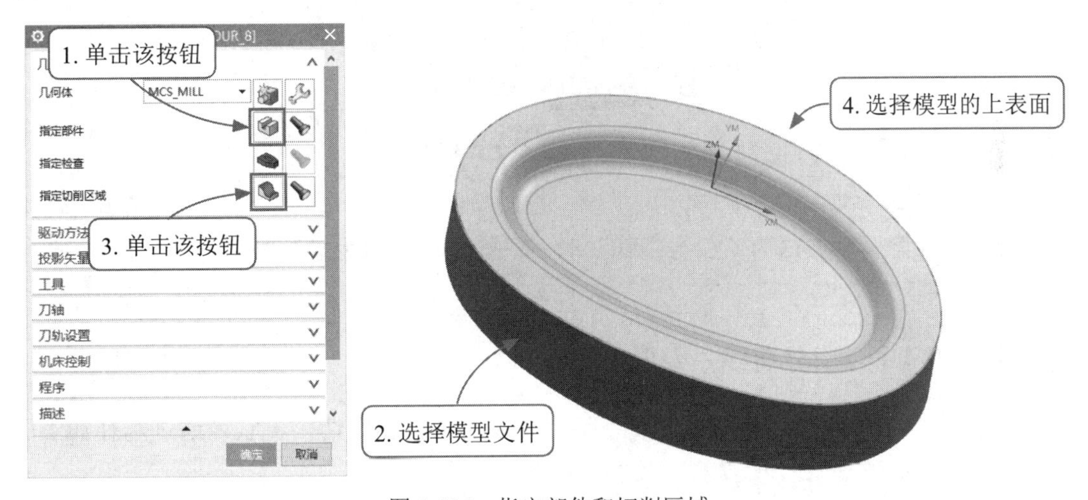

图 5-196　指定部件和切削区域

（2）选择驱动方法为“引导曲线”，打开“引导曲线驱动方法”对话框，然后将“模式类型”改为“恒定偏置”，切削侧面为“两侧”，选择曲线时选择零件最外围轮廓线，“切削模式”选择“螺旋”，“切削方向”选择“沿引导线”，“切削顺序”选择“从左到右”，“精加工刀路”选择“两者皆是”，如图 5-197 所示。

（3）设置完成后单击“确定”按钮，返回“固定轮廓铣”对话框，然后指定加工刀具并生成刀路，如图 5-198 所示。

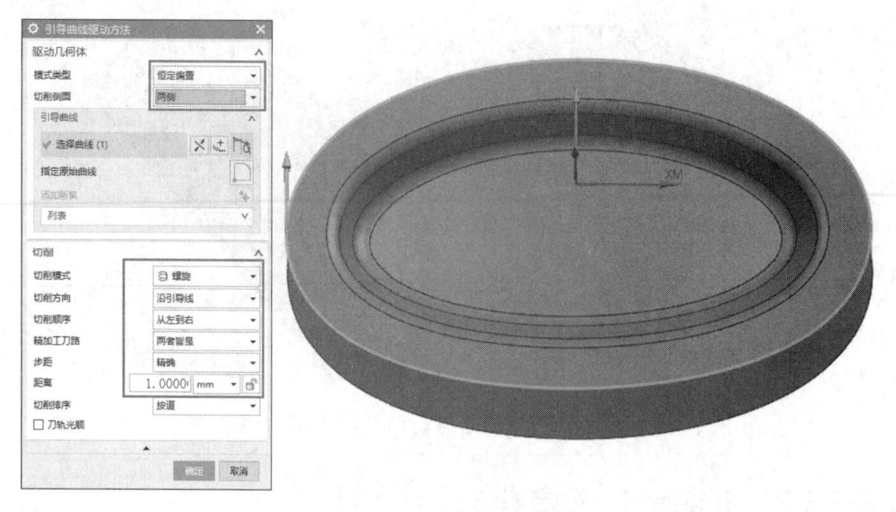

图 5-197　选择引导曲线

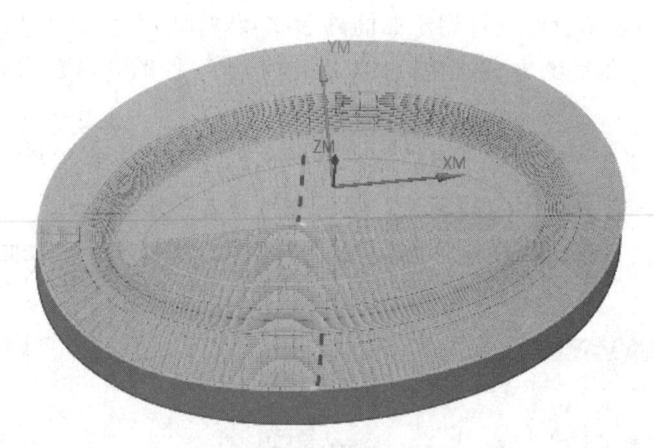

图 5-198　生成刀路效果

提示：注意驱动方法为“引导曲线”时，只能选用球刀生成刀路。

【案例 5-14】　引导曲线 - 变形

引导曲线为变形时，适用于曲面外形不规律的零件曲面切削，它是通过选择加工区域的两组线条产生刀路，所以对于线条的选择比较重要。

（1）打开“素材 \ 第 5 章”下的相应素材文件，然后按前文介绍的方法进入加工环境并创建工序，打开“固定轮廓铣”对话框，单击“指定部件”按钮，选择整个模型为指定部件，再单击“指定切削区域”按钮，选择模型内孔的侧壁为切削区域，如图 5-199 所示。

（2）选择驱动方法为“引导曲线”，打开“引导曲线驱动方法”对话框，然后将模式类型改为“变形”，通过添加新集的方式选择顶面的轮廓线和底面的轮廓线为引导线，切削模式选择“螺旋”，如图 5-200 所示。

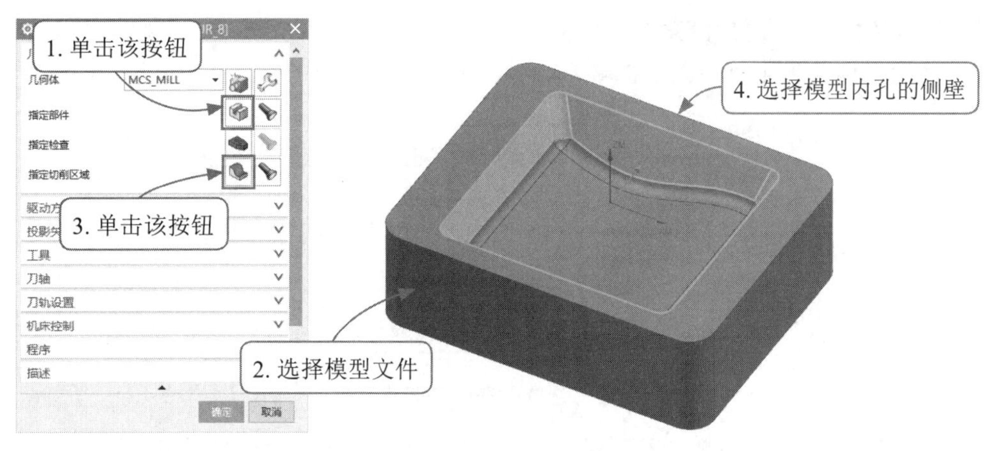

图 5-199 指定部件和切削区域

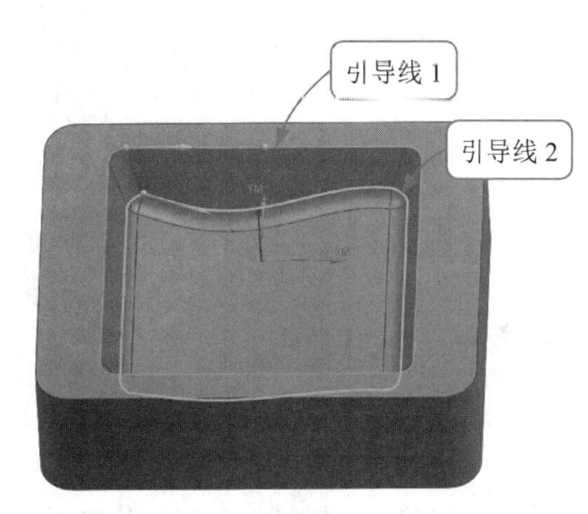

图 5-200 指定驱动方法并设置参数

（3）生成刀路轨迹。设置完成后单击“确定”按钮，返回“固定轮廓铣”对话框，然后指定刀具，最后在“操作”选项组中单击“生成”按钮，生成刀轨，如图 5-201 所示。

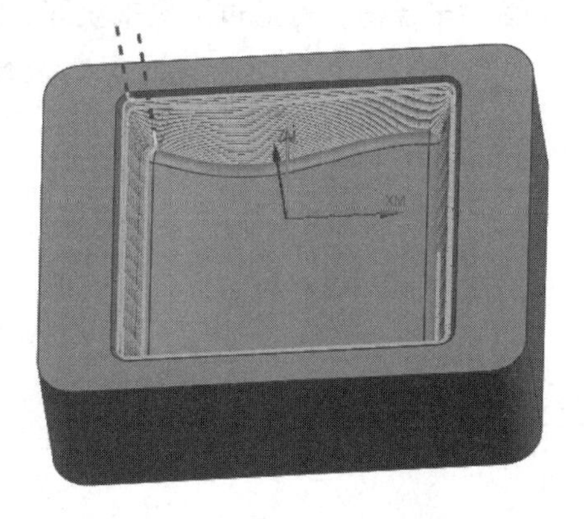

图 5-201 生成刀路效果

【案例 5-15】 引导曲线——以引导线为中心的跑道

引导曲线为以引导线为中心的跑道时，适用于曲面外形比较规律的凸台曲面切削，刀路偏离单条引导曲线，使用恒定步距，并围绕曲线的端点。所以要先做出中间的引导线，另外对于零件的外形要求也比较严格。

（1）创建引导线。打开“素材\第5章”下的相应素材文件，然后在“菜单”中选择“插入”|“派生曲线”|“在面上偏置”命令，如图5-202所示。

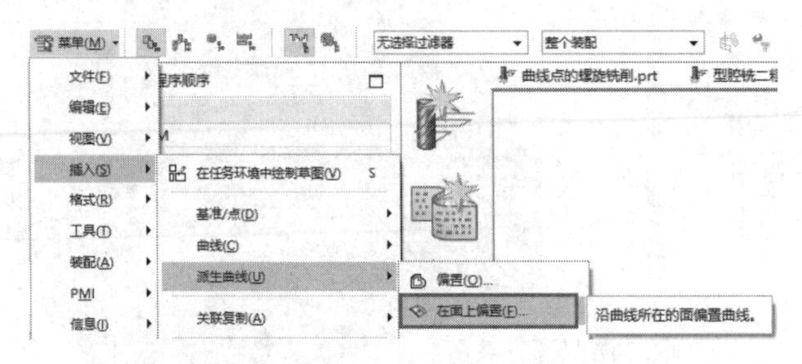

图5-202 选择“在面上偏置”命令

（2）打开“在面上偏置曲线”对话框，选择模型文件中凸起部分的弧线为偏置曲线，上表面为偏置平面，输入偏置距离值为10，向凸起部分内侧进行偏置，如图5-203所示。

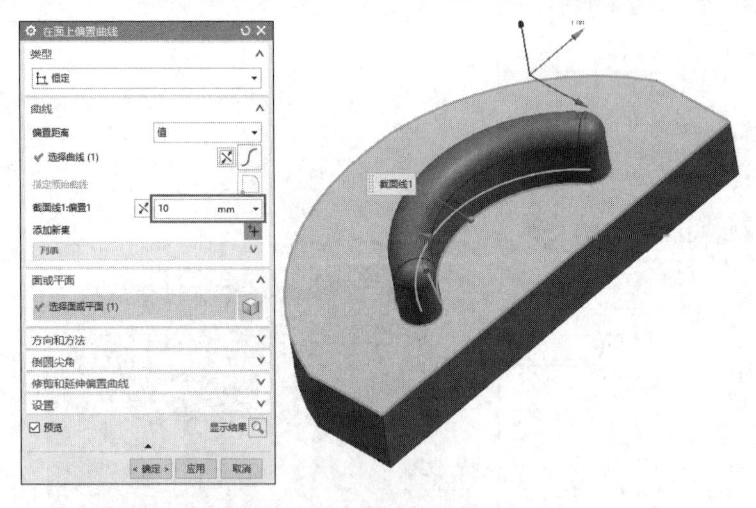

图5-203 创建偏置曲线

提示：得到的偏置曲线要位于凸起部分中间，因此偏置值就是凸起部分两侧圆弧面的半径值，可通过测量来获取，如图5-204所示。

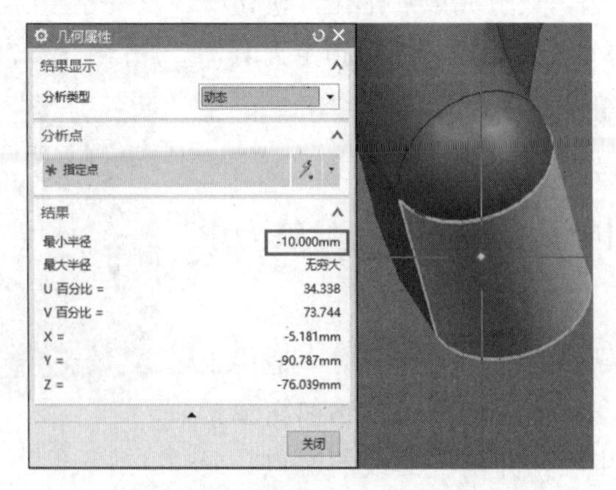

图5-204 测量圆弧面得到半径值

（3）再执行“投影曲线”命令，以上步骤得到的偏置曲线为要投影的曲线，向凸起部分的上侧进行投影，如图 5-205 所示。

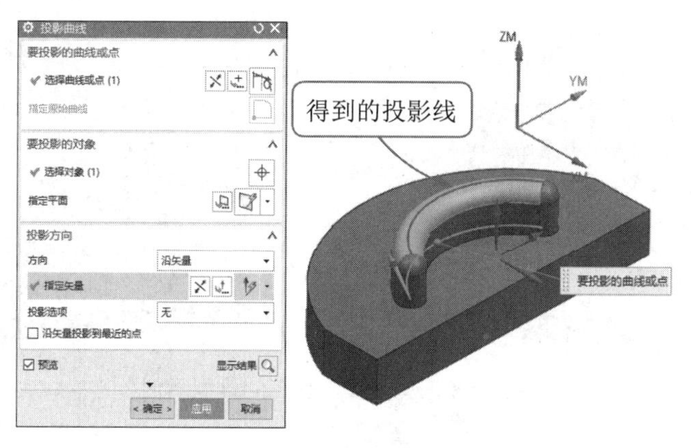

图 5-205　创建投影曲线

（4）创建工序。按前文介绍的方法进入加工环境并创建工序，将驱动方式改为“引导曲线”，打开“引导曲线驱动方法”对话框后设置模式类型为“以引导线为中心的跑道”，选择投影曲线为引导曲线，“切削模式”修改为“往复”，如图 5-206 所示。

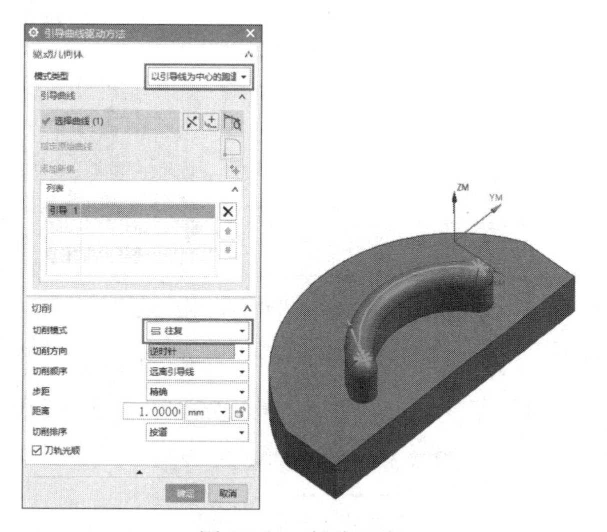

图 5-206　创建工序

（5）生成刀路轨迹。设置完成后单击“确定”按钮，返回“固定轮廓铣”对话框，然后指定刀具，最后在“操作”选项组中单击“生成”按钮，生成刀轨，如图 5-207 所示。

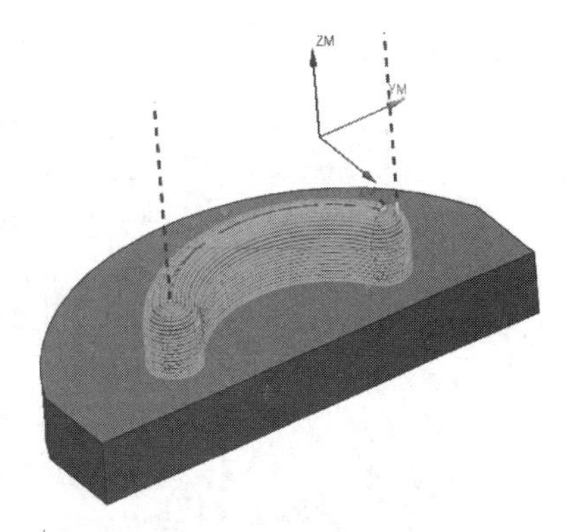

图 5-207　生成刀路效果

5.8.5　固定轮廓铣之“流线”

驱动方法选择流线时，可通过选择两组曲线来指定加工刀路，类似于“引导曲线”的变形。在 NX

12.0.2.9 版本之前的软件没有“引导曲线”的指令时，常用作封闭不规则区域的螺旋加工，如图 5-208 所示。

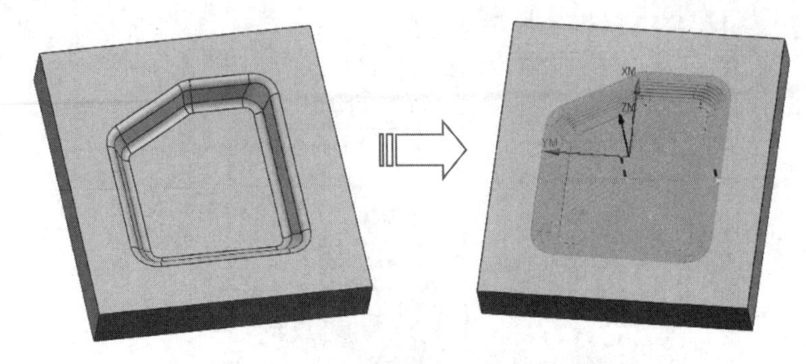

图 5-208 “流线”加工的典型示例

【案例 5-16】 封闭不规则区域的螺旋加工

（1）打开“素材\第 5 章”下的相应素材文件，然后按前文介绍的方法进入加工环境并创建工序，打开“固定轮廓铣”对话框后依次指定部件和切削区域，如图 5-209 所示。

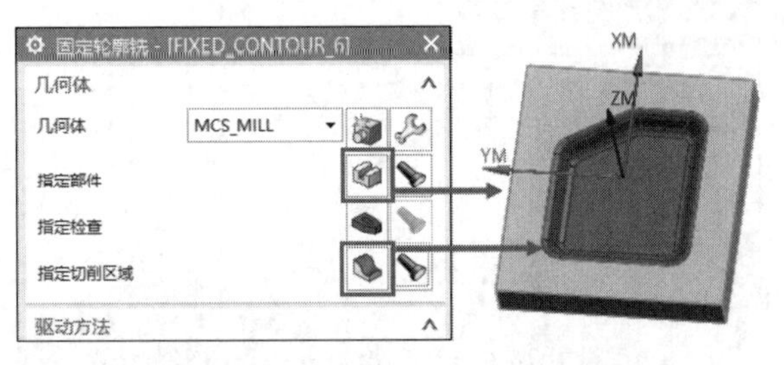

图 5-209 指定部件和切削区域

（2）指定流曲线 1。选择驱动方法为“流线”，打开“流线驱动方法”对话框，单击“点对话框”按钮，将自动判断点修改为“两点之间”选项，如图 5-210 所示。

图 5-210 选择“两点之间”

（3）分别指定两条底部边的中点为点 1 和点 2，这时会自动生成一个中点，如图 5-211 所示，该中点即为流曲线 1。选择完毕后单击“确定”按钮，返回“流线驱动方法”对话框。

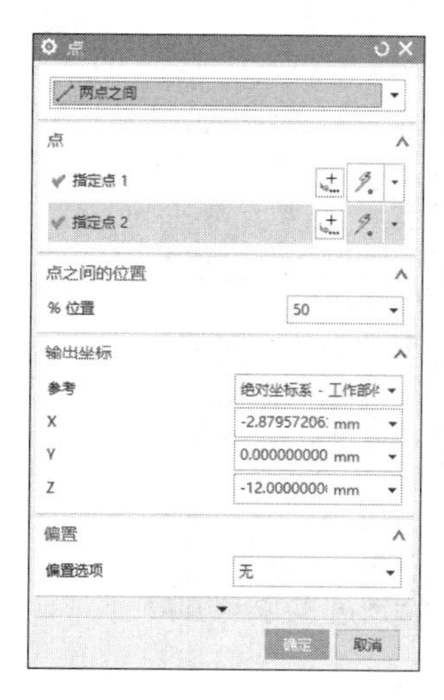
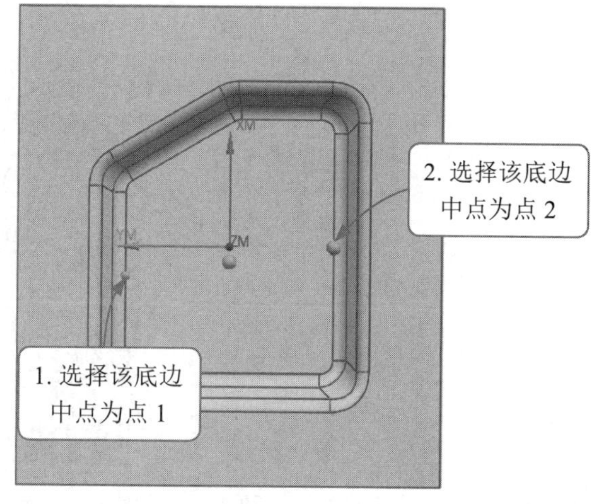

图 5-211　指定流曲线 1

（4）指定流曲线 2。在“流线驱动方法”对话框中单击“添加新集”按钮，选择切削区域的上表面轮廓线为流曲线 2，如图 5-212 所示。

（5）在“流线驱动方法”对话框中指定切削方向，再将刀具位置修改为“接触”，“切削模式”修改为“螺旋或平面螺旋”，“步距”修改为“恒定”，“切削步长”改为“公差”，并调整内、外公差值为 0.01，如图 5-213 所示。指定完毕后单击“确定”按钮，返回“固定轮廓铣”对话框。

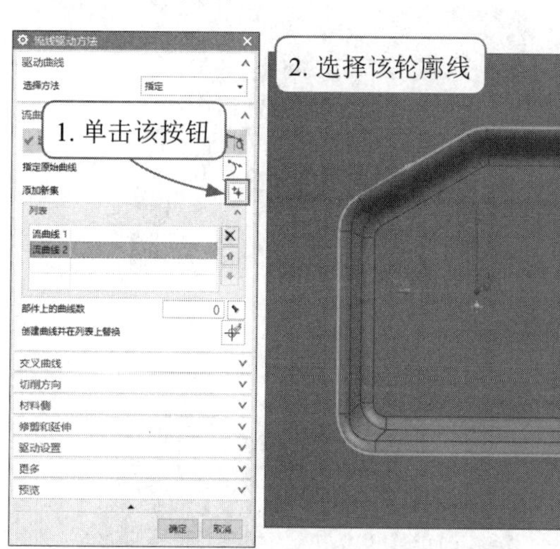

图 5-212　指定流曲线 2

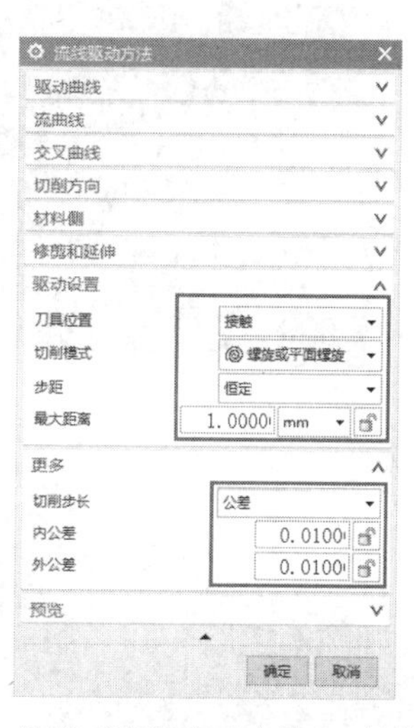

图 5-213　设置“流线驱动方法”对话框中参数

提示：“切削步长”数值定义了驱动曲面轮廓被分割的等长段数，一般在加工时切削步长都会修改为公差。

（6）在“固定轮廓铣”对话框中将投影矢量修改为“垂直于驱动体”，然后指定刀具为D6R3，最后单击“生成”按钮生成刀路，如图5-214所示。

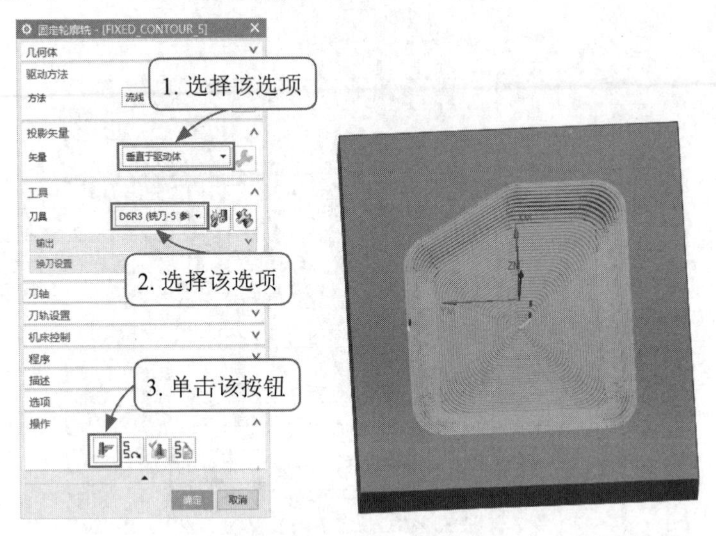

图5-214　生成刀路效果

5.8.6　固定轮廓铣之“清根”

驱动方法选择清根时，常用作精加工之前除去拐角中多余的材料，或者用来处理较大的球头刀、圆鼻刀加工后遗留下来的未切削材料，如图5-215和图5-216所示，注意零件的圆角部分。

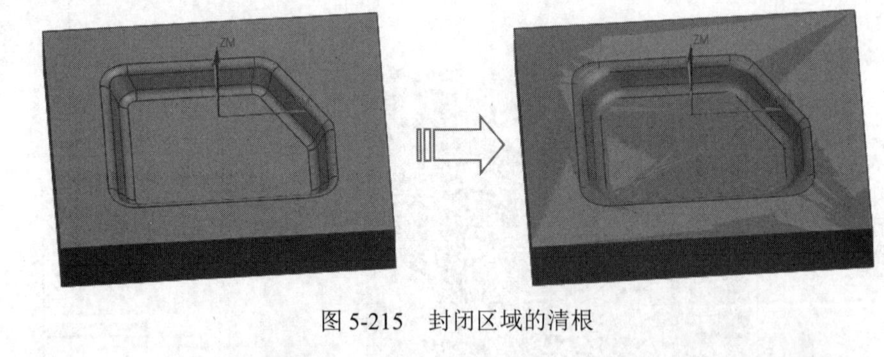

图5-215　封闭区域的清根

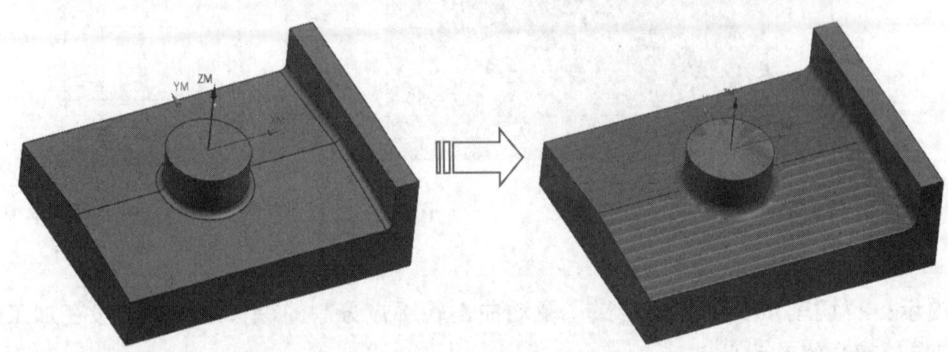

图5-216　开放区域的清根

【案例 5-17】　封闭区域的清根

（1）打开“素材\第 5 章”下的相应素材文件，然后按前文介绍的方法进入加工环境并创建工序，打开“固定轮廓铣”对话框后依次指定部件和切削区域，如图 5-217 所示。

（2）选择驱动方法为“清根”，打开“清根驱动方法”对话框，“清根类型”选择“参考刀具偏置”，“陡峭壁角度”设置为 65°，“非陡峭切削模式”修改为“往复上升”，“切削方向”改为“顺铣”，修改“步距”为 0.2mm，将“顺序”修改为“由外向内交替”，“参考刀具”在这里选择比上一案例加工的刀具直径大 2mm 的刀具，方便接刀，如图 5-218 所示。指定完毕后单击“确定”按钮，返回“固定轮廓铣”对话框。

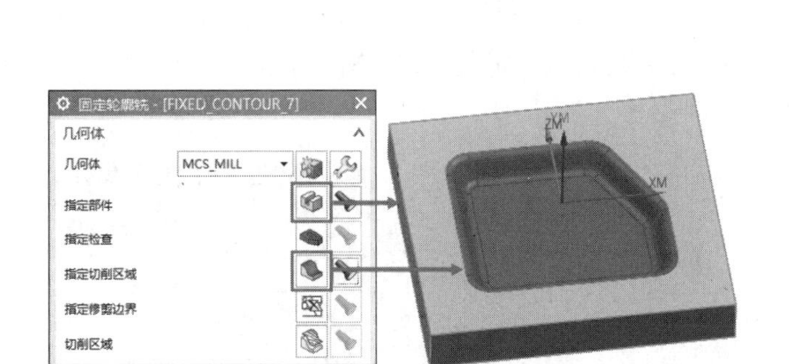

图 5-217　指定部件和切削区域

图 5-218　设置清根参数

提示：“陡峭壁角度”设置为 65°，指的是工件加工区域的角度在 0°～65°时采用“非陡峭切削”选项组中设置的参数进行刀路生成；加工区域角度在 65°～90°时采用“陡峭切削”选项组中设置的参数进行刀路生成。

“非陡峭切削模式”修改为“往复上升”，是因为在封闭区域加工时，拐角处的余量越靠近圆角越大，所以要将切削模式改为“往复上升”，“顺序”改为“由外向内交替”，这样刀路第一刀在底部外围进行切削方便进刀，刀具在加工完第一圈后会跳转至顶部进行一圈切削再跳转至底部切削，如此往复避免刀具由外向内切削时产生断刀现象。

（3）在“固定轮廓铣”对话框中指定刀具为 D4R2，最后单击“生成”按钮生成刀路，如图 5-219 所示。

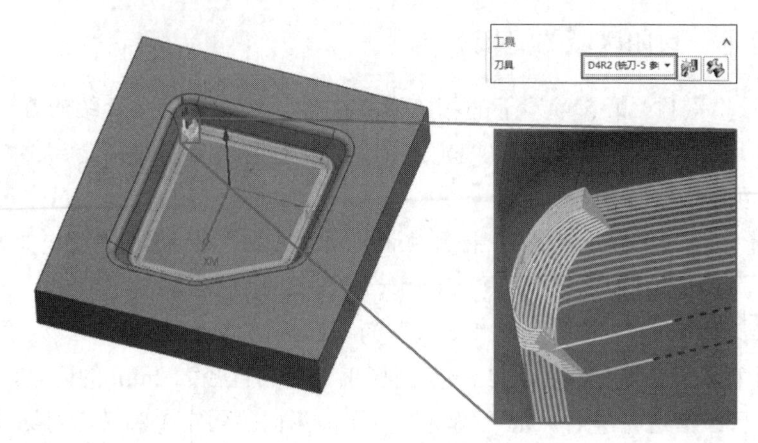

图 5-219　生成刀路效果

【案例 5-18】　开放区域的清根

（1）打开“素材 \ 第 5 章”下的相应素材文件，然后按前文介绍的方法进入加工环境并创建工序，打开“固定轮廓铣”对话框后依次指定部件和切削区域，如图 5-220 所示。

提示：注意中间凸台使用封闭区域清根的方法单独进行清根。

（2）选择驱动方法为“清根”，打开“清根驱动方法”对话框，将非陡峭切削模式修改为“往复”，其余参数参考封闭区域参数设置，如图 5-221 所示。指定完毕后单击“确定”按钮，返回“固定轮廓铣”对话框。

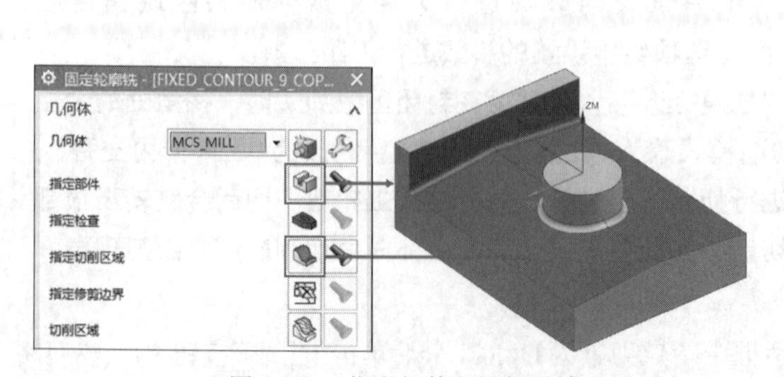

图 5-220　指定部件和切削区域

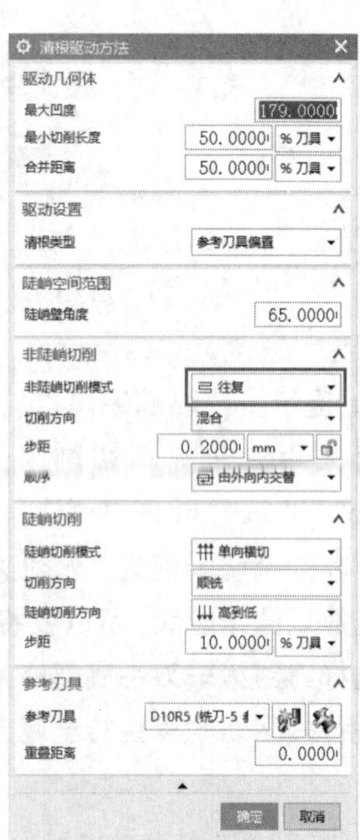

图 5-221　设置清根参数

提示：修改为“往复”时，刀路切削方式与封闭区域一样，但是在移刀时会从底部直线移动至顶部再进行切削。

（3）设置切削参数。单击“切削参数”按钮，打开“切削参数”对话框，然后切换至“策略”选项卡，勾选“在边上延伸”复选框，并将“距离”设置为55%刀具直径，这样可使刀路延伸，防止刀具在工件表面扎刀，如图5-222所示。指定完毕后单击“确定”按钮，返回“固定轮廓铣”对话框。

（4）在“固定轮廓铣”对话框中指定刀具为D6R3，最后单击“生成”按钮生成刀路，如图5-223所示。

图5-222　设置切削参数

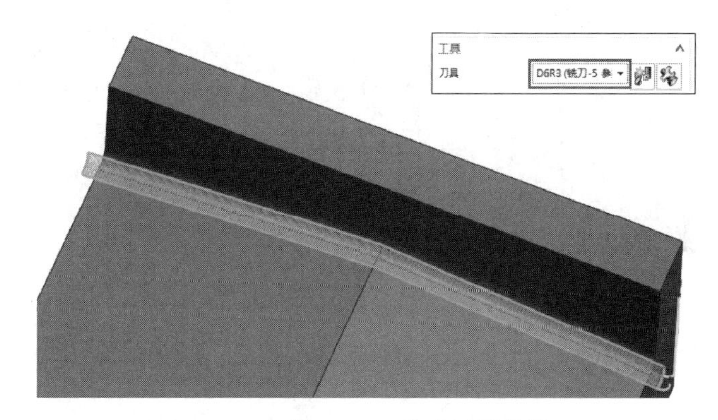

图5-223　生成刀路效果

第 6 章 孔加工

孔加工又称为点到点加工，可以创建钻孔、攻螺纹、镗孔、铰孔、平底扩孔和扩孔等操作的刀轨。同时也提供了点焊和铆接操作，以及任何“刀具定位到几何体一插入部件一退刀”类型的操作。本章主要针对各种孔的加工操作，对孔加工进行介绍。

本章学习内容

- 孔加工的基本步骤
- 钻孔加工
- 攻丝加工
- 镗孔加工

6.1 孔加工概述

孔加工也称为点孔加工，可以创建钻孔、攻螺纹。在孔加工中刀具首先快速移动至工件加工位置上方，然后通过钻孔的方式切削零件，完成切削后迅速退回到安全平面。

6.1.1 孔加工简介

孔加工不需要指定任何部件几何体、毛坯几何体和检查几何体等，只需要指定孔的加工位置、加工表面和底面指定“点到点”加工的几何体。

钻孔加工的数控程序比较简单，通常可以直接在机床上输入程序，如果使用UG进行孔加工编程，就可以直接生成完整的数控程序，然后传输到机床中进行加工。特别是在零件所需要加工的孔数比较多时，可以节省大量人工输入所占的时间，同时也可以大幅度降低人工输入产生的错误率，提高机床的工作效率。

6.1.2 加载孔加工程序

在“创建工序”对话框中的“类型”下拉列表里，可以找到hole_making这一选项，从字面意义上看也是孔加工的程序，但其工序子类型中缺少了很多常用的孔加工方法，如啄钻、镗孔、铰孔等，如图6-1所示。

因此在“类型”下拉列表中要选择drill这一选项，才更符合专业上的孔加工方法，如图6-2所示。

图6-1 hole_making及其工序子类型

图6-2 drill及其工序子类型

如果在“类型”下拉列表中找不到drill，那么就需要在NX软件的安装路径中找到cam_general.opt文件，如图6-3所示。

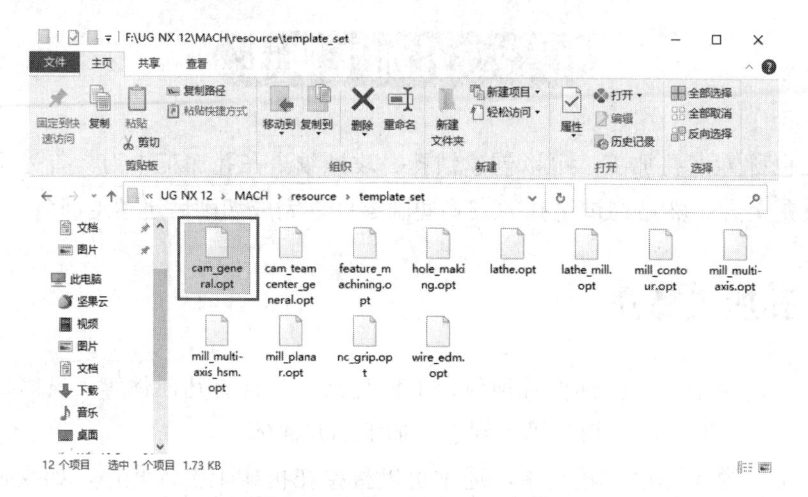

图6-3 cam_general.opt文件

然后以记事本的方式打开该文件，将图6-4所示两行文本前的“##”号删除，然后保存退出，再重启NX软件，即可在“创建工序”对话框中的“类型”下拉列表中找到drill选项，如图6-4所示。

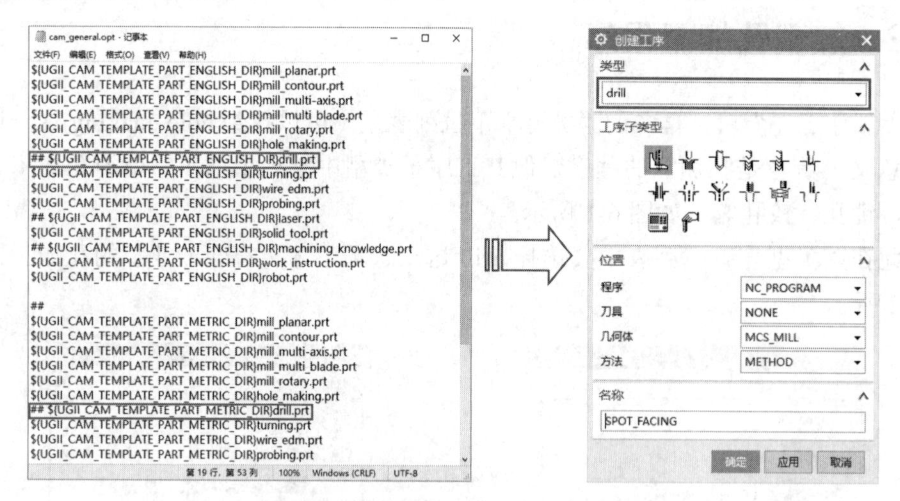

图6-4 修改配置文件得到drill类型

6.1.3 孔加工的子类型

在“工序子类型”中列出了孔加工的所有加工方法，一共有14种子类型。由于本书篇幅所限，本章仅介绍在实际工作中常用的几种类型。

（SPOP_DRILLING）：定心钻，用于做点孔程序。

（PECK_DRILLING）：啄钻，用于做钻孔程序。

（TAPPING）：攻丝，用于攻螺纹程序。

（BORING）：镗孔，用于做精孔的程序。

（REAMING）：铰孔，同镗孔一样都是用于做精孔，只是切削方式有所不同。

6.1.4　孔加工的基本步骤

孔加工的步骤如下。

（1）创建几何体及刀具。

（2）设置参数，如循环类型、进给率、进刀和退刀运动、部件表面等。

（3）指定几何体，如选择点或者孔，优化钻孔顺序和避让障碍物等。

（4）生成刀路和仿真加工。

6.2　孔加工的实例

下面通过几个案例，来介绍孔加工工序的具体使用方法。

6.2.1　定心钻加工

下面以如图 6-5 所示的模型为例，说明创建孔加工操作的基本步骤。

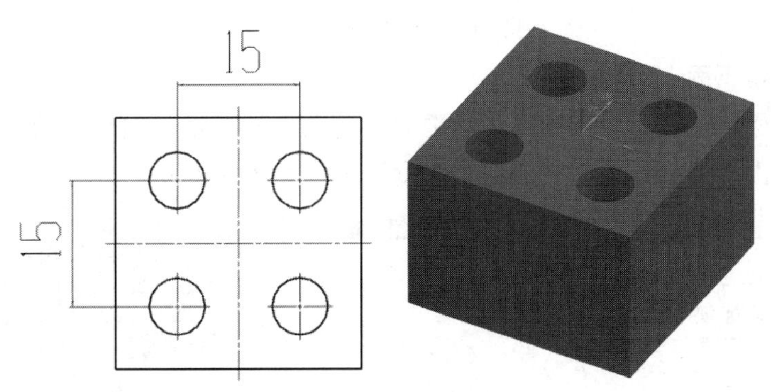

图 6-5　素材文件

【案例 6-1】　定心钻加工

1. 创建机床坐标系

（1）打开“素材 \ 第 6 章”下的相应素材文件。

（2）在工序导航器中进入几何体视图，然后双击 MCS_MILL 节点，打开“MCS 铣削”对话框，如图 6-6 所示。

（3）在“MCS 铣削”对话框中单击“坐标系对话框”按钮，打开“坐标系”对话框，选择类型为“动态”，然后在零件上放置坐标系，如图 6-7 所示。放置好后单击“确定”按钮，返回加工环境，此时机床坐标系就设定完毕。

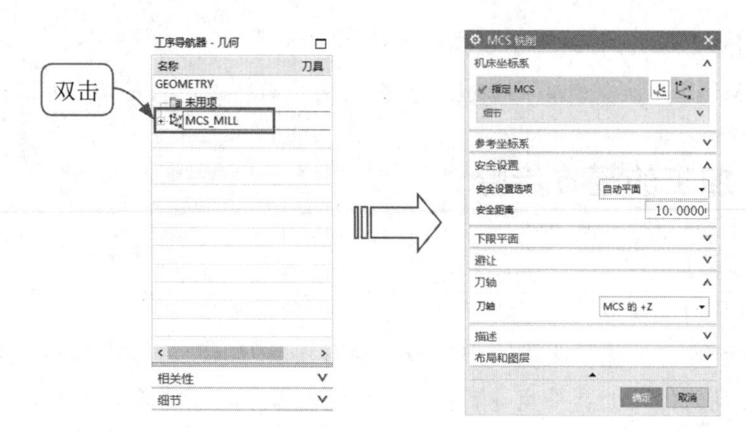

图 6-6　打开“MCS 铣削”对话框

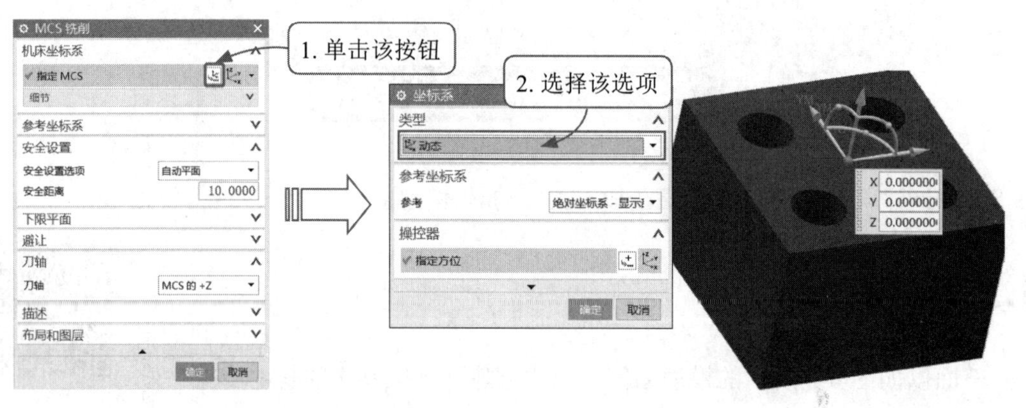

图 6-7　指定机床坐标系

2. 设定安全平面

在“安全设置选项”中选择“自动平面”选项，然后指定安全平面，设定安全高度值为 50，再单击“确定”按钮完成安全高度设定，如图 6-8 所示。

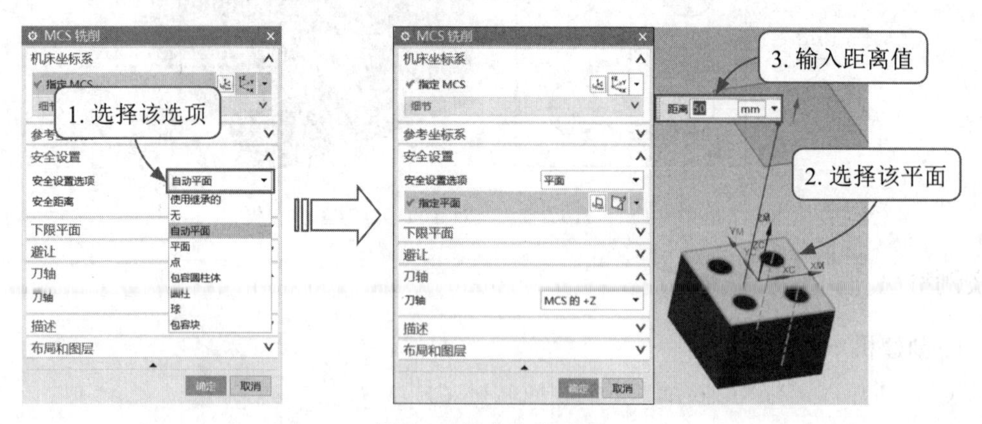

图 6-8　指定安全平面

3. 创建部件几何体和毛坯

（1）在几何体视图中单击⊞ MCS_MILL 前的⊞号，然后双击子选项 WORKPIECE，打开“工件”对话框，接着单击“指定部件”按钮，选中零件本体为加工部件，再单击“确定”按钮就完成部件几何体的创建，如图 6-9 所示。

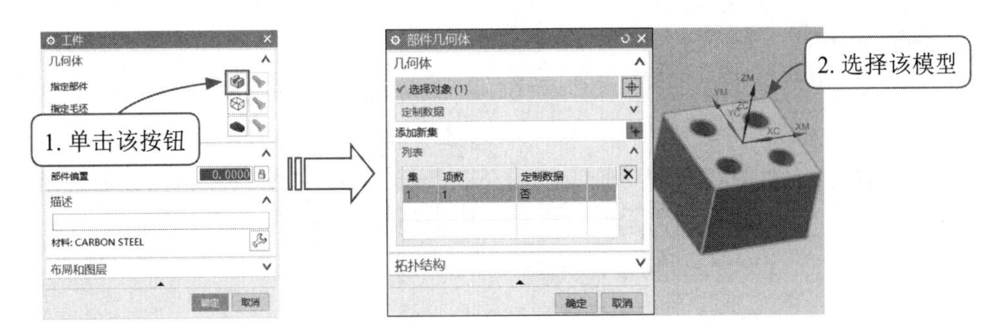

图 6-9 指定部件

（2）指定毛坯。单击“指定毛坯”按钮，打开“毛坯几何体”对话框，在类型中选择“包容块”选项，如图 6-10 所示。

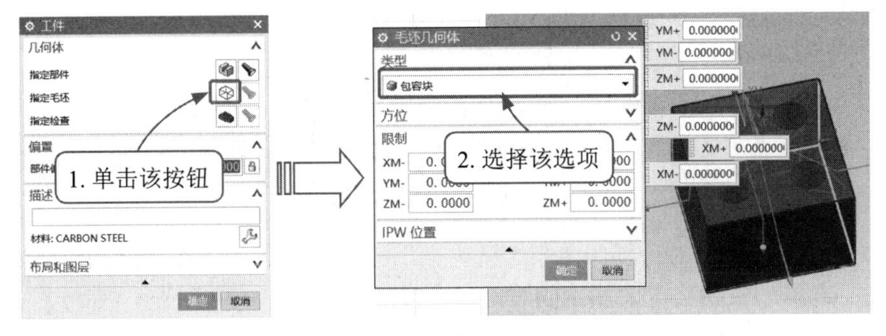

图 6-10 指定毛坯

4. 创建刀具

（1）在菜单栏中选择“插入”|“刀具”命令，打开“创建刀具”对话框，在“类型”中下拉找到 drill 选项，在刀具子类型区域中选择 SPOTDRILLING_TOOL（点孔刀具），如图 6-11 所示。单击“确定”按钮，打开“钻刀”对话框。

（2）设置刀具参数。在“钻刀”对话框中输入直径为 4，刀具号为 1（对应机床 1 号刀），其他参数采用系统默认值，如图 6-12 所示。单击“确定”按钮，即可完成刀具创建。

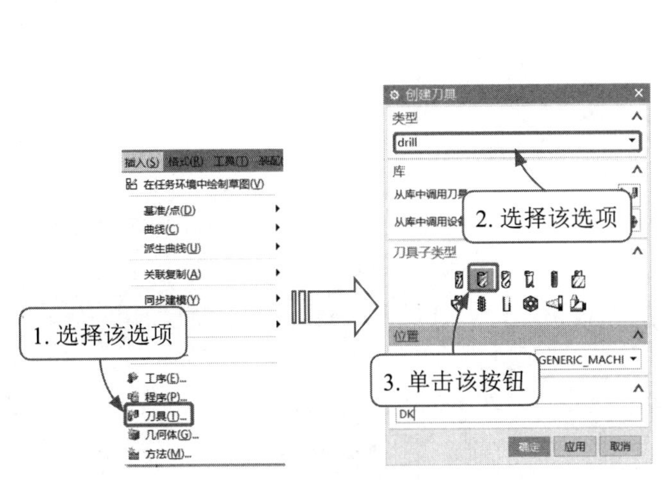

图 6-11 创建刀具

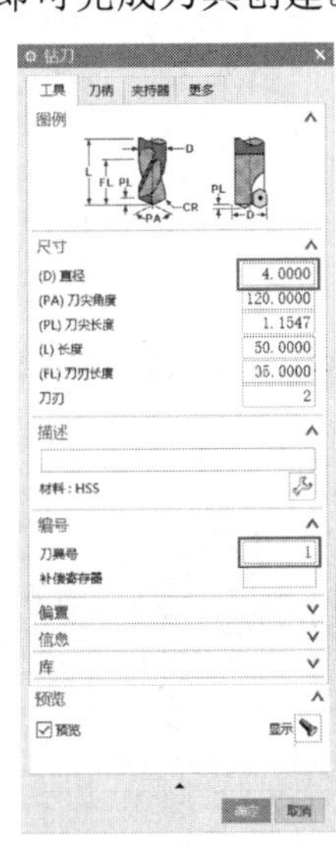

图 6-12 设置刀具参数

5. 创建工序

（1）在菜单栏中选择“插入”|“工序”命令，打开“创建工序”对话框，在“类型”中下拉找到drill选项，在“工序子类型”中选择“定心钻”，在“刀具”选项中下拉选择之前创建好的刀具DK，在“几何体”中下拉选择WORKPIECE，其他参数采用默认，然后单击“确定”按钮，打开“定心钻”对话框，如图6-13所示。

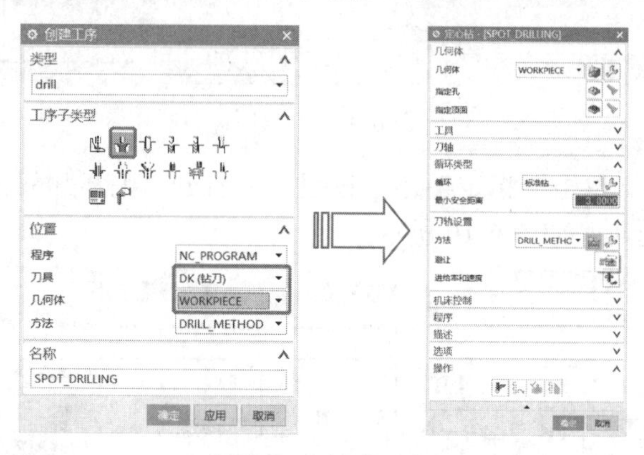

图6-13 创建工序

（2）在“定心钻”对话框中单击“指定孔”按钮，打开“点到点几何体”对话框，然后单击“选择”按钮选定要加工的孔，如图6-14所示。

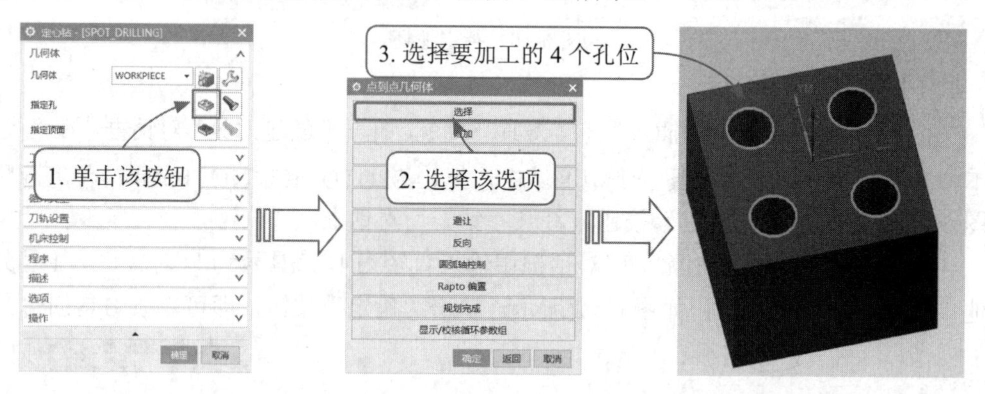

图6-14 选择要加工的孔位

（3）选择完要加工的孔后，再单击“优化”按钮，依次单击“最短刀轨”|“优化”按钮，确认得到最短刀轨后单击“接受”按钮，如图6-15所示。

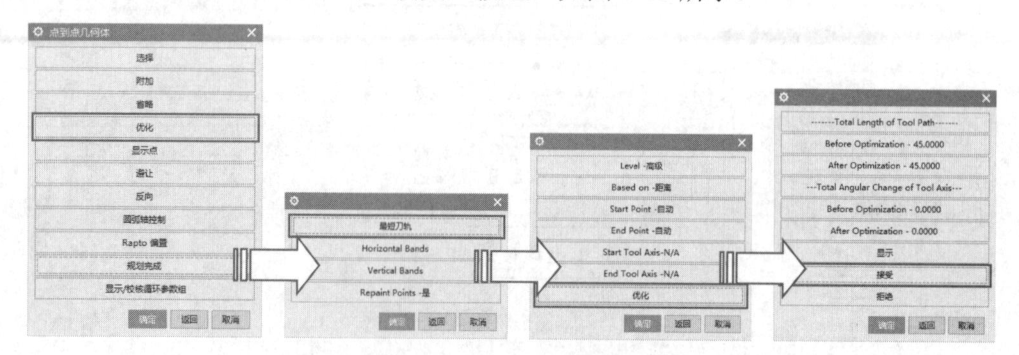

图6-15 进行优化设置

提示：这里设定优化是让系统计算出最短刀路以缩短加工时间。优化前刀轨如图 6-16 所示，优化后刀轨如图 6-17 所示。

图 6-16 优化前刀轨

图 6-17 优化后刀轨

6. 设定循环参数

（1）单击“接受”按钮后返回“定心钻”对话框，然后展开“循环类型”选项组，单击右侧的“编辑循环”按钮，打开“指定参数组”对话框，单击“确定”按钮，打开“Cycle 参数”对话框，选择第一个 Dcpth 选项可设置加工深度，由于木例只做点孔，所以选择第一个 Depth 后再选择“刀尖深度”，然后在打开的对话框中输入 1 即可，如图 6-18 所示。输入完后单击“确定”按钮，回到“Cycle 参数”对话框。

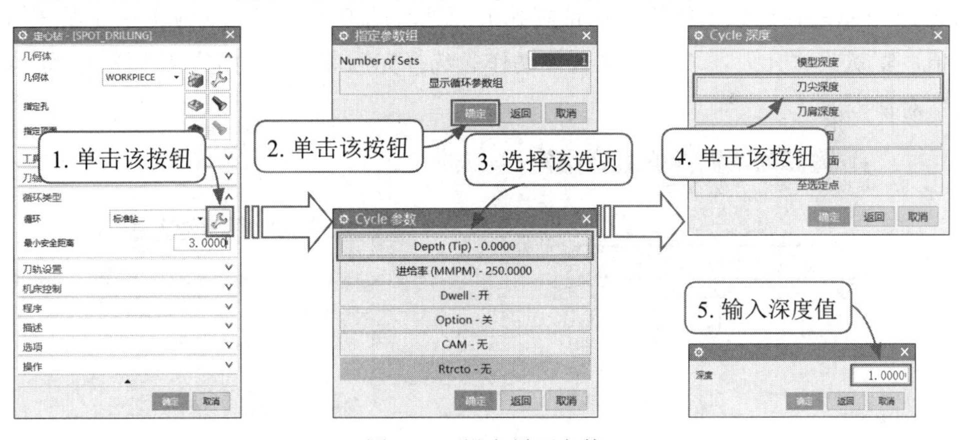

图 6-18 设定循环参数

提示：选择 Depth 选项后各深度选项介绍如下。

①模型深度：该方法指定钻削深度为实体上的孔的深度。

②刀尖深度：沿刀轴方向，按加工表面到刀尖的距离确定钻削深度。输入一个正数作为钻削深度。

③刀肩深度：沿着刀轴方向，按刀肩（不包括尖角部分）到达位置确定切削深度。使用该方式加工的深度将是完成直径的深度。

④至底面：该方法沿刀轴方向，按刀尖正好到达零件的加工底面来确定钻削深度。
⑤穿过底面：如果要使刀肩穿透零件加工底面，可在定义加工底面时，用 Depth Offset 选项定义相对于加工底面的通孔穿透量。
⑥至选定点：该方法沿刀轴方向，按零件加工表面到指定点的 ZC 坐标之差确定切削深度。

（2）设置进给率。在“Cycle 参数”对话框中选择第二个“进给率”选项，在新打开的对话框中设定MMPM值为80，如图6-19所示。该选项可设置刀具钻削时的进给速度，对应于钻孔循环中的F值。输入完后单击“确定”按钮，回到“Cycle 参数”对话框。

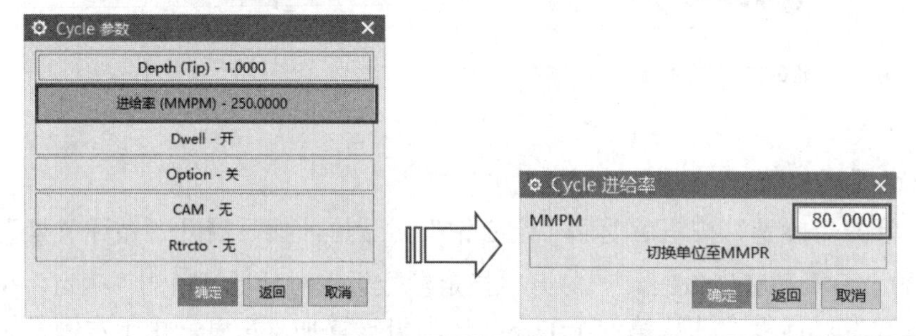

图 6-19　设置进给率

（3）在“Cycle参数”对话框中单击第三个Dwell选项，在新打开的对话框中选择“开”，如图6-20所示。该选项是指刀具在钻削孔最深处时的停留时间，对应于钻孔循环指令中的P值。默认为“开”，表示不做暂停动作。选择完后单击“确定”按钮，回到“Cycle 参数”对话框。

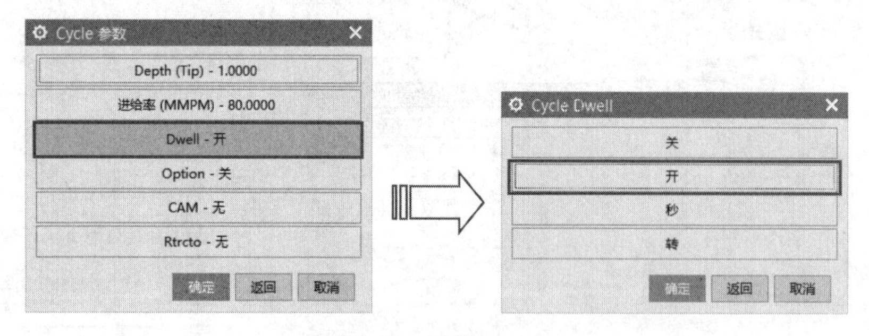

图 6-20　设置 Dwell

（4）在“Cycle 参数”对话框中单击第五个 CAM 选项，在新打开的对话框中输入 3，如图 6-21 所示。该选项是设定从加工顶点的一个距离开始加工，这里输入 3，表示从加工顶点上方 3mm 处开始加工。输入完后单击“确定”按钮，回到“Cycle 参数”对话框。

（5）在“Cycle 参数”对话框中选择最后的 Rtrcto 选项，在新打开的对话框中单击“自动”，如图 6-22 所示。该选项表示刀具钻至指定深度后，刀具回退的高度，本例选择“自动”，表示每次做完一个孔的加工后自动退回到安全平面值。选择完后单击“确定”按钮，回到“Cycle 参数”对话框，单击“确定”按钮完成参数设定，返回“定心钻”对话框。

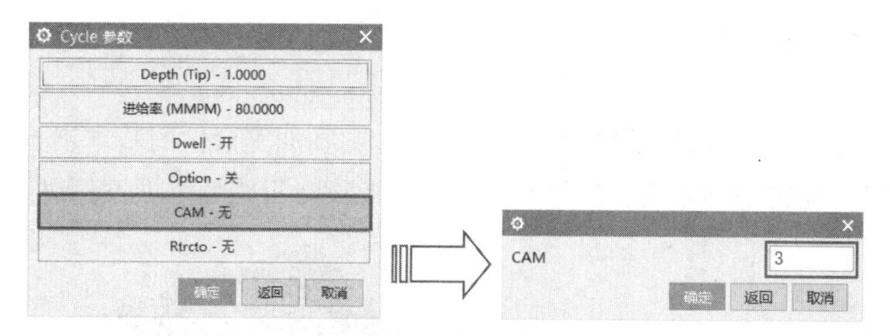

图 6-21　设置 CAM

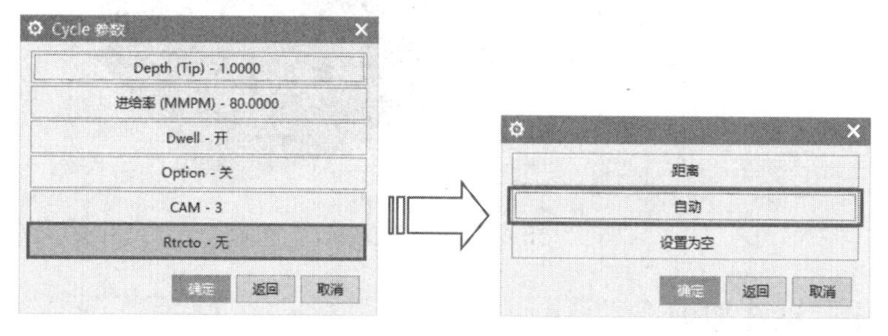

图 6-22　设置 Rtrcto

7. 设置进给率和速度

在“定心钻”对话框中单击“进给率和速度”按钮，打开“进给率和速度”对话框，勾选“主轴速度”复选框，然后输入转速值为1200，在“进给率”选项组的“切削”文本框中输入80，回车，再单击文本框右侧的按钮，计算出表面速度与每齿的进给量，如图6-23所示。

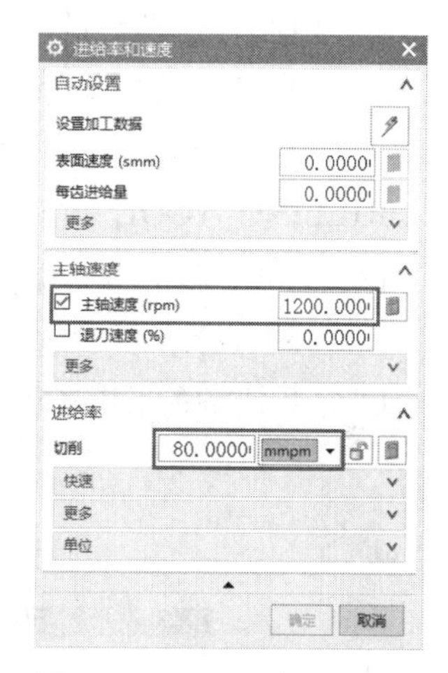

图 6-23　设置进给率和速度

8. 生成刀路轨迹并仿真

（1）单击操作选项组中的“生成”按钮，此时出现如图6-24所示刀路。

（2）单击操作选项组中的“确定”按钮，打开“刀轨可视化”对话框，然后选择“3D动态”，单击“播放”按钮进行刀路仿真，效果如图6-25所示。

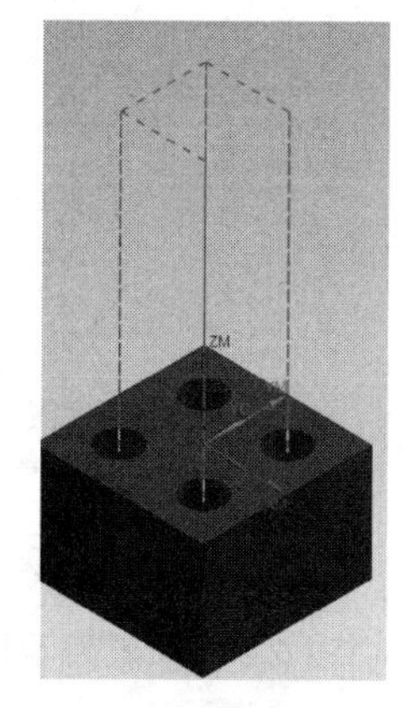

图 6-24　生成刀路轨迹

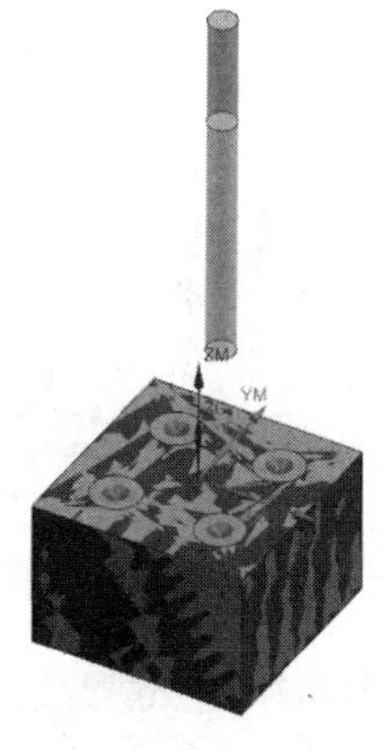

图 6-25　模拟动画

6.2.2 钻孔加工

下面仍以图 6-26 所示的模型为例，说明创建钻孔加工操作的基本步骤。在现实加工中，一般都是打完定心钻后就安排钻孔加工，因此读者可沿用上面案例进行操作。

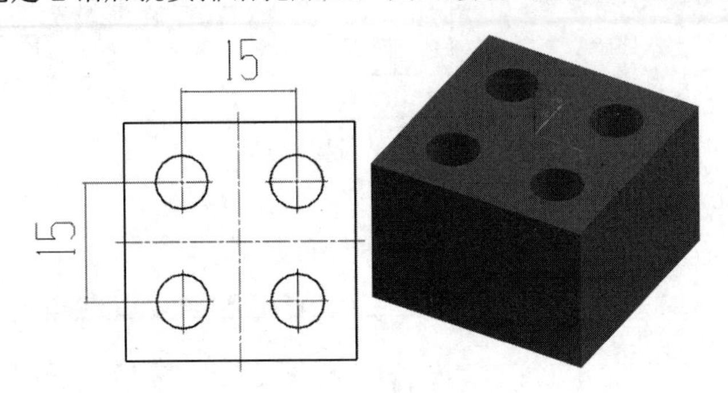

图 6-26 素材文件

【案例 6-2】 钻孔加工

1. 创建刀具

（1）打开“素材\第 6 章”下的相应素材文件，也可以直接延续案例 6-1 进行操作。

（2）进入加工环境，然后在“主页”选项卡中单击“创建刀具”按钮，打开“创建刀具”对话框，在“类型”中下拉找到 drill 选项，在“刀具子类型”区域中选择 DRILLING_TOOL（钻刀刀具），输入名称为 Z6.8（代表直径为 6.8mm 的钻头），如图 6-27 所示。单击“确定”按钮，打开“钻刀”对话框。

（3）设置刀具参数。在“钻刀”对话框中输入直径为 6.8，刀具号为 2（对应机床 2 号刀），其他参数采用系统默认值，如图 6-28 所示。单击“确定”按钮，即可完成刀具创建。

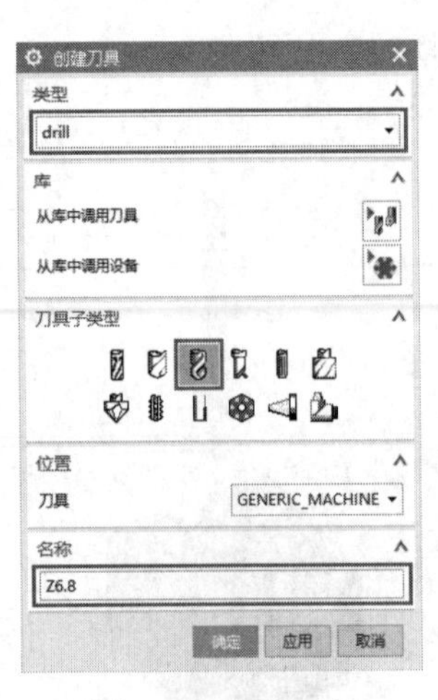

图 6-27 创建刀具

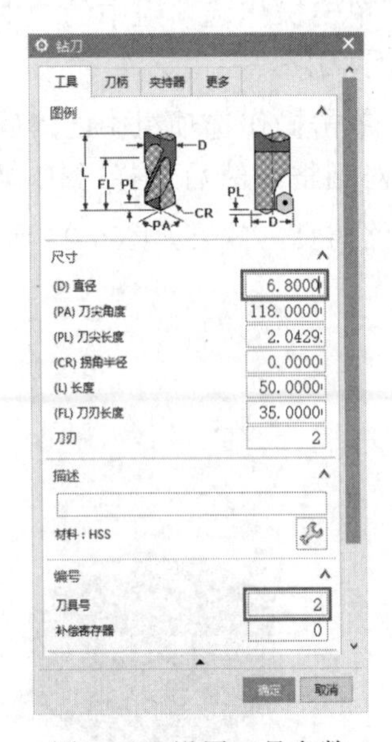

图 6-28 设置刀具参数

2. 创建工序

（1）在菜单栏中选择“插入”|“工序”命令，打开“创建工序”对话框，在“类型”中下拉找到drill选项，在“工序子类型”中选择“啄钻”，在“刀具”下拉列表中选择之前创建好的刀具Z6.8，在“几何体”中选择WORKPIECE，其他参数采用默认，如图6-29所示。设置完后单击“确定”按钮，打开“啄钻”对话框。

（2）在“啄钻”对话框中单击“指定孔”按钮，打开“点到点几何体”对话框，然后单击“选择”选定要加工的孔，如图6-30所示。优化步骤参考案例6-1，本例不重复讲解。

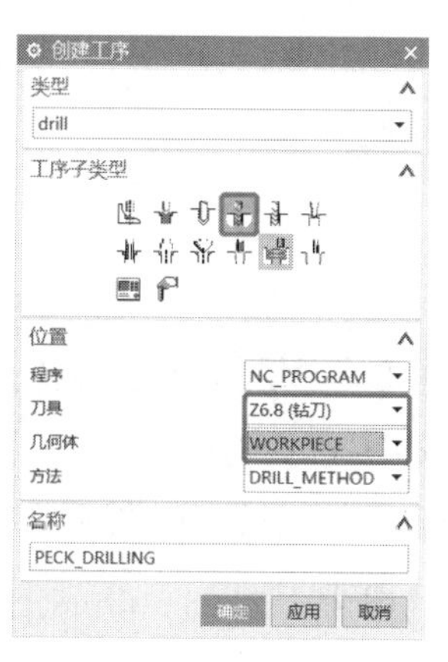

图6-29　创建工序

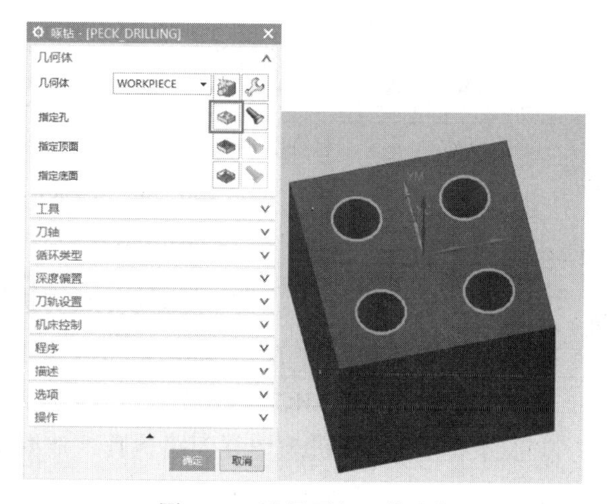

图6-30　选择要加工的孔位

3. 设定循环参数

（1）在“啄钻”对话框中展开“循环类型”选项组，单击右侧的“编辑循环”按钮，打开“指定参数组”对话框，单击“确定”按钮，打开“Cycle参数”对话框。本例所加工的工件是通孔，所以直接设定深度为“模型深度”即可，其他参数与案例6-1一样，如图6-31所示。选择完后单击“确定”按钮，回到“Cycle参数”对话框。

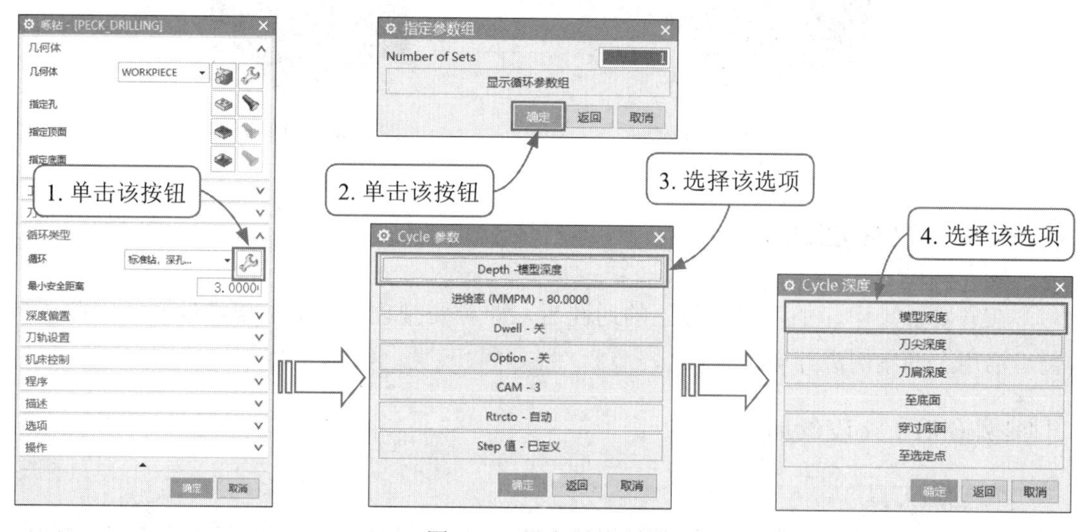

图6-31　设定循环参数

（2）设置 Step 值。相比于定心钻加工，啄钻在“Cycle 参数”对话框中多出了一个“Step 值”选项。选择该选项，然后在对话框中设定值为 3，如图 6-32 所示。该选项仅用于钻孔循环为“标准断屑钻”或“标准钻，深度”方式，表示每次向下钻削进给的深度值，对应于钻孔循环中的 Q 值。输入完后单击“确定”按钮，回到“Cycle 参数”对话框，再单击“确定”按钮完成参数设定，返回“啄钻”对话框。

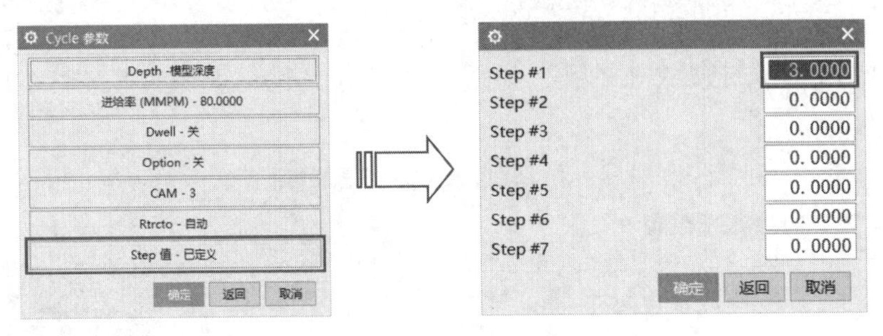

图 6-32　设置 Step 值

4. 生成刀路轨迹并仿真

（1）设置进给率和速度。参考案例 6-1 设置进给率和速度，本例不重复讲解。

（2）单击操作选项组中的“生成”按钮，此时出现如图 6-33 所示刀路。

（3）单击操作选项组中的“确定”按钮，打开“刀轨可视化”对话框，然后选择“3D 动态”，单击“播放”按钮进行刀路仿真，效果如图 6-34 所示。

图 6-33　生成刀路轨迹

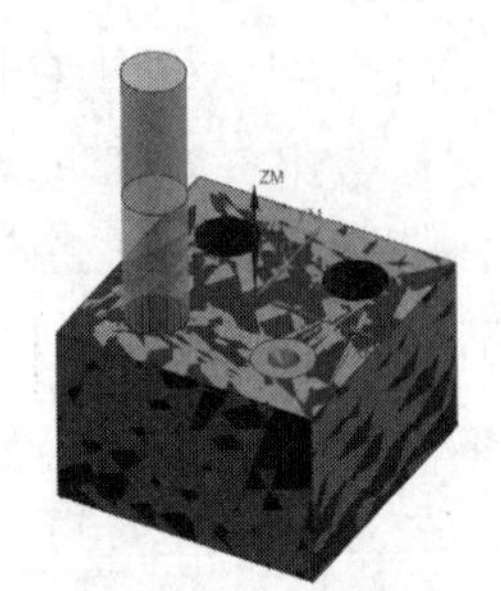

图 6-34　模拟动画

6.2.3　攻丝加工

在现实加工中，加工完零件上的通孔后，即可安排攻丝，加工出螺纹孔，因此读者仍可沿用上面案例进行操作。

【案例 6-3】　攻丝加工

1. 创建刀具

（1）打开“素材\第 6 章”下的相应素材文件，也可以直接延续以上案例进行操作。

（2）进入加工环境，然后在“主页”选项卡中单击“创建刀具”按钮，打开“创建刀具”对话框，在“类型”中下拉找到drill选项，在“刀具子类型”区域中选择 TAP（攻丝刀具），输入名称为M8（代表M8的丝锥），如图6-35所示。单击“确定”按钮，打开“钻刀”对话框。

（3）设置刀具参数。在“钻刀”对话框中输入直径为8，刀具号为3（对应机床3号刀），其他参数采用系统默认值，如图6-36所示。单击“确定”按钮，即可完成刀具创建。

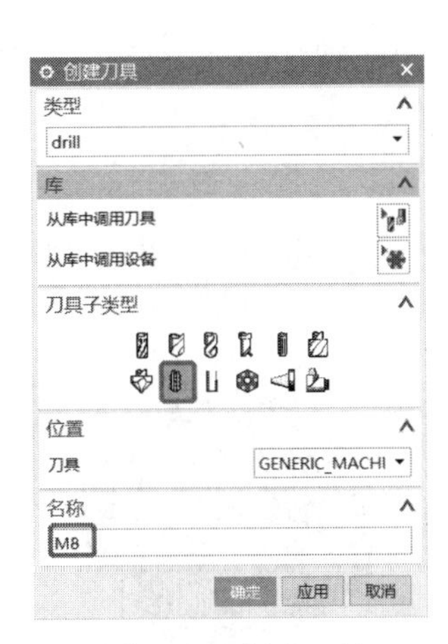

图6-35　创建刀具

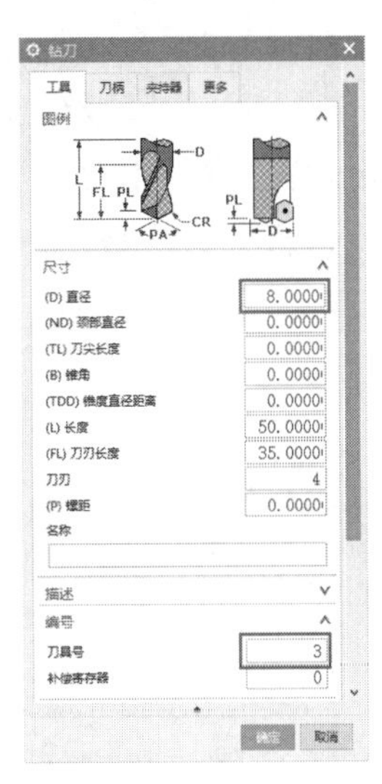

图6-36　设置刀具参数

2. 创建工序

（1）在菜单栏中选择“插入”｜“工序”命令，打开“创建工序”对话框，在“类型”中下拉找到drill选项，在“工序子类型”中选择“攻丝”，在“刀具”下拉列表中选择之前创建好的刀具M8，在“几何体”中选择WORKPIECE，其他参数采用默认，如图6-37所示。设置完后单击“确定”按钮，打开“啄钻”对话框。

（2）在“啄钻”对话框中单击“指定孔”按钮，打开“点到点几何体”对话框，然后单击“选择”选定要加工的孔，如图6-38所示。优化步骤参考上例，本例不重复讲解。

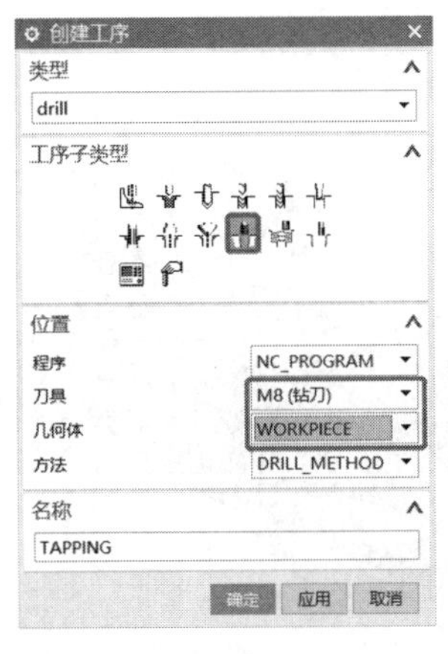

图6-37　创建工序

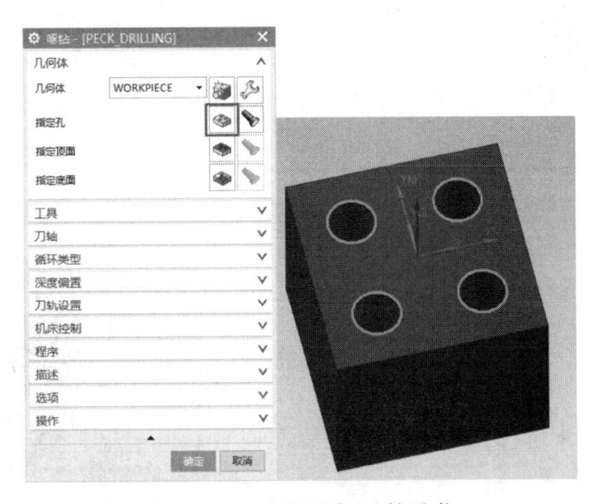

图6-38　选择要加工的孔位

3. 设定循环参数

本例要求整个通孔部分都加工螺纹，即行业中常说的通丝，因此可参照钻孔加工的方法设定循环参数，本例不重复讲解。

4. 生成刀路轨迹并仿真

（1）设置进给率和速度。在“攻丝”对话框中单击“进给率和速度”按钮，打开“进给率和速度”对话框，勾选“主轴速度”复选框，在“进给率”选项组的“切削”文本框中输入125，然后单击主轴后方的计算出表面速度与每齿的进给量，如图6-39所示。单击“确定”按钮，回到“攻丝”对话框。

（2）单击操作选项组中的“生成”按钮，此时出现如图6-40所示刀路。

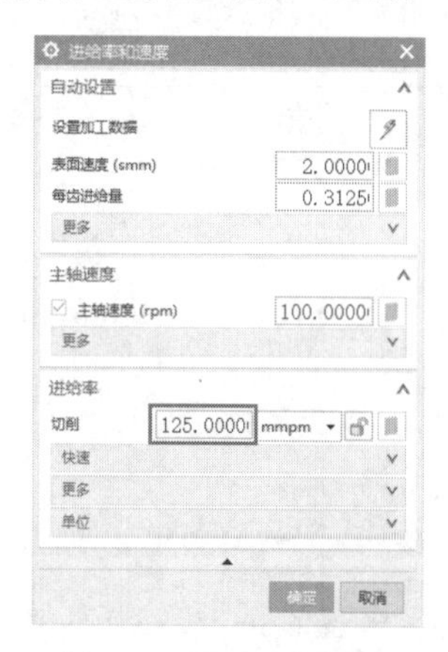

图6-39　设定循环参数

图6-40　生成刀路轨迹

提示：本例是按FANUC系统给的进给率，FANUC攻丝F值＝转速 × 螺距。如果是三菱系统，那直接在“进给率”选项组的“切削”文本框中输入螺距即可。

6.2.4　镗孔加工

下面以如图6-41所示的模型为例，说明创建镗孔加工操作的基本步骤，本例通过镗孔来加工图中Ø30的通孔。

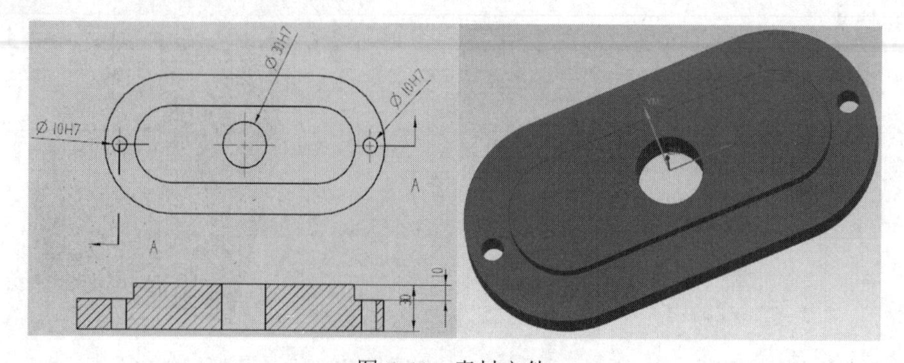

图6-41　素材文件

【案例 6-4】 镗孔加工

1. 创建刀具

（1）打开“素材\第 6 章”下的相应素材文件。

（2）进入加工环境，然后在“主页”选项卡中单击“创建刀具”按钮，打开“创建刀具”对话框，在“类型”中下拉找到 drill 选项，在“刀具子类型”区域中选择 BORING_BAR（镗孔刀具），输入名称为 T30（代表直径为 30mm 的镗刀），如图 6-42 所示。单击“确定”按钮，打开“钻刀”对话框。

（3）设置刀具参数。在“钻刀”对话框中输入直径为 30，刀具号为 4（对应机床 4 号刀），其他参数采用系统默认值，如图 6-43 所示。单击“确定”按钮，即可完成刀具创建。

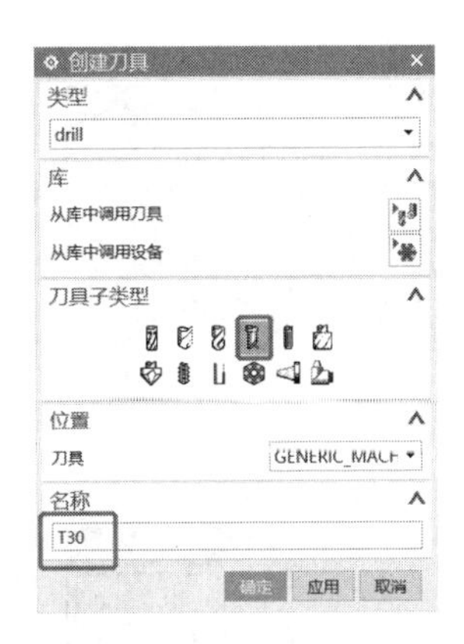

图 6-42 创建刀具

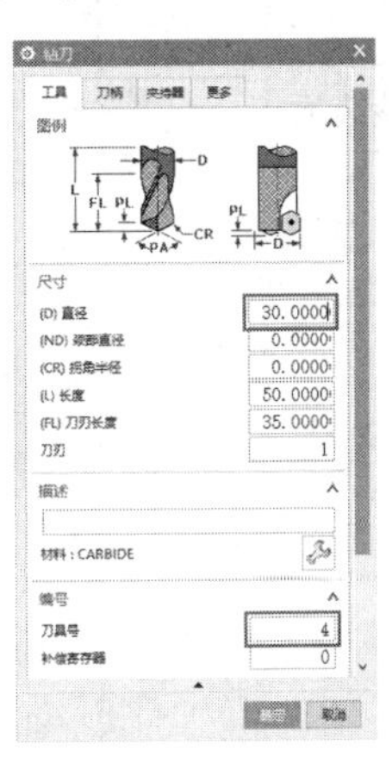

图 6-43 设置刀具参数

2. 创建工序

（1）在菜单栏中选择“插入” | “工序”命令，打开“创建工序”对话框，在“类型”中下拉找到 drill 选项，在“工序子类型”中选择“镗孔”，在“刀具”下拉列表中选择之前创建好的刀具 T30，在“几何体”中选择 WORKPIECE，其他参数采用默认，如图 6-44 所示。设置完后单击“确定”按钮，打开“镗孔”对话框。

（2）在“镗孔”对话框中单击“指定孔”按钮，打开“点到点几何体”对话框，然后单击“选择”选定要加工的孔，如图 6-45 所示。优化步骤参考上例，本例不重复讲解。

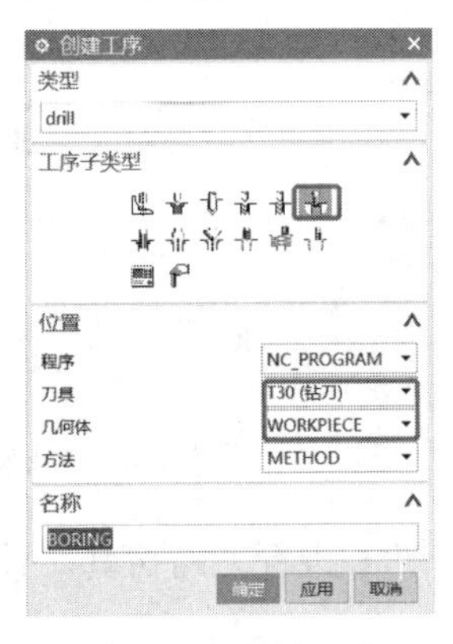

图 6-44 创建工序

图 6-45 选择要加工的孔位

3. 设定循环参数

（1）在“镗孔”对话框中选择循环类型为“标准镗，横向偏置后快退”选项，选择后自动打开“Cycle/Bore,Nodrag”对话框，然后单击“确定”按钮，在新打开的对话框中输入方位值为0.1，如图6-46所示。该功能表示加工到底后横向偏置0.1mm再抬刀，这样不会刮花孔侧壁。

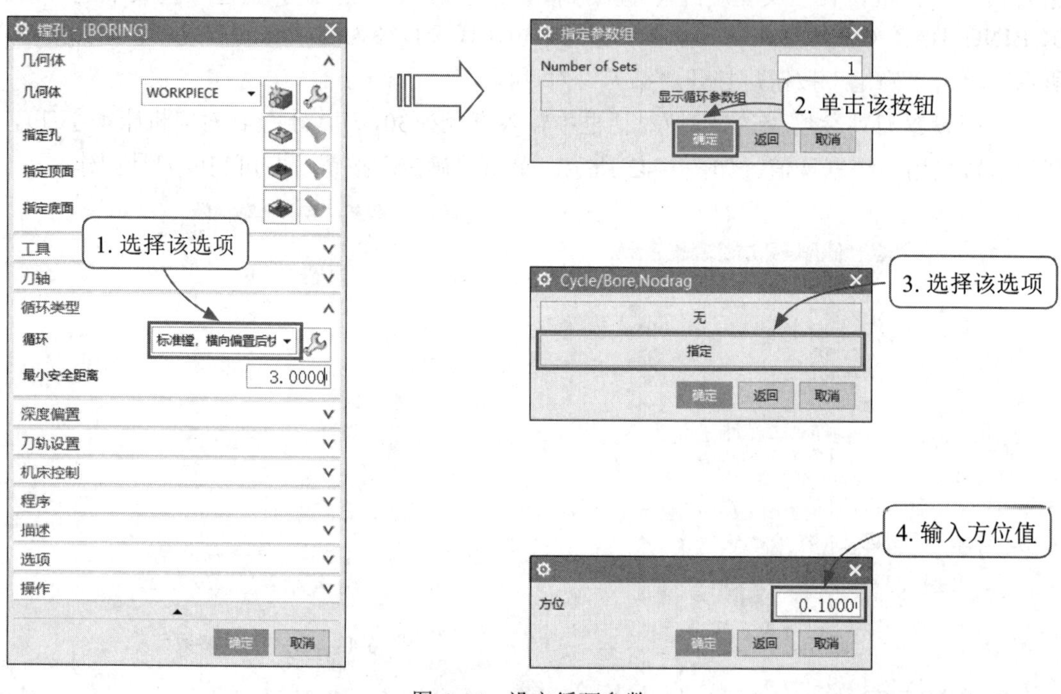

图6-46 设定循环参数

（2）输入完后单击“确定”按钮，会打开“Cycle参数”对话框，然后按照前面案例的方法设定循环参数即可，本例不重复讲解。

4. 生成刀路轨迹并仿真

（1）设置进给率和速度。在“镗孔”对话框中单击“进给率和速度”按钮，打开“进给率和速度”对话框，勾选“主轴速度”复选框，然后输入转速值1000，再在“进给率”选项组的“切削”文本框中输入100，最后单击主轴后方的按钮计算出表面速度与每齿的进给量，如图6-47所示。单击“确定”按钮，回到“镗孔”对话框。

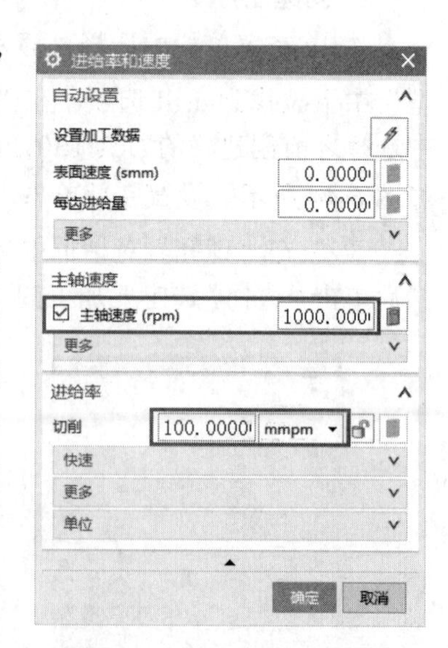

图6-47 设置进给率和速度

（2）单击操作选项组中的“生成”按钮，此时出现如图6-48所示刀路。

（3）单击操作选项组中的“确定”按钮，打开“刀轨可视化”对话框，然后选择“3D动态”，单击“播放”按钮进行刀路仿真，效果如图6-49所示。

图 6-48　生成刀路轨迹

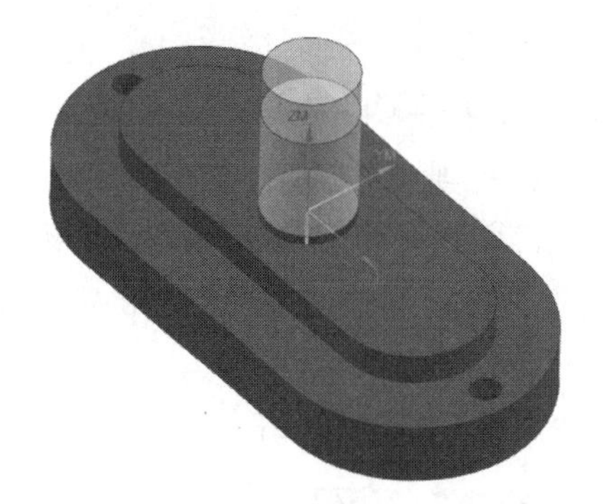

图 6-49　模拟动画

6.2.5　铰孔加工

案例 6-4 已经通过镗孔方式加工了图 6-41 零件中 Ø30 的通孔，接下来通过铰孔的方式加工两侧 Ø10 的小孔。

【案例 6-5】　铰孔加工

1. 创建刀具

（1）打开“素材 \ 第 6 章”下的相应素材文件，也可以直接延续以上案例进行操作。

（2）进入加工环境，然后在“主页”选项卡中单击“创建刀具”按钮，打开“创建刀具”对话框，在“类型”中下拉找到 drill 选项，在“刀具子类型”区域中选择 REAMER（铰孔刀具），输入名称为 J10（代表直径为 10mm 的铰刀），如图 6-50 所示。单击“确定”按钮，打开“钻刀”对话框。

（3）设置刀具参数。在“钻刀”对话框中输入直径为 10，刀具号为 5（对应机床 5 号刀），其他参数采用系统默认值，如图 6-51 所示。单击“确定”按钮，即可完成刀具创建。

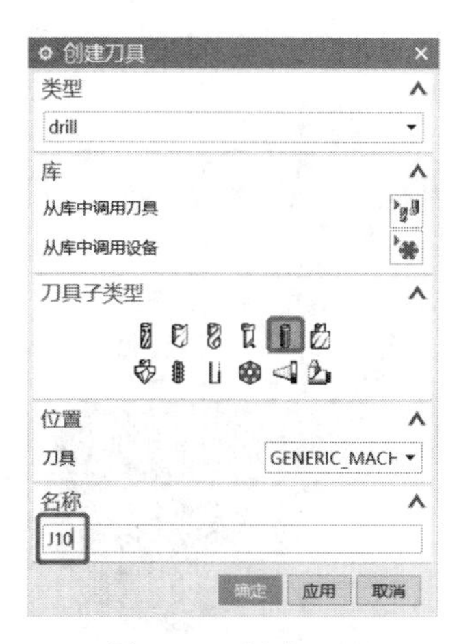

图 6-50　创建刀具

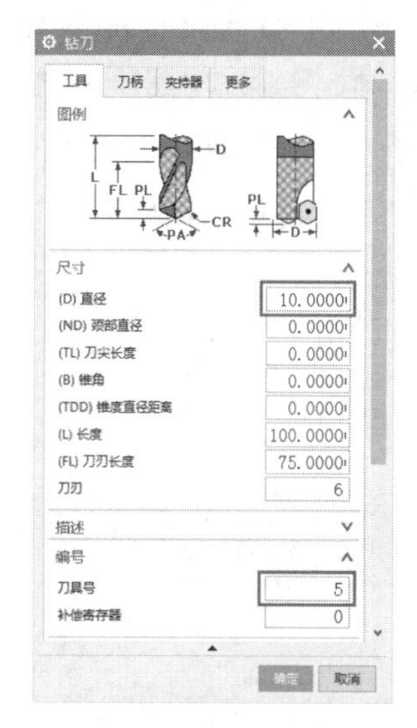

图 6-51　设置刀具参数

2. 创建工序

（1）在菜单栏中选择“插入”→“工序”命令，打开“创建工序”对话框，在“类型”中下拉找到drill选项，在“工序子类型”中选择“铰孔”，在“刀具”下拉列表中选择之前创建好的刀具J10，在“几何体”中选择WORKPIECE，其他参数采用默认，如图6-52所示。设置完后单击“确定”按钮，打开“铰”对话框。

（2）在“铰”对话框中单击“指定孔”按钮，打开“点到点几何体”对话框，然后单击“选择”选定要加工的孔，如图6-53所示。优化步骤参考例6-1，本例不重复讲解。

图6-52　创建工序

图6-53　选择要加工的孔位

3. 设定循环参数

铰孔的循环参数和钻孔无异，因此可参照钻孔加工的方法设定循环参数，本例不重复讲解。

4. 生成刀路轨迹并仿真

（1）设置进给率和速度。在“铰”对话框中单击“进给率和速度”按钮，打开“进给率和速度”对话框，勾选“主轴速度”复选框，然后输入转速值1000，再在“进给率”选项组的“切削”文本框中输入100，最后单击主轴后方的按钮计算出表面速度与每齿的进给量，如图6-54所示。单击“确定”按钮，回到“铰”对话框。

（2）单击操作选项组中的“生成”按钮，此时出现如图6-55所示刀路。

图6-54　设置进给率和速度

图6-55　生成刀路轨迹并仿真

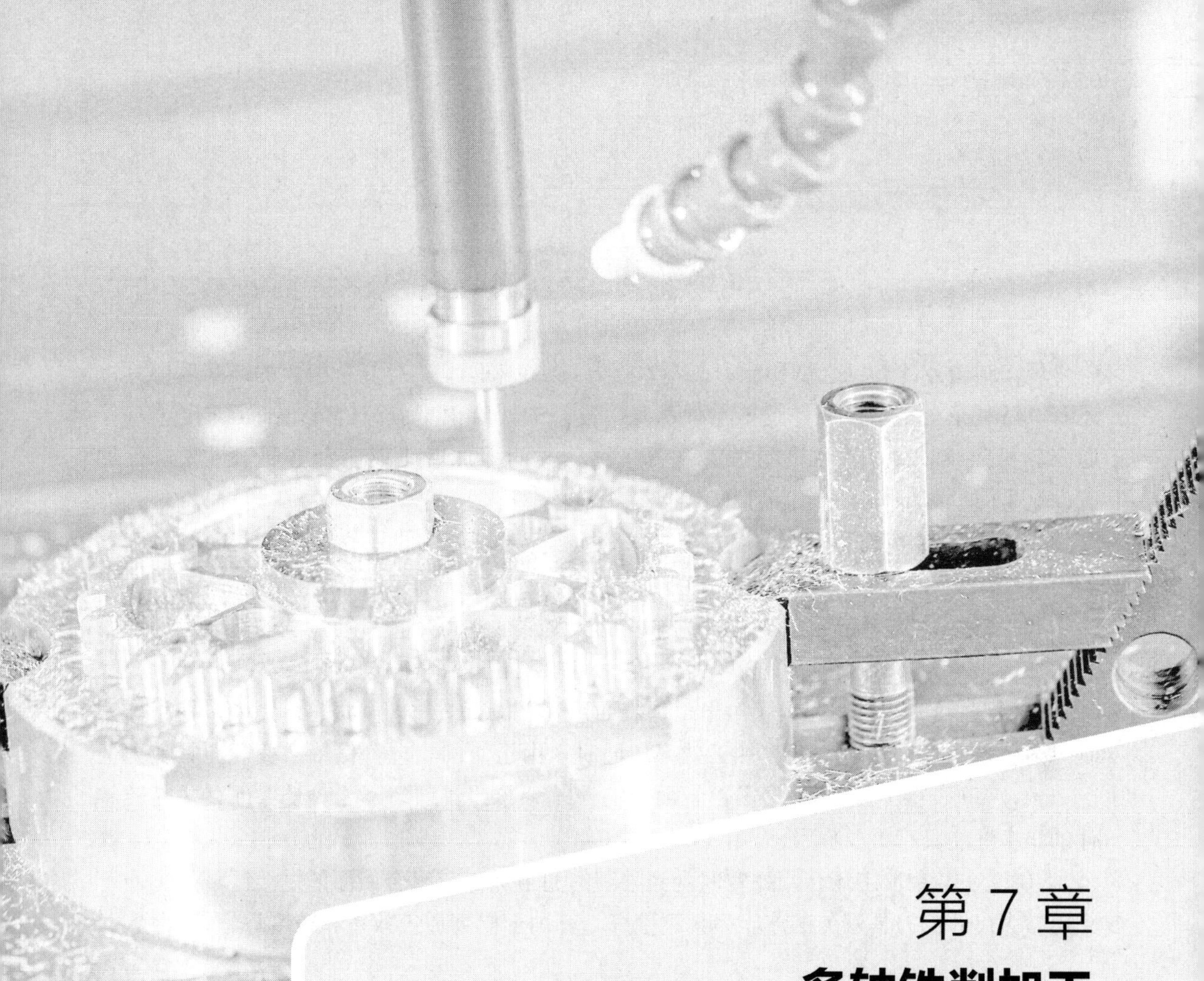

第 7 章 多轴铣削加工

随着机床等基础制造基础的发展，多轴机床的应用越来越广泛，甚至多轴机床已经成为中等规模加工厂的必备设备，随着加工中心的大面积应用，也会将多轴的加工推广得越来越普遍，多轴机床现在已经变得日益广泛，常见的多轴设备为四轴和五轴机床，本章将重点进行讲解。

本章学习内容

- 多轴加工的方法
- 多轴加工的刀轴控制
- 多轴加工的驱动方法
- 管道的粗、精加工
- 深度五轴铣
- 侧倾刀轴

7.1 多轴机床概述

现在制造业的加工水平和能力在不断提升，会经常碰到具有复杂型腔的高精度模具，还有具备复杂外形的产品，这些零件都是以复杂的三维模型为结构体，加工难度大，普通三轴机床难以加工。因此这些具备复杂结构体的零件就比较适合用多轴机床进行加工，这里简单列举几个多轴机床的优势。

（1）可以避免刀具干涉，加工普通三坐标机床难以加工的复杂零件，加工适应性广。

（2）对于直纹面类零件，可采用侧铣方式一刀成型，加工质量好，效率高。

（3）对一般立体型面特别是较为平坦的大型表面，可用大直径端铣刀端面逼近表面进行加工，走刀次数少，残余高度小，可大大提高加工效率与表面质量。

（4）五轴加工时，刀具相对于工件表面可处于最有效的切削状态，例如，使用球刀时可避免球头底部切削，提高加工效率。同时，由于切削状态可保持不变，刀具受力情况一致，变形一致，可使整个零件表面上的误差分布比较均匀，这对于保证某些回转零件的平衡性能具有重要作用。

（5）在某些加工场合，如空间受到限制的通道加工或组合曲面的过渡区域加工，可采用较大尺寸的刀具避免干涉，刀具刚性好，有利于提高加工效率和精度等。

7.1.1 四轴机床的常见结构

四轴机床又称作四轴加工中心，最早应用于曲线、曲面零件的加工，如机轮叶片的加工。现如今，四轴加工中心可以适用于多面体零件、带回转角度的螺旋线（圆柱面油槽）、螺旋槽、圆柱面凸轮、摆线轮的加工等，应用非常广泛。从加工的产品类型可以看出，四轴加工中心有以下特点。

（1）由于有旋转轴的加入，使得空间曲面的加工成为可能，大大提高了自由空间曲面的加工精度、质量和效率。

（2）三轴加工机床无法加工到的或需要装夹过长的工件（如长轴类轴面加工）的加工，可以通过四轴旋转工作台完成。

（3）缩短装夹时间，减少加工工序，尽可能地通过一次定位进行多工序加工，减少定位误差。

（4）刀具得到很大改善，延长刀具寿命。

（5）有利于生产集中化。

图 7-1 为几种常见的四轴机床加工零件类型，包括口罩机的滚刀、压缩机的压缩螺杆、连轴器等零件。

图 7-1　常见的四轴机床加工零件

除了加工这种回转体类零件，还可以安装桥板，加工三轴的零件。安装了桥板的四轴机床，一次装夹和对刀便可加工五个面，加工效率非常高，并且机床的改装成本也不大，如图 7-2 所示。

图 7-2　安装了桥板的四轴机床

常见的桥板四轴结构如图 7-3 所示，其中为圆盘尾座。还有一种是顶针尾座，顶针尾座就是俗称为“一夹一顶”装夹方法中的“一顶”，即顶针加三爪卡盘，如图 7-4 所示。

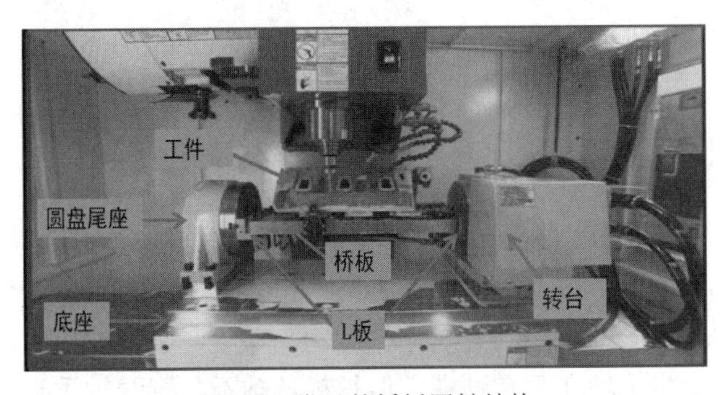

图 7-3　常见的桥板四轴结构

图 7-4　顶针尾座（一夹一顶的装夹方式）

这两种尾座各有各的特点，一般顶针尾座价格在3000元左右，而圆盘尾座在1万元左右。选择圆盘尾座，一般都要定做L板和中间的桥板。

当然常见的四轴结构除了这两种之外，还有四轴卧式加工中心，但是由于其编程的思路类似四轴的定轴加工，所以本节不做介绍。

7.1.2 五轴机床的常见结构

如果想要真正了解五轴加工，那么首先要做的就是弄懂什么是五轴机床。五轴机床（5 Axis Machining），顾名思义，是指在X、Y、Z三条常见的直线轴上加上两条旋转轴，即A、B、C三轴中的两个旋转轴具有不同的运动方式，以满足各类产品的技术需求。而在五轴加工中心的机械设计上，机床制造商始终坚持不懈地致力于开发出新的运动模式，以满足各种要求。综合目前市场上各类五轴机床，虽然其机械结构形式多种多样，但是主要有以下几种形式。

1. 双摆头形式

结构种类：两个转动坐标直接控制刀具轴线的方向，如图7-5所示。

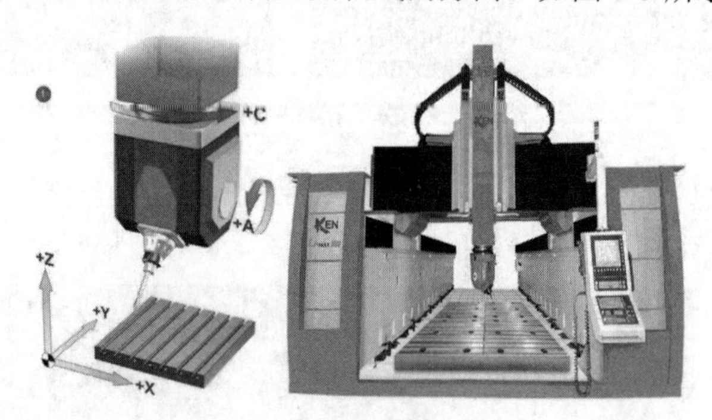

图7-5　双摆头形式

结构特点：优点是工作台没有限制，长度从两三米到十几米的机床都有。缺点是联动开粗主轴刚性比较差。

2. 俯垂型摆头式

结构种类：两个坐标轴在刀具顶端，但是旋转轴不与直线轴垂直，如图7-6所示。

图7-6　俯垂型摆头式

结构特点：这是一种比较少见的五轴摆角形式，运动关系更复杂，但是结构比较紧凑，刚性要好一些。

3. 双转台形式

结构种类：两个转动坐标直接控制空间的旋转，不适合大型零件加工，如图 7-7 所示。

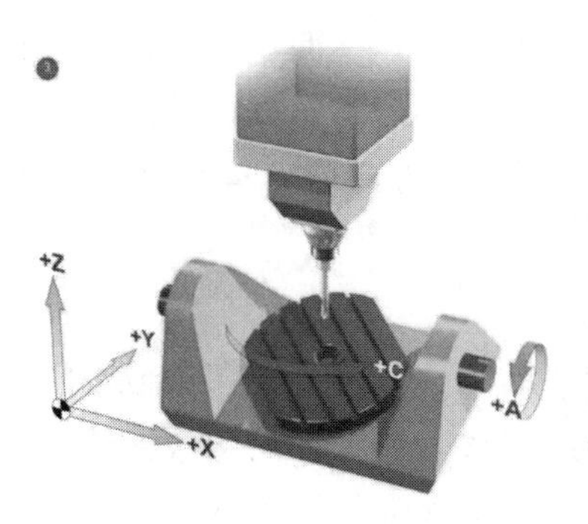

图 7-7 双转台形式

结构特点：是常见的 A、C 轴转台类型，适合加工叶轮类复杂零件，优点是刚度较好，缺点是转台尺寸有限。

4. 俯垂型工作台式

两个坐标轴在工作台上，但是旋转轴不与直线轴垂直，如图 7-8 所示。

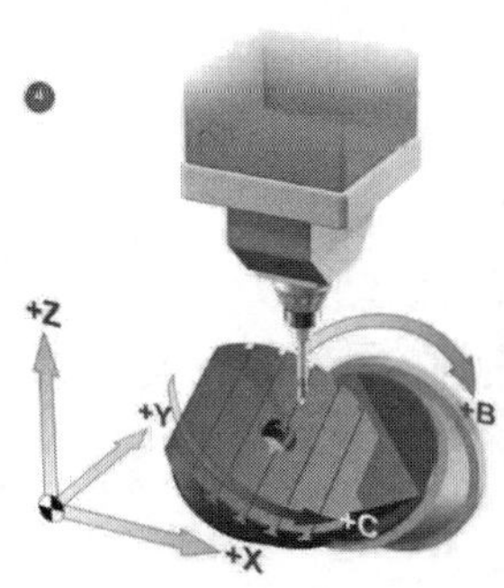

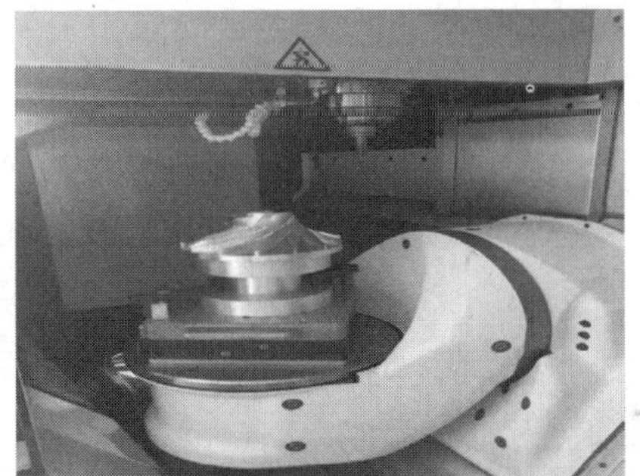

图 7-8 俯垂型工作台式

5. 一摆一转形式

结构种类：单轴转台 AC 摆角五轴机床，两个转动坐标一个作用在刀具上，一个作用在工件上，如图 7-9 所示。

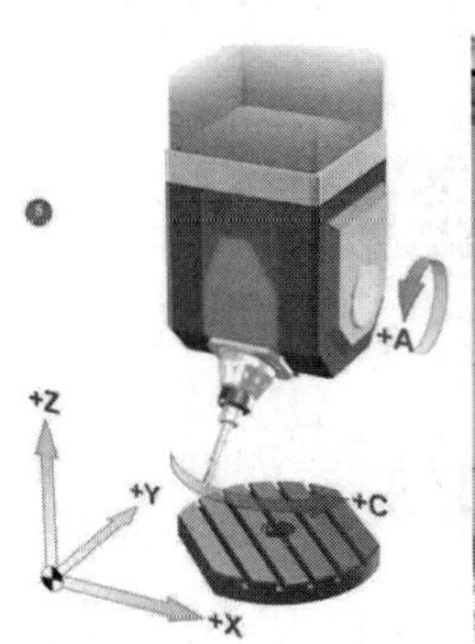

图 7-9 一摆一转形式

结构特点：如果旋转轴不与直线轴相垂直，则被认为是一条“俯垂型”轴。

7.1.3 学习多轴加工的方法

多轴机床的结构比较多，因此前期需要对其做一个基本的了解。但读者也不用担心过多，如果只需要学好编程，那么具体的刀轴怎么摆、姿态怎么调整，都可以随着学习的深入去慢慢理解，理解每一个刀轴是控制什么样的姿态，这样学习起来会比较轻松。

在此给从事多轴编程的读者几点建议。

1. 如果想从事编程工作

如果是从厂里进工艺室或者从厂里当编程学徒，平时工作一定要踏实、稳定、少出错、不废活，那么厂里需要编程的，或者需要从一线提拔，你给人的印象好就有优先权。平时八小时上班，剩下的时间一定要利用好，算上下班睡觉吃饭洗澡的十个小时，那么还有六个小时可以进行学习。如果上班是十二小时，那就更要努力、勤奋、刻苦地来学习编程。同时一定要告别游戏。

2. 刚开始从事三轴编程

先从对加工工艺的学习、刀路的学习得到加工效率的提升，掌握切削三要素，同时经常去车间跟工人沟通，向老师傅询问编的刀路怎么样，有什么好的意见，一定要虚心学习。多听现场工人的意见，多去车间跟工人了解，多问编程老师傅，提高编程效率、准确率。

3. 熟悉三轴，准备学习多轴，往多轴发展的

UG 控制多轴的方式总共有二十种，不管用的概率大不大，一定要充分了解，明白每个方法的具体特点，以及刀轴的运动方式。如果记不住，可以买笔记本，坚持做笔记。有不懂不明白的地方就问，学而不思则罔，思而不学则殆。

4. 学会四轴、五轴编程的

两种情况，一种是自己学会，厂里有机床可直接上手，那就胆大心细，做好检查。另一种是厂里没机床，但是自己又想从事多轴的，那平时一定得多练习，以后换工作面试的时候就要说清楚，虽然你没经验，但是只要厂里有机床，基础打得牢，总有一天会有上手机会的，而且前期的基础打得好，进步相当得快。

祝各位读者早日学成多轴编程，为祖国的建设贡献自己的力量。

7.2 刀轴控制学习

7.2.1 UG 常见的四轴刀轴和五轴刀轴

UG 多轴加工主要通过控制刀轴矢量、投影方向和驱动方法再生成加工刀路，编程的关键就是通过控制刀轴矢量在空间位置的不断变化，或使刀轴矢量与机床原始坐标系构成空间某个角度，利用铣刀的侧刃或底刃切削加工来完成，刀轴是一个矢量，它的方向从刀尖指向刀柄，刀轴可以是固定的，也可以是可变的。固定的刀轴，也就是俗称的定轴，其刀轴和指定的矢量始终保持平行，而可变刀轴和矢量在切削中随时会发生变化。

UG 的可变轮廓铣，功能非常强大，但是对于初学者来说，是比较困难的，因为整个刀轴的控制方法有二十多种，每一种都需要进行了解和学习，了解了多轴里面的刀轴控制，学起来的速度是非常快的，本节重点分析下哪些刀轴能做四轴，方便学习四轴的读者有一个更好的了解，其实只要了解哪些能做四轴，可变轮廓铣里面的刀轴都是五轴能够做的。表 7-1 列举了这些刀轴能不能用四轴，以及它们的粉一些简单的特点。

表 7-1　典型刀轴

刀轴名称	图例	能否用于四轴加工	五轴加工特点
远离点		否	外凸的倒扣零件等
朝向点		否	一般用于加工内腔等
远离直线		最常用，一般常用的精加工，刀路转曲线开粗，用的刀轴都是远离直线	不常用，因为不能控制前倾角和侧倾角，后面的相对于矢量一般会代替这个刀轴
朝向直线		偶尔用，一般用倒扣等特殊部位的编程	偶尔用，一些四轴零件在五轴机床上加工时，这个命令就会用到
相对于矢量		偶尔用，使用时侧倾角需为 90°，可以控制前倾角	经常用，可以自由控制前倾角、侧倾角进行避让
垂直于部件		偶尔用，加工面必须法向垂直旋转轴，后面有四轴专用的命令，所以用的不多	经常用，比如曲面开粗，用这个刀轴配合面铣刀，加工效率非高

续表

刀轴名称	图例	能否用于四轴加工	五轴加工特点
相对于部件		否	偶尔用，比垂直于部件多了前倾角和侧倾角的控制
四轴垂直部件	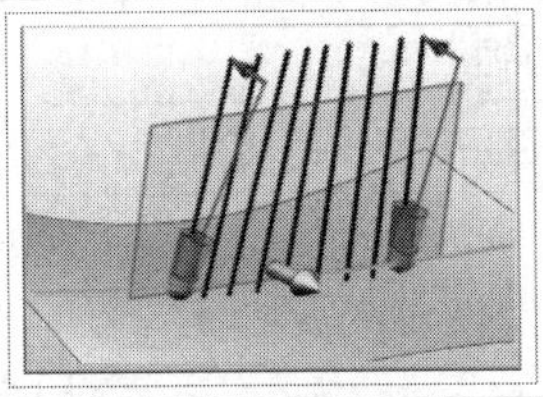	经常用，四轴专用命令，替代前面垂直于部件的使用	不经常用
四轴相对于部件	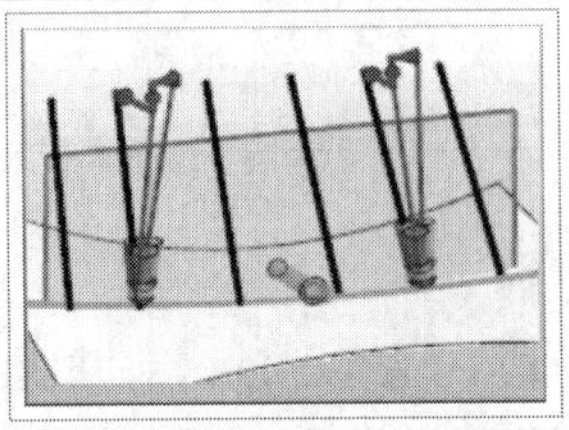	经常用，四轴专用命令，比垂直于部件多了前倾、侧倾和旋转角度	不经常用
双四轴在部件上	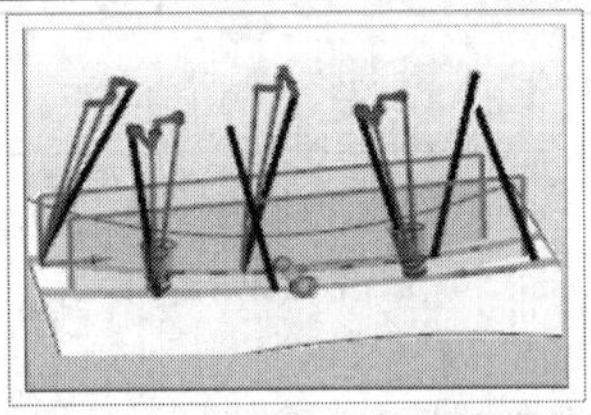	不经常用	不经常用
插补矢量	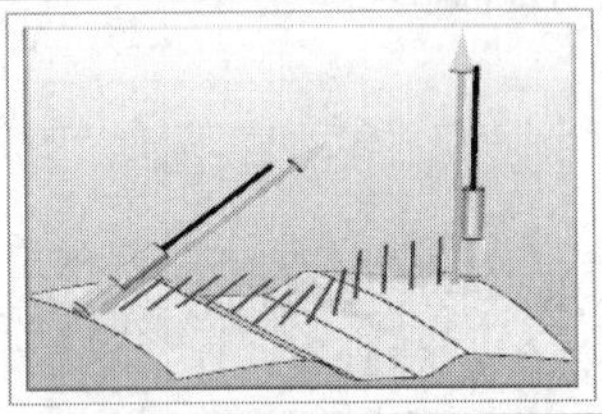	经常用，俗称万能刀轴，一些刀轴不好控制的地方用此刀轴就比较方便	经常用，同四轴一样，就是使用起来对于复杂的面比较麻烦
插补角度至部件	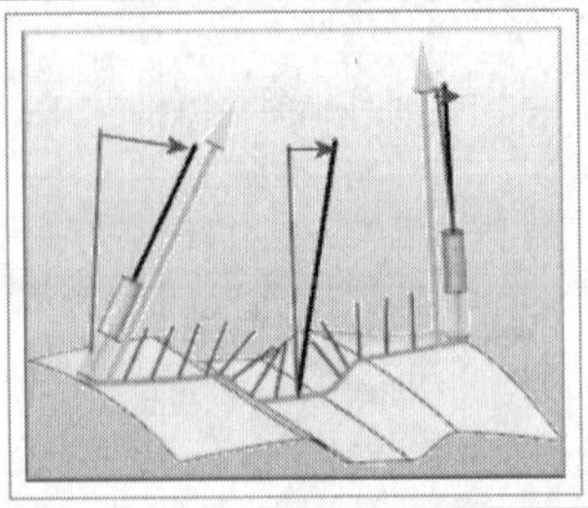	不经常用，插补矢量已经能够满足使用	不经常用，插补矢量已经能够满足使用
插补角度至驱动	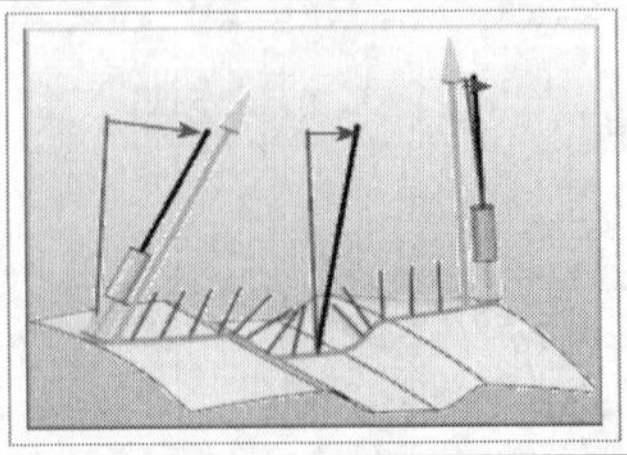	不经常用，插补矢量已经能够满足使用	不经常用，插补矢量已经能够满足使用

续表

刀轴名称	图例	能否用于四轴加工	五轴加工特点
优化后驱动		否	主要用于一些复杂曲面的铣面加工
垂直于驱动体		可以用，但是基本不用，使用时驱动面必须发现垂直旋转轴，后面四轴垂直于驱动可以替代	主要用于一些复杂曲面的铣面加工
侧刃驱动		可以用，但是编程完必须检查是否为四轴刀路	经常用于一些五轴零件的侧壁加工
四轴垂直于驱动体		经常用，最主要用于一些流线或曲面，构造完驱动面或驱动线的时候，原本的部件面质量不好时可能会跳刀，用这个刀轴就可以解决	基本不用，前面带四轴的这些刀轴，理论上五轴是都可以使用的，但是因为有类似的刀轴可以用，所以用的不多
四轴相对于驱动体		经常用，比垂直于驱动体多控制两个方向的刀轴	基本不用
双四轴在驱动体上		基本不用，主要用于一些双四轴机床上	基本不用

要想充分理解每一个刀轴的姿态，一定要多练习，只有多练习，才能记住每一个刀轴的姿态，比如编写五轴程序，远离点和远离直线，都能生成加工程序，但是远离点相对来说刀轴比较陡，那就要想用别的刀轴来替换，这时平时如果练习的多，很快就能想出来哪个刀轴可以替换，如果练的少，是一脸懵的，所以学习的关键是平时一定要多练习。

7.2.2 “远离点”和“朝向点”

1. 远离点

远离点允许定义点任意位置的“可变刀轴”，可以使用“点子功能”来指定点。“刀轴矢量”从定义的焦点离开并指向刀具夹持器，简单来说，就是刀的刀柄远离这个点，如图 7-10 所示。

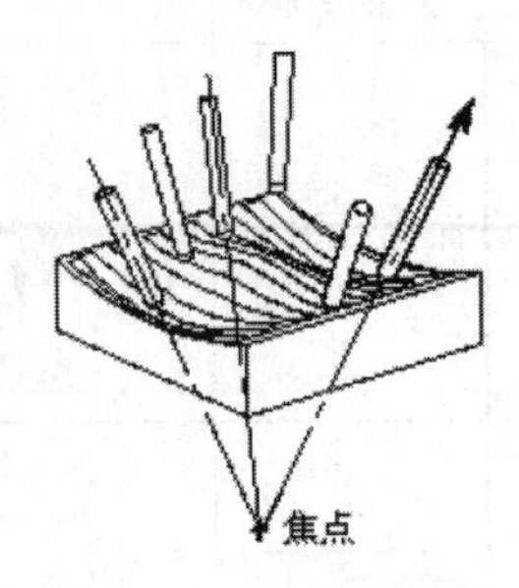

图 7-10　远离点

那么这个点的高低、远近都会影响刀轴姿态：如图 7-11 和图 7-12 所示，二者加工参数相同，只是远离点的高低不同，刀轴姿态就不一样。

这两个刀轴其余设置都一样，只是远离点的这个点位置，图 7-11 比图 7-12 距离驱动面远，那么刀轴相对来说比较接近竖直，图 7-12 点比较近，刀轴相对来说比较斜，所以这个点的高低远近和位置决定了刀轴的姿态。点的设置方法如下，如图 7-13 所示。

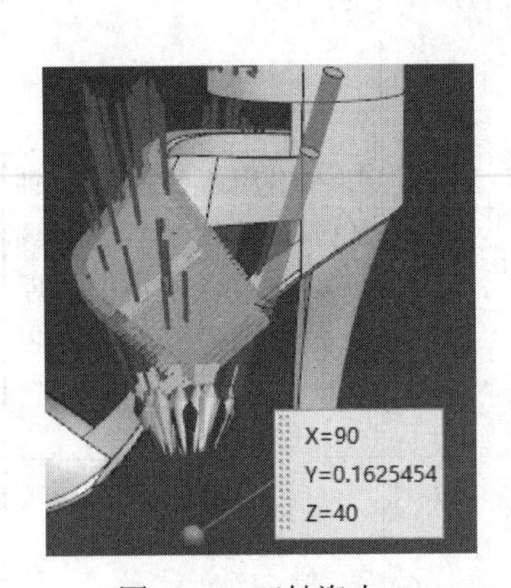

图 7-11　刀轴姿态一

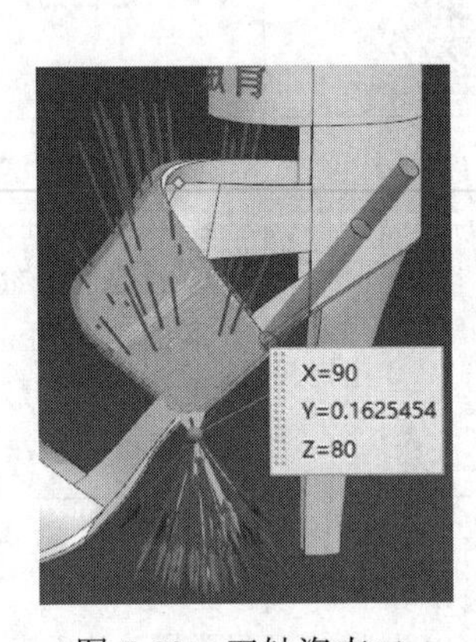

图 7-12　刀轴姿态二

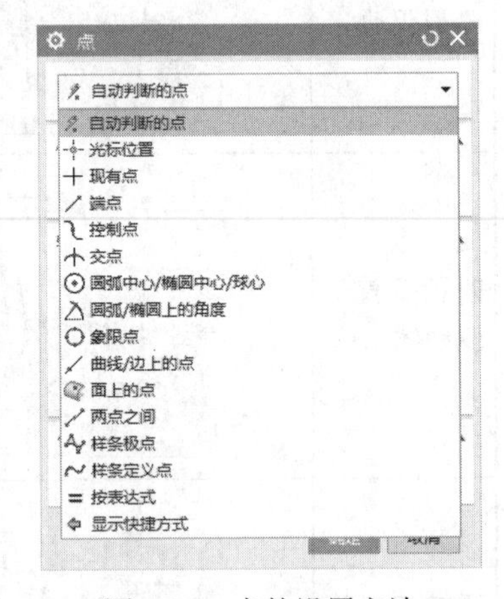

图 7-13　点的设置方法

在实际工作中到底该用哪一种，则没有固定的要求，具体还要看当前图形适合用哪一个。

【案例 7-1】　高跟鞋面的曲面加工

高跟鞋模型如图 7-14 所示，灰色区域是要进行的加工区域。

加工工艺分析：使用曲面或者流线来作为驱动面，刀轴使用远离点，刀具选择 D6R3。

图 7-14　素材文件

（1）打开“素材 \ 第 7 章”下的相应素材文件，然后进入加工环境，创建工序时“类型”选择 mill_multi-axis，即“多轴铣削”，“工序子类型”选择可变轮廓铣，如图 7-15 所示。

（2）打开“可变轮廓铣”对话框，单击“指定部件”按钮，选择整个高跟鞋模型为加工部件，如图 7-16 所示。

图 7-15　“创建工序”对话框

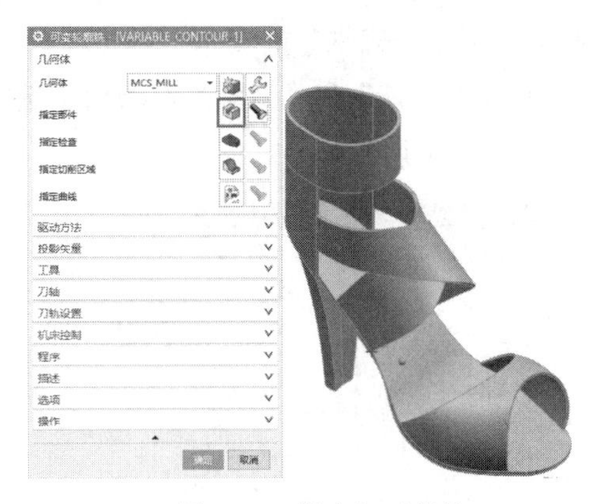

图 7-16　指定加工部件

（3）展开“驱动方法”选项组，然后选择“驱动方法”为“曲面区域”，选择后会打开“曲面区域驱动方法”对话框，单击按钮，选择驱动面，如图 7-17 所示。

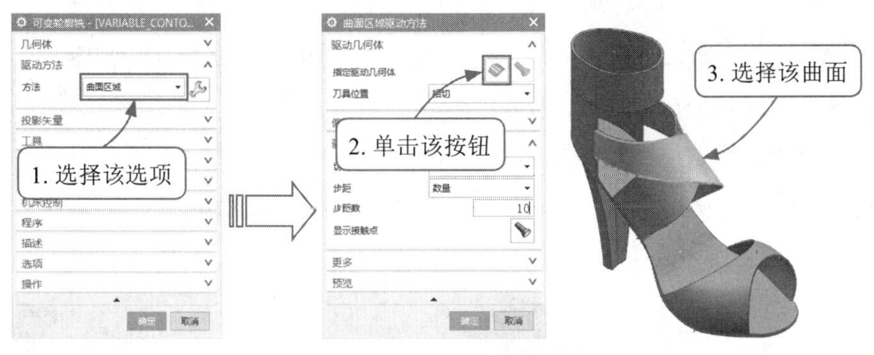

图 7-17　指定驱动方法和驱动面

（4）指定驱动面后可指定切削方向。单击“切削方向”按钮，设置方向如图 7-18 所示。

（5）单击“材料反向”按钮，指定材料方向，注意材料侧的位置，如图 7-19 所示。

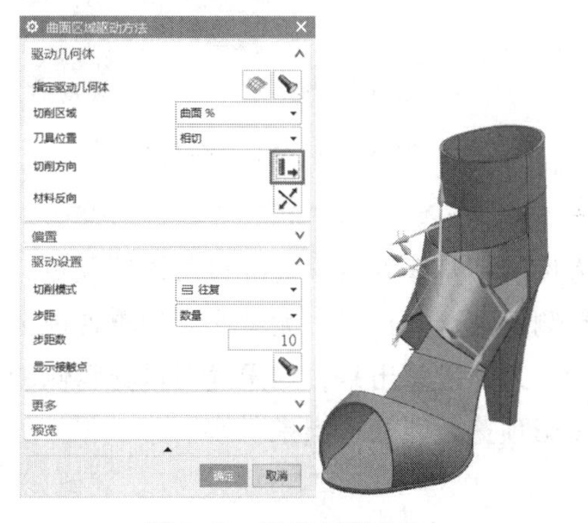

图 7-18　指定切削方向

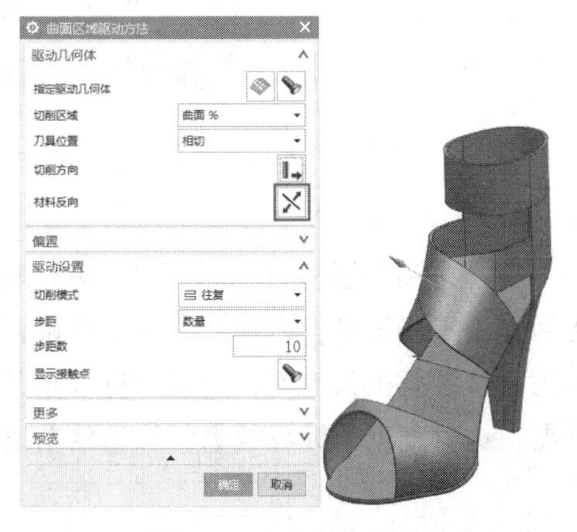

图 7-19　指定材料方向

（6）设置加工“步距”为“数量”，“步距数”为 80，展开“更多”选项组，选择“切削步长”为“公差”，设置内、外公差值为 0.01，如图 7-20 所示。设置完成后单击“确定”

按钮，返回“可变轮廓铣”对话框。

（7）展开“工具”和“刀轴”选项组，选择加工刀具为D6R3，选择“刀轴”为“远离点”，如图7-21所示。

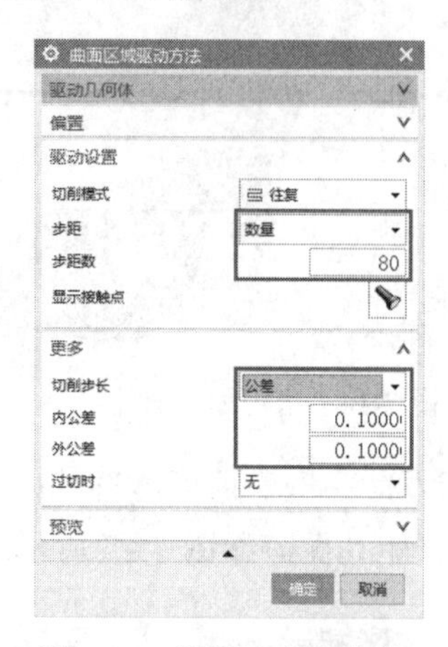

图7-20　设置步距和公差

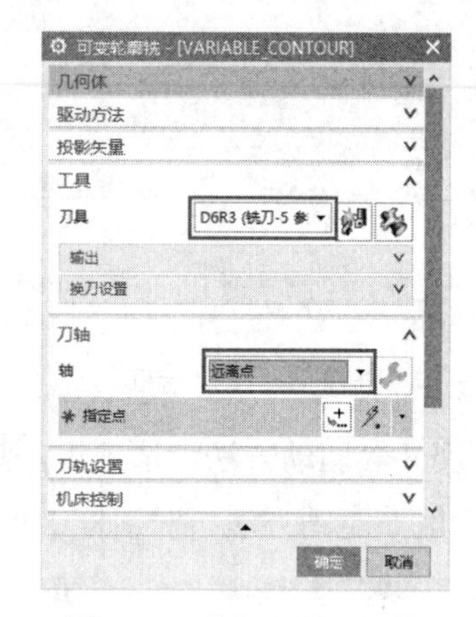

图7-21　选择刀具和刀轴

（8）指定远离点的位置，如图7-22所示。

（9）进行投影预览检查，如图7-23所示。

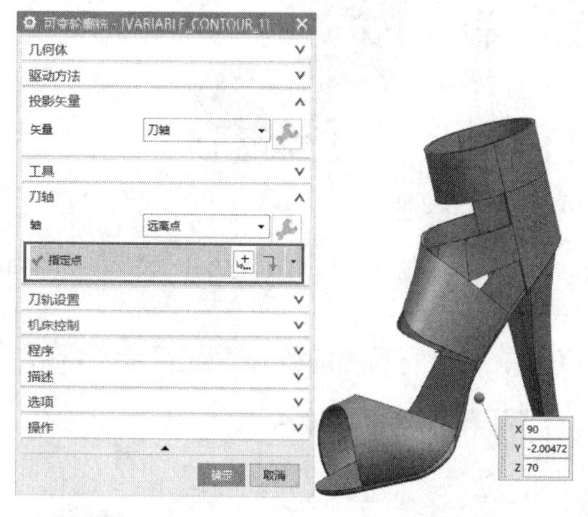

图7-22　指定远离点的位置

图7-23　进行投影预览检查

提示：之所以要进行投影预览，主要是因为投影预览能够对当前的投影进行预览，查看是否投影正确，刀轴是否选择正确，材料侧是否选择正确，尤其是大型零件往往算刀路就需要很长时间，可能计算了十几分钟，刀路没算出来，结果发现是材料侧的问题，这就降低了编程效率，算刀路前进行投影预览就能检查出来。

（10）在“可变轮廓铣”对话框中单击“生成”按钮生成刀路，如图7-24所示。

（11）生成完毕，生成的刀路效果如图7-25所示。

总结：“远离点”，顾名思义，就是设置一个点，然后刀柄远离这个点，从而进行刀轴控制。上面已经简单地讲解了远离点程序的生成，日后在练习中一定要注意细节，包括材料侧的方向等，如果自己编的刀路并未生成，按图仔细检查自己的步骤是否错误，此节并未详细说明曲面驱动的应用，将在后续讲解。

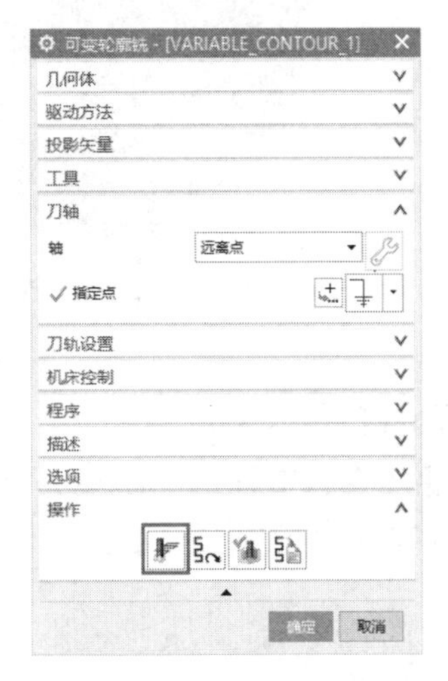

图 7-24 生成刀路

图 7-25 刀路效果

2. 朝向点

朝向点控制刀轴的具体方法是通过一个“点”来定义可变刀轴矢量，这个点一般与部件几何体在同一侧。朝向点和远离点的区别是一个是刀柄朝向点，一个是刀柄远离点。前面学了，远离点，这个远离就是刀柄远离这个点；那么朝向点，则是刀柄朝向这个点。朝向点适用的加工零件如图 7-26 所示。

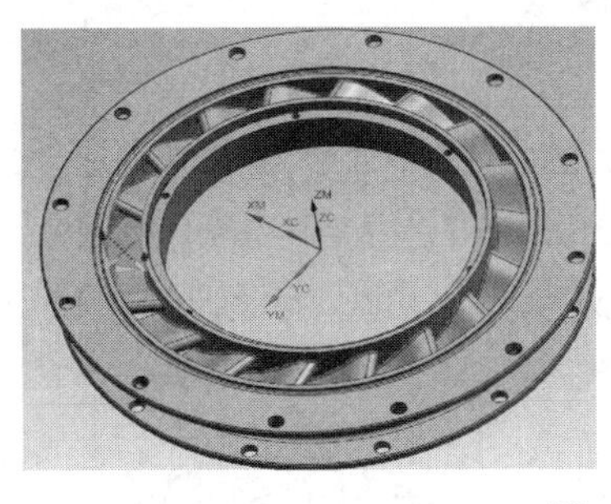
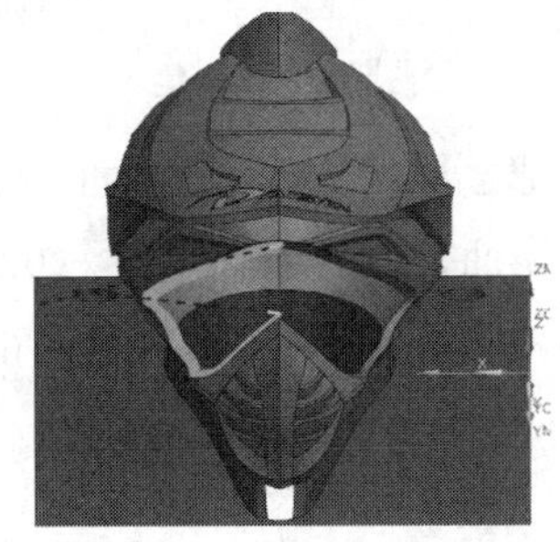
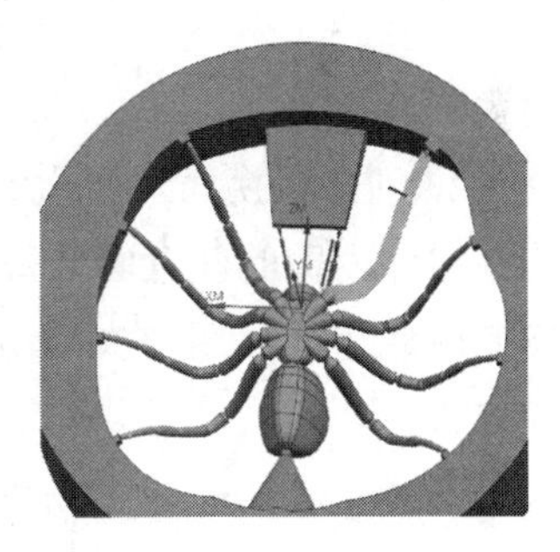

图 7-26 朝向点适用的加工零件

通过以上这几个零件可以看出，朝向点可用于加工一般刀轴处理不了的型腔区域，也可加工内凹的倒扣零件，一些刀轴不好避让的区域都能够使用朝向点来进行编程。跟远离点一样，这个点的高低、远近都影响刀轴的姿态。

下面以这个益智球为例做一个精加工内壁的刀路，使用朝向点刀轴。

【案例 7-2】 益智球的内壁精加工

益智球的模型如图 7-27 所示，上端的球体内壁为要求加工的区域。

加工工艺分析：使用曲面驱动面，刀轴使用朝向点，刀具选择 D20R10 球面铣刀（俗称棒棒糖铣刀）。图 7-28 为创建好驱动面之后的剖视图。

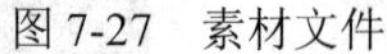

图 7-27　素材文件　　　　图 7-28　剖视图效果

1）制作零件驱动面

在介绍具体的加工前，需要先介绍此零件驱动面如何制作。

（1）进入建模模块。打开“素材 \ 第 7 章”下的相应素材文件，然后执行“球”命令，创建一个球体。球的位置任意，只需在益智球内部即可，球的直径只要比零件内壁小就可以，本例设置为 100，如图 7-29 所示。

图 7-29　创建球体

（2）创建替换面。设置好球之后，执行“替换面”命令，选择刚才创建的球为原始面，再选择零件内壁的任意面为替换面，设置偏置距离为 0.01，单击“确定”按钮完成创建。替换完成后会得如图 7-30 所示的面，这时顶部的突出部位是多余的，因此要使用修剪体进行修剪。

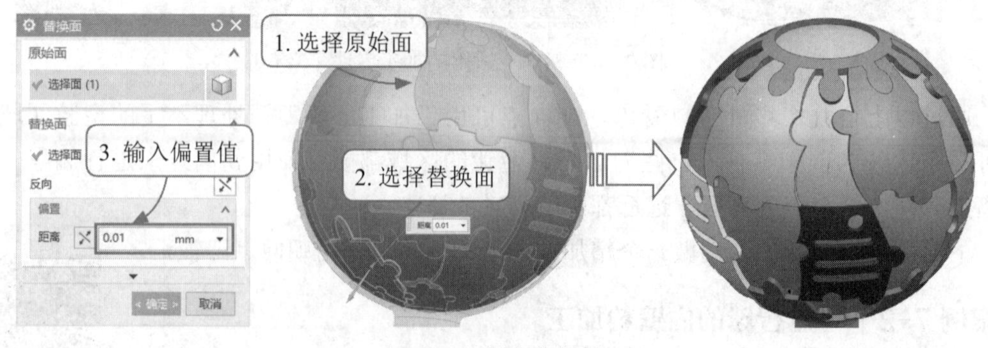

图 7-30　创建替换面

（3）执行“修剪体”命令，选择目标体为前面步骤所创建的球，选择工具选项为“新建平面”，然后单击按钮，打开“平面”对话框，选择类型为“点和方向”，选择上面的环形区域边圆心为指定点，再选择向上的矢量 ZC，得到修剪面进行修剪体操作，如图 7-31 所示。

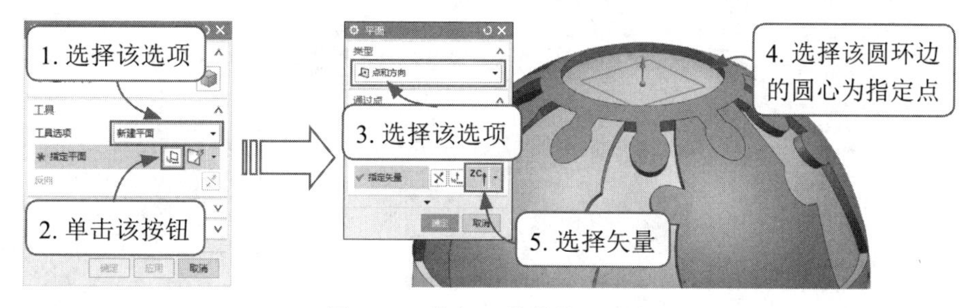

图 7-31 执行“修剪体”命令

（4）单击“确定”按钮完成修剪操作，此时效果如图 7-32 所示。

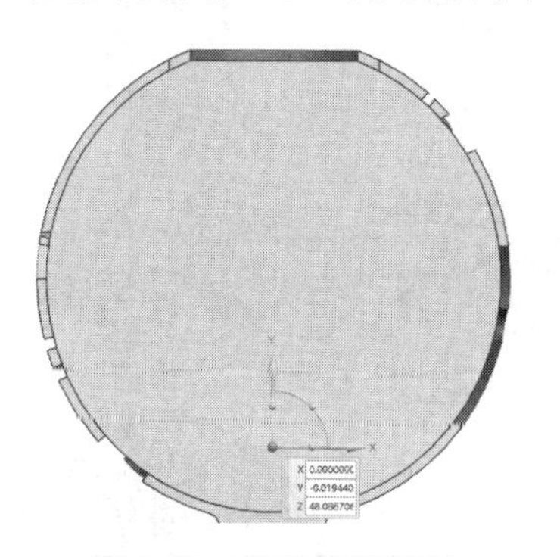

图 7-32 指定修剪平面

（5）使用“抽壳”命令进行抽壳，厚度为0.001mm，抽壳完成后就得到了所需的驱动面，如图 7-33 所示。

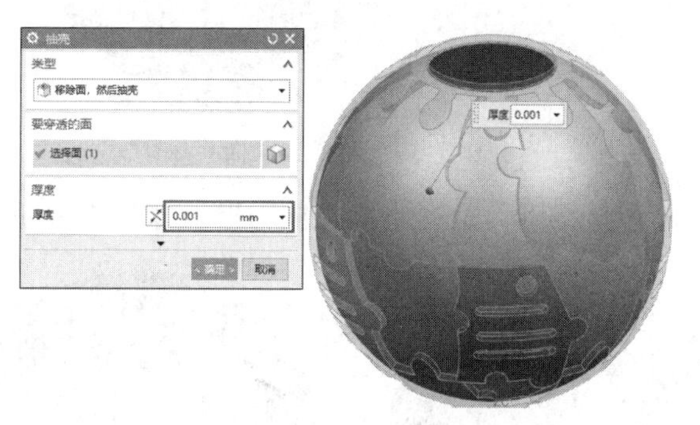

图 7-33 执行“抽壳”命令

2）加工编程

驱动面创建完成后开始编程，编程步骤如下。

（1）创建“可变轮廓铣”工序，然后在对话框中选择“驱动方法”为“曲面区域”，“投影矢量”为“朝向驱动体”，再选择刀具，如图 7-34 所示。

（2）单击驱动方法右侧的“编辑”按钮，打开“曲面区域驱动方法”对话框，选择内表面为驱动面，如图 7-35 所示。

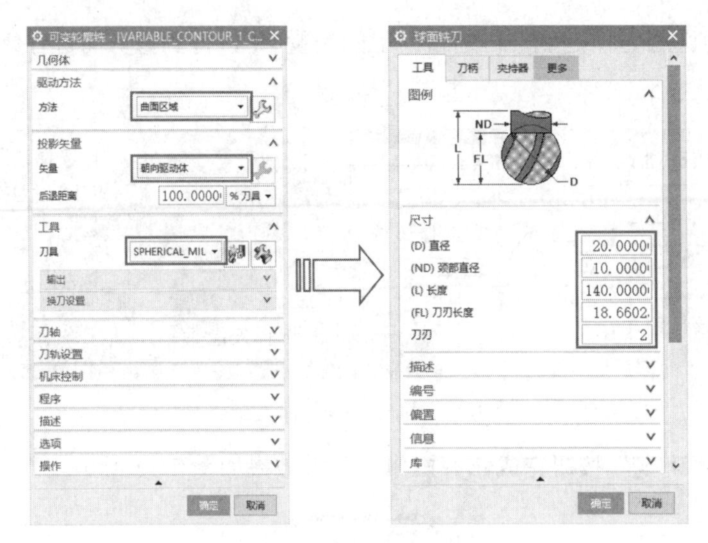

图 7-34　创建“可变轮廓铣”工序

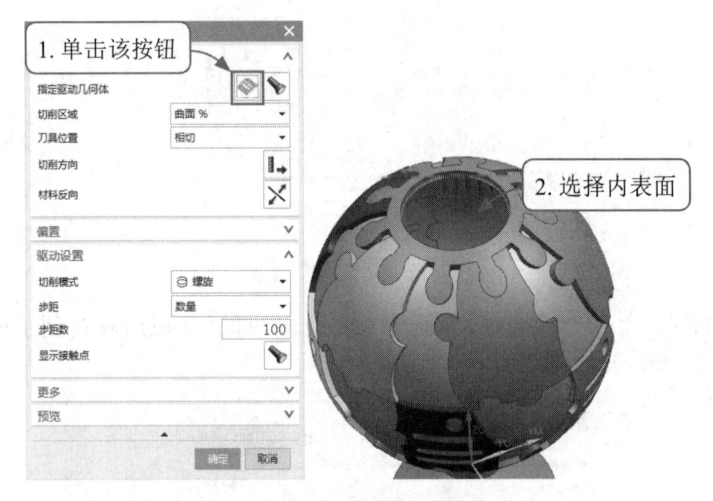

图 7-35　选择驱动面

（3）设置切削方向和材料侧，材料方向指向内壁，如图 7-36 所示。

图 7-36　设置切削方向和材料方向

（4）设置步距和公差，步距为 100，切削步长公差为 0.01，如图 7-37 所示。

（5）设置刀轴，选择“朝向点”选项，然后单击按钮，如图 7-38 所示。

图 7-37　设置步距和公差

图 7-38　设置刀轴

（6）单击后打开“点”对话框，然后选择类型，再选择“参考”为 WCS，最后选择最上面圆边的圆心即可，如图 7-39 所示。指定完点之后单击“确定”按钮，返回“可变轮廓铣”对话框。

（7）在“可变轮廓铣”对话框中单击“非切削移动”按钮，打开“非切削移动”对话框，切换至“进刀”选项卡，将非切削移动开放区域“进刀类型”改为“圆弧 - 垂直于刀轴”，避免生成刀路后进刀过切，如图 7-40 所示。

图 7-39　调整朝向点的位置

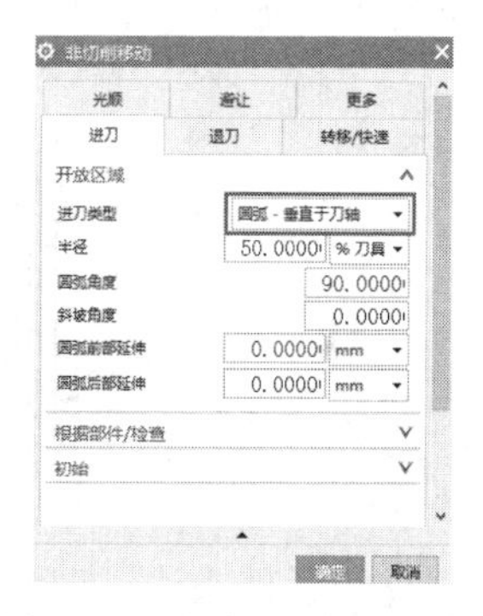

图 7-40　设置非切削移动参数

（8）进行投影预览，如图 7-41 所示。

图 7-41　进行投影预览

（9）生成刀路，然后可以按快捷键 Ctrl+H，进行剖视图查看，如图 7-42 所示。

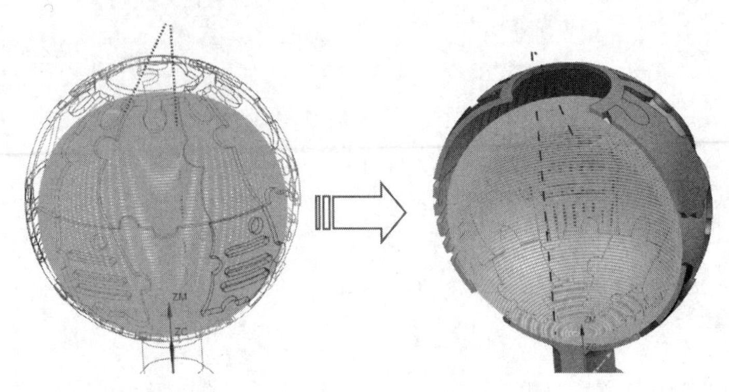

图 7-42　生成刀路

7.2.3　“远离直线”和“朝向直线”

1. 远离直线

远离直线允许用户定义偏离聚焦线的“可变刀轴”。“刀轴”沿聚焦线移动，同时与该聚焦线保持垂直。刀具在平行平面间运动。“刀轴矢量”从定义的聚焦线离开并指向刀具夹持器，如图 7-43 所示。

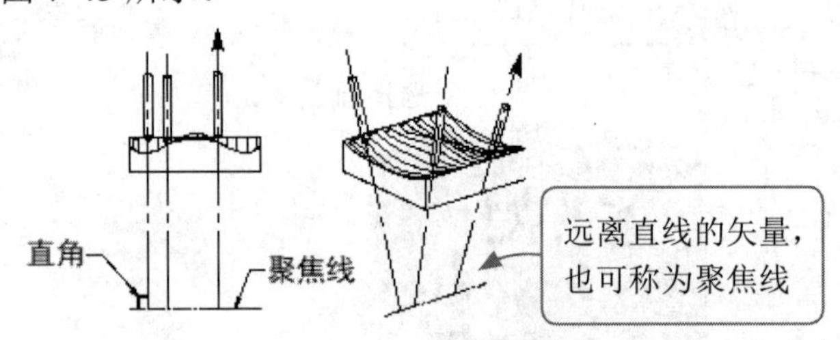

图 7-43　刀轴矢量

远离直线通俗来讲，即设置一个矢量，然后刀柄远离这条线，那么也可以理解为远离矢量。远离直线是四轴最经常用的刀轴，只要四轴侧壁是向心面，不是倒扣面，那么就可以用远离直线作为刀轴，下面看看远离直线的刀轴设置参数，如图 7-44 所示。

远离直线就是先指定一个点，然后再指定一个矢量方向，这样就完成了一条线的指定。如果是回转体类零件，都会把这个点放在圆心，矢量朝向断面，如图 7-45 所示。

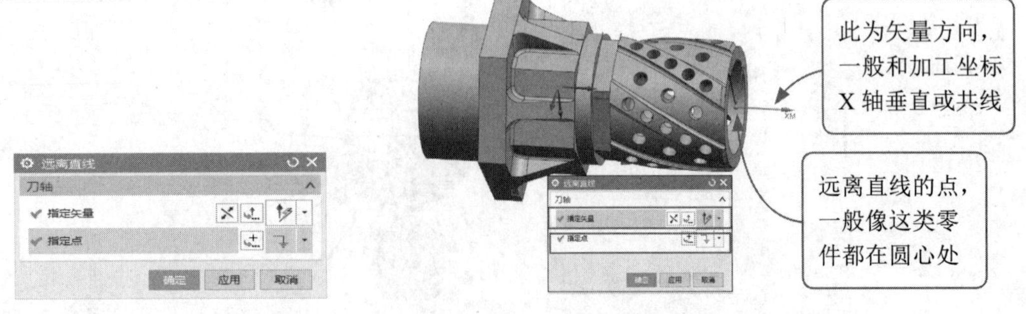

图 7-44　“远离直线”对话框　　　　图 7-45　远离直线的指定效果

图 7-46 是常见的几种四轴机床加工零件，这些都是可以用远离直线进行编程的。

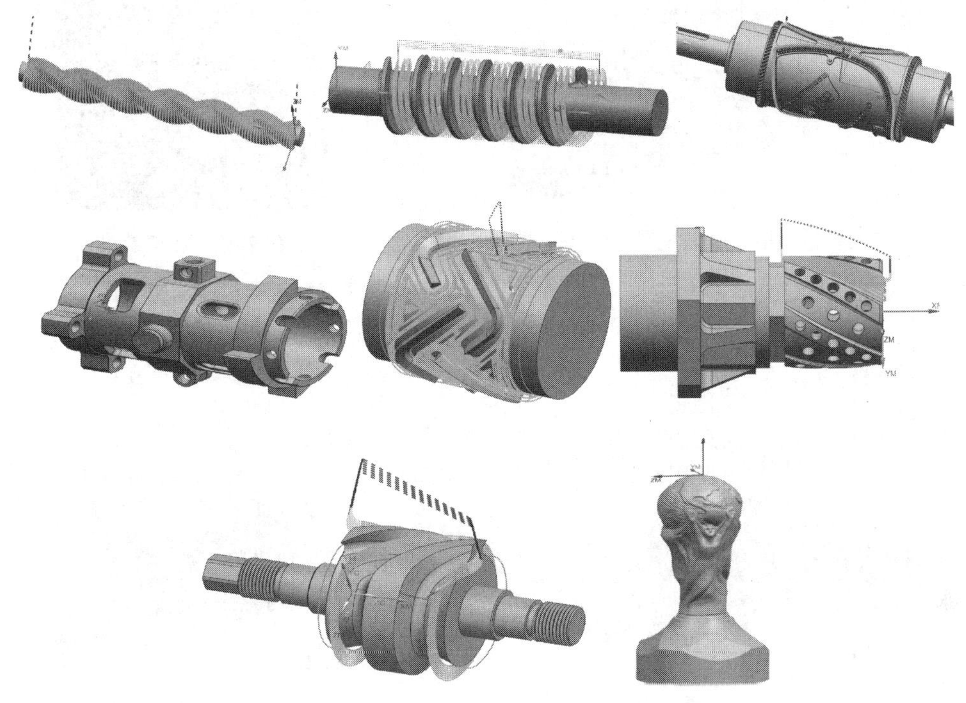

图 7-46　可用远离直线进行编程加工的零件

从以上几个案例可以看出，粗精加工都会经常用到，前面说的有些面用远离直线会过切，如图 7-47 所示。

图 7-47　过切效果

【案例 7-3】　远离直线的五轴加工

前面学习了那么多四轴零件，这个“远离直线”也能够用于五轴加工。图 7-48 为零件模型，图 7-49 为在车间加工效果。

在五轴加工中，这个点的高度和前面的远离点一样，点的高度决定了直线的位置，直线的位置又决定了刀轴的角度，如图 7-50 和图 7-51 所示。

由图 7-50 得到的刀路 1，可以看到刀轴稍微倾斜，如图 7-52 所示。而由图 7-51 得到的左刀路 2，点的位置在刀路 1 的点基础上往下降 30，注意此刻刀轴的位置，比刀路 1 倾斜了不少，如图 7-53 所示。

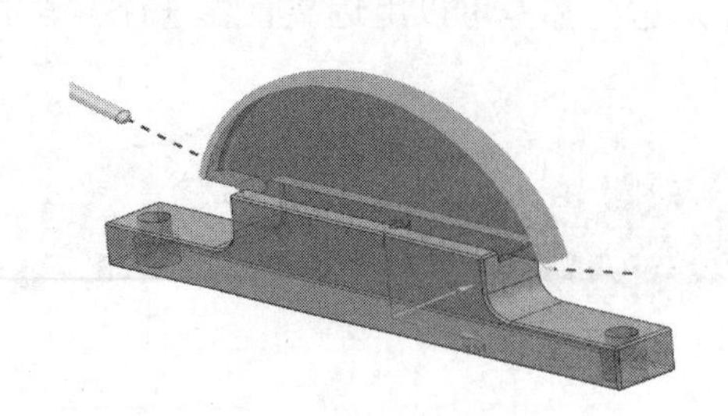

图 7-48 素材文件

图 7-49 加工效果

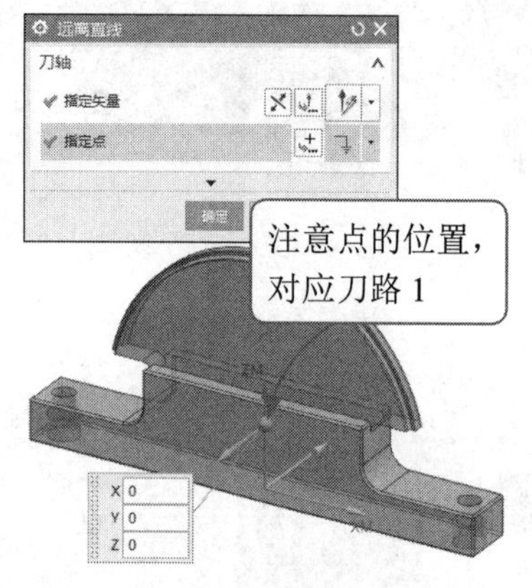

图 7-50 指定点的位置

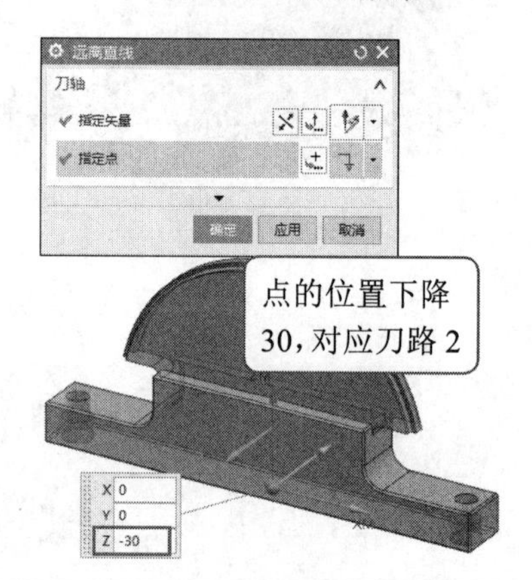

图 7-51 将点的位置下降 30

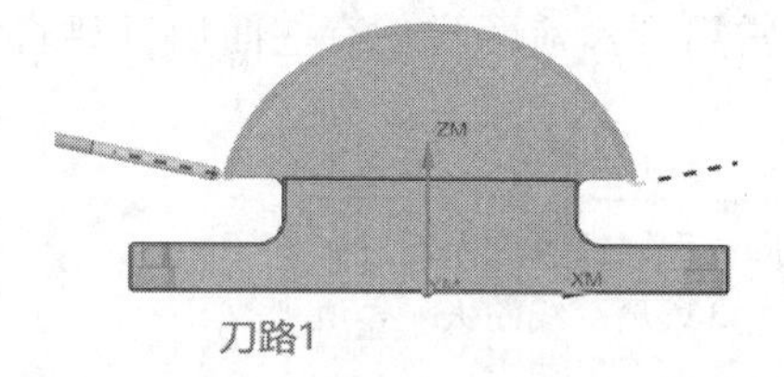

图 7-52 刀路 1

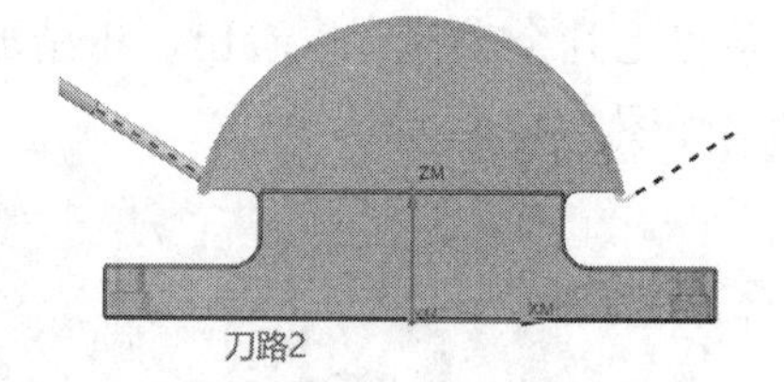

图 7-53 刀路 2

下面以刀路 1 为例，使用远离直线刀轴，做一个精加工的刀路，刀具选 D6R3。

（1）打开“素材\第 7 章”下的相应素材文件，然后创建工序，框选整个零件为部件，再指定切削区域，刀具选择 D6R3，刀轴为远离直线，刀轴设置如图 7-54 所示，切削区域如图 7-55 所示。

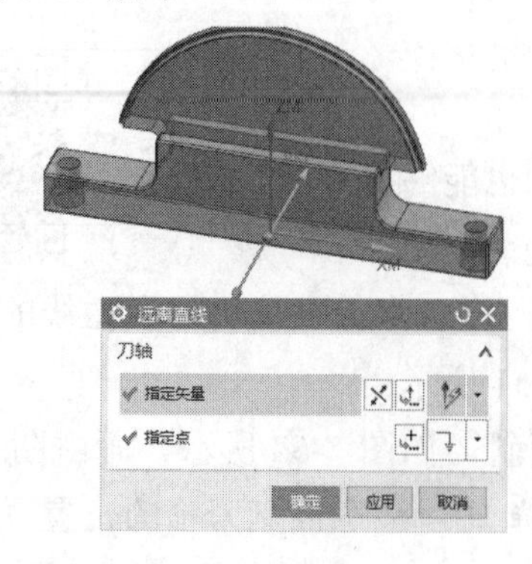

图 7-54 刀轴设置

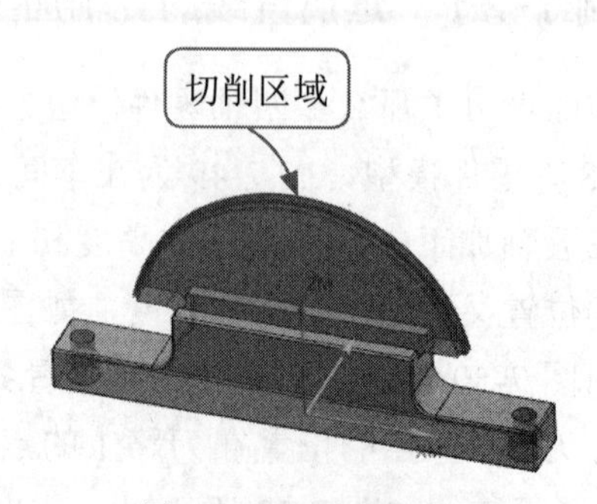

图 7-55 切削区域

（2）此时的设置界面如图 7-56 所示。

（3）单击驱动方法右侧的“编辑”按钮，打开“引导曲线驱动方法”对话框，引导线选为最外侧的两条线，注意箭头方向保持一致，如图 7-57 所示。

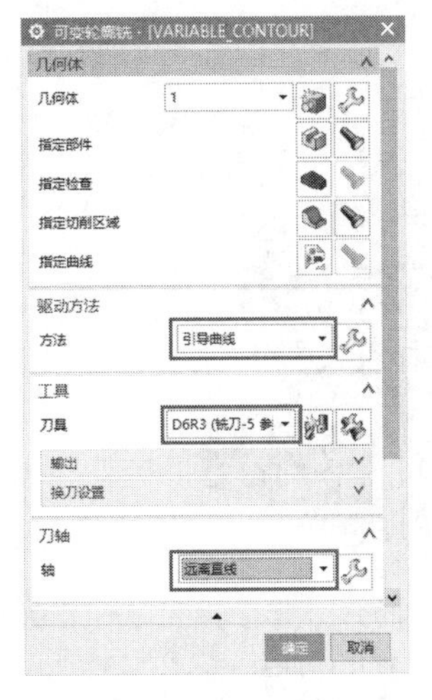

图 7-56　具体的设置界面

图 7-57　引导线设置效果

（4）设置“切削模式”为“往复”，“切削方向”为“沿引导线”，“切削顺序”为“从引导线 1”，“步距”为“恒定”，“最大距离”为 0.2，如图 7-58 所示。

（5）按图 7-59 指定材料侧，选择材料侧方向时注意箭头向外。

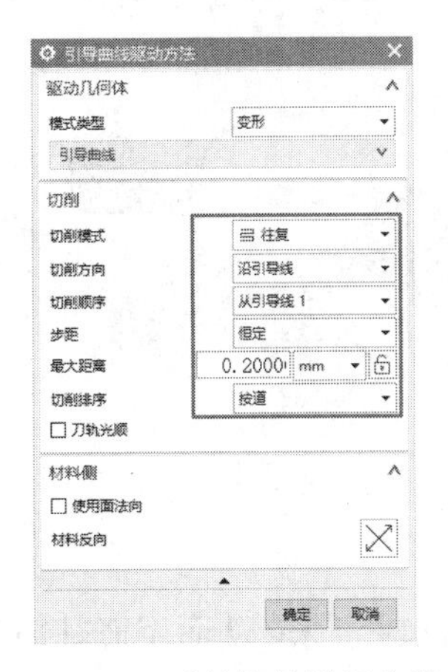

图 7-58　引导线的设置参数

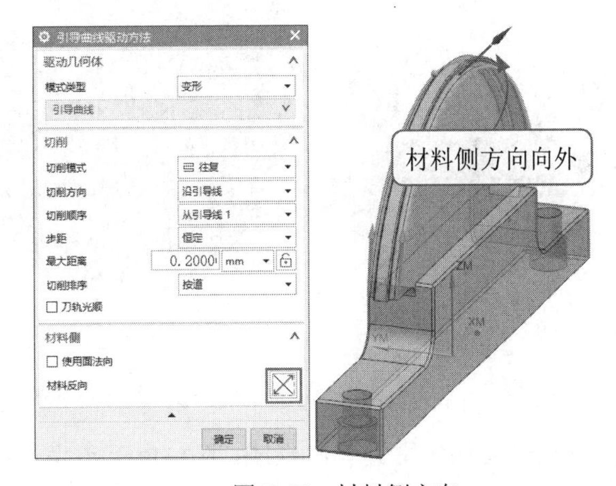

图 7-59　材料侧方向

（6）生成刀路，如图 7-60 所示。

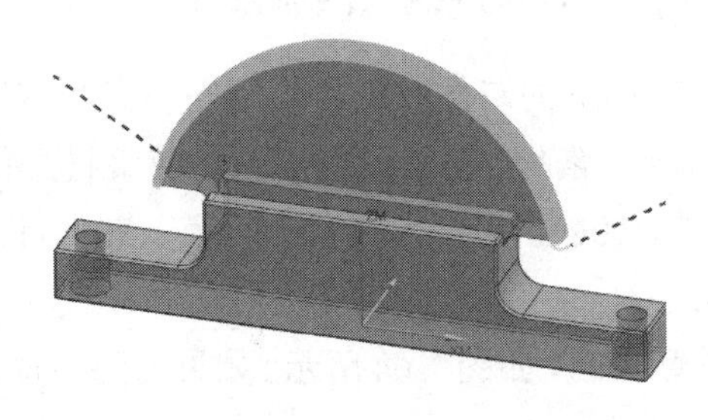

图 7-60　刀路效果

2. 朝向直线

朝向直线在多轴编程中用的几率并不是很大，但是偶尔会用到。朝向直线的刀轴原理刚好相反，远离直线是刀柄远离这条线，那么朝向直线就是刀柄朝向这条线，如图 7-61 所示。

图 7-61　朝向直线

朝向直线四轴的应用案例如图 7-62 所示。

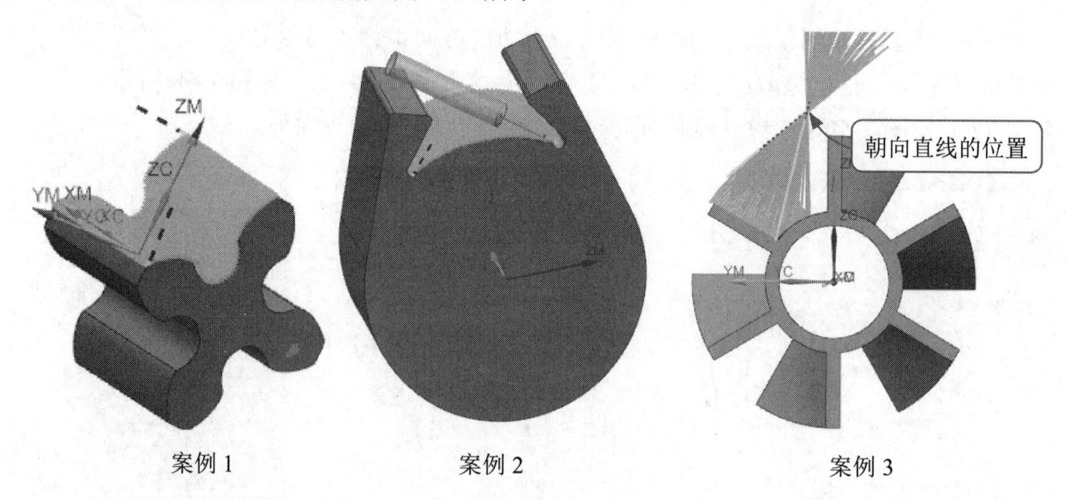

图 7-62　朝向直线的加工案例

五轴也会偶尔用到朝向直线，这种情况多半是厂里没有四轴机床，从而用五轴加工。上面的案例 7-1 ～案例 7-3 也是适合用五轴机床进行加工的。

【案例 7-4】　朝向直线的四轴加工

下面以图 7-62 的左图为例，使用朝向直线刀轴进行加工。

（1）打开“素材 \ 第 7 章”下的相应素材文件，创建可变轮廓铣工序，设置加工刀具 D10R5，刀轴为“朝向直线”，部件目前可以不用选，驱动为“曲面区域”，如图 7-63 所示。

（2）设置朝向直线的朝向点，如图 7-64 所示。如果刀路生成后，对刀轴的位置不满意，可以再调整这个点的位置。

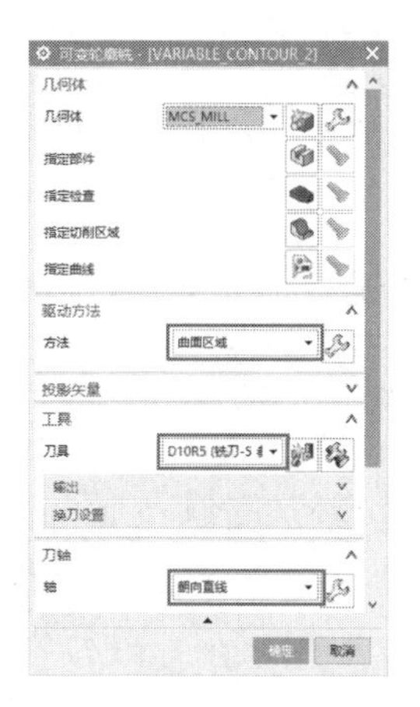

图 7-63　创建可变轮廓铣工序

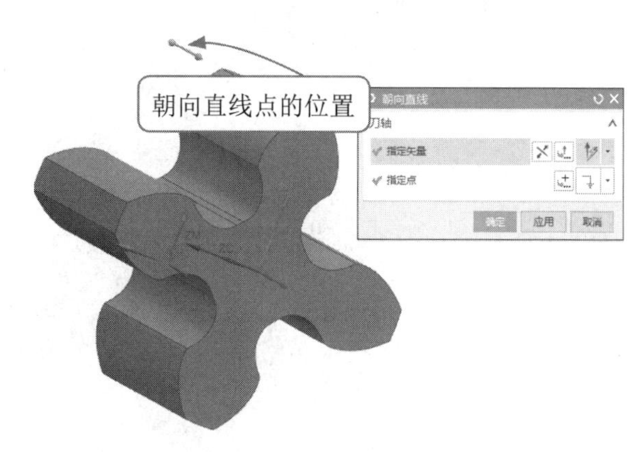

图 7-64　设置朝向直线的朝向点

（3）驱动选择为“曲面区域”后，将打开“驱动几何体”对话框，由于不是一整张面，所以选面时要按顺序选，如图 7-65 所示，否则会有如图 7-66 所示的报警对话框。

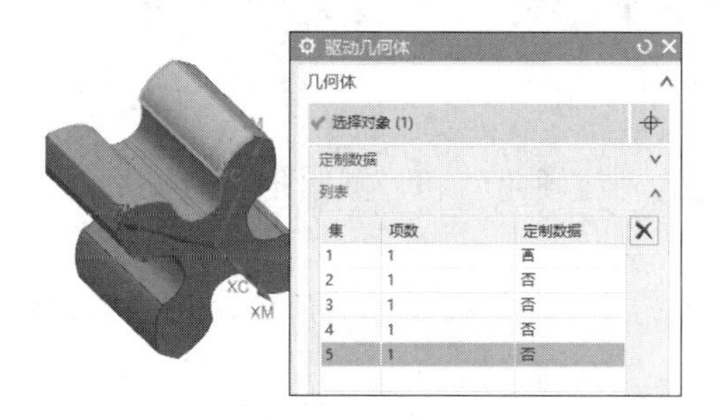

图 7-65　选择驱动面

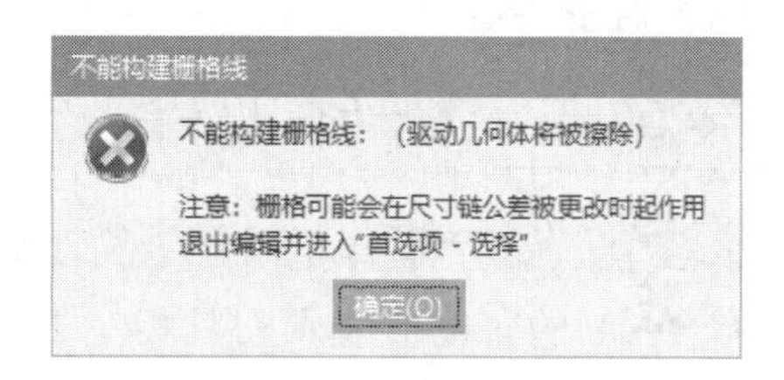

图 7-66　报警对话框

（4）设置“曲面区域驱动方法”的具体参数。“刀具位置”为“相切”，“切削模式”为“往复”，“步距数”设置为 120，公差为 0.02，注意材料方向和材料侧，如图 7-67 中箭头所指处。

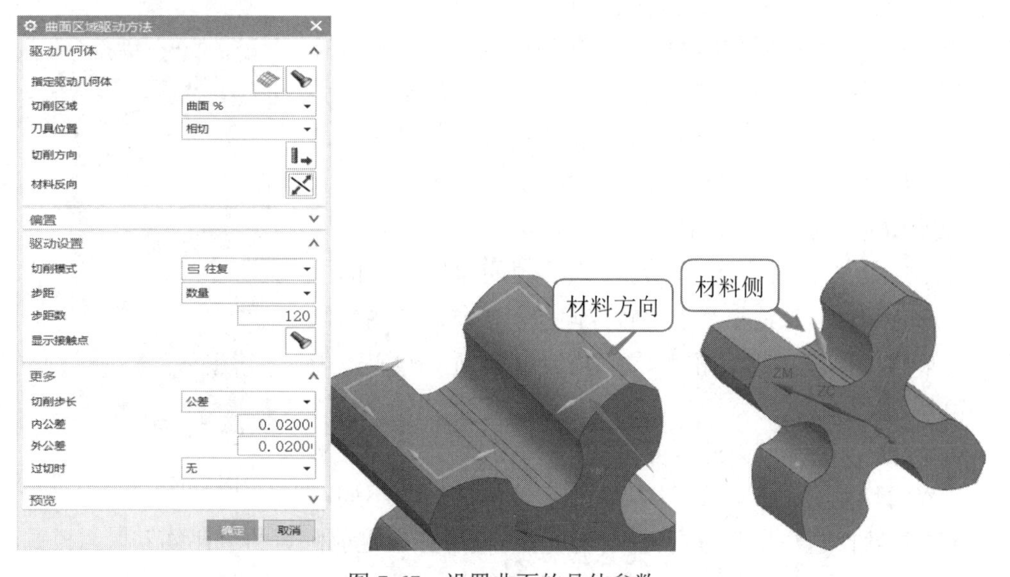

图 7-67　设置曲面的具体参数

（5）设置完成后生成刀路，如图 7-68 所示。

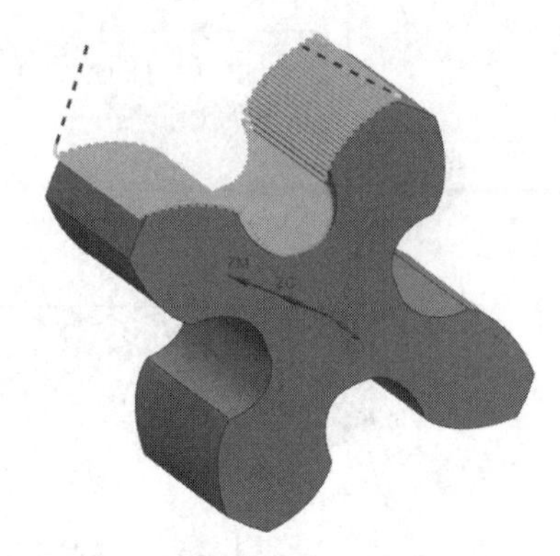

图 7-68　生成刀路

7.2.4　“相对于矢量”和“垂直于部件”“相对于部件”

1. 相对于矢量

允许定义相对于带有指定的“前倾角”和“侧倾角”的矢量的“可变刀具轴”。

“前倾角”定义了刀具沿“刀轨”前倾或后倾的角度。正的“前倾角”的角度值表示刀具相对于“刀轨”方向向前倾斜。负的“前倾角”的角度值表示刀具相对于“刀轨”方向向后倾斜。由于“前倾角”基于刀具的运动方向，因此往复切削模式将使刀具在刀路中向一侧倾斜，而在刀路中向相反的另一侧倾斜。

“侧倾角”定义了刀具从一侧到另一侧的角度。正值将使刀具向右倾斜（按照所观察的切削方向）。负值将使刀具向左倾斜。与“前倾角”不同，“侧倾角”是固定的，它与刀具的运动方向无关。此选项的工作方式与“相对于部件”类似，不同之处是它使用的是“矢量”而不是“部件法向”。

下面举例说明 “相对于矢量”的工作方式。如图 7-69 所示，图中标有箭头①②③④，此时这个刀路走的是螺旋运动，那么刀轴此时沿着①②方向进行倾斜，可以称为前倾，如果往③④方向倾斜，可以称为侧倾。

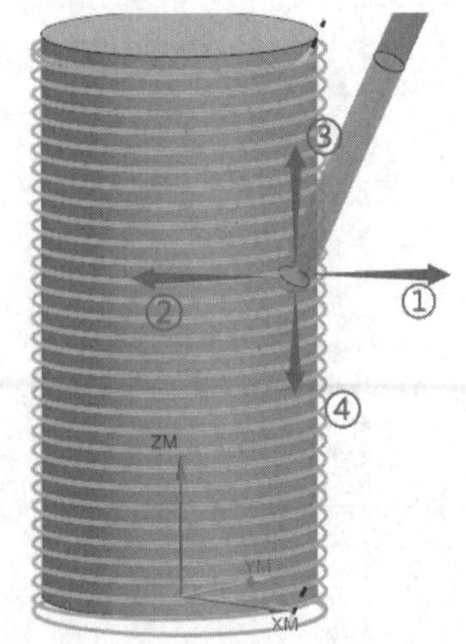

图 7-69　侧倾角的定义

前倾角定义了刀具沿刀轨前倾或后倾的角度。正的前倾角的角度值表示刀具相对于刀轨方向向前倾斜。负的前倾角（后倾角）值表示刀具相对于刀轨的方向向后倾斜，如图 7-70 所示。

侧倾角定义刀具倾斜的角度。正值将使刀具向左倾斜（按照所观察的切削方向），如图 7-71 所示。与前倾角不同，侧倾角是常数，它与切削方向无关。注意：使用已指定前倾角的“往复”切削模式时，NX 将在其从单向运动向往复运动过渡时翻转该刀具。发生此情况后，刀根可能会对材料进行钻空。

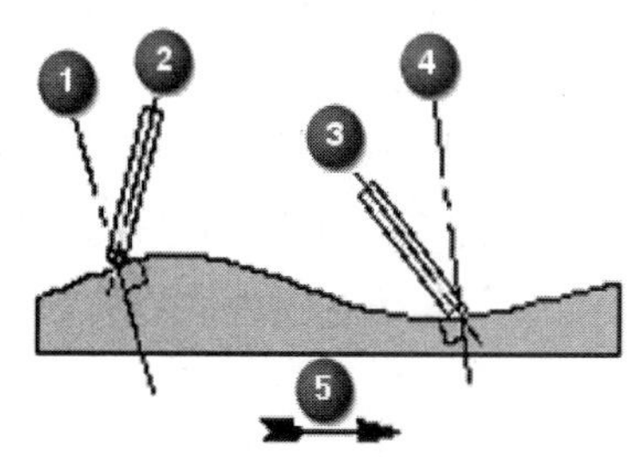

1. 垂直刀轴
2. 正的前倾角
3. 负的前倾角（后倾角）
4. 垂直刀轴
5. 刀具方向

图 7-70　前倾角的定义

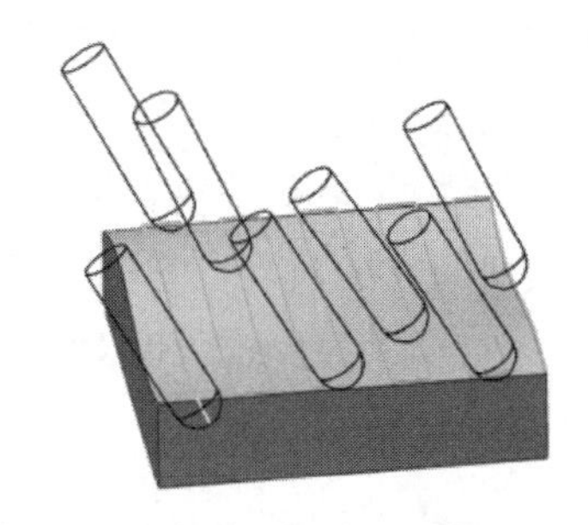

图 7-71　侧倾角定义刀具倾斜的角度

提示：刚开始学习多轴编程时，对于前倾和侧倾很难理解，那么如何更加形象地去理解呢？比如人在马路上行走，身体往前倾斜或者往后倾斜就是前倾，身体往左或者往右倾斜就是侧倾，编程同理，沿着切削方向往前倾斜就是前倾，往左右倾斜就是侧倾。

相对于矢量在四轴加工中，除了侧倾角必须是 90° 或者 -90° 之外，如图 7-72 所示，当把矢量方向确定好之后，侧倾角给 90°，可能刀轴是反的，刀在零件里面，所以这时候把侧倾角给 -90° 就好，那么前倾角主要更改刀具在零件上的位置。

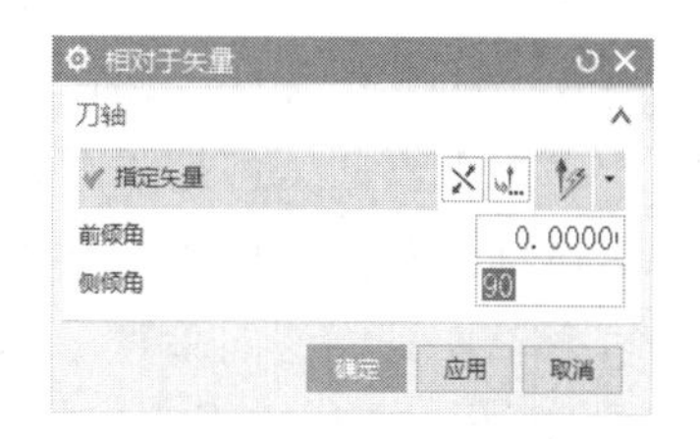

图 7-72　设置侧倾角

当用球刀精加工四轴零件时，不给前倾角的话，球刀会用刀尖切削，那么球刀的刀尖是存在静点的，这时就需要给一个前倾角，更改球刀在切削时刀具的位置，如图 7-73 和图 7-74 所示，当用舍弃式刀粒圆鼻刀进行加工时，由于刀具中间是没有刃的，就需要给一个前倾角。

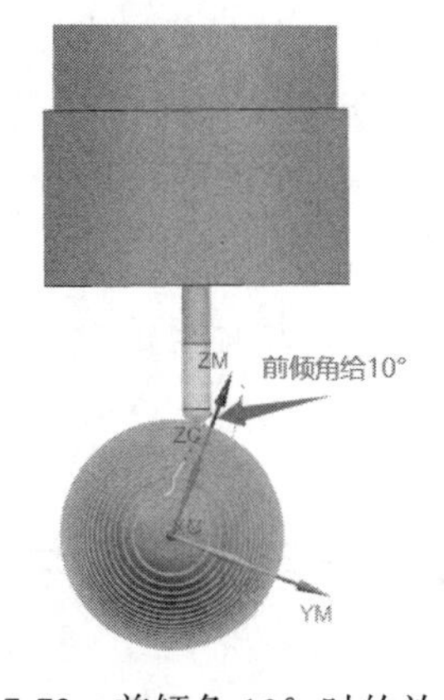

图 7-73　前倾角 10° 时的效果

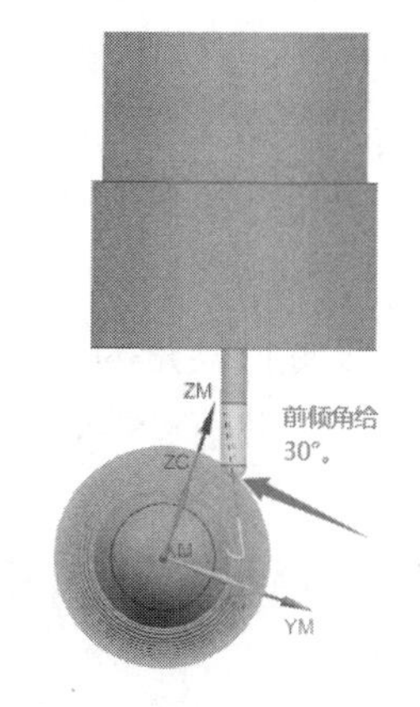

图 7-74　前倾角 30° 时的效果

2.“垂直于部件”和“相对于部件”

“垂直于部件”和“相对于部件”比较类似。“垂直于部件”是允许定义在每个接触点处垂直于“部件表面”的“刀轴”。简单来讲，就是刀轴始终和加工面是保持垂直的状态，不管加工的面是陡峭还是平坦，刀轴始终法向垂直于加工面。理论上也能做四轴刀路，但是加工面要和旋转轴平行，否则做出来就是五轴刀路，当然四轴也有类似的命令可以替代，所以这里了解就好。这个命令五轴一般用于精加工面。

图 7-75 是车铣复合零件，最大的外形面加工，则可以用垂直于部件；图 7-76 是航空发动机上的机匣，它的下陷面也可以用垂直于部件；图 7-77 是常见的四轴零件刀路转曲线开粗，它的底面和刀轴平行，也可以用，当然也可以用远离直线去代替这个刀轴。

图 7-75 车铣复合零件

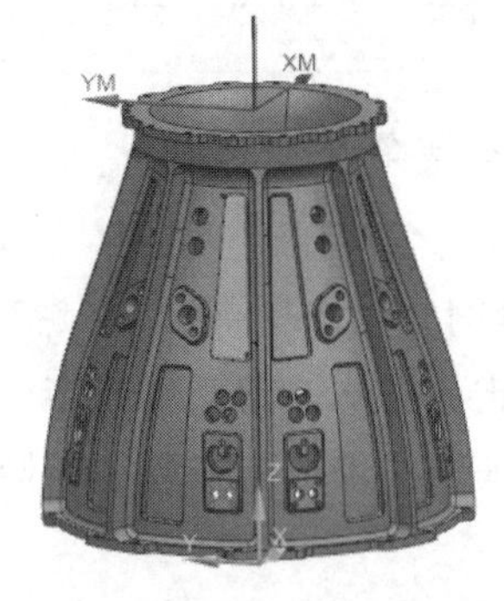

图 7-76 航空发动机上的机匣

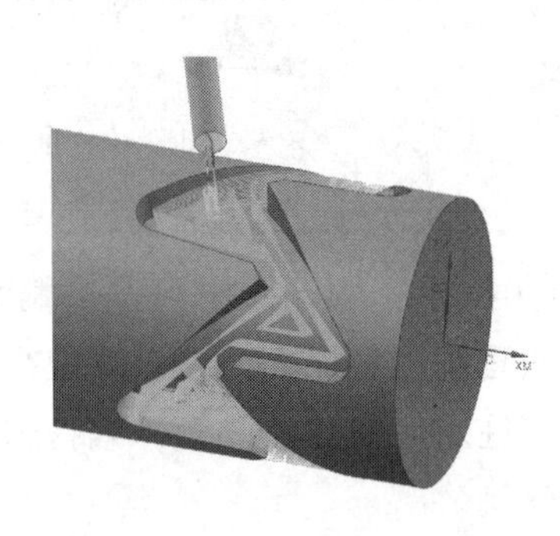

图 7-77 四轴零件刀路转曲线开粗

“相对于部件”允许定义一个“可变刀轴”，它相对丁“加工表面”可把“刀轴”进行向前、向后倾斜，也就是俗称的前倾和侧倾，它和垂直于部件最大的区别是，垂直于部件只能法向垂直，不能人为地去更改刀轴的方向，那么相对于部件就是多轴侧倾和前倾方向的控制，这个就是它们两个最大的区别。图 7-78 是相对于部件的参数列表。

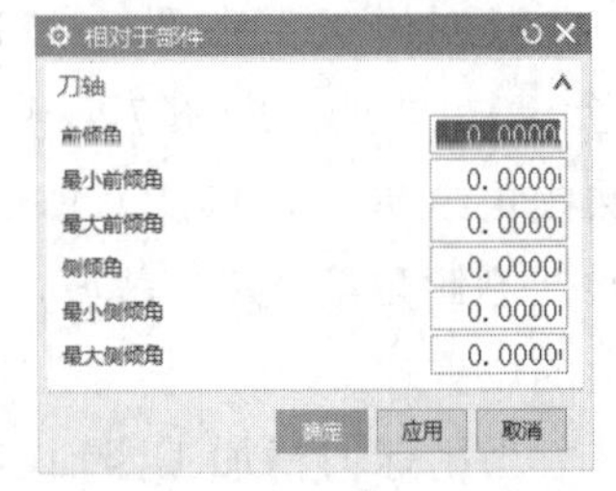

图 7-78 “相对于部件”对话框

下面看看对最小、最大、前倾和侧倾的解释说明。“前倾角”和“倾斜角”指定的最小值和最大值将相应地限制“刀轴”的可变性。这些参数将定义刀具偏离指定的前倾角或倾斜角的程度。例如，如果将前倾角定义为 20°，最小前倾角定义为 15°，最大前倾角定义为 25°，那么刀轴可以偏离前倾角正负 5°。最小值必须小于或等于相应的“前倾角”或“倾斜角”的角度值，最大值必须大于或等于相应的“前倾角”或“倾斜角”的角度值。

例如，当设置前倾角为 30°，最小前倾角为 10°，最大前倾角为 40°，那么刀轴的姿态会先以 30° 进行计算，当需要变换方向时，会在 10° ～ 40° 进行选择。

7.2.5 “4 轴，垂直于部件”和“4 轴，相对于部件”

1. 4 轴，垂直于部件

“4 轴，垂直于部件”允许定义使用“4 轴旋转角度”的刀轴，如图 7-79 所示。4 轴方向使刀具绕着所定义的旋转轴旋转，同时始终保持刀具和旋转轴垂直。旋转角度使“刀轴”相对于“加工表面”的另一法向轴向前或向后倾斜。与“前倾角”不同，4 轴旋转角始终向法向轴的同一侧倾斜。它与刀具运动方向无关。

旋转角度和前倾角的区别在于刀路。如果是螺旋为刀路，二者是没区别的；但如果是一个往复刀路就有区别了。图 7-80 使用垂直于部件，旋转角 40°，注意图 7-80 和图 7-81 都是往复刀路，且刀具的位置是相同的。图 7-82 和图 7-83，设置的是 40°的前倾角，刀路 1 看不出区别，但是刀路 2 的刀轴方向会发生变化，刀调一个方向，这个就是前倾角和旋转角在刀路上的区别。

图 7-79 “4 轴，垂直于部件”对话框

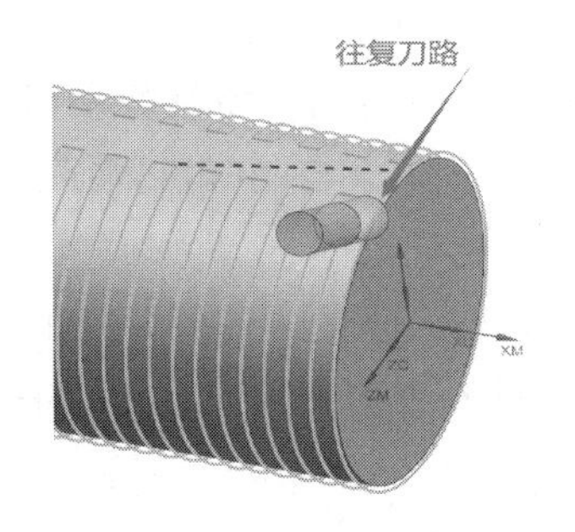

图 7-80 旋转角往复刀路 1

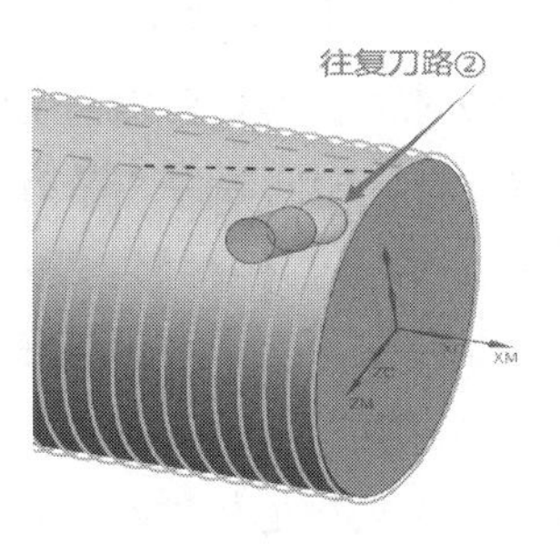

图 7-81 旋转角往复刀路 2

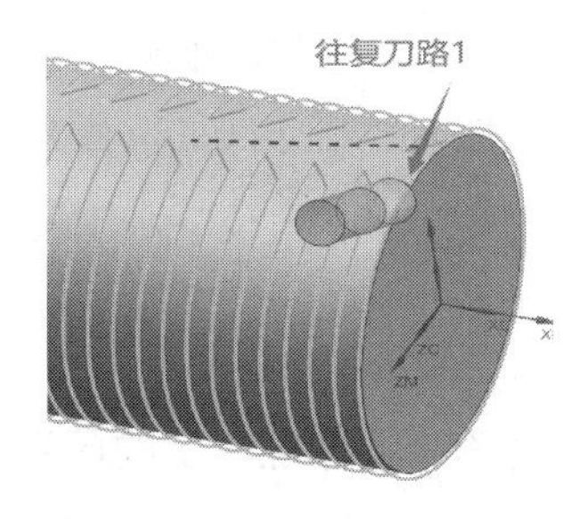

图 7-82 前倾角往复刀路 1

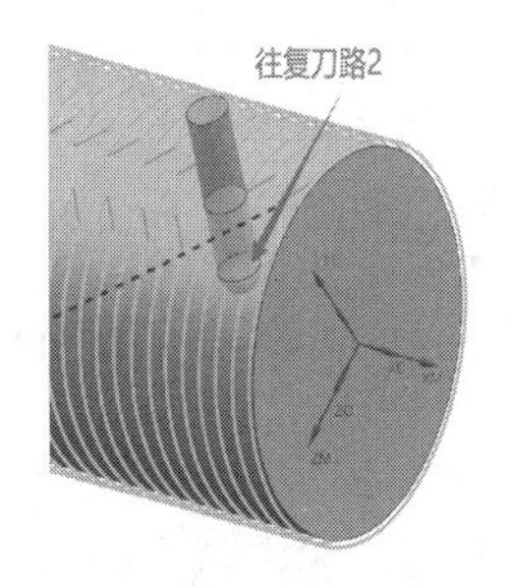

图 7-83 前倾角往复刀路 2

2. 4 轴，相对于部件

“4 轴，相对于部件”允许定义使用 4 轴旋转角度的刀轴，如图 7-84 所示。该旋转角将有效地绕一个轴旋转部件，这如同部件在带有单个旋转台的机床上旋转。4 轴方向将使刀具在垂直于所定义旋转轴的平面内运动。旋转角度使刀轴相对于“驱动曲面”的另一法向轴向前倾斜。与“前倾角”不同，4 轴旋转角始终向法向轴的同一侧倾斜。它与刀具运动方向无关。

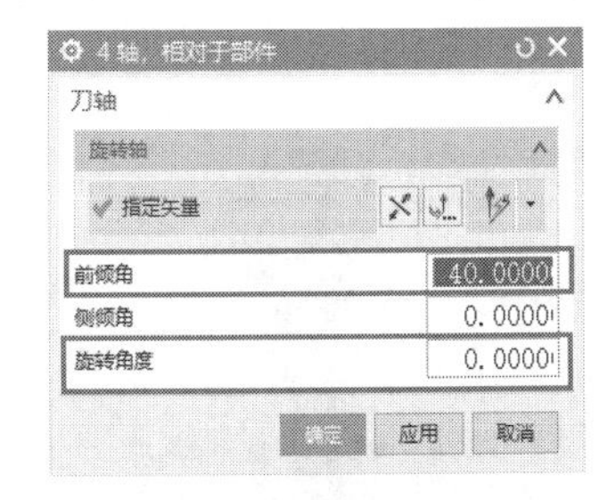

图 7-84 “4 轴，相对于部件”对话框

同样，此选项的工作方式与“4 轴，垂直于部件”相同。但是，刀具仍保持与“驱动曲面”垂直，而不是与“部件表面”垂直。由于此选项需要用到一个驱动曲面，因此它只在使用了“曲面区域驱动方法”后才可用。

3. 4 轴，垂直于驱动体

“4 轴，垂直于驱动体”允许定义使用 4 轴旋转角度的刀轴。该旋转角将有效地绕一个轴旋转部件，这如同部件在带有单个旋转台的机床上旋转。4 轴方向将使刀具在垂直于所定义旋转轴的平面内运动。旋转角度使刀轴相对于“驱动曲面”的另一法向轴向前倾斜。与“前倾角”不同，4 轴旋转角始终向法向轴的同一侧倾斜。它与刀具运动方向无关。

同样，此选项的工作方式与“4 轴，垂直于部件”相同。但是，刀具仍保持与“驱动曲面”垂直，而不是与“部件表面”垂直。由于此选项需要用到一个驱动曲面，因此它只在使用了“曲面区域驱动方法”后才可用。

4. 4 轴，相对于驱动体

“4 轴，相对于驱动体”允许指定刀轴，以使用 4 轴旋转角。该旋转角将有效地绕一个轴旋转部件，这如同部件在带有单个旋转台的机床上旋转。与“4 轴，垂直于驱动体”不同的是，它还可以定义前倾角和侧倾角。

“前倾角”定义了刀具沿“刀轨”前倾或后倾的角度。正的“前倾角”的角度值表示刀具相对于“刀轨”方向向前倾斜。负的“前倾角”的角度值表示刀具相对于“刀轨”方向向后倾斜。前倾角是从“4 轴旋转角”开始测量的。

“侧倾角”定义了刀具从一侧到另一侧的角度。正值将使刀具向右倾斜（按照所观察的切削方向）。负值将使刀具向左倾斜。

此选项的交互工作方式与“4 轴，相对于部件”相同。但是，前倾角和侧倾角的参考曲面是驱动曲面而非部件表面。由于此选项需要用到一个驱动曲面，因此它只在使用了“曲面区域驱动方法”后才可用。

【案例 7-5】 印章模型的加工

那么“4 轴，垂直于部件”和“4 轴，垂直于驱动体”在具体应用上的区别是什么呢？下面通过一个具体的案例来进行介绍。

（1）打开“素材\第 7 章”下的相应素材文件，如图 7-85 所示，在编程前先做一个驱动面。

（2）切换至建模模块，然后执行“艺术样条”命令，如图 7-86 所示。

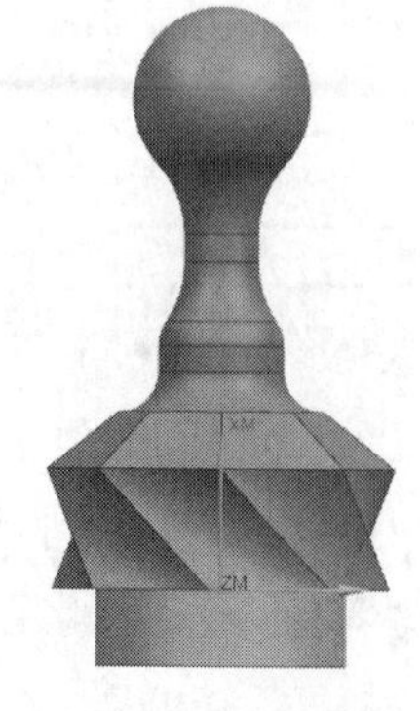

图 7-85 素材文件

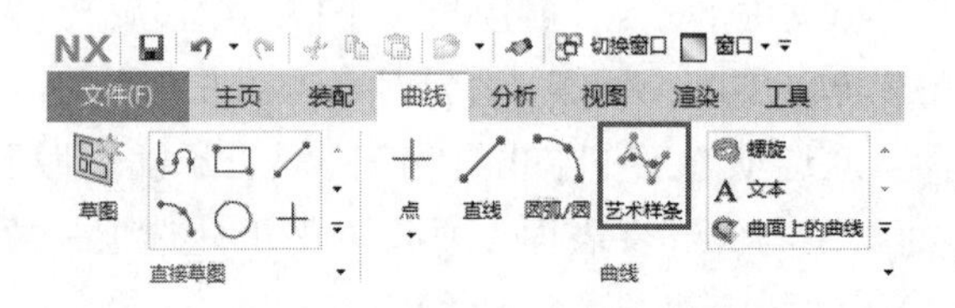

图 7-86 执行“艺术样条”命令

（3）通过“艺术样条”命令画一个大致的外形，如图 7-87 所示。

（4）然后旋转所绘制的艺术样条曲线，得到一个片体，如图 7-88 所示。

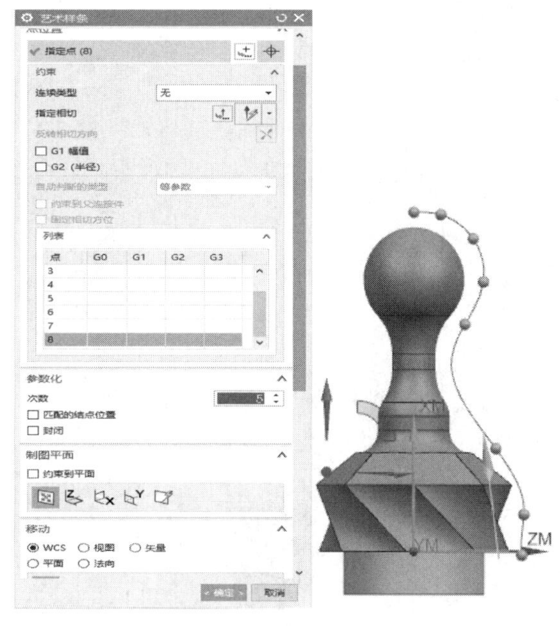

图 7-87　绘制样条曲线

图 7-88　通过旋转得到片体

（5）进入到加工模块，创建可变轮廓铣工序，部件选择这个印章为部件，驱动方法选择“曲面区域”，刀具选择为 D6R3，刀轴设置为“4 轴，垂直于驱动体”，如图 7-89 所示。

（6）单击“驱动方法”右侧的“编辑”按钮，打开“曲面区域驱动方法”对话框，选择步骤（4）所创建的片体为驱动几何体，然后设置曲面区域参数，如图 7-90 所示。设置完成后单击“确定”按钮，返回“可变轮廓铣”对话框。

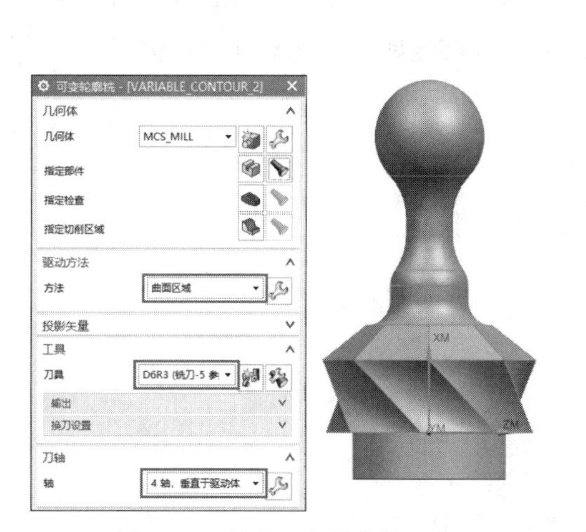

图 7-89　创建可变轮廓铣工序

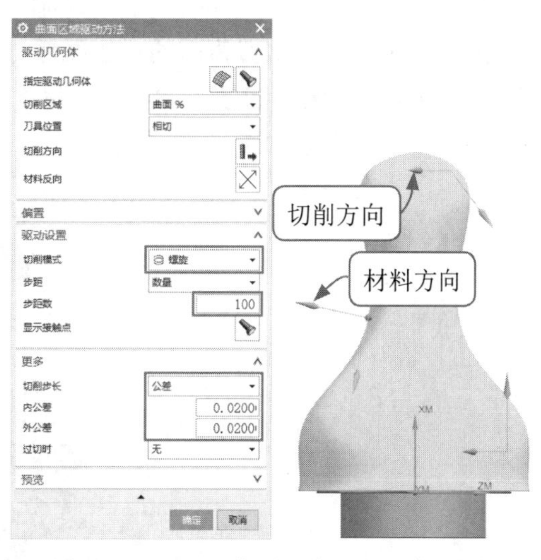

图 7-90　设置“曲面区域驱动方法”参数

（7）在“可变轮廓铣”对话框中展开“刀轴”选项组，选择刀轴如图 7-91 所示。

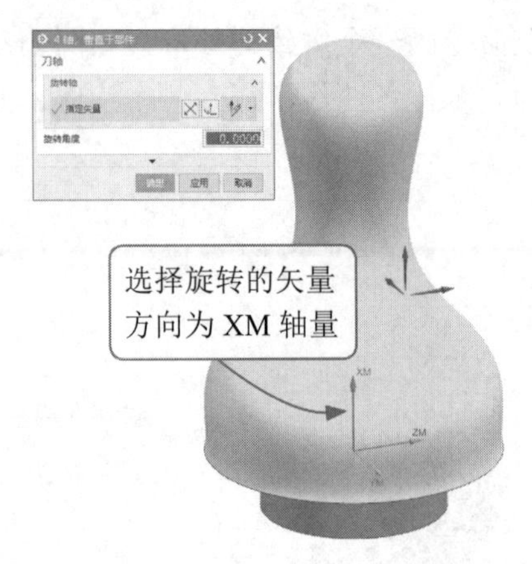

图 7-91　选择刀轴

（8）此时生成好的刀路，如图 7-92 所示。如果把刀轴换成“4 轴，垂直于部件”，那么刀路就会非常混乱，跳刀变多，如图 7-93 所示。

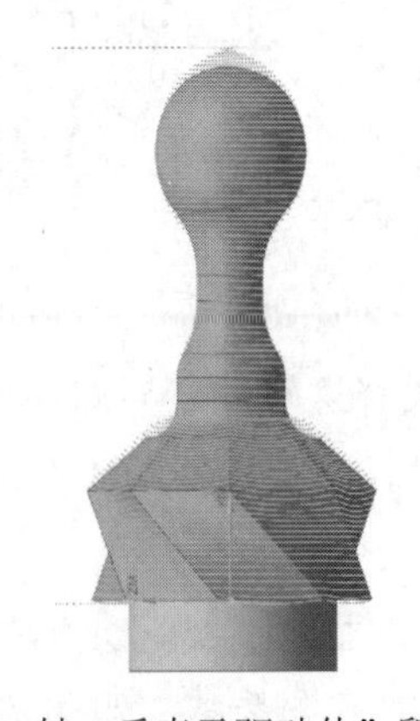

图 7-92　“4 轴，垂直于驱动体”所产生的刀路

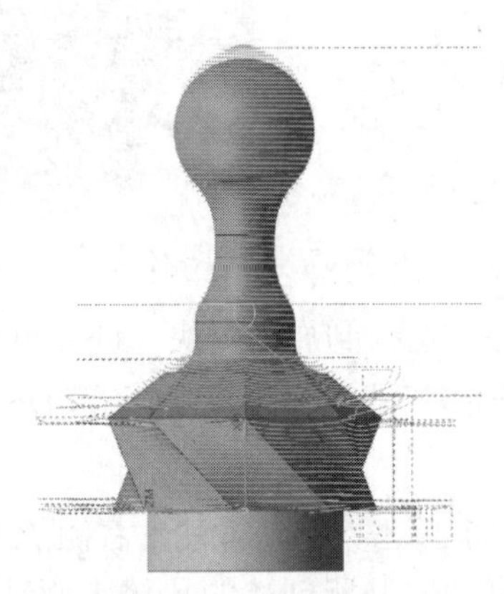

图 7-93　“4 轴，垂直于部件”所产生的刀路

提示：跳刀的区域多为面的拼接区域，如图 7-94 中方框内即为跳刀集中区域。说明当模型面公差大的时候，“4 轴，垂直于部件”会产生跳刀，这时用“4 轴，垂直于驱动体”就可以解决。

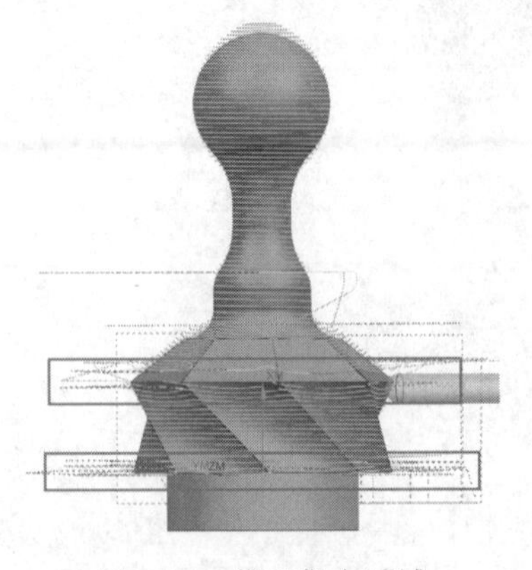

图 7-94　跳刀集中区域

7.2.6 “双 4 轴在部件上”和“双 4 轴在驱动体上”

“双 4 轴在部件上”和“双 4 轴在驱动体上”是非常类似的，具体的区别参考前面的四轴相对于部件和四轴相对于驱动体。以下的参数说明对双 4 轴在部件上与双 4 轴在驱动体都有效，都是系统参考“部件表面”或“驱动曲面”上的“曲面法向”。除了参考“驱动几何体”而不是部件几何体外，“双 4 轴在驱动体上”和“双 4 轴在部件上”的工作方式完全相同。选择“双 4 轴在部件上”后，需要输入相对于部件表面的“前倾角”“侧倾角”和“刀轴旋转角”，并分别为单向和回转切削指定“旋转轴”。

与“双 4 轴，相对于部件”类似，指定一个 4 轴旋转角、一个前倾角和一个侧倾角。4 轴旋转角将绕一个轴旋转加工部件，这如同部件在普通的机床上加工。但在“双 4 轴，相对于部件”中，可以分别为单向移动和往复移动定义这些参数，如图 7-95 所示。

图 7-95 “双 4 轴，相对于部件”对话框

“单向切削”和“回转切削”如何理解？例如，刀路走的是往复，A → B、B → A，这样常见的加工顺序，如图 7-96 所示，那么 A-B 是单向切削，“单向切削”参数控制的是 A → B 的过程，B → A 的过程是回转切削，由“回转切削”参数控制。

如果刀路是单向，如图 7-97 所示，那么此时只有单向切削参数才有用，回转切削设置无效，因为单向是没有回转切削的，所以 4 轴在部件上仅在使用往复切削类型时可用。

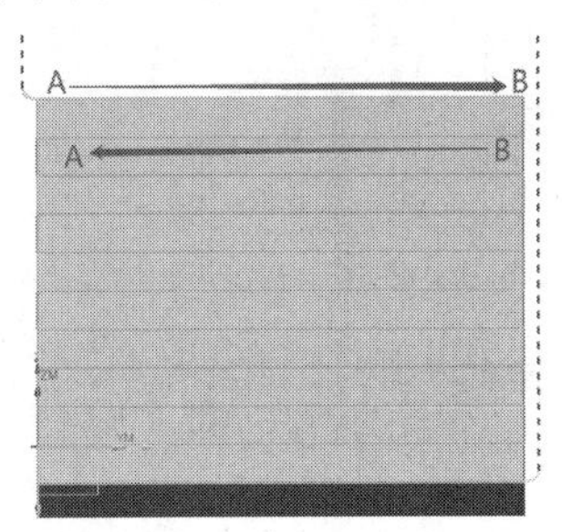

图 7-96 往复切削路线

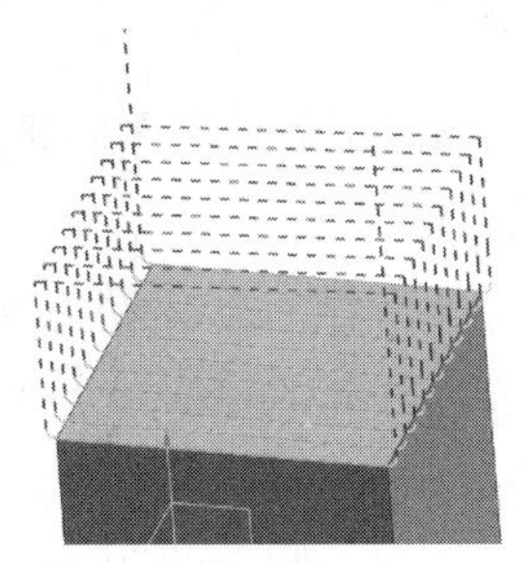

图 7-97 单向切削路线

如果设置单向切削侧倾角为 30°，第一刀刀具侧倾，但是回转切削并未设置，所以第二刀轴还是原先垂直的，如图 7-98 所示。

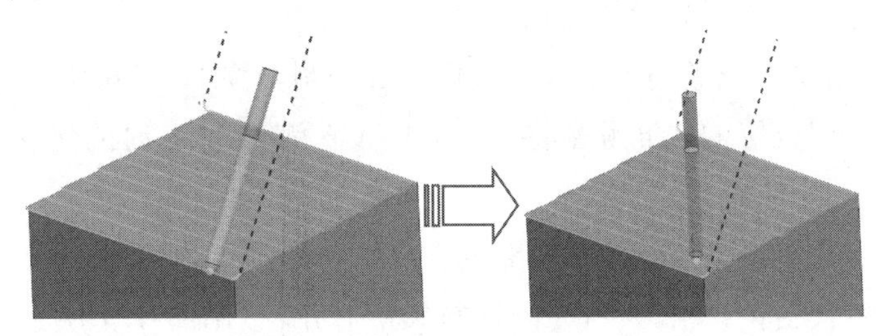

图 7-98 单向切削侧倾角为 30° 效果

“旋转轴”定义了单向和回转平面，刀具将在这两个平面间运动。注意，当单向刀路的旋转轴与回转刀路的旋转轴不同时（如图 7-98 所示），系统将生成一个 5 轴工序，如图 7-99 所示，当使用此刀轴做四轴程序时，单向和回转的旋转轴需要设置同一个方向。

图 7-99　指定旋转轴

“双 4 轴在部件上”和“双 4 轴在驱动体上”被开发为与“往复”切削类型一起使用，如果试图使用任何其他驱动方法，如“跟随周边”，这样是不建议的。

7.2.7　插补矢量、优化后驱动、垂直于驱动体

1. 插补矢量

插补矢量俗称万能刀轴，因为它能通过指定插补点，然后在插补点上生成动态坐标，来调整刀轴的位置。所以这个刀轴可用于四轴、五轴加工。当一些常用刀轴不能很好地避让时，就可以考虑去使用插补矢量。“插补矢量”对话框如图 7-100 所示。

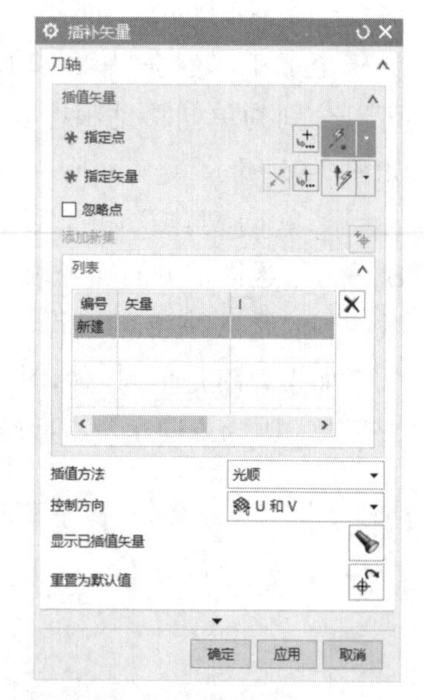

图 7-100　“插补矢量”对话框

对话框中各选项命令介绍如下。

1）指定点

将新矢量添加到列表。新增矢量垂直于驱动几何体。

2）指定矢量

指定矢量为指定插补点上刀轴的方向。

3）插值方法

可以确定如何在一个驱动点和下一驱动点之间对刀轴进行插值。有“线性”“三次样条”“光顺”三个选项，分别介绍如下。

（1）线性：在驱动点之间使用恒定更改率。线性对最不光顺的刀轴进行插值，但速度比三次样条快。

（2）三次样条：在驱动点之间使用可变更改率。与线性选项相比，此选项可在全部所定义的数据点上生成更为光顺的刀轴更改。

（3）光顺：对更为光顺的刀轨提供最佳刀轴控制。位于驱动曲面边缘的矢量被着重表示以减少内部矢量的影响。光顺是将控制方向设置为 U 和 V 时的建议使用选项。

4）控制方向

指定用户所希望的 NX 插补矢量对齐的方向，各选项介绍如下。

（1）U 和 V：支持 NX 在所有方向插补矢量对齐，如图 7-101 所示。

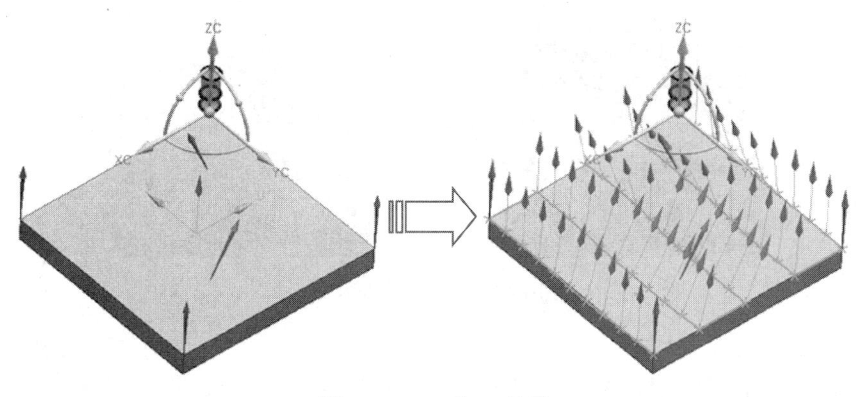

图 7-101　U 和 V 效果

提示："U"和"V"指的是驱动曲面的参数设置，它们独立于阵列类型和切削方向。

（2）U 向：保持矢量对齐沿 V 方向恒定，并仅沿 U 方向插补，如图 7-102 所示。

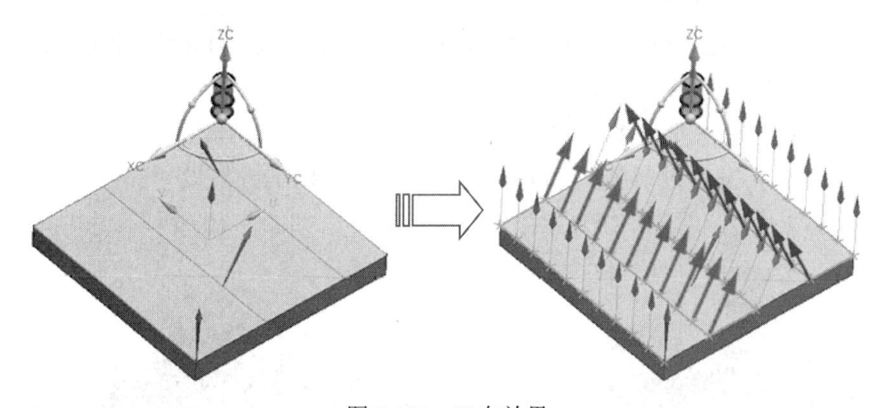

图 7-102　U 向效果

（3）V 向：保持矢量对齐沿 U 方向恒定，并仅沿 V 方向插补，如图 7-103 所示。

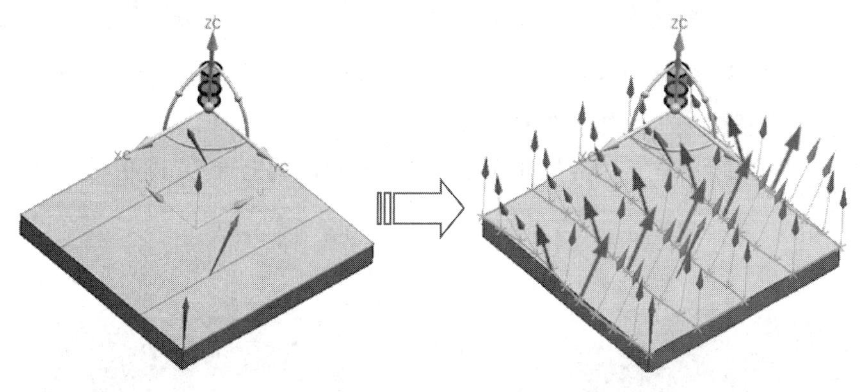

图 7-103　V 向效果

5）要显示的最大矢量数

用于指定要显示的矢量数。可以减少数量以方便查看各矢量，效果如图 7-104 所示。

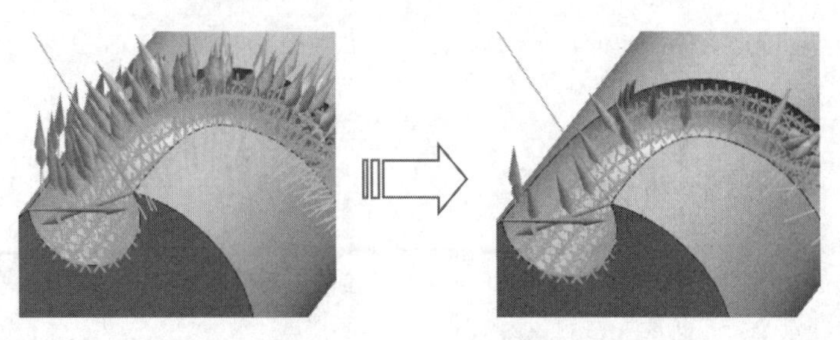

图 7-104　显示的矢量数

6）显示已插值矢量

显示每个驱动点的刀轴矢量，从而可以看到刀轴如何沿部件周围过渡，如图 7-105 所示。

图 7-105　显示已插值矢量

7）重置为默认值

删除所有用户矢量并将所有系统定义的矢量恢复为初始设置。

8）插补矢量使用示例

假设希望在刀具接近壁过程中强制刀轴远离壁，远离过程中希望刀轴与 ZM 对齐。下面演示一下不同设置对于刀轴插值的效果。

（1）系统定义的矢量如图 7-106 所示。

（2）对当前要发生过切的矢量进行重新调整。将控制方向设为 V 以使 NX 仅沿 V 方向插补。忽略不起作用的系统点，添加新的控制点，如图 7-107 所示。

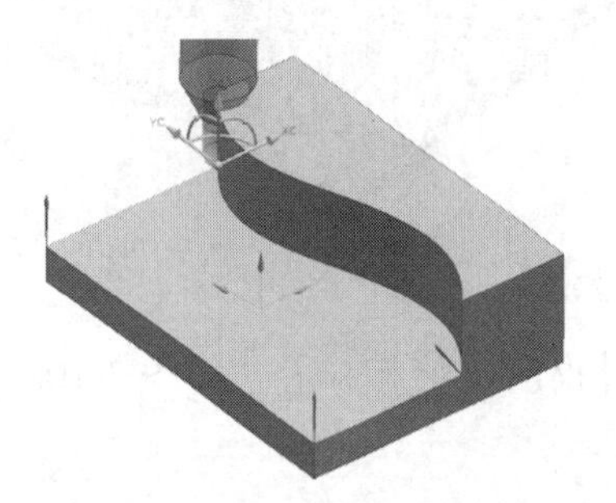

图 7-106　系统定义的矢量效果

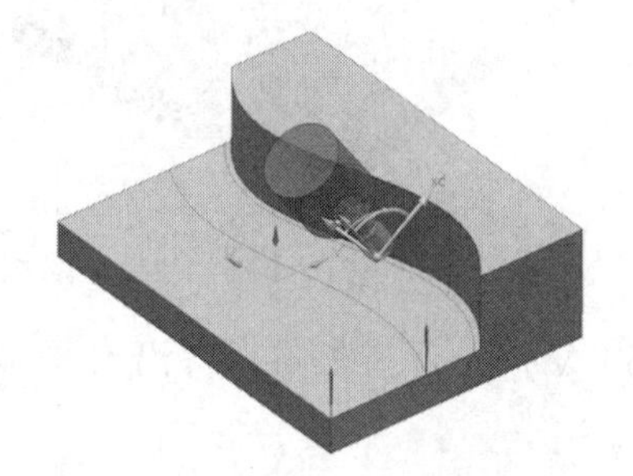

图 7-107　添加新的控制点

（3）预览已插值矢量，如图 7-108 所示。

（4）在“驱动方法”对话框中修改切削方向，将控制方向更改为 U，效果如图 7-109 所示。

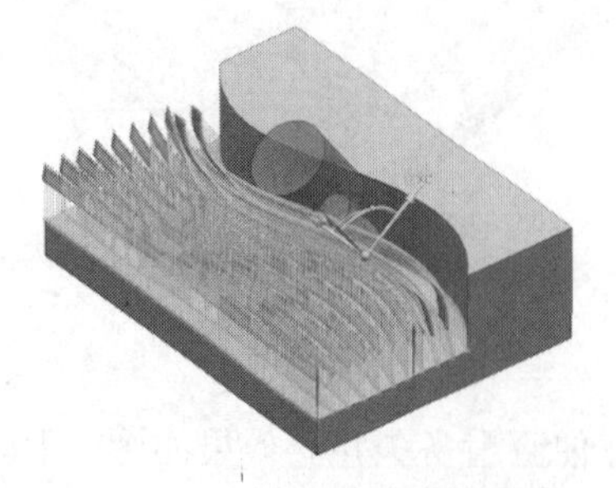

图 7-108　预览已插值矢量

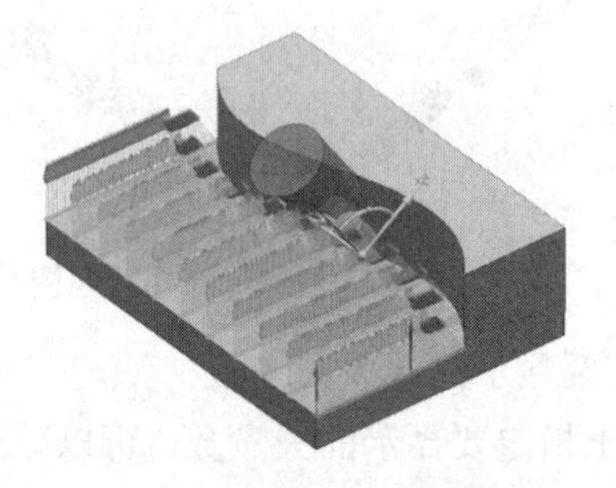

图 7-109　修改切削方向后效果

（5）将“切削模式”更改为“跟随周边”后预览已插值矢量，如图 7-110 所示。

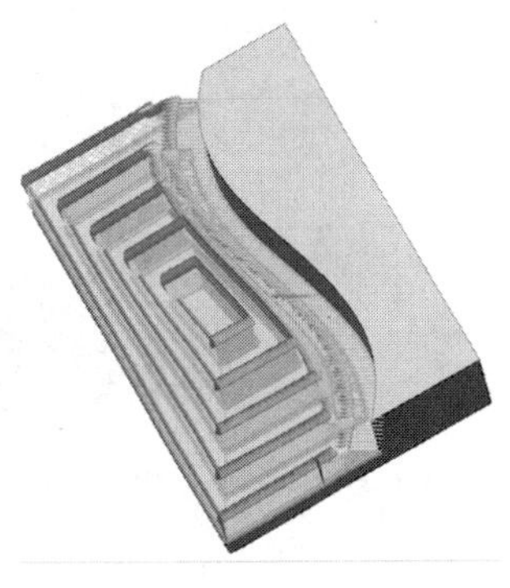

图 7-110 预览已插值矢量

2. 优化后驱动

优化后驱动刀轴控制方法是使刀具前倾角与驱动几何体曲率匹配。在凸起部分，NX 保持小的前倾角，以便移除更多材料。在下凹区域中，NX 自动增加前倾角以防止刀刃过切驱动几何体，并使前倾角足够小以防止刀前端过切驱动几何体，如图 7-111 所示。

“优化后驱动”对话框如图 7-112 所示，各选项介绍如下。

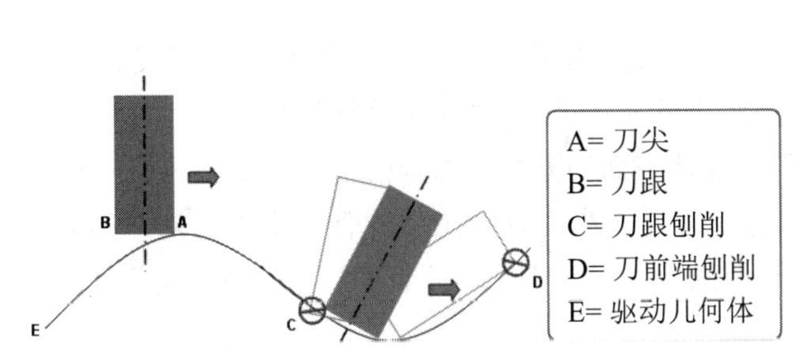

图 7-111 优化后驱动刀轴控制图示

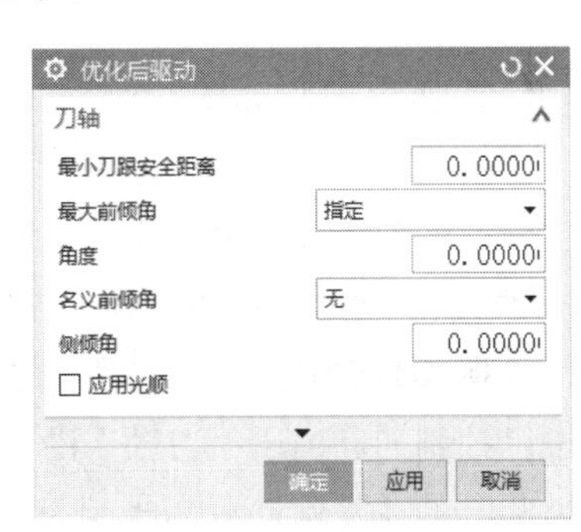

图 7-112 “优化后驱动”对话框

（1）最小刀跟安全距离：要使刀跟清除驱动几何体的最小距离。

（2）最大前倾角：出于过切避让之外的原因，可使用最大前倾角指定允许的最大前倾角。NX 自动执行过切避让。建议保留此选项处于关闭状态并允许 NX 自动确定最佳解。

（3）名义前倾角：出于最佳除料之外的原因，可使用名义前倾角指定最小前倾角，以优化切削条件。优化后驱动自动优化除料。建议保留此选项处于关闭状态并允许 NX 自动确定最佳解。

（4）侧倾角：一个固定的侧倾角度值。默认值为 0。

（5）应用光顺：选择“应用光顺”以便进行更高质量的精加工。

优化后驱动的好处包括以下几点。

（1）确保刀轨不会过切，而且不会出现未切削的区域。

（2）确保最大除料量，以缩短加工时间。

（3）确保用刀尖切削，以延长刀具使用寿命。

如图 7-113 所示，加工此图档，如果用传统的“垂直于部件”或者“相对于部件”，僵硬地去控制前倾和侧倾，不能灵活地根据面的曲率去加工。而优化后驱动则能很好地进行加工，如图 7-114 所示。

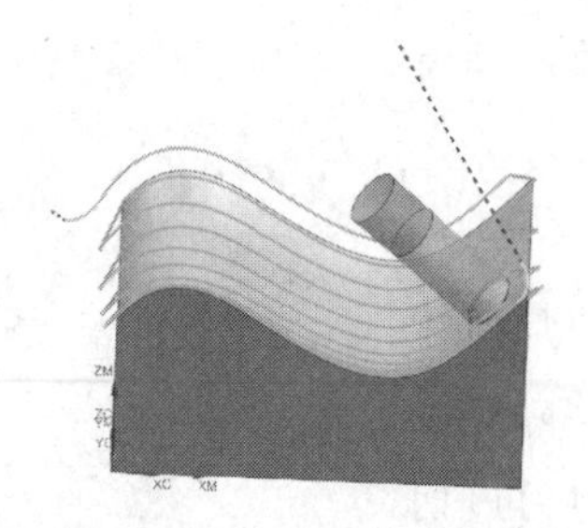

图 7-113　使用“相对于部件”会造成刀跟刨削

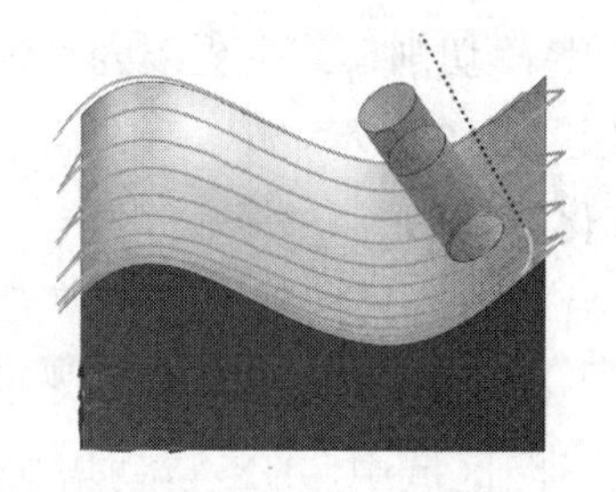

图 7-114　很好地解决了所遇到的问题

提示：优化后驱动刀轴控制方法仅可用于曲面区域、流线和刀轨驱动方法。

3. 垂直于驱动体

“垂直于驱动体”允许定义在每个“驱动点”处垂直于“驱动曲面”的“可变刀轴”。由于此选项需要用到一个驱动曲面，因此它只在使用了“曲面区域驱动方法”后才可用。“垂直于驱动体”可用于在非常复杂的“部件表面”上控制刀轴的运动，如图 7-115 所示。

图 7-116 中构造的“驱动曲面”是专门用于在刀具加工“部件表面”时对“刀轴”进行控制的。由于“刀轴”沿着“驱动曲面”（而不是“部件表面”）的轮廓进行加工，因此它的往复运动更为光顺。

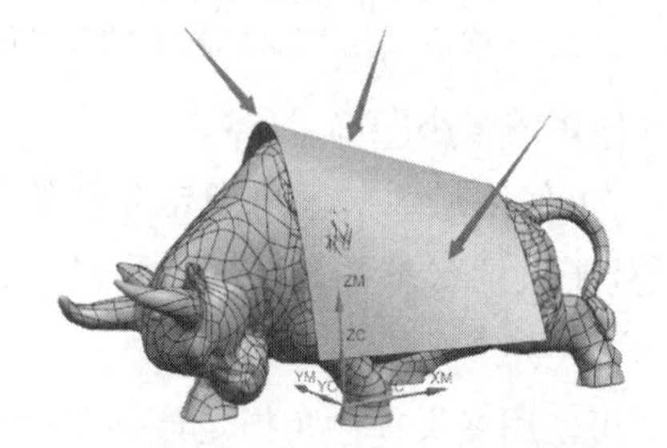

图 7-115　先创建一个驱动曲面

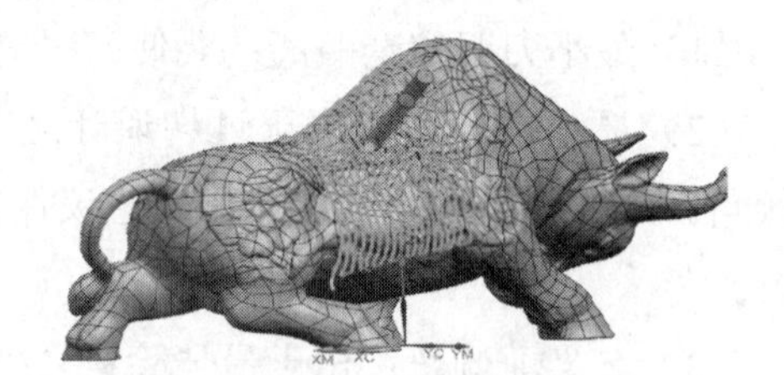

图 7-116　用垂直于驱动体做好的刀路

当未定义“部件表面”时，可以直接加工驱动曲面，如图 7-117 所示。

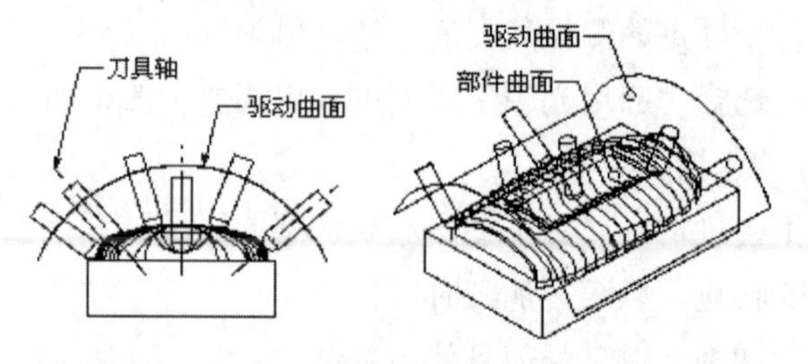

图 7-117　垂直于驱动曲面，直接在驱动曲面上

7.2.8　侧刃驱动

侧刃驱动是加工刀具的侧刃沿驱动曲面侧面进行切削的刀轴。此类刀轴允许刀具的侧面切削驱动曲面，而刀尖切削“部件表面”。如果刀具不带锥度，那么刀轴将平行于

侧刃划线。如果刀具带锥度，那么刀轴将与侧刃划线成一定角度，但二者共面。驱动曲面将支配刀具侧面的移动，而“部件表面”将支配刀尖的移动。

侧刃驱动的使用要求如下。

（1）必须按顺序选择多个驱动曲面，并且这些曲面的边缘必须相连，如图 7-118 所示。

（2）选择“侧刃驱动”后，将出现“侧刃驱动”对话框，并且在选定的第一个驱动曲面旁将出现四个方向箭头，如图 7-119 所示。

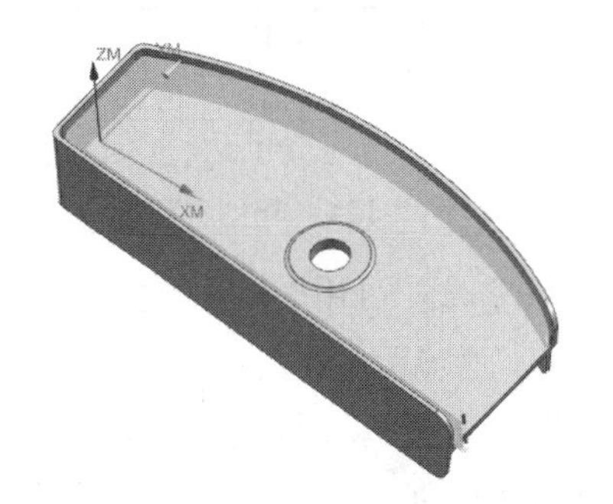

图 7-118　多个驱动曲面边缘必须相连

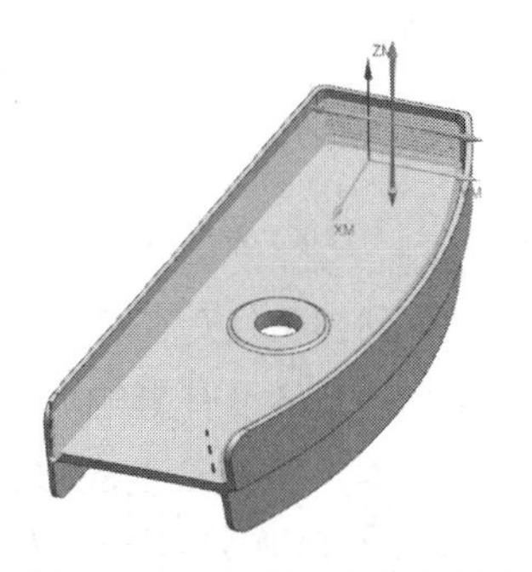

图 7-119　出现四个方向箭头

（3）可以选择“划线类型”，也可以使用默认的选项，如图 7-120 所示。

（4）从四个矢量中选择一个指向刀具夹持器的矢量，如图 7-121 所示。

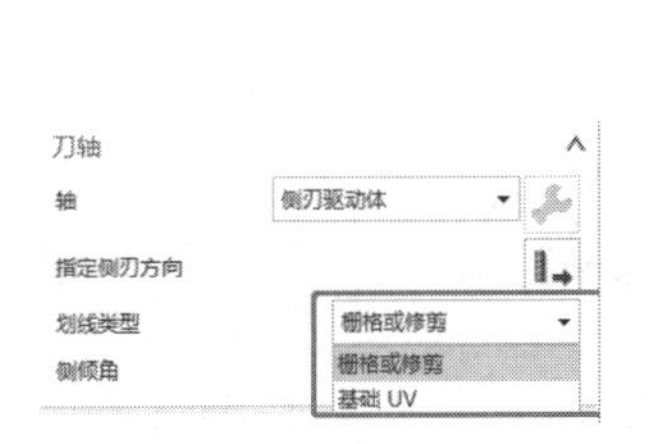

图 7-120　选择“划线类型”

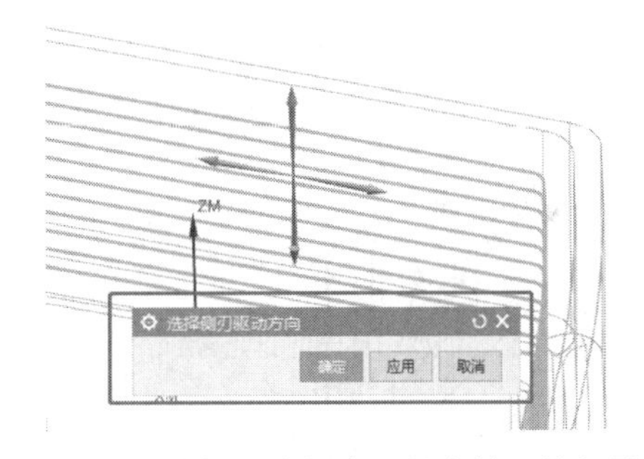

图 7-121　选择一个指向刀具夹持器的矢量

提示：在上面的案例中，“侧刃驱动体”刀轴使用的是不带锥度的刀具和“刀轴”投影矢量。如果使用了带锥度的刀具，则应使用“侧刃划线”的投影矢量以避免过切驱动曲面，如图 7-122 所示。

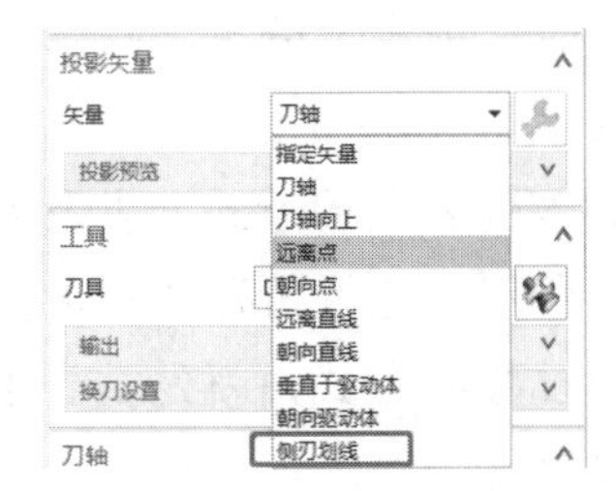

图 7-122　划线类型

划线类型有两个选项："栅格或修剪"或"基础 UV"，分别介绍如下。

（1）栅格或修剪划线：当驱动曲面由"曲面栅格"或"修剪曲面"组成时，便可生成"栅格或修剪"类型的划线，该类型的划线将尝试与所有"栅格边界"或"修剪边界"尽量自然对齐，如图 7-123 所示。

（2）基础 UV 划线："基础 UV 划线"是曲面被修剪或被放入栅格前，曲面的自然底层划线，此类划线可能没有与栅格或修剪边界对齐，如图 7-124 所示。

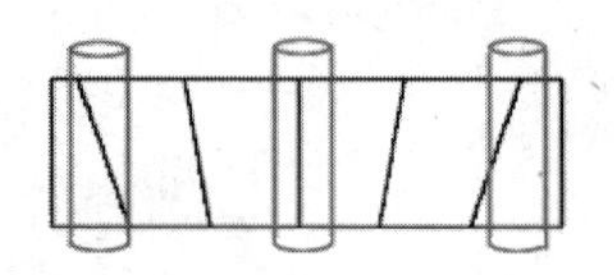

图 7-123　栅格或修剪划线

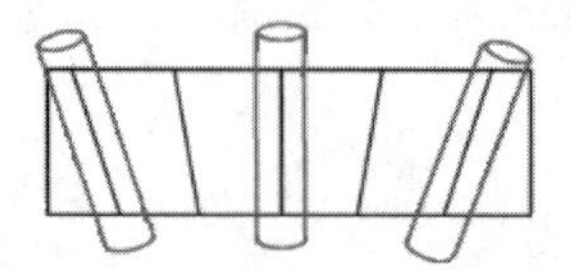

图 7-124　基础 UV 划线

"侧刃驱动体"只有在使用"曲面区域驱动方法"时才可用。切削类型（往复、单向、跟随腔铣等）对刀路没有影响。但是，要生成单刀路，"步距"数就必须设为零。如果"步距"数量大于零，系统将生成多条刀路。那么在使用侧刃驱动时需要注意以下两点。

（1）三角形的驱动曲面可使刀具倾斜，如图 7-125 所示。出现此情况是因为无法在驱动曲面的尖端创建驱动点的矩形栅格。

（2）小于刀具半径的拐角或圆角可能会防止刀具沿整个驱动曲面进行侧刃切削。在图 7-126 中，请注意刀具在完成沿曲面 A 的侧刃移动切削前，其刀尖就已经接触到了下一个"驱动曲面"（曲面 B）。这可能导致刀具在定位到与曲面 B 相切的位置时刀轴突然出现跳动。在这种情况下，最好使用"5 轴扇形顺序铣"工序。

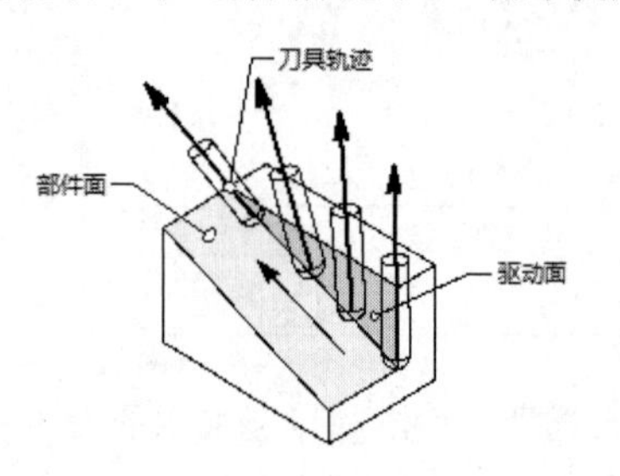

图 7-125　三角形的驱动曲面可使刀具倾斜

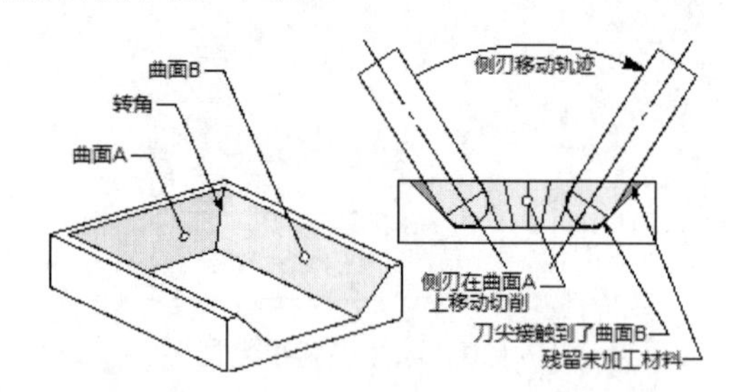

图 7-126　由于存在拐角而未切削掉的材料

7.2.9　投影矢量和刀轴的区别

在刚开始学习 UG 多轴编程时，很多人分不清投影矢量和刀轴的区别，刀轴，顾名思义就是控制加工刀具的方向，投影矢量允许定义驱动点投影到部件表面的方式，以及刀具接触的部件表面侧，如图 7-127 所示。比较特殊的是，曲面区域驱动方法提供一个额外的附加投影方式，就是垂直于驱动体，其他驱动方法不提供该选项。

图 7-127　投影矢量类型

投影矢量的投影方向决定加工刀具要接触的部件表面哪

一侧，加工刀具总是从投影矢量离得较近的一侧定位到部件表面上，可用的投影矢量类型取决于驱动方法。“投影矢量”选项是除“清根，引导曲线”之外的所有驱动方法都有的。那么选择投影矢量时应小心，避免出现投影矢量平行于刀轴矢量或垂直于部件表面法向的情况。这些情况可能引起刀轨的上下跳动。

7.3 可变引导曲线

7.3.1 可变引导的简介和内部参数

引导曲线是 UG 12.0 新增的精加工工单，刀路好控制，选择一条或两条引导线，就能做出很好的刀路，操作起来也很简单，参数也不多。以前没有这个策略的时候，精加工底面和侧壁，一般都是用流线或曲面等进行投影加工，但是这些策略有时候为了生成刀路要做很复杂的驱动面进行投影，但是引导曲线由于是选加工区域，用引导线进行偏置加工，所以不需要做驱动面，极大地节约了编程时间。但是这个工单只能用球刀进行加工。

日前引导曲线加工模式总共有三种，如图 7-128 所示。

（1）变形：刀路均匀排列在两条引导曲线之间。刀轨覆盖整个切削区域，之所以这个模式类型叫变形，是因为不管引导线 1 和引导线 2 是什么线型号，都能在两线之间均匀生成刀路，变形必须选择两条引导线，如图 7-129 中从点①到点②。

图 7-128　“引导曲线驱动方法”对话框

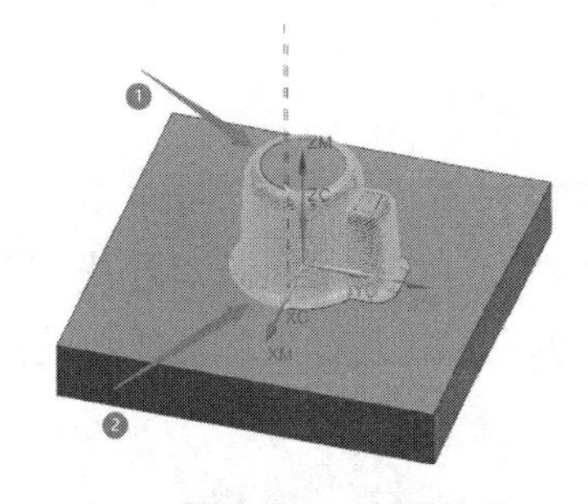

图 7-129　变形效果

（2）恒定偏置：刀路偏离单条引导曲线的一侧或两侧，如图 7-130 所示，它具有恒定步距。刀轨可以覆盖切削区域，如图 7-131 所示。

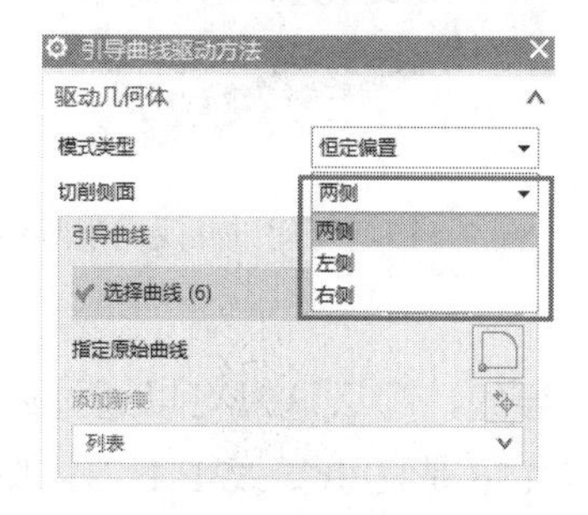

图 7-130　恒定偏置下的“切削侧面”选项

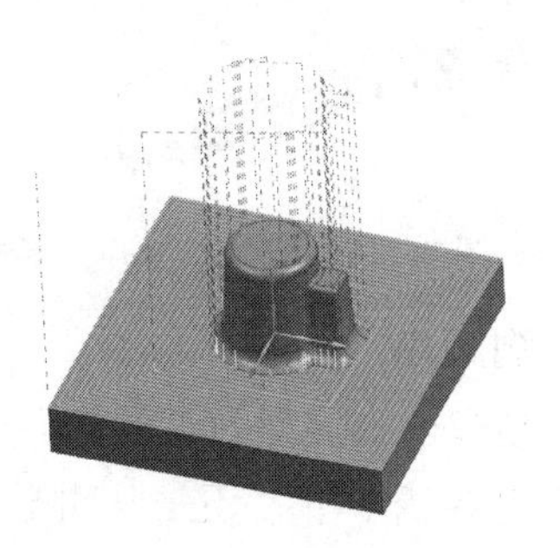

图 7-131　恒定偏置效果

（3）以引导线为中心的跑道：刀路偏离单条引导曲线，使用恒定步距，并围绕曲线的端点，效果如图 7-132 所示。

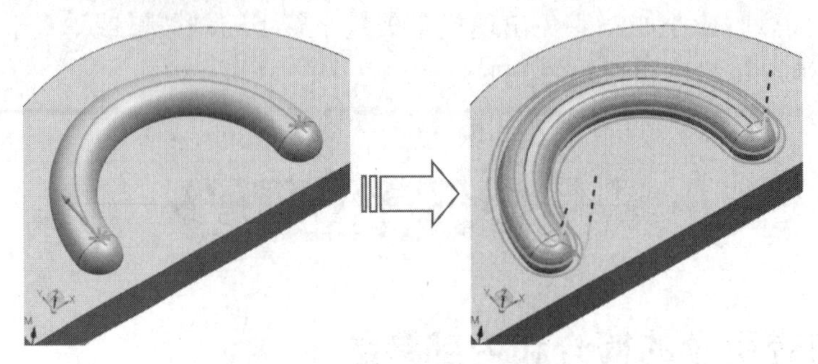

图 7-132　以引导线为中心的跑道效果

除了三种模式外，还有其他的参数，如图 7-133 所示。由于很多参数都是之前章节中介绍过的，因此本节只讲新增的。

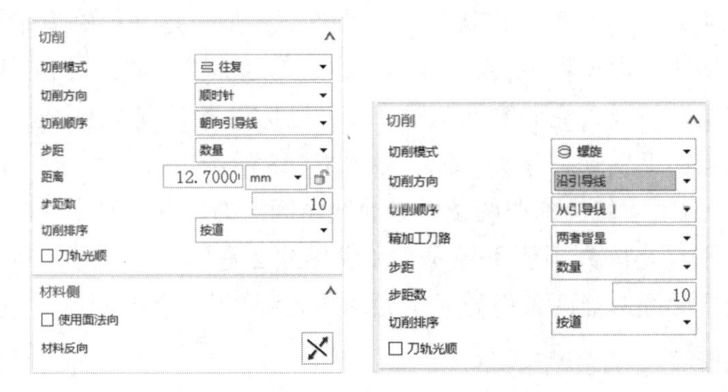

图 7-133　其他的模式

1. 切削方向

图 7-134 为切削方向沿引导线，图 7-135 为切削方向反向引导线，图中箭头为切削方向，简单来说就是控制顺铣或者逆铣。

图 7-134　切削方向沿引导线

图 7-135　切削方向反向引导线

2. 切削顺序

如果选择模式类型为“变形”时，要选两条引导线，那么这时可以通过此参数告诉软件是从引导线 1 下刀还是从引导线 2 下刀。图 7-136 是从引导线 1 下刀，图 7-137 是从引导线 2 下刀。

图 7-136　从引导线 1 下刀

图 7-137　从引导线 2 下刀

3. 精加工刀路

如果“切削模式”为“螺旋”，“精加工刀路”选择“无”，那么就会生成一条螺旋刀路，如图 7-138 所示。

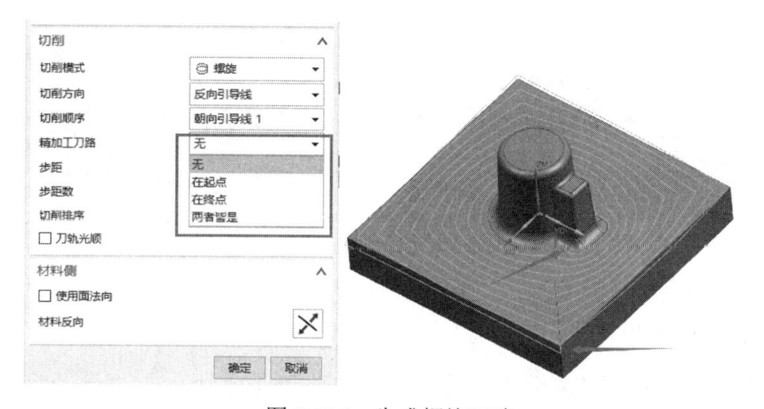

图 7-138　生成螺旋刀路

可见进刀和退刀处没有补充一条螺旋刀路。但是如果开启这个参数，选择“在终点”选项，则在终点也就是退刀的地方多补充一刀；选择“在起点”，则在起点补充；选择“两者皆是”，则在进退刀的地方都补充一刀。一般都选择“两者皆是”。图 7-136 和图 7-137 选择的就是“两者皆是”。

4. 步距

（1）恒定：可用于变形模式。用于指定步距间的距离。

（2）残留高度：可用于恒定偏置、变形和围绕短引导线偏置模式。定义残余高度值时，UG 沿与刀轴成 45° 角的平面计算步距。其他驱动方法使用与刀轴垂直的平面来计算步距值。

（3）数量：可用于恒定偏置、变形和围绕短引导线偏置模式。用于指定要添加的步距数。

（4）精确：可用于恒定偏置和围绕短引导线偏置模式。用于指定步距间的特定距离。

5. 切削排序

指定加工多个区域时的切削顺序。

（1）按道：创建所有切削区域的道路，并且一次创建一个。

（2）按区域：完全切削各区域，一次创建一个。

7.3.2 新增刀轴远离曲线和朝向曲线

这是两个新增的刀轴，目前版本中，引导曲线和侧倾刀轴皆可使用，朝向曲线和远离曲线，跟朝向直线和远离直线的最大区别是，远离、朝向直线，只能远离直线矢量，简单来说只能指定直线，但是新增的朝向曲线和远离曲线，可以指定曲线，只要是曲线都可以指定，那么控制刀轴就极为方便，可以画出刀轴的避让曲线，让进避让。

1. 朝向曲线

图 7-139 是新增的刀轴选项，图 7-140 是内部的具体参数。在 UG NX 12.0 版本中，最短距离分为 2D 和 3D，在 UG NX 1980 版本中已经合并，因为这两个参数没有区别。在高版本中同时也取消了 Toward Constant 和朝向对齐，这些参数只有细微的区别，用处并不是很大。

图 7-139　新增的刀轴选项

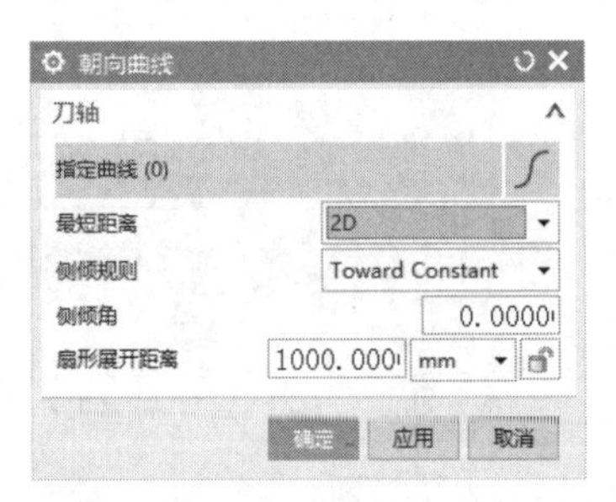

图 7-140　“朝向曲线”对话框

常用的参数为“3D”“离开”“穿过”，如图 7-141 所示。“离开”和“穿过”的最大区别就是“离开”有侧倾角，如图 7-142 所示，但是“穿过”没有，当“穿过”不设置侧倾角时，其刀轴和“离开”是一样的。

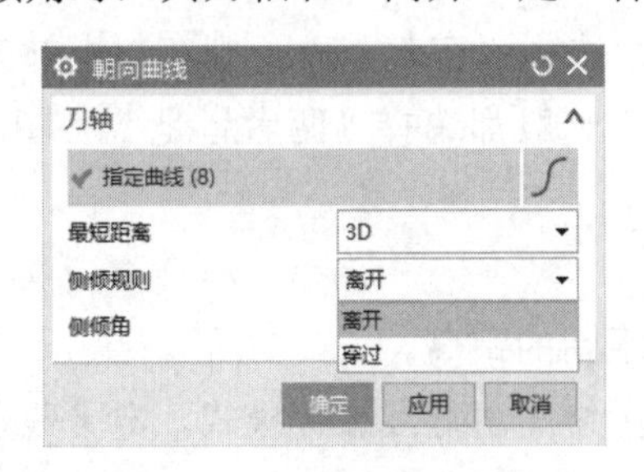

图 7-141　常用的参数选项

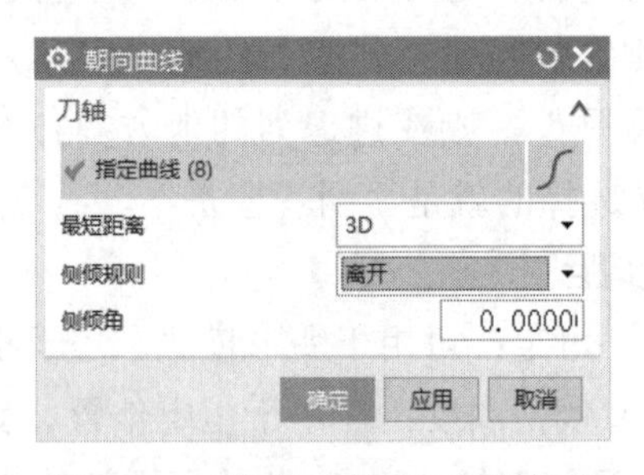

图 7-142　选择“离开”时的效果

侧倾角的具体作用如下：如图 7-143 所示为原始刀轨，曲线①为朝向曲线的曲线，此时这条线和坐标刚好呈 45° 夹角。

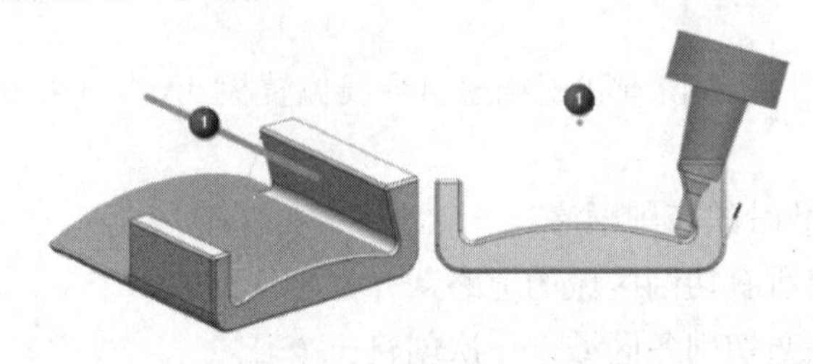

图 7-143　原始刀轨效果

如图 7-144 所示，UG 会在侧倾平面内将刀具侧倾 45°，这也是允许的最大侧倾角，那么图 7-145 给 15° 侧倾角之后，将刀具侧倾角减小了 15°（从已定义的曲线 +ZM 进行参考测量），以 30° 进行切削加工。

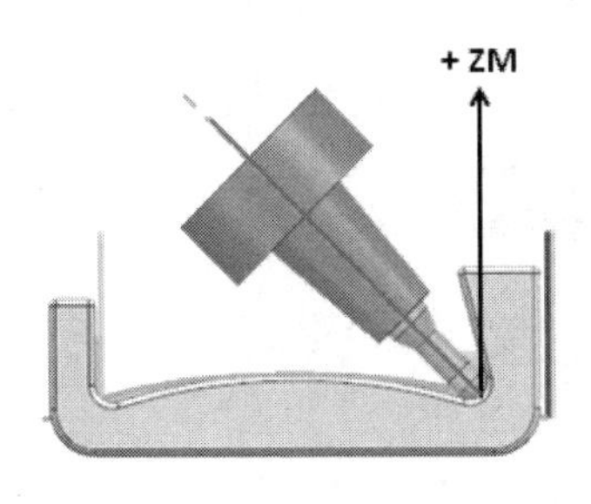

图 7-144　侧倾角为 45°

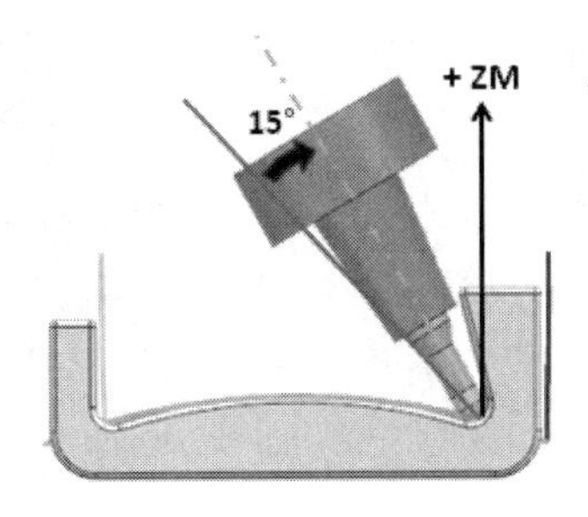

图 7-145　侧倾角为 30°

随着刀具切削部件，刀轴姿态的调整则顺利进行，如图 7-146 和图 7-147 所示。

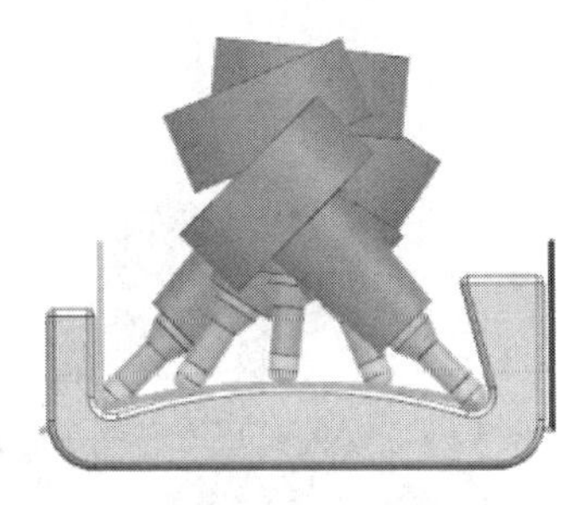

图 7-146　侧倾角为 45° 时的刀柄位置

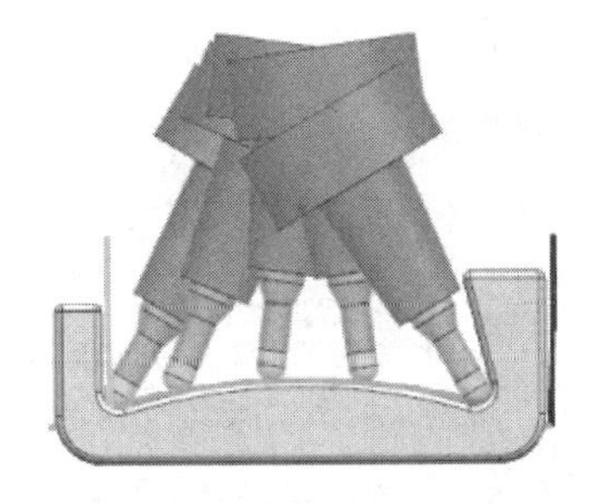

图 7-147　侧倾角为 30° 时的刀柄位置

2. 远离曲线

同朝向曲线一样，只不过和线的关系变更为远离，比传统的远离直线更加灵活，内部的参数同朝向曲线类似。图 7-148 是远离曲线做的刀路，那么刀路的位置呢？是在这个猪头零件的耳朵里面，通过远离曲线进行编程。

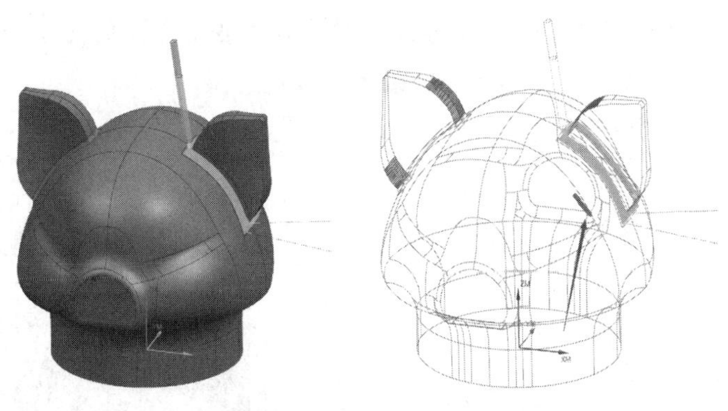

图 7-148　远离曲线的刀路效果

7.3.3　可变引导曲线的应用案例

下面通过几个案例来介绍可变引导曲线的使用方法。

【案例 7-6】 可变引导曲线的应用案例——四轴

（1）打开“素材\第 7 章”下的相应素材文件，如图 7-149 所示。

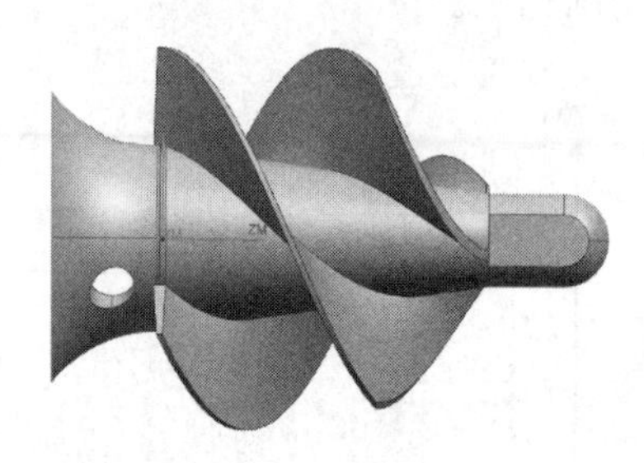

图 7-149 素材文件

（2）创建可变引导曲线工序，如图 7-150 所示。

（3）设置部件和指定切削区域，部件全选整个部件设置就好，切削区域为图 7-151 箭头所指叶片部位。

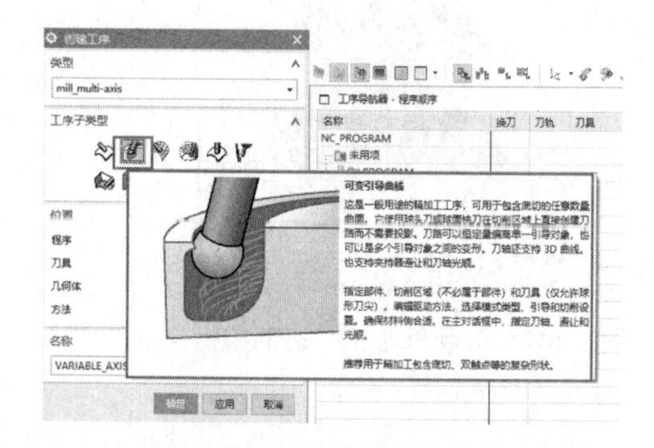

图 7-150 创建可变引导曲线工序

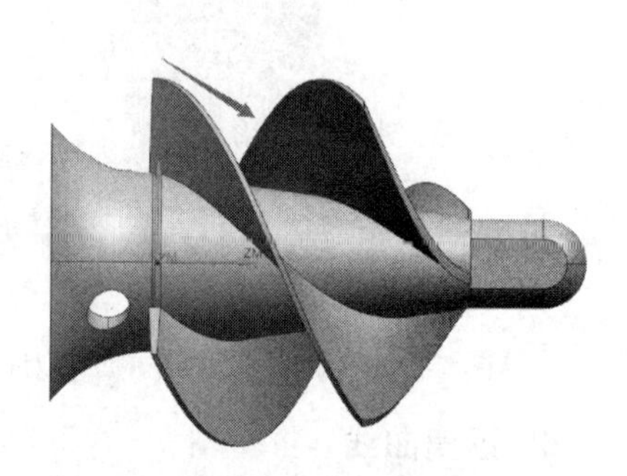

图 7-151 设置部件和指定切削区域

（4）选择驱动方法为“引导曲线”，刀具为 D2R1 球刀，选择刀轴为“远离直线”，如图 7-152 所示。

（5）设置引导线，选择①②为引导线，模式为“变形”，如图 7-153 所示。

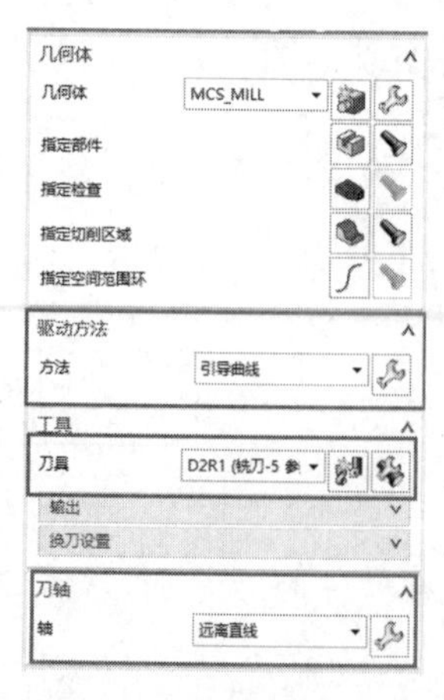

图 7-152 设置驱动方法和刀具、刀轴

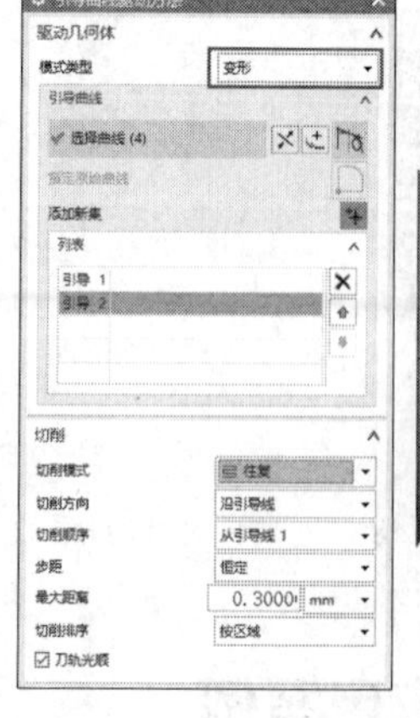

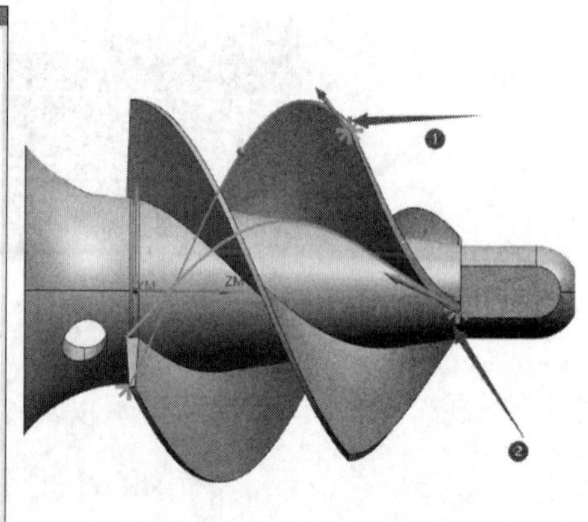

图 7-153 设置引导线

（6）设置完成后，生成刀路，验证刀轨，如图 7-154 所示。

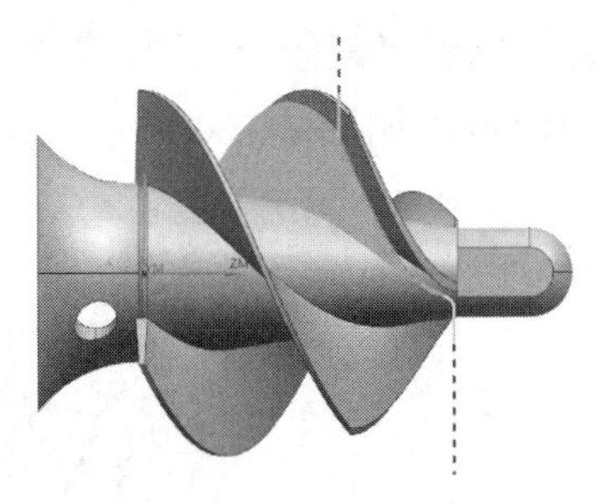

图 7-154　生成刀路

【案例 7-7】　可变引导曲线的应用案例——五轴

（1）打开“素材 \ 第 7 章”下的相应素材文件，如图 7-155 所示。

（2）创建可变引导曲线工序，如图 7-156 所示。

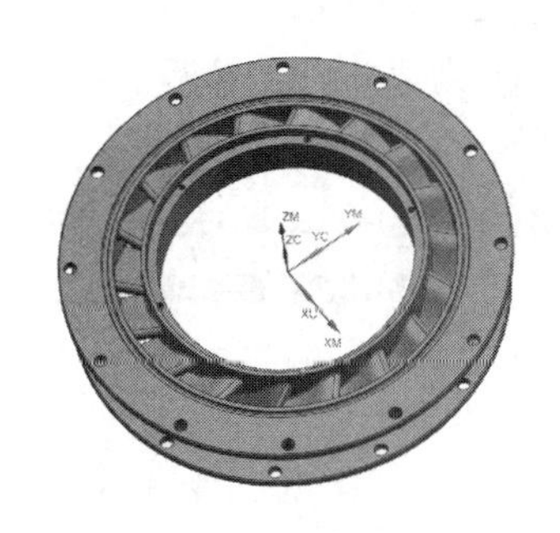

图 7-155　素材文件

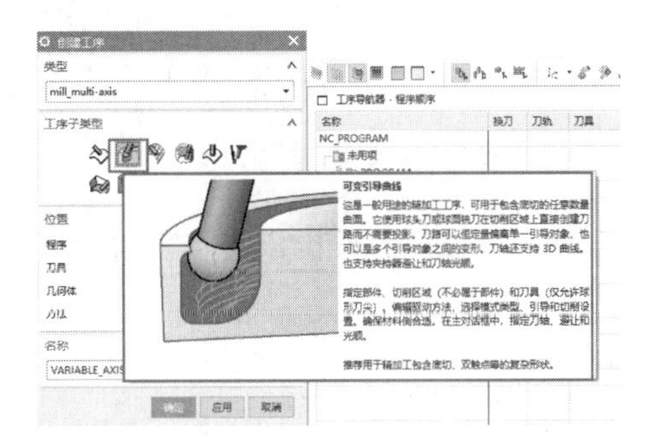

图 7-156　创建可变引导曲线工序

（3）设置部件和指定切削区域。部件选择整个部件设置，切削区域选择叶盘流道面，即图 7-157 中框选部位。

（4）设置“切削模式”为“变形”，然后选择引导线为图 7-158 中的线①、②，“切削模式”为“往复”，“步距”选为“恒定”，设置最大距离为 0.2mm，“材料侧”选项组中勾选“使用面法向”复选框。

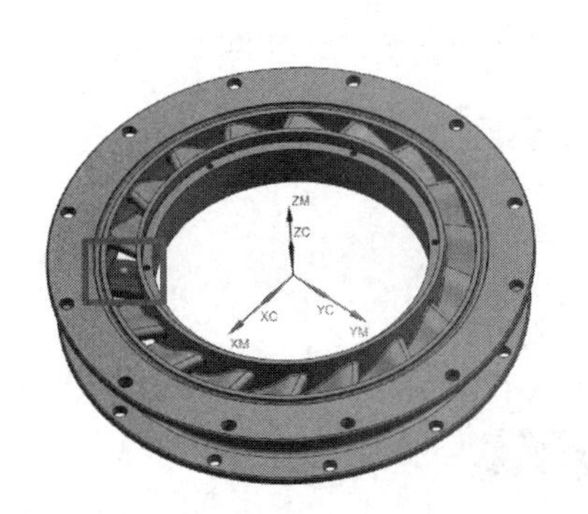

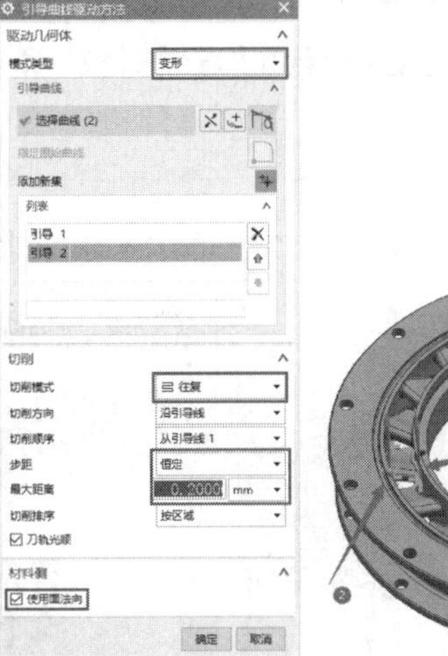

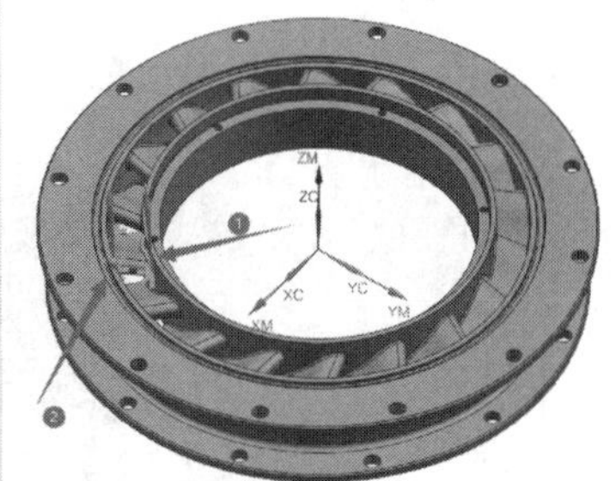

图 7-157　设置部件和指定切削区域

图 7-158　设置切削模式

（5）设置刀具为D3R1.5，刀轴为“朝向曲线”，如图7-159所示。

（6）设置朝向曲线刀轴的曲线，如图7-160所示，其中，①为朝向曲线的位置，②为切削区域。

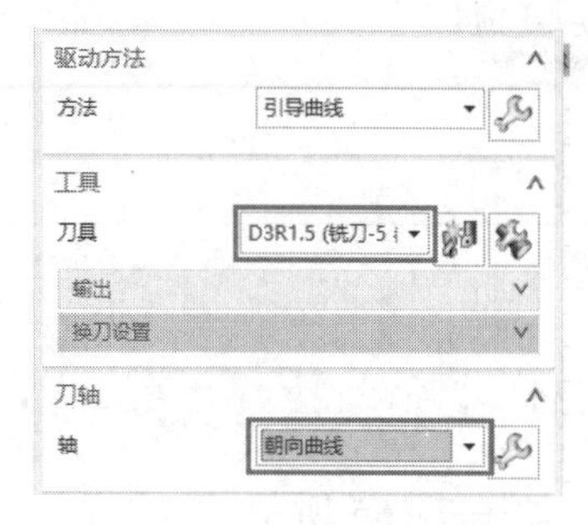

图7-159　设置刀具和刀轴

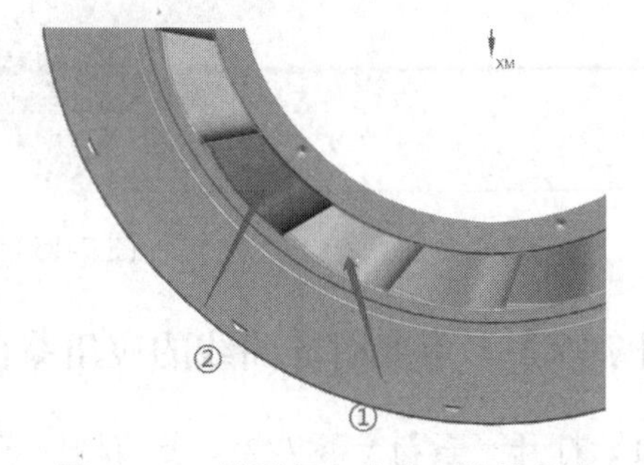

图7-160　设置朝向曲线刀轴的曲线

（7）使用“直线”命令划线，图7-161为画完线的长度，画完线使用移动对象命令调整线的位置。图7-162为移动对象的具体操作，其中，①为原本线的位置，②为移动后的位置。

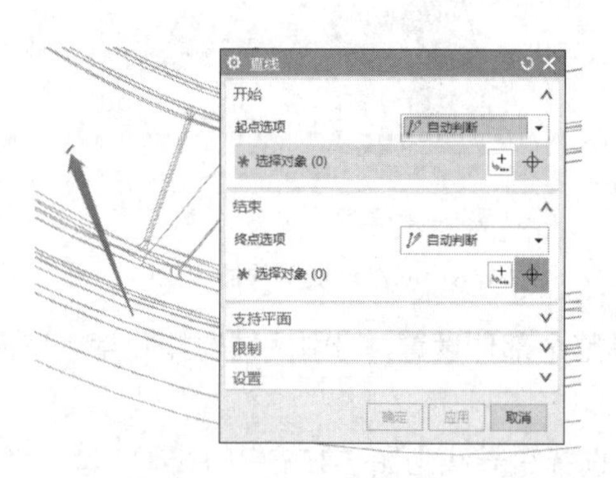

图7-161　绘制辅助线

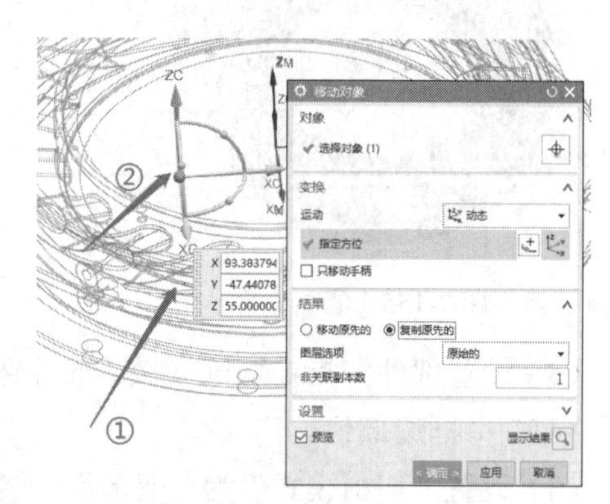

图7-162　调整线的位置

> **提示：由于这个线的长短、高低，都决定最终刀轴的姿态，所以当第一次刀路生成后，如果对程序不满意，可以接着使用“移动对象”调整线的位置，直到满意。“移动对象”的快捷键为Ctrl+T。**

（8）选择朝向曲线，最短距离为“3D”，“侧倾规则”为“离开”，如图7-163所示。

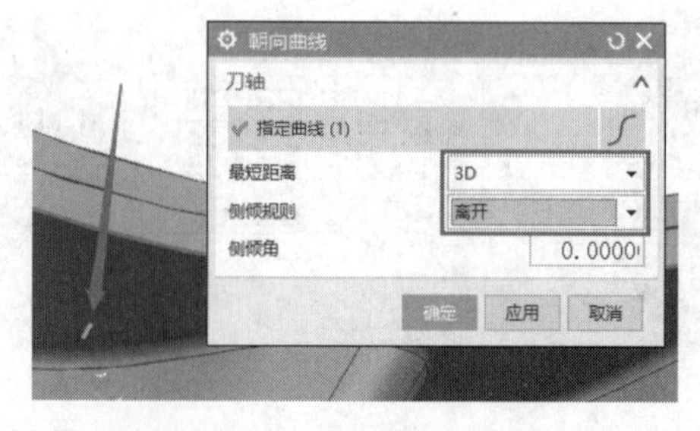

图7-163　选择朝向曲线

（9）设置完成后，生成刀路，验证刀轨，如图 7-164 所示。

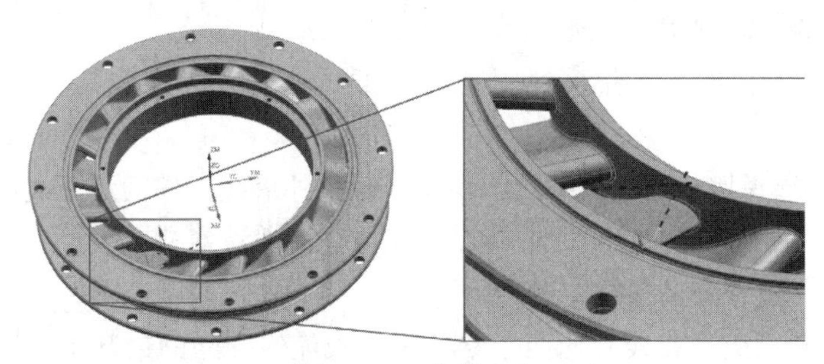

图 7-164　生成刀路

7.4　驱动方法的应用和学习

7.4.1　“流线”的内部参数以及案例

流线驱动方法是根据选中的几何体来构建隐式驱动曲面。创建多轴加工工序后，可在相应的对话框中选择驱动方法，如图 7-165 所示。

如果选择驱动方法为“流线”，会打开“流线驱动方法”对话框，如图 7-166 所示。可变轮廓铣里面的流线驱动和固定轮廓铣里面的“流线驱动方法”对话框内部参数几乎一样。使用“流线”，可以先选择部件，切削区域几何体，然后手工选择流曲线和交叉曲线，以替代或扩充自动选择。或者，可以从手工选择流动和交叉曲线开始。流线不要求具有部件几何体或切削区域。

图 7-165　驱动方法

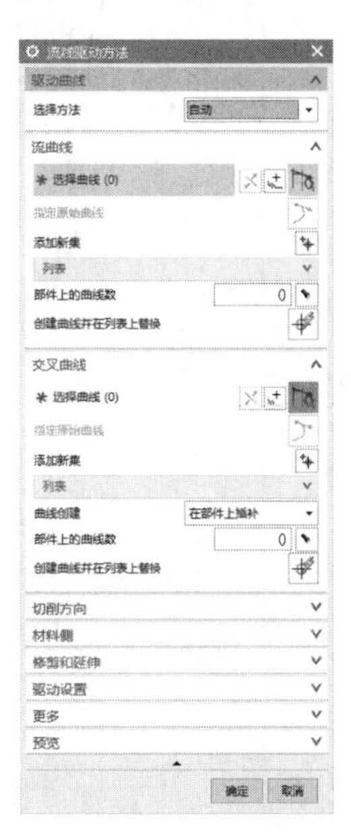

图 7-166　“流线驱动方法”对话框

下面对“流线驱动方法”对话框的内部参数进行详细讲解。

1.“驱动曲线”选项组

“驱动曲线”选项组下有两种驱动曲线的选择方法：“自动”或“指定”，如图 7-167 所示。

（1）自动：选择切削区域后进行自动识别切削外形线，作为流曲线和交叉线。

（2）指定：手工选择任意数目的封闭环来创建流曲线集。

2.“流曲线”和“交叉曲线”选项组

“流曲线”和“交叉曲线”这两个参数是生成流线刀路的最基本参数，用来指定流线的线，如图 7-168 所示。通常当图形比较简单时，可以先只选择两条流曲线。

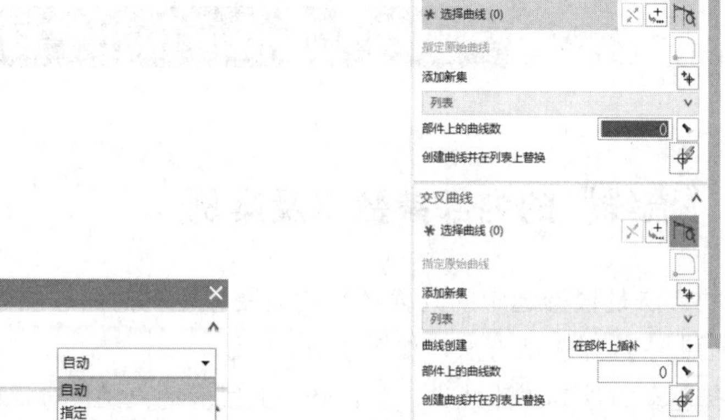

图 7-167　驱动曲线的选择方法　　　图 7-168　“流曲线”和“交叉曲线”选项组

表 7-2 中列出了常用的流曲线和交叉曲线组合示例。

表 7-2　可接受的流曲线和交叉曲线组合示例

组合名称	组合参数	说明
1. 典型的四边配置		选择两条流曲线，①②长边为两条流曲线，③④短边为两条交叉曲线
2. 选择中间流曲线，以获得对驱动曲面的更多形状控制		选择三条流曲线，①②③长边为三条流曲线，④⑤短边为两条交叉曲线
3. 选择中间交叉线，以获得对驱动曲面的更多形状控制		选择两条流曲线，①②长边为两条流曲线，③④⑤短边为三条交叉曲线

续表

组合名称	组合参数	说明
4. 添加一条中间流动曲线的四边驱动面，可根据需要添加任意数量的中间曲线	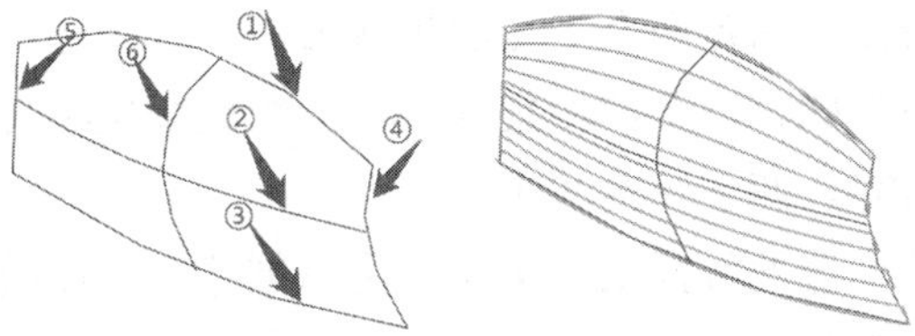	选择三条流曲线，①②③长边为三条流曲线，④⑤⑥短边为三条交叉曲线
5. 带两条流动曲线和一条交叉曲线的三边配置	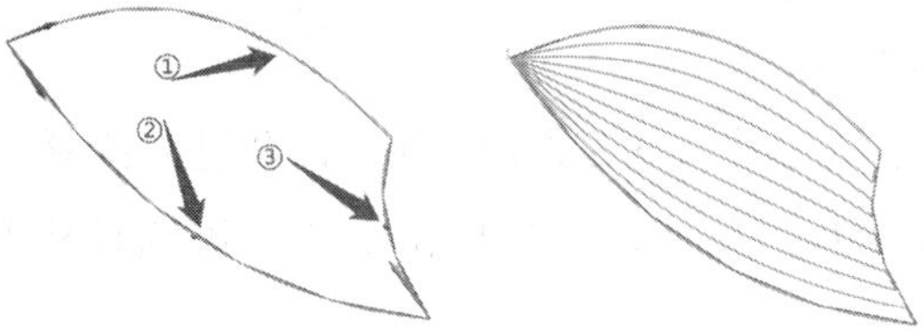	选择两条流曲线，①②长边为两条流曲线，③短边为一条交叉曲线
6. 带两条流动曲线和两条交叉曲线集的三边配置。第二条流动曲线包含单一点	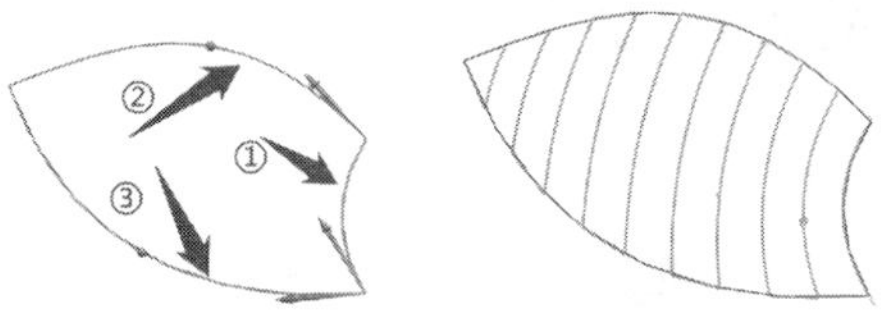	选择两条流曲线，①②长边为两条交叉曲线，③短边为一条流曲线
7. 两边驱动曲面	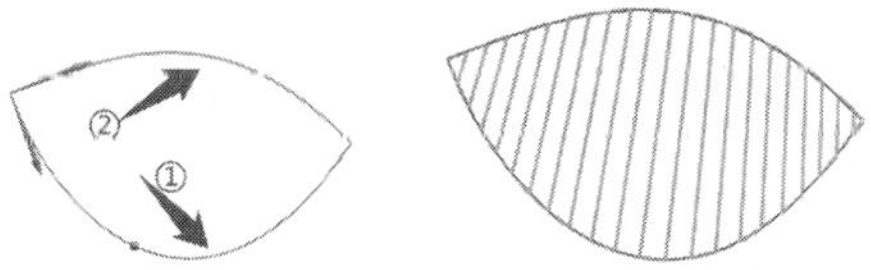	选择一条流曲线①，一条交叉曲线②
8. 选择两个封闭的环，交叉曲线控制驱动曲面的形状并定义起始点	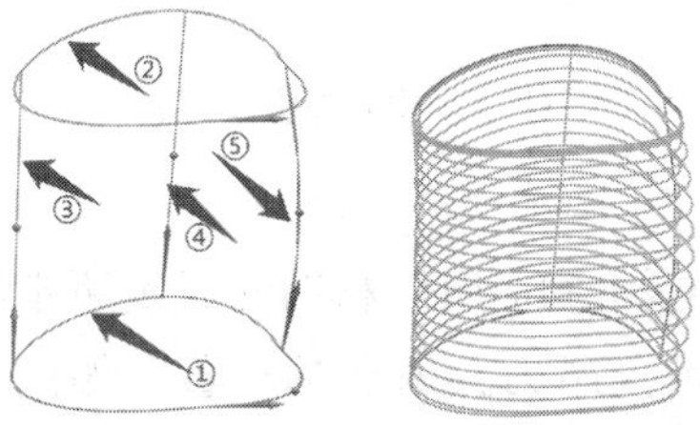	选择①②为圆形交叉曲线，③④⑤直线为流曲线
9. 具有一条流曲线和两条封闭交叉曲线的两个封闭环配置	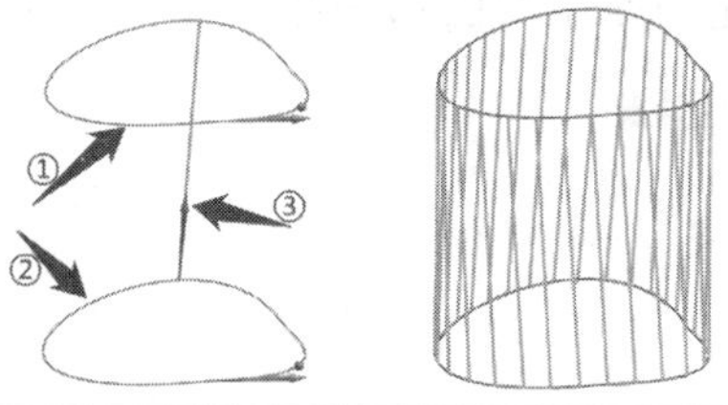	选择圆形①②为交叉曲线，③为流曲线
10. 两条流曲线，一条交叉曲线，UG自动封闭另一端	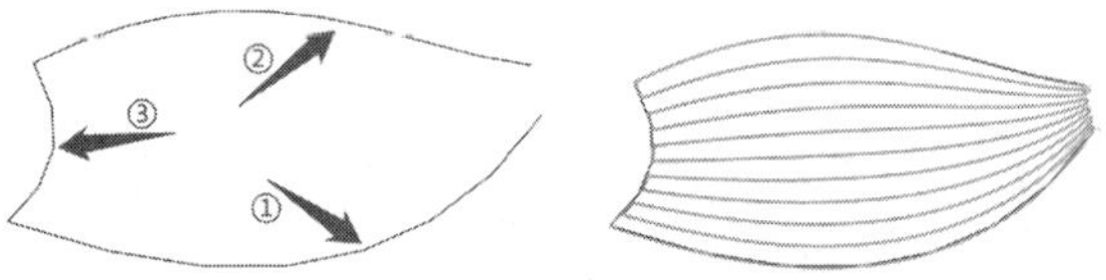	选择长线①②为流曲线，③短边为交叉曲线
11. 一条流曲线，一个点	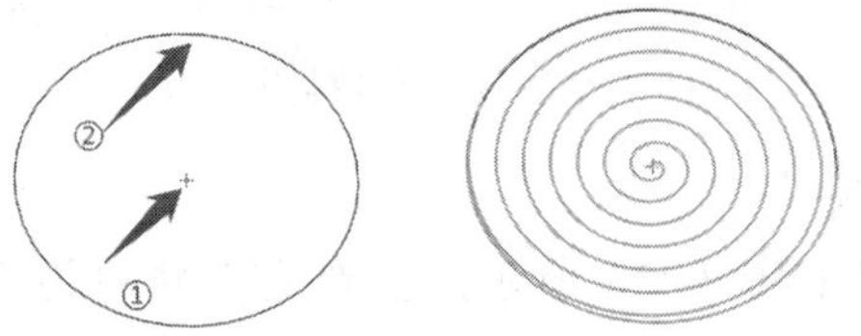	选择①圆为流曲线，②点为流曲线

上面列举了11种常见的流线组合方式，还有一些组合方式是不能生成刀路的，比如下面几种。

（1）两点定义一个线段，指定两个点无法生成刀路。

（2）一个封闭一个不封闭，一个曲线集封闭，一个曲线集不封闭，不允许这么做。

（3）流曲线未正确对齐，两条流曲线未对齐。

（4）单一流曲线，单一流曲线提供的信息不足以创建驱动曲面。

（5）流曲线方向不匹配等。

3.“切削方向”选项组

切削方向可以用来指定加工时的下刀方向、顺逆铣及进刀位置。单击“指定切削方向”按钮后，模型空间会出现八个箭头，直接单击箭头即可选择从哪边下刀，如图7-169所示。

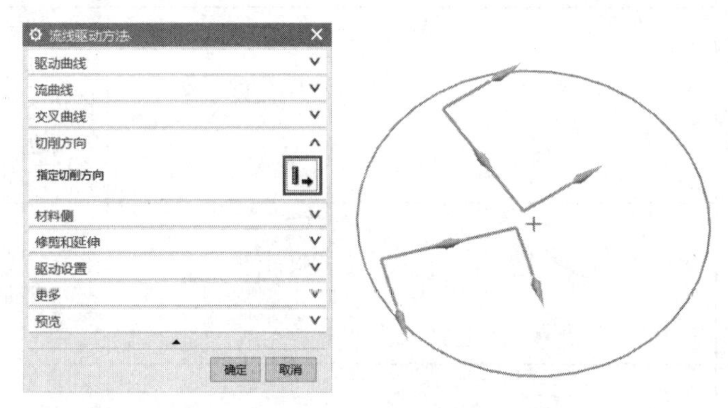

图7-169　指定切削方向

4.“材料侧”选项组

在多轴加工面，因为面有正反之分，所以材料侧就是所指的刀具侧。“使用部件法向”复选框是软件自动根据切削区域判断刀具所在的位置，如图7-170中的小箭头就是材料侧的指向，指向哪侧，哪边就是刀路生产的那一侧。

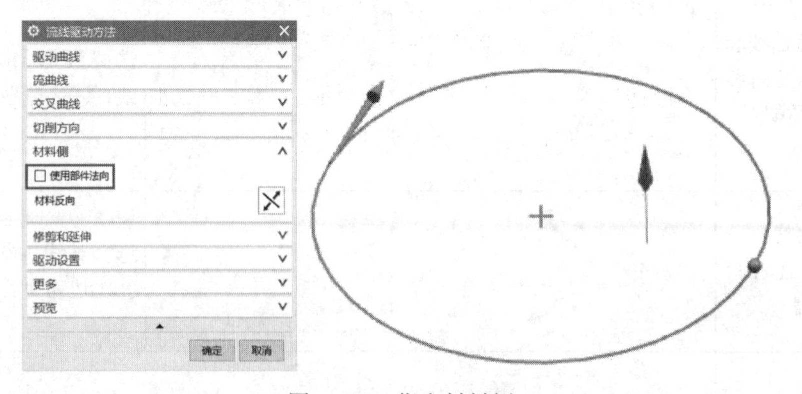

图7-170　指定材料侧

5.“修剪和延伸”选项组

“修剪和延伸”选项组如图7-171所示，主要用于修剪跳刀或修剪程序。图7-172是指定好修剪参数后的刀路。

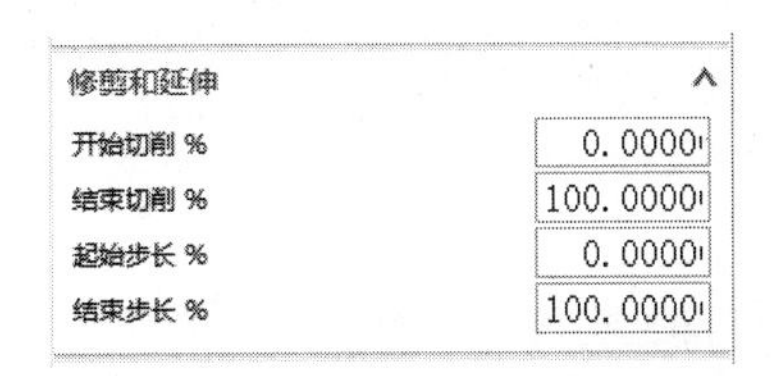

图 7-171 “修剪和延伸”选项组

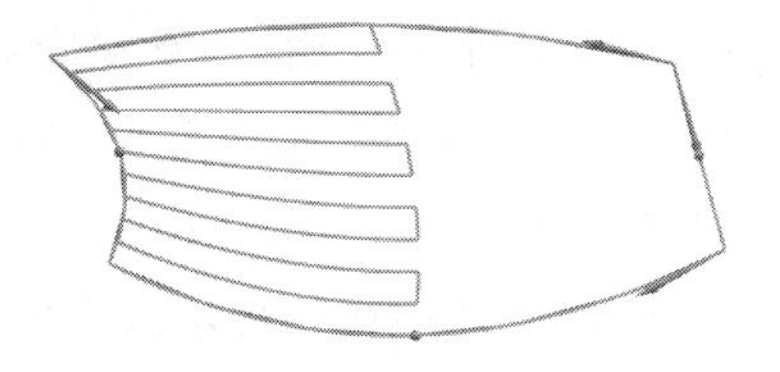

图 7-172 修剪后的刀路

6.“驱动设置”选项组

“驱动设置”选项组如图 7-173 所示，可以设置“刀具位置”“切削模式”“步距”“步距数”等选项。

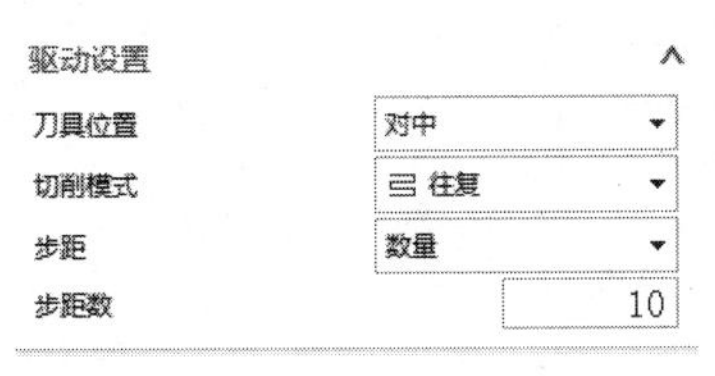

图 7-173 “驱动设置”选项组

1）刀具位置

此参数主要控制驱动面和刀具之间的关系，有“相切”“对中”“接触”三种选项，如图 7-174 所示。

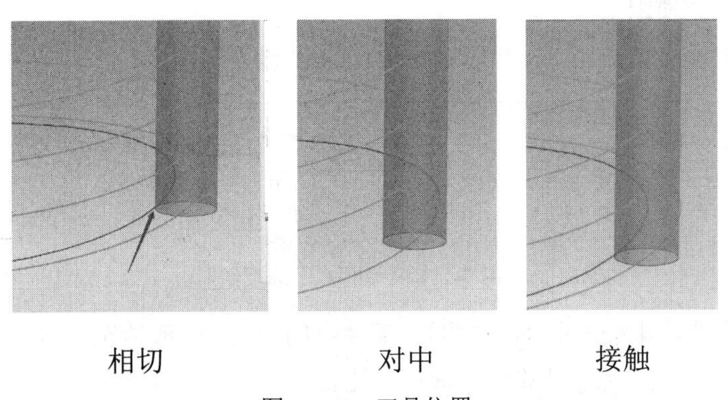

相切 对中 接触

图 7-174 刀具位置

使用最多的是“相切”和“对中”，一般使用流线精加工底面时需要设置为“对中”，否则会有投影重叠造成刀路混乱，因此刀路混乱时选择刀路位置为“对中”就可以修正，如图 7-175 所示。“相切”一般用于侧壁加工。

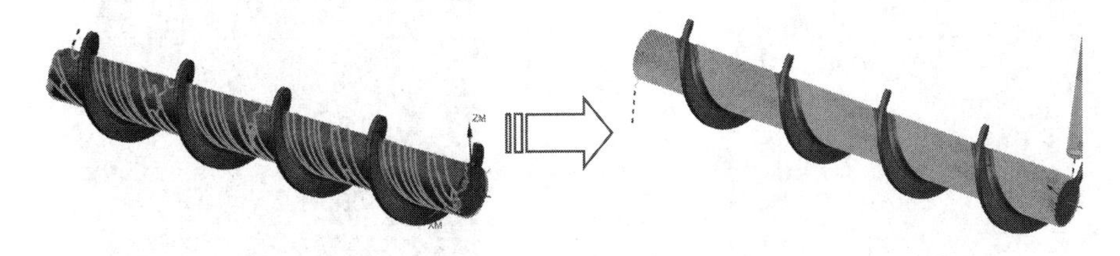

图 7-175 “对中”可修正刀路

2）切削模式

“切削模式”下拉列表如图 7-176 所示。

（1）螺旋或平面螺旋：3D 螺旋或平面螺旋。

（2）单向：一刀顺铣或逆铣，跳刀多。

（3）往复：程序走往复切削。

（4）往复上升：在往复基础上增加程序之间的过渡。

3）步距

“步距”下拉列表如图 7-177 所示。

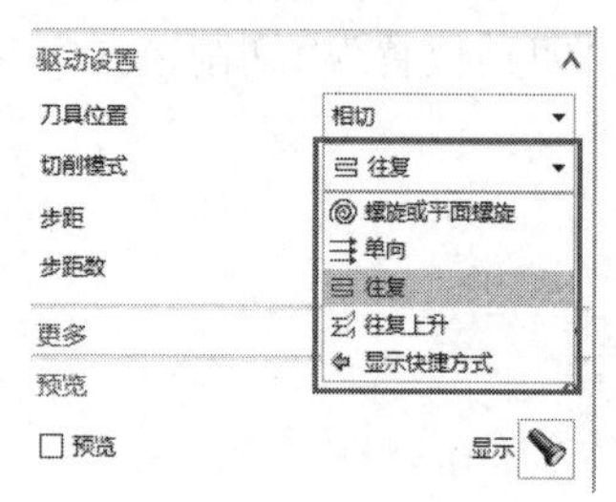

图 7-176 “切削模式”下拉列表

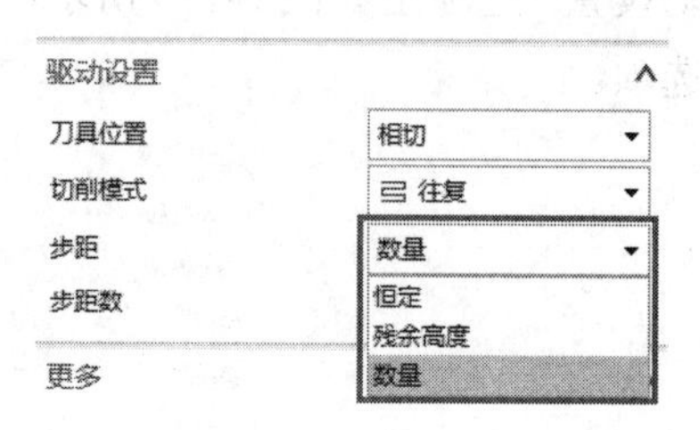

图 7-177 “步距”下拉列表

（1）恒定：刀路侧向步距统一按照恒定所指定的参数进行切削。

（2）残余高度：主要针对球刀来使用，是两刀具直径之间的残料高度。

（3）数量：具体的刀路数。

7.“更多”选项组

“更多”选项组如图 7-178 所示，主要用来设置“切削步长”。

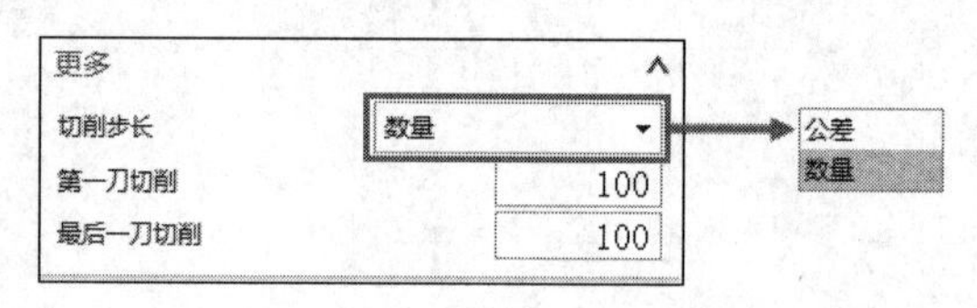

图 7-178 “更多”选项组

切削步长主要用来控制驱动体投影在部件上的公差，一般情况下都选择“公差”选项，但有一种情况下则必须使用“数量”选项。比如图 7-179，当用四轴进行轴的端面螺旋切削时，如果选择“公差”选项则生成图 7-179 的刀路；如果改成“数量”选项，则效果如图 7-180 所示。

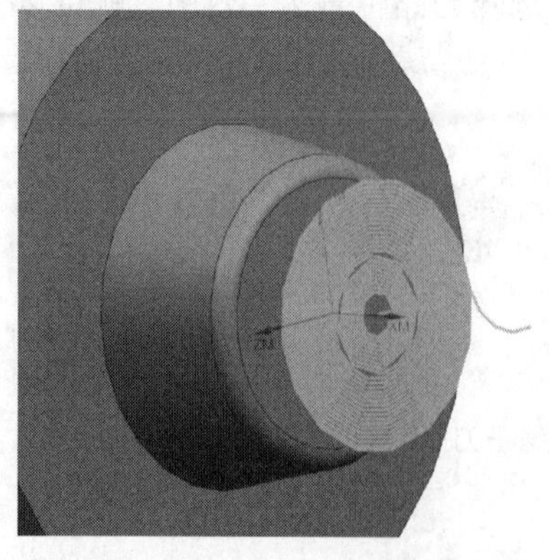

图 7-179 切削步长为“公差”

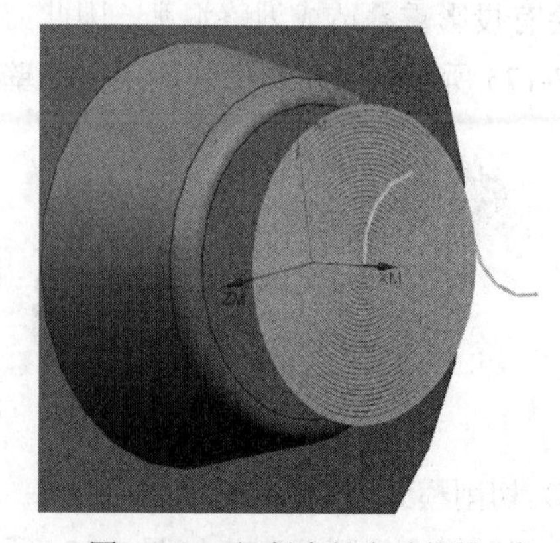

图 7-180 切削步长为“数量”

提示：“数量”和“公差”选项可以简单举例理解。“数量”的意思是把每一条线均匀进行等分，不管是直线还是圆弧，然后投影。但是“公差”就不一样，“公差”是直线时公差特别大，但是圆弧会按照公差给的值来计算。

【案例 7-8】　流线加工

（1）打开“素材\第 7 章”下的相应素材文件，如图 7-181 所示。

图 7-181　素材文件

（2）创建可变轮廓铣工序，如图 7-182 所示。

（3）在“可变轮廓铣”对话框中选择驱动方法为“流线”，如图 7-183 所示。

图 7-182　创建工序

图 7-183　选择驱动方法

（4）选择流曲线，加工部位为侧壁，如图 7-184 所示。

（5）指定切削方向，如图 7-185 中箭头所示。

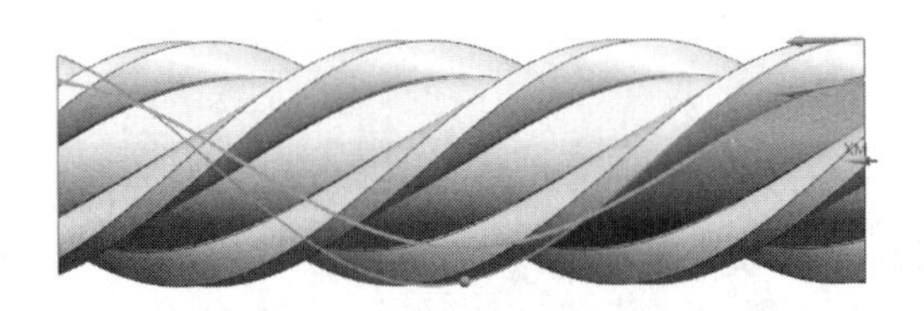

图 7-184　选择流曲线和加工部位

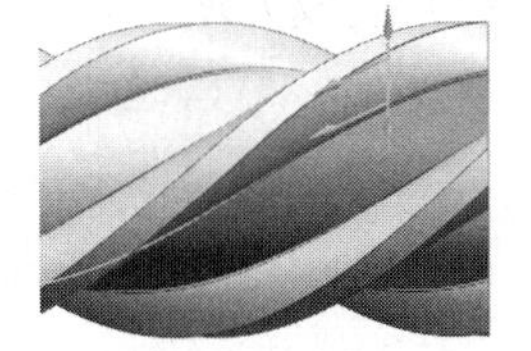

图 7-185　指定切削方向

（6）选择材料侧，如图 7-186 所示。

（7）进行驱动设置，如图 7-187 所示。

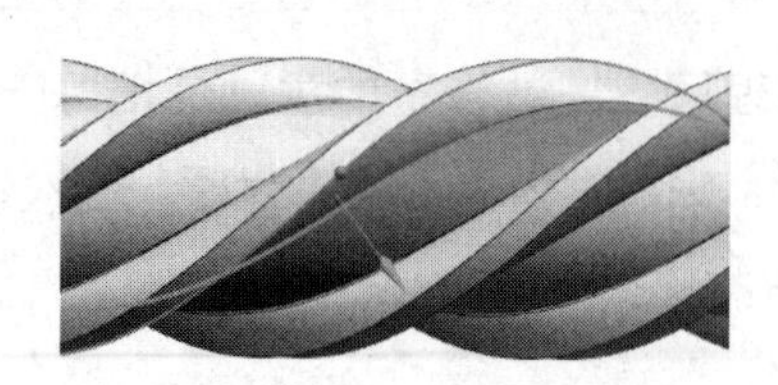

图 7-186　选择材料侧

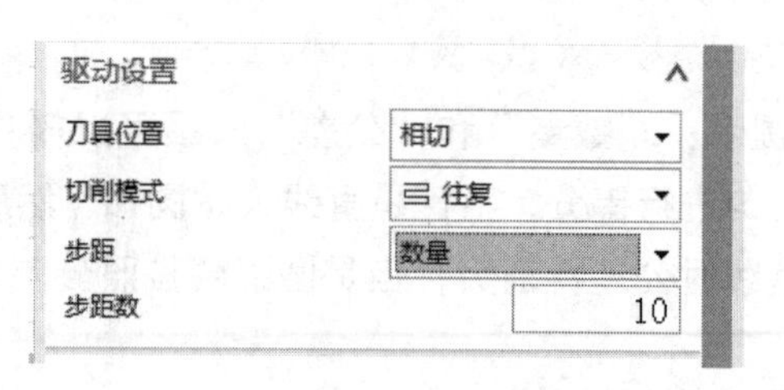

图 7-187　驱动设置

（8）设置公差，如图 7-188 所示。

（9）选择刀具为 D16R0，如图 7-189 所示。

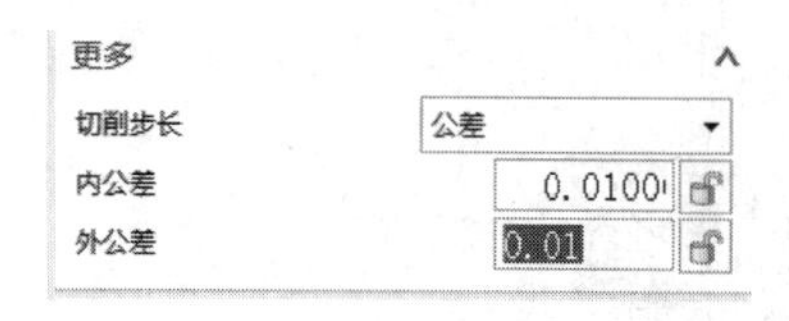

图 7-188　设置公差

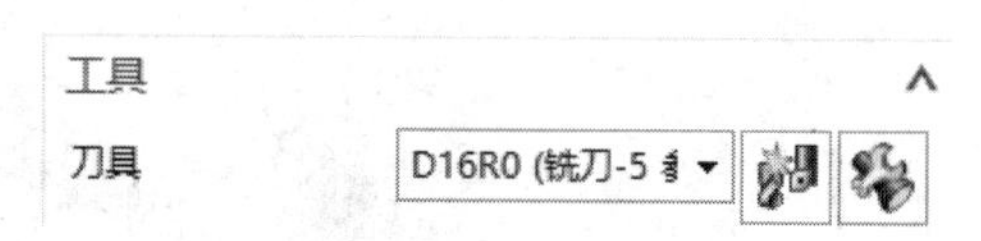

图 7-189　选择刀具

（10）选择刀轴为“侧刃驱动体”，选择箭头所指处为侧刃方向，并设置侧倾角为 0°，如图 7-190 所示。

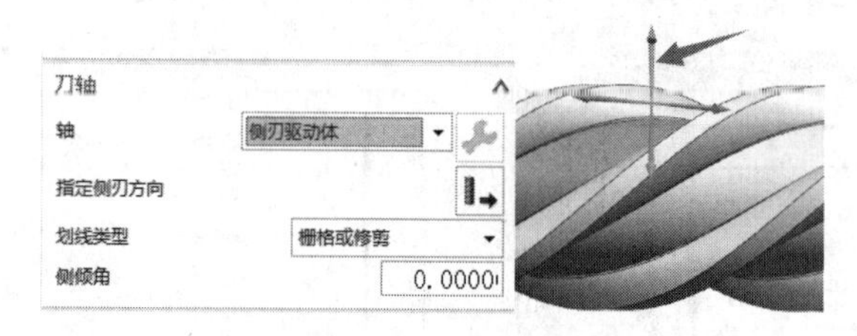

图 7-190　选择刀轴

（11）进行投影预览，如图 7-191 所示。

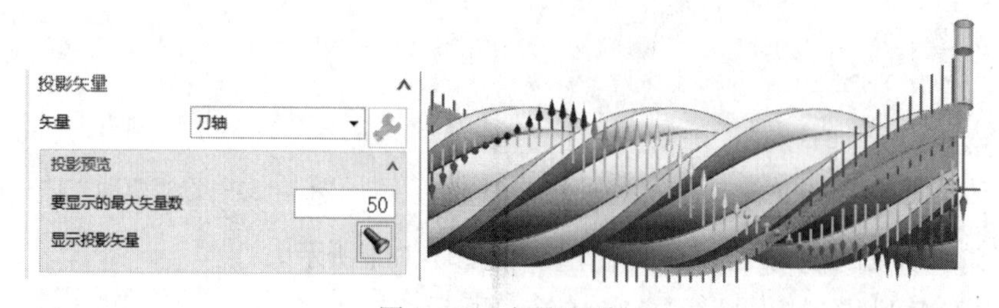

图 7-191　投影预览

（12）生成刀路，如图 7-192 所示。

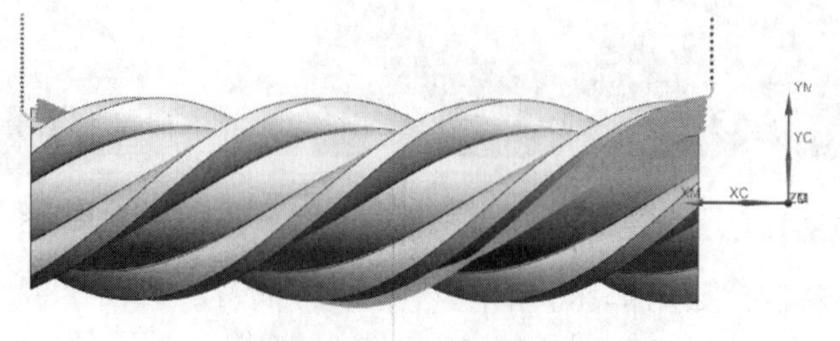

图 7-192　生成刀路

7.4.2 “曲面区域”的内部参数以及案例

“曲面区域”指利用部件本身，部件面为驱动面或创建的辅助面为驱动面创建刀路，如果部件本身的面报警，如图 7-193 所示，这时就要去通过“直纹”“通过曲线组”“扫略”“通过曲线网格”等命令来构造驱动面。

那么为什么原本的驱动面会报警呢？因为曲面驱动是不允许第二个选项选择多边形的，从第二个面开始，只能选择四边形（第一个选择多边形的话只能选择这一个面，不能再选择任何面了）。因为软件需要对片体进行 UV 分解，从而形成均匀刀路，所以必须都是四边形，出现多边形时就会报错。报警中提示更改公差，但是仅更改公差等设置是没有任何作用的，所以这时就需要重新构建驱动面。

“曲面区域驱动方法”对话框如图 7-194 所示，其中的参数和“流线”驱动方法的参数基本类似，因此重复的参数不再进行讲解。

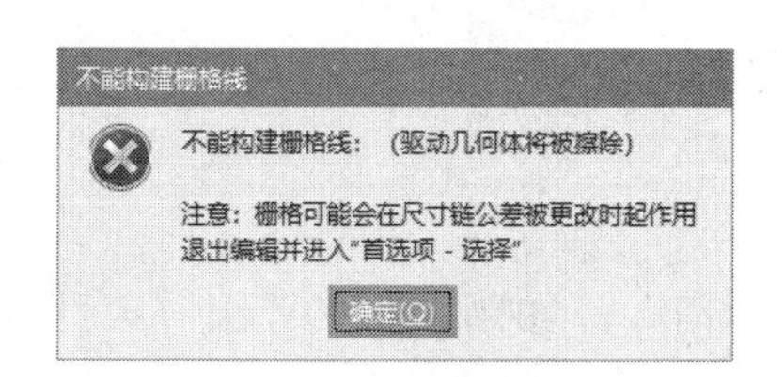

图 7-193 报警对话框

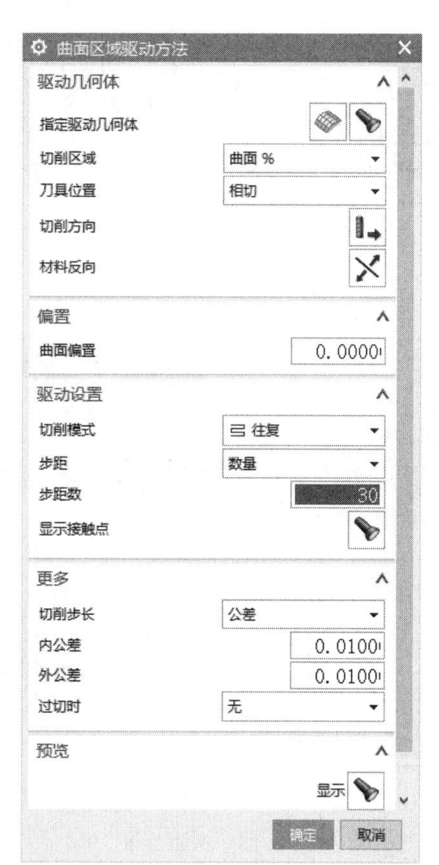

图 7-194 “曲面区域驱动方法”对话框

（1）指定驱动几何体：可以进行驱动面的选择和删除。

（2）切削区域：切削区域分为曲面百分比和对角点，如图 7-195 中这两个参数都是用来修剪曲面的，可以用来修剪刀路和修剪加工区域，具体使用方法见图 7-196。

（3）曲面偏置：驱动曲面距离部件的距离。

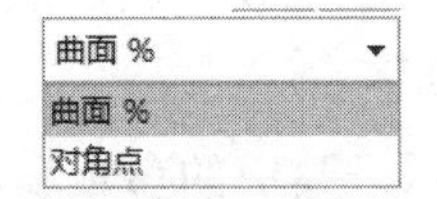

图 7-195　切削区域的选项

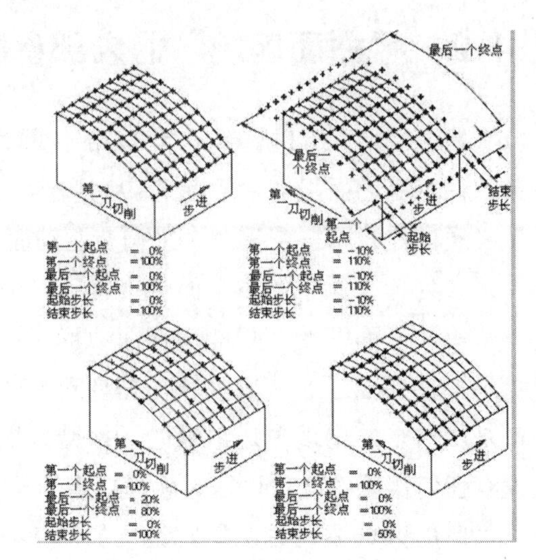

图 7-196　切削区域的使用方法

【案例 7-9】　曲面区域加工

驱动方法为“曲面区域”的应用也是非常广泛的，常用于四五轴的精加工和开粗，下面通过两个例子来具体讲解如何通过驱动面创建精加工刀路。

（1）打开“素材 \ 第 7 章”下的相应素材文件，如图 7-197 所示。

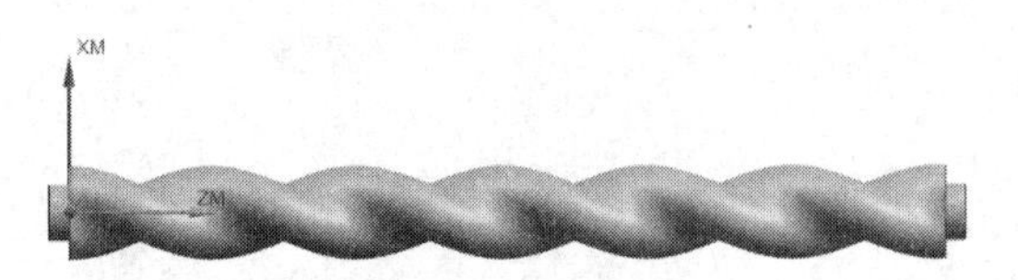

图 7-197　素材文件

（2）创建工序，然后选择驱动方法为“曲面区域”，选择加工面为驱动面，如图 7-198 所示。

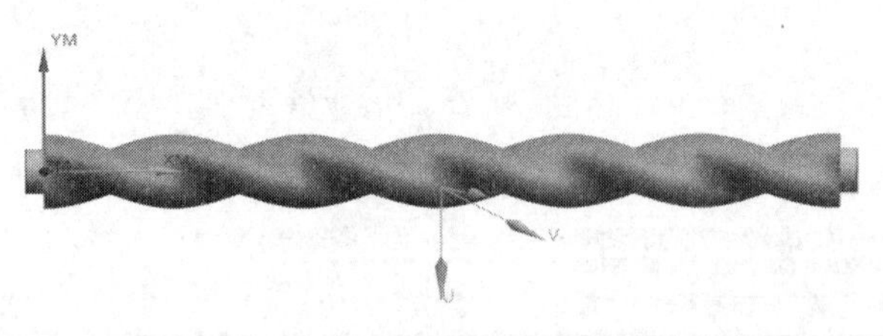

图 7-198　选择驱动面

（3）切削区域为“曲面 %”，刀具位置为“相切”，如图 7-199 所示。

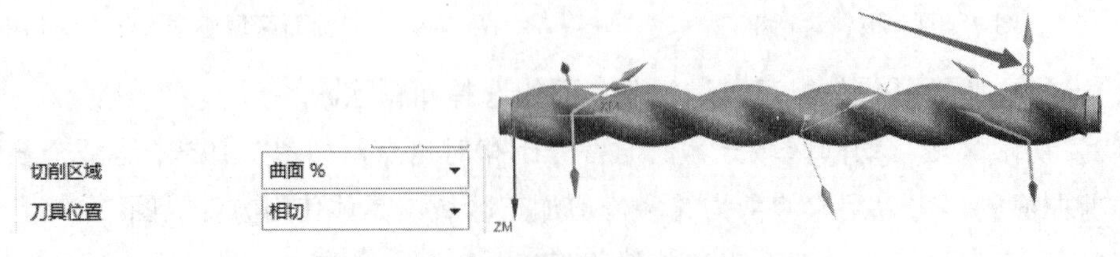

图 7-199　设置切削区域和刀具位置

（4）指定材料方向，如图 7-200 所示。

（5）曲面偏置不需要设置，“切削模式”为“螺旋”，“步距”为“数量”，“步距数”为 100，如图 7-201 所示。

图 7-200　指定材料方向

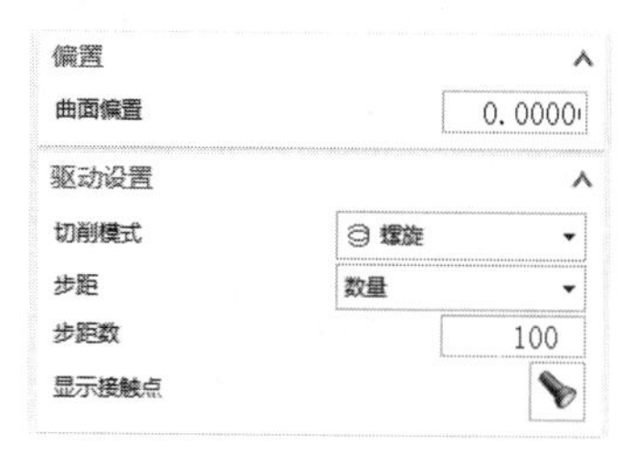

图 7-201　驱动设置

（6）刀具为 D16R8，刀轴为“远离直线”，如图 7-202 所示。

（7）远离直线的圆心就选择零件的轴心，矢量方向单击端面，如图 7-203 所示。

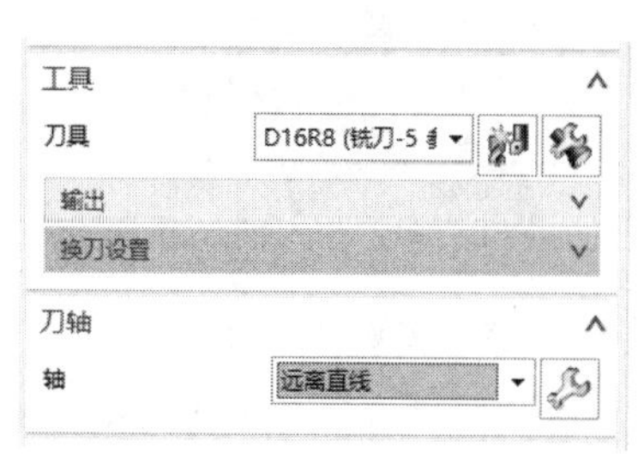

图 7-202　选择刀具和刀轴

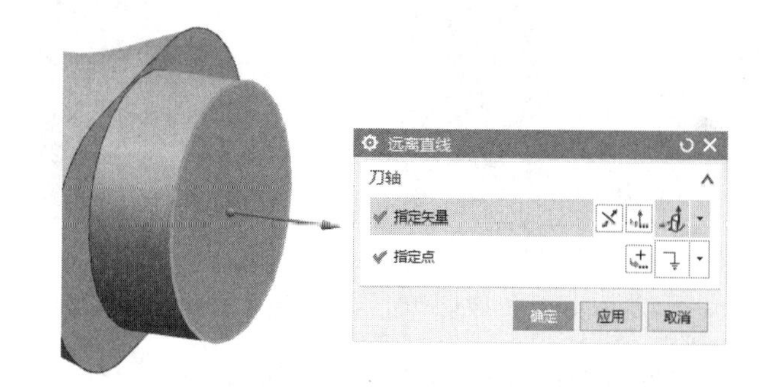

图 7-203　选择远离直线

（8）生成刀路，如图 7-204 所示。

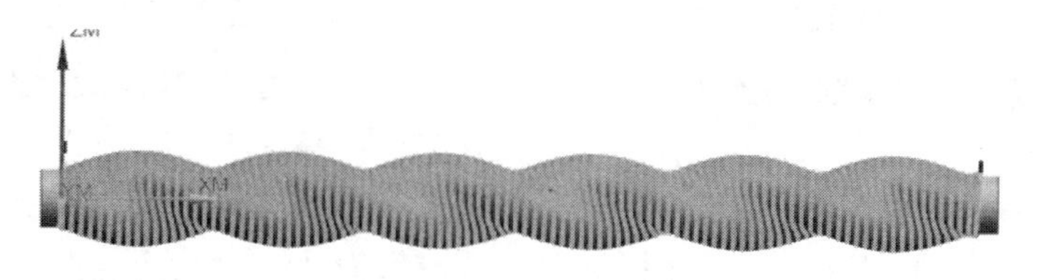

图 7-204　生成刀路

【案例 7-10】　曲面区域加工——五轴

（1）打开“素材 \ 第 7 章”下的相应素材文件，如图 7-205 所示。

（2）创建工序，选择可变轮廓铣，如图 7-206 所示。

（3）指定需要加工的区域和周围需要保护的区域为部件，驱动方法选为“曲面区域”，“投影矢量”为“刀轴”，如图 7-207 所示。

（4）曲面设置。选择图 7-208 箭头所指处为驱动面，选择图 7-209 箭头所指方向为切削方向，选择材料侧如图 7-210 所示。

图 7-205　素材文件

图 7-206　创建工序

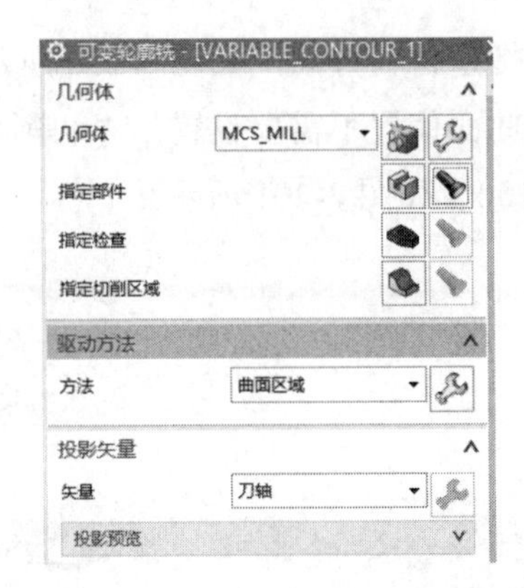

图 7-207　选择驱动方法和投影矢量

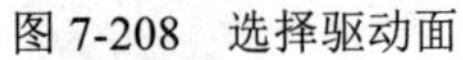

图 7-208　选择驱动面

图 7-209　选择切削方向

图 7-210　选择材料侧

（5）选择“切削模式”为“往复”，“步距”为“数量”，“步距数”为60，“切削步长”选择“公差”，设置为0.01，如图7-211所示。单击“确定”按钮，返回“可变轮廓铣”对话框。

（6）选择刀具为D6R3，刀轴为“垂直于部件”，如图7-212所示。

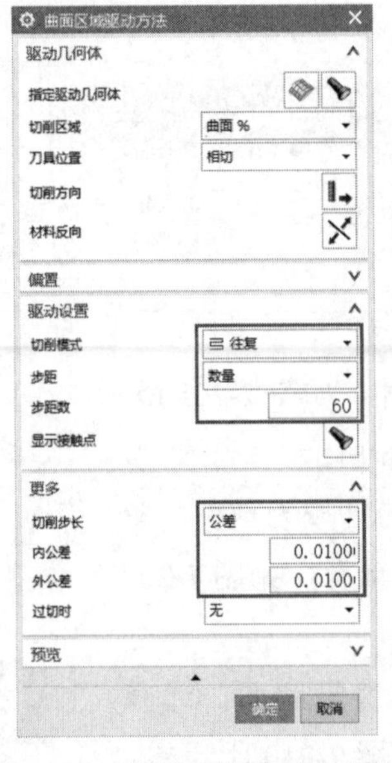

图 7-211　设置切削模式和公差

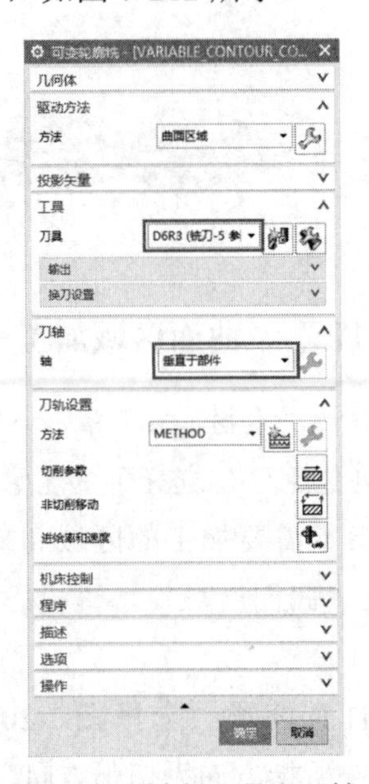

图 7-212　选择刀具和刀轴

（7）单击“非切削移动”按钮，在“非切削移动”对话框中切换至“转移 / 快速”选项卡，将安全设置选项选择为“球”，球的半径为100，设置效果如图7-213所示。

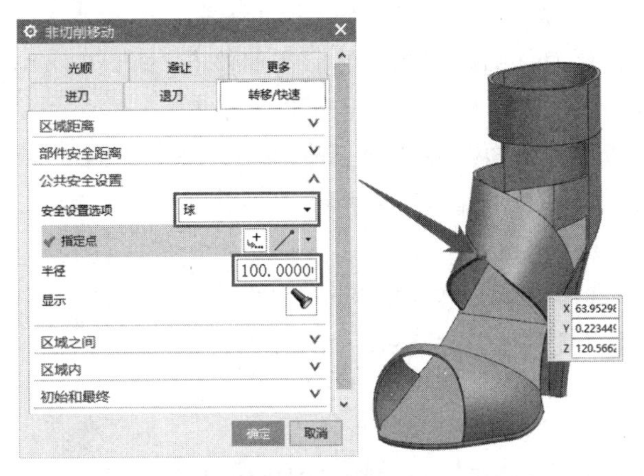

图7-213　非切削移动设置

（8）选择投影矢量为“垂直于驱动体”，然后进行投影预览，如图7-214所示。

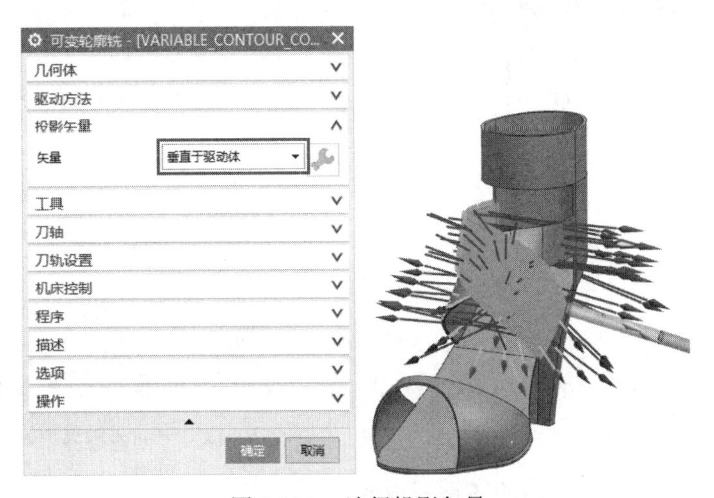

图7-214　选择投影矢量

（9）设置完成后，生成刀路，如图7-215所示。

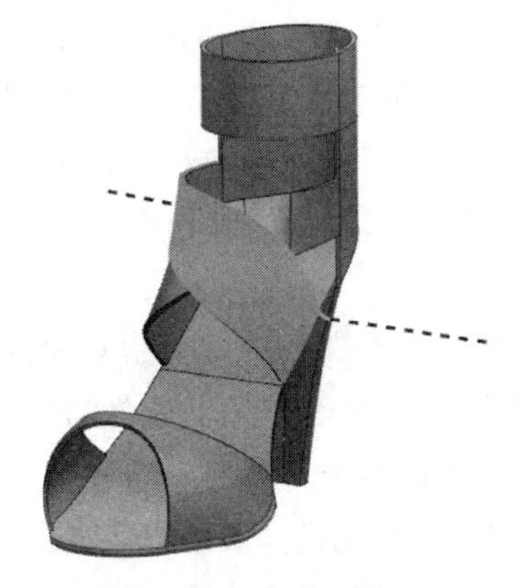

图7-215　生成刀路

7.4.3 “边界”的内部参数以及案例

驱动方法为“边界”，加工原理为选择一个边界线，选择好边界的平面，设置刀具的内外侧，然后在部件上进行投影加工。可以用于四轴零件开粗，也可以用于五轴零件的精加工。“边界”里面的参数同三轴的基本一致。“边界驱动方法”对话框如图7-216所示。

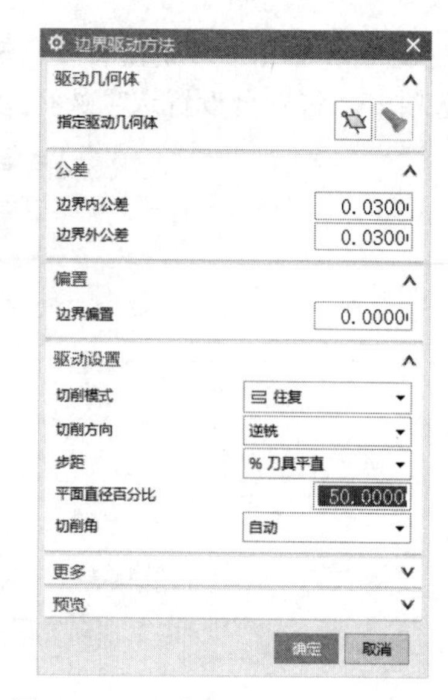

图7-216 “边界驱动方法”对话框

1.“驱动几何体”选项组

该选项组主要用来选择边界线，单击“指定驱动几何体”按钮，打开“边界几何体”对话框，如图7-217所示。其中的模式有“曲线/边”“边界”“面”和“点”等选项，一般常用的是“曲线/边”。

类型选择“曲线/边”选项后，会打开“创建边界”对话框，如图7-218所示。对话框中各选项介绍如下。

图7-217 “边界几何体”对话框

图7-218 “创建边界”对话框

（1）类型：设置线是封闭的还是开放的。

（2）平面：边界线所在的平面。

（3）材料侧：控制刀具在线的内部还是外部。

（4）刀具位置：设置加工刀具在边界线的什么位置，有“对中”“相切”“接触”三种选项，如图7-219所示。一般使用最多的是“相切”和“对中”。

（5）定制成员数据：单击后会展开具体参数，如图7-220所示。这些参数看似复杂，但平时几乎很难用到，主要是设置单独线的进给率、内外公差、刀具为置、余量等，在实际加工中几乎用不到。

（6）成链：此命令是操作过程中高效选取曲线对象的一种方法，具体操作要领是开始以后分别选取曲线串中的首尾两个曲线对象，软件自动搜索全选整个曲线串。

（7）移除上一个成员：当选择多个边界时，选择完成一个，要单击下面那个创建下一个边界，此时，如果下一个边界已经创建好，由于参数设置错误，要对上一个边界移除，单击此命令。

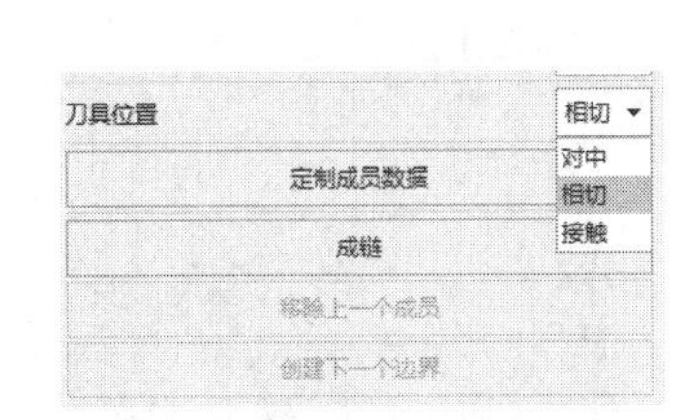

图 7-219　刀具位置

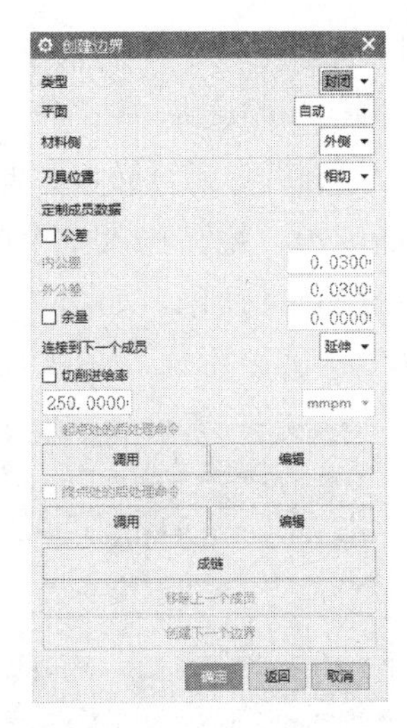

图 7-220　定制成员数据

（8）创建下一个边界：如同“移除上一个成员”一样，一个是移除，一个是新增，在使用边界编程中，如果有多个加工区域，选完一个，下一个必须单击“创建下一个边界”进行创建。

其中还有一个面选择的参数，包括“忽略孔”“忽略岛”和“忽略倒斜角”选项，这些选项的含义和三轴加工中的基本一致，在4.5.1节已经详细讲解过了，此处不再重复。

2.“公差”选项组

公差就是所选边界线的内外公差，一般保持默认即可。

3.“偏置”选项组

“偏置”选项组主要用来设置边界线的偏置，跟“曲面区域”驱动方法里的偏置设置基本一致。

4.“驱动设置”选项组

“驱动设置”选项组里的参数和前文介绍的“流线”和“曲面区域”驱动方法里的参数基本一致，但是“边界”驱动方法里的切削模式更多，如图7-221所示，这些和三轴的区域铣削参数类似，这里就不赘述。

5.“更多”选项组

“更多”选项组下包含的参数如图7-222所示。

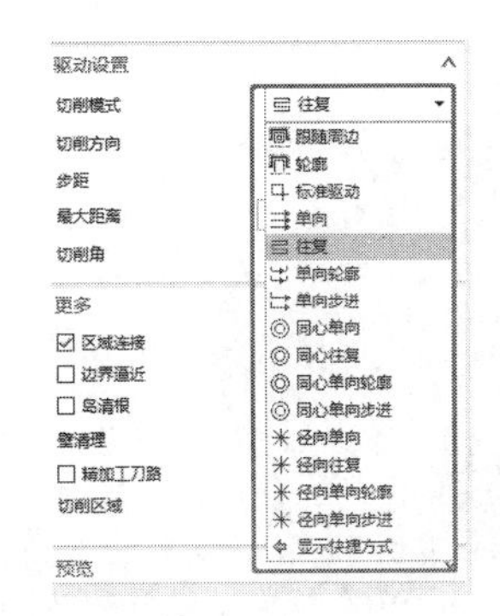

图 7-221　“边界”驱动方法里的切削模式

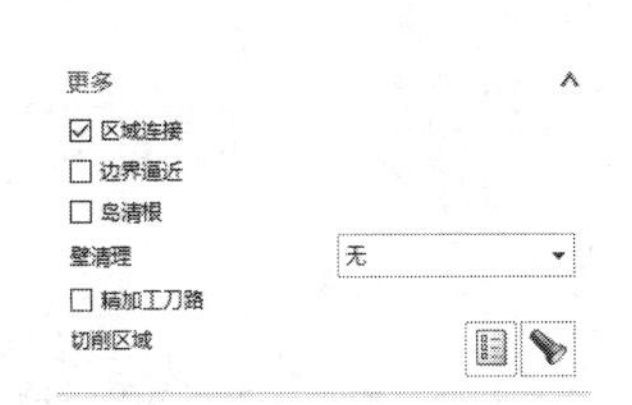

图 7-222　“更多”选项组

（1）区域连接：对于不超出边界或余量值刀具无法到达的部件上的每个位置，系统都建立了不同的切削区域。

（2）边界逼近：通过转换、弯曲和切削将刀路变为更长的线段以减少处理时间。

（3）岛清根：绕岛插入一个附加刀路，以移除可能遗留下来的所有多余材料，如图 7-223 和图 7-224 所示，如图 7-223 所示的漏加工部分，开启岛清根参数后，中间岛屿部分的漏加工会进行补刀，如图 7-224 所示。

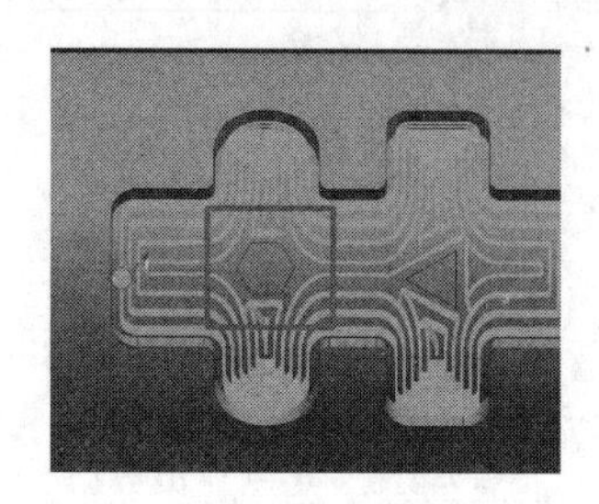

图 7-223　岛区域漏加工

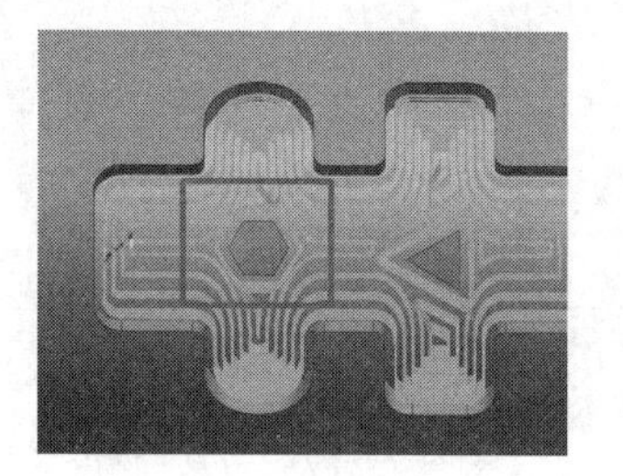

图 7-224　漏刀区域补刀

（4）壁清理：移除沿部件壁出现的凸部。

（5）精加工刀路：不适用于标准驱动和轮廓切削模式。在正常切削工序结束处添加精加工切削刀路，“精加工刀路”激活“精加工余量”字段，允许输入此刀路余量值。在此处输入的“值”应该小于或等于在“边界驱动方法”对话框中指定的“边界余量值”。

【案例 7-11】　边界加工——四轴

学习完参数之后，再通过如图 7-225 所示的案例来进行巩固如何使用边界投影做一条开粗的刀路。

1. 创建辅助线

（1）打开“素材 \ 第 7 章”下的相应素材文件，设置加工刀具为 D4R0。

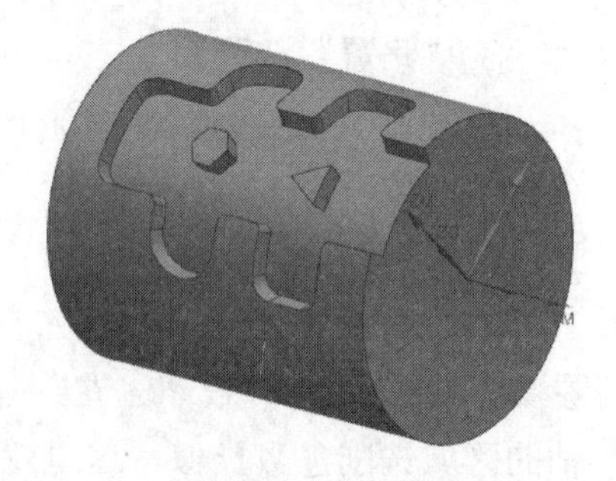

图 7-225　素材文件

（2）创建辅助线。在菜单中选择“插入”|“派生曲线”|“在面上偏置”命令，打开“在面上偏置曲线”对话框，设置“偏置距离”为 2.2mm，即开粗的余量加上刀具的半径值。然后选择内轮廓线，得到的偏置效果如图 7-226 所示。

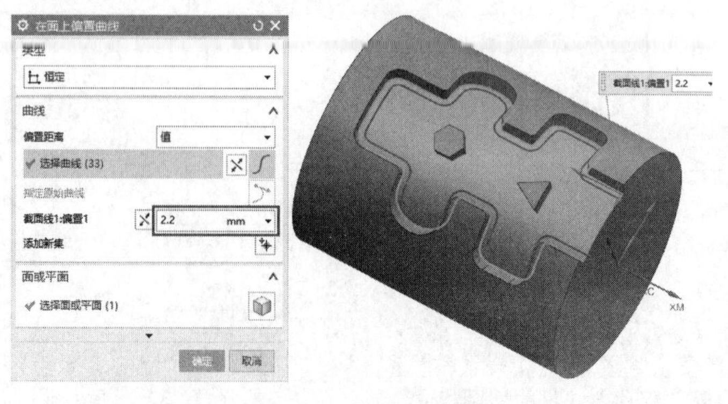

图 7-226　创建辅助线

（3）重复“在面上偏置”命令，对中间的岛屿部分也进行偏置，效果如图 7-227 所示。

图 7-227　对中间的岛屿部分进行偏置

（4）在菜单中选择“插入”｜“曲线”｜“圆弧 / 圆”命令，绘制一段圆弧将偏置曲线中间断开的部位连接起来，即红箭头所指处，如图 7-228 所示。

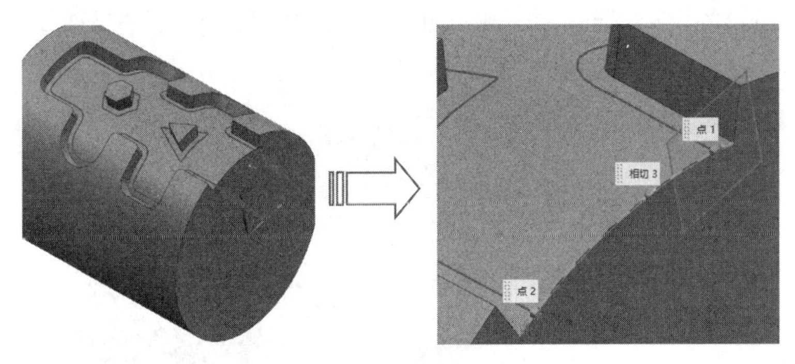

图 7-228　绘制圆弧

（5）绘制朝向直线。使用“直线”命令，在端面圆心位置画一条与 X 轴重叠的线，如图 7-229 所示。

（6）执行“投影曲线”命令，选择刚才偏置完的线为要投影的曲线或点，如图 7-230 所示。

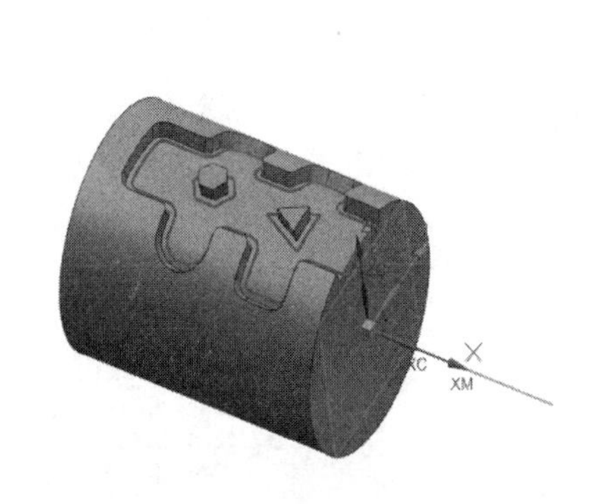

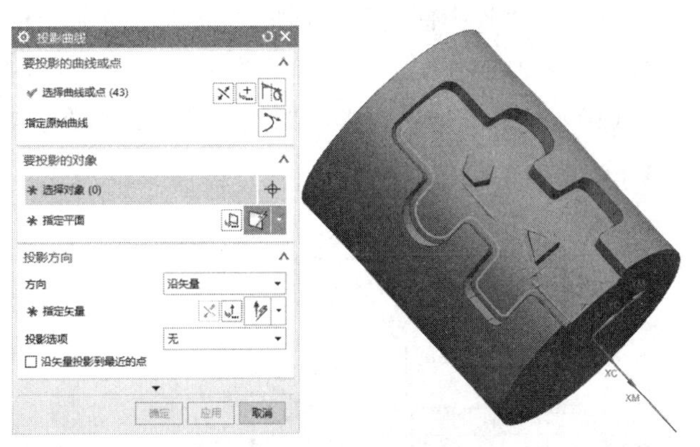

图 7-229　绘制朝向直线　　　　图 7-230　创建投影曲线

（7）设置投影的平面。单击“指定平面”右侧的“平面对话框”按钮，打开“平面”对话框，选择“点和方向”选项，然后选择圆弧上的象限点为指定点，垂直曲面的矢量 +ZM 轴为指定矢量，如图 7-231 中的①和②所示。

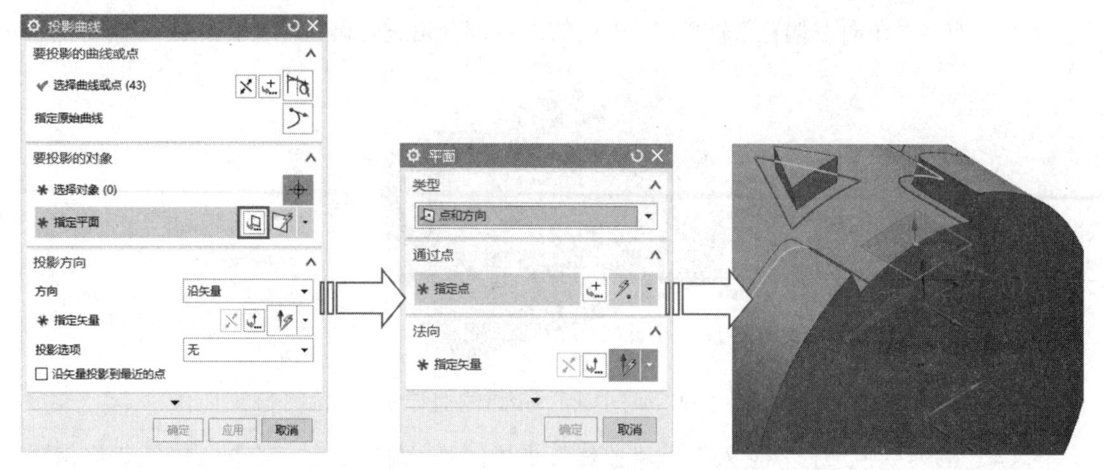

图 7-231　设置投影的平面

（8）展开下方的“偏置”选项组，输入距离值为-20，此时得到的平面如图 7-232 所示。单击“确定”按钮，返回“投影曲线”对话框。

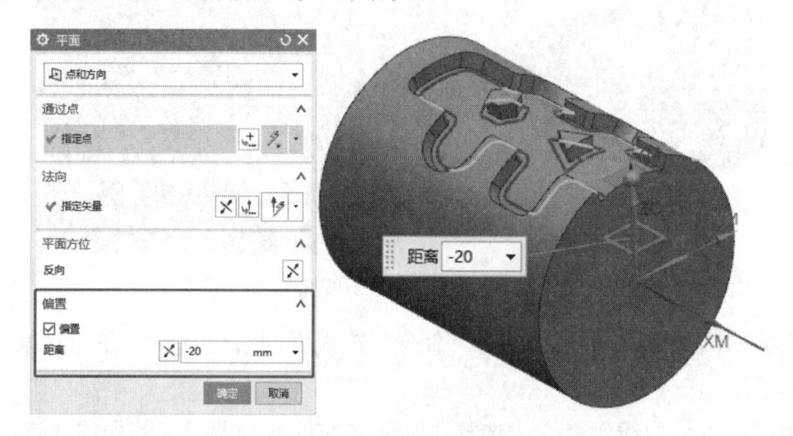

图 7-232　投影平面效果

（9）在“投影曲线”对话框“方向”中选择投影方向为“朝向直线”，然后选择步骤（6）所绘制的直线，如图 7-233 所示。

（10）创建完成的投影辅助线如图 7-234 所示。

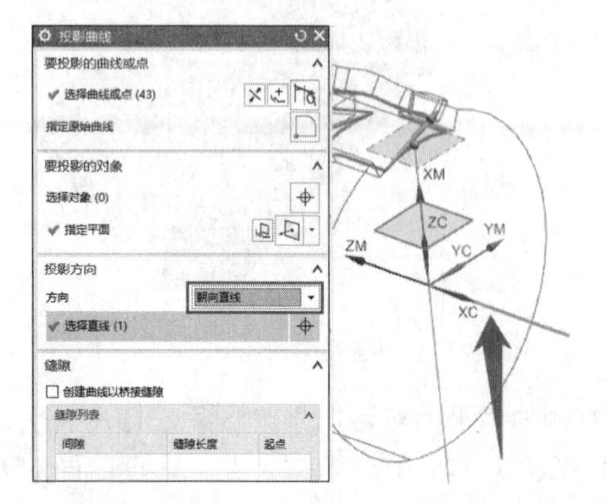

图 7-233　选择投影方向

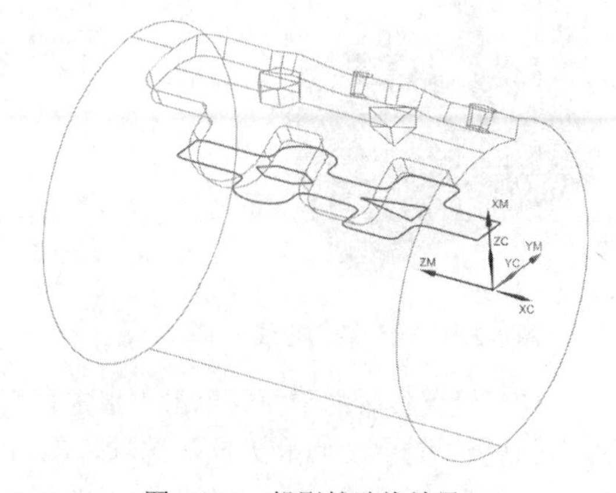

图 7-234　投影辅助线效果

2. 创建工序

（1）创建可变轮廓铣工序，选择模型本体为部件，凹陷部分为切削区域，如图7-235所示。

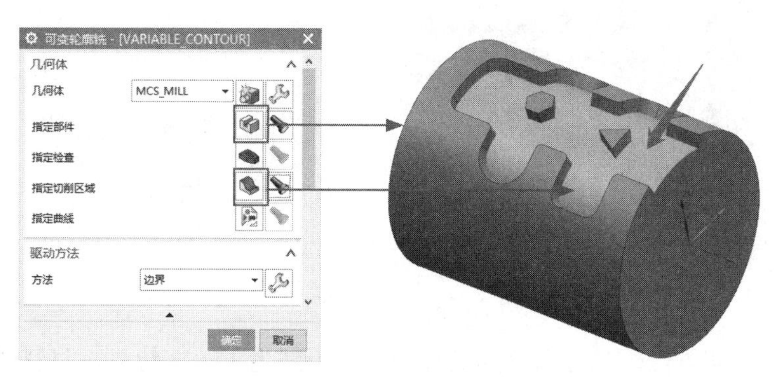

图7-235　指定部件和切削区域

（2）驱动方法选择“边界”，打开“边界驱动方法”对话框，单击“指定驱动几何体”按钮，打开“创建边界”对话框，如图7-236所示。

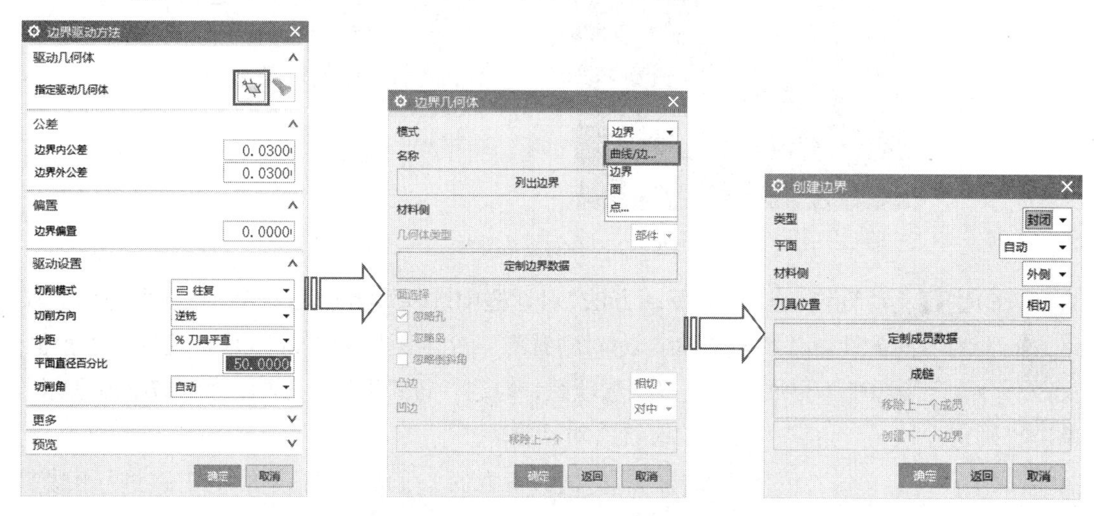

图7-236　打开“创建边界”对话框

（3）选择所创建的投影辅助线为边界线，然后选择“材料侧”为“外侧”，“刀具位置”为“对中”，如图7-237所示。

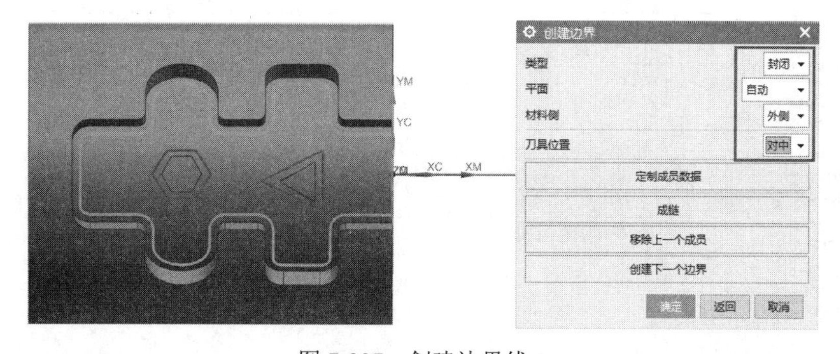

图7-237　创建边界线1

（4）选择完成后，单击“创建边界”对话框中的“创建下一个边界”，然后选择三角形岛外围的投影线，再将“材料侧”改为“内侧”如图 7-238 所示。

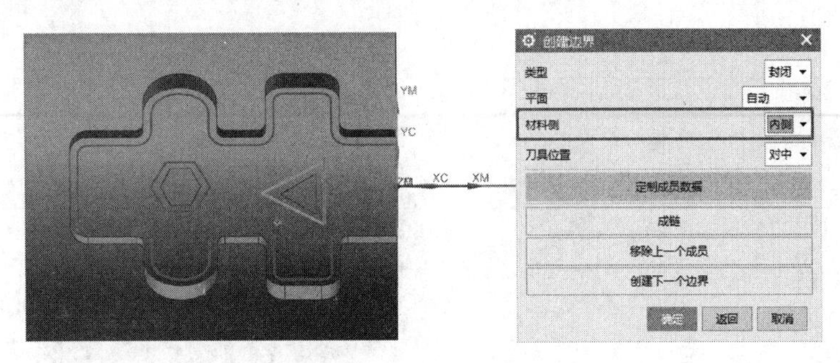

图 7-238　创建边界线 2

（5）使用相同方法，选择六角形岛外围的投影线为下一个边界，材料侧同样为“内侧”，如图 7-239 所示。选择完毕后单击“确定”按钮，返回“边界驱动方法”对话框。

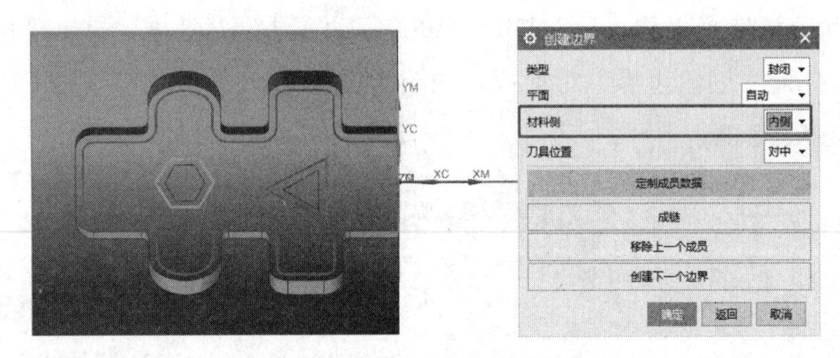

图 7-239　创建边界线 3

（6）进行驱动设置。在“边界驱动方法”对话框中选择“切削模式”为“跟随周边”，“刀路方向”为“向内”，“切削方向”为“顺铣”，“步距”为“% 刀具直径”，“平面直径百分比”为 30%。再展开“更多”选项组，勾选“岛清根”复选框，如图 7-240 所示。单击“确定”按钮，返回“可变轮廓铣”对话框。

（7）此时可单击“可变轮廓铣”对话框最下方的“生成”按钮，对刀路进行预览，如图 7-241 所示。

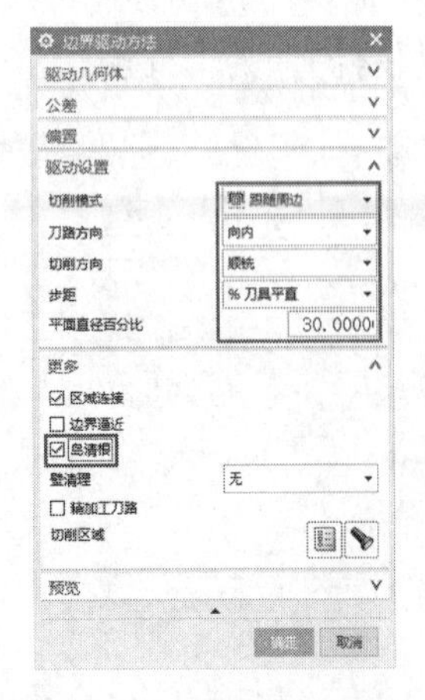

图 7-240　进行驱动设置

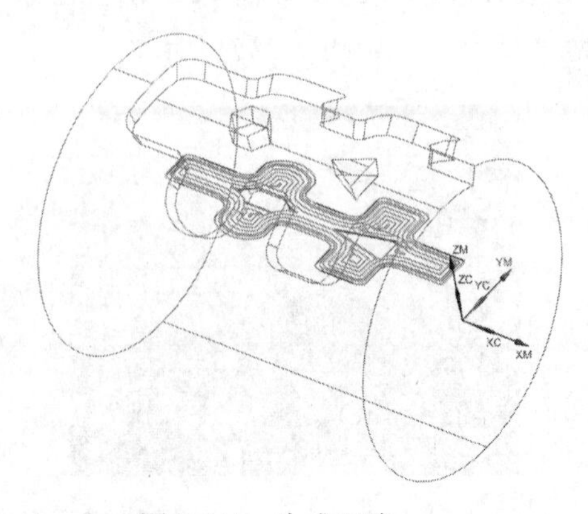

图 7-241　生成刀路

（8）预览后再设置刀具为4R0，刀轴为“远离直线”，如图7-242所示。

（9）进行投影预览，确定刀具位置和刀轴设置是否正确，如图7-243所示。

（10）打开“切削参数”对话框，切换至“多刀路”选项卡，“部件余量偏置”为5，“步进方法”为“增量”，“增量”值为0.5，如图7-244所示。

图7-242 选择刀具和刀轴

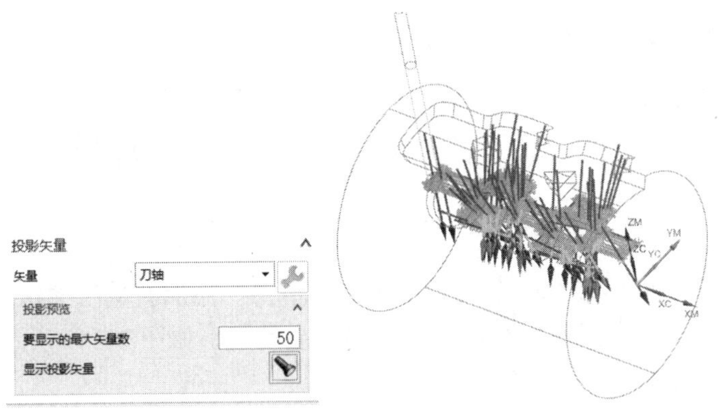

图7-243 投影预览

图7-244 设置切削参数

（11）打开“非切削移动”对话框，切换至“转移/快速”选项卡进行安全设置，选择“圆柱”选项，圆心点为零件的端面圆心，矢量为轴的端面矢量，半径为80，如图7-245所示。

（12）最后生成刀路，如图7-246所示。

图7-245 设置非切削移动参数

图7-246 生成刀路

7.4.4 “曲线/点”的内部参数以及案例

“曲线/点”在多轴中使用非常广泛，主要用于刻字、刀路转曲线后的开粗、倒角等，如图7-247所示，是非常灵活的驱动方法。

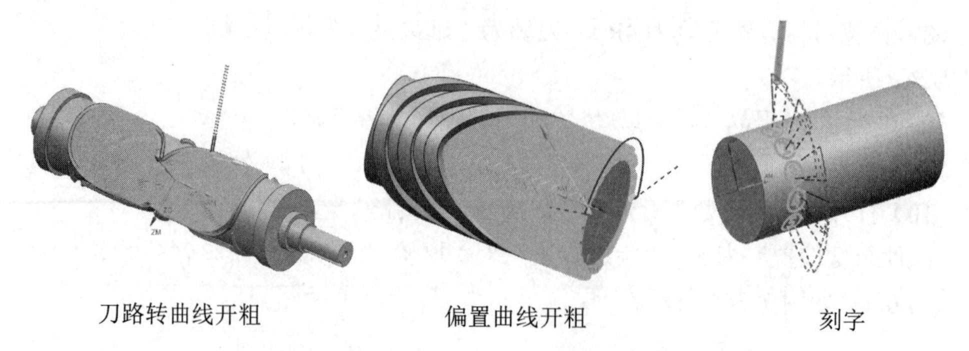

刀路转曲线开粗　　偏置曲线开粗　　刻字

图 7-247　“曲线 / 点”的典型应用

“曲线/点”的计算原理为选择驱动线，线和刀具是对中的状态，而且是改不了相切的，如果要更改只能进行左偏置。选择“曲线 / 点”驱动方法后将打开“曲线 / 点驱动方法”对话框，如图 7-248 所示。

1．“驱动几何体”选项组

该选项组用于添加驱动线。如果有多个驱动线，那么需要单击“添加新集”按钮，进行多次选择。比如当刻字时，一个字就是一个新集，否则字会乱刀，如图 7-249 所示。

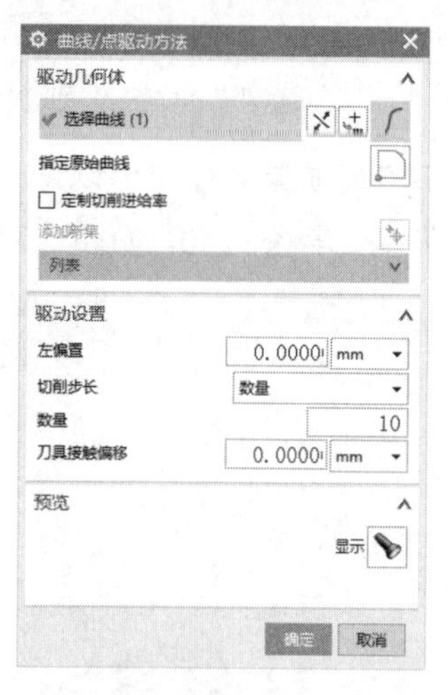

图 7-248　“曲线 / 点驱动方法”对话框

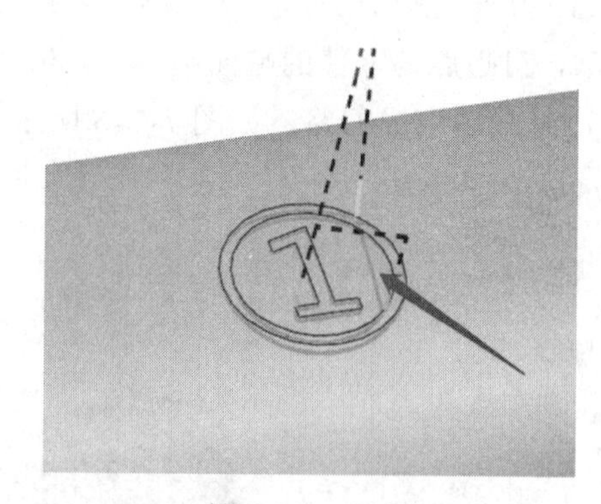

图 7-249　乱刀

2．“驱动设置”选项组

（1）左偏置：主要是对部件上的线进行偏置，图 7-250 是左偏置值为 0，图 7-251 是左偏置值为 7。

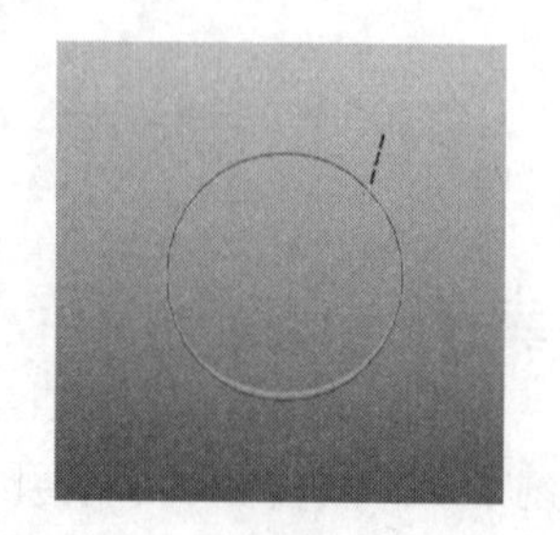

图 7-250　左偏置值为 0 效果

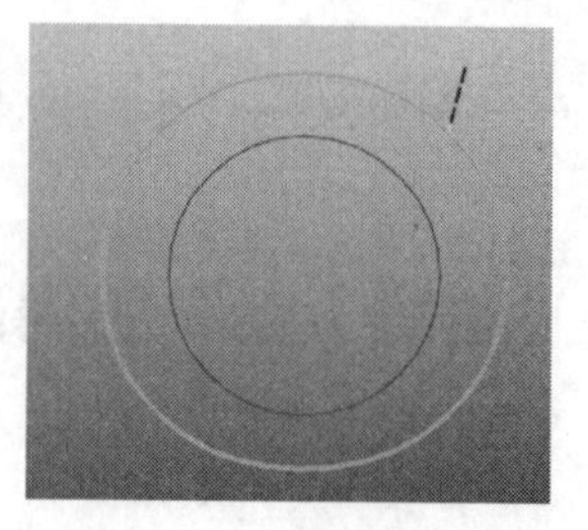

图 7-251　左偏置值为 7 效果

（2）切削步长：数量和公差同前面学的流线参数一样，主要控制线的投影公差。

（3）刀具接触偏移：当线是开放型线时，主要控制线的上下移动，如图 7-252 所示。

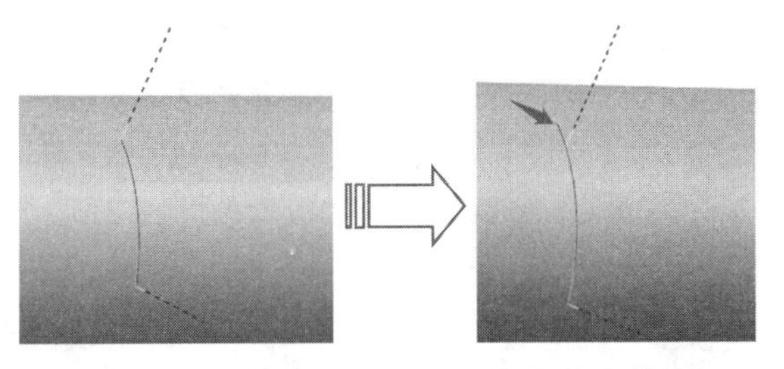

图 7-252　开放型线时的刀具接触偏移效果

提示：刀具接触偏移的值是可以是负值，负值则往上，如图 7-252 中箭头所指为原始线。

【案例 7-12】　曲线点四轴刀路转曲线

1. 创建辅助线

（1）打开“素材 \ 第 7 章”下的相应素材文件，如图 7-253 所示，是口罩机的滚刀。

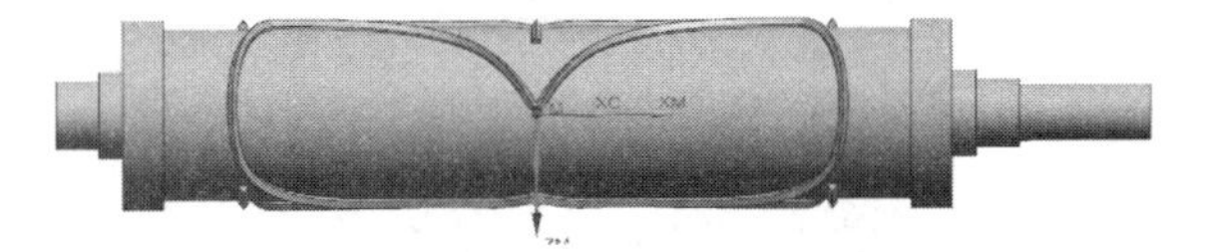

图 7-253　素材文件

（2）使用“曲线 / 点”进行刀路转曲线开粗，需要先通过“缠绕 / 展开曲线”命令，把要加工部件的边缘线展开，然后用 2D 命令进行编程，一般是平面铣，把生成的刀路用刀路转曲线后进行后处理，通过样条命令把图线导进来，然后再通过“缠绕 / 展开曲线”中的缠绕把线缠绕上去，再通过“曲线 / 点”编程。

（3）先在要编程的面上创建一个基准面，选择命令基准平面，点选择象限点，矢量为 +ZM 轴方向，如图 7-254 所示。其中，①为点的位置，②为已创建好的平面。

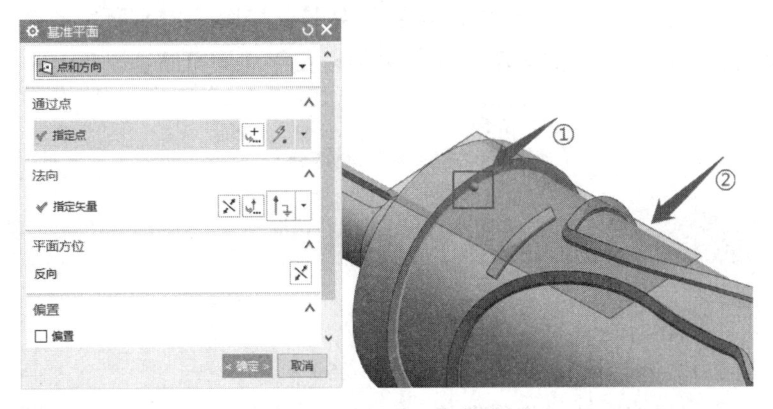

图 7-254　创建一个基准面

（4）在菜单中选择“插入”|“派生曲线”|“缠绕 / 展开曲线”命令，打开“缠绕 / 展开曲线”对话框，选择展开线，选择要展开的线。注意选线的时候将曲线过滤器选择为“面的边”，这样即可点一次便选完所有需要的线，如图 7-255 所示。

（5）在“选择面”中选择步骤（3）所创建的基准面，如图 7-256 所示。

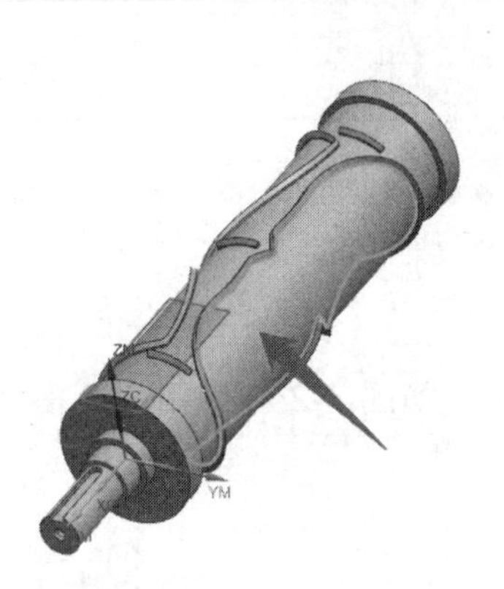

图 7-255　选择要展开的线

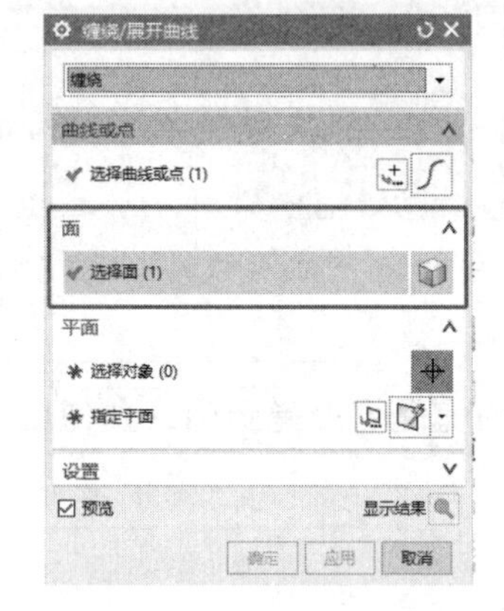

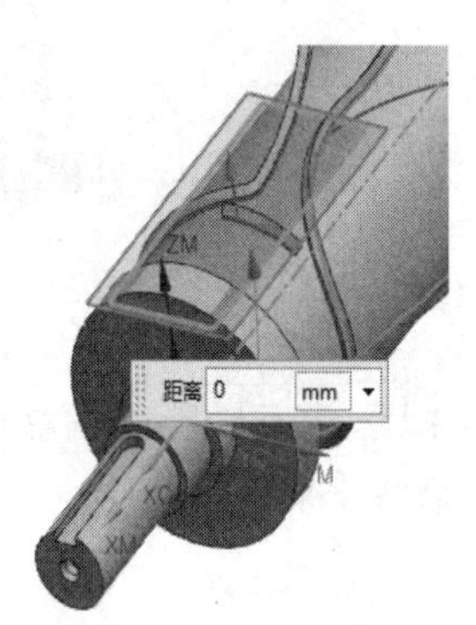

图 7-256　选择基准面

（6）经过上面的设置后，得到如图 7-257 所示的效果，展开的线为预览展开。确认无误后单击“确定”按钮，返回工作空间。

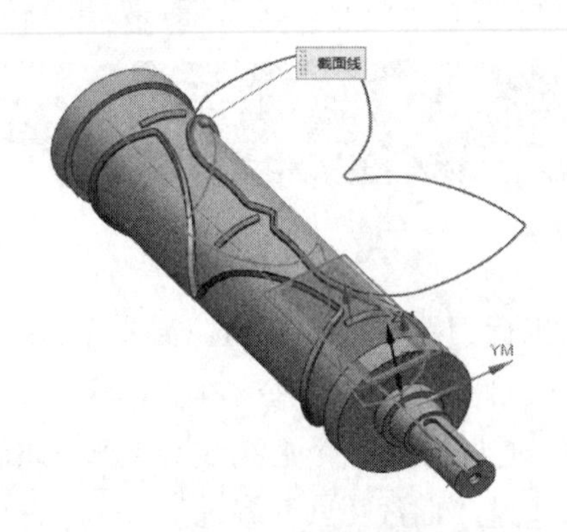

图 7-257　投影效果

提示：在进行展开曲线的操作中，最经常会遇到如图 7-258 所示的警报，遇到此警报一般是因为平面和展开的面不相切，重新设置平面即可解决。

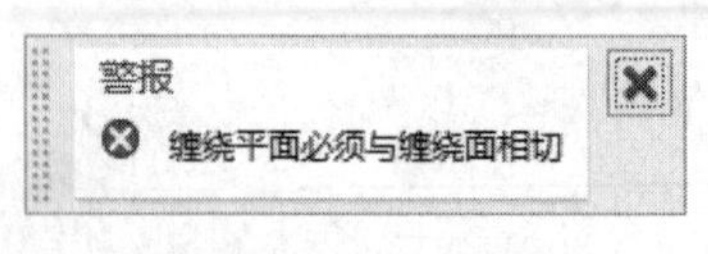

图 7-258　警报对话框

2. 创建 2D 工序

（1）创建 2D 工序，选择平面铣，如图 7-259 所示。

（2）指定所创建的展开线为部件边界，“刀具侧”为“内侧”，如图 7-260 所示。

图 7-259　创建工序

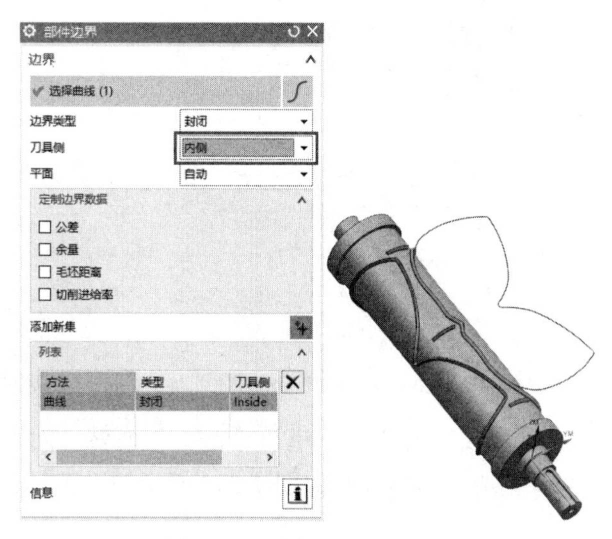

图 7-260　选择刀具侧方向

（3）选择前述步骤中创建的平面为底面，如图 7-261 所示。

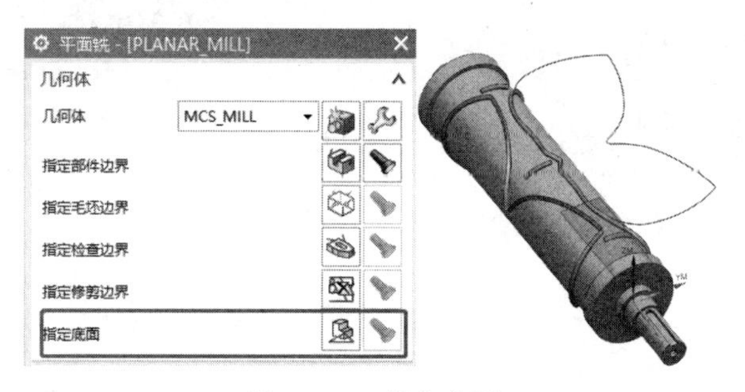

图 7-261　指定底面

（4）选择刀具为 D6R0，“切削模式”为“跟随周边”，如图 7-262 所示。

（5）打开“切削参数”对话框，设置拐角半径为 0.3，如图 7-263 所示。

图 7-262　选择刀具和切削模式

图 7-263　设置切削参数

（6）打开非切削移动，设置封闭区域的进刀为“无”，开放区域设置成“与封闭区域相同”，如图 7-264 所示。

（7）将“转移 / 快速”选项卡里的“安全设置选项”设置为“无”，如图 7-265 所示。这里主要去掉下刀和安全平面，虽然刀路转曲线后可以删除，但是这里更方便。

图 7-264　设置非切削移动

图 7-265　选择“安全设置选项”

（8）单击“确定”按钮后返回“平面铣”对话框，然后生成刀路，如图 7-266 所示。如果生成过程中弹出如图 7-267 所示的报警对话框，可以忽略，单击“确定”按钮即可。

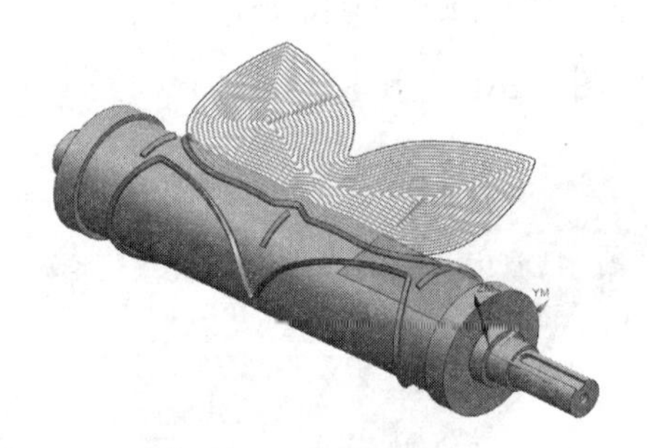

图 7-266　生成刀路

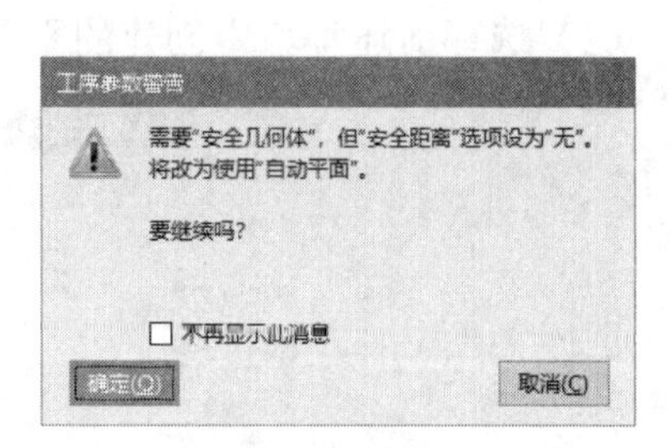

图 7-267　报警对话框

3. 进行刀轨投影

（1）使用“刀路转曲线后处理”进行处理，后处理文件在本书的素材文件中有提供，如图 7-268 所示。后处理时 WCS 要和 MCS 重合，否则导进来的线位置不对。

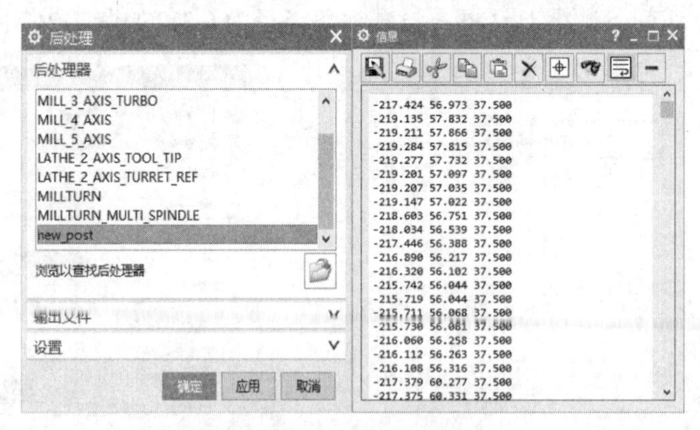

图 7-268　进行后处理

（2）在命令查找器中查找“样条”，选择并执行“样条”命令，如图 7-269 所示。

（3）在打开的“样条”对话框中选择“通过点”，如图 7-270 所示。

（4）设置“曲线次数”为 1，然后选择“文件中的点”，找到刚刚后处理的 DAT 格式的线，导入进来后单击“确定”按钮，如图 7-271 所示。

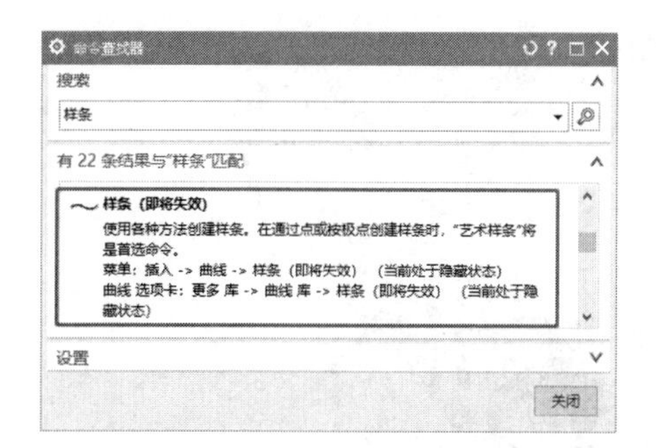

图 7-269　“样条”命令

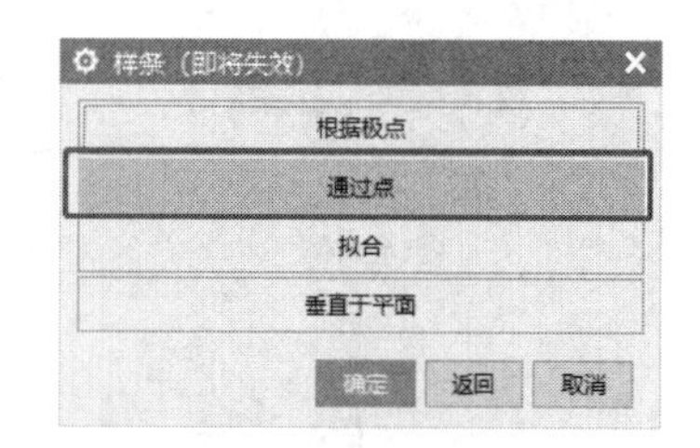

图 7-270　选择“通过点”

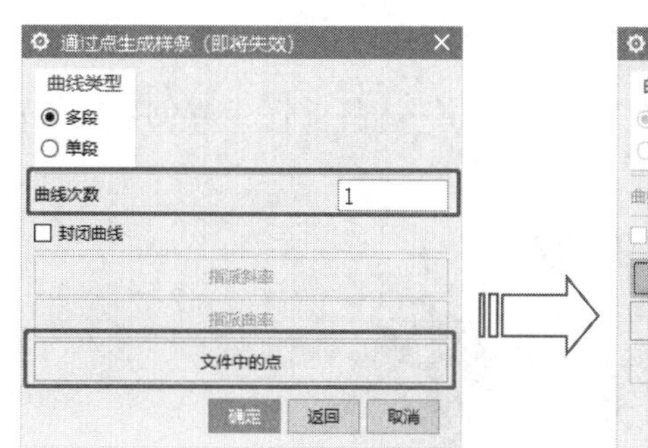

图 7-271　设置样条参数

（5）导入后得到的线如图 7-272 所示。

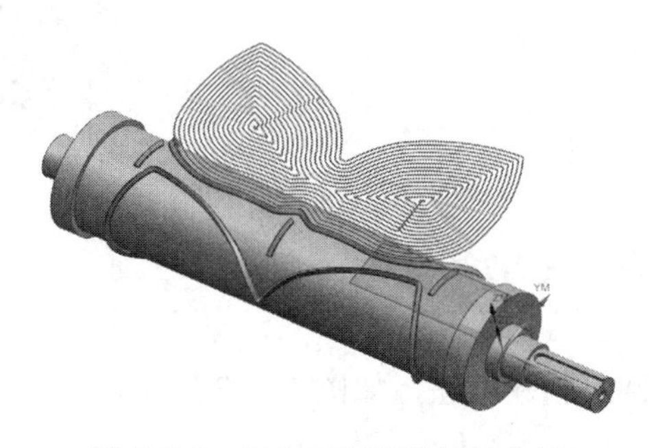

图 7-272　导入后创建的样条曲线

（6）执行“缠绕/展开曲线”命令，选择刚才导入的曲线为缠绕曲线，如图 7-273 所示。

图 7-273　选择缠绕曲线

（7）接下来将其缠绕在需要加工的部件面上，选择图 7-274 中箭头所指面为缠绕面。

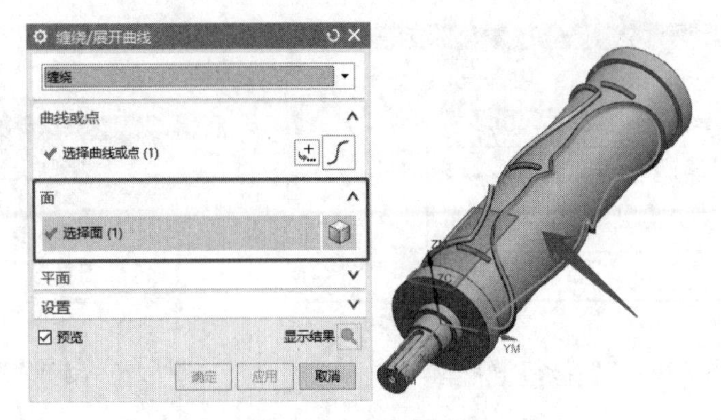

图 7-274　选择缠绕面

（8）展开“平面”选项组，选择“指定平面”，将前述步骤创建的平面选为平面，如图 7-275 所示。

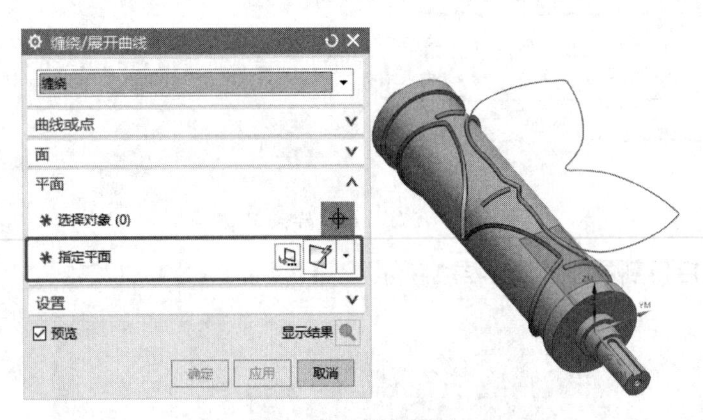

图 7-275　指定平面

（9）缠绕完成后效果如图 7-276 所示。

4. 创建 3D 工序

（1）选择可变轮廓铣，创建工序，如图 7-277 所示。

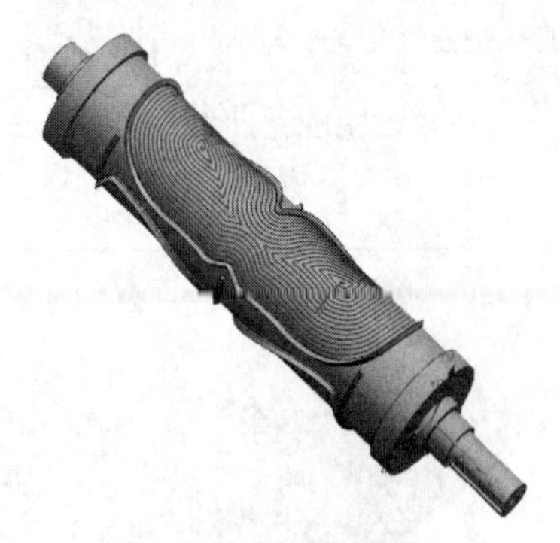

图 7-276　缠绕效果

图 7-277　创建工序

（2）选择图 7-278 中箭头所指的面为部件，也就是需要投影的面为部件。其余区域不用选为部件，因为多刀路后可能会造成投影干涉。

（3）驱动方法选为“曲线 / 点”，刀具为 D6R0，如图 7-279 所示。

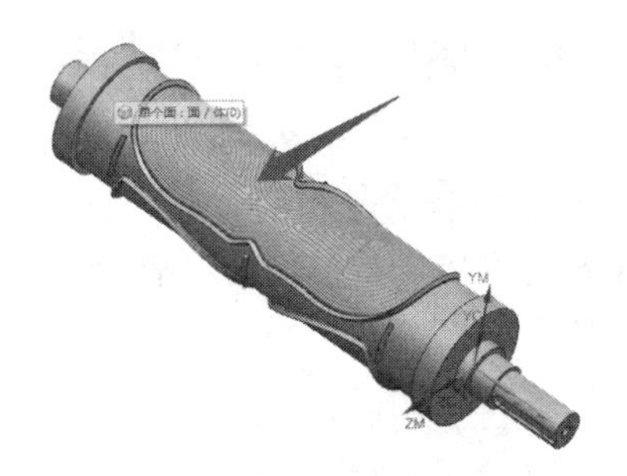

图 7-278 指定部件

图 7-279 选择驱动方法和刀具

（4）设置刀轴为“远离直线”，端面圆心为点，端面法向为矢量，如图 7-280 所示。

图 7-280 设置刀轴

（5）设置驱动方法。选择驱动方法为“曲线 / 点”，打开“曲线 / 点驱动方法”对话框，选择刚才缠绕上去的线为驱动几何体，如图 7-281 所示。

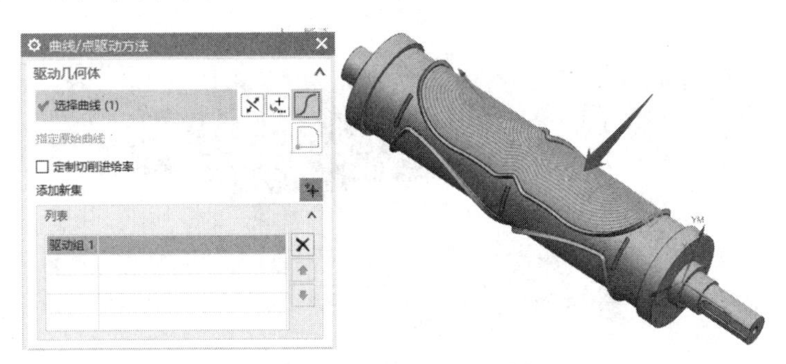

图 7-281 设置驱动方法

提示：正常选完线后应该只有一个箭头，如图 7-282 所示。如果选完线后在线上会有多个或很多箭头，那表示这些线在中间可能断了，不能够进行编程。此时要检查参数，通过更改 2D 的平面铣公差、圆角半径等解决问题。

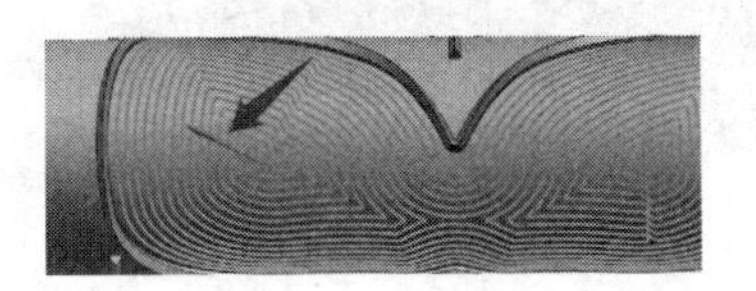

图 7-282 正确效果

（6）设置“切削步长”为“公差”，“公差”数值为0.01，如图7-283所示。单击“确定”按钮，返回“可变轮廓铣”对话框。

（7）设置切削参数。打开“切削参数”对话框，切换至“多刀路”对话框，设置“部件余量偏置”为4mm，勾选“多重深度切削”复选框，“步进方法”为“增量”，“增量”值为0.5，如图7-284所示。

图7-283　设置公差值

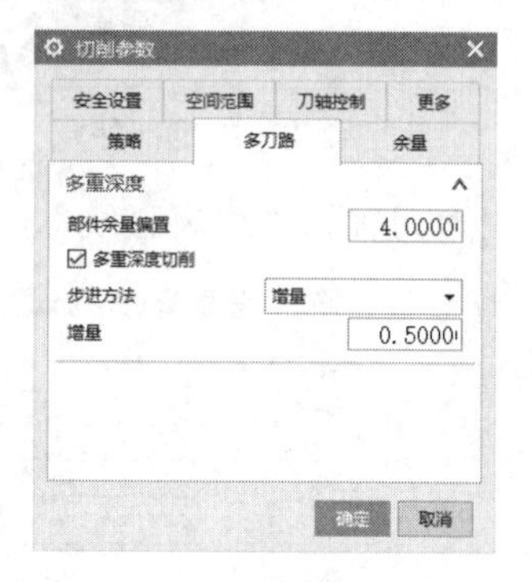

图7-284　设置切削参数

（8）设置非切削移动。打开“非切削移动”对话框，将“转移/快速”选项卡里的“安全设置选项”设置为“圆柱”，圆柱的圆心为端面圆心，矢量为端面法向，和远离直线一样，半径值为100，如图7-285所示。

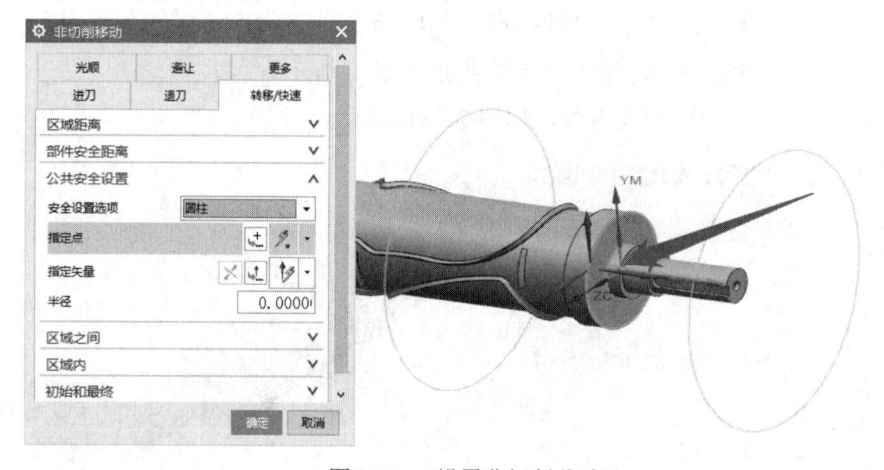

图7-285　设置非切削移动

（9）最后生成刀路，如图7-286所示。

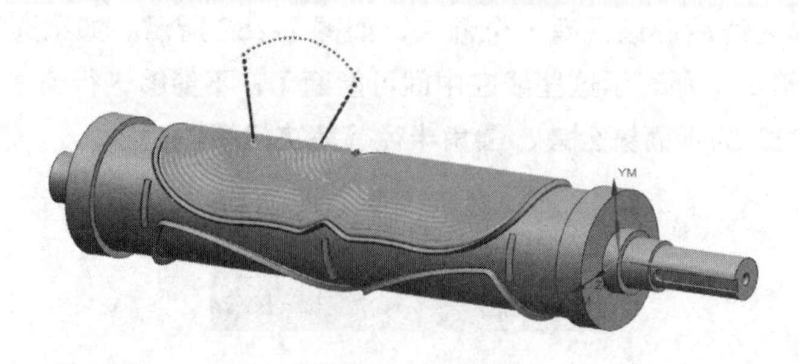

图7-286　生成刀路

7.4.5 “刀轨”的内部参数以及案例

“刀轨”驱动方法在多轴编程中并不常见，主要是把外部的刀轨文件导入至部件里进行编程。目前常见的一些图档都是用刀轨文件编程的，但是刀轨编程过程复杂烦琐，注意编程细节。

也可以把别的编程软件编好的刀路，通过特殊的后处理，处理成UG的刀轨文件格式，通过刀轨导入进来，进行编程。例如，将Hypermill编好的刀路通过这种方法导入UG编程。

【案例 7-13】 刀轨驱动

1. 创建辅助线

（1）打开“素材\第 7 章”下的相应素材文件，如图 7-287 所示。

（2）进入建模模块，对加工面进行加厚，加厚方向朝向内部，加厚厚度为 12，如图 7-288 所示。

图 7-287 素材文件

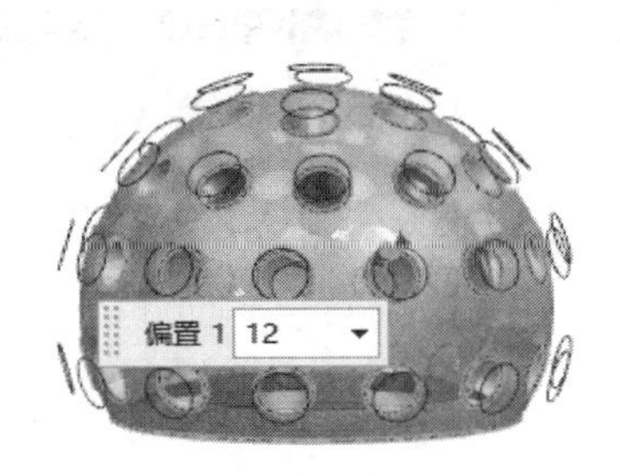

图 7-288 加厚曲面

（3）按快捷键 Ctrl+B 执行隐藏命令，将原素材文件模型进行隐藏，只显示刚才加厚的面。然后执行“偏置区域”命令，对模型上的孔进行偏置，偏置值为 4.1，如图 7-289 所示。

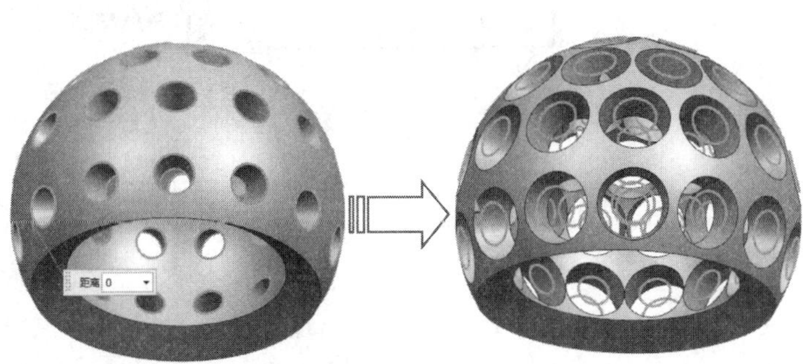

图 7-289 对模型上的孔进行偏置

> 提示：偏置值为加工刀具的半径值加开粗余量，例如加工刀具为 D8R1，余量为 0.1，那么偏置值就为 4.1。

（4）执行“复合曲线”命令，设置曲线过滤器为“面的边”，抽取外圆面的边，如图 7-290 所示。

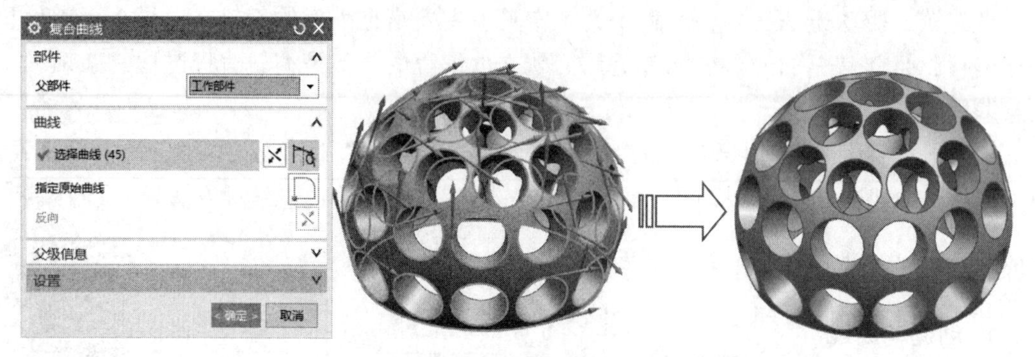

图 7-290　创建复合曲线

（5）执行“修剪体”命令，选择加厚的曲面为修剪体，修剪的平面选为“新建平面”，如图 7-291 所示。

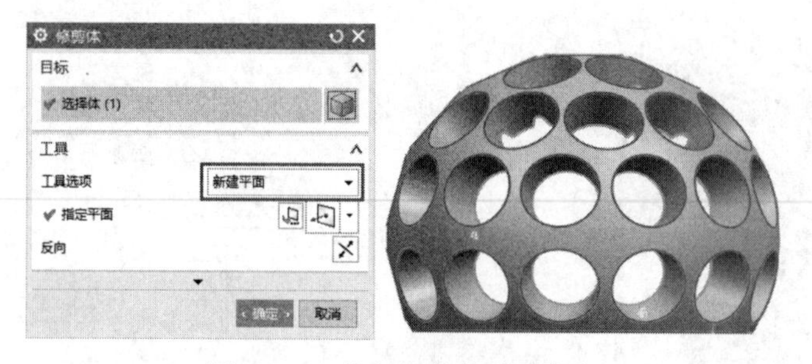

图 7-291　执行“修剪体”命令

（6）选择“新建平面”后会打开“平面”对话框，然后选择“点和方向”，点设置为 WCS 的原点，也就是球心的位置，方向为 ZC 方向，如图 7-292 所示，单击“确定”按钮完成修剪。

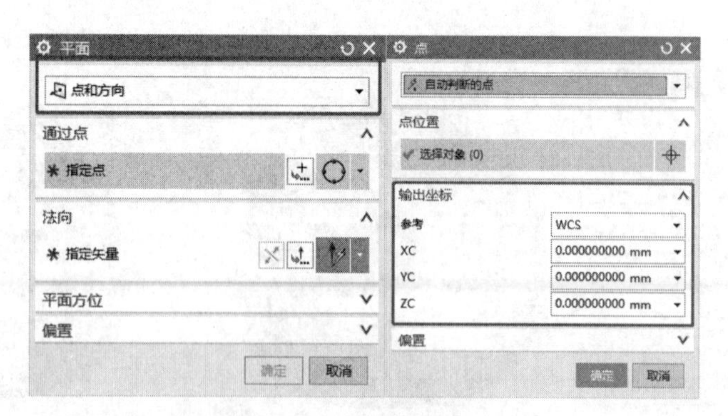

图 7-292　设置修剪平面

（7）修剪后效果如图 7-293 所示。

（8）执行“删除面”命令，删除修剪体中的孔，得到半球，如图 7-294 所示。

（9）使用“偏置区域”命令，从底面往上偏置 5mm，如图 7-295 所示。偏置主要是为了后面固定轮廓铣好计算。

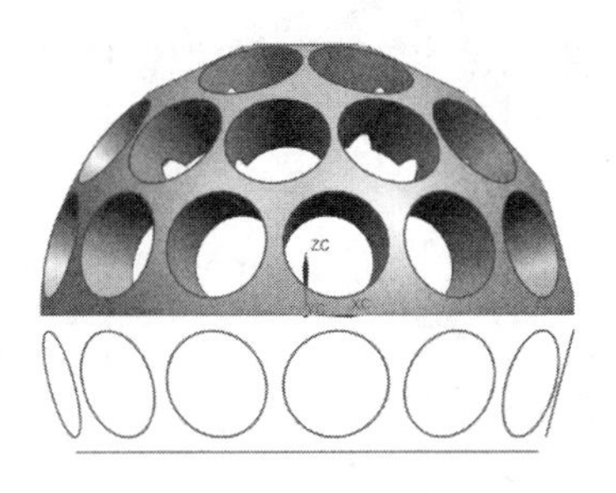

图 7-293　修剪后效果

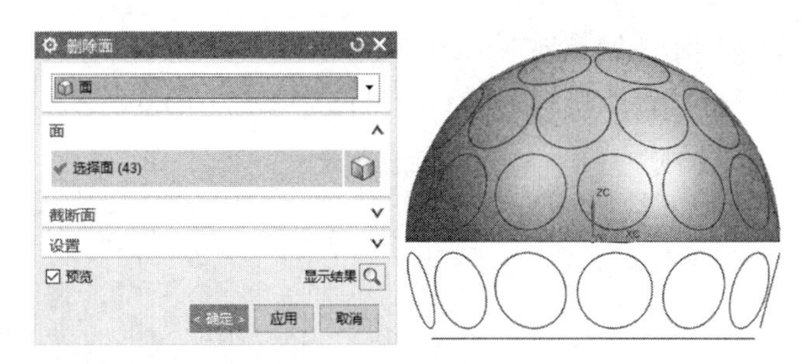

图 7-294　删除修剪体中的孔

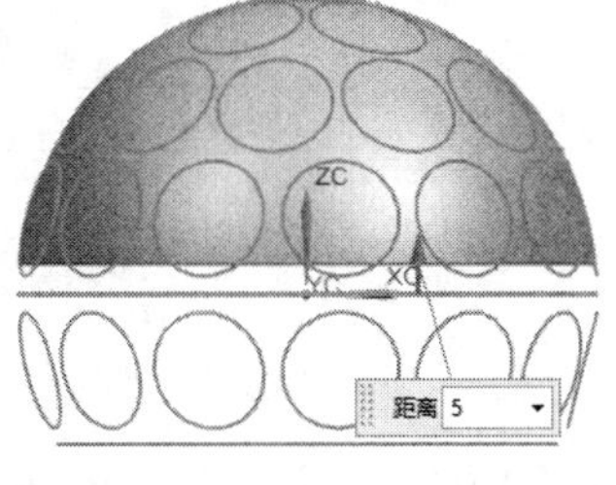

图 7-295　偏置底面

（10）执行“拉伸”命令，拉伸球的底面，拉伸的高度超过抽取的线即可，再设置拔模角为 -6°，布尔运算选择“合并”，和半圆求和，效果如图 7-296 所示。

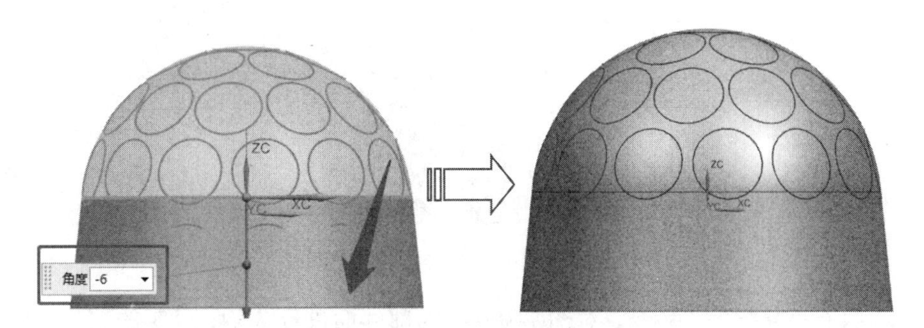

图 7-296　创建拉伸体

（11）执行“偏置区域”命令，偏置模型的外形面，偏置的距离为 10mm，进行缩小，如图 7-297 所示。

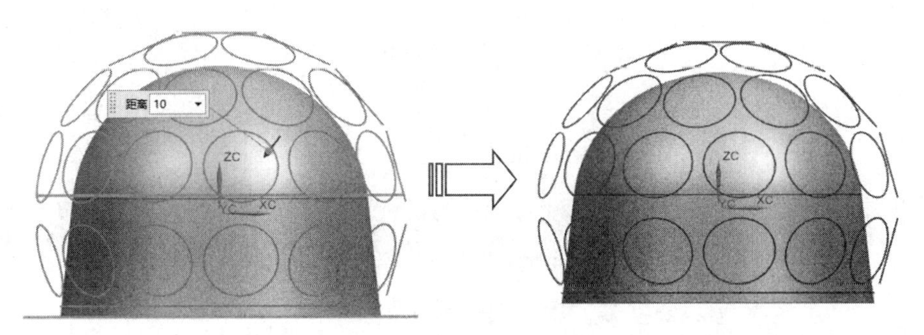

图 7-297　执行“偏置区域”命令

（12）执行“投影曲线”命令，选择外围的复合曲线为要投影的曲线，如图 7-298

中的①所示；选择部件面为要投影的面，如图 7-298 中的②所示；“投影方向”选择“朝向点”选项，点则选为球心，如图 7-298 中的③所示。

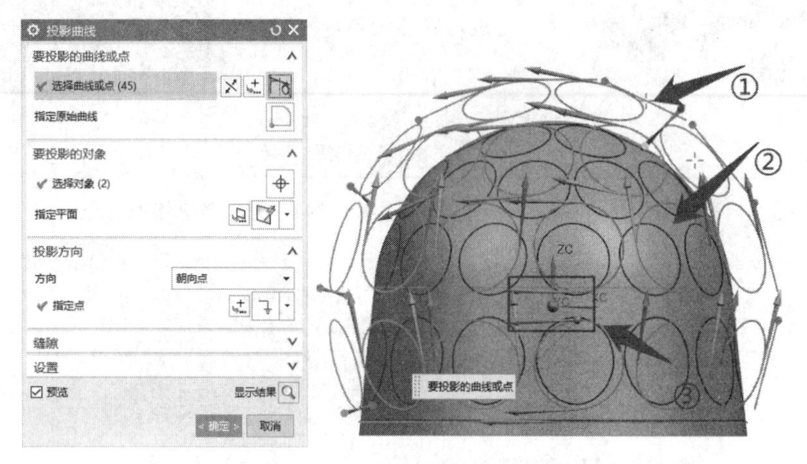

图 7-298　执行“投影曲线”命令

（13）点选择参考 WCS 坐标，其余值为 0，如图 7-299 所示。投影曲线创建完毕。

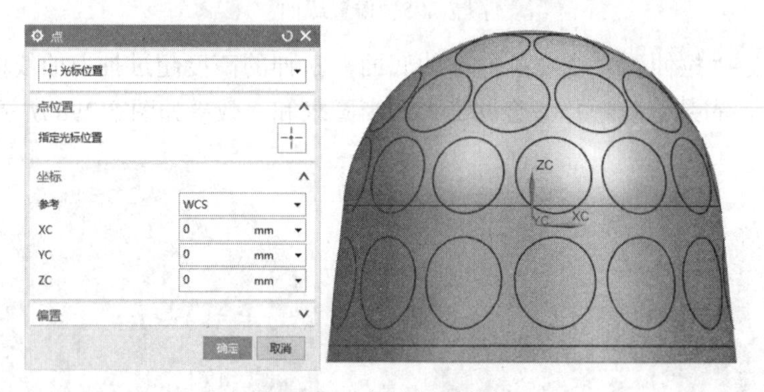

图 7-299　创建投影曲线

（14）执行“分割面”命令，对图 7-300 中的部件面进行分割，分割的工具为图 7-300 中的线。其中，①为要分割的面，②为分割对象。

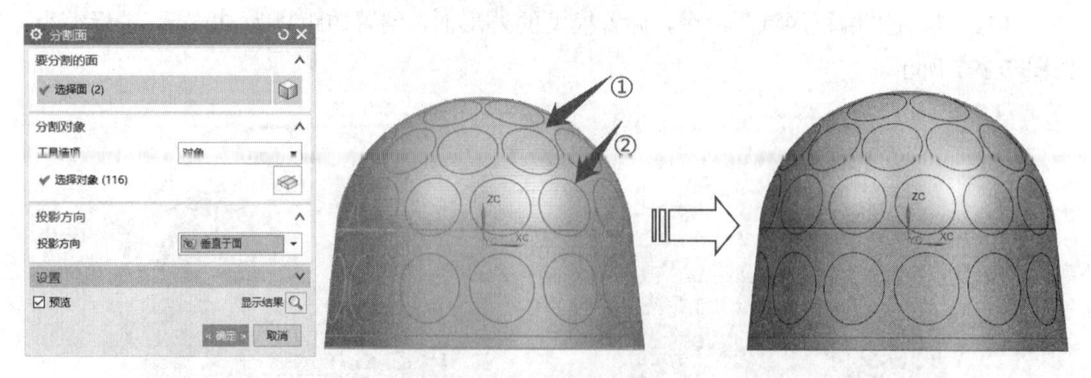

图 7-300　素材文件

2. 创建 2D 工序

下面进入加工模块，大致思路为：先创建辅助刀路，再导出刀轨文件，最后通过多轴的刀轨进行编程。

（1）创建固定轮廓铣工序，如图 7-301 所示。

（2）打开“固定轮廓铣”对话框后，选择整个部件为加工部件，图 7-302 中的①区域为切削区域。

图 7-301　创建工序

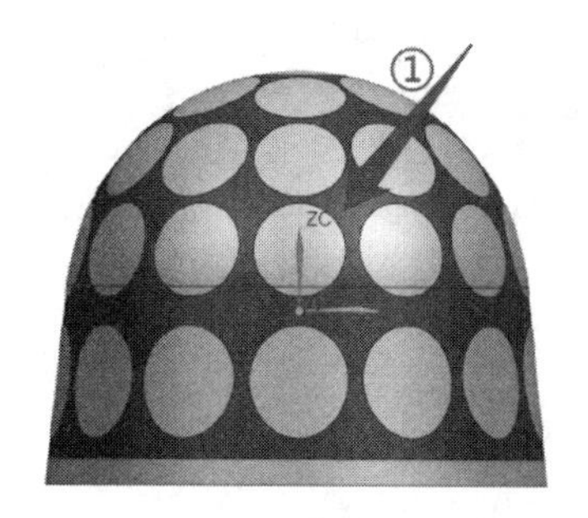

图 7-302　选择加工部件

（3）选择刀具为 D0.2R0.1，刀轴为“+ZM 轴”，驱动方法为“区域铣削”，如图 7-303 所示。

（4）选择驱动方法后，将打开“区域铣削驱动方法”对话框，在其中设置“陡峭空间范围”为“无”，“非陡峭切削模式”为“跟随周边”，“刀路方向”为“向内”，“切削方向”为“顺铣”，“步距”选择“恒定”，设置“最大距离”为 0.3，“步距已应用”选择“在部件上”，如图 7-304 所示。设置完后单击“确定”按钮，返回“固定轮廓铣”对话框。

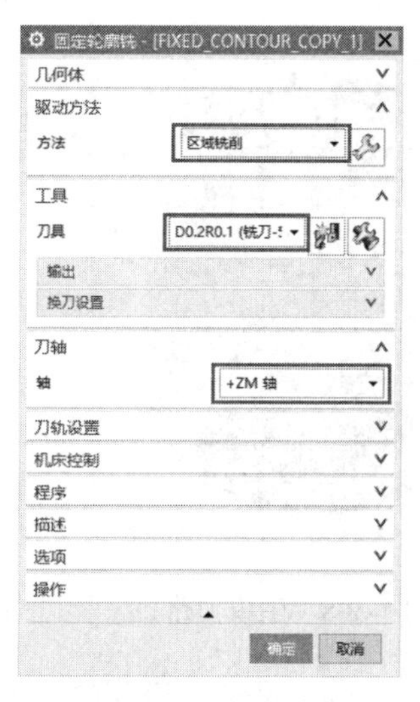

图 7-303　选择驱动方法和刀具、刀轴

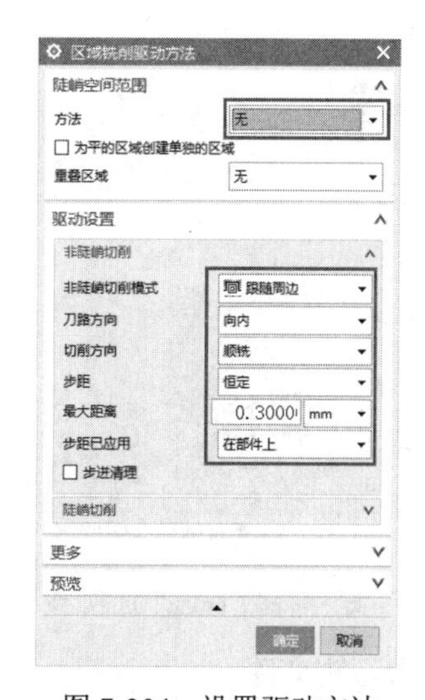

图 7-304　设置驱动方法

（5）设置切削参数。在“固定轮廓铣”对话框中单击“切削参数”按钮，打开“切削参数”对话框，切换至“余量”选项卡，设置内、外公差为 0.001，如图 7-305 所示。设置完后单击“确定”按钮，返回“固定轮廓铣”对话框。

（6）设置非切削移动。在“固定轮廓铣”对话框中单击“非切削移动”按钮，打开“非切削移动”对话框，由于刀具比较小，“进刀”选项卡可保持默认参数，然后切换至“转移 / 快速”选项卡，公共安全设置为“球”，半径为 80，球的圆心在零件的底面，如图 7-306 所示。

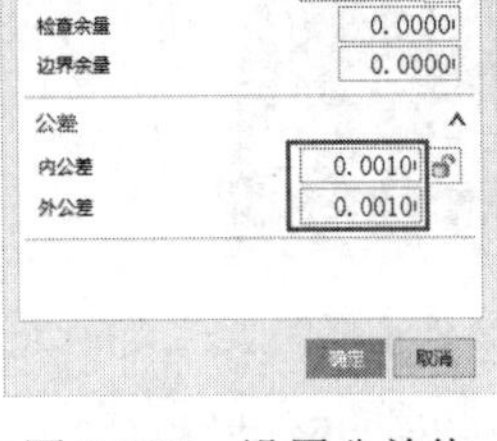

图 7-305　设置公差值

图 7-306　设置非切削移动

（7）接着设置“转移 / 快速”选项卡最下面的“初始和最终”选项组，设置逼近和离开的距离均为 200，如图 7-307 所示。

（8）设置完成后单击“确定”按钮，返回“固定轮廓铣”对话框，然后生成刀路，如图 7-308 所示。

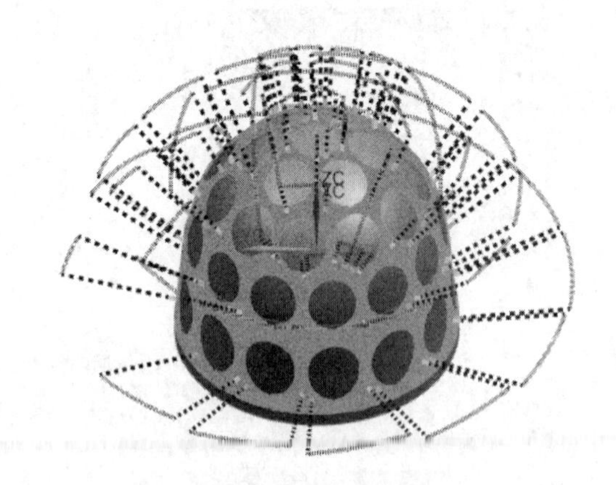

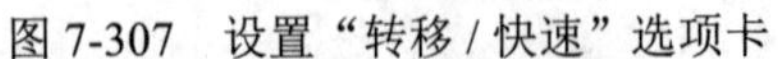

图 7-307　设置“转移 / 快速”选项卡

图 7-308　生成刀路

3. 输出刀轨文件

（1）选择“主页”|“工序”|“更多”|“输出 CLSF”命令，执行“输出 CLSF”命令，如图 7-309 所示。

（2）执行命令后打开“CLSF 输出”对话框，选择上述步骤生成的刀路程序，CLSF 格式就选第一个，然后指定好文件的输出位置，单击“确定”按钮即可生成刀轨文件，可选择用记事本方式打开，如图 7-310 所示。

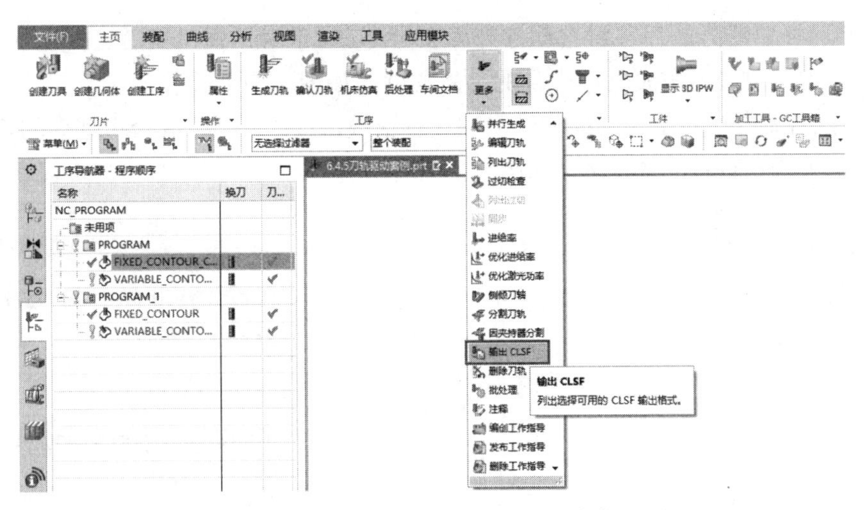

图 7-309　执行“输出 CLSF”命令

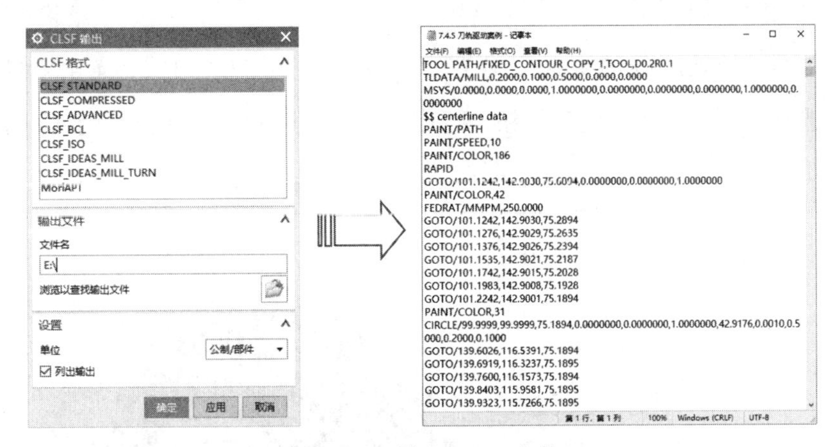

图 7-310　输出 CLSF 文件

4. 创建 3D 工序

（1）创建可变轮廓铣工序，如图 7-311 所示。

（2）打开“可变轮廓铣”对话框后，选择外圆面为部件，刀具设置为 D8R0.5，驱动方法为“刀轨”，如图 7-312 所示。

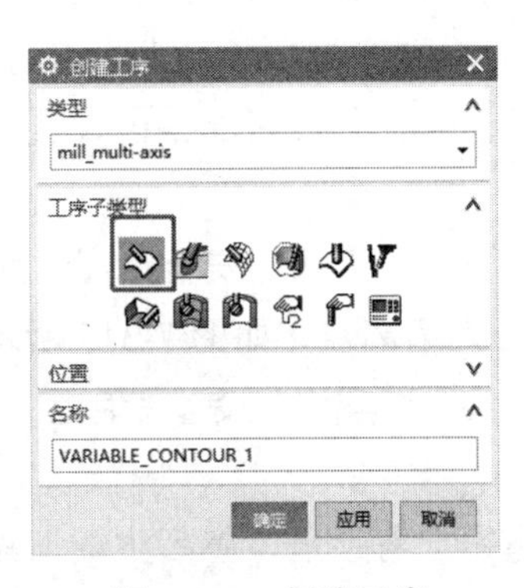

图 7-311　创建工序

图 7-312　选择加工部件并选择驱动方法和刀具

（3）选择驱动方法后，将自动打开“指定 CLSF”对话框，然后选择之前输出的刀轨文件，也可以打开本书素材中提供的刀轨文件，如图 7-313 所示。

（4）选择后会进入到“刀轨驱动方法”对话框，然后在“按进给率划分的运动类型”框内选择 250，前面的不需要选，如图 7-314 所示。

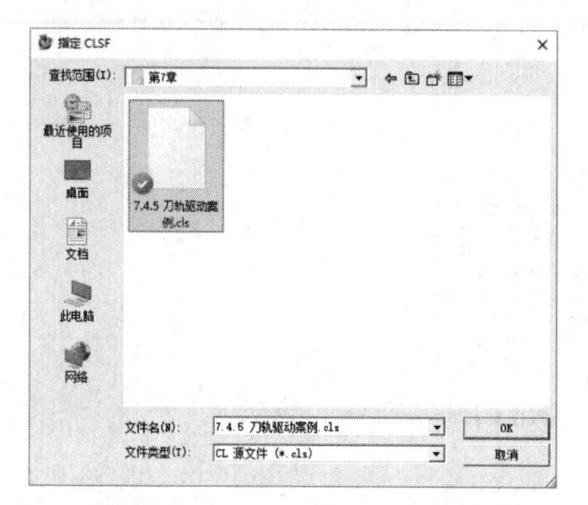

图 7-313　选择所创建 CLSF 文件

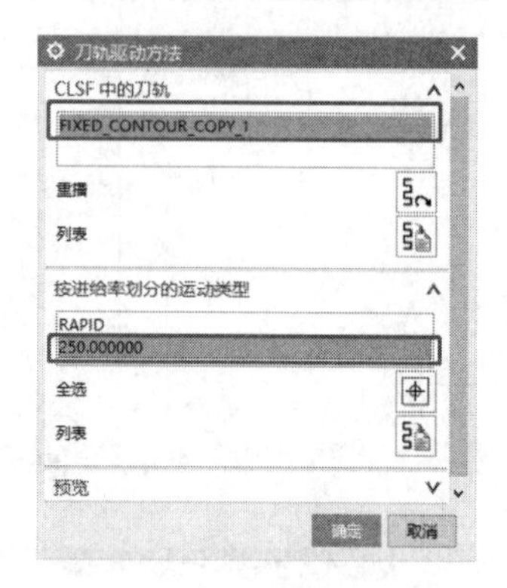

图 7-314　设置导入参数

（5）选择完后单击“确定”按钮，返回“可变轮廓铣”对话框，设置刀轴为“远离点”，点的位置为球心位置，如图 7-315 所示。

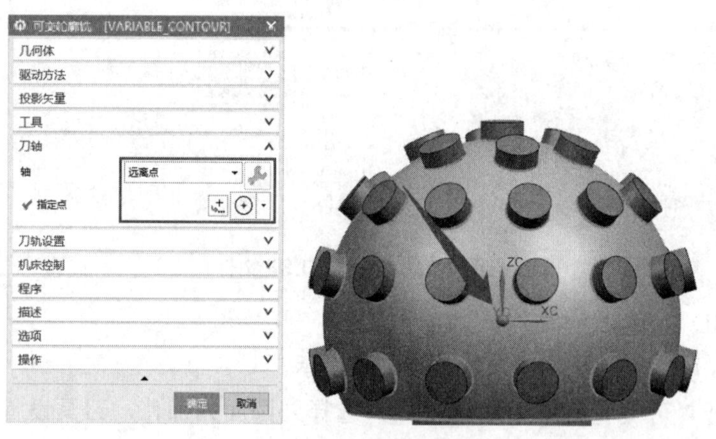

图 7-315　设置刀轴

（6）设置非切削移动。单击“非切削移动”按钮，打开“非切削移动”对话框，切换至“光顺”选项卡，勾选“替代为光顺连接”复选框，设置“光顺长度”为 0.1，因为侧壁没有选择部件保护，所以这个值设为 0.1 即可，大了可能会过切部件；设置“光顺高度”为 0.3，其余参数设置如图 7-316 所示。

（7）切换至“转移 / 快速”选项卡，设置“区域距离”为 1，“部件安全距离”为 3，“公共安全设置”为“球”，“半径”为 65，选择球的圆心为远离点，如图 7-317 所示。

（8）接着设置“转移 / 快速”选项卡下方的“初始和最终”选项组，设置“逼近方法”为“沿刀轴”，“距离”为 100mm，如图 7-318 所示。

（9）设置完成后单击“确定”按钮，返回“可变轮廓铣”对话框，然后生成刀路，如图 7-319 所示。

图 7-316　设置非切削移动

图 7-317　设置“转移 / 快速”选项卡

图 7-318　设置“初始和最终”选项组

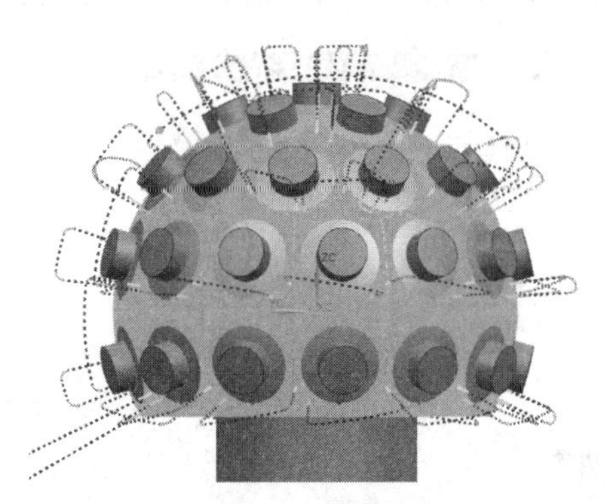

图 7-319　生成刀路

7.5　管道粗加工、精加工的内部参数和案例

可变轮廓铣管道加工主要用于多轴管道的加工，还有类似管道部位的加工，如图 7-320 所示。

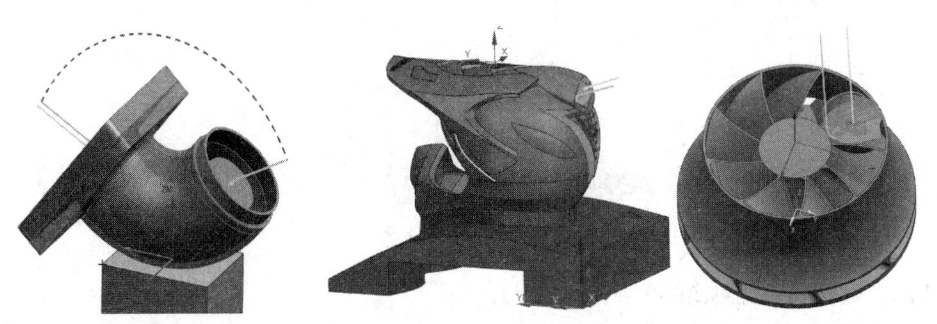

图 7-320　可变轮廓铣管道加工的典型应用

用户在创建工序时，选择 mill_multi_axis 类型下的 （Tube Rough），即为管道粗加工；旁边的 （Tube Finish）为管道精加工，如图 7-321 所示。

图 7-321　管道加工工序

7.5.1　管道粗加工的参数

由于管道加工的算法特殊，只能使用球刀或者圆球刀，下面介绍在管道粗加工中遇到的陌生参数。

1. 指定中心曲线

管道命令分为管道粗加工和管道精加工，但不管是粗加工还是精加工，管道命令的核心都是“指定中心曲线”。中心曲线做得好，刀路就会好，曲线太低或者太高就会造成漏加工。

如图 7-322 所示，指定管道的轴线为中心曲线，指定后在线的末端会有一个箭头，箭头为中心曲线的入口方向，双击可以调整方向。

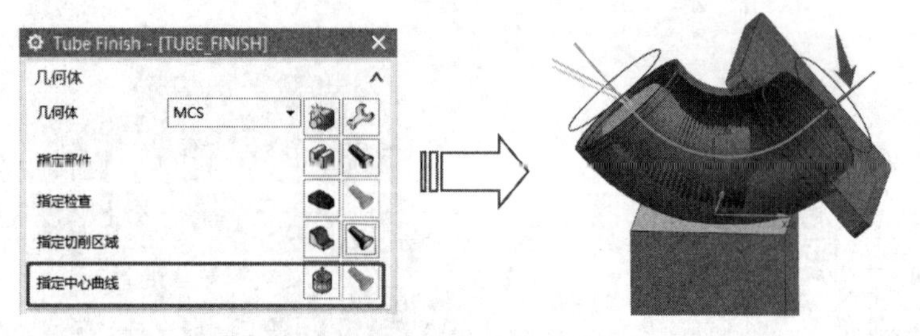

图 7-322　素材文件

2. 刀轴

“刀轴”选项组中没有其他参数，但可以单击“刀轴”右侧的按钮，打开“轴”对话框来进行设置，如图 7-323 所示。如果刀具与部件发生接触，那么就可以在“轴”对话框中设置刀具轴侧倾的最小角度和最大角度。

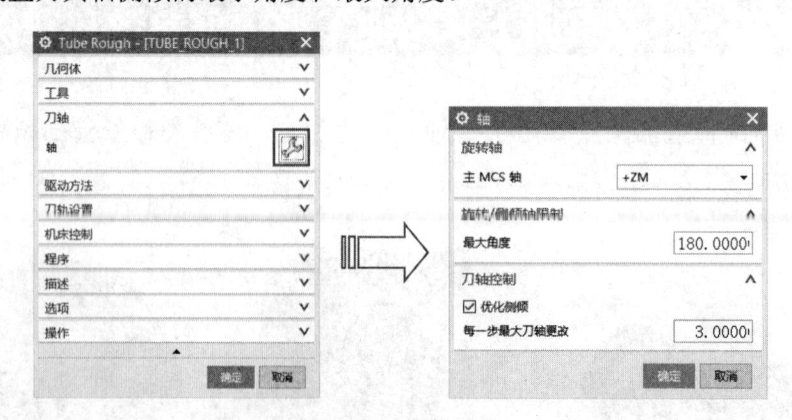

图 7-323　素材文件

1）“旋转轴”选项组

“旋转轴”为刀具绕哪个轴进行旋转，就在“主 MCS 轴”下拉列表中选择测哪个轴，

比如选择 +ZM 轴，即表示根据 +ZM 轴来测量角度。

2）“旋转 / 侧倾轴限制”选项组

其下的“最大角度”主要用于控制管道加工行程，可以用来裁剪刀路。如果最大角度无法足够避免碰撞，则 NX 会修剪刀轨并退回刀具。图 7-324 为最大角度输入 180° 时的效果，图 7-325 为最大角度输入 30° 时的效果。

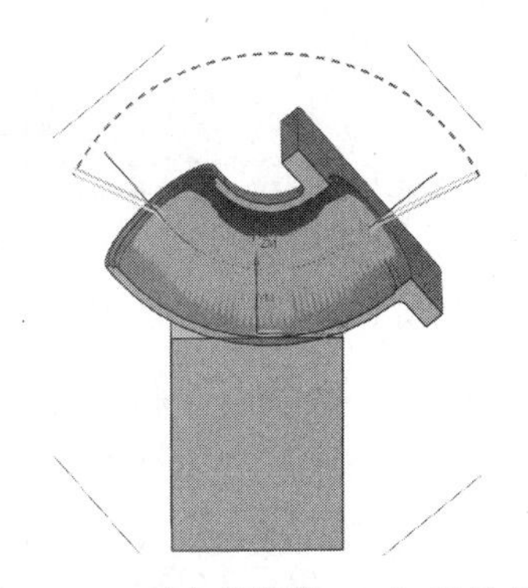

图 7-324　最大角度为 180° 时的效果

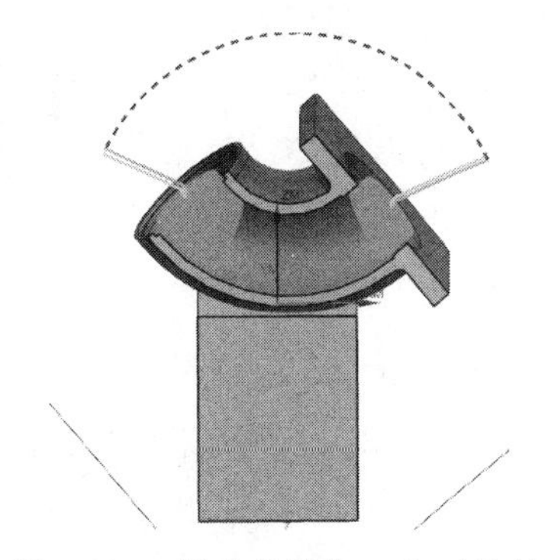

图 7-325　最大角度为 30° 时的效果

3）“刀轴控制”选项组

（1）优化侧倾：开启这个参数，那么刀轴将尽可能久地垂直于刀轨中的初始切面，以减少不必要的轴向运动并提高加速度。关闭这个参数，侧倾垂直于刀轨中每个切面的刀轴以减慢加速度。

（2）每一步最大刀轴更改：主要是刀轴姿态变换一次最大的更改角度，一般为默认。

3. 驱动方法

“驱动方法”选项组中没有其他参数，但可以单击“驱动方法”右侧的按钮，打开“管粗加工”对话框来进行设置，如图 7-326 所示。

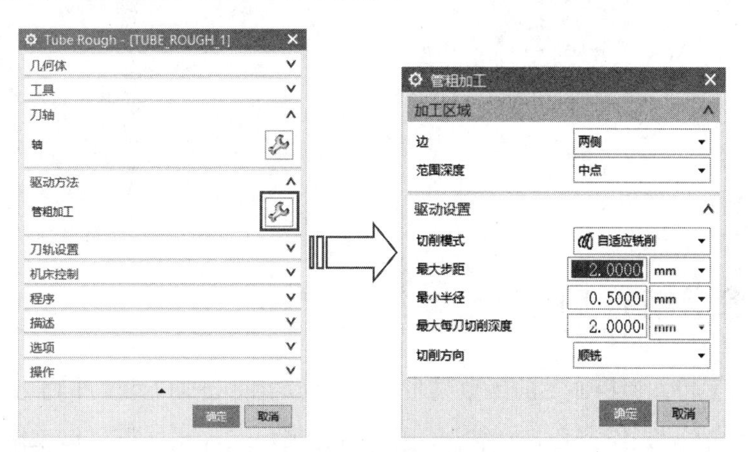

图 7-326　设置驱动方法

1）“加工区域”选项组

（1）边：该命令的下拉列表如图 7-327 所示，主要是控制刀具从零件的哪一端切入。其中，“两侧”为从两头开始切削；“入口”为仅从入口处开始切削，如图 7-328 所示；“出口”则为仅从出口处开始切削，如图 7-329 所示。

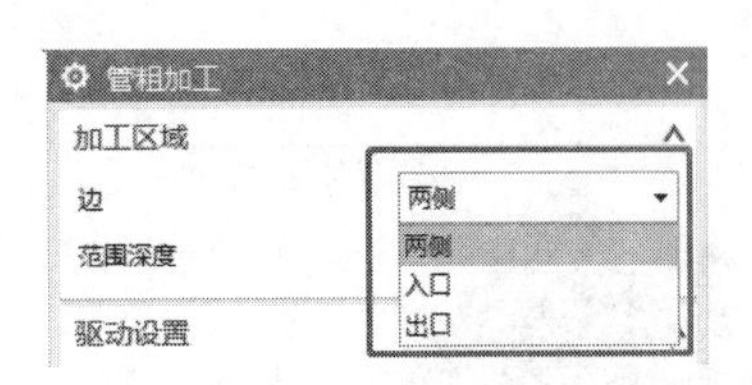

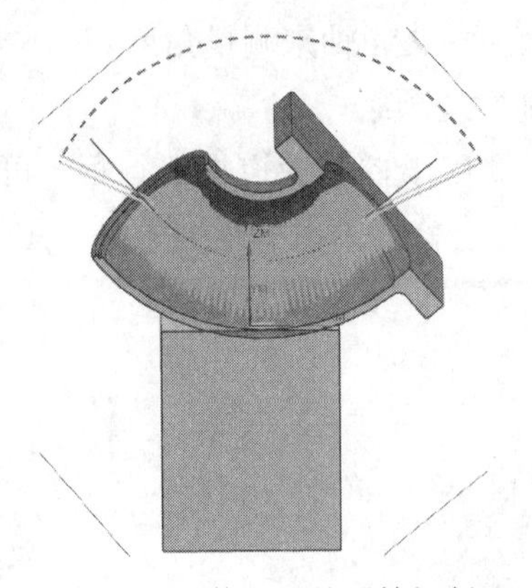

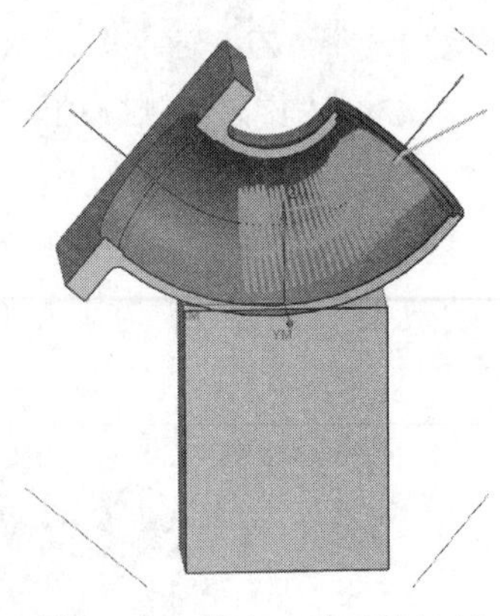

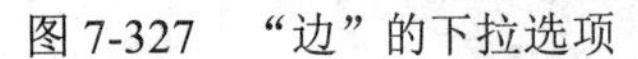

图 7-327 “边”的下拉选项　　图 7-328 从入口处开始切削　　图 7-329 从出口处开始切削

（2）范围深度：该命令的具体选项如图 7-330 所示。“中点”和上面介绍的“两侧”类似，表示从两头同时开始铣削；“从进入侧的最大值”就是从入口处开始切削，能铣多深就铣多深，当选完中心曲线后，线上会有一个箭头，这个箭头指向的位置就是入口；“从退出侧的最大值”同“从进入侧的最大值”一样，只不过这个是从线的末端退出侧开始铣削，相当于进口的反向。“指定”表示人工指定切削深度。

2）“驱动设置”选项组

“驱动设置”选项组中可选择切削模式是“自适应铣削”还是“跟随部件”，如图 7-331 所示。其他参数和三轴加工的一致，此处不再赘述。

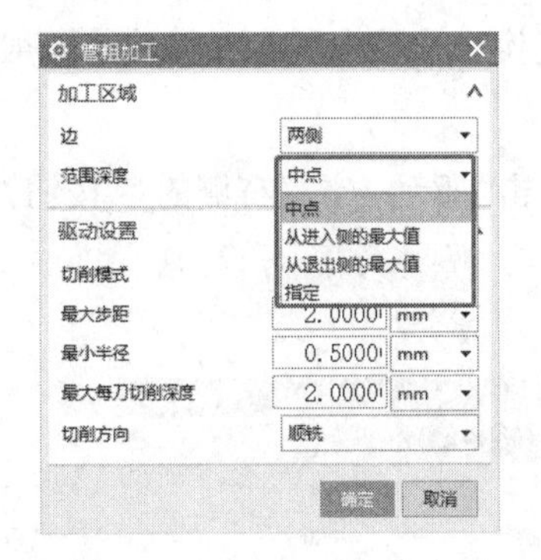

图 7-330 “范围深度”下拉选项

图 7-331 “驱动设置”选项组

7.5.2 管道精加工的参数

管道精加工和管道粗加工的参数基本类似，只是在“驱动方法”中略有不同。单击“驱动方法”右侧的按钮，打开“管精加工”对话框，“加工区域”选项组中的参数也是一样的，但“驱动设置”选项组中切削模式有所不同，如图 7-332 所示，其他参数也是同三轴类似。

在管道精加工的“非切削移动”中多了如图 7-333 所示的参数。其中，Automatic Cylinder 翻译过来为自动圆柱，即通过软件自动指定刀具两端的移刀；另一个选项“指定”表示人工指定移刀，一般使用 Automatic Cylinder 即可。

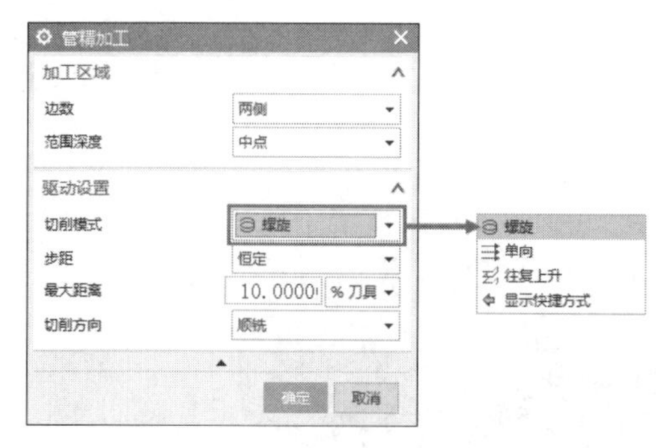

图 7-332 “切削模式”的类型

图 7-333 “安全设置选项”的类型

7.5.3 管道加工案例

下面通过一个案例来具体讲解管道加工的操作方法。

【案例 7-14】 管道加工

1. 创建辅助线和辅助片体

（1）打开“素材 \ 第 7 章”下的相应素材文件，如图 7-334 所示。

（2）创建中心曲线，可在原曲线的位置直接偏置，先测量管道口部直径为 23.9mm，如图 7-335 所示。

图 7-334 素材文件

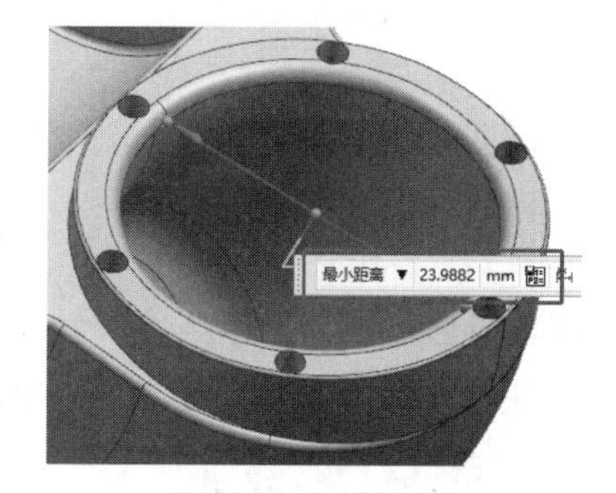

图 7-335 测量直径

（3）执行“偏置曲线”命令，选择要偏置的曲线，偏置的距离为所测量直径的一半，如图 7-336 所示。这个值不是固定的，当刀路不合适的时候，可以随时调整线的位置。

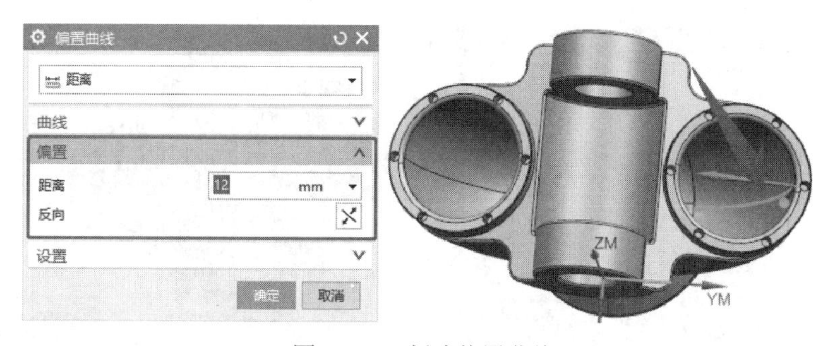

图 7-336 创建偏置曲线

（4）执行“曲线长度”命令，把线的顶部和底部拉长，延长距离为7mm，得到辅助线如图7-337所示。

图7-337　执行“曲线长度”命令

（5）执行“延伸片体”命令，选择管道口部线进行延伸，延伸的距离要大于刀具半径，这个目的主要是为了延伸刀路，如果不延伸生成的刀路，第一刀深度会多切一个刀具半径。本例设置延伸距离为5mm，得到辅助片体如图7-338所示。

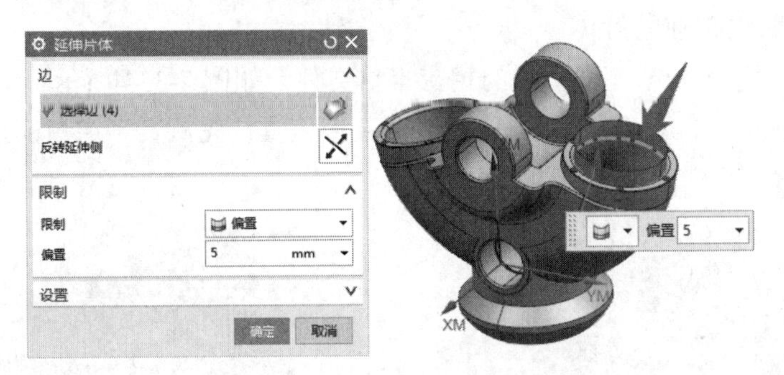

图7-338　执行“延伸片体”命令

2. 创建管道粗加工工序

（1）进入加工模块，创建工序，选择类型为mill_multi_axis，在子工序中选择“管道粗加工”。

（2）打开“管粗加工”对话框，然后设置整个模型为部件，孔内部为切削区域，如图7-339所示。上述步骤中创建的辅助片体要选为部件，在指定切削区域时也要选择该辅助片体。

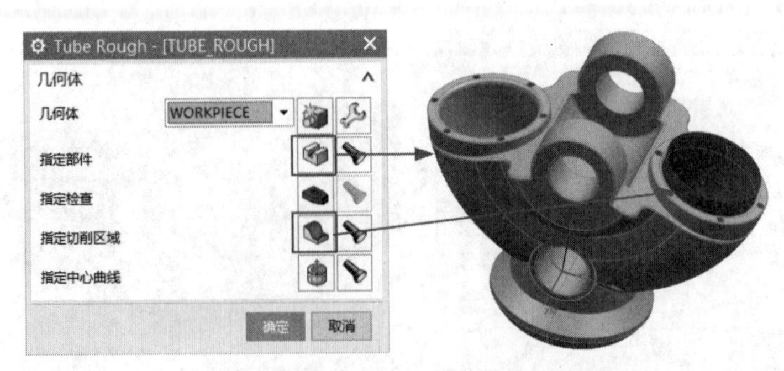

图7-339　指定部件和切削区域

（3）设置中心曲线。单击“指定中心曲线”按钮，然后选择上述步骤中创建的辅助线为中心曲线，注意箭头方向，如图 7-340 所示。

图 7-340　指定中心曲线

（4）设置加工刀具。执行“新建刀具”命令，创建一球头铣刀，设置刀具直径为 10mm，颈部直径为 6mm，如图 7-341 所示。

（5）刀轴不用设置，直接设置驱动方法即可。单击“驱动方法”右侧的按钮，打开“管粗加工”对话框。因为这个案例管道不是通的，所以设置加工区域为“入口”，“深度范围”为“从进入侧的最大值”，“切削模式”设置为“跟随部件”，“最大步距”设置为 2mm，“最大每刀切削深度”设置为 1mm，“切削方向”为“顺铣”，如图 7-342 所示。

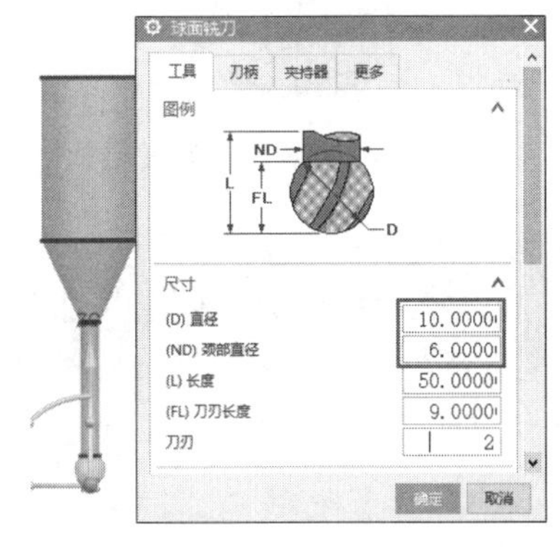

图 7-341　设置加工刀具

图 7-342　设置驱动方法

（6）设置完成后单击“确定”按钮，回到“管粗加工”对话框，此时可执行“生成”命令，生成刀路，如图 7-343 所示。

（7）在工序导航器的“程序顺序”视图中选择所生成的刀路，然后右击，在弹出的快捷菜单中选择“对象”|“变换”命令，如图 7-344 所示。

（8）选择“变换”选项后自动打开“变换”对话框，然后在“类型”下拉列表里选择“通过一平面镜像”选项。由于镜像可以使用 WCS 中的平面，而图中 WCS 又在中部圆心位置，因此可以直接选择 YC 平面。然后在“结果”选项组中里选择“复制”，如图 7-345 所示。

（9）单击“确定”按钮返回工作空间，管道粗加工的刀路即设置完成，效果如图 7-346 所示。

图 7-343　生成刀路

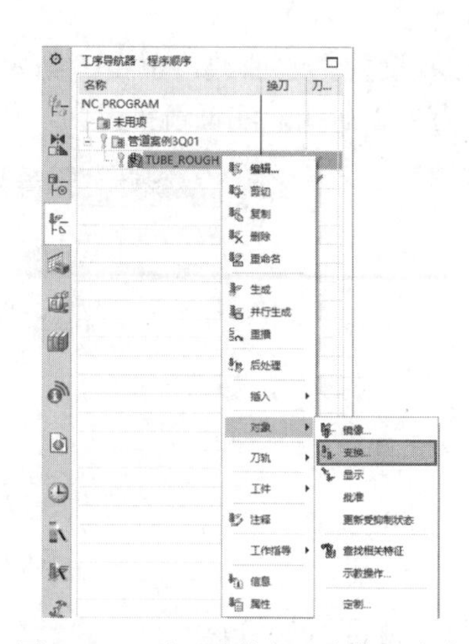

图 7-344　对刀路执行“变换”命令

图 7-345　设置变换参数

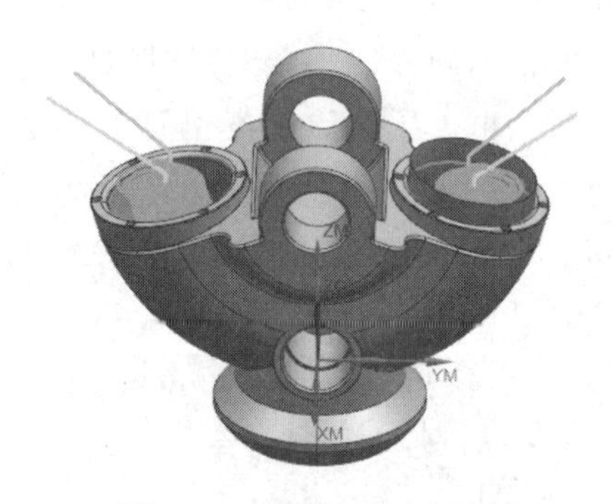

图 7-346　变换后刀路效果

3. 创建管道精加工工序

（1）创建工序，选择类型为 mill_multi_axis，在子工序中选择“管道精加工”。

（2）打开“管精加工”对话框，选择整个模型为部件；因为精加工的刀路不需要延伸，所以切削区域不用选辅助面，只选择管道的内孔面为要加工的区域即可；中心曲线依旧选择开粗用的那根线，如图 7-347 所示。

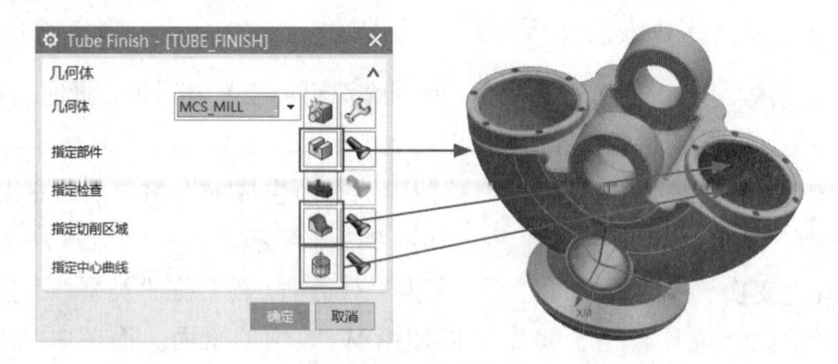

图 7-347　素材文件

（3）刀具选择开粗加工所创建的刀具，刀轴也不变，单击“驱动方法”右侧的按钮，打开“管精加工”对话框，具体参数设置如图 7-348 所示。同开粗一样，该模型的管道没有出口，所以“边”选项选为“入口”，“范围深度”依旧是“从进入侧的最大值”，因为加工部位为圆柱，所以“切削模式”为“螺旋”，“步距”为“恒定”，“最大距离”输入 0.2mm 即可，切削方向为“顺铣”。

（4）设置完成后单击“确定”按钮，回到“管精加工”对话框，此时可执行“生成”命令，生成刀路，如图 7-349 所示。无误后参照管粗加工的方法，生成精铣刀路即可。

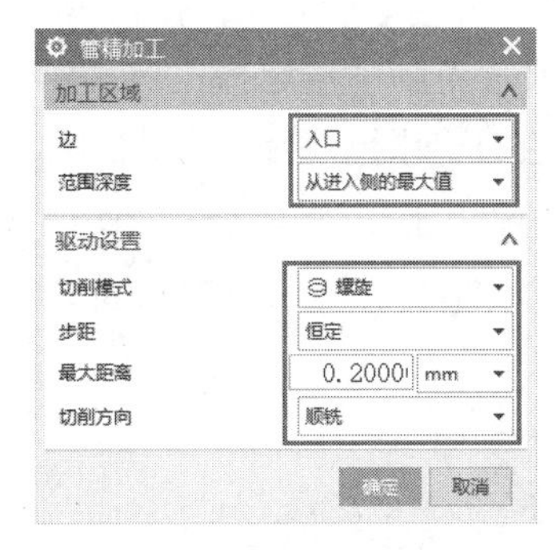

图 7-348　“管精加工”对话框

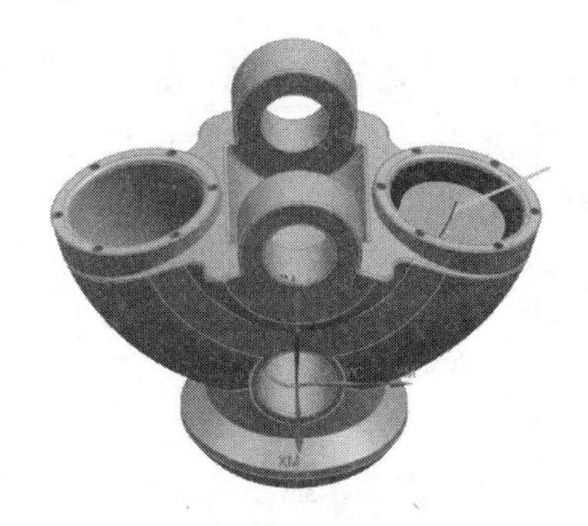

图 7-349　生成精铣刀路

7.6　深度五轴铣

该工序是基于“深度轮廓铣”开发的，比普通的三轴仅多了一个刀轴避让，主要用于半精或者精加工，可加工五轴模具和部分零件，只能使用球刀。

在创建工序时，选择 mill_multi_axis 类型下的 （ZLEVEL_5AXIS），即可创建深度五轴铣工序，打开“深度加工五轴铣”对话框，如图 7-350 所示。该工序的刀轴选项较其他工序略有不同，在 7.2 节中已经介绍过“远离点”“朝向点”“朝向曲线”“远离曲线”，深度五轴铣在这些基础之上多了一个“远离部件”，这个“远离部件”其实就是自动避让，并且可以实现碰撞检查。

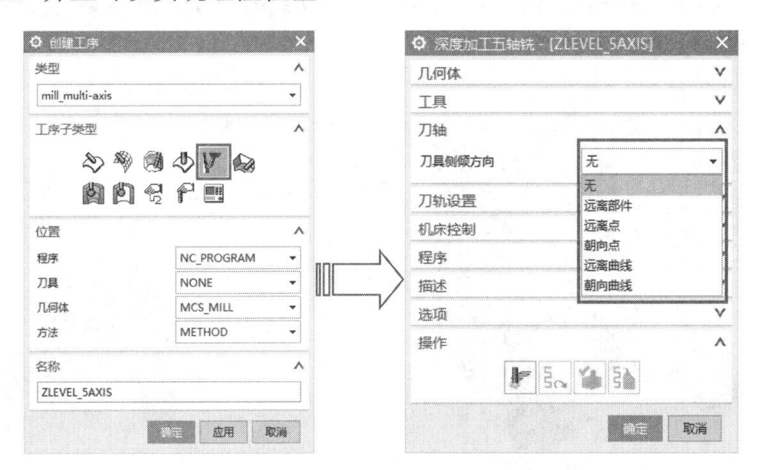

图 7-350　深度五轴铣的创建和刀轴选项

选择“远离部件”后，“刀轴”选项组会展示出更多选项，如图 7-351 所示，这些选项含义介绍如下。

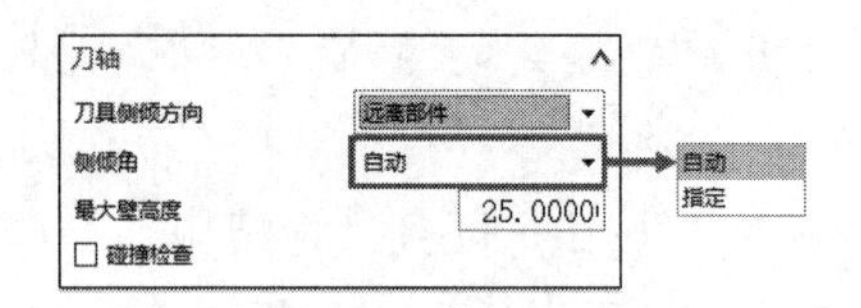

图 7-351　侧倾角选项

（1）侧倾角：包含“自动”和“指定”两个选项。当侧倾角选择“自动”后，如果刀具与部件发生干涉，刀轴会自动避让，如果没有发生干涉则不避让，如图 7-352 所示；如果选择“指定”，那么会多出一个“度”文本框，可用于单独指定一个侧倾角，所有刀路按此侧倾角生成，比如指定侧倾角为 60°，那么软件就会先把刀轴侧倾 60°，然后再计算刀路，如图 7-353 所示。

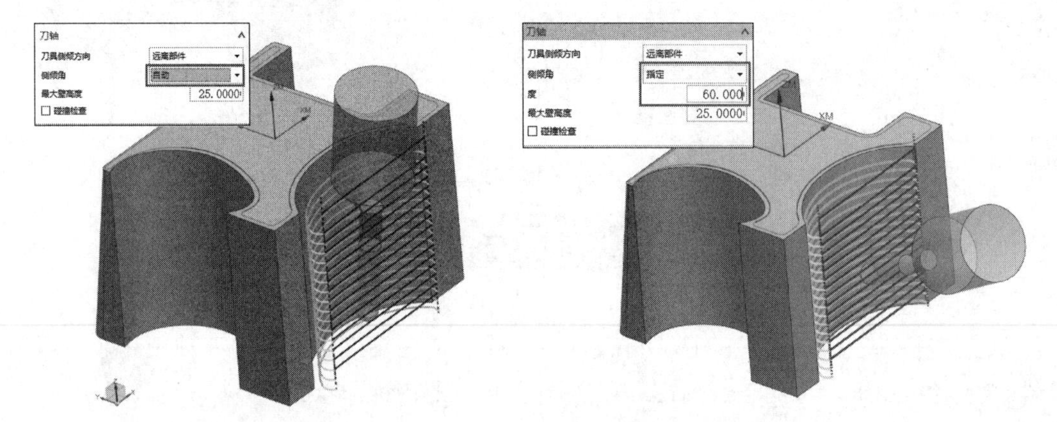

图 7-352　侧倾角“自动”效果　　图 7-353　侧倾角“指定”效果

（2）最大壁高度：决定刀具必须远离壁的距离。输入的值必须大于刀具的球头半径，而且不能给太低，如果零件总高 105mm，那这个值就应输入 105mm。如果只输入 25，那刀路计算时就不会进行自动避让，刀柄和零件就可能发生干涉，如图 7-354 中箭头所指向部位。如果将最大壁高度修改为 105mm 后再次进行计算，可发现过切的部位已经自动避让开，如图 7-355 所示。

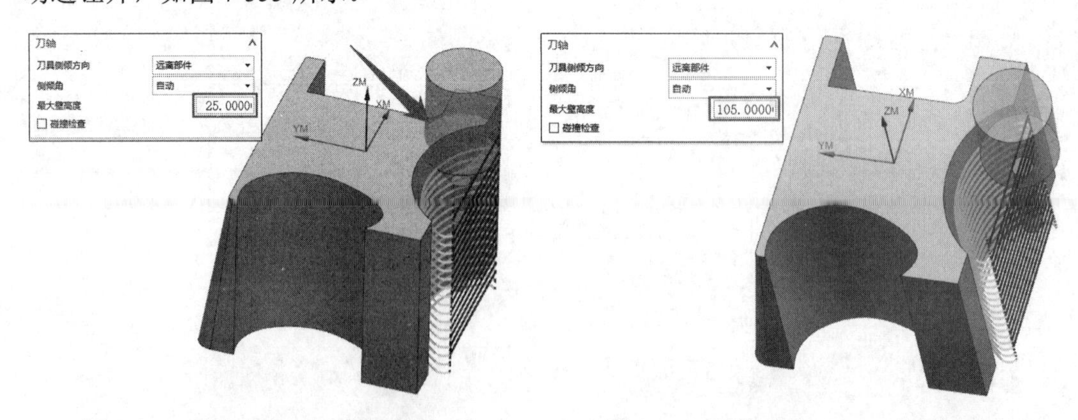

图 7-354　壁高度为 25mm 的效果　　图 7-355　壁高度为 105mm 的效果

（3）碰撞检查：如图 7-351 所示，在“最大壁高度”的下方还有一个参数，这个参数主要是把发生碰撞的刀路自动进行修剪，例如，图 7-356 所示中的刀柄和部件发生碰撞，那么在计算时，如果开启碰撞检查，如图 7-357 所示，如果刀路继续往下生成，刀柄就会和部件发生干涉，所以开启碰撞检查，发生过切的刀路软件会自动进行修剪，如图 7-358 所示，当关闭碰撞检查后，过切的刀路便会生成。

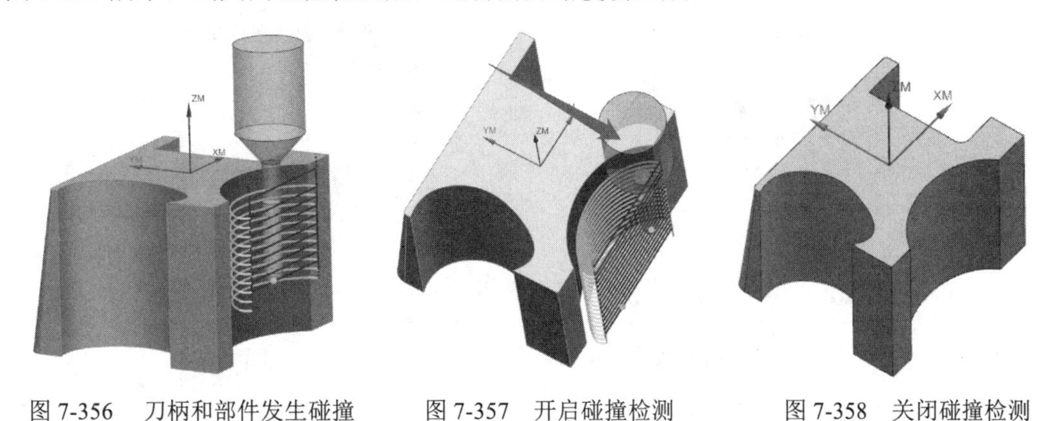

图 7-356　刀柄和部件发生碰撞　　图 7-357　开启碰撞检测　　图 7-358　关闭碰撞检测

【案例 7-15】　深度五轴铣

（1）打开“素材 \ 第 7 章”下的相应素材文件，如图 7-359 所示。如果用传统方法加工比较困难，侧壁太深，刀具夹持太长，深度达 475mm，此时可以用五轴加工，五轴可以用深度五轴编刀路。

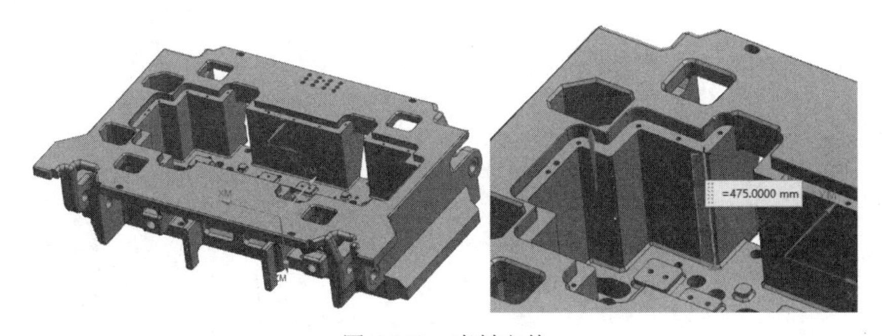

图 7-359　素材文件

（2）进入加工模块，创建深度五轴铣工序。

（3）在打开的“深度加工五轴铣”对话框中选择整个零件为部件，再指定模型上的一个面为切削区域，如图 7-360 所示。

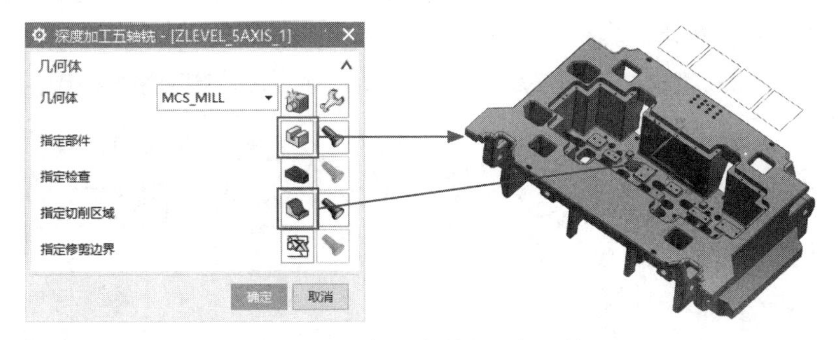

图 7-360　指定部件和切削区域

（4）设置加工刀具。执行“新建刀具”命令，创建一球头铣刀，命名为D30R15，刀具参数和刀柄参数如图7-361和图7-362所示。设置完成后单击“确定”按钮，返回“深度加工五轴铣”对话框。

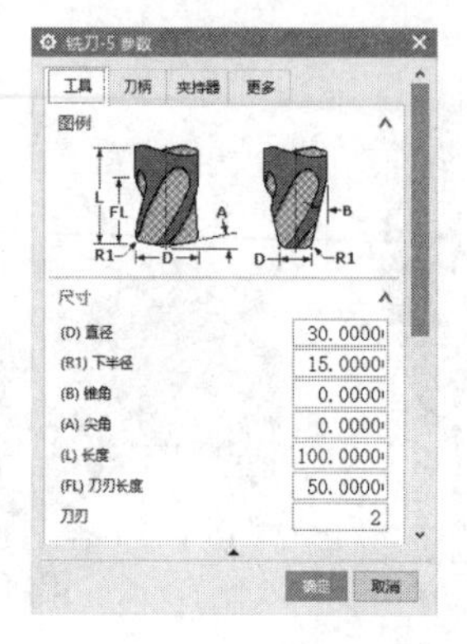

图7-361 设置刀具参数

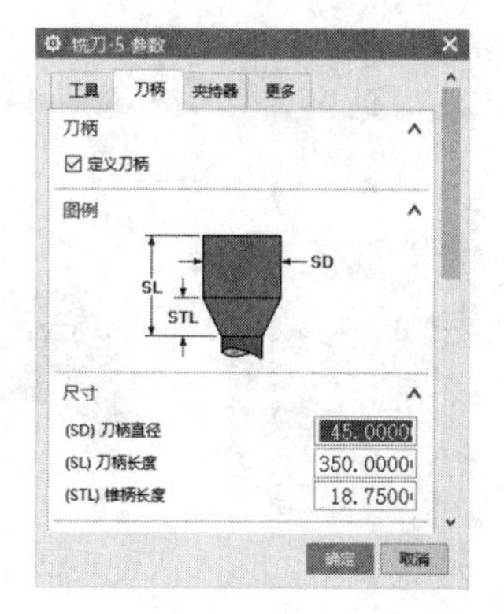

图7-362 设置刀柄参数

（5）设置刀轴。展开“刀轴”选项组，选择“刀具侧倾方向”为“远离部件”，然后选择“侧倾角”为“指定”，输入角度值为30，“最大壁高度”为480，勾选“碰撞检查”复选框，如图7-363所示。

（6）设置刀轨参数。展开“刀轨设置”选项组，本例只需要设置最大距离为1mm，其他参数均保持默认即可，如图7-364所示。

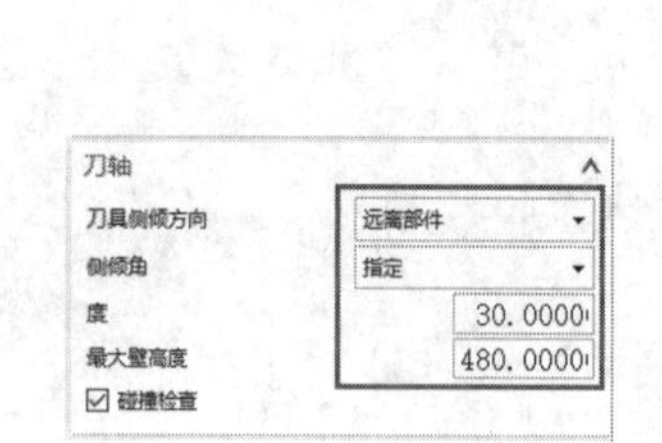

图7-363 设置刀轴

图7-364 设置刀轨参数

（7）设置切削参数。单击“切削参数”按钮，打开“切削参数”对话框，切换至“余量”选项卡，设置内、外公差为0.01，如图7-365所示。

（8）切换至“策略”选项卡，选择“切削方向”为“混合”，如图7-366所示。设置完后单击“确定”按钮，返回“深度加工五轴铣”对话框。

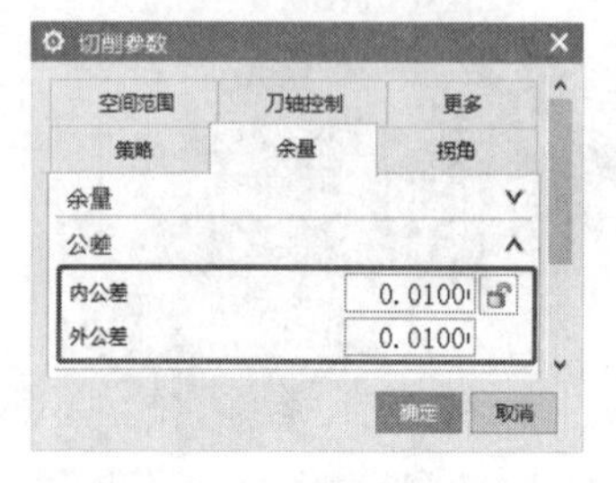

图7-365 设置切削参数

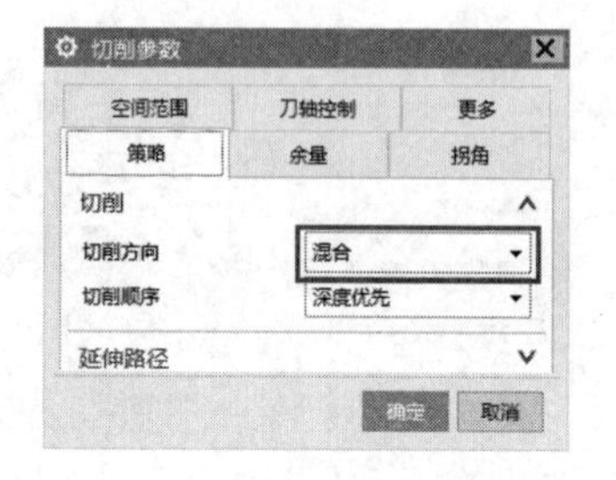

图7-366 设置“策略”选项卡

（9）设置非切削移动。单击“非切削移动”按钮，打开“非切削移动”对话框，切换至“转移 / 快速”选项卡，“安全设置选项”下拉列表中选择“自动平面”，设置“安全距离”为 150，然后在“区域内”选项组中选择“转移类型”为“直接”，如图 7-367 所示。

（10）切换至“进刀”选项卡，设置“进刀类型”为“圆弧”；“半径”改为 2mm，因为是精加工，所以半径值可以给小点；“高度”设置为 0，其余不变，如图 7-368 所示。

图 7-367　设置非切削移动

图 7-368　设置“进刀”选项卡

（11）设置完后单击“确定”按钮，返回“深度加工五轴铣”对话框，然后可生成刀路，如图 7-369 所示。

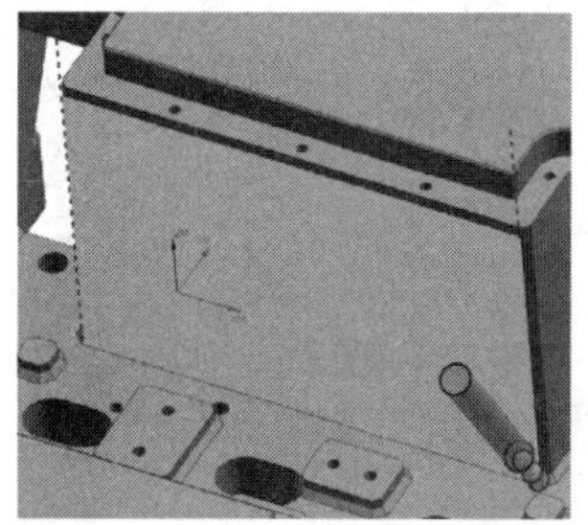

图 7-369　生成刀路

7.7　侧倾刀轴

“侧倾刀轴”命令可避免曲面轮廓铣、型腔铣和深度加工铣中发生刀具夹持器碰撞，也可以修剪刀轨和退刀，并且支持平铣刀、圆鼻刀等常用刀具。目前，侧倾刀轴主要应用于将三轴刀路变换成五轴刀路，如图 7-370 所示，先用等高定轴编出程序，然后再使用侧倾刀轴命令把五轴定轴程序转换为三轴程序。在五轴应用中，如果零件上有一些面不好通过可变轮廓铣加工、用曲面驱动也不好做驱动面、用引导曲线的话

图 7-370　“侧倾刀轴”命令的典型应用

刀路又比较凌乱，那么此时就可以用侧倾刀轴来进行编程。

“侧倾刀轴”命令不能单独使用，必须依附在其他工序上面。用户可以在加工环境中选择“主页”选项卡，再选择“工序”|“更多”|“侧倾刀轴”命令，执行“侧倾刀轴”命令，如图 7-371 所示。

图 7-371　素材文件

执行命令后将打开“侧倾刀轴”对话框，其中包含“侧倾”“碰撞检查 / 避让”“机床特性”三个选项卡，如图 7-372 所示。

图 7-372　“侧倾刀轴”对话框的三个选项卡

1.“侧倾”选项卡

（1）手动侧倾：该下拉列表中包含“保持原先的”和“用户定义”两个选项。如果选择“保持原先的”，那使用三轴刀路变换为五轴刀路时，没有干涉的刀路依旧是三轴，但发生干涉的部位将会变换成五轴刀路；“用户定义”可自行指定侧倾刀轴，刀路需具体的命令去控制侧倾。

（2）参考：即刀轴侧倾旋转时的参考轴，包含 +ZM 和“初始刀轴”两个选项，如图 7-373 所示。如果绕着坐标 Z 轴就默认 +ZM 即可，如果是别的刀轴那就选择“初始刀轴”。

（3）刀具侧倾方法：包括“朝向曲线”“远离曲线”“朝向点”“远离点”“固定”等方法，如图 7-374 所示。当选择“手动侧倾”为“用户定义”时，则激活此参数，主要用来设置刀轴的侧倾方法。

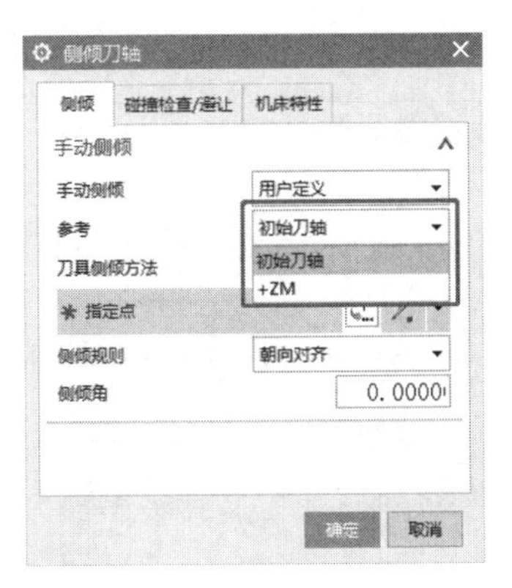

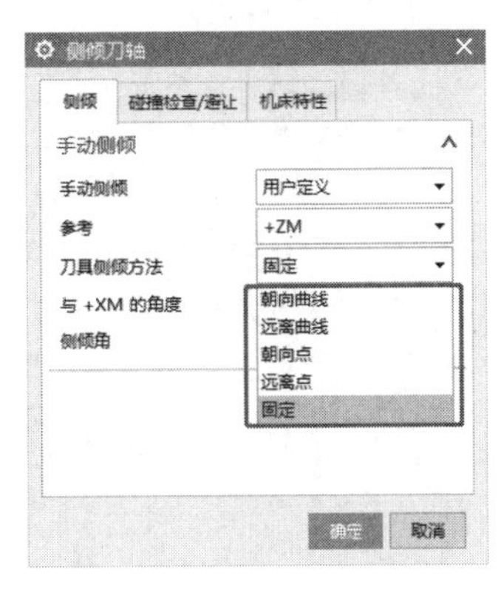

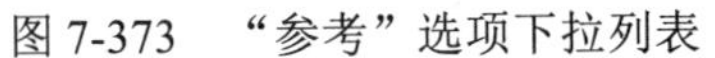
图 7-373　“参考”选项下拉列表　　　　图 7-374　“刀具侧倾方法”选项下拉列表

2.“碰撞检查 / 避让”选项卡

1）“碰撞检查 / 避让”选项组

该选项组中只有“避让方法”一个选项，可用来选择当发生碰撞需要刀轴变轴时所采取的避让方法，包括“侧倾 / 退刀”和“退刀”，如图 7-375 所示。“侧倾 / 退刀”选项可最大程度地侧倾刀具以避免碰撞，然后使刀具回到原始刀轴方位。使用“侧倾 / 退刀”方法时只能使用球刀或者圆球刀。

2）“输入”选项组

（1）避让方向：包括“旋转 / 侧倾”和“前倾 / 侧倾”两个选项，如图 7-376 所示。“旋转 / 侧倾”选项表示相对于“侧倾”选项卡的“参考”设置，来同步侧倾并旋转刀具；“前倾 / 侧倾”表示相对于刀轨来侧倾刀具，无须进行旋转。

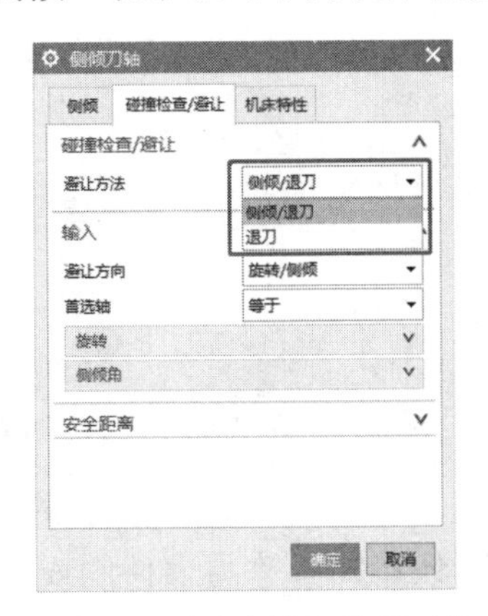

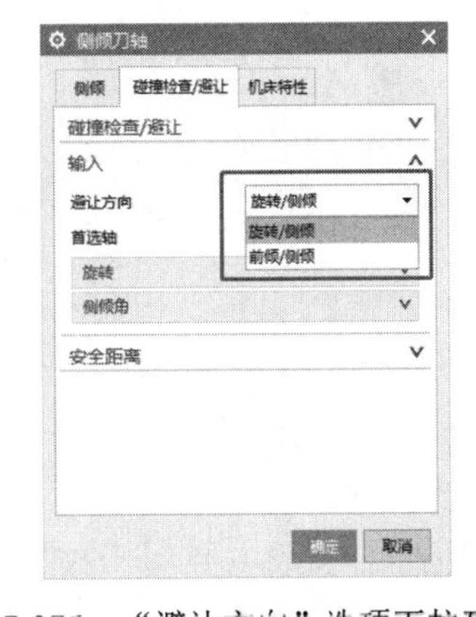

图 7-375　“避让方法”选项下拉列表　　　　图 7-376　“避让方向”选项下拉列表

（2）首选轴：包括“等于”“首选旋转”“首选侧倾”三个选项，如图 7-377 所示。“等于”表示同时等量地侧倾和旋转刀具；“首选旋转”表示首选刀轴姿态的变换是旋转，而不是侧倾；“首选侧倾”表示首选刀轴姿态是侧倾，而不是旋转。具体选择哪个选项，需要根据所加工的刀路进行判断，一般选择“等于”。

3）“旋转”选项组

该选项组用来设置旋转参数，其中，“旋转轴”下拉列表中包含四个选项，如图 7-378 所示。

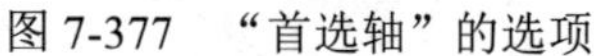

图 7-377 “首选轴”的选项

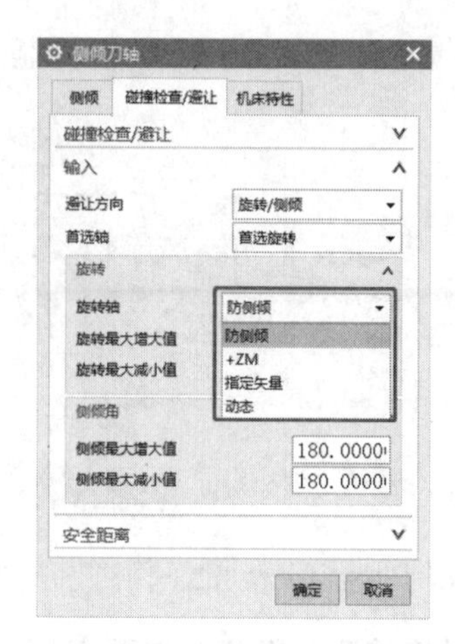

图 7-378 “旋转轴”的选项

（1）防侧倾：围绕刀具侧倾轴旋转，防止刀轴侧倾。

（2）+ZM：围绕机床 Z 轴旋转。

（3）指定矢量：围绕从列表中指定的矢量旋转。

（4）动态：围绕动态指定的矢量旋转。

当避让方向为“旋转 / 侧倾”时，“旋转轴”下面会激活“旋转最大增大值”和“旋转最大减小值”文本框，用于控制刀轴旋转量可增大或减小的最大值，如图 7-379 所示；而当避让方向为“前倾 / 侧倾”时，该参数变为“前倾最大增大值”和“前倾最大减小值”，用于设置刀轴前倾量可以增大或减小的最大值，如图 7-380 所示。

图 7-379 避让方向为“旋转 / 侧倾”时的效果

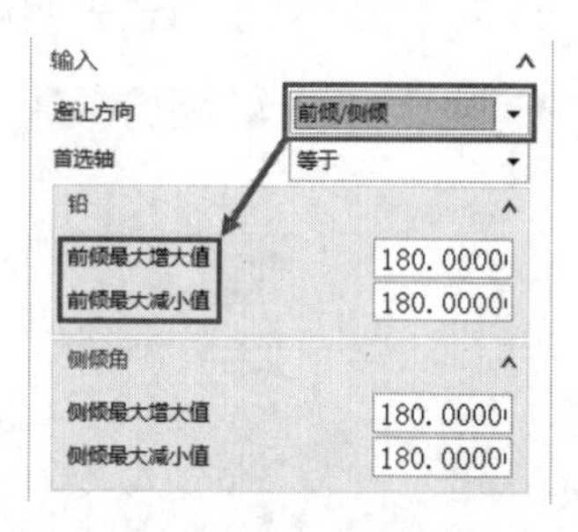

图 7-380 避让方向为“前倾 / 侧倾”时的效果

4）“安全距离”选项组

该选项组的参数主要用于控制刀柄、刀颈、刀具夹持器等与零件的安全距离，如图 7-381 所示。具体位置可见图 7-382，其中，1 为刀具的夹持器，2 为刀柄，3 为刀颈部。

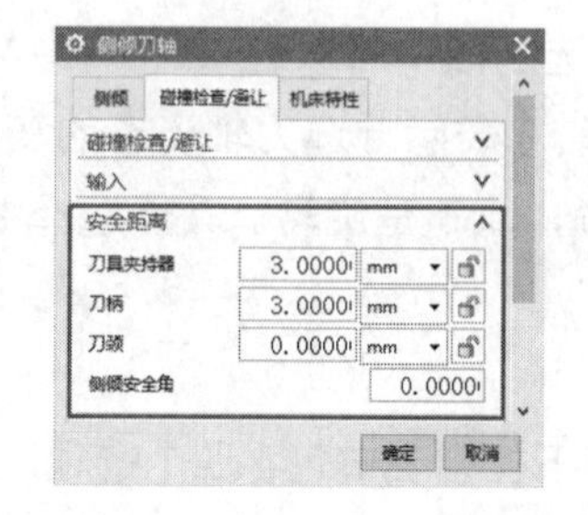

图 7-381 “安全距离”选项组

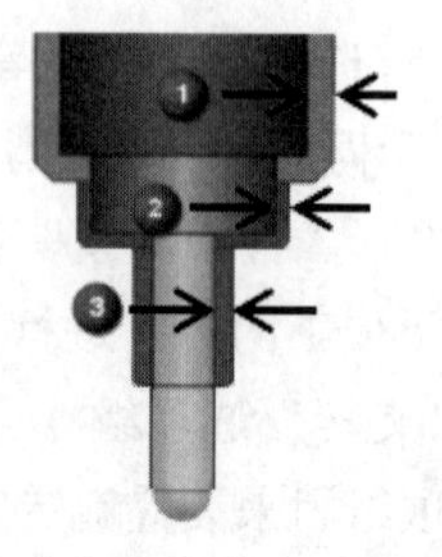

图 7-382 刀具上的各位置说明

“侧倾安全角”是指用于清除刀具的角度，UG 会将安全的距离角度添加到刀具夹持器、刀柄、刀颈。侧倾安全角的意义在于只让具有内部光顺例程的控制器拥有平稳通过刀轨的能力。值越大，控制器可以使刀轨变得光顺的自由度就越高，但是这样会缩小 NX 为避免碰撞而可以使用的侧倾范围。

3.“机床特性”选项卡

1）“旋转轴”选项组

用于指定定向刀具的轴，其中，+ZM 是默认刀轴。如果旋转轴未与机床坐标系中的 +ZM 轴对齐，这时就要选择合适的刀轴，在下拉列表中提供了三个方向：+XM，+ YM，+ZM。

2）“旋转 / 侧倾轴限制”选项组

该选项组下包含“最小角度”和“最大角度”两个文本框。如果刀具与部件发生干涉，需要变轴，就可以通过这两个文本框来设置刀具轴可侧倾的最小角度和最大角度。角度通过工序的主 MCS 轴进行测量，默认值为 0° 和 180°，如果最大角度无法足够避免碰撞，则 UG 修剪刀轨并退回刀具。一般此参数也是默认的，可以控制刀路的加工范围。

3）“最大刀轴更改”选项组

（1）度数 / 步长：设置用于控制输出刀轨上两个刀具位置之间摆动或侧倾刀轴的最大角度。默认值是 180°。

（2）最大步长：主要用于控制线性距离，沿着切削方向在输出刀轨上的两个刀具位置之间进行测量。UG 会在多个点处计算侧倾角。默认值为刀具直径的 30%。步长越小，则会创建越多数据点，并且 UG 会调整刀轴侧倾以避免碰撞。步长越大，性能越高，效率越高，但是如果步长太大，则 UG 可能没有足够的数据点来避免碰撞，造成撞刀危险。

【案例 7-16】　侧倾刀轴

1. 创建固定轮廓铣工序

（1）打开“素材 \ 第 7 章”下的相应素材文件。

（2）创建“固定轮廓铣”工序，在打开的“固定轮廓铣”对话框中选择整个零件为部件，前脸为切削区域，如图 7-383 所示。

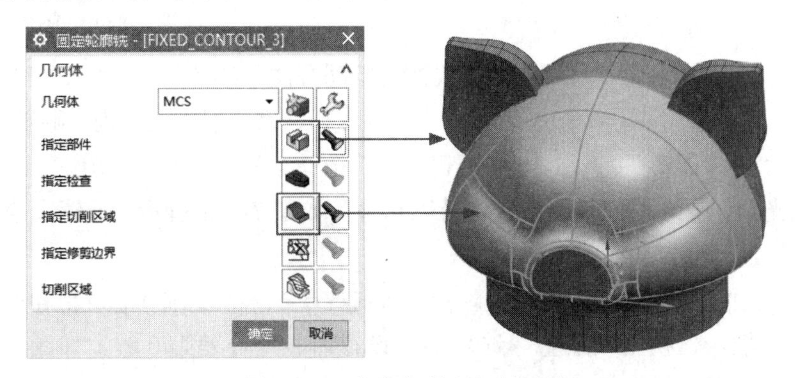

图 7-383　指定部件和切削区域

（3）设置加工刀具。执行“新建刀具”命令，创建一球头铣刀，命名为D10R5，刀具参数和刀柄参数如图7-384和图7-385所示。设置完成后单击“确定”按钮，返回“固定轮廓铣”对话框。

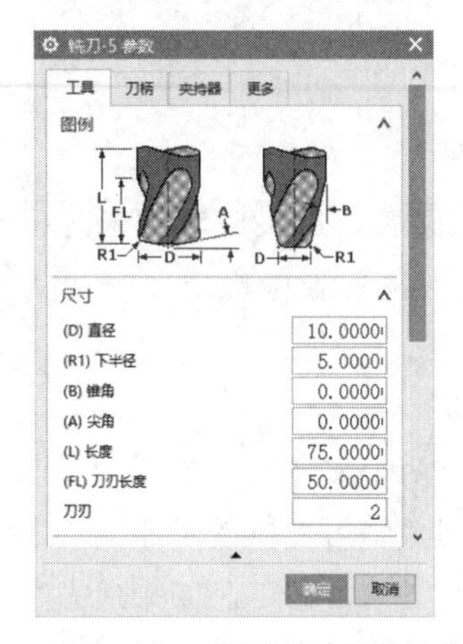

图7-384　设置刀具参数

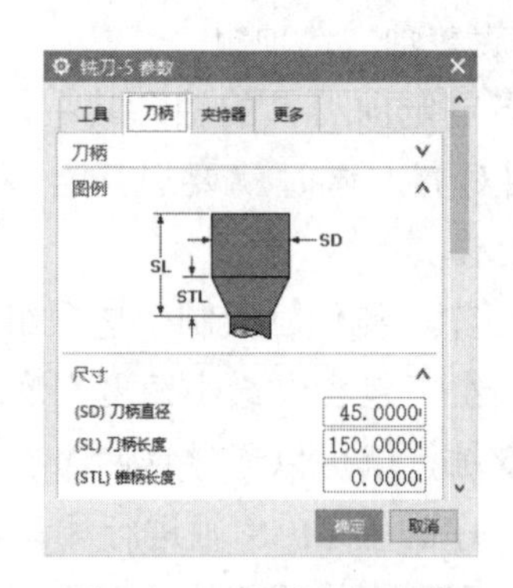

图7-385　设置刀柄参数

（4）设置刀轴。展开“刀轴”选项组，选择轴方法为“指定矢量”，然后选择-YM方向，如图7-386所示。

（5）选择驱动方法。展开“驱动方法”选项组，选择驱动方法为“区域铣削”，如图7-387所示。

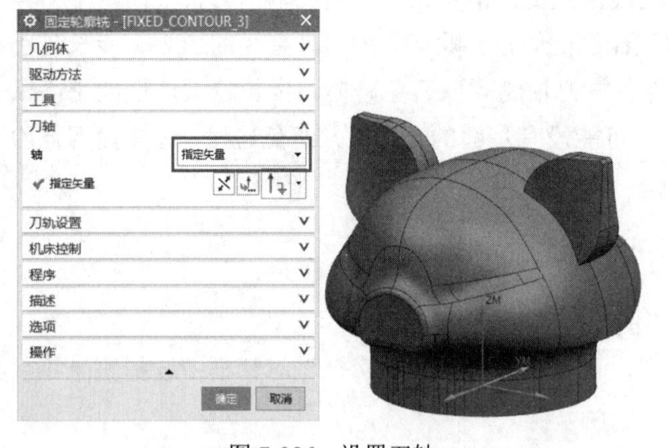

图7-386　设置刀轴

图7-387　选择驱动方法

（6）选择驱动方法后，将打开“区域铣削驱动方法”对话框，“方法”和“重叠区域”都选择“无”，设置“非陡峭切削模式”为“往复”，“切削方向”为“顺铣”，“步距”为“恒定”，“最大距离”为0.5，“步距已应用”选择“在部件上”，切削角选为“自动”，勾选“刀轨光顺”复选框，其他参数保持默认值，如图7-388所示。设置完成后单击“确定”按钮，返回“固定轮廓铣”对话框。

（7）设置切削参数。在“固定轮廓铣”对话框中单击“切削参数”按钮，打开“切削参数”对话框，切换至“余量”选项卡，设置内、外公差为0.01，如图7-389所示。设置完后单击“确定”按钮，返回“固定轮廓铣”对话框。

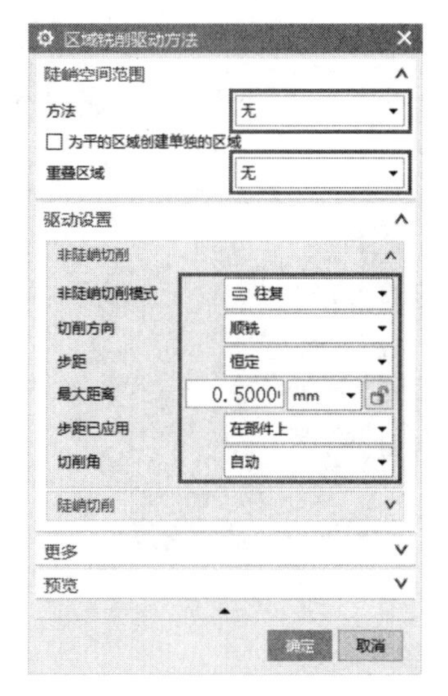

图 7-388 设置驱动方法

图 7-389 设置切削参数

（8）设置非切削移动。在“固定轮廓铣”对话框中单击“非切削移动”按钮，打开“非切削移动”对话框，切换至“光顺”选项卡，勾选“替代为光顺连接”复选框，如图 7-390 所示。其他参数和选项卡保持默认即可，主要为优化小跳刀。

（9）设置完成后单击“确定”按钮，返回“固定轮廓铣”对话框，然后生成刀路，如图 7-391 所示。可见刀柄为过切状态，如图 7-392 中箭头处，这时就可以通过“侧倾刀轴”命令来进行修正。

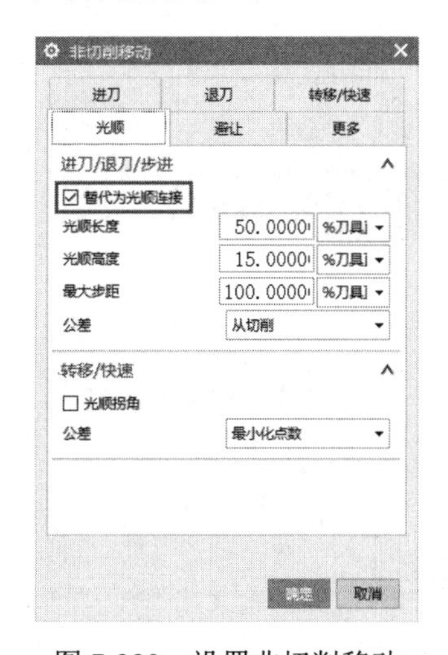

图 7-390 设置非切削移动

图 7-391 生成刀路

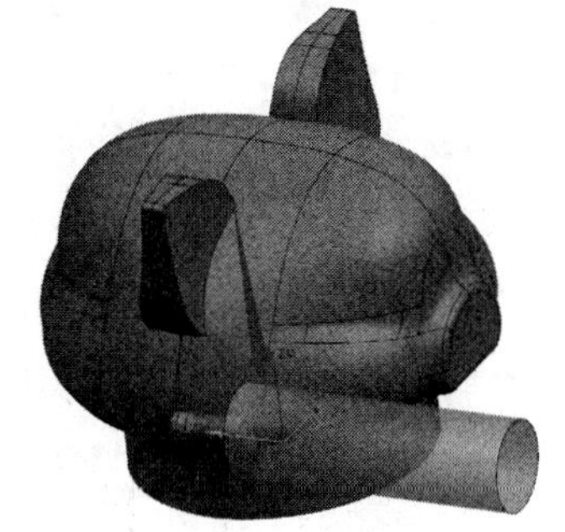

图 7-392 刀柄出现过切

2. 添加侧倾刀轴

（1）在工序导航器的“程序顺序”视图中选择所创建的固定轮廓铣刀路，然后执行“侧倾刀轴”命令，如图 7-393 所示。

（2）执行命令后打开“侧倾刀轴”对话框，在“侧倾”选项卡中选择手动侧倾为“保持原先的”，其他参数均不用改，即可让刀轴进行自动避让。单击“确定”按钮结束操作，然后再次生成刀路，可见过切位置已经避开，如图 7-394 所示。

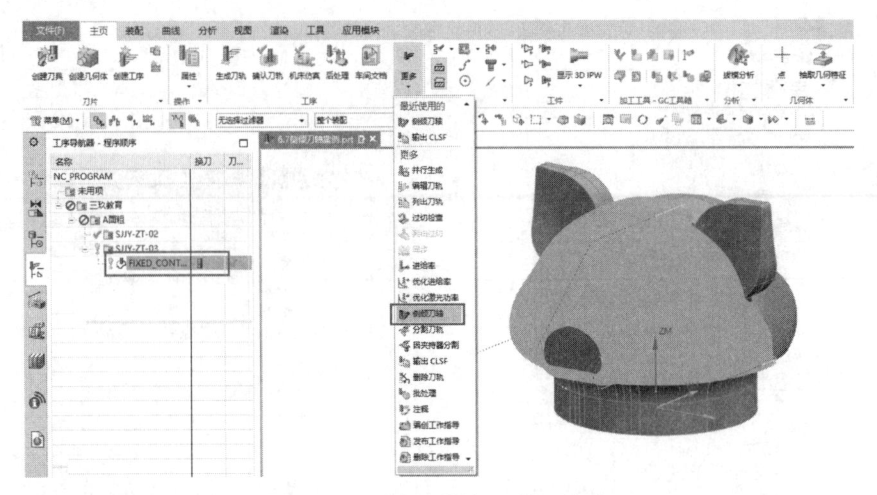

图 7-393　选择“侧倾刀轴”命令

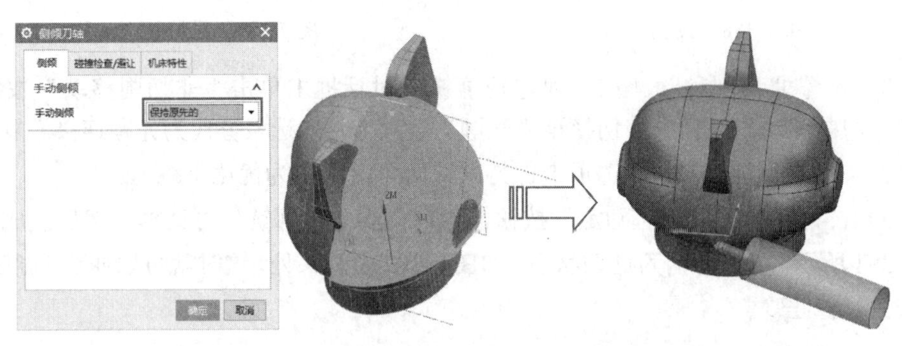

图 7-394　设置侧倾刀轴效果

7.8　UG NX 1980 版本的多轴粗加工

多轴粗加工为 UG NX 12.0 及以后的版本新增的内容，如图 7-395 所示。有些零件在开粗时只能使用定轴或者用曲线驱动，但是这些方法做出来的程序残留比较多，而且余量不均匀，还需要继续进行编程优化，造成编程工作量大，如图 7-396 所示。

图 7-395　创建工序

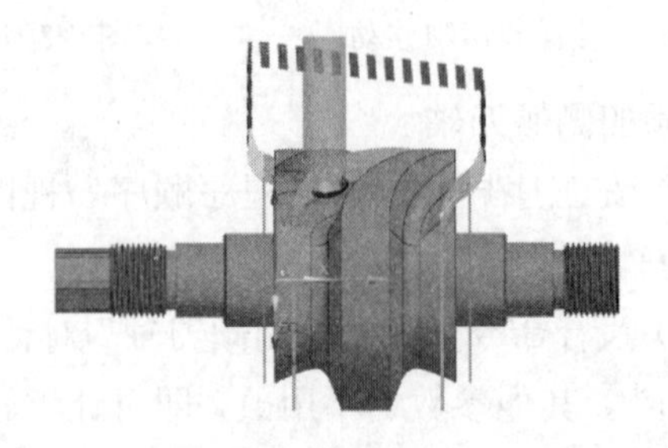

图 7-396　常规方法残余部位较多

同类编程软件早已实现多轴联动开粗，如图 7-397 所示为使用多轴联动开粗编写的程序，大大降低了编程的工作量，所以很有必要及时学习 UG 高版本的内容，以方便工作。

新增的多轴粗加工，命令比较简单，之前学习过 UG 多轴命令的，也能很快学会，应用在实际的工作中，图 7-398 是此命令的主要设置界面，也是需要重点学习的。

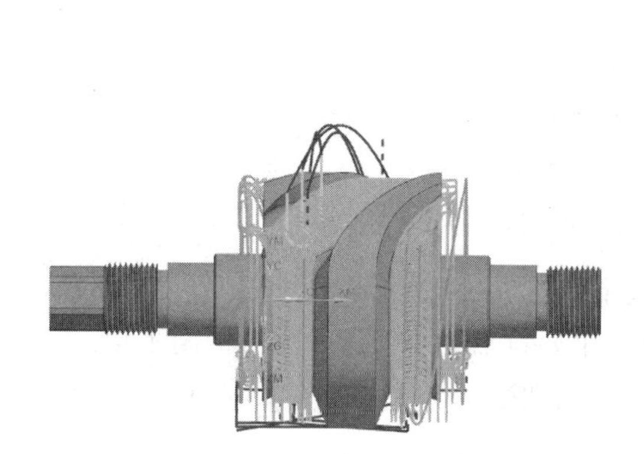

图 7-397　多轴联动开粗程序的刀路效果

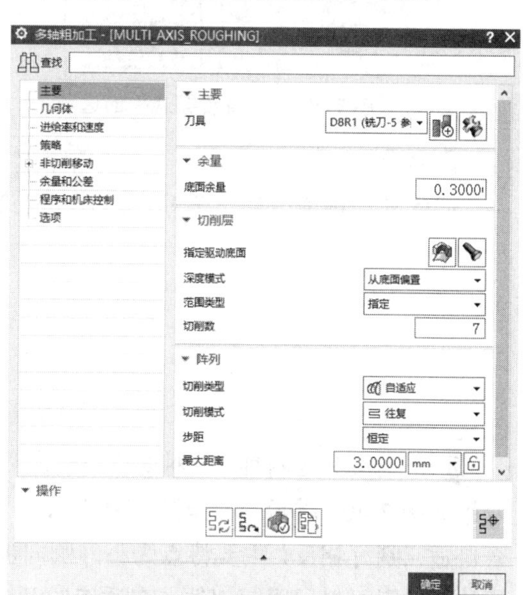

图 7-398　“多轴粗加工”对话框

下面讲解新增的命令。

1. 切削层

“切削层”选项组如图 7-399 所示，各选项含义分别介绍如下。

（1）指定驱动底面：此命令非常重要，用来控制开粗的刀轴，一般选择底面为驱动面，四轴零件如果零件的底面不是圆柱面，那么就要设置一个圆柱，把圆柱选为驱动面，才能做出四轴刀路，如图 7-400 中箭头所指为驱动底面。

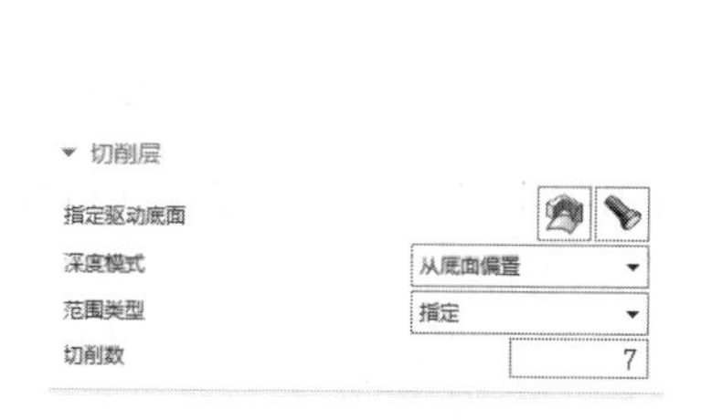

图 7-399　“切削层”选项组

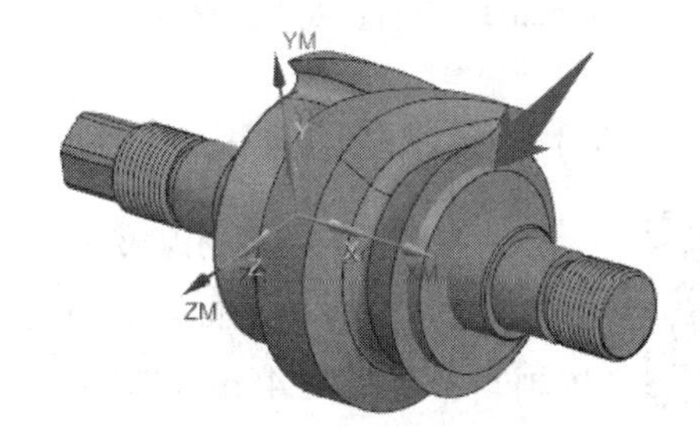

图 7-400　指定驱动底面

（2）深度模式：控制切削深度有三种模式，分别为“从底面偏置”“从顶面偏置”和“在顶面和底面间插补”，如图 7-401 所示。“从底面偏置”表示从底面开始偏置计算生成刀路；“从顶面偏置”和底面偏置类似，偏置的方向由底面改为顶面；“在顶面和底面间插补”则是在顶面和底面之间进行偏置，从而生成刀路，一般使用默认的从“底面偏置”即可。

（3）范围类型：有“自动”和“指定”之分，如图 7-402 所示。“自动”需要设置每一层的切削深度，“指定”则要指定总共要切的层数，然后软件自动进行计算。

图 7-401　“深度模式”的选项

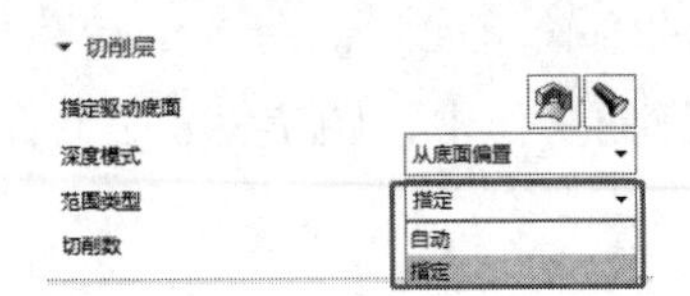

图 7-402　“范围类型”的选项

2. 阵列

“阵列”选项组如图 7-403 所示，主要控制的是切削类型的设置。

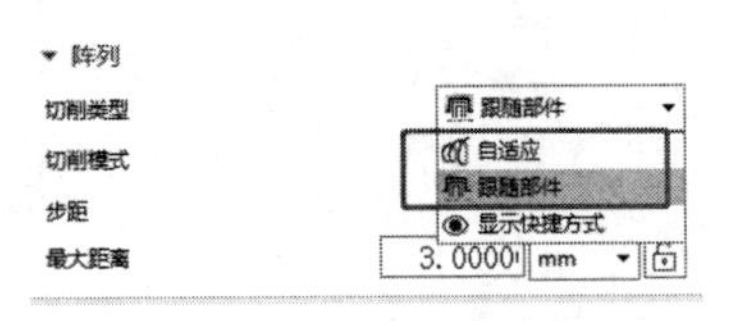

图 7-403　“阵列”选项组

切削类型分为两种，一种是“自适应”，效果如图 7-404 所示；一种是“跟随部件”，效果如图 7-405 所示。“跟随部件”最为常见，主要特点为小切深，大的侧向步距，那么自适应刚好相反，主要特点为小的侧向步距，大的切削。一般软的材料可以用自适应，硬的材料则可以用跟随部件，自适应的开粗效率最高。

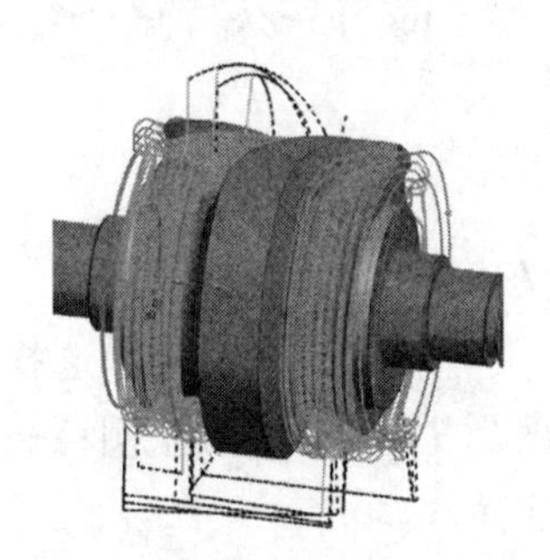

图 7-404　“自适应”效果

图 7-405　“跟随部件”效果

【案例 7-17】　多轴联动开粗－四轴

（1）打开“素材 \ 第 7 章”下的相应素材文件，如图 7-406 所示。

（2）设置驱动面。进入建模模块，执行“草图”命令，在图 7-407 位置画一个直径为 45mm 的圆。

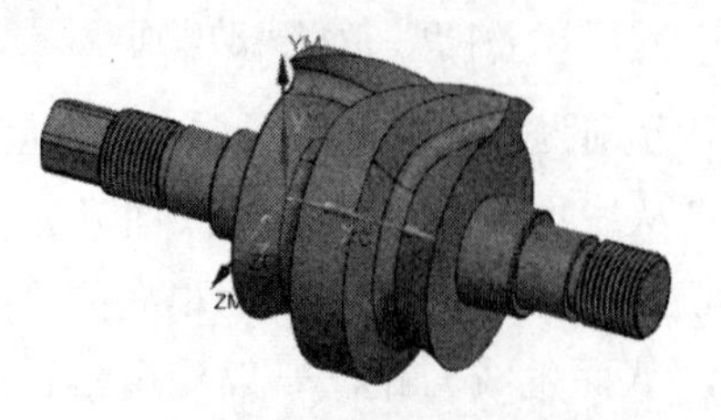

图 7-406　素材文件

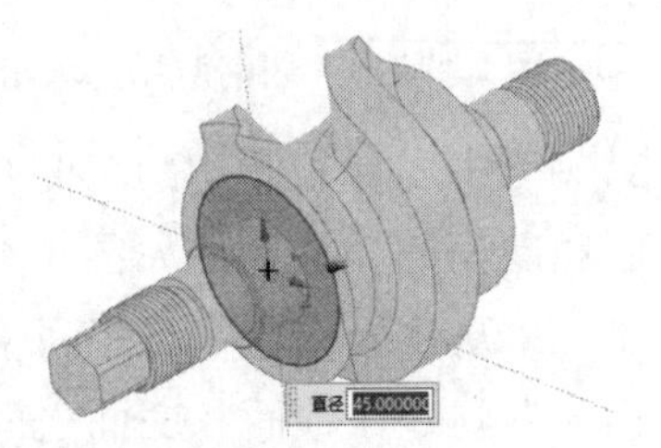

图 7-407　绘制辅助圆

（3）完成草图，执行“拉伸”命令，拉伸距离起始距离 5mm，终止距离 -55mm，这个圆柱因为是驱动面，所以要完全贯通要加工的部件并延伸 5mm，如图 7-408 所示。

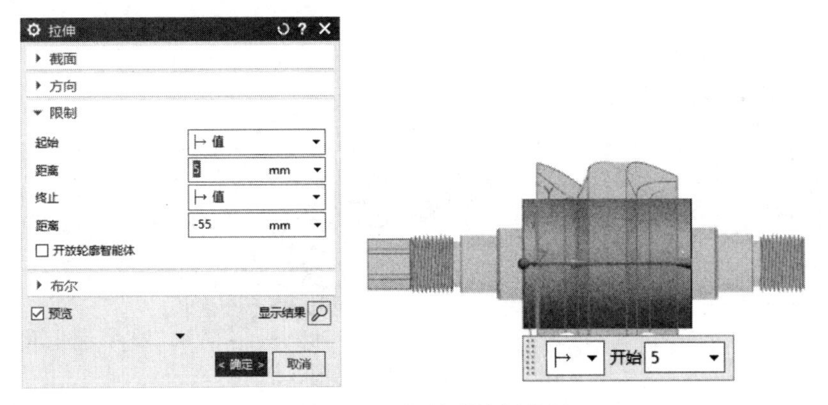

图 7-408 拉伸所绘制的圆

（4）插入工序，选择多轴粗加工，如图 7-409 所示。

（5）设置刀具为 D8R1，整个零件为部件，选择图 7-410 中拉伸的圆为驱动面，“深度模式”为“从底面偏置”，“切削层”选择“自动”，“距离”改为 3mm，如图 7-410 所示。

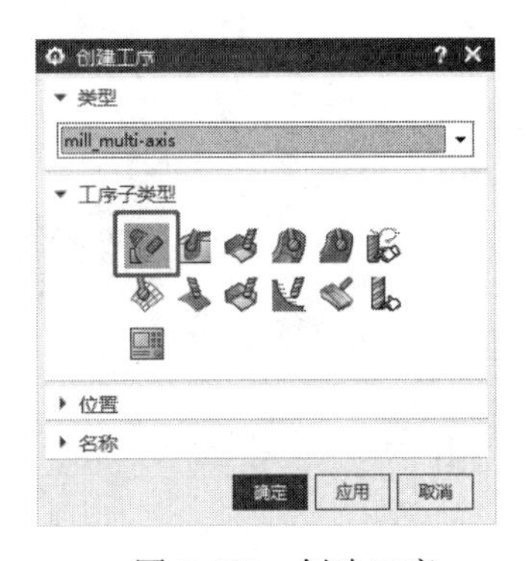

图 7-409 创建工序

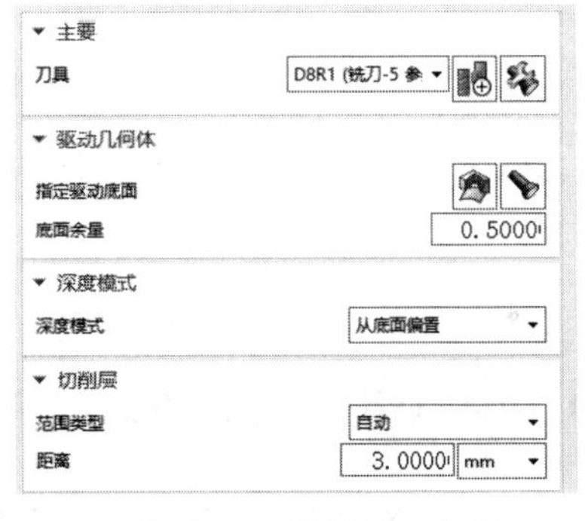

图 7-410 设置加工参数

（6）“中间层”选择“关”，“切削类型”为“自适应”，“切削模式”为“往复”，“步距”为“恒定”，“最大距离”为 1mm，如图 7-411 所示。

（7）在几何体中设置几何体和毛坯如图 7-412 所示。

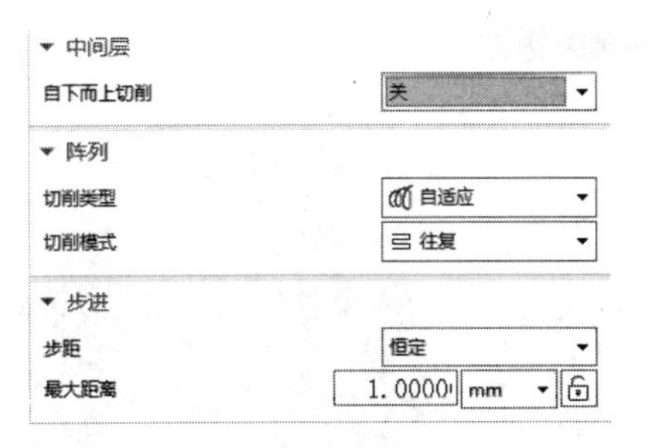

图 7-411 设置其他加工参数

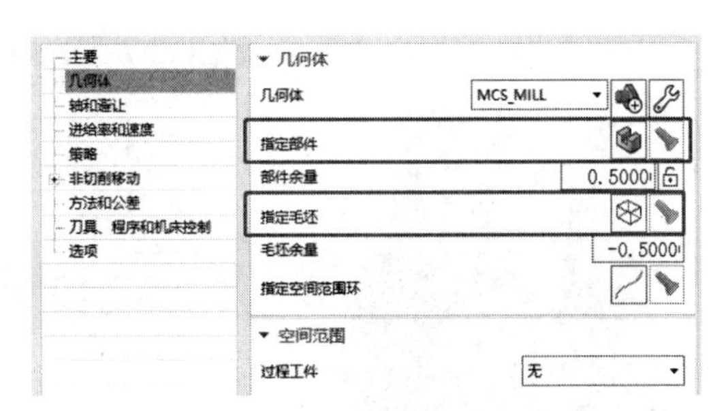

图 7-412 指定部件和毛坯

（8）毛坯则用包容体里面的包容圆柱创建，如图 7-413 所示。

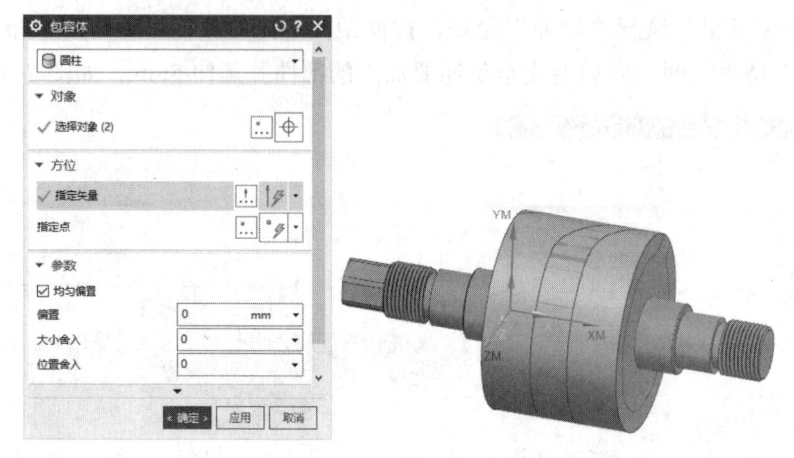

图 7-413　设置毛坯选项

（9）单击非切削移动，设置“高度”为 1，“直径”为 50%，“斜坡角”为 3°，“最小斜坡长度”改为 20，“退刀高度”为 1mm，如图 7-414 所示。

（10）设置完后单击“确定”按钮，返回加工对话框，然后可生成刀路，如图 7-415 所示。

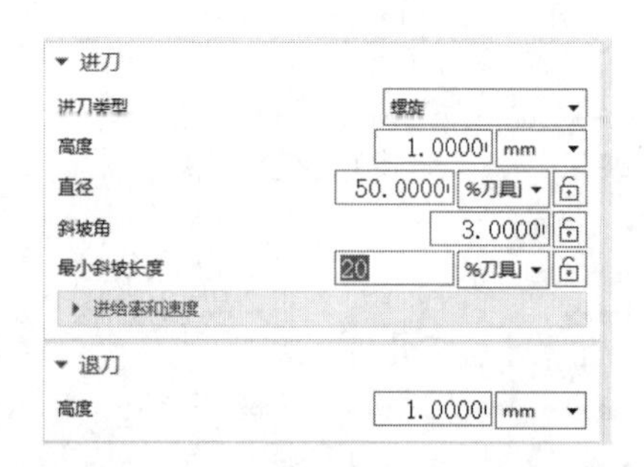

图 7-414　设置非切削移动参数

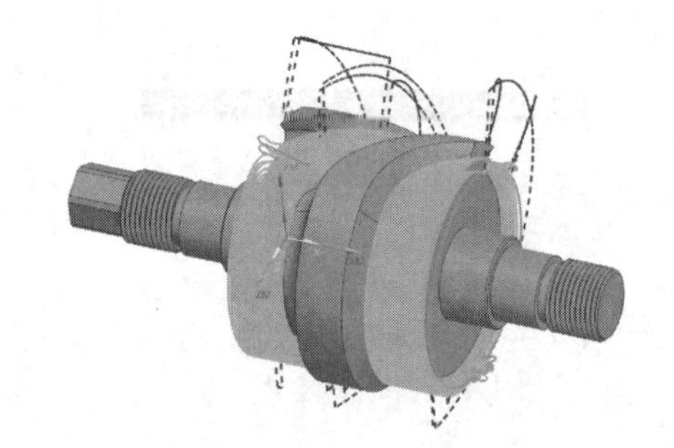

图 7-415　刀路效果

【案例 7-18】　多轴联动开粗——五轴

（1）打开“素材 \ 第 7 章”下的相应素材文件，如图 7-416 所示。

（2）创建毛坯。执行“截面曲线”命令，设置要剖切的对象为整个体，平面选择“自动判断”，单击图 7-417 中两个箭头所指向的面。

图 7-416　最大角度为 180° 时的效果

图 7-417　最大角度为 30° 时的效果

（3）执行“旋转”命令，现在的线为刚创建的剖切线，旋转角度为45°，旋转的中心在这个零件的轴心位置，矢量为顶面的端面方向，如图7-418中箭头所指。

（4）布尔运算选择“无”，选择完成，效果如图7-419所示。

图7-418　执行“旋转”命令

图7-419　旋转效果

（5）执行“直线”命令，连接图中两条线，如图7-420所示，然后执行“旋转”命令，选中图7-421中的线，主要选线的时候打开，在相交处停止旋转命令，旋转角为44°，布尔运算依旧选择“无”，完全覆盖住底面开口即可。因为此处不需要切削，所以要做辅助面封堵，结果如图7-422所示。

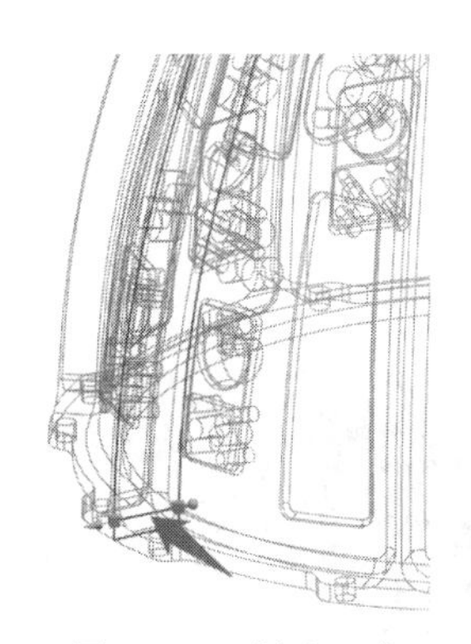

图7-420　创建工序

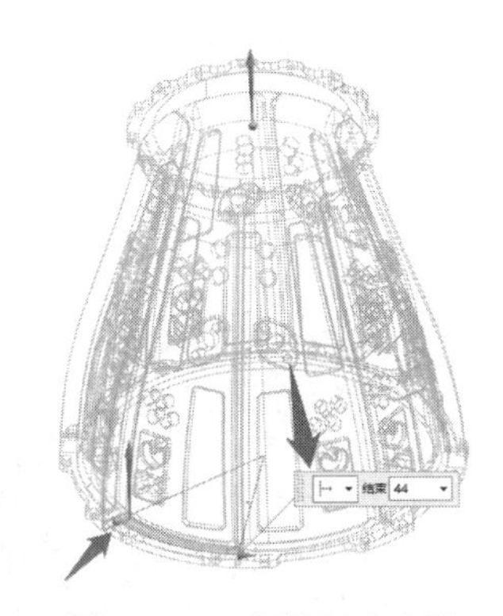

图7-421　选择驱动方法

图7-422　选择驱动方法

（6）执行“修补开口”命令，对零件上的孔进行修补，要修补的面选为开口所在的面，要修补的开口直接单击边缘线即可。修补完成如图7-423所示。

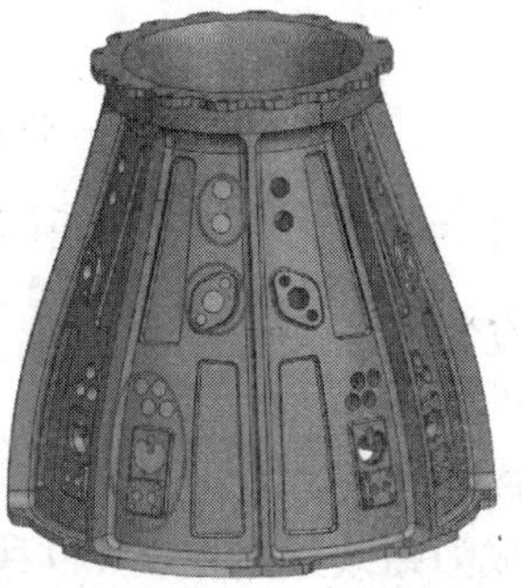

图7-423　修补模型上的开口

（7）创建工序，选择多轴粗加工，如图 7-424 所示。

（8）设置开粗加工刀具为 D20R1，驱动底面如图 7-425 中箭头所指。

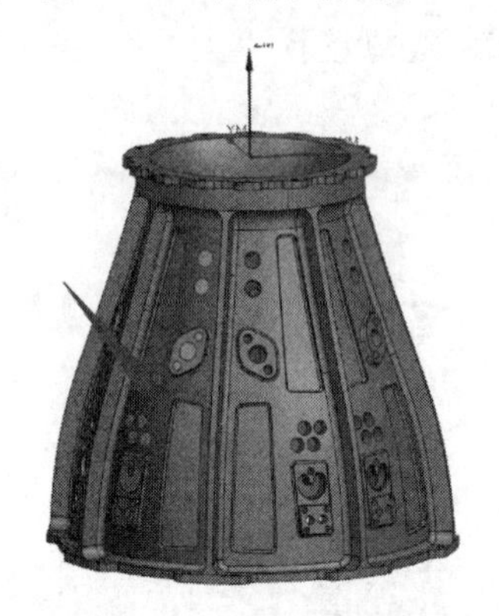

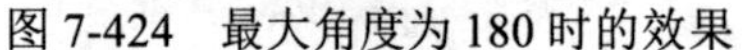

图 7-424　最大角度为 180 时的效果　　　图 7-425　选择驱动底面

（9）选择底面，“深度模式”为“从底面偏置”，切削层“范围类型”设置为“自动”，“距离”为 3，“中间层”为“关”，“切削类型”为“跟随部件”，“切削模式”为“往复”，“步距”为“恒定”，“最大距离”设为 60% 刀具直径，如图 7-426 所示。

图 7-426　设置多轴粗加工参数

（10）设置零件为部件，并且选中所创建的辅助体。毛坯选为步骤（2）中创建的毛坯，余量设置为 0.5，如图 7-427 所示。

（11）设置“进刀类型”为“螺旋”，“高度”为 1，“直径”为 60% 刀具直径，“斜坡角”为 3°，“最小斜坡长度”为 55，退刀高度设置为 1，如图 7-428 所示。

（12）此时生成刀路效果如图 7-429 所示。

（13）在工序导航器的“程序顺序”视图中选择所生成的刀路，然后右击，在弹出

的快捷菜单中选择“对象”|“变换”命令，打开“变换”对话框，“类型”选择为“通过一平面镜像”，平面设置为“自动判断”，软件会自动判断出一张对中面，“结果”选为“复制”，刀路镜像完成，如图 7-430 所示。

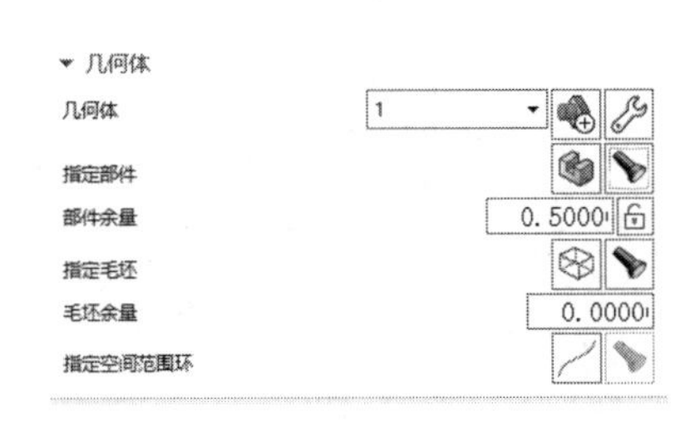

图 7-427　最大角度为 180 时的效果

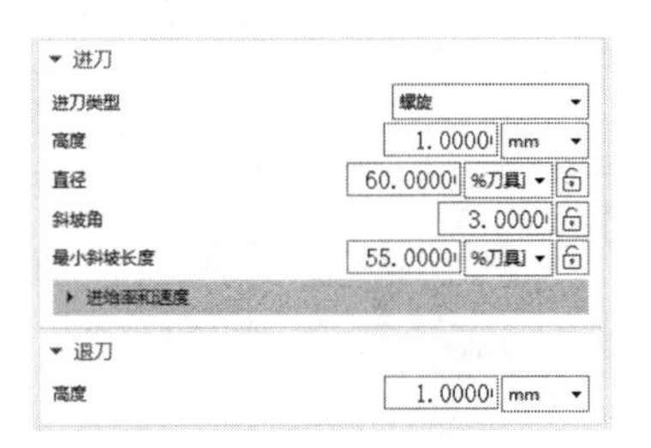

图 7-428　设置进刀参数

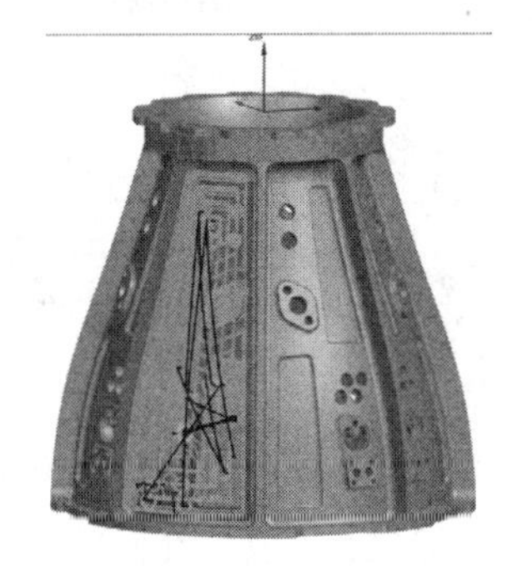

图 7-429　最大角度为 180°时的效果

图 7-430　最大角度为 30°的效果

（14）按住 Shift 键，单击刚才阵列完成的刀路和原本的刀路，即可一起选中，如图 7-431 所示。

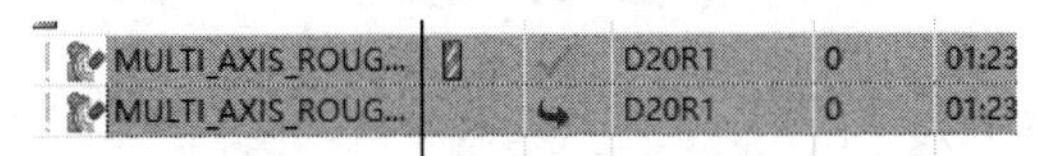

MULTI_AXIS_ROUG...		D20R1	0	01:23
MULTI_AXIS_ROUG...		D20R1	0	01:23

图 7-431　选择要变换的刀路

（15）右击，在弹出的快捷菜单中选择“对象”|“变换”命令，打开“变换”对话框，在“类型”里选择“绕直线旋转”，“直线方法”选为“点和矢量”，“指定点”设置为零件轴心位置，矢量方向为端面方向，“角度”设置为 90°，结果里面设置非关联副本数为 3，单击“预览”按钮，预览完成单击“确定”按钮，如图 7-432 所示。

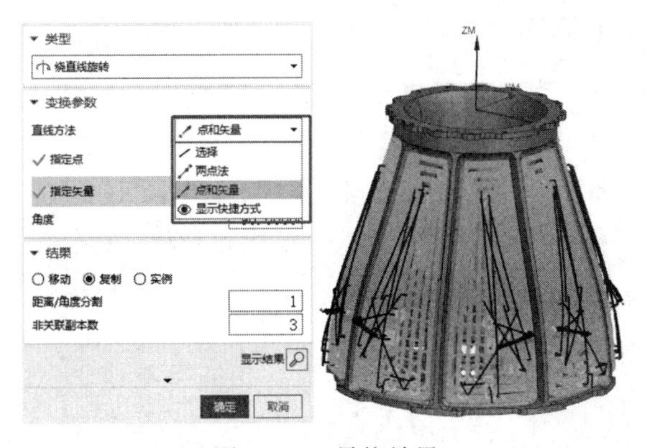

图 7-432　最终效果

第 8 章 FANUC Oi T 车床编程和操作

车削是指工件旋转，车刀在平面内做直线或曲线移动的切削加工。车削一般在车床上进行，用以加工工件的内外圆柱面、端面、圆锥面、成型面和螺纹等。车削加工在制造业中是使用得最为广泛的一种。

本章学习内容

- 数控车床编程基础
- 程序结构
- 常用 G 代码详解
- 零件程序的输入、编辑和存储

8.1 数控车床编程基础

鉴于在实际工作中，使用NX进行车削编程的场景很少，绝大部分都是数控车床上进行手工编程，因此本章将主要以FUNAC系统为主，讲述车削加工的各种加工类型，希望读者阅读完本章后，可以了解车削加工的基本原理，掌握车削加工的主要操作步骤，并能熟练地对车削加工参数进行设置。

8.1.1 认识数控车床

车削加工是最为传统的机械加工方法之一。传统的车削机床都是用手工操作进行作业的，加工时用手摇动机械刀具切削金属，靠眼睛用卡尺等工具测量产品的精度，如图8-1所示。

图8-1 传统车削加工

而现代工业已可使用计算机数字化控制的机床进行作业。与传统的车床相比，数控车床最直观的区别就在于多了一个可进行交互的操作台，如图8-2所示。技术人员可通过该操作台进行编程，或者输入事先编好的程序，来自动对任何产品和零部件进行加工。

图8-2 数控车床加工

为了更好地讲解，本章将通过斯沃数控仿真软件来介绍数控车削的操作方法。斯沃数控仿真软件是一款功能强大的数控车铣及加工中心仿真软件，系统结合机床厂家实际加工制造经验与高校教学训练一体开发，真实感强，具有目前各种主流的数控系统和操作面板，效果逼真。

不同商家的数控车床，其操作台的系统、显示数据也不一样，本章以 FANUC Oi T 车床系统为主进行讲解，其界面如图 8-3 所示。

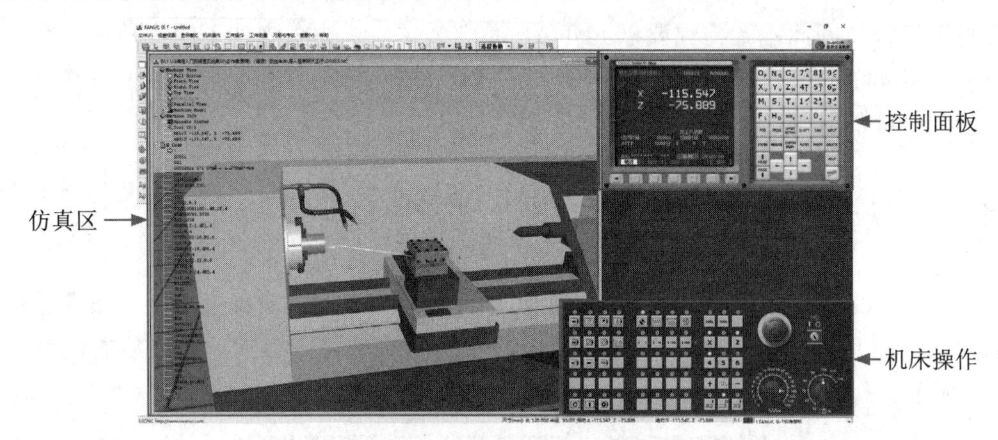

图 8-3　斯沃数控仿真软件中模拟车床界面

8.1.2　FANUC Oi T 系统中的控制面板

FANUC Oi T 系统的控制面板，其左侧为数控系统显示屏，右侧为操作面板，如图 8-4 所示。用操作面板结合显示屏即可进行数控加工操作。

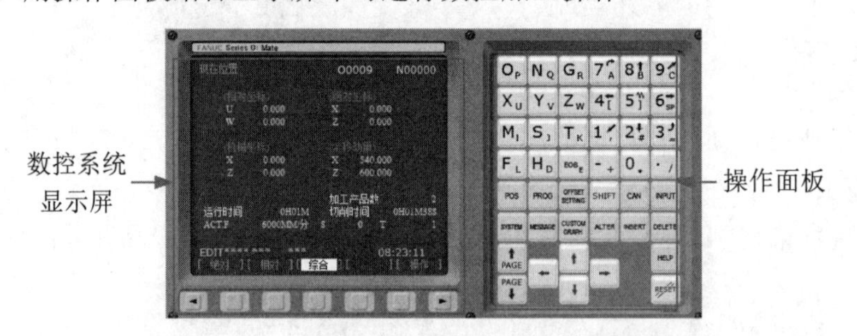

图 8-4　FANUC Oi T 系统中的控制面板

1. 数控系统显示屏

数控系统显示屏位于整个机床面板的上方，包括显示区和屏幕相对应的功能软键，如图 8-5 所示。显示区用以显示当前程序的信息，功能软键用于切换显示区的显示内容，在不同的显示界面中各软键的用途也是不同的。

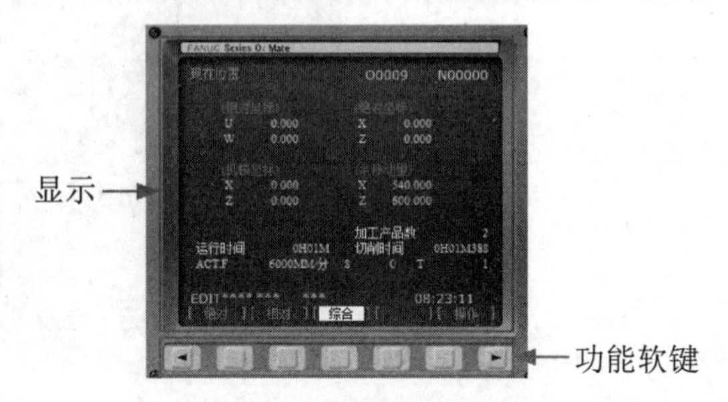

图 8-5　数控系统显示屏

2. 操作面板

操作面板又称作 MDI 面板（Manual Date

Input，手动输入面板），一般位于CRT显示区的右侧，用于手动输入指令。操作面板上的按键按用途分为数字/字母区、功能区、编辑区、翻页区、光标区等，如图8-6所示。

1）数字/字母区

数字/字母区用于输入数据到显示区。需要注意的是，数字键和字母键有部分重叠，比如按键“7”就包含数字“7”和字母“A”，但是在输入时，系统会自动判别应该取数字还是取字母，如图8-7所示。

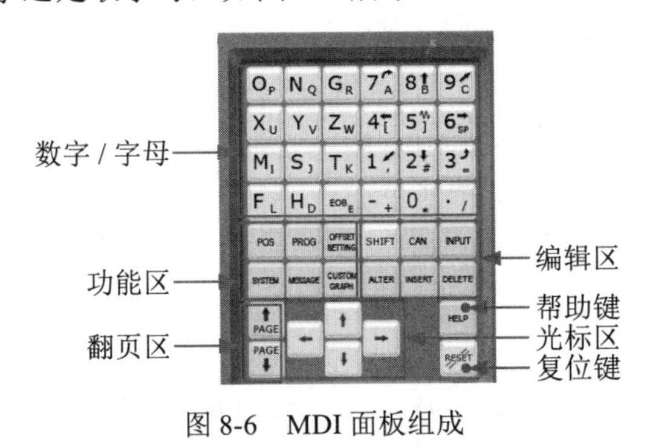

图8-6　MDI面板组成

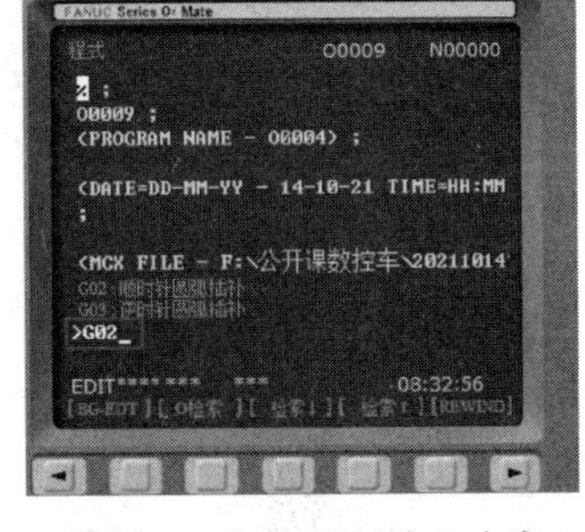

图8-7　自动识别输入内容

提示：此外，在数字/字母区中有一个“回车换行”按钮，可以用来输入“;”，也可以结束一行程序的输入并且换行。

2）功能区

在操作MDI键盘时，应先按相应的功能键，然后再按该功能键所对应的软键。在MDI键盘上共有六个功能键，分别是POS、PROG、OFFSET SETTING、SYSTEM、MESSAGE、CUSTOM GRAPH，分别介绍如下。

（1）POS：按此键显示位置画面。位置显示有三种方式，即“绝对（ABS）”，显示绝对坐标画面；“相对（REL）”，显示相对坐标画面；“综合（ALL）”，显示所有坐标画面。可用翻页区的PAGE键选择。

（2）PROG：将机床操作面板上的“方式选择开关”选择为“自动方式（AUTO）”后，按此键显示当前执行的程序画面。将机床操作面板上的“方式选择开关”选择为“编辑方式（EDIT）”或“手动数据输入方式（MDI）”后，按此键后再通过按相应的软键可进行程序的编辑、修改、程序查找等操作。

（3）OFFSET SETTING：按此键显示刀偏/设定（SETTING）画面，可进行刀具补偿值的设置和显示、工件坐标系设定、宏变量设置、刀具寿命管理设定、工件偏移值设置以及其他数据设置等操作。

（4）SYSTEM：按此键显示系统画面，可进行机床参数的设定、显示和诊断数据的显示等操作。修改机床参数可能发生意想不到的后果，如果有必要修改机床参数时，必须由专业人员来进行操作。

（5）MESSAGE：按此键显示信息画面。按此功能键后可显示的画面有报警画面、当前操作状态信息画面、报警履历画面。

（6）CUSTOM GRAPH：按此键显示用户宏画面（会话式宏画面）或显示图形画面。用户宏画面是由机床制造厂家建立的初始画面。有关用户宏画面的详细情况可参考机床制造厂提供的相应说明书。图形画面能显示刀具在程序自动运行时的刀具轨迹图形，操作者可通过观察显示器上的刀具轨迹来检查加工进程。

3）编辑区

该区域中的键位用于编辑和输入程序，包括SHIFT、CAN、INPUT、ALTER、INSERT、DELETE共六个键位，分别介绍如下。

（1）（SHIFT）换挡键：在数字/字母区上的按键基本都有两个字符，比如前文介绍的按键“7”就包含数字“7”和字母“A”。其中，靠左边较大的字符是默认字符，如数字“7”就是默认字符。如果要输入右下角较小的字母“A”，那么就可以先按SHIFT（换挡键），再按按键“7”，就可以输入字母“A”，如图8-8所示。

图8-8　单个键上有多个内容

（2）（CAN）取消键：按此键可删除显示区光标前的一个字符或符号。

（3）（INPUT）输入键：可把输入域内的数据输入参数页面或者输入一个外部的数控程序。

（4）（ALTER）替换键：用输入的数据替代光标所在的数据。

（5）（INSERT）插入键：把输入域之中的数据插入到当前光标之后的位置。

（6）（DELETE）删除键：删除光标所在的数据，或者删除一个数控程序或者删除全部数控程序。

4）其他键位

（1）（CAN）取消键：按此键可删除显示区光标前的一个字符或符号。

（2）（PAGE ↑）上翻页、（PAGE ↓）下翻页：这两个键的作用是使当前屏幕画面向前或向后翻一页。

（3）←、↑、→、↓：这四个光标移动键的作用是使光标朝前、后、左、右方向按一定的尺寸单位移动。

（4）（HELP）帮助键：按此键用来显示如何操作机床，并可在CNC发生报警时提供详细的报警信息。

（5）（RESET）复位键：按此键可使系统复位，用以消除报警等。复位键的作用和计算机上的“刷新”功能差不多，在“编辑方式”下按“复位键”，可以将光标回到程序开头；在其他方式下按“复位键”，可使程序停止运行、机床运动停止等。

8.1.3　FANUC Oi T系统中的机床操作区

对于没有实际操作基础的初学者来说，直接上手真机操作容易出现问题，造成材料的浪费。因此使用斯沃数控仿真软件，就可以在计算机上模拟机床操作，短时间内掌握各种系统的数控车、数控铣及加工中心等操作。

在机床操作区中提供了非常全面的机床操作按钮，主要用于控制机床的运动和选择机床运行状态，由模式选择旋钮、数控程序运行控制开关等多个部分组成，如图8-9所示。每一部分的详细说明如下。

图8-9　FANUC Oi T系统中的机床操作区

1. 模式选择区

AUTO：进入自动加工模式。

EDIT：用于直接通过操作面板输入数控程序和编辑程序。

MDI：手动数据输入。

DNC：用232电缆线连接计算机和数控机床，选择数控程序文件传输。

REF：回参考点。

JOG：手动方式，手动连续移动台面或者刀具。

INC：增量进给。

HND：以手轮方式移动台面或刀具。

2. 功能选择区

单步执行开关：每次执行一条数控指令。

程序段跳读：自动方式按下次键，跳过程序段开头带有“/”的程序。

程序停：自动方式下，遇有M00程序停止。

手动示教：通过手动方式移动机床工作台产生加工程序，相当于仿型。

程序重启动：由于刀具破损等原因自动停止后，程序可以从指定的程序段重新启动。

程序锁开关：按下此键，机床各轴被锁住。

机床空转：按下此键，各轴以固定的速度运动。

3. 数控程序运行控制开关

程序运行开始：模式选择旋钮在AUTO和MDI位置时按下有效，其余时间按下无效。

程序运行停止：在数控程序运行中，按下此键停止程序运行。

4. 辅助功能区

冷却液开关：按下此键，启用冷却液。

在刀库中选刀：按下此键，从刀库中选刀。

5. 手动移动区

手动移动区包含多个类型的按钮，分别介绍如下。

1）手动移动机床台面按钮

按钮如图 8-10 所示。在手动方式下按 X 或 Z 选择进给方向；按+或-即可使刀架沿所选轴的方向进行移动；按X和Z中间的快速键，可使刀具快速移动。

2）单步进给量控制按钮

按钮如图 8-11 所示，可选择手动台面时每一步的距离。X 1为 0.001mm，X 10为 0.01mm，X 100为 0.1mm，X1000为 1mm。

3）轴手动控制开关

按钮如图 8-12 所示，介绍如下。

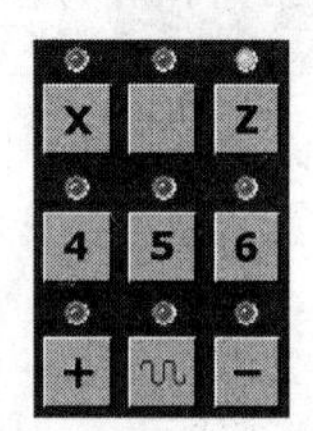

图 8-10　手动移动机床台面按钮

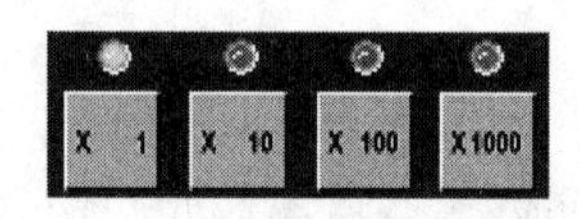

图 8-11　单步进给量控制按钮

图 8-12　机床主轴手动控制开关

：手动开机床主轴正转。

：手动开机床主轴反转。

：手动关机床主轴。

6. 急停按钮

按下此按钮，机床动作停止，待排除故障后，再按此按钮，可释放机床动作。

7. 程序编辑开关

置于“O”位置，表示“ON”，即可编辑程序，否则程序锁定无法输入和修改。

8. 进给速度（F）调节旋钮

调节数控程序运行中的进给速度，调节范围为 0% ～ 120%。置光标于旋钮上，单击鼠标左键转动。

9. 主轴速度调节旋钮

调节主轴速度，速度调节范围为 50% ～ 120%。

8.1.4　加工原理和注意事项

客户给予的图纸，要经过工程师的系统分析，根据图纸的加工要求、使用范围、物理性能、尺寸、位置度、重量、材料、硬度等要求，给出最优的加工方案。

加工方案由以下几部分组成：粗车、热处理、半精车、精车等复杂工序。

（1）粗车：粗车即对零件进行开粗加工，方便后续精加工，因此粗车后会留有余量，余量大小需要根据后续加工要求决定，也受零件材料本身特性影响，如果需要热处理，最好直径余量大于 2mm。此外，余量也要根据具体零件做具体分析，比如细长杆、薄壁零件，留的余量要尽可能多，否则容易因为热处理变形，导致加工余量不均匀，精加工不出合格产品。

（2）热处理有很多类型，热处理效果也有很大区别，成本也不同。需要结合产品选择合适的热处理工艺。

（3）半精车需要选择合理的刀具和最佳的切削参数。

（4）精车加工需要结合机床精度做刀具补偿，同样需要测试刀补，再测试和加工的一个过程。

首件车削完成，需要及时首检，合格后方可进行批量生产，中途需要抽检。

8.2　数控编程概述

通过编程并运行这些程序而使数控机床能够实现的功能称为可编程功能。一般可编程功能分为两类：一类用来实现刀具轨迹控制即各进给轴的运动，如直线/圆弧插补、进给控制、坐标系原点偏置及变换、尺寸单位设定、刀具偏置及补偿等，这一类功能被称为准备功能，以字母G以及两位数字组成，也被称为G代码；另一类功能被称为辅助功能，用来完成程序的执行控制、主轴控制、刀具控制、辅助设备控制等功能，在这些辅助功能中，Tx x用于选刀，Sx x x x用于控制主轴转速，其他功能由以字母M与两位数字组成的M代码来实现。

8.2.1　准备功能

FANUC Series 0i Mate-MC机床所使用的准备功能代码见表8-1。

表8-1　G代码

G代码	分组	功 能
*G00	01	定位（快速移动）
*G01	01	直线插补（进给速度）
G02	01	顺时针圆弧插补
G03	01	逆时针圆弧插补
G04	00	暂停，精确停止
G09	00	精确停止
*G17	02	选择X Y平面
G18	02	选择Z X平面
G19	02	选择Y Z平面
G27	00	返回并检查参考点
G28	00	返回参考点
G29	00	从参考点返回

续表

G代码	分组	功能
G30	00	返回第二参考点
*G40	07	取消刀具半径补偿
G41	07	左侧刀具半径补偿
G42	07	右侧刀具半径补偿
G43	08	刀具长度补偿＋
G44	08	刀具长度补偿－
*G49	08	取消刀具长度补偿
G52	00	设置局部坐标系
G53	00	选择机床坐标系
*G54	14	选用 1 号工件坐标系
G55	14	选用 2 号工件坐标系
G56	14	选用 3 号工件坐标系
G57	14	选用 4 号工件坐标系
G58	14	选用 5 号工件坐标系
G59	14	选用 6 号工件坐标系
G60	00	单一方向定位
G61	15	精确停止方式
*G64	15	切削方式
G65	00	宏程序调用
G66	12	模态宏程序调用
*G67	12	模态宏程序调用取消
G73	09	深孔钻削固定循环
G74	09	反螺纹攻丝固定循环
G76	09	精镗固定循环
*G80	09	取消固定循环
G81	09	钻削固定循环
G82	09	钻削固定循环
G83	09	深孔钻削固定循环
G84	09	攻丝固定循环
G85	09	镗削固定循环
G86	09	镗削固定循环
G87	09	反镗固定循环
G88	09	镗削固定循环
G89	09	镗削固定循环

续表

G 代码	分组	功 能
*G90	03	绝对值指令方式
*G91	03	增量值指令方式
G92	00	工件零点设定
*G98	10	固定循环返回初始点
G99	10	固定循环返回 R 点

从表 8-1 中可以看到，G 代码被分为不同的组，这是由于大多数的 G 代码是模态的。所谓模态 G 代码，是指这些 G 代码不只在当前的程序段中起作用，而且在以后的程序段中一直起作用，直到程序中出现另一个同组的 G 代码为止，同组的模态 G 代码控制同一个目标但起不同的作用，它们之间是不相容的。

00 组的 G 代码是非模态的，这些 G 代码只在它们所在的程序段中起作用。标有 * 号的 G 代码是上电时的初始状态。对于 G01 和 G00、G90 和 G91 上电时的初始状态由参数决定。同一程序段中可以有几个 G 代码出现，但当两个或两个以上的同组 G 代码出现时，最后出现的一个（同组的）G 代码有效。在固定循环模态下，任何一个 01 组的 G 代码都将使固定循环模态自动取消，成为 G80 模态。

如果程序中出现了未列在 8-1 表中的 G 代码，CNC 会显示 10 号报警。

8.2.2　辅助功能

FANUC Series 0i Mate-MC 机床用 S 代码来对主轴转速进行编程，用 T 代码来进行选刀编程，其他可编程辅助功能由 M 代码来实现，常使用的 M 代码见表 8-2。

表 8-2　M 代码

M 代码	功 能
M00	程序停止
M01	条件程序停止
M02	程序结束
M03	主轴正转
M04	主轴反转
M05	主轴停止
M06	刀具交换
M08	冷却开
M09	冷却关
M18	主轴定向解除
M19	主轴定向

续表

M 代码	功 能
M29	刚性攻丝
M30	程序结束并返回程序头
M98	调用子程序
M99	子程序结束返回 / 重复执行

8.3 程序结构

在加工程序正文中，一个英文字母被称为一个地址，一个地址后面跟着一个数字就组成了一个词。每个地址有不同的意义，它们后面所跟的数字也因此具有不同的格式和取值范围，参见表 8-3。

表 8-3 地址和词的含义

地址	功能	取值范围	含义
O	程序号	1 ～ 9999	程序号
N	顺序号	1 ～ 9999	顺序号
G	准备功能	00 ～ 99	指定数控功能
X，Y，Z	尺寸定义	±99 999.999 mm	坐标位置值
R			圆弧半径，圆角半径
I，J，K		±9999.9999mm	圆心坐标位置值
F	进给速率	1 ～ 100 000 mm/min	进给速率
S	主轴转速	1 ～ 4000 转每分	主轴转速值
T	选刀	0 ～ 99	刀具号
M	辅助功能	0 ～ 99	辅助功能 M 代码号
H，D	刀具偏置号	1 ～ 200	指定刀具偏置号
P，X	暂停时间	0 ～ 99 999.999s	暂停时间
P	指定子程序号	1 ～ 9999	调用子程序用
P，L	重复次数	1 ～ 999	调用子程序用
P，Q	参数	P 为 0 ～ 99 999.999 mm Q 为 ±99 999.999 mm	固定循环参数

8.3.1 程序段结构

一个加工程序由许多程序段构成，程序段是构成加工程序的基本单位。程序段由一个或更多的词构成并以程序段结束符（EOB，ISO 代码为 LF，EIA 代码为 CR，屏幕显示为“；”）作为结尾。

另外，一个程序段的开头可以有一个可选的顺序号，如“N1”“N2”“N3”等，用来标识该程序段。一般来说，顺序号有两个作用：一是运行程序时便于监控程序的运行情况，因为在任何时候，程序号和顺序号总是显示在 CRT 的右上角；二是在分段跳转时，必须使用顺序号来标识调用或跳转位置。

必须注意，程序段执行的顺序只和它们在程序存储器中所处的位置有关，而与它们的顺序号无关，也就是说，如果顺序号为 N20 的程序段出现在顺序号为 N10 的程序段前面，也一样先执行顺序号为 N20 的程序段。如果某一程序段的第一个字符为“/”，则表示该程序段为条件程序段，即可选跳段开关在上位时，不执行该程序段，而可选跳段开关在下位时，该程序段才能被执行。

8.3.2 主程序和子程序

加工程序分为主程序和子程序，一般地，系统执行主程序的指令，但当执行到一条子程序调用指令时，系统转向执行子程序，在子程序中执行到返回指令时，再回到主程序。

当加工程序需要多次运行一段同样的轨迹时，可以将这段轨迹编成子程序存储在机床的程序存储器中，每次在程序中需要执行这段轨迹时便可以调用该子程序。

当一个主程序调用一个子程序时，该子程序可以调用另一个子程序，这样的情况，称为子程序的两重嵌套。一般机床可以允许最多达四重的子程序嵌套。在调用子程序指令中，指令可以重复执行所调用的子程序，指令重复最多达 999 次。

一个子程序应该具有如下格式。

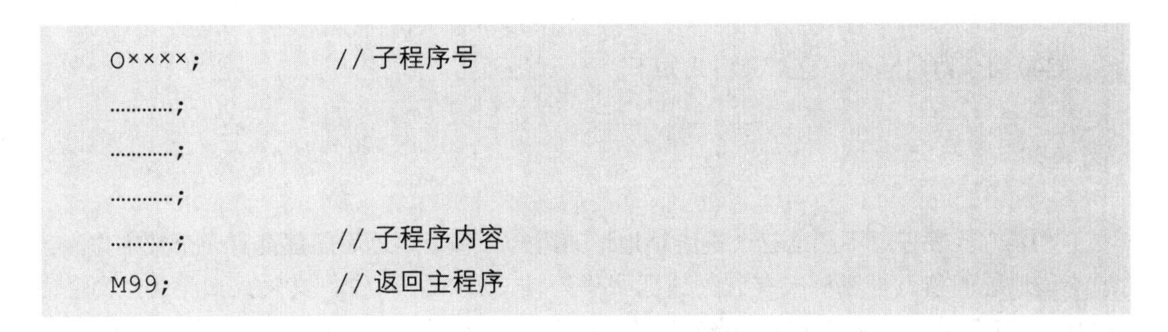

```
O××××;              // 子程序号
…………;
…………;
…………;
…………;              // 子程序内容
M99;                // 返回主程序
```

在程序的开始，应该有一个由地址 O 指定的子程序号，在程序的结尾，返回主程序的指令 M99 是必不可少的。M99 可以不必出现在一个单独的程序段中，作为子程序的结尾，下面这样的程序段也是可以的。

```
G90 G00 X0 Y100. M99;
```

在主程序中，调用子程序的程序段应包含如下内容。

```
M98 P×××××××;
```

在地址P后面的数字中，后面的四位用于指定被调用的子程序的程序号，前面的三位用于指定调用的重复次数。

```
M98 P51002;     //调用1002号子程序，重复5次
M98 P1002;      //调用1002号子程序，重复1次
M98 P50004;     //调用4号子程序，重复5次
```

子程序调用指令可以和运动指令出现在同一程序段中，如下。

```
G90 G00 X-75. Y50. Z53. M98 P40035;
```

该程序段指令X、Y、Z三轴以快速定位进给速度运动到指定位置，然后调用执行4次35号子程序。

8.4 常用G代码详解

G代码在书中已经进行了总结，但实际使用中并不会全部用到，本节将介绍最为常用的G代码，读者应重点掌握。

8.4.1 快速定位（G00）

G00用于给定一个位置，其格式如下。

```
G00 IP-
```

“IP-”代表任意不超过三个进给轴地址的组合，每个地址后面都会有一个数字作为赋给该地址的值。一般机床有三个或四个进给轴，即X、Y、Z，其输入效果为“X12. Y119. Z-37.”或“X287.3 Z73.5 A45.”等内容。

G00这条指令所做的就是使刀具以快速的速率移动到“IP-”指定的位置，被指定的各轴之间的运动是互不相关的，也就是说，刀具移动的轨迹不一定是一条直线。G00指令下，快速倍率为100%时，X、Y、Z轴各轴的运动速度均为15m/min，该速度不受当前F值的控制。

当各运动轴到达运动终点并发出位置到达信号后，系统认为该程序段已经结束，并转向执行下一程序段。

如果起始点位置X=50，Y=75，那么输入如下指令。

```
G00 X150. Y25.
```

将使刀具走出如图 8-13 所示轨迹。

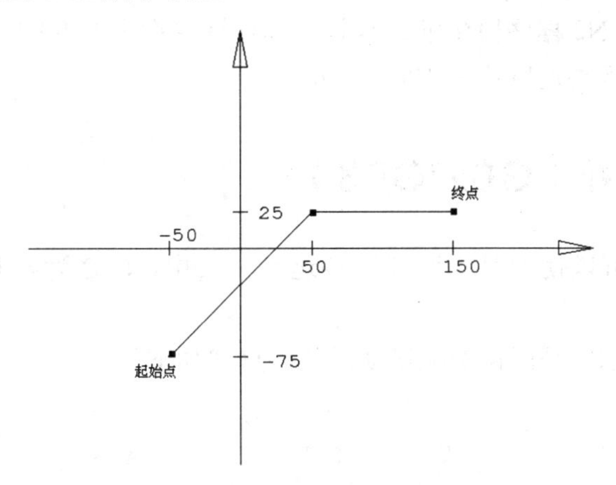

图 8-13 指令 G00 X150. Y25. 效果

8.4.2 直线插补（G01）

G01 指令是最常用的指令之一，格式如下。

```
G01 IP-F-;
```

G01 指令使当前的插补模态成为直线插补模态，刀具从当前位置移动到 IP 指定的位置，其轨迹是一条直线，F- 指定刀具沿直线运动的速度，单位为 mm/min（X、Y、Z 轴）。

假设当前刀具所在点为 X-50. Y-75.，则如下程序段：

```
N1 G01 X150. Y25. F100;
N2 X50. Y75.;
```

将使刀具走出如图 8-14 所示轨迹。

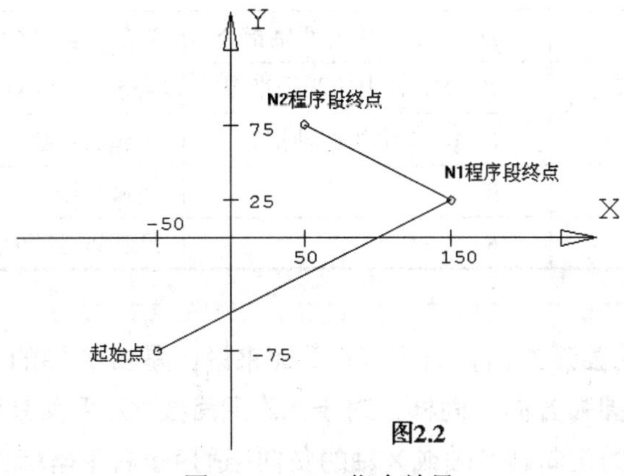

图 8-14 G01 指令效果

可以看到，程序段N2并没有指令G01，由于G01指令为模态指令，所以N1程序段中所指令的G01在N2程序段中继续有效。同样地，指令F100在N2段也继续有效，即刀具沿两段直线的运动速度都是100mm/min。

8.4.3 圆弧插补（G02/G03）

G02、G03指令可以使刀具沿圆弧轨迹运动，其中，G02为顺时针圆弧，G03为逆时针圆弧。

如果要使刀具在XY平面做圆弧运动，代码格式如下。

```
G17 { G02 / G03 } X__ Y__ { ( I__ J__ ) / R__ } F__;
```

在XZ平面做圆弧运动，代码格式如下。

```
G18 { G02 / G03 } X__ Z__ { ( I__ K__ ) / R__ } F__;
```

在YZ平面做圆弧运动，代码格式如下。

```
G19 { G02 / G03 } Y__ Z__ { ( J__ K__ ) / R__ } F__;
```

圆弧相关的指令代码见表8-4。

表8-4 圆弧相关的指令代码

序号	数据内容		指令	含义
1	平面选择		G17	指定XY平面上的圆弧插补
			G18	指定XZ平面上的圆弧插补
			G19	指定YZ平面上的圆弧插补
2	圆弧方向		G02	顺时针方向的圆弧插补
			G03	逆时针方向的圆弧插补
3	终点位置	G90模态	X、Y、Z中的两轴指令	当前工件坐标系中终点位置的坐标值
		G91模态	X、Y、Z中的两轴指令	从起点到终点的距离（有方向的）
4	起点到圆心的距离		I、J、K中的两轴指令	从起点到圆心的距离（有方向的）
	圆弧半径		R	圆弧半径
5	进给率		F	沿圆弧运动的速度

提示：上文所讲的圆弧方向，对于XY平面来说，是由Z轴的正向往Z轴的负向看XY平面所看到的圆弧方向。同样，对于XZ平面或YZ平面来说，观测的方向则应该是从Y轴或X轴的正向到Y轴或X轴的负向，适用于右手坐标系，如图8-15所示。

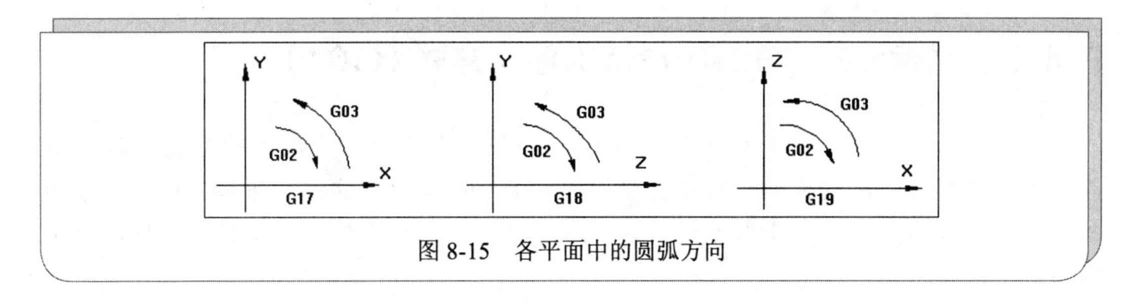

图 8-15　各平面中的圆弧方向

圆弧的终点由地址 X、Y、Z 来确定。在 G90 模态，即绝对值模态下，地址 X、Y、Z 给出了圆弧终点在当前坐标系中的坐标值；在 G91 模态，即增量值模态下，地址 X、Y、Z 给出的则是在各坐标轴方向上当前刀具所在点到终点的距离。

在 X 方向，地址 I 给定了当前刀具所在点到圆心的距离，在 Y 和 Z 方向，当前刀具所在点到圆心的距离分别由地址 J 和 K 来给定，I、J、K 的值的符号由它们的方向来确定。

对一段圆弧进行编程，除了用给定终点位置和圆心位置的方法外，还可以用给定半径和终点位置的方法对一段圆弧进行编程，用地址 R 来给定半径值，替代给定圆心位置的地址。R 的值有正负之分，一个正的 R 值用来编程一段小于 180° 的圆弧，一个负的 R 值编程的则是一段大于 180° 的圆弧。编程一个整圆只能使用给定圆心的方法。

8.4.4　切削方式（G64）

一般地，为了有一个好的切削条件，希望刀具在加工工件时要保持线速度的恒定，但知道自动加减速控制作用于每一段切削进给过程的开始和结束，那么在两个程序段之间的衔接处如何使刀具保持恒定的线速度呢？在切削方式 G64 模态下，两个切削进给程序段之间的过渡是这样的：在前一个运动接近指令位置并开始减速时，后一个运动开始加速，这样就可以在两个插补程序段之间保持恒定的线速度。可以看出，在 G64 模态下，切削进给时，NC 并不检查每个程序段执行时各轴的位置到达信号，并且在两个切削进给程序段的衔接处使刀具走出一个小小的圆角。

8.4.5　暂停(G04)

该代码的作用是在两个程序段之间产生一段时间的暂停，其格式如下。

```
G04 P-;
```

或

```
G04 X-;
```

地址 P 或 X 用于给定暂停的时间，以 s 为单位，范围是 0.001 ～ 9999.999s。如果没有 P 或 X，G04 在程序中的作用与 G09 相同。

8.4.6 精确停止（G09）及精确停止方式（G61）

如果在一个切削进给的程序段中有G09指令给出，则刀具接近指令位置时会减速，系统检测到位置到达信号后才会继续执行下一程序段。这样，在两个程序段之间的衔接处刀具将走出一个非常尖锐的角，所以需要加工非常尖锐的角时可以使用这条指令。

使用G61可以实现同样的功能，G61与G09的区别就是G09是一条非模态的指令，而G61是模态的指令，即G09只能在它所在的程序段中起作用，不影响模态的变化，而G61可以在它以后的程序段中一直起作用，直到程序中出现G64或G63为止。

8.4.7 选用工件坐标系（G50）

G50是工件坐标系指令，就是确定刀尖起点相对于工件零点坐标系原点的位置，其格式如下。

```
G50X_Z_;
```

通过调整机床将刀尖放在起刀点位置上，并建立数控车床坐标即可使用数控车床G50指令，G50的好处是此指令并不会产生机械移动，从而建立新的坐标系。

G50中，X、Z的值是起刀点相对于加工原点的位置。在数控车床编程时，所有X坐标值均使用直径值。

8.4.8 选用机床坐标系（G53）

该指令使刀具以快速进给速度运动到机床坐标系中IP_指定的坐标值位置，一般地，该指令在G90模态下执行。G53指令是一条非模态的指令，也就是说，它只在当前程序段中起作用，其格式如下。

```
(G90)G53  IP_;
```

机床坐标系零点与机床参考点之间的距离由参数设定，无特殊说明，各轴参考点与机床坐标系零点重合。G53是非模态指令。必须是绝对值，如果指定增量值则被忽略。

如果将刀具移到指定位置换刀，可用G53编制刀具在机床坐标系中的移动程序。刀具以快速运动移动。如果指定了G53，刀具补偿和刀具偏置就取消。

对于相对位置检测元件的机床，必须回零。

对于绝对位置检测元件的机床，开机启动就建立工件坐标系，无须回零。

8.4.9 使用预置的工件坐标系（G54 ~ G59）

机床有 G54 ～ G59 共 6 个坐标系。这 6 个坐标系相对于机床原点的偏置距离可以通过 MDI 面板设置，如图 8-16 所示。

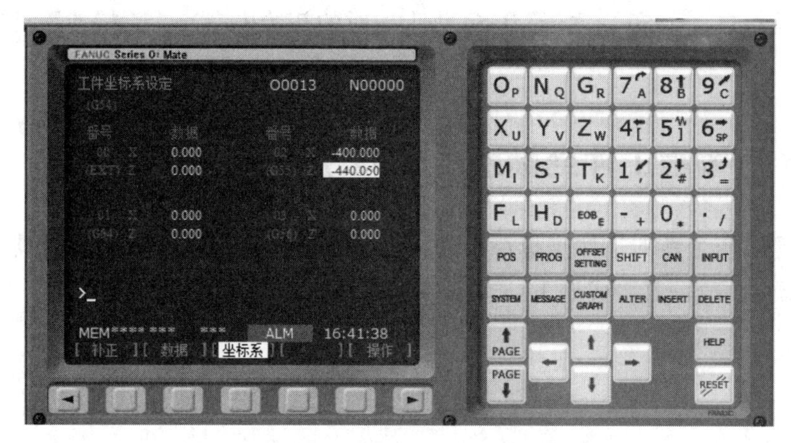

图 8-16 工件坐标系设定偏移

G54 ～ G59 都是模态指令，分别对应 1 #～ 6 #预置工件坐标系，如下所示。

预置 1# 工件坐标系偏移量 :X-150.000 Y-210.000 Z-90.000
预置 4# 工件坐标系偏移量 :X-430.000 Y-330.000 Z-120.000

程序段及坐标效果和相关注释见表 8-5。

表 8-5 程序段释义

程序段内容	终点在机床坐标系中的坐标值	注释
N1 G90 G54 G00 X50. Y50.;	X-100, Y-160	选择 1 #坐标系，快速定位
N2 Z-70.;	Z-160	
N3 G01 Z-72.5 F100;	Z-160.5	直线插补，F 值为 100
N4 X37.4;	X-112.6	（直线插补）
N5 G00 Z0;	Z-90	快速定位
N6 X0 Y0 A0;	X-150, Y-210	
N7 G53 X0 Y0 Z0;	X0, Y0, Z0	选择使用机床坐标系
N8 G57 X50. Y50. ;	X-380, Y-280	选择 4 #坐标系
N9 Z-70.;	Z-190	
N10 G01 Z-72.5;	Z-192.5	直线插补，F 值为 100（模态值）
N11 X37.4;	X392.6	
N12 G00 Z0;	Z-120	
N13 G00 X0 Y0;	X-430, Y-330	

从以上举例可以看出，G54～G59 指令的作用就是将 NC 所使用的坐标系的原点移动到机床坐标系中坐标值为预置值的点，预置方法请查阅本手册的操作部分。

在机床的数控编程中，插补指令和其他与坐标值有关的指令中的 IP- 除非有特指外，都是指在当前坐标系中（指令被执行时所使用的坐标系）的坐标位置。在大多数情况下，当前坐标系是 G54～G59 中之一（G54 为上电时的初始模态），直接使用机床坐标系的情况不多。

8.4.10 可编程工件坐标系（G92）

该指令建立一个新的工件坐标系，使得在这个工件坐标系中，当前刀具所在点的坐标值为 IP- 指令的值。其格式如下。

```
(G90)G92  IP-;
```

G92 指令是一条非模态指令，但由该指令建立的工件坐标系却是模态的。实际上，该指令也是给出了一个偏移量，这个偏移量是间接给出的，它是新工件坐标系原点在原来的工件坐标系中的坐标值，从 G92 的功能可以看出，这个偏移量也就是刀具在原工件坐标系中的坐标值与 IP- 指令值之差。如果多次使用 G92 指令，则每次使用 G92 指令给出的偏移量将会叠加。对于每一个预置的工件坐标系（G54～G59），这个叠加的偏移量都是有效的，举例如下，释义见表 8-6。

```
预置 1# 工件坐标系偏移量：X-150.000  Y-210.000  Z-90.000
预置 4# 工件坐标系偏移量：X-430.000  Y-330.000  Z-120.000
```

表 8-6　程序段释义

程序段内容	终点在机床坐标系中的坐标值	注　释
N1 G90 G54 G00 X0 Y0 Z0;	X-150, Y-210, Z-90	选择 1 # 坐标系，快速定位到坐标系原点
N2 G92 X70. Y100. Z50.;	X-150, Y-210, Z-90	刀具不运动，建立新坐标系，新坐标系中当前点坐标值为 X70，Y100，Z50
N3 G00 X0 Y0 Z0;	X-220, Y-310, Z-140	快速定位到新坐标系原点
N4 G57 X0 Y0 Z0;	X-500, Y-430, Z-170	选择 4 # 坐标系，快速定位到坐标系原点（已被偏移）
N5 X70. Y100. Z50.;	X-430, Y-330, Z-120	快速定位到原坐标系原点

8.4.11　局部坐标系（G52）

G52 可以建立一个局部坐标系，局部坐标系相当于 G54 ～ G59 坐标系的子坐标系，其格式如下。

```
G52 IP_;
```

该指令中，IP_ 给出了一个相对于当前 G54 ～ G59 坐标系的偏移量，也就是说，IP_ 给定了局部坐标系原点在当前 G54 ～ G59 坐标系中的位置坐标，即使该 G52 指令执行前已经由一个 G52 指令建立了一个局部坐标系。取消局部坐标系的方法也非常简单，输入“G52 IP0”即可。

8.4.12　平面选择（G17、G18、G19）

这一组指令用于选择进行圆弧插补以及刀具半径补偿所在的平面，使用格式如下。

```
G17  // 选择 XY 平面
G18  // 选择 ZX 平面
G19  // 选择 YZ 平面
```

关于平面选择的相关指令可以参考圆弧插补及刀具补偿等指令的相关内容。

8.4.13　绝对值编程（G90）和增量值编程（G91）

有两种指令刀具运动的方法：绝对值指令和增量值指令。在绝对值指令模态下，指定的是运动终点在当前坐标系中的坐标值；而在增量值指令模态下，指定的则是各轴运动的距离。G90 和 G91 这对指令被用来选择使用绝对值模态或增量值模态。

如果要让刀具从 X90,Y40 的位置移动到 X20,Y120，那么通过绝对值指令编程的方式，其输入指令如下。

```
G90 X20. Y120.;
```

通过增量值指令编程的方式，则输入指令如下。

```
G91 X-70. Y80.;
```

两种指令的效果如图 8-17 所示。

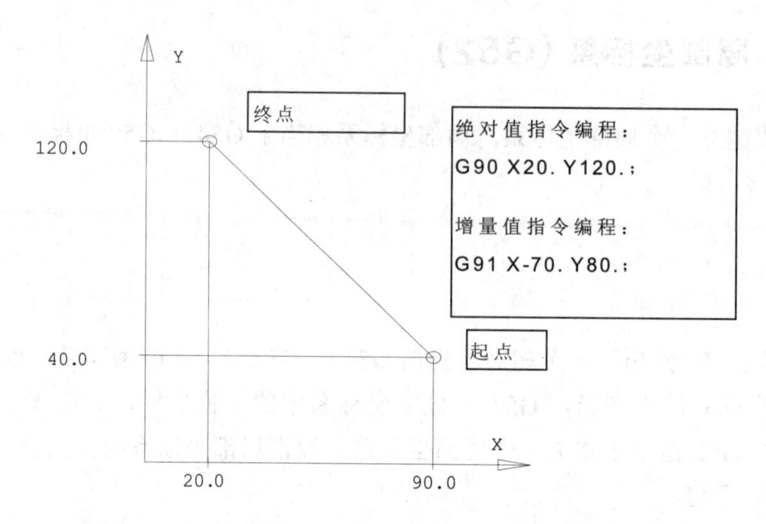

图 8-17　绝对值编程（G90）和增量值编程（G91）的示例

8.4.14　刀具长度补偿（G43、G44、G49）

刀具长度补偿指令格式如下。

```
G43(G44)H__;
```

该指令可以将 Z 轴运动的终点向正向或负向偏移一段距离，这段距离等于 H 指令的补偿号中存储的补偿值。G43 或 G44 是模态指令，H__ 指定的补偿号也是模态地使用这条指令，编程人员在编写加工程序时就可以不必考虑刀具的长度而只需考虑刀尖的位置即可。刀具磨损或损坏后更换新的刀具时也不需要更改加工程序，可以直接修改刀具补偿值。

G43 指令为刀具长度补偿+，也就是说，Z 轴到达的实际位置为指令值与补偿值相加的位置；G44 指令为刀具长度补偿−，也就是说，Z 轴到达的实际位置为指令值减去补偿值的位置。H 的取值范围为 00 ～ 200。H00 意味着取消刀具长度补偿值。

取消刀具长度补偿的另一种方法是使用指令 G49。系统执行到 G49 指令或 H00 时，立即取消刀具长度补偿，并使 Z 轴运动到不加补偿值的指令位置。

补偿值的取值范围是 -999.999 ～ 999.999mm 或 -99.9999 ～ 99.9999inch。

8.4.15　刀具半径补偿（G41、G42）

刀具半径补偿指令格式如下。

```
G41(G42)H__;
```

当使用加工中心机床进行内、外轮廓的铣削时，我们希望能够以轮廓的形状作为编程轨迹，这时，刀具中心的轨迹应该是这样的：能够使刀具中心在编程轨迹的法线方向上距离编程轨迹的距离始终等于刀具的半径。在本机床上，这样的功能可以由G41或G42指令来实现。

1. 补偿向量

补偿向量是一个二维的向量，由它来确定进行刀具半径补偿时，实际位置和编程位置之间的偏移距离和方向。补偿向量的模即实际位置和补偿位置之间的距离始终等于指定补偿号中存储的补偿值，补偿向量的方向始终为编程轨迹的法线方向。该编程向量由NC系统根据编程轨迹和补偿值计算得出，并由此控制刀具（X、Y轴）的运动完成补偿过程。

2. 补偿值

在G41或G42指令中，地址H指定了一个补偿号，每个补偿号对应一个补偿值。补偿号的取值范围为0～200，这些补偿号由长度补偿和半径补偿共用。和长度补偿一样，H00意味着取消半径补偿。补偿值的取值范围和长度补偿相同。

3. 平面选择

刀具半径补偿只能在被G17、G18或G19选择的平面上进行，在刀具半径补偿的模态下，不能改变平面的选择。

4. G40、G41和G42

G40用于取消刀具半径补偿模态，G41为左向刀具半径补偿，G42为右向刀具半径补偿。在这里所说的左和右是指沿刀具运动方向而言的。G41和G42的区别可参考图8-18。

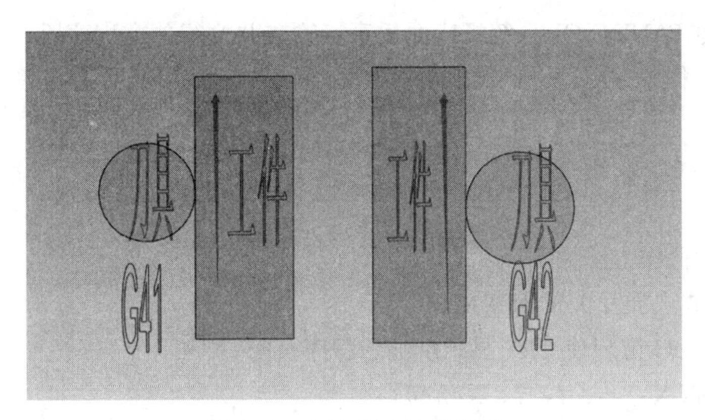

图8-18 G41和G42的区别

5. 使用刀具半径补偿的注意事项

在指定了刀具半径补偿模态及非零的补偿值后，第一个在补偿平面中产生运动的程序段为刀具半径补偿开始的程序段，在该程序段中，不允许出现圆弧插补指令。在刀具半径补偿开始的程序段中，补偿值从零均匀变化到给定的值，同样的情况出现在刀具半径补偿被取消的程序段中，即补偿值从给定值均匀变化到零，所以在这两个程序段中，刀具不应接触到工件。

8.5 零件程序的输入、编辑和存储

8.5.1 手动进给

按下 JOG 键，然后按或键选择要进给的方向，再通过右下角的旋钮调整进给速度大小，最后按或键即可使刀架沿所选轴的方向进行移动，如图 8-19 所示。

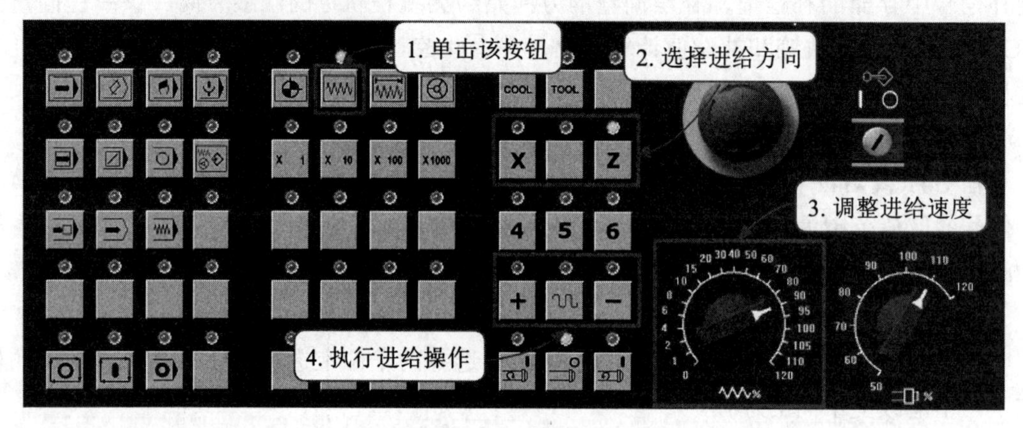

图 8-19　手动进给

8.5.2 手动输入一个新程序

用户可通过 FANUC Oi 系统机床面板直接输入并执行单个程序段，被输入并执行的程序段不被存入程序存储器。例如，要在 MDI 面板中输入并执行程序段：

```
X-17.5 Y26.7
```

那么具体的操作方法如下。

（1）将方式选择开关置为 MDI。

（2）按 PROG 键使 CRT 显示屏显示程序页面。

（3）依次按 X、－、1、7、.、5 键。

（4）按 INPUT 键输入。

（5）按 Y、2、6、.、7 键。

（6）按 INPUT 键输入。

（7）按循环起动键使该指令执行。

在 MDI 方式下输入指令只能一个词一个词地输入。如果需要删除一个地址后面的数据，只需输入该地址，然后按 CAN 键，再按 INPUT 键即可。

8.5.3 新程序的注册

向NC的程序存储器中加入一个新的程序号的操作称为程序注册，操作方法如下。

（1）方式选择开关置“程序编辑”位。

（2）程序保护钥匙开关置“解除”位。

（3）按PROG键PROG。

（4）输入地址O（按O键）。

（5）输入程序号（数字）。

（6）按INSERT键INSERT。

8.5.4 搜索并调出程序

1. 第一种方法

（1）方式选择开关置“程序编辑”或“自动运行”位。

（2）按PROGRAM键PROG。

（3）输入地址O（按O键）。

（4）输入程序号（数字）。

（5）按向下光标键↓。

搜索完毕后，被搜索程序的程序号会出现在屏幕的右上角。如果没有找到指定的程序号，会出现报警。

2. 第二种方法

（1）方式选择开关置“程序编辑”位。

（2）按PROGRAM键PROG。

（3）输入地址O（按O键）。

（4）按向下光标键↓，所有注册的程序会依次被显示在屏幕上。

8.5.5 选择自动运行的程序

首先将方式选择开关置“自动运行”位，然后选择需要运行的加工程序，即通过8.5.4节介绍的搜索并调出程序方法进行搜索，搜索完毕后选择要自动运行的程序，然后按循环启动键即可。

8.5.6 插入一段程序

该功能用于输入或编辑程序，方法如下。

（1）用8.5.4节所述方法调出需要编辑或输入的程序。

（2）使用翻页键（↑PAGE、PAGE↓）和上下光标键（↑、↓）将光标移动到插入位置的前一个词下。

（3）输入需要插入的内容。此时输入的内容会出现在屏幕下方，该位置被称为输入缓存区。

（4）按 INSERT 键，输入缓存区的内容被插入到光标所在的词的后面，光标则移动到被插入的词下。

当输入内容在输入缓存区时，使用 CAN 键可以从光标所在位置起一个一个地向前删除字符。程序段结束符“；”可使用 EOB 键输入。

8.5.7 删除一段程序

（1）用 8.5.4 节所述方法调出需要编辑或输入的程序。

（2）使用翻页键（、）和上下光标键（、）将光标移动到需要删除内容的第一个词下。

（3）输入需要删除内容的最后一个词。

（4）按 DELETE 键，从光标所在位置开始到被输入的词为止的内容全部被删除。

不输入任何内容，直接按 DELETE 键，将删除光标所在位置的内容。如果被输入的词在程序中不只一个，被删除的内容到距离光标最近的一个词为止。如果输入的是一个顺序号，则从当前光标所在位置开始到指定顺序号的程序段都被删除。输入一个程序号后按 DELETE 键的话，指定程序号的程序将被删除。

8.5.8 停止运行程序

当系统执行完一个 M00 指令时，会立即停止，但所有的模态信息都保持不变，并点亮主操作面板上的 M00/M01 指示灯，此时按循环启动键可以使程序继续执行。当 M01 开关置有效位时，M01 会起到同 M00 一样的作用。

M02 和 M30 是程序结束指令，NC 执行到该指令时，停止程序的运行并发出复位信号。如果是 M30，则程序还会返回程序头。

按进给保持键也可以停止程序的运行，在程序运行中，按下进给保持键使循环启动灯灭，进给保持的红色指示灯点亮，各轴进给运动立即减速停止，如果正在执行可编程暂停，则暂停计时也停止，如果有辅助功能正在执行的话，辅助功能将继续执行完毕。此时按循环启动键可使程序继续执行。

按 RESET 键可以使程序执行停止并使系统复位。

8.5.9 修改一个词

（1）用 8.5.4 节所述方法调出需要编辑或输入的程序。

（2）使用翻页键（、）和上下光标键（、）将光标移动到需要被修改的词下。

（3）输入替换该词的内容，可以是一个词，也可以是几个词甚至几个程序段（只要输入缓存区容纳得下的话）。

（4）按ALTER键，光标所在位置的词将被输入缓存区的内容替代。

8.5.10　搜索一个词

（1）方式选择开关置“程序编辑”或“自动运行”位。

（2）调出需要搜索的程序。

（3）输入需要搜索的词。

（4）按向下光标键向后搜索或按向上光标键向前搜索。遇到第一个与搜索内容完全相同的词后，停止搜索并使光标停在该词下方。

8.6　车削编程案例

下面通过若干车削案例来介绍具体的编程方法。

【案例8-1】　G90外圆车削

外圆车削加工案例如图8-20所示。

1. 启动仿真软件

（1）FANUC 0i系统机床面板可以通过斯沃数控仿真软件来进行模拟操作，因此本章所用案例均以斯沃仿真进行讲解。启动斯沃数控仿真软件后，将会提示选择数控操作系统，此处选择FANUC 0iT系统即可，如图8-21所示，即为数控车削系统。

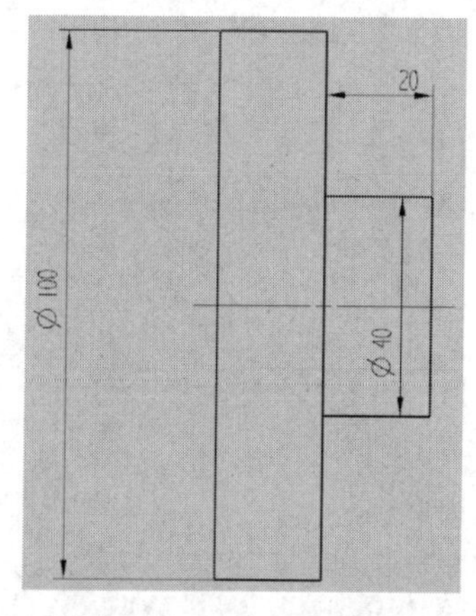

图8-20　外圆车削加工图

图8-21　选择FANUC 0iT

（2）启动后的界面如图8-22所示。读者即可通过前文介绍的方法，通过界面右上角的操作面板来输入指令，完成加工。

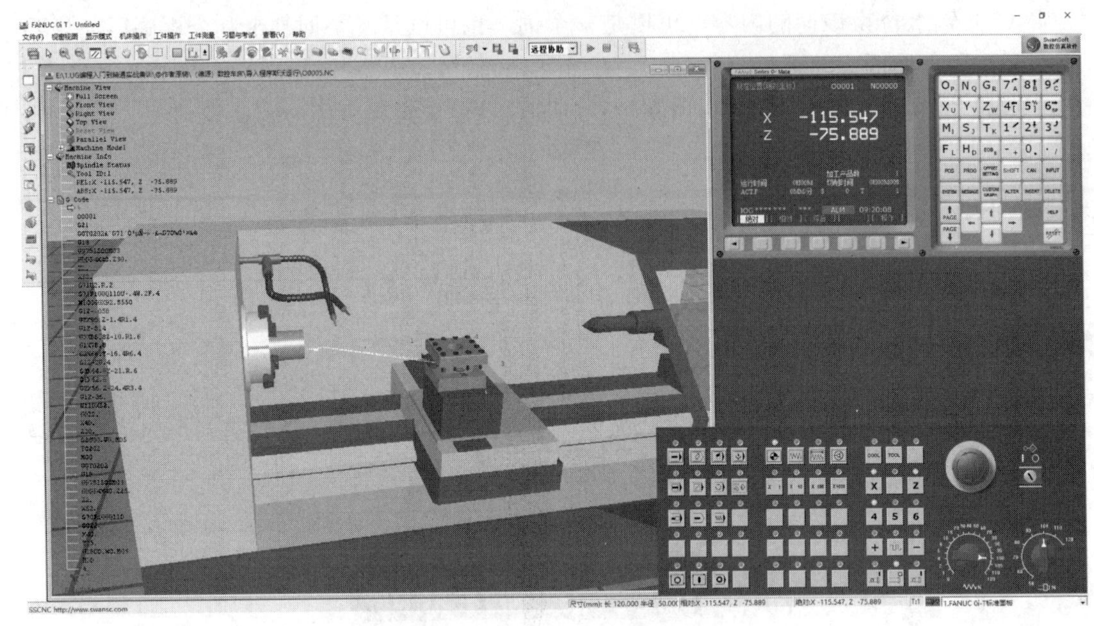

图 8-22　斯沃仿真界面

2. 机床回零

回零就是让机床知道机床的参考点在哪里，每次数控机床断电、开机都必须要进行该操作。

（1）单击“回零”按钮，然后分别单击X和Z按钮，刀架将自动回到机床原点，如图 8-23 所示。当其上的灯泡不再闪烁时，则表示已经回到机床原点。

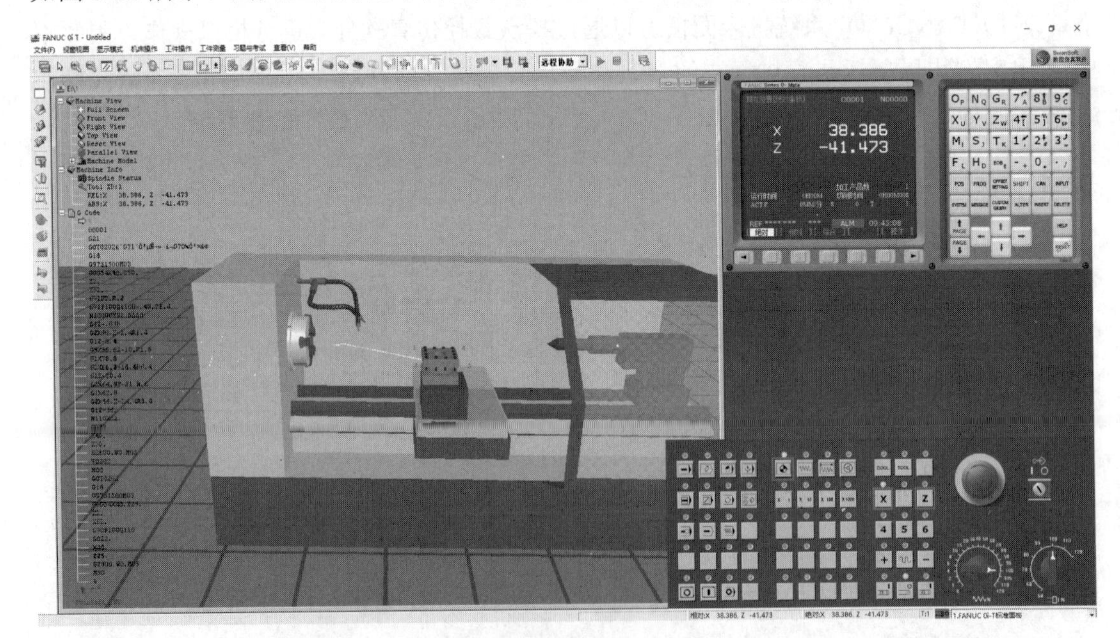

图 8-23　回零

（2）回零后在数控系统显示屏上可看到 X 和 Z 坐标值均为 0，如图 8-24 所示。

图 8-24 回零的坐标值

3. 添加毛坯和刀具

（1）添加毛坯。在 FANUC Oi T 系统界面选择菜单“工件操作”|“选择毛坯夹具”命令，如图 8-25 所示。

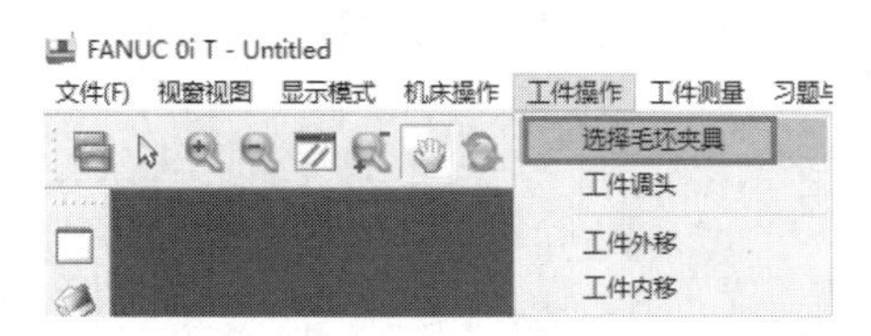

图 8-25 选择毛坯夹具

（2）打开“设置毛坯”对话框，选择第一个毛坯，然后单击“修改”按钮，在弹出的“设置毛坯”对话框中将直径修改为 100，内径为 0，其他参数不用修改，单击“确定”按钮返回界面，即可看到车床上已经夹好了所设置的毛坯，如图 8-26 所示。

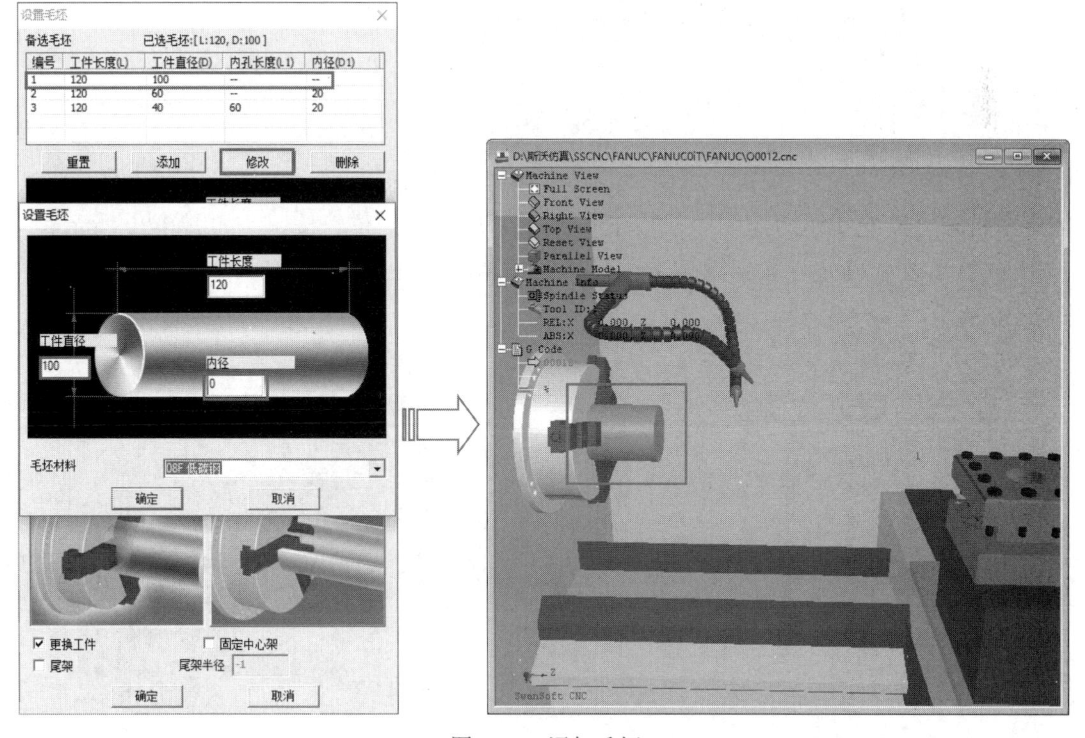

图 8-26 添加毛坯

（3）创建刀具。在系统界面侧边栏单击“选择刀具”按钮，打开“刀具库管理”对话框，选择第一把刀具，如图 8-27 所示。

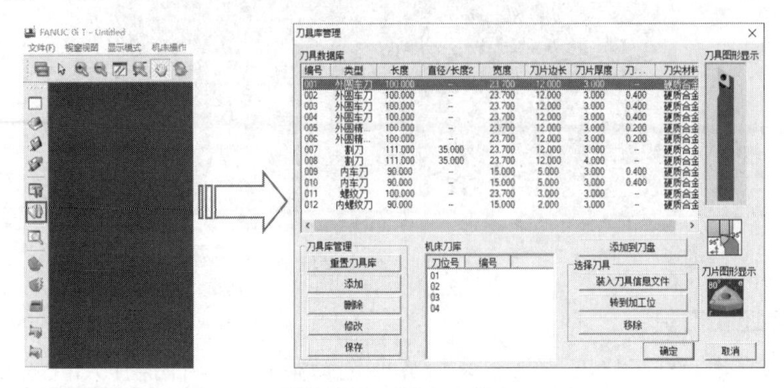

图 8-27　创建刀具

（4）双击所选择的刀具可以打开“修改刀具”对话框，本例将刀尖圆弧半径修改为 0.4mm，如图 8-28 所示。

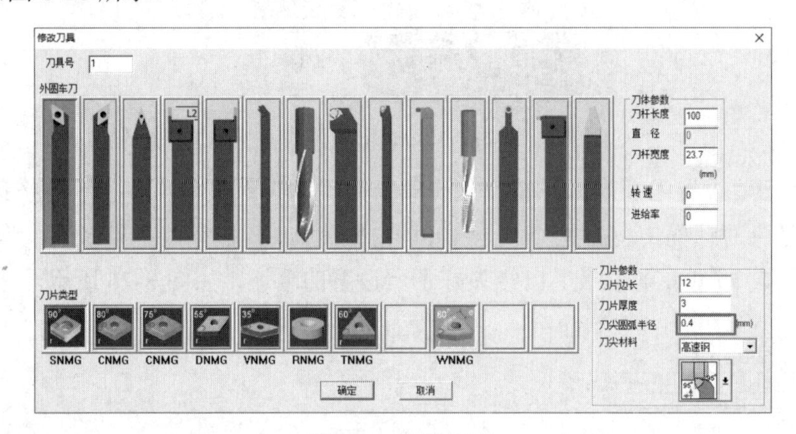

图 8-28　修改刀具

（5）单击“确定”按钮，返回“刀具库管理”对话框，然后选择第一把刀具，将其拖曳至机床刀库的 01 号刀位中，再单击右侧的“转到加工位”按钮，如图 8-29 所示。

（6）单击“确定”按钮返回界面，即可看到车床上已经夹好了所添加的刀具，如图 8-30 所示。

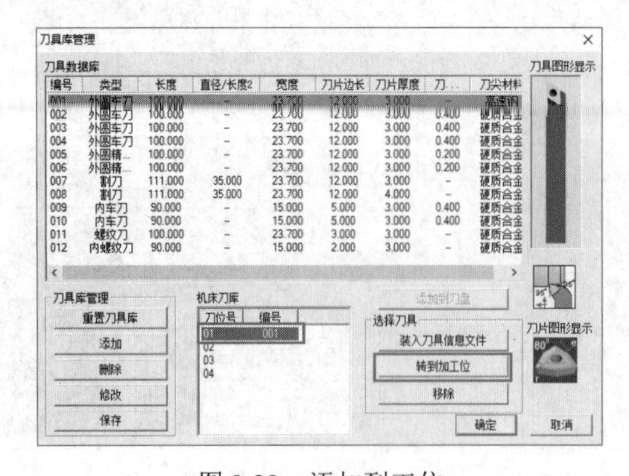

图 8-29　添加到工位

图 8-30　创建的刀具效果

4. **新建程序**

（1）进入编辑模式。单击EDIT按钮，在显示屏上可看到左下角的模式已显示为EDIT，即表示进入编辑模式，如图8-31所示。

图 8-31　进入编辑模式

（2）单击PROG按钮，将显示屏切换为程序窗口，如图8-32所示。

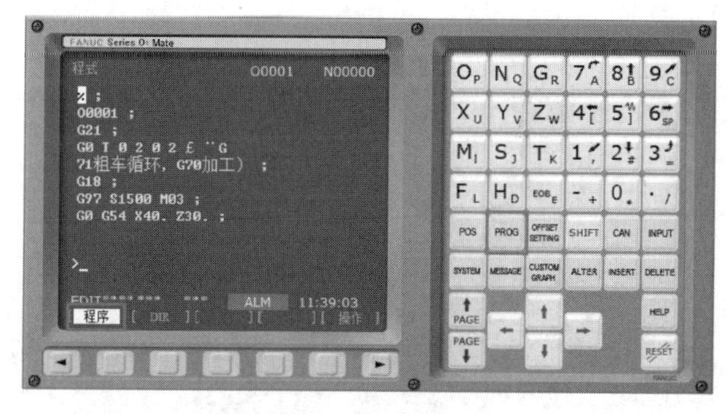

图 8-32　进入程序界面

（3）查看程序号。斯沃数控软件中会自带一些原始程序，因此在新建程序时要避开这些原始程序的号段。单击DIR下面的功能软键，即可查看现有的程序号，如图8-33所示。可见已经有了9个程序号，因此本例可使用O0012作为新的程序号。

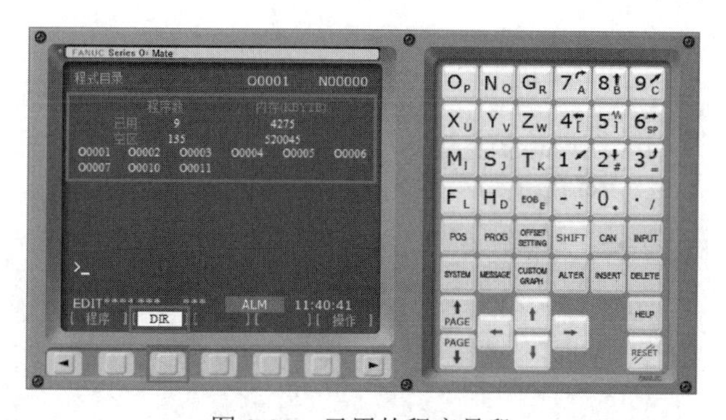

图 8-33　已用的程序号段

（4）输入新的程序号。将程序编辑开关调整到“O”位置，然后单击PROG按钮，将显示屏切换回程序窗口，接着通过右侧的面板输入O0012，单击INSERT按钮，即可创建新的程序段，如图8-34所示。

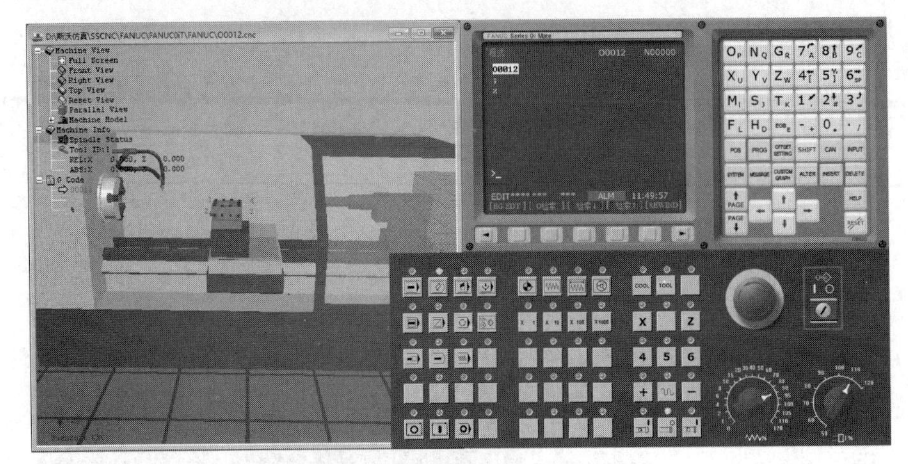

图8-34　关闭程序保护开关

5. 输入程序

（1）单击“回车换行”按钮，输入“；”号，然后单击INSERT按钮，进入O0012程序正文编辑，如图8-35所示。

图8-35　进入程序正文

（2）输入刀具的选择代码。程序正文第一段一般用来选择加工刀具，因此输入T0101，表示选择01号刀具，输入完后单击按钮，输入一个“；”号，表示该行程序结束。再单击INSERT按钮输入至正文，如图8-36所示。

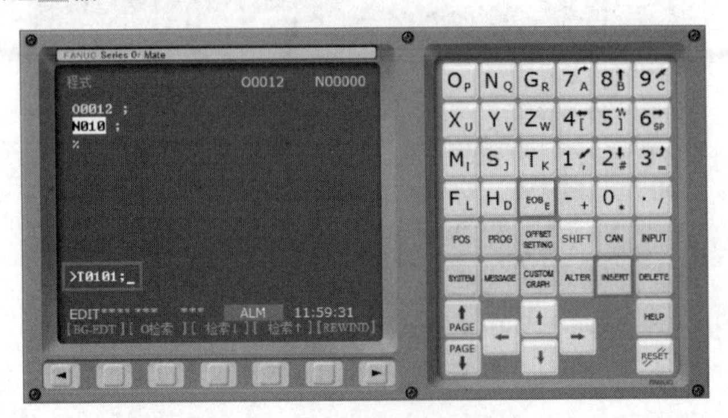

图8-36　输入刀具代码

提示：输完代码后单击 EOB 按钮，输入一个“；”，表示该行程序结束，再单击 INSERT 按钮输入至正文。如无特殊说明，在输完代码后都按此方法执行，因此下文以“输入至正文”代替这两步操作。

（3）输入主轴转速代码。输入 M3S1000G99F0.2，将其输入至正文，如图 8-37 所示。

图 8-37 输入主轴转速代码

提示：M3 表示主轴正转，S1000 表示主轴转速为 1000，F0.2 表示进给为 0.2。

（4）输入切削液启动代码。根据表 8-2 可知，切削液的启动代码为 M08，因此只需输入 M8，再将其输入正文即可，如图 8-38 所示。

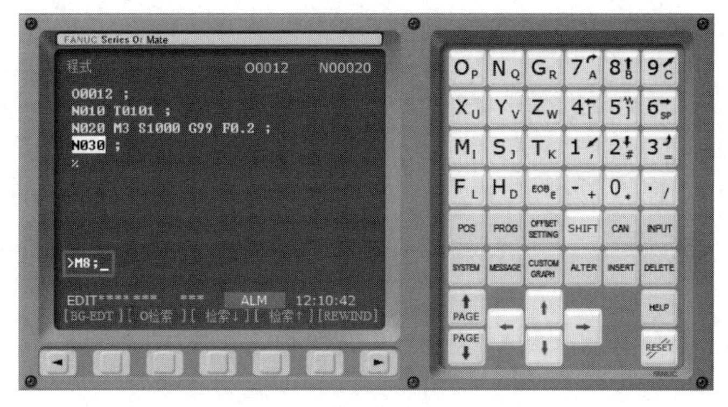

图 8-38 输入切削液启动代码

（5）设置循环起点。输入 G0X105.Z2.，将其输入正文即可，如图 8-39 所示。坐标之间用“.”隔开。

（6）输入切削主程序。本例以 G90 为主程序，因此只需通过 G90 给出加工点的定位即可。比如输入 G90X95.Z-20.，此为 G90 外圆加工的基本格式，X95.Z-20. 表示加工终点的坐标为（X:90，Z:-20），如图 8-40 所示。

图 8-39　设置循环起点

图 8-40　输入切削主程序

（7）按相同方法，依次输入后续加工代码，如下。

```
X90Z-20.
X85Z-20.
X80Z-20.
X75Z-20.
X70Z-20.
X65Z-20.
X60Z-20.
X55Z-20.
X50Z-20.
X45Z-20.
X40.3Z-20.
X40.Z-20.
G0X105Z100              //回到换刀点
M05                     //主轴停止
M09                     //关切削液
M30                     //程序结束返回开始
%
```

（8）输入完毕后单击 RESET 按钮，此时可以在仿真区观察到程序所生成的刀路，如图 8-41 所示。可见刀路并未正确对正到工件毛坯上。

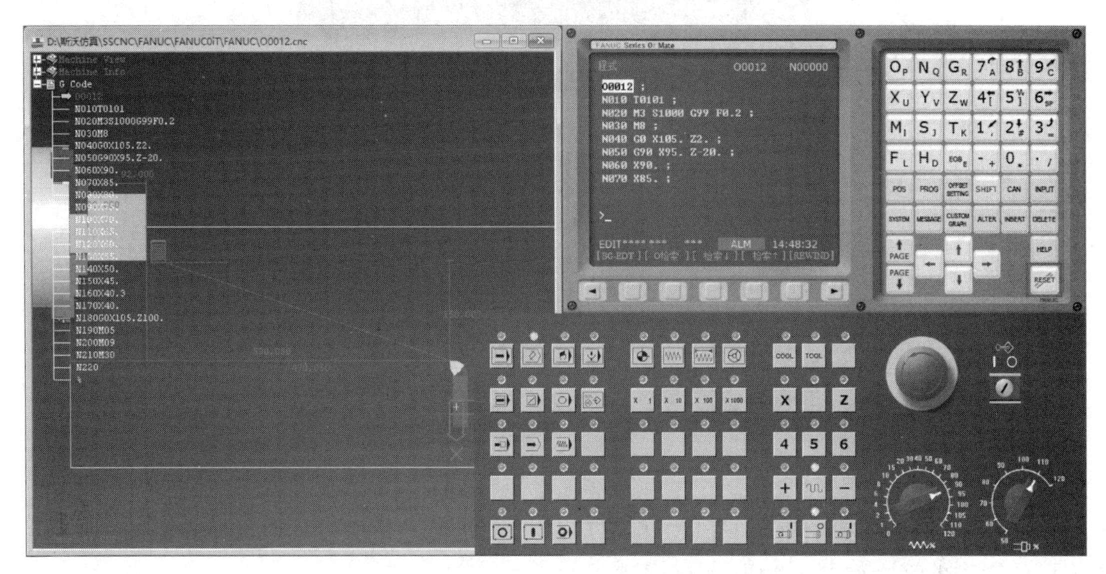

图 8-41　所生成的刀路

6. 进行对刀

（1）对刀是加工中极为重要的一步，是建立加工坐标系的基础。在 FANUC Oi T 系统界面中选择菜单 “机床操作” | “快速定位” 命令，打开 “快速定位” 对话框，如图 8-42 所示。

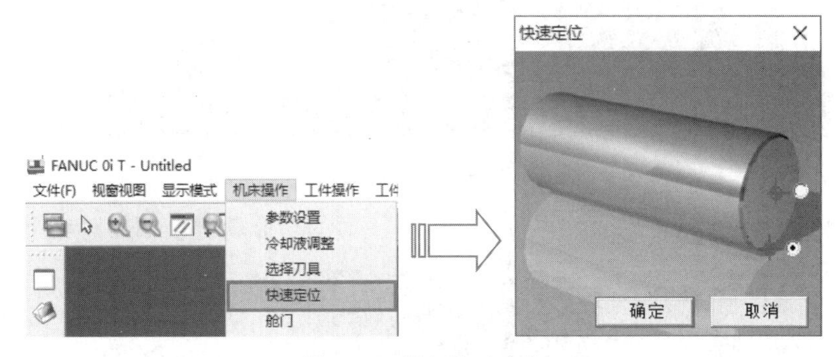

图 8-42　进行快速定位

提示：“快速定位”对话框中提供了两种定位方式，一种以工件的表皮端点为定位点，一种以工件端面的轴心为定位点。所选的定位点即为后续编程加工坐标系中的原点。

（2）本例以默认的表皮端点为定位点，因此直接单击“确定”按钮即可。单击“确定”按钮后在仿真区中可看到刀具直接移动到了所选的定位点上，如图 8-43 所示。

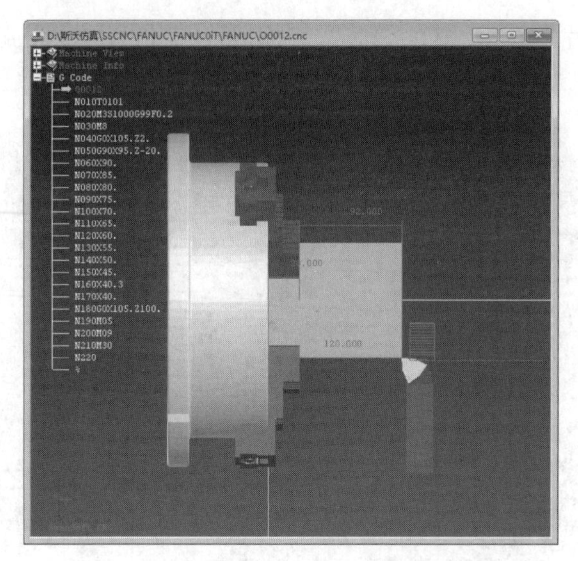

图 8-43　移动至定位点

（3）在操作面板中单击 OFFSET SETTING 按钮，显示刀具补正界面，按“补正”下面的功能软键，如图 8-44 所示。

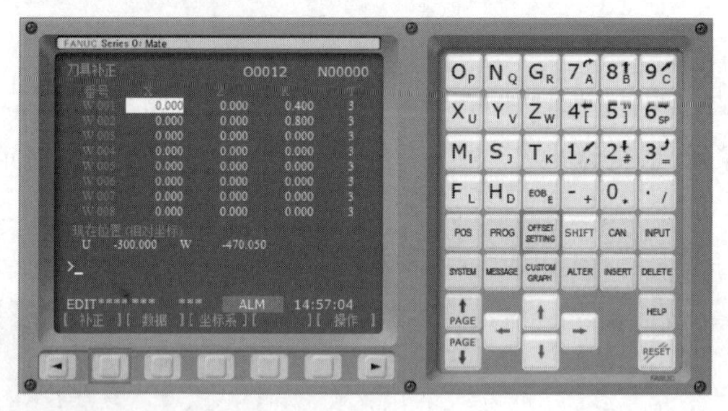

图 8-44　刀具补正

（4）单击后进行补正界面，再按“形状”下面的功能软键，如图 8-45 所示。

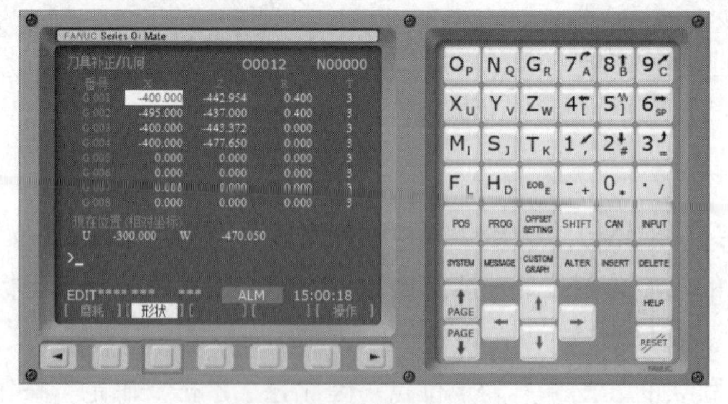

图 8-45　进入形状界面

（5）然后输入 X 的值为 100，再按“测量”下面的功能软键，即可将此对刀点的 X 轴坐标值识别为 100，如图 8-46 所示。

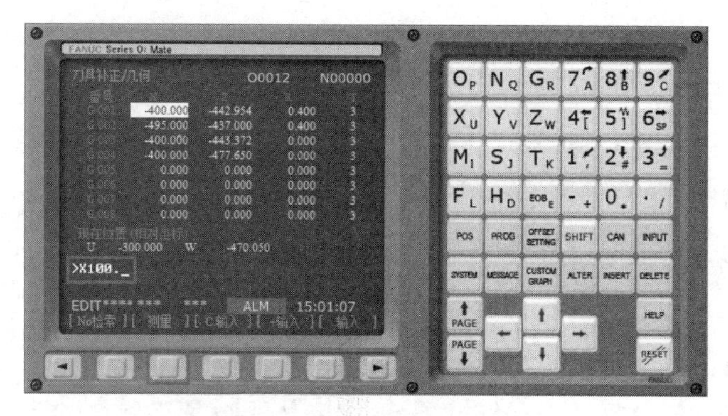

图 8-46　输入 X 轴的测量值

（6）使用相同方法，设置 Z 的值为 0，R 的值为 0.4。此时可以在仿真区中看到刀路已经正常，如图 8-47 所示。

图 8-47　正确的刀路

7. 进行模拟车削

（1）回零。参考前述方法先将刀具回零，如图 8-48 所示。

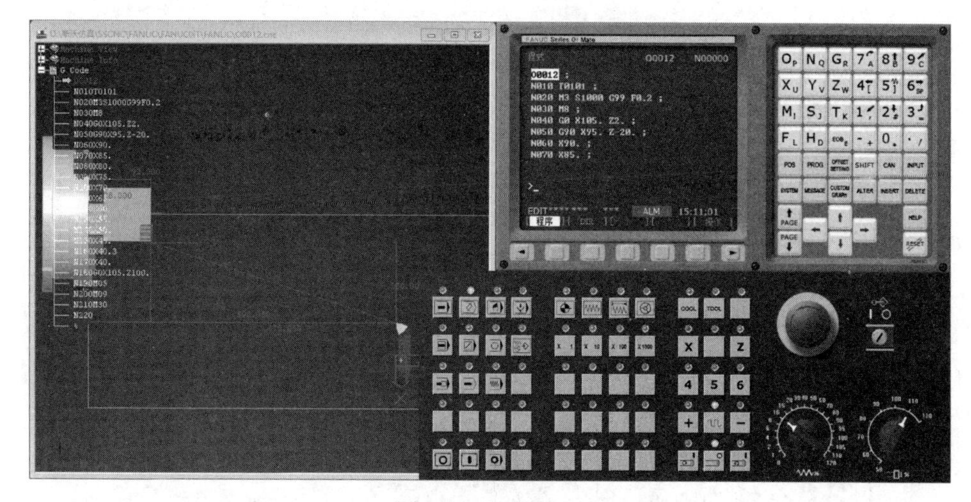

图 8-48　刀具回零

（2）单击 AUTO 按钮，进入自动加工模式，再单击“程序运行开始”按钮，即可开始加工仿真，如图 8-49 所示。

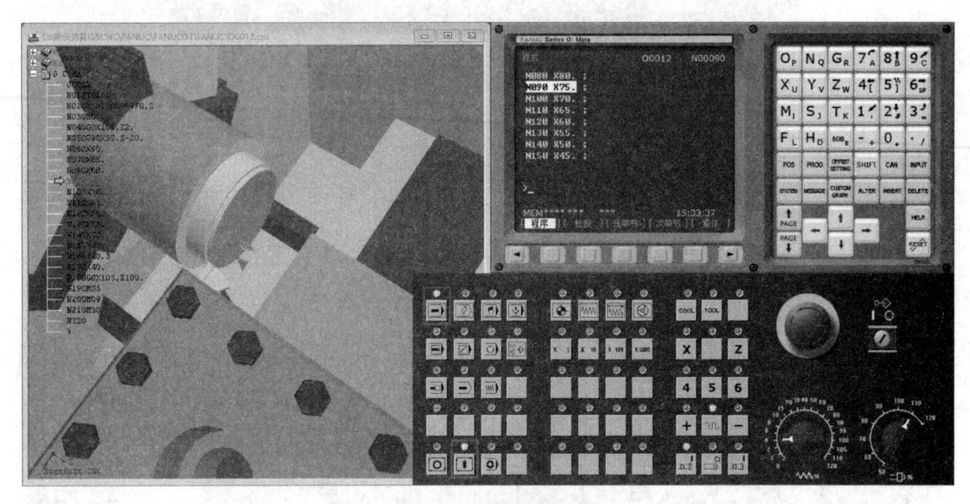

图 8-49　切削仿真

【案例 8-2】　G90 锥度车削

锥度车削加工案例如图 8-50 所示。

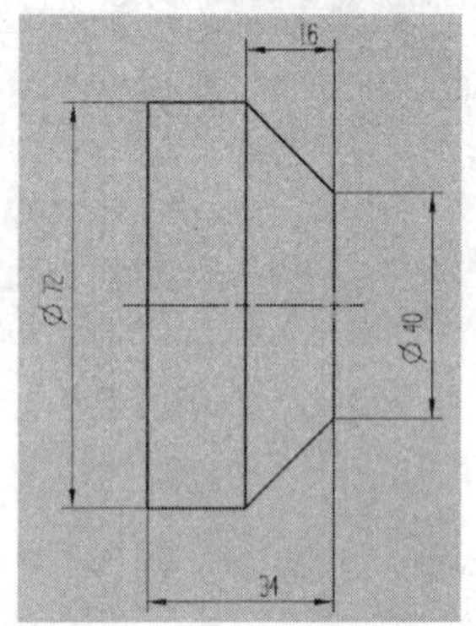

图 8-50　锥度车削加工图

（1）按案例 8-1 所介绍的方法进入斯沃仿真软件，然后添加毛坯和刀具。

（2）新建程序段，输入如下程序代码。

```
O0001
T0101
M3S1000G99F0.2
M8
G0X75.Z2                    //设置循环起点
G90X72.2 Z-16. R-1          //R 表示切削起点和切削终点半径差，直径差为
                            D72-D40=32，得半径差为 16
```

```
Z-16. R-2                    //R在变换，逐层车削
Z-16. R-3
Z-16. R-4
Z-16. R-5
Z-16. R-6
Z-16. R-7
Z-16. R-8
Z-16. R-9
Z-16. R-10
Z-16. R-11
Z-16. R-12
Z-16. R-13
Z-16. R-14
Z-16. R-15
Z-16. R-16
Z-16. R-17
Z-16. R-17.8
G90 X72. Z-16. R-18
G0X105 Z100                  //回到换刀点
M05                          //主轴停止
M09                          //关切削液
M30                          //程序结束返回开始
%
```

（3）输入程序段后得到的刀路如图 8-51 所示。

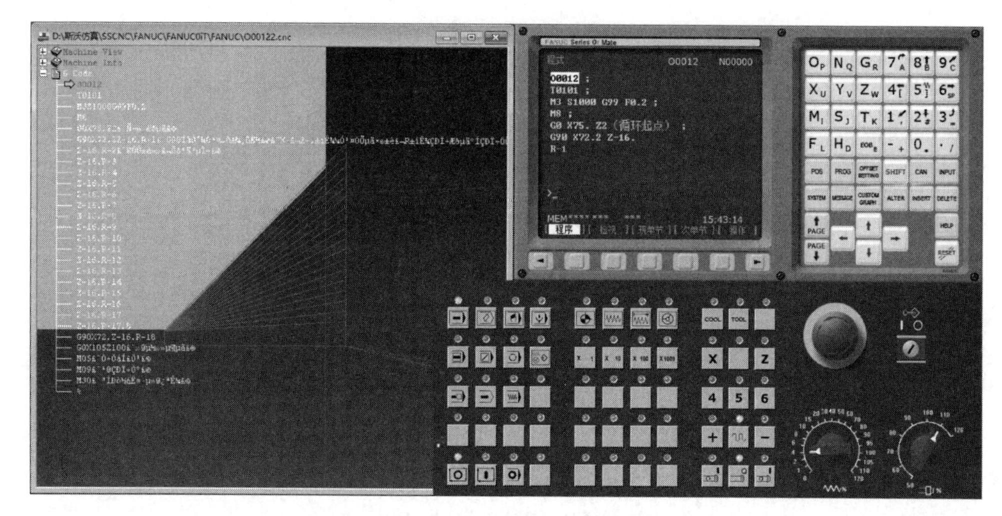

图 8-51　锥度车削刀路

（4）进行斯沃仿真效果如图 8-52 所示。

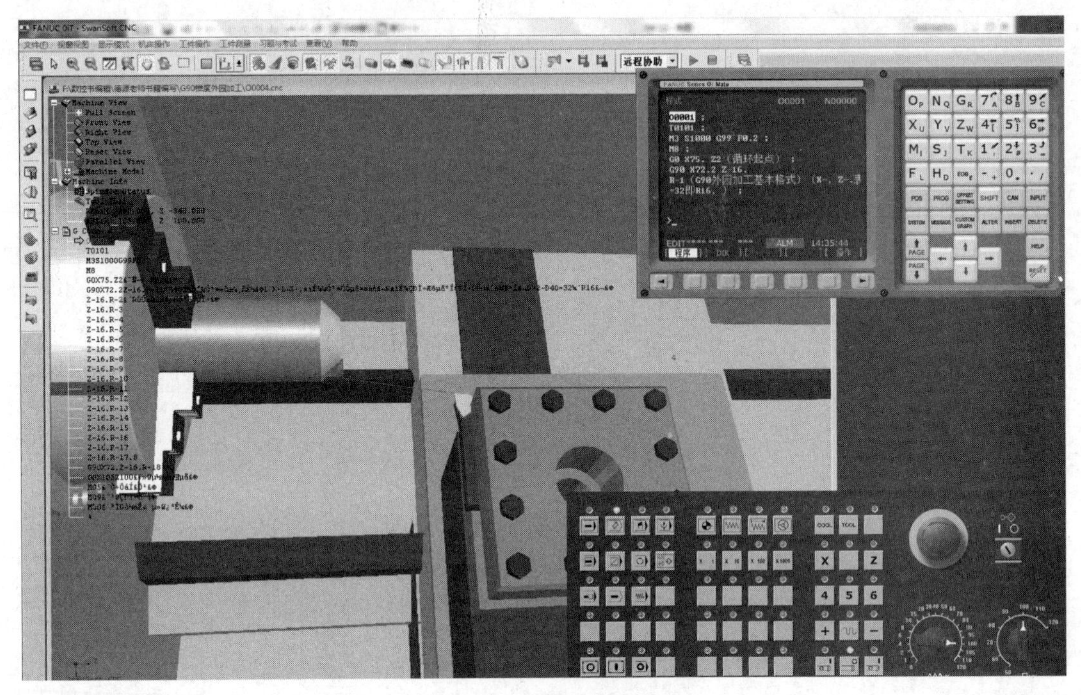

图 8-52　仿真效果

【案例 8-3】　G94 端面车削

端面车削加工案例如图 8-53 所示。

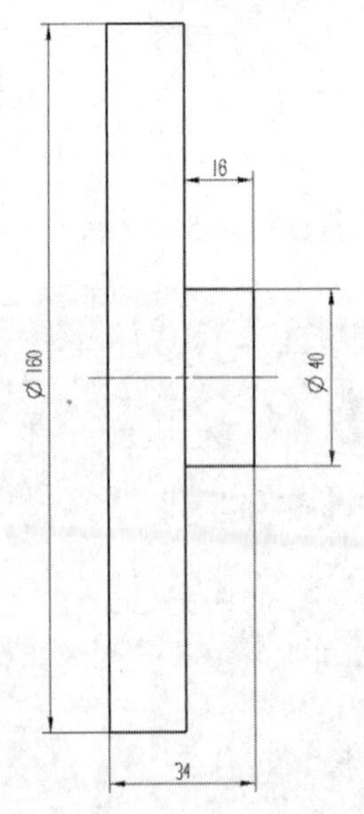

图 8-53　端面车削加工图

（1）按案例 8-1 所介绍的方法进入斯沃仿真软件，然后添加毛坯和刀具。

（2）新建程序段，输入如下程序代码。

```
O0001
T0101
M3S1000G99F0.2
M8
G0X162.Z1                    //循环刀点
G94X40. Z-2.                 //G94外圆加工基本格式，X-、Z-表示加工终点坐标
Z-4.
Z-6.
Z-8.
Z-10.
Z-12.
Z-14.
Z-16.
G0X105 Z100                  //回到换刀点
M05                          //主轴停止
M09                          //关切削液
M30                          //程序结束返回开始
%
```

（3）输入程序段后得到的刀路如图8-54所示。

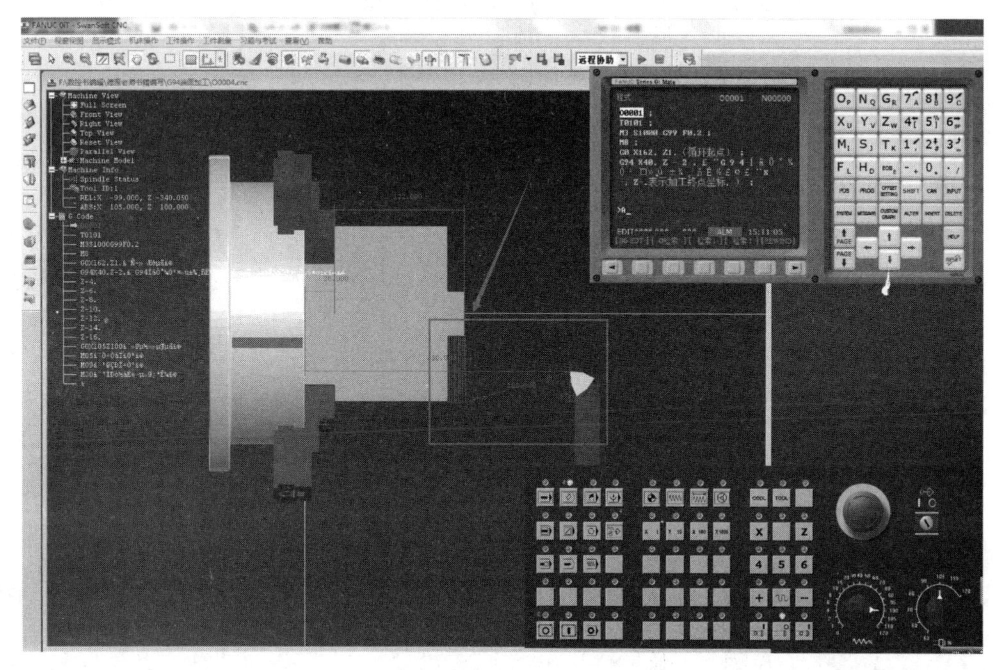

图8-54　端面车削刀路

（4）进行斯沃仿真效果如图8-55所示。

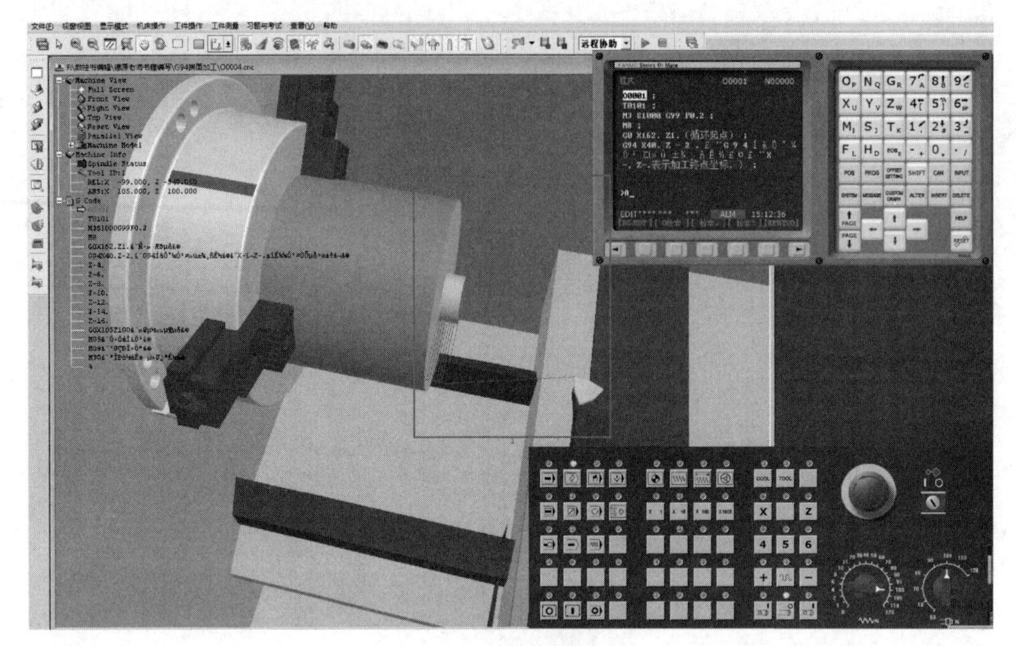

图 8-55　仿真效果

【案例 8-4】　G94 锥度车削

锥度车削加工案例如图 8-56 所示。

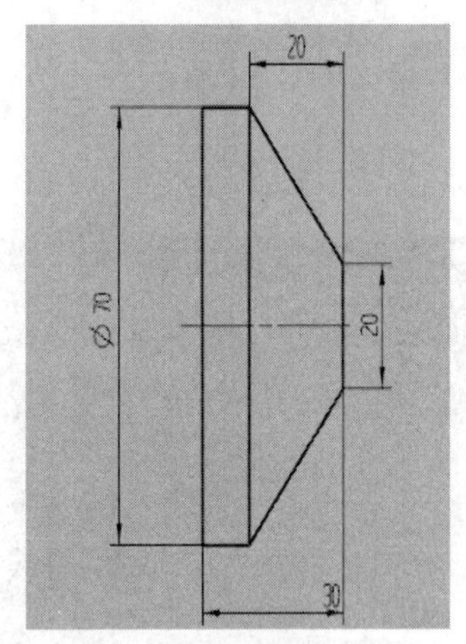

图 8-56　锥度车削加工图

（1）按案例 8-1 所介绍的方法进入斯沃仿真软件，然后添加毛坯和刀具。

（2）新建程序段，输入如下程序代码。

```
O0001
T0101
M3S1000G99F0.2
M8
```

```
G0X 72. Z1.              //循环起点
G94X40. Z0. R-2          //X-、Z-表示加工终点坐标,R为切削起点半径值减去切
                         削终点半径值差
Z-2. R-4
Z-4. R-4
Z-6. R-6
Z-8. R-8
Z-10. R-10
Z-12. R-12
Z-14. R-14
Z-16. R-16
Z-18. R-18
Z-20. R-20
Z-20. R-22
Z-20. R-24
Z-20. R-25
G0X105 Z100              //回到换刀点
M05                      //主轴停止
M09                      //关切削液
M30                      //程序结束返回开始
%
```

（3）输入程序段后得到的刀路如图8-57所示。

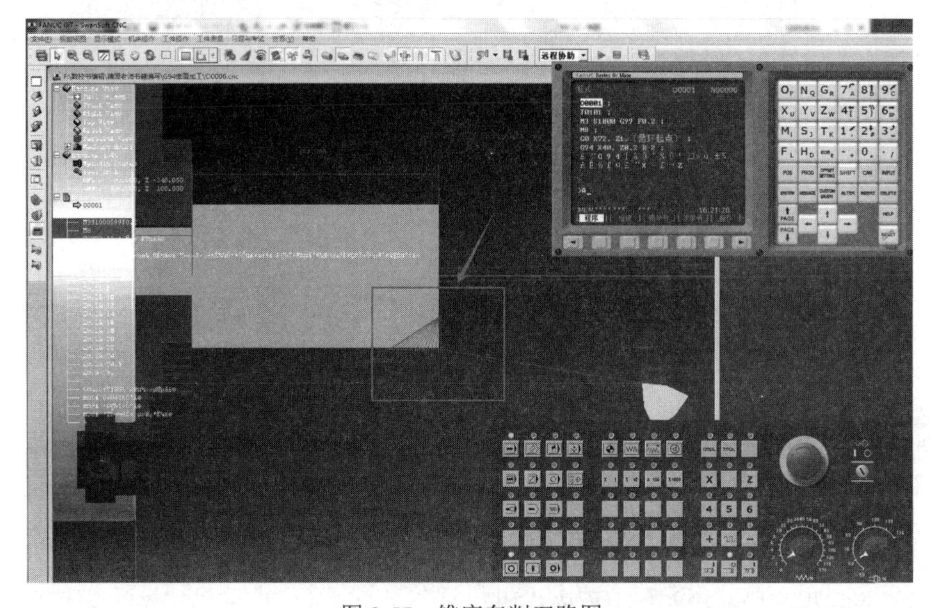

图8-57　锥度车削刀路图

（4）进行斯沃仿真效果如图 8-58 所示。

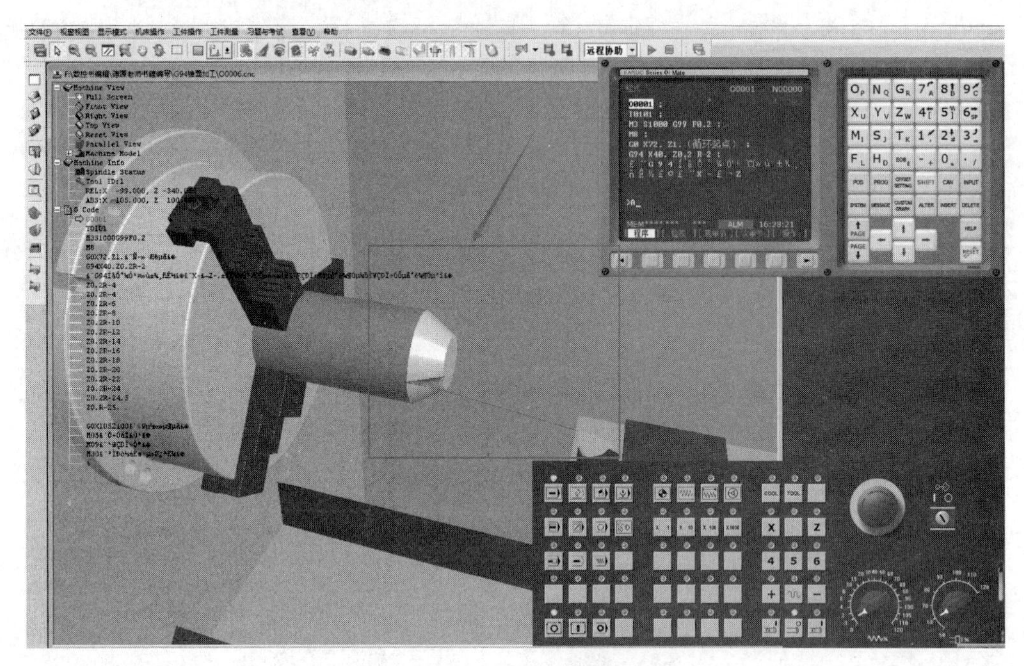

图 8-58　仿真效果

【案例 8-5】　G02、G03 型面车削

G02、G03 型面车削案例如图 8-59 所示。

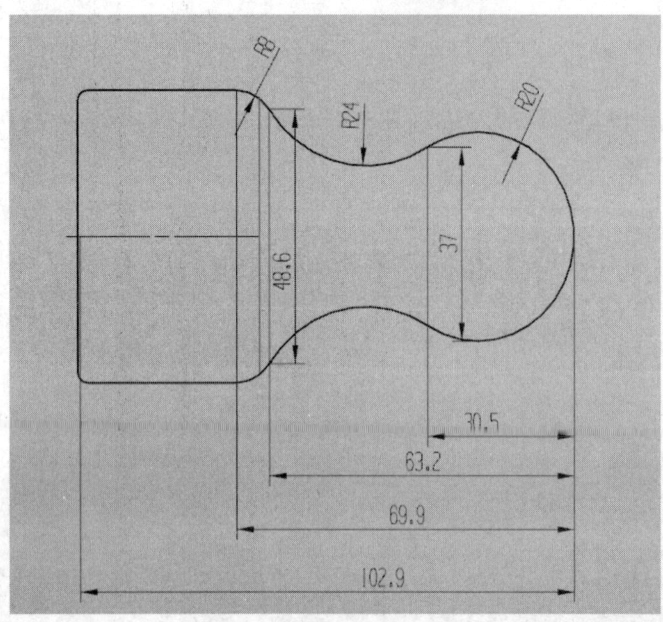

图 8-59　型面车削加工图

（1）按案例 8-1 所介绍的方法进入斯沃仿真软件，然后添加毛坯和刀具。

（2）新建程序段，输入如下程序代码。

```
O0009
G21                              //公制
G0T0101
G18(车削平面)
G97S875M03
G42G0G54X200.Z100.               //刀补启动到换刀点
Z1.414
X-1.5
G99G1X-1.Z0.F.05
X0.
G18G3X34.053Z-30.493R20.  //R20处精加工凸圆弧
G2X48.635Z-63.166R24.        //R24处凹圆弧精加工
G3X55.874Z-69.861R8.
G1Z-104.424                      //R8处凸圆弧精加工
G40X59.874
G0X200.
Z100.
G28U0.W0.M05
M30
%
```

（3）输入程序段后得到的刀路如图 8-60 所示。

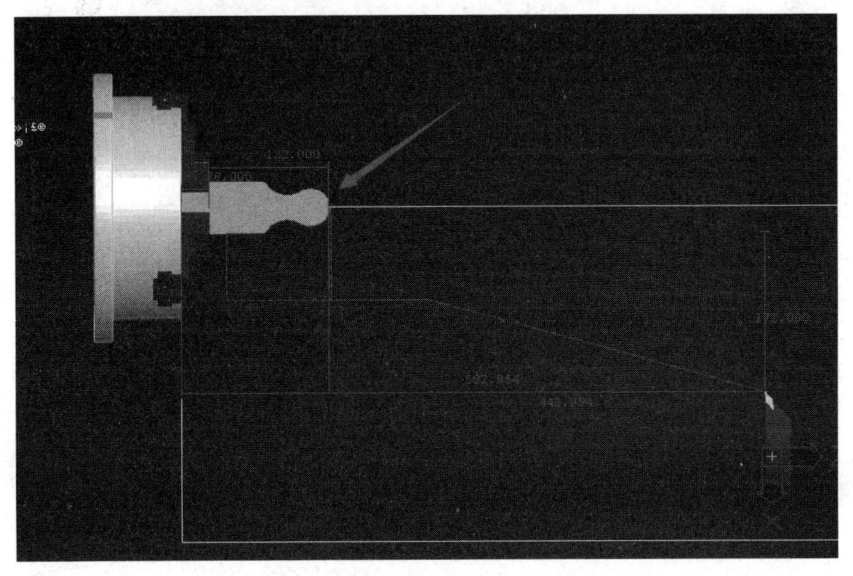

图 8-60　刀路图

（4）进行斯沃仿真效果如图 8-61 所示。

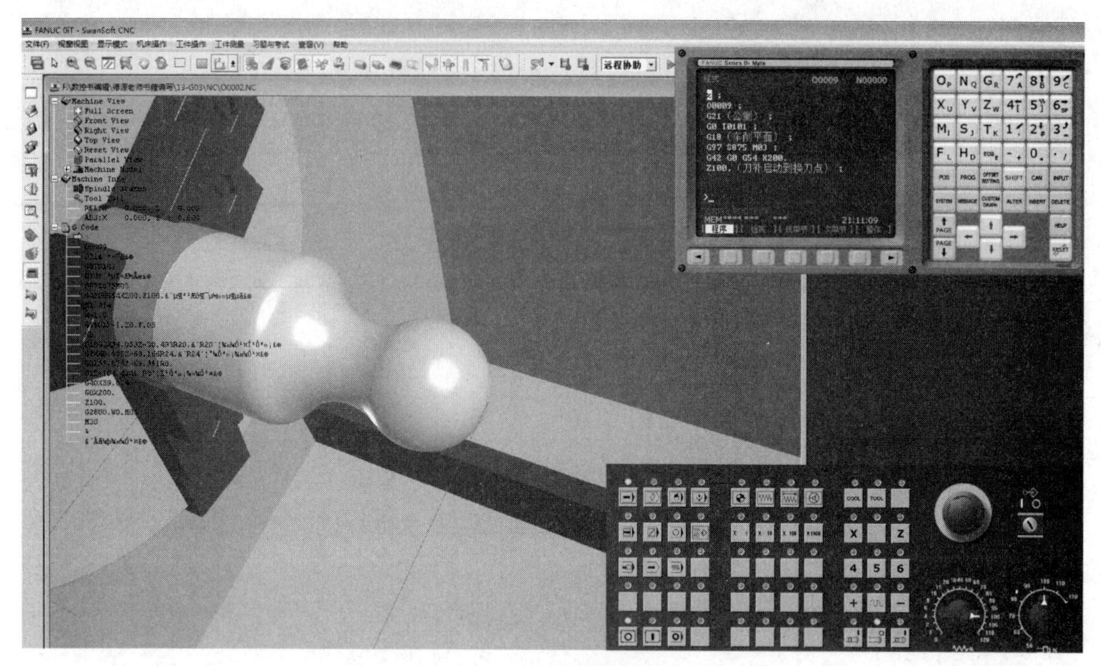

图 8-61　仿真效果

【案例 8-6】　G71 循环车削

循环车削加工案例如图 8-62 所示。

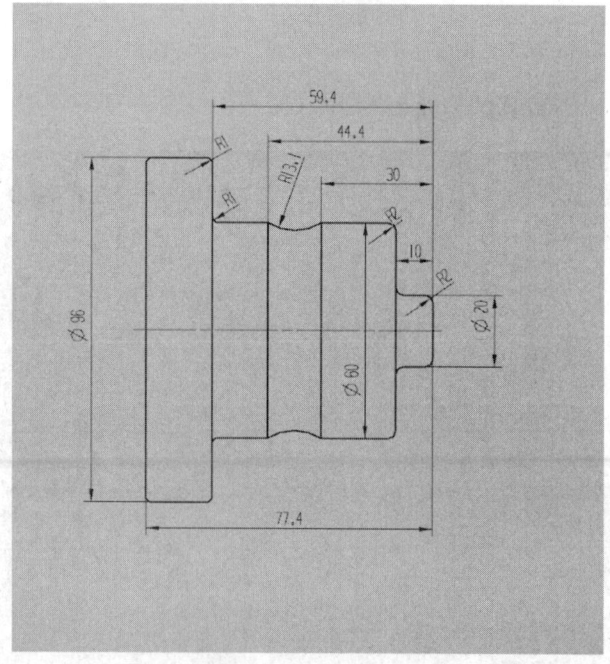

图 8-62　循环车削加工图

（1）按案例 8-1 所介绍的方法进入斯沃仿真软件，然后添加毛坯和刀具。

（2）新建程序段，输入如下程序代码。

```
O0009
%
O0001
N020
G21
G0T0101
G18
G97S1500M03
G0G54X110.Z55.
Z0.
X96.
G71U2.R.2                           //循环粗车
G71P100Q110U.4W.2F.2
N100G0X16.S550
G1Z-.034
G3X20.Z-2.4R2.4
G1Z-8.4
G2X23.2Z-10.R1.6
G1X55.2
G3X60.Z-12.4R2.4
G1Z-58.757
G2X61.2Z-59.357R.6
G1X93.2
G3X96.Z-60.757R1.4
N110G1Z-78.357
G0Z0.
X110.
Z55.
G28U0.W0.M05
M30
%
```

（3）输入程序段后得到的刀路如图 8-63 所示。

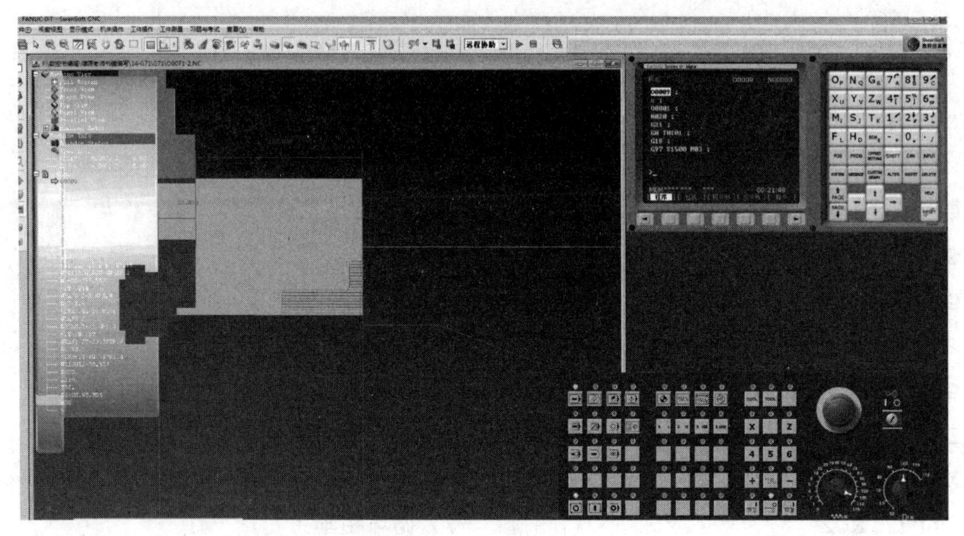

图 8-63　初步刀路

（4）输入如下凹坑处程序代码。

```
%
O0009
G21
G0T0101                     //凹坑处单一指令
G18
G97S875M03
G0G54X200.Z100.
Z-27.793
X67.002
G99G1X64.174Z-29.207F.2
X59.647Z-31.174F.25
G18G2X58.261Z-32.517R12.516
G1Z-42.641F.5
G2X59.859Z-44.157R12.516
G1X60.4
X64.4
G0Z-30.672
X61.489
G1X58.661Z-32.086
G2X56.122Z-37.578R12.515F.25
X58.661Z-43.071R12.516F.5
G1X62.661
```

```
G0X200.
Z100.
G28U0.W0.M05
M30
%
```

（5）进行斯沃仿真效果如图 8-64 所示。

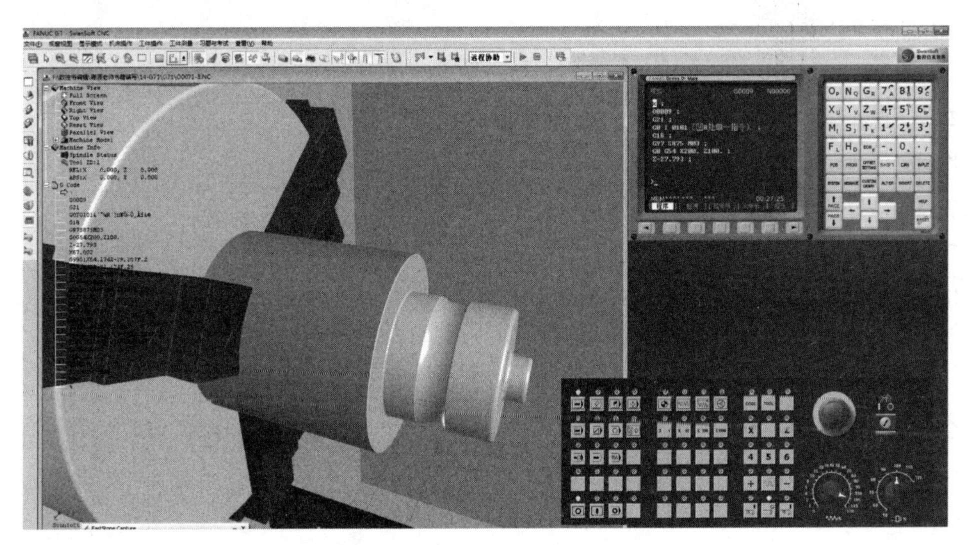

图 8-64　仿真效果

【案例 8-7】　G71 内孔循环加工

内孔循环加工案例如图 8-65 所示。

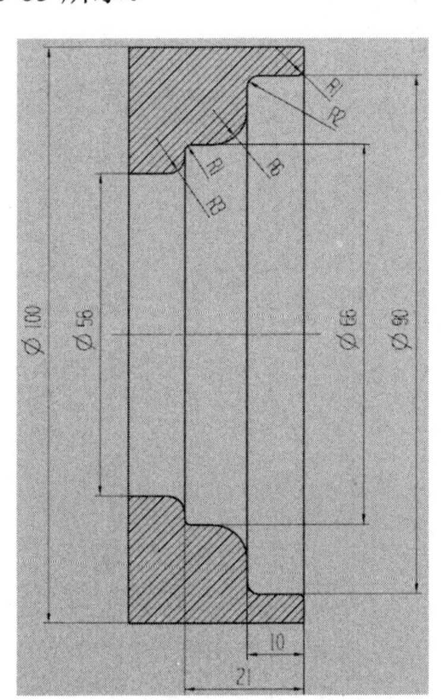

图 8-65　内孔循环车削加工图

（1）按案例8-1所介绍的方法进入斯沃仿真软件，然后添加毛坯和刀具。

（2）新建程序段，输入如下程序代码。

```
O0009
G21
G0T0202                          //G71 粗车循环，G70 加工
G18
G97S1500M03
G0G54X40.Z30.
Z2.
X52.
G71U2.R.2
G71P100Q110U-.4W.2F.4
N100G0X92.S550
G1Z-.058
G2X90.Z-1.4R1.4
G1Z-8.4
G3X86.8Z-10.R1.6
G1X78.8
G2X66.Z-16.4R6.4
G1Z-20.4
G3X64.8Z-21.R.6
G1X62.8
G2X56.Z-24.4R3.4
G1Z-36.
N110X52.
G0Z2.
X40.
Z30.
G28U0.W0.M05
T0202
M00
G0T0202
G18
G97S1500M03
G0G54X40.Z25.
Z2.
```

```
X52.
G70P100Q110
G0Z2.
X40.
Z25.
G28U0.W0.M05
M30
%
```

（3）输入程序段后得到的刀路如图 8-66 所示。

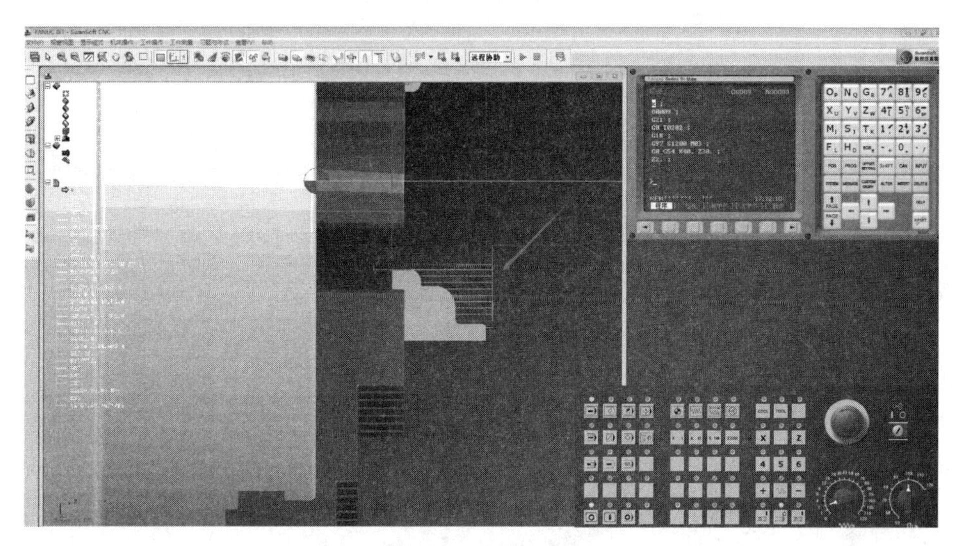

图 8-66　循环刀路

（4）进行斯沃仿真效果如图 8-67 所示。

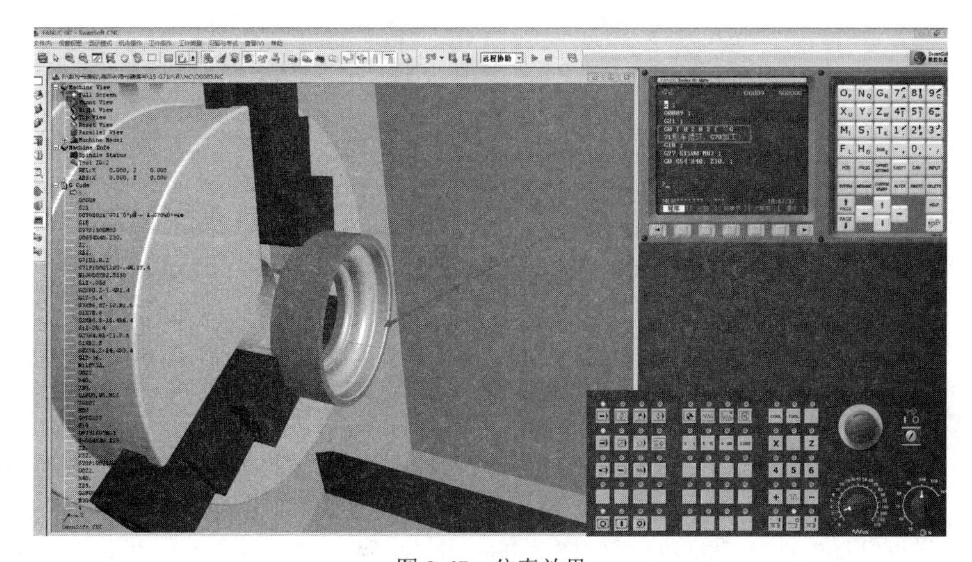

图 8-67　仿真效果